数控铣考证与竞赛系列

Mastercam X9 数控铣中（高）级考证实例精讲

詹建新　方跃忠　主　编

彭承意　段湘湘　姚文铃　王大成　肖莲英　副主编

電子工業出版社
Publishing House of Electronics Industry
北京·BEIJING

内 容 简 介

本书的每个实例来自《职业技能鉴定国家题库试卷》，内容也紧扣《职业技能鉴定考证要求》，以 Mastercam X9 为载体，详细讲解每个实例的建模、数控编程过程，做到把每个实例讲深讲透，学生学完本教程后，能熟练操作及编写程序。

本书把 Mastercam 的基本命令，穿插到实例中讲解，避免单调、枯燥的单纯讲述 Mastercam 软件命令的课程变得更生动，也更有利于读者理解。

本书的内容分为四个单元：中级工考证实例、高级工考证实例、曲面加工实例和数控铣床的基本操作。详细地讲述了零件的建模与编程过程以及数控铣床的操作，读者学完这四个单元内容之后，对数控机床的基本操作、零件建模与数控编程、数控加工工艺应有明显的提高。

图书在版编目（CIP）数据

Mastercam X9 数控铣中（高）级考证实例精讲/詹建新，方跃忠主编. —北京：电子工业出版社，2017.5
（数控铣考证与竞赛系列）
ISBN 978-7-121-31019-5

Ⅰ. ①M… Ⅱ. ①詹…②方… Ⅲ. ①数控机床—铣床—程序设计—计算机辅助设计—应用软件—资格考试—教材 Ⅳ. ①TG547-39

中国版本图书馆 CIP 数据核字(2017)第 043446 号

责任编辑：郭穗娟
印　　刷：北京七彩京通数码快印有限公司
装　　订：北京七彩京通数码快印有限公司
出版发行：电子工业出版社
　　　　　北京市海淀区万寿路 173 信箱　邮编　100036
开　　本：787×1 092　1/16　印张：19　字数：486.4 千字
版　　次：2017 年 5 月第 1 版
印　　次：2025 年 2 月第 4 次印刷
定　　价：59.00 元

凡所购买电子工业出版社图书有缺损问题，请向购买书店调换。若书店售缺，请与本社发行部联系，联系及邮购电话：(010)88254888，88258888。

质量投诉请发邮件至 zlts@phei.com.cn，盗版侵权举报请发邮件至 dbqq@phei.com.cn。

本书咨询方式：(010)88254502，guosj@phei.com.cn

前　言

国家劳动部规定，所有院校数控专业（也包括模具专业）的学生都必须在取得数控铣中（高）级操作工证后才能毕业。因此，辅导学生参加中（高）级考证是职业（技师）院校教育的重中之重，而目前很难找到一本实用性强的、关于数控铣工中（高）级考证考试方面的参考书。

本书是根据数控铣工国家职业技能鉴定标准，结合职业（技师）院校教育的实际教学环境和教学特点而编写的，旨在使学生能够全面掌握数控铣中（高）级操作工应具备的操机技能和软件编程的应用能力，培养既能熟练操作数控铣床又能熟练编制数控加工程序，并且熟练掌握各类零件加工工艺的高技能数控人才。

本书主编在大学毕业后就一直在模具厂一线工作岗位从事数控机床的操作与编程，具有十多年工作经历，非常了解 Mastercam 的建模与编程，也非常了解各类零件的加工工艺。此外，近几年一直在学校指导学生考证。由于指导学生时善于结合自身在工厂工作的一些经验与体会，所讲的课程深受学生喜欢。本书所有加工程序都经过验证，可以直接使用。

本书精心挑选了 15 个实例，每个实例都详细讲解了造型过程和编程过程，内容深入浅出，重点难点突出。在编写过程中，结合编者的实际教学经验，以及技工类学生的特点，把造型过程和编程过程写得非常详细。各个学校可根据实际教学情况，重点讲解其中几个实例，其余的实例可以由学生自由发挥，再与教材中的造型过程和编程过程进行对比。

本书的第 1～5 个实例，由广东省华立技师学院詹建新老师编写，第 6～10 个实例及第 4 单元由广东省华立技师学院方跃忠老师编写，第 11～12 个实例由中山市技师学院彭承意老师编写，第 13 个实例由广东省华立技师学院王大成老师编写，第 14 个实例由广东省阳江技师学院段湘湘老师编写，第 15 个实例由广东省技师学院姚文玲编写，全书由广东省华立技师学院肖莲英老师进行文字审稿与校对。

本书中的切削参数仅供各位读者参考，读者可根据各自学校所提供机床的实际性能，对本书涉及的切削量、进给率、主轴转速及背吃刀量等进行修正。

本书虽经反复推敲和校对，但因编者水平有限，书中仍然存在不足和疏漏之处，敬请读者批评指正。所有意见和建议请通过 QQ（648770340）联系。

编　者

2017 年 3 月

目　录

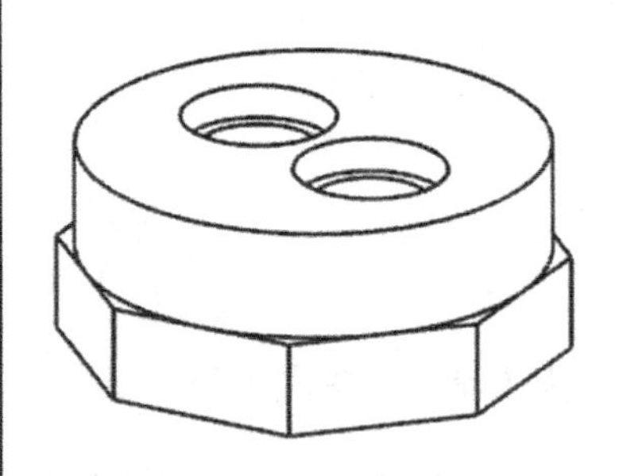

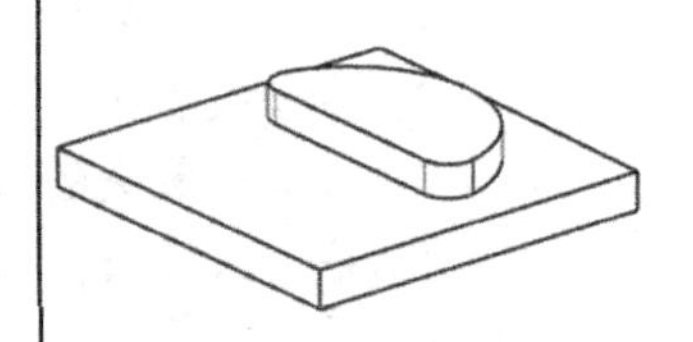

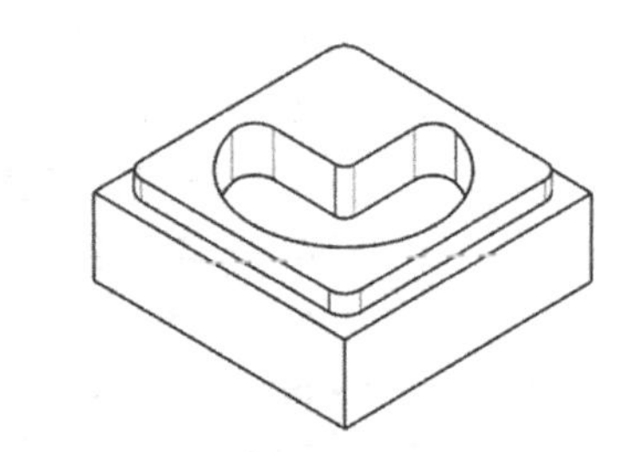

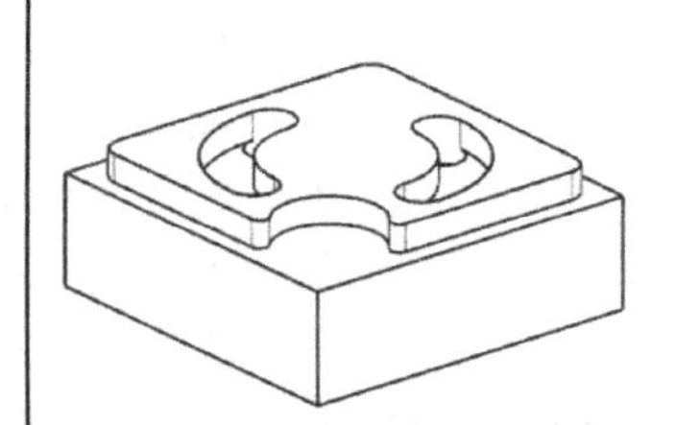

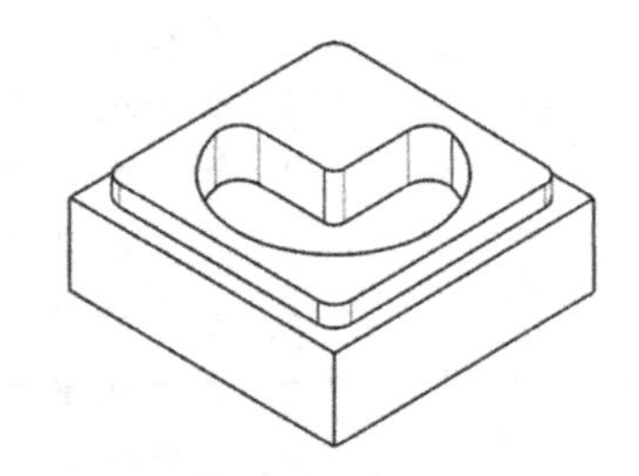

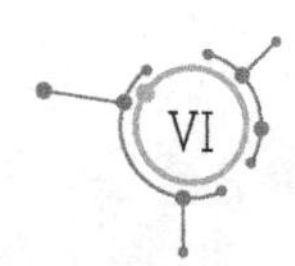

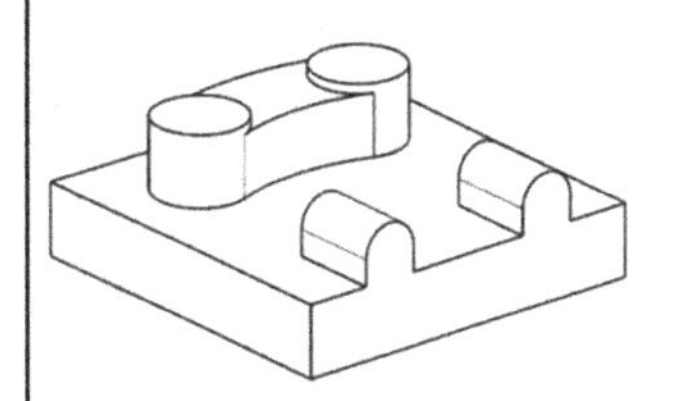
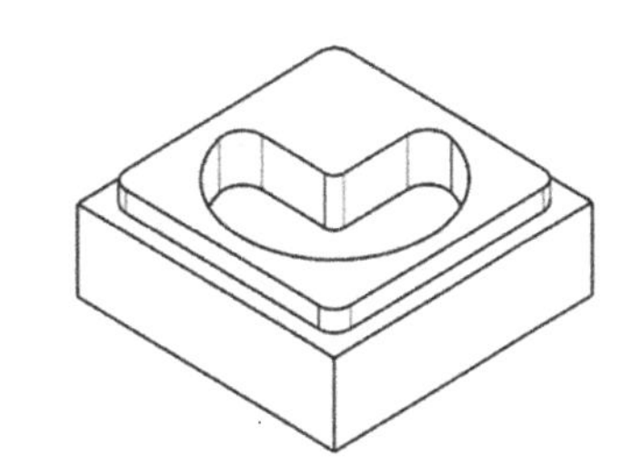
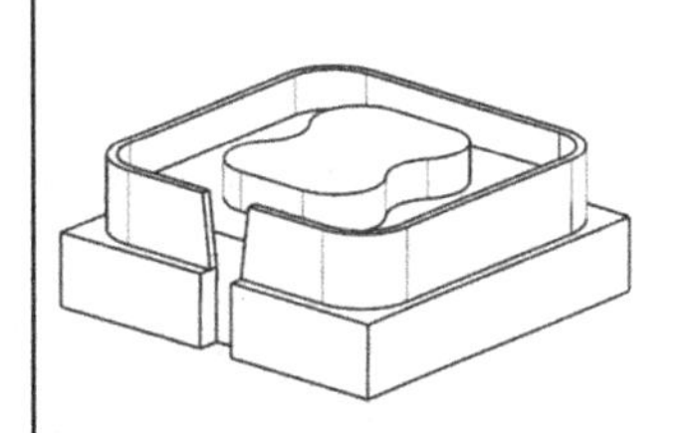
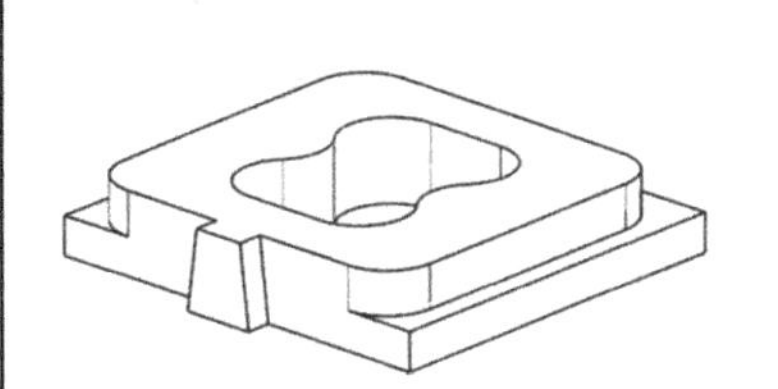
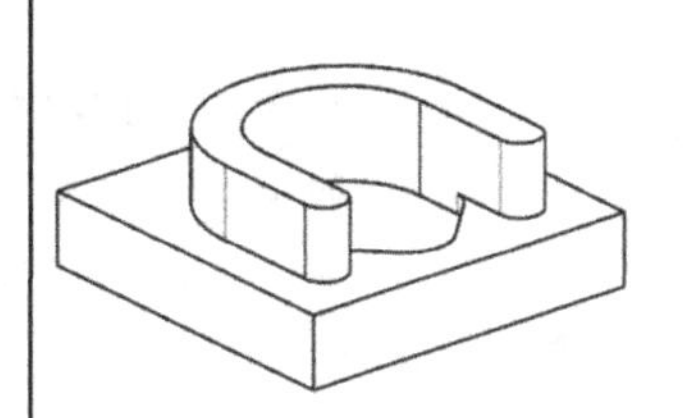

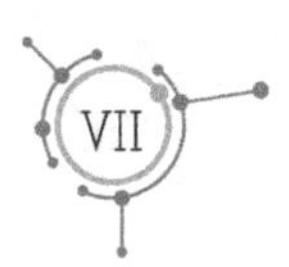

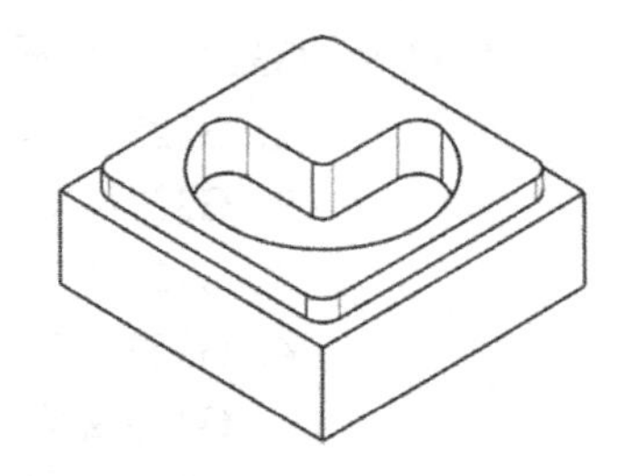

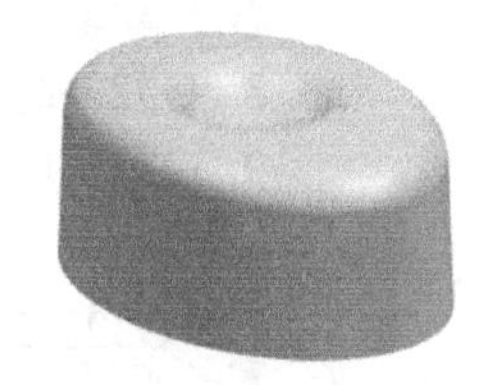

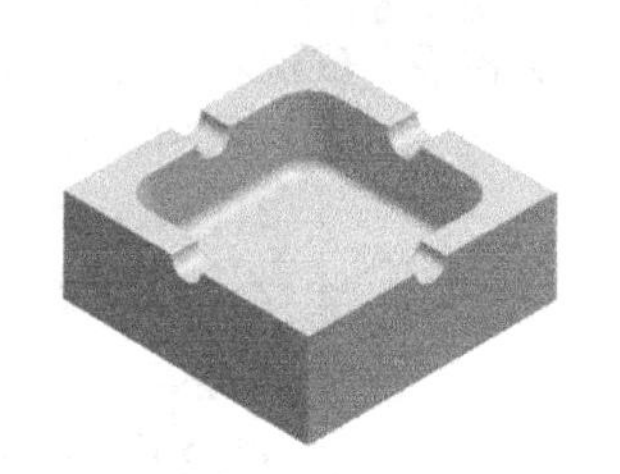

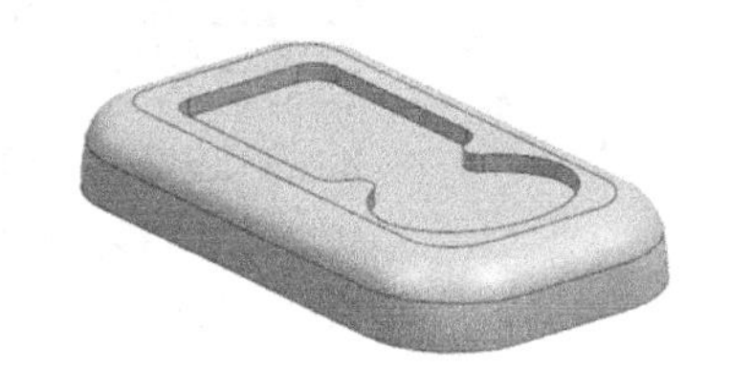

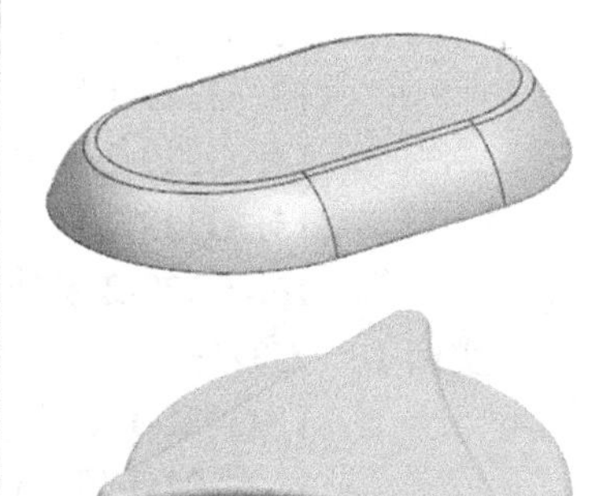

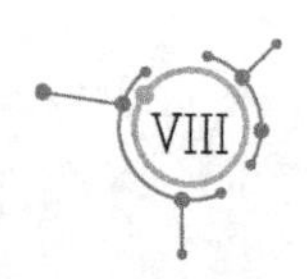

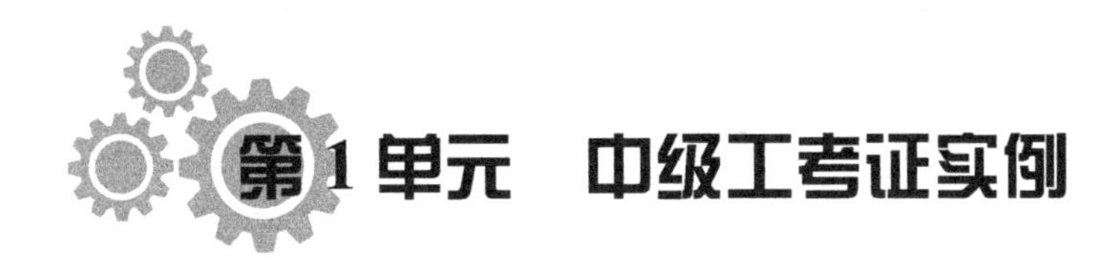

实例1　G423——五角板

本节以《职业技能鉴定国家题库试卷》中的G423试题为例，详细介绍中级工考证的建模、编程、操机基本过程，零件图形如图1-1所示。

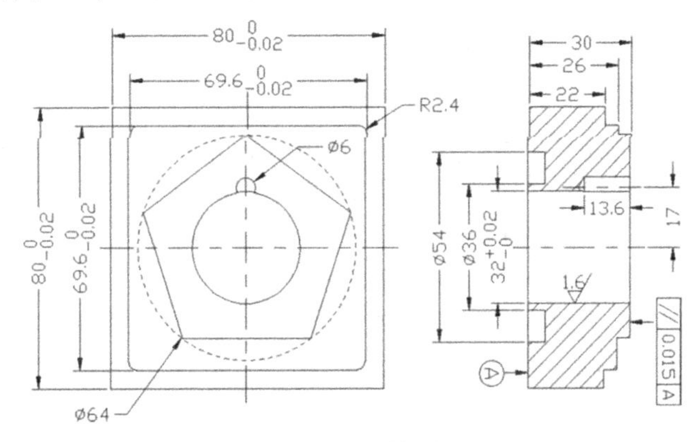

图1-1　零件图

1. 建模过程

（1）在工作区下方的工具条中对“绘图模式”选择“3D”。

（2）在主菜单中选择“绘图 | 矩形”命令，在坐标输入框中输入矩形中心点的坐标（0，0，0），如图1-2所示，按Enter键。

图1-2　矩形中心点坐标

（3）在辅助工具条中输入矩形的长80.0mm、宽80.0mm，单击“设置基准点为中心”按钮，如图1-3所示，再单击“确定”按钮，创建一个矩形。

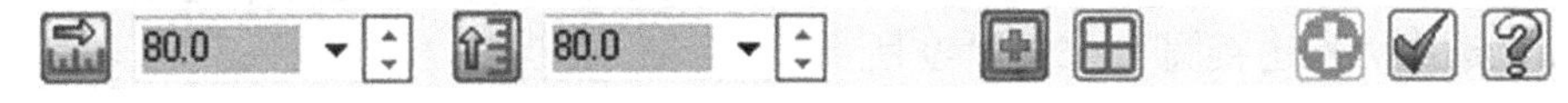

图1-3　输入矩形的长、宽，单击“设置基准点为中心”按钮

（4）单击键盘上的功能键F9，显示坐标系，如图1-4所示。

（5）在主菜单中单击“实体 | 拉伸”命令，在绘图区中选择矩形，单击【串连选项】对话框中的“确定”按钮。

（6）在【实体拉伸】对话框中选中“◉创建主体”，距离设为 22mm，拉伸箭头方向朝上。

（7）单击“确定”按钮，创建方体，如图 1-5 所示。

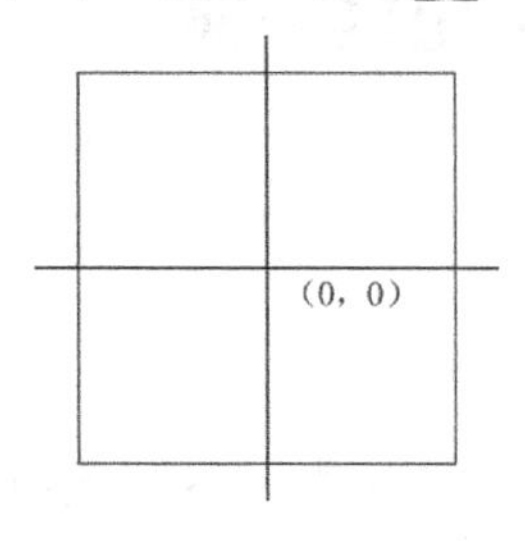

图 1-4　矩形

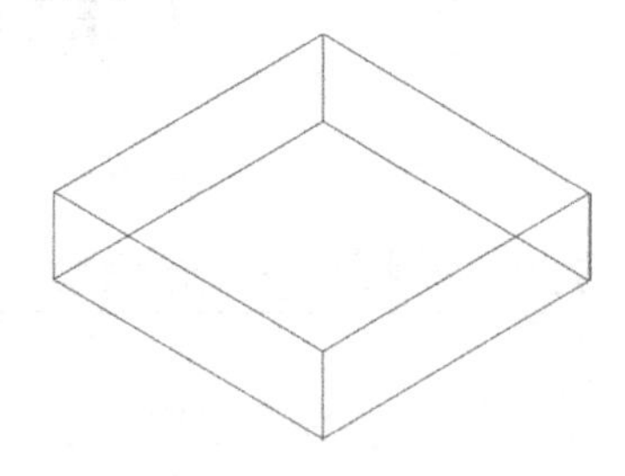

图 1-5　创建方体

（8）在主菜单中选取“绘图｜矩形”命令，在坐标输入框中输入矩形中心点的坐标（0，0，22），按 Enter 键，在辅助工具条中输入矩形的长 69.6mm、宽 69.6mm。单击“设置基准点为中心”按钮，再单击“确定”按钮，创建一个矩形，如图 1-6 所示。

（9）在主菜单中选取“绘图｜倒圆角｜串连倒圆角”命令，选中刚才创建的 69.6mm×69.6mm 矩形，单击【串连选项】对话框中的“确定”按钮。

（10）在数据输入栏中输入圆角半径 R2.4mm。

（11）单击“确定”按钮，创建串连倒圆角特征，如图 1-7 所示。

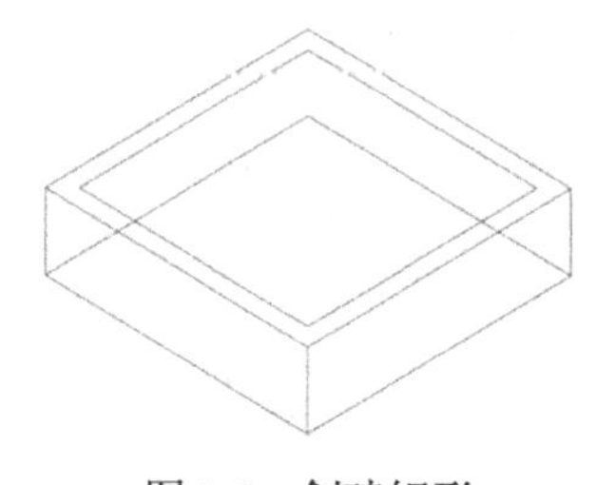

图 1-6　创建矩形

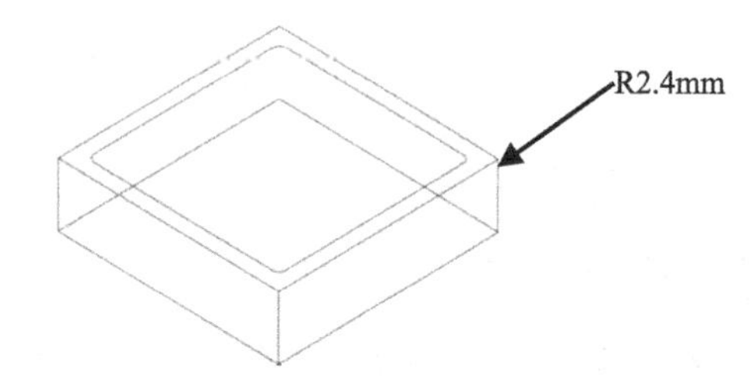

图 1-7　串连倒圆角

（12）在主菜单中选择“实体｜拉伸”命令，在绘图区选中 69.6mm×69.6mm 的矩形，单击【串连选项】对话框中的“确定”按钮。

（13）在【实体拉伸】对话框中选中“◉增加凸台”，距离设为 4mm，箭头方向向上。

（14）单击“确定”按钮，创建第二个方体，如图 1-8 所示。

（15）在主菜单中选择“绘图｜多边形”命令，在坐标输入框中输入多边形中心点的坐标（0，0，26），按 Enter 键。在【多边形】对话框中输入多边形的边数 5，半径为 32.0mm，选中“◉内接圆”，如图 1-9 所示。

（16）单击“多边形”对话框中的“确定”按钮，创建一个五边形，如图 1-10 所示。

（17）在主菜单中选择“实体｜拉伸”命令，在绘图区中选取刚才创建的五边形，单击【串连选项】对话框中的“确定”按钮。

（18）在【实体拉伸】对话框中选中“◉增加凸台”，距离设为 4mm，箭头方向向上。

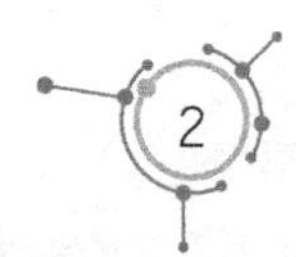

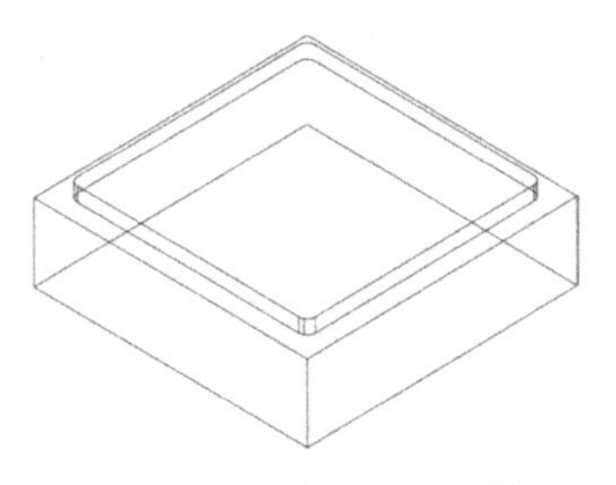

图 1-8　创建第二个方体

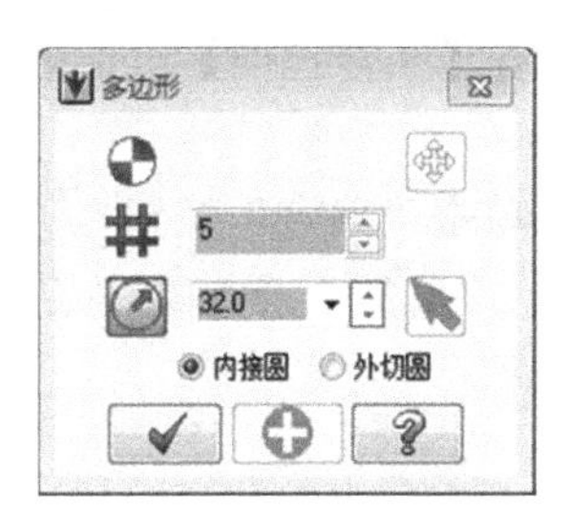

图 1-9　【多边形】对话框

（19）单击“确定”按钮，创建第三个实体（五边形实体），如图 1-11 所示。

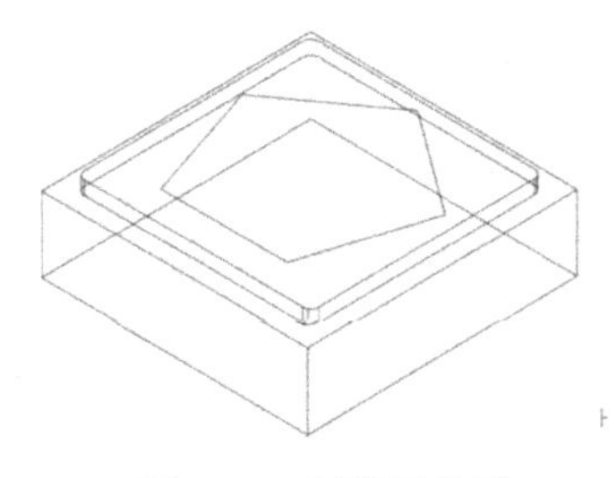

图 1-10　创建五边形

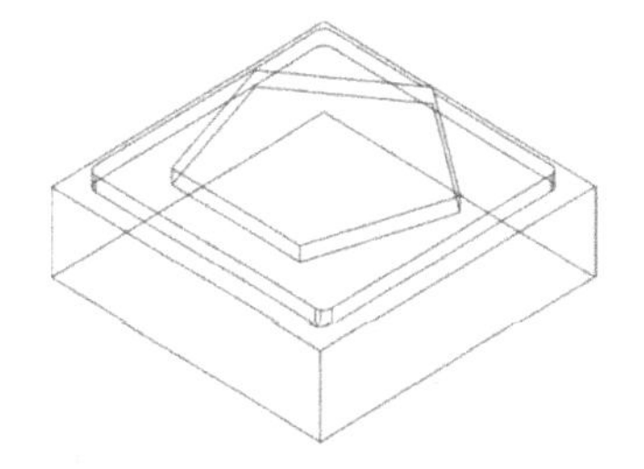

图 1-11　创建五边形实体

（20）在主菜单中选择“绘图 | 圆弧 | 已知圆心点画圆”命令，在坐标输入框中输入圆心坐标（0，0，0），按 Enter 键，圆弧直径设为ϕ32mm。

（21）单击“确定”按钮，绘制一个圆，如图 1-12 所示。

（22）在主菜单中选取“实体 | 拉伸”命令，在绘图区中选取刚才创建的ϕ32mm 圆形，单击【串连选项】对话框中的“确定”按钮。

（23）在【实体拉伸】对话框中选中“◉切割主体”，对距离选择“◉全部贯通”，箭头朝上。

（24）单击“确定”按钮，在零件中间切割圆柱实体，如图 1-13 所示。

（25）在主菜单中选择“绘图 | 圆弧 | 已知圆心点画圆”命令，在坐标输入框中输入圆心坐标（0，17，30），按 Enter 键，圆弧直径设为ϕ6mm。

（26）单击“确定”按钮，绘制一个圆，如图 1-14 所示。

（27）在主菜单中选择“实体 | 拉伸”命令，在绘图区选取刚才创建的ϕ6mm 圆形，单击【串连选项】对话框中的“确定”按钮。

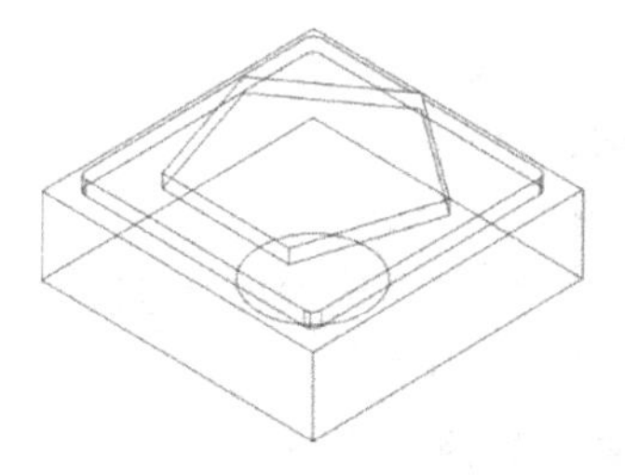

图 1-12　绘制圆形

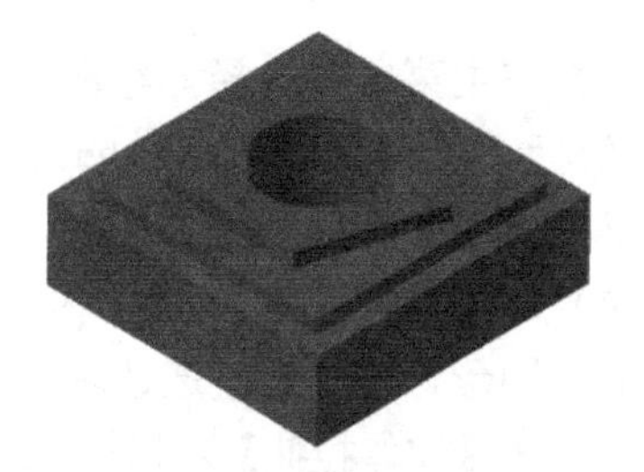

图 1-13　切割圆柱实体

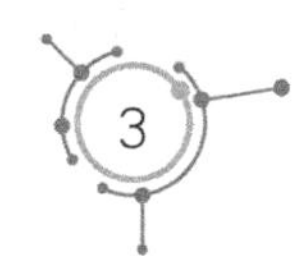

（28）在【实体拉伸】对话框中选中“◉切割主体”，单击“反向”按钮，距离设为 13.6mm。

（29）单击“确定”按钮，在零件中间切割圆柱实体，如图 1-15 所示。

注意：设定第 2 层为工作层的目的是为了设计圆形时保持桌面整洁。

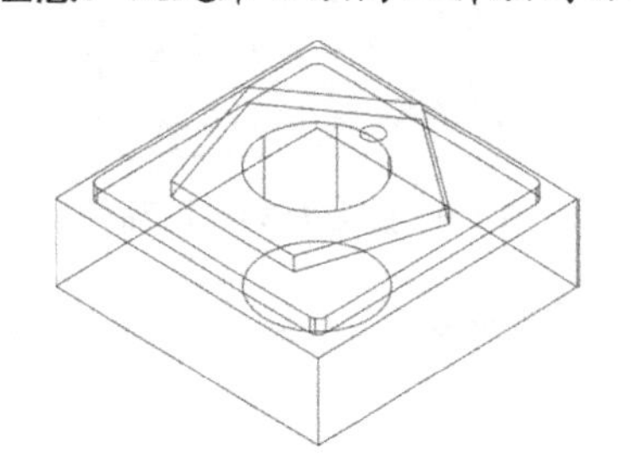

图 1-14　绘制ϕ6 的圆

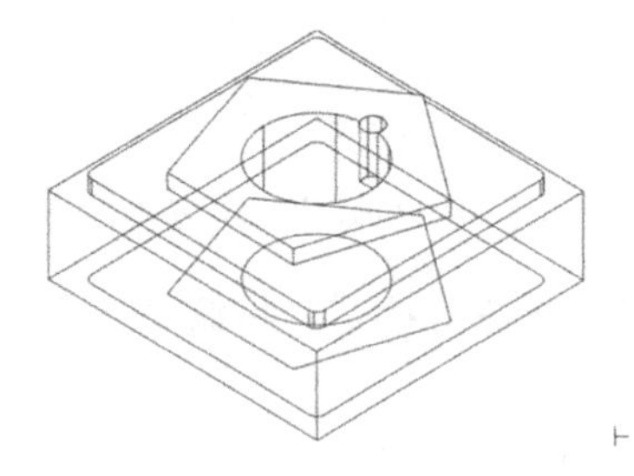

图 1-15　创建孔特征

（30）在“层别”文本框中输入 2，如图 1-16 所示，设定工作图层为第 2 层。

图 1-16　设定第 2 层为工作图层

（31）双击图 1-16 中的“层别”二字，在【层别管理】对话框中取消第 1 层的“×”，如图 1-17 所示。

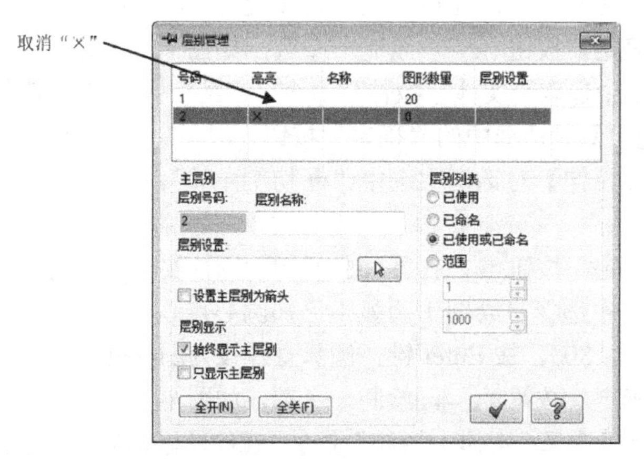

图 1-17　取消图层 1 的“×”

（32）在主菜单中选择“绘图 | 圆弧 | 已知圆心点画圆”命令，在坐标输入框中输入圆心坐标（0，0，0），按 Enter 键，圆弧直径设为ϕ54mm。

（33）单击“确定”按钮，绘制一个圆，如图 1-18 所示。

（34）在主菜单中选取“实体 | 拉伸”命令，在绘图区中选取刚才创建的直径为ϕ54mm 的圆形，单击【串连选项】对话框中的“确定”按钮。

（35）在【实体拉伸】对话框中选中“◉创建主体”，距离设为 5mm，箭头方向朝上。

（36）单击“确定”按钮，创建圆柱实体，如图 1-19 所示。

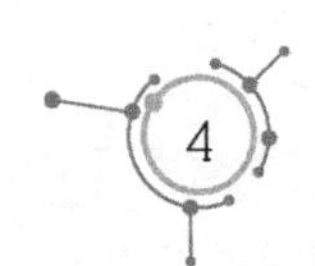

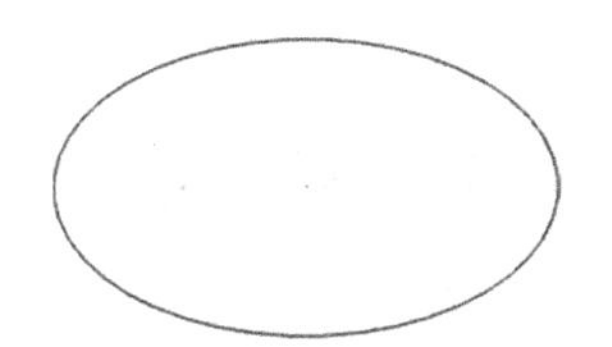

图 1-18　绘制ϕ54mm 的圆

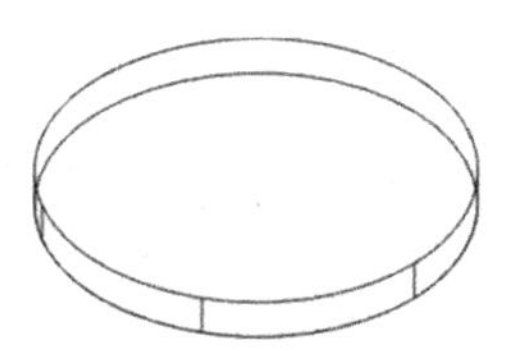

图 1-19　创建拉伸实体

（37）在主菜单中选择“绘图｜圆弧｜已知圆心点画圆”命令，在坐标输入框中输入圆心坐标（0，0，0），按 Enter 键，圆弧直径设为ϕ36mm。

（38）单击“确定”按钮，绘制一个圆，如图 1-20 所示。

（39）在主菜单中选择“实体｜拉伸”命令，在绘图区中选取刚才创建的圆形，单击【串连选项】对话框中的“确定”按钮。

（40）在【实体拉伸】对话框中选中“◉切割主体”，对距离选择“◉全部贯通”。

（41）单击“确定”按钮，创建圆环实体，如图 1-21 所示。

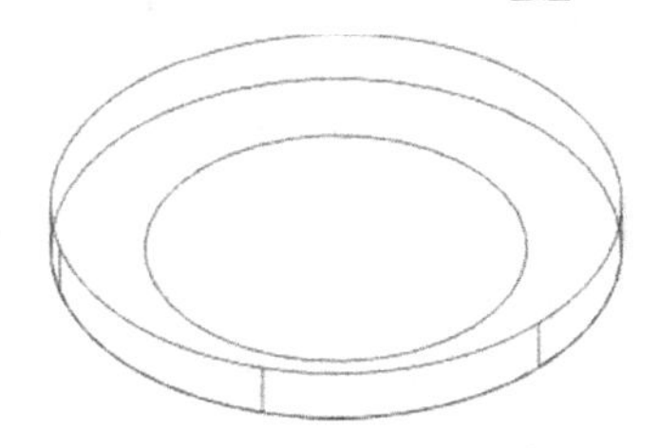

图 1-20　绘制ϕ36mm 的圆

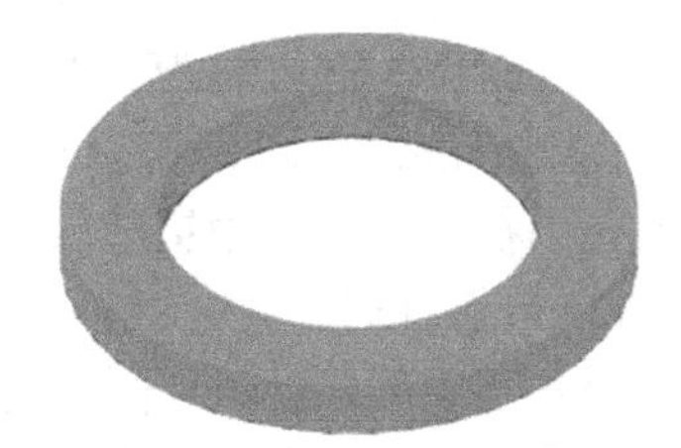

图 1-21　创建圆环实体

（42）双击图 1-16 中的“层别”二字，在【层别管理】对话框中显示第 1 层的“×”，如图 1-22 所示。

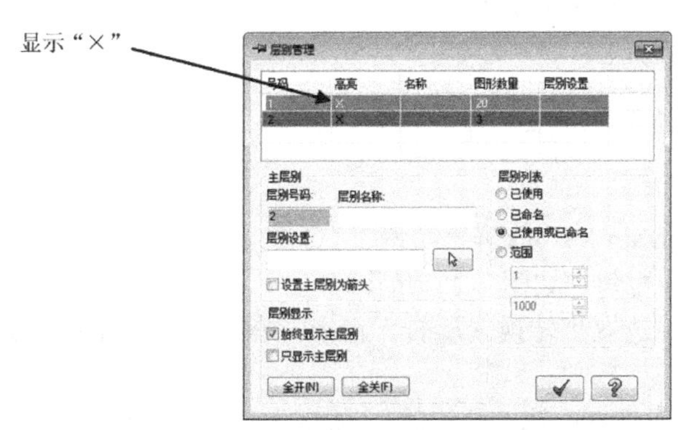

图 1-22　显示第 1 层的“×”

（43）在主菜单中选取“实体｜布尔运算”命令，选取方形零件为目标主体，圆环为工件主体，单击“确定”按钮。

（44）在【布尔运算】对话框中选“◉移除”，单击“确定”按钮，创建圆环特征，如图 1-23 和图 1-24 所示。

（45）单击“保存”按钮，文件名为“实例 1(G423) .mcx-9”。

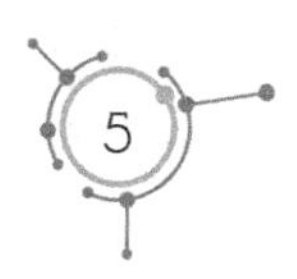

图 1-23　实体正面

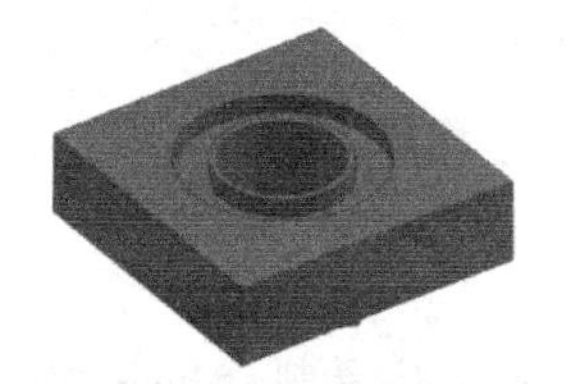

图 1-24　实体反面

2. 加工工艺分析

（1）对零件的尺寸是 80mm×80mm×30mm，而毛坯材料是 85mm×85mm×35mm 的铝块，建议进行零件加工时，毛坯正、反两面的平面各加工 2.5mm，以保持统一，便于初学者学习。

（2）根据零件形状，建议先加工反面的圆形槽，再加工正面的五边形。

（3）根据零件的形状，建议在加工零件表面时及外形时，用ϕ12mm 的平底刀。加工中间的小孔时用ϕ6mm 钻嘴；加工反面的圆形槽时，用ϕ8mm 平底刀。

（4）加工ϕ6mm 小孔时，可以直接用ϕ6mm 钻嘴加工，而不需要先用中心钻预钻孔。

（5）因为在加工过程中铝渣较难排出，且铝渣容易附着在立铣刀上，所以建议加工中间的ϕ32mm 圆孔时，正、反两面各加工 15mm；两面铣通后，再精加工。

（6）在加工中间ϕ32mm 圆孔时，可用外形铣削方式中的斜向式进刀。这种加工方式是斜向进刀，既可以避免踩刀，也可以省去预钻孔这个工序。

（7）加工反面的圆形槽时，可用外形铣削方式中的斜插式。这种加工方式是斜向进刀，既可以避免踩刀，也可以省去预钻孔这个工序。

（8）因为加工零件的材质是铝，在加工过程中刀具的磨损较小，所以可以在粗加工后不用换刀，直接精加工。

3. 第一次装夹的数控编程

1）创建毛坯工序

（1）启动 Mastercam X9，打开“实例 1（G423）.mcx-9”，单击“前视图”按钮，将零件转化为前视图视角，如图 1-25 所示。

（2）在主菜单中选取“转换｜旋转”命令，在工作区中用框选方式选中所有图素，按 Enter 键。

（3）在【旋转】对话框中选“◉移动”，角度为 180°，单击“定义中心点”按钮，如图 1-26 所示。

（4）在坐标输入栏中输入旋转中心点坐标（0，0，0），单击 Enter 键。

（5）单击“确定”按钮，零件旋转 180°。

（6）在主菜单中选择“屏幕｜清除颜色”命令，清除图素的颜色。

（7）单击“等角视图”按钮，此时坐标系原点在零件表面中心，如图 1-27 所示。

（8）在主菜单中选取“文件｜另存为”命令，将文件另存为“实例 1（G423）第一次加工图”。

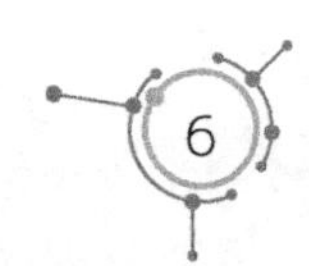

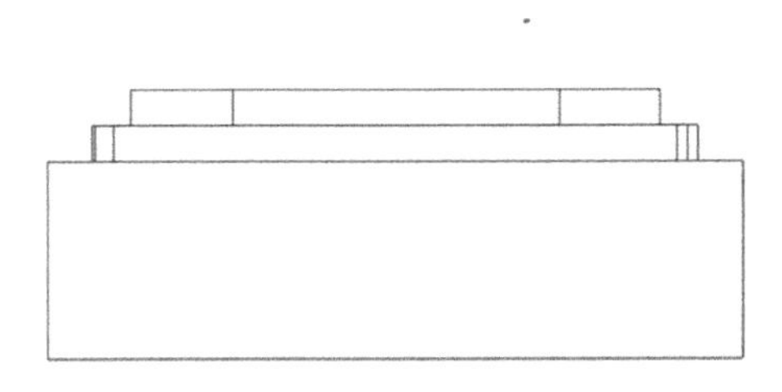

图 1-25　前视图

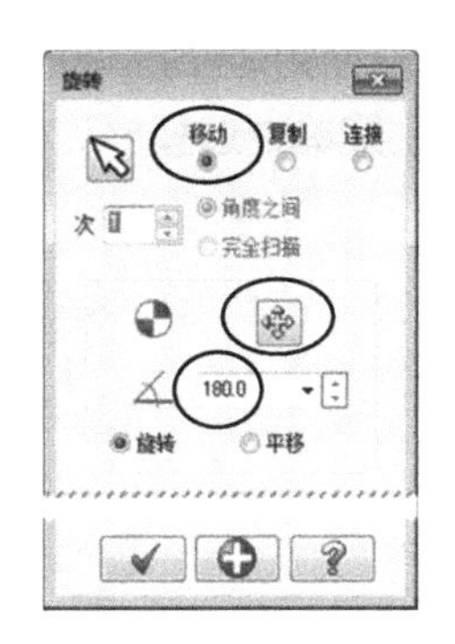

图 1-26　【旋转】对话框

（9）在主菜单中选取“机床类型｜铣床｜默认”命令，进入加工模式。

（10）同时按住键盘的<Alt+O>组合键，在绘图区左侧弹出“刀路”滑板。

（11）在“刀路”管理器中展开“+属性”，再单击“毛坯设置”命令，如图 1-28 所示。

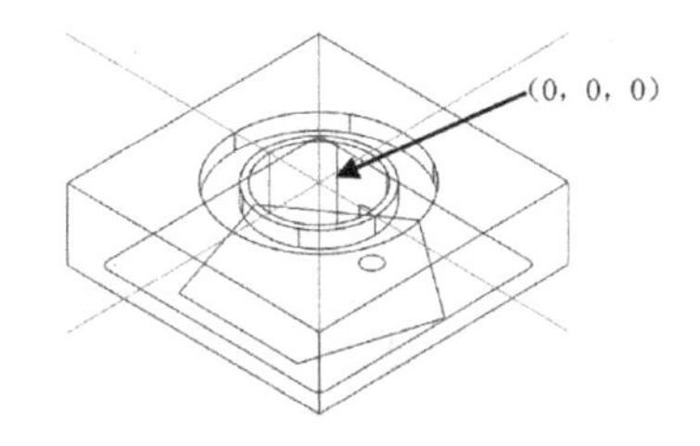

图 1-27　零件反面

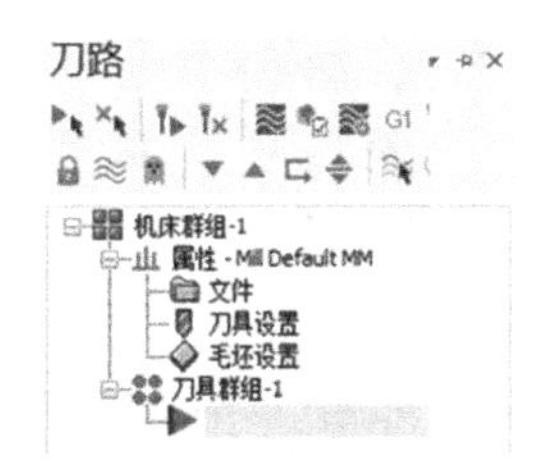

图 1-28　选“毛坯设置”命令

（12）在【机床群组属性】对话框“毛坯设置”选项卡中，对“毛坯平面”选择“俯视图”，对“形状”选择“◉立方体”，钩选“显示”、“适度化”复选框，选择“◉线框”，“毛坯原点”为（0，0，2.5），毛坯的长、宽、高分别为 85mm、85mm、35mm，如图 1-29 所示。

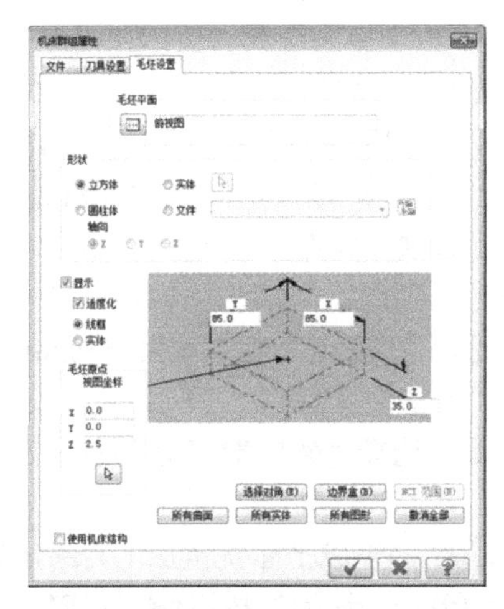

图 1-29 【机床群组属性】对话框“毛坯设置”选项

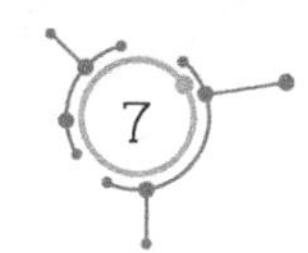

2）零件反面用ϕ12mm 立铣刀的数控编程过程

（1）在主菜单中选择“刀路｜平面铣”命令，输入 NC 名称为 G423-1，如图 1-30 所示。

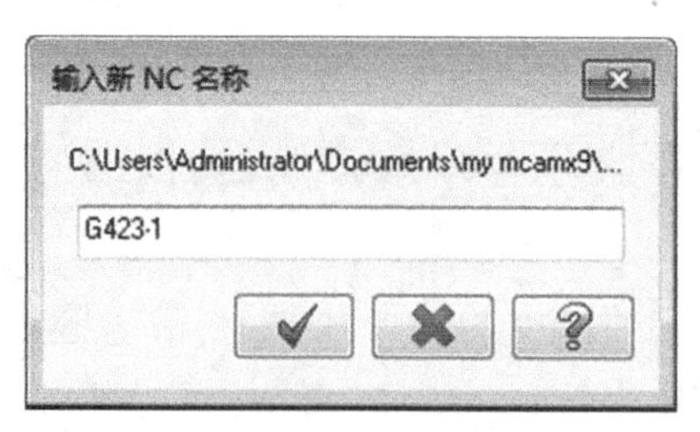

图 1-30　输入 NC 名称：G423-1

（2）单击“确定”按钮，再单击“确定”按钮。在【2D 刀路-平面铣削】对话框中选择“刀具”选项。在右边的空白处单击鼠标右键，在下拉菜单中选择“创建新刀具”命令，如图 1-31 所示。

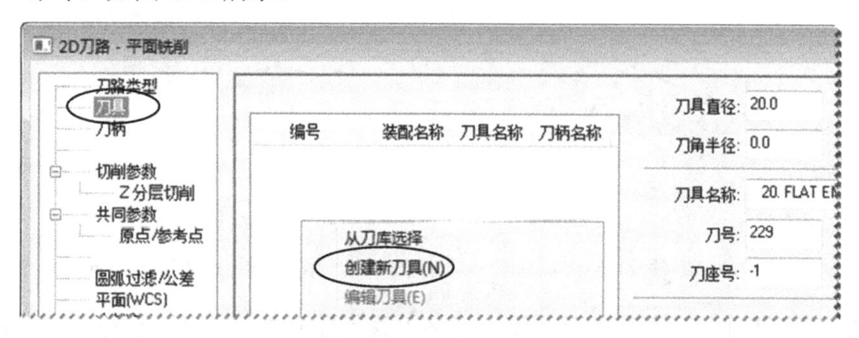

图 1-31　选“创建新刀具”命令

（3）刀具类型选“平底刀”，刀齿直径为ϕ12mm，刀号为 1，刀长补正为 1，半径补正为 1，进给速率为 1000mm/min，下刀速率为 600 mm/min，提刀速率为 1500 mm/min，主轴转速为 1500r/min，其他参数选择系统默认值，如图 1-32 所示。

（4）在【2D 刀路-平面铣削】对话框中选择“切削参数”选项，“类型”选“双向”，“截断方向超出量”选择 50%，“引导方向超出量”选择 50%，“进刀引线长度”设为 100%，“退刀引线长度”设为 0，“最大步进量”为 80%，底面预留量为 0.2mm，如图 1-33 所示。

（5）选择“Z 分层切削”选项，钩选“深度分层切削”复选框，“最大粗切步进量”为 1.0mm，如图 1-34 所示。

（6）选择“共同参数”选项，“安全高度”设为 5.0mm。选择“◉绝对坐标”，“参考高度”设为 5.0mm。选择“◉绝对坐标”，“下刀位置”设为 5.0mm。选择“◉绝对坐标”，“工件表面”设为 2.5mm。选择“◉绝对坐标”，“深度”设为 0。选择“◉绝对坐标”，如图 1-35 所示。

（7）单击“确定”按钮，生成平面铣粗加工刀路，如图 1-36 所示。

（8）在【刀路】管理器中单击“切换”按钮，隐藏平面铣刀路。

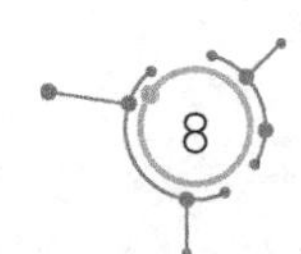

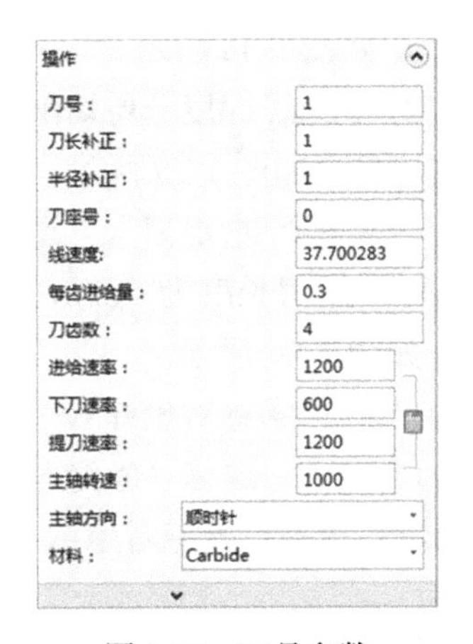

图 1-32　刀具参数

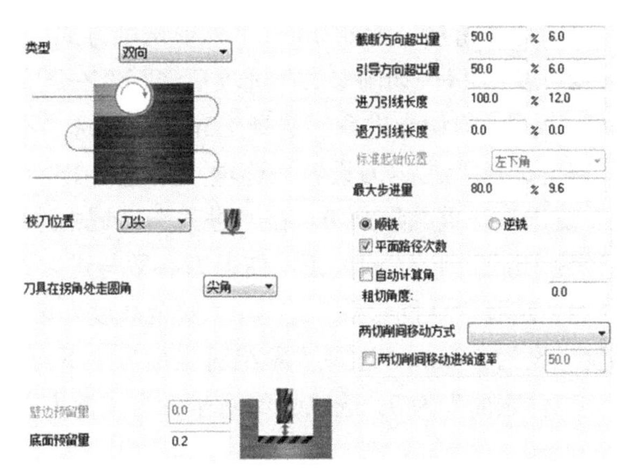

图 1-33　切削参数默认值

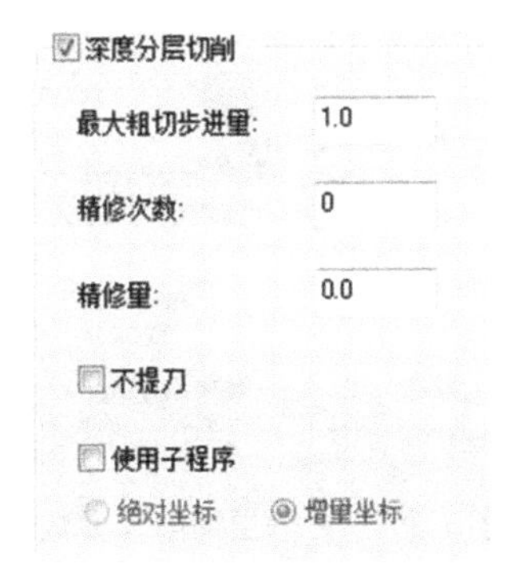

图 1-34　深度分层切削参数

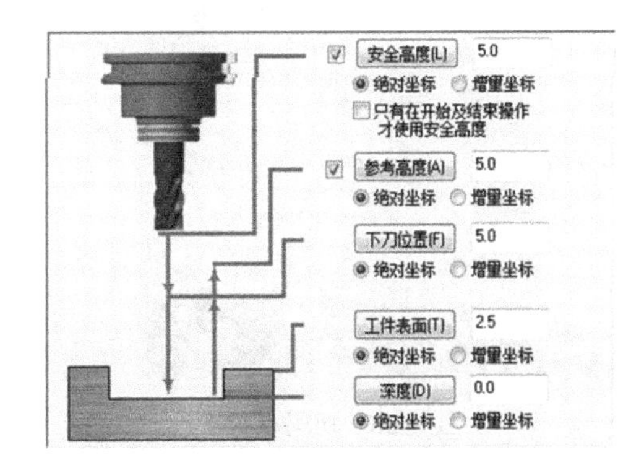

图 1-35　共同参数

（9）在主菜单中选择“刀路 | 外形”命令，在零件图上选取 80mm×80mm 的矩形边线，箭头方向为顺时针方向，箭头位置为起点，如图 1-37 所示，单击“确定”按钮✓。

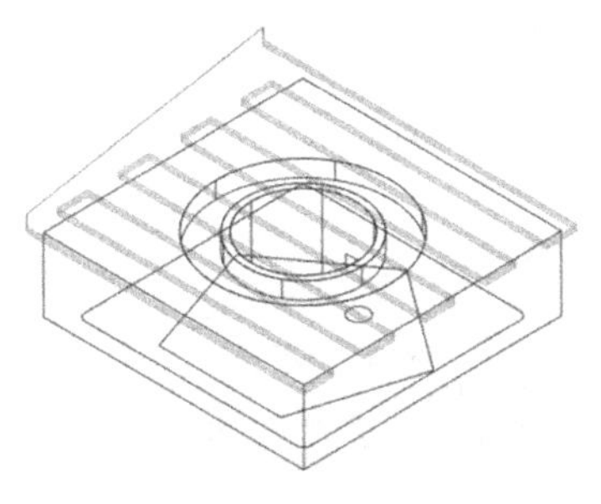

图 1-36　生成平面铣粗加工刀路

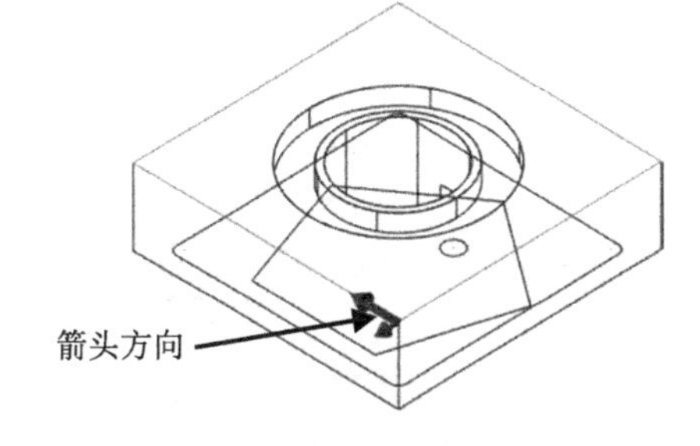

图 1-37　选取 80mm×80mm 的矩形边线

（10）在【2D 刀路-外形铣削】对话框中选择“刀具”选项，选取ϕ12mm 平底，进给速率为 1000mm/min，下刀速率为 600 mm/min，提刀速率为 1500 mm/min，主轴转速为 1500r/min。

（11）选择“切削参数”选项，对“补正方式”选择“电脑”，对“补正方向”选择

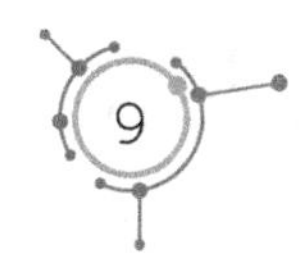

“左”，“壁边预留量”为 0.3mm，“外形铣削方式”选择“2D”，如图 1-38 所示。

（12）展开“+…切削参数”选项后选择“Z 分层切削”选项，钩选“深度分层切削”复选框，“最大粗切步进量”选择 1.5mm，钩选“不提刀”复选框，如图 1-39 所示。

（13）选择“进/退刀设置”选项，钩选“在封闭轮廓中点位置执行进/退刀”、“过切检查”复选框，重叠量为 0。在“进刀”区域中选择“◉相切”，进刀长度为 5mm，圆弧半径为 1mm。单击⏩按钮，使退刀参数与进刀参数相同，如图 1-40 所示。

（14）选择“共同参数”选项，“安全高度”设为 5.0mm。选择“◉绝对坐标”，“参考高度”设为 5.0mm。选择“◉绝对坐标”，“下刀位置”设为 5.0mm。选择“◉绝对坐标”，“工件表面”为 0。选“◉绝对坐标”，“深度”设为-24mm，选择“◉绝对坐标”。

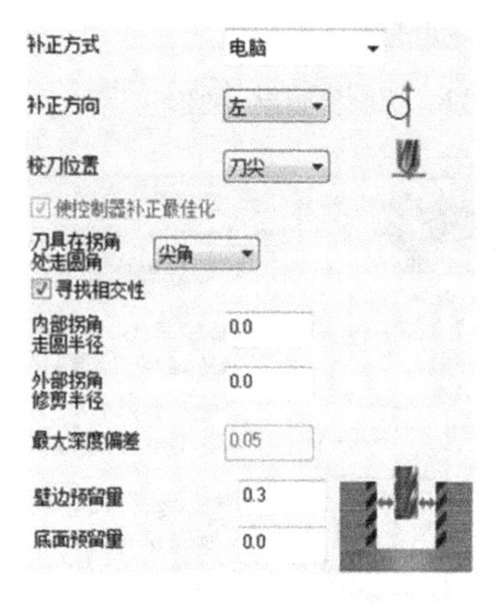

图 1-38　切削参数

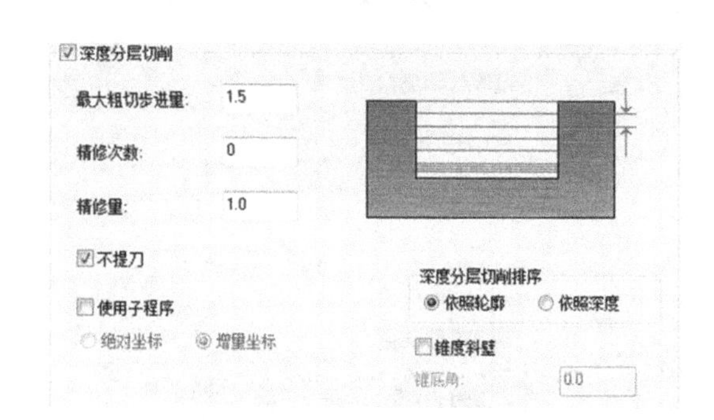

图 1-39 “Z 分层切削”参数

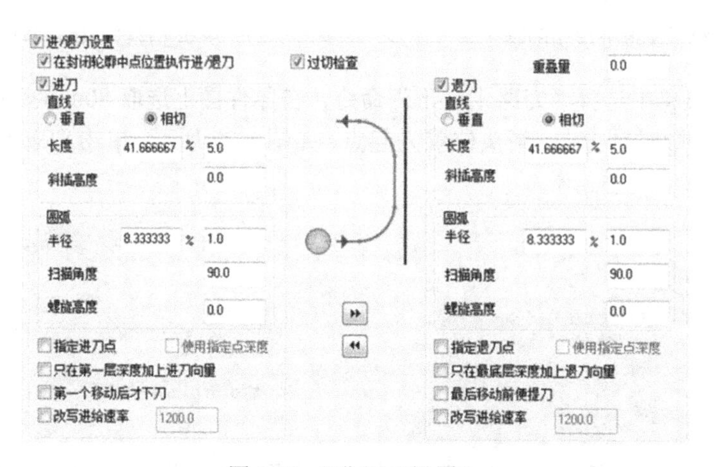

图 1-40 “进/退刀设置”

（15）单击“确定”按钮✔，生成外形铣粗加工刀路，如图 1-41 所示。

（16）在【刀路】管理器中单击“切换”按钮≋，隐藏外形铣刀路。

（17）在主菜单中选取“刀路｜外形”命令，在零件图上选取ϕ32mm 的圆周，箭头方向为逆时针方向，箭头位置为起点，如图 1-42 所示，单击“确定”按钮✔。

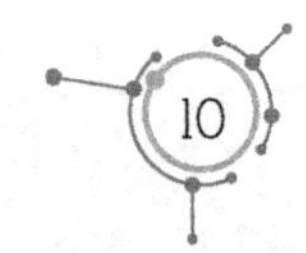

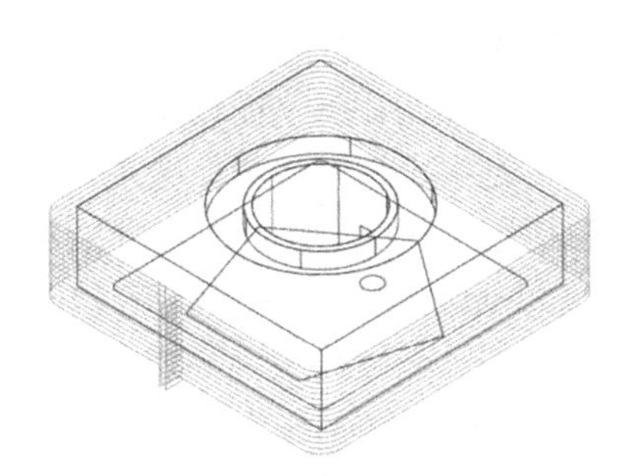

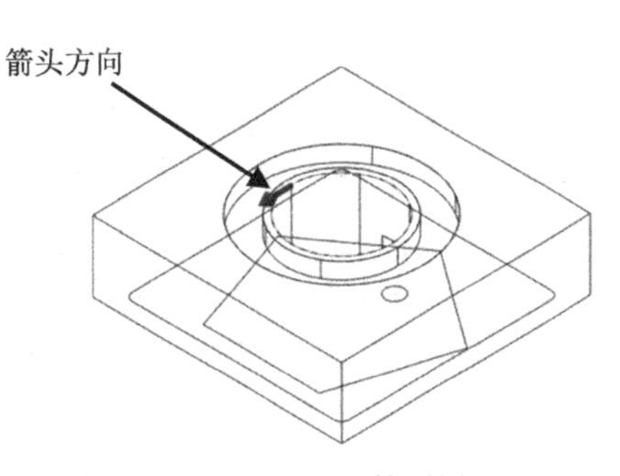

图 1-41　外形铣粗加工刀路

图 1-42　选ϕ32mm 的圆周

（18）在【2D 刀路-外形铣削】对话框中选择“刀具”选项，选取ϕ12mm 平底刀，进给速率为 1000mm/min，下刀速率为 600 mm/min，提刀速率为 1500 mm/min，主轴转速为 1500r/min。

（19）选择“切削参数”选项，对“补正方式”选择“电脑”，对“补正方向”选择“左”，“壁边预留量”设为 0.3mm，如图 1-38 所示。

（20）选择“Z 分层切削”选项，钩选“深度分层切削”复选框，对“最大粗切步进量”选取 0.6mm，钩选“不提刀”复选框。

（21）选择“进/退刀设置”选项，在“进刀”区域中选“◉相切”，进刀长度为 10mm，斜插高度为 0.6mm（此刀路采用斜插进刀方式，避免踩刀），圆弧半径为 2mm，单击⏩按钮，使退刀参数与进刀参数相同。

（22）选择“共同参数”选项，“安全高度”为 5.0mm。选择“◉绝对坐标”，“参考高度”为 5.0mm。选择“◉绝对坐标”，“下刀位置”为 5.0mm。选择“◉绝对坐标”，“工件表面”设为 0，选择“◉绝对坐标”，“深度”为-16mm，选择“◉绝对坐标”。

（23）单击“确定”按钮✔，生成外形铣粗加工刀路（此刀路采用斜插进刀方式，避免踩刀），如图 1-43 所示。

（24）在【刀路】管理器中复制“1-平面铣”并粘贴到最后。

（25）双击“4-平面铣”刀路的“参数”，在【2D 刀路-平面铣削】对话框中选中“刀具”选项，将“进给速率”改为 600mm/min。选中“切削参数”选项，将“底面预留量”改为 0，选中“Z 分层切削”选项，取消已钩选“深度分层切削”复选框。

（26）单击“确定”按钮✔，然后，单击“重新生成刀路”按钮，生成平面铣精加工刀路，如图 1-44 所示。

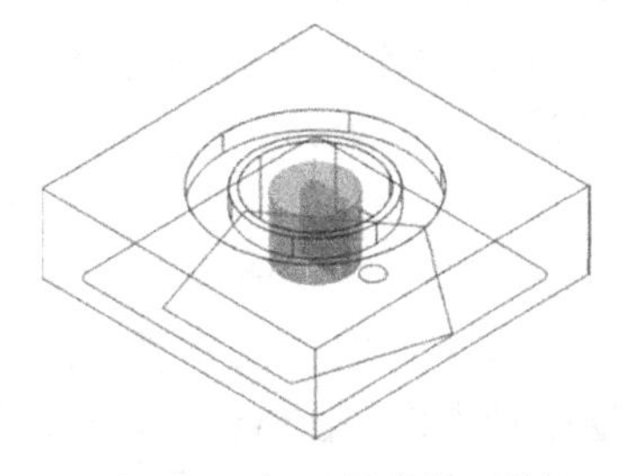

图 1-43　加工圆孔的刀路

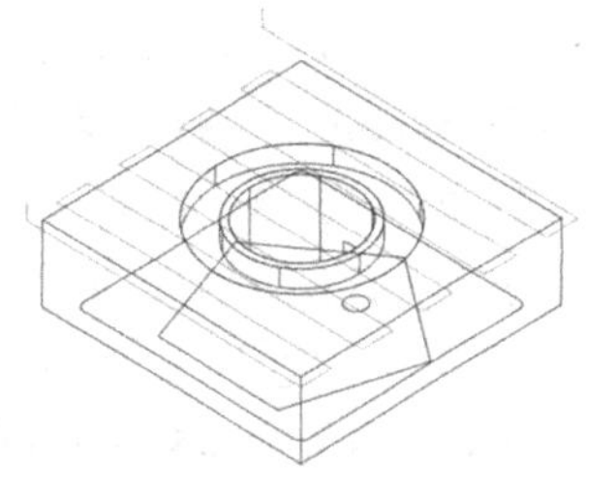

图 1-44　平面铣精加工

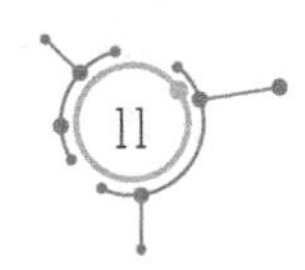

（27）在【刀路】管理器中复制“2-外形铣削”并粘贴到最后。

（28）双击“5-外形铣削”刀路的“参数”命令，在【2D 刀路-平面铣削】对话框中选中“刀具”选项，将“进给速率”改为 600mm/min。选中“切削参数”选项，将“壁边预留量”改为 0。选中“Z 分层切削”选项，取消钩选“深度分层切削”复选框。选中“进/退刀设置”选项，取消已钩选的“在封闭轮廓中点位置执行进/退刀”、“进刀”、“退刀”三个复选框，再钩选“调整轮廓起始位置”复选框，长度量设为 80%。钩选“调整轮廓终止位置”复选框，长度量设为 80%。选中“XY 分层切削”选项，在对话框中钩选“XY 分层切削”，粗切次数设为 4，间距设为 0.1mm，精修次数设为 1，间距设为 0.01mm，钩选“不提刀”复选框。

（29）单击“确定”按钮，然后，单击“重新生成刀路”按钮生成外形铣精加工刀路，如图 1-45 所示。

3）零件反面用ϕ8mm 立铣刀的加工圆环

（1）在主菜单中选择“刀路 | 外形”命令，在零件图上选取ϕ54mm 圆周，箭头方向为逆时针方向，箭头位置为起点，如图 1-46 所示，单击“确定”按钮。

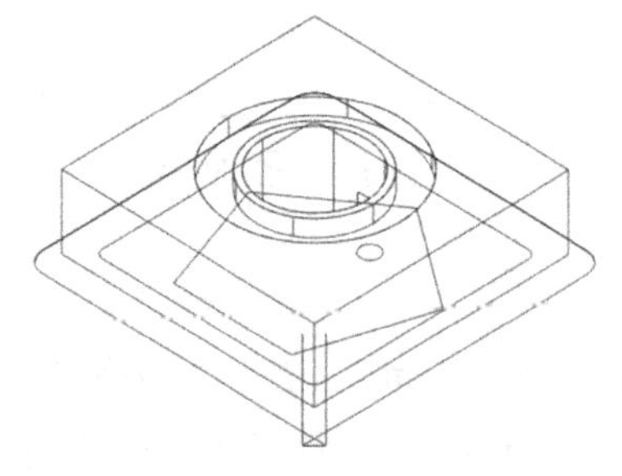

图 1-45　外形铣精加工

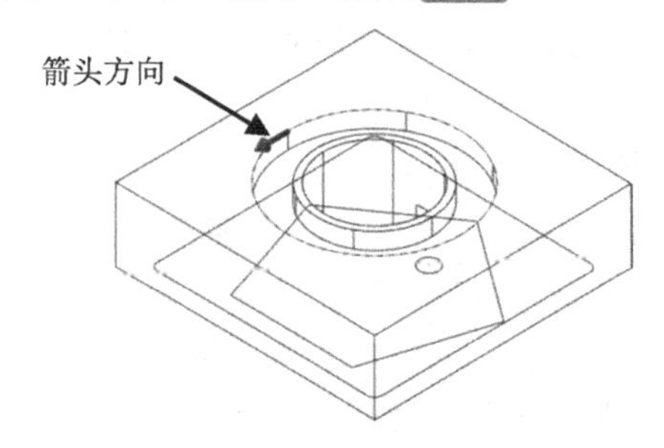

图 1-46　选取ϕ54mm 圆周

（2）在【2D 刀路-外形铣削】对话框中选中“刀具”选项，在空白处单击鼠标右键。在下拉菜单中选“创建新刀具”命令，对刀具类型选择“平底刀”，直径设为ϕ8mm，刀长设为 20mm，刀号为 2，刀长补正为 2，半径补正为 2，进给速率为 1000mm/min，下刀速率为 500 mm/min，提刀速率为 2500 mm/min，主轴转速为 1500r/min。

（3）选中“切削参数”选项，对“补正方式”选择“电脑”，对“补正方向”选择“左”，“壁边预留量”为 0.5mm，“底面预留量”为 0.15mm，对“外形铣削方式”选择“斜插”，对“斜插方式”选择“◉深度”，“斜插深度”为 0.2mm。

（4）选择“共同参数”选项，“安全高度”设为 5.0mm，选择“◉绝对坐标”，“参考高度”设为 5.0mm。选择“◉绝对坐标”，“下刀位置”设为 5.0mm。选择“◉绝对坐标”，“工件表面”设为 0。选择“◉绝对坐标”，“深度”设为-5mm，选择“◉绝对坐标”。

（5）单击“确定”按钮，生成加工圆环的刀路，如图 1-47 所示。

（6）在主菜单中选择“刀路 | 外形”命令，在零件图上选取直径分别为ϕ54mm、ϕ36mm 的圆周。其中，ϕ54mm 圆周的箭头方向为逆时针方向，ϕ36mm 圆周的箭头方向为顺时针，箭头位置为起始点，如图 1-48 所示，单击“确定”按钮。

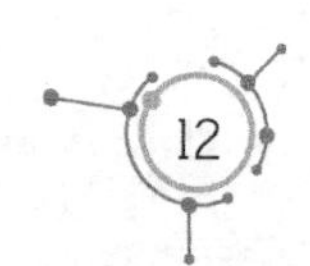

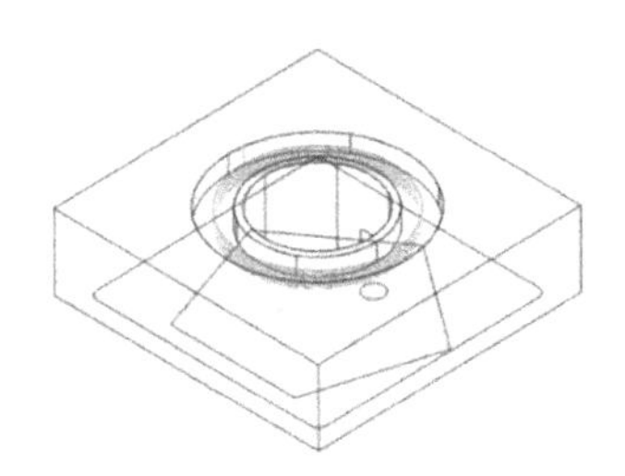

图 1-47　加工圆环刀路

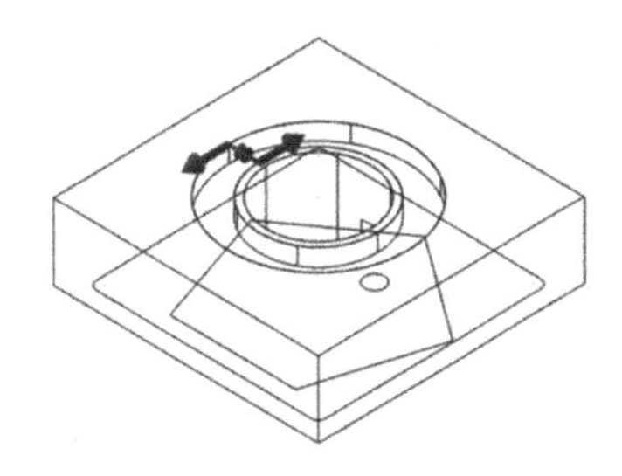

图 1-48　选取 ϕ54mm 和 ϕ36mm 圆周

（7）在【2D 刀路-外形铣削】对话框中选中“刀具”选项，选择 ϕ8mm 平底刀，将进给速率改为 600mm/min。

（8）选中“切削参数”选项，对“补正方式”选择“电脑”，“壁边预留量”设为 0，“底面预留量”设为 0，对“外形铣削方式”选择 2D。

（9）选中“Z 分层切削”选项，取消已钩选的“深度分层切削”复选框。

（10）选择“进/退刀设置”选项，钩选“在封闭轮廓中点位置执行进/退刀”和“过切检查”复选框，重叠量设为 0。在“进刀”区域中选择“◉相切”，进刀长度设为 0.2mm，圆弧半径设为 0.1mm，单击⏩按钮，使退刀参数与进刀参数相同。

（11）选中“XY 分层切削”选项，在对话框中钩选“XY 分层切削”，粗切次数设为 4，间距设为 0.1mm，精修次数设为 1，间距设为 0.01mm，钩选“不提刀”复选框。

（12）选择“共同参数”选项，“安全高度”设为 5.0mm。选择“◉绝对坐标”，“参考高度”设为 5.0mm。选择“◉绝对坐标”，“下刀位置”设为 5.0mm。选择“◉绝对坐标”，“工件表面”设为 0。选择“◉绝对坐标”，“深度”设为-5mm，选择“◉绝对坐标”。

（13）单击“确定”按钮✔，生成精加工圆环的刀路，如图 1-49 所示。

（14）按住键盘的 Ctrl 键，在“刀路”管理器中选中第 6、7 个程序。单击鼠标右键，在下拉菜单选“编辑已经选择的操作丨更改 NC 文件名”命令，将 NC 程序名命令为 G423-2，如图 1-50 所示，第 1～5 个程序的 NC 程序名依旧是 G423-1。

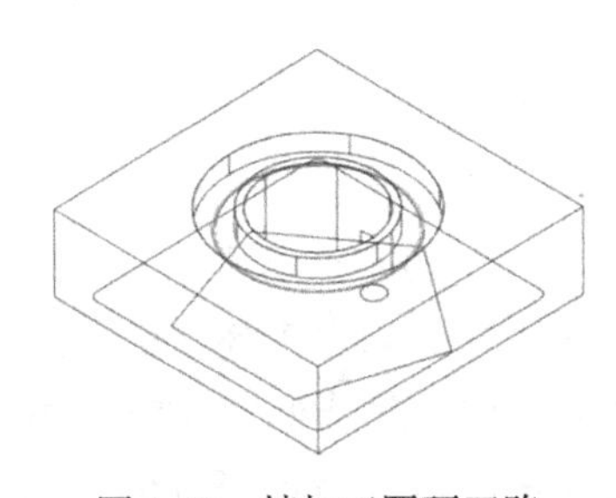

图 1-49　精加工圆环刀路

图 1-50　文件名更改为 G423-2

4）程序后处理

（1）在“刀路”管理器中选中所有的程序，再单击“后处理器”按钮 G1，生成 2 个 NC 文档。

（2）打开 NC 文档，删除不需要的内容。对于不能换刀的数控铣床，还需要删除 T2 M6 所在行，如图 1-51 所示。

（3）在 NC 文档末尾处删除不需要的内容，如图 1-52 所示。

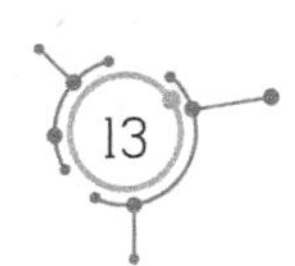

4. 第二次装夹的数控编程

1）创建毛坯工序

（1）启动 Mastercam X9，打开“实例 1(G432) .mcx-9”。

（2）在主菜单中选取“文件丨另存为”命令，将文件另存为“实例 1（G423）-第二次加工图”。

（3）在主菜单中选取“机床类型丨铣床丨默认”命令，进入加工模式。

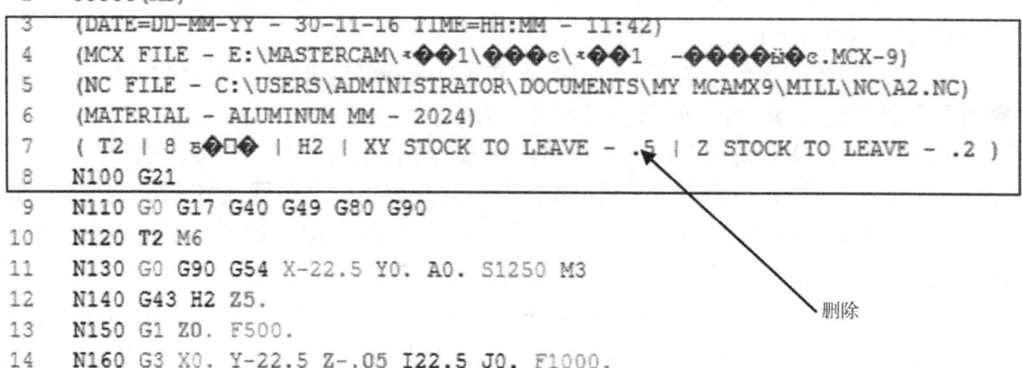

```
1   %
2   O0000(A2)
3   (DATE=DD-MM-YY - 30-11-16 TIME=HH:MM - 11:42)
4   (MCX FILE - E:\MASTERCAM\�1\�c\�1  -�c.MCX-9)
5   (NC FILE - C:\USERS\ADMINISTRATOR\DOCUMENTS\MY MCAMX9\MILL\NC\A2.NC)
6   (MATERIAL - ALUMINUM MM - 2024)
7   ( T2 | 8 �� | H2 | XY STOCK TO LEAVE - .5 | Z STOCK TO LEAVE - .2 )
8   N100 G21
9   N110 G0 G17 G40 G49 G80 G90
10  N120 T2 M6
11  N130 G0 G90 G54 X-22.5 Y0. A0. S1250 M3
12  N140 G43 H2 Z5.
13  N150 G1 Z0. F500.
14  N160 G3 X0. Y-22.5 Z-.05 I22.5 J0. F1000.
15  N170 X22.5 Y0. Z-.1 I0. J22.5
```


图 1-51　删除文件开始处不需要的内容

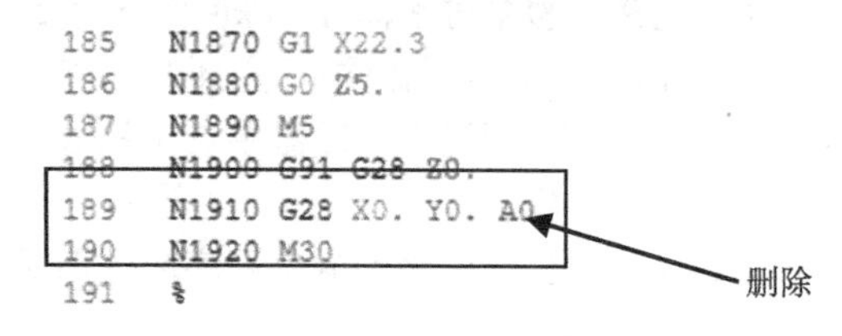

```
185  N1870 G1 X22.3
186  N1880 G0 Z5.
187  N1890 M5
188  N1900 G91 G28 Z0.
189  N1910 G28 X0. Y0. A0.
190  N1920 M30
191  %
```


图 1-52　删除文件末尾不需要的内容

（4）同时按住键盘的<Alt+O>组合键，在绘图区左侧弹出“刀路”滑板。

（5）在“刀路”管理器中展开“+属性”，再单击“毛坯设置”命令。

（6）在【机床群组属性】对话框“毛坯设置”选项卡中，对“毛坯平面”选择“俯视图”，“形状”选择“◉立方体”，钩选“显示”、“适度化”复选框，选择“◉线框”，“毛坯原点”设为（0，0，32.5），毛坯的长、宽、高分别设为 85mm、85mm、32.5mm。

2）零件正面用ϕ6mm 钻孔的数控编程

（1）在主菜单中选取“刀路丨钻孔”命令，输入 NC 文件名：G423-3，单击“确定”按钮✓，在零件图上先选取ϕ6mm 圆周的圆心，单击“确定”按钮✓。

（2）在【2D 刀路-钻孔】对话框中选中“刀具”选项，在空白处单击鼠标右键，选“创建新刀具”命令。“刀具类型”选择“钻头”，钻头直径设为 6mm，刀肩长度设为 35mm，刀杆直径设为 6mm，刀号设为 1，刀长补正设为 1，半径补正设为 1，进给速率设为

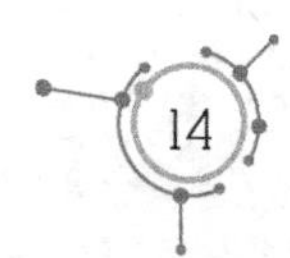

300mm/min，下刀速率设为 600mm/min，提刀速率设为 1000mm/min，主轴转速设为 1500r/min。

（3）单击“切削参数”选项，对“循环方式”选择“深孔啄钻”，Peck（每次钻孔深度）设为 1mm。

（4）单击“共同参数”选项，“安全高度”设为 40.0mm，选择“◉绝对坐标”，“参考高度”设为 35.0mm。选择“◉绝对坐标”，“工件表面”设为 32.5mm，选择“◉绝对坐标”，“深度”设为 14.5mm。选择“◉绝对坐标”。

（5）单击“确定”按钮✔，生成钻孔刀路。

3）零件正面用ϕ12mm 立铣刀的数控编程

（1）在主菜单中选取“刀路 | 平面铣”命令，单击“确定”按钮✔，在【2D 刀路–平面铣削】对话框中选中“刀具”选项，创建ϕ12mm 平底刀，刀具类型选择“平底刀”，刀齿直径ϕ12mm，刀号为 2，刀长补正为 2，半径补正为 2，进给速率为 1000mm/min，下刀速率为 600 mm/min，提刀速率为 1500 mm/min，主轴转速为 1500r/min。

（2）在【2D 刀路–平面铣削】对话框中选择“切削参数”选项，对“类型”选择“双向”，对“截断方向超出量”选择 50%，“引导方向超出量”选择 50%，“进刀引线长度”为 100%，“退刀引线长度”为 0，“最大步进量”为 80%，底面预留量为 0.2mm，如图 1-33 所示。

（3）单击“Z 分层切削”选项，钩选“深度分层切削”复选框，“最大粗切步进量”为 1.0mm，如图 1-34 所示。

（4）单击“共同参数”选项，“安全高度”设为 35.0mm。选择“◉绝对坐标”，“参考高度”设为 35.0mm。选择“◉绝对坐标”，“下刀位置”设为 35.0mm。选择“◉绝对坐标”，“工件表面”设为 32.5mm。选择“◉绝对坐标”，“深度”设为 30，选择“◉绝对坐标”，如图 1-35 所示。

（5）单击“确定”按钮✔，生成的平面铣刀路如图 1-53 所示。

（6）在主菜单中选取“刀路 | 外形”命令，在零件图上选取 69.6mm×69.6mm 的矩形边线，箭头方向为顺时针方向，如图 1-54 所示，单击“确定”按钮✔。

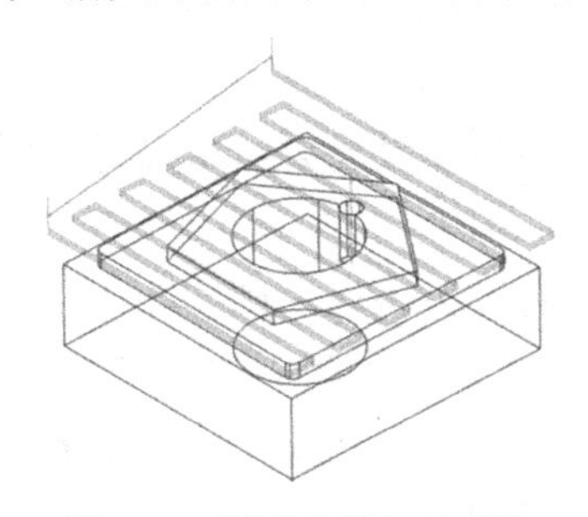

图 1-53　平面铣粗加工刀路

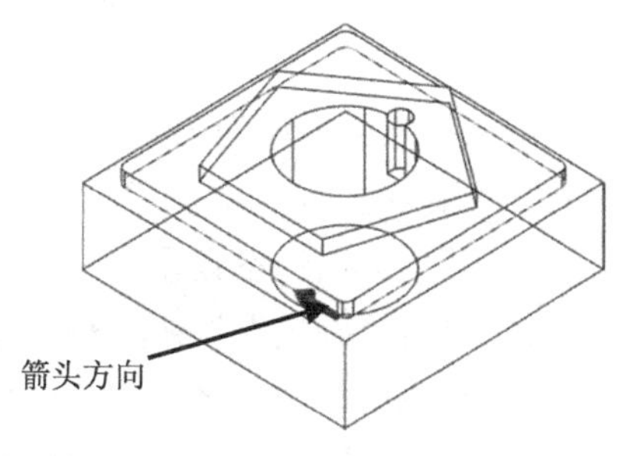

图 1-54　选取 69.6mm×69.6mm 的矩形边线

（7）在【2D 刀路–外形铣削】对话框中选择“刀具”选项，选择ϕ12mm 平底刀具，进给速率为 1000mm/min，下刀速率为 600mm/min，提刀速率为 1500mm/min，主轴转速

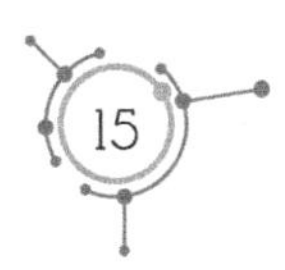

为 1500r/min。

（8）选择“切削参数”选项，对“补正方式”选择“电脑”，“补正方向”选择“左”，“壁边预留量”设为 0.3mm，“底面预留量”设为 0.2mm，“外形铣削方式”选择“2D”。

（9）选“Z 分层切削”选项，钩选“深度分层切削”复选框，“最大粗切步进量”选择 1.0mm，钩选“不提刀”复选框。

（10）选择“进/退刀设置”选项，钩选“在封闭轮廓中点位置执行进/退刀”、“过切检查”复选框，重叠量为 0。在“进刀”区域中选择“◉相切”，进刀长度为 8mm，圆弧半径为 1mm，单击⏩按钮，使退刀参数与进刀参数相同。

（11）选择“共同参数”选项，“安全高度”设为 35.0mm。选择“◉绝对坐标”，“参考高度”为 35.0mm。选择“◉绝对坐标”，“下刀位置”为 35.0mm。选择“◉绝对坐标”，“工件表面”设为 30。选择“◉绝对坐标”，“深度”为 22mm，选择“◉绝对坐标”。

（12）单击“确定”按钮✔，生成外形铣粗加工刀路，如图 1-55 所示。

（13）在主菜单中选取“刀路丨外形”命令，在零件图上选取五边形的边线，箭头方向为顺时针方向，如图 1-56 所示，单击“确定”按钮✔。

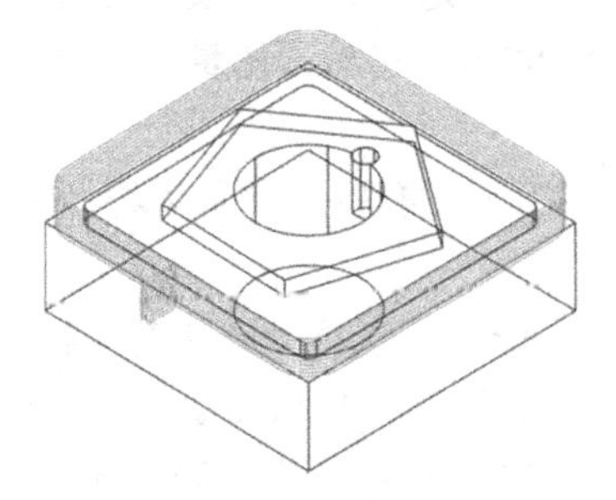

图 1-55　外形铣粗加工刀路

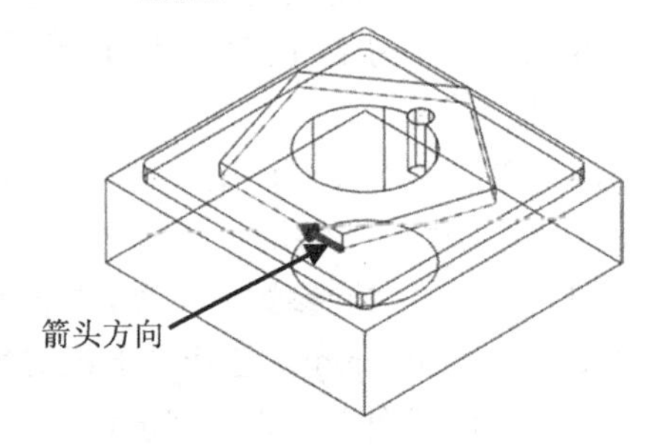

图 1-56　选五边形边线

（14）在【2D 刀路-外形铣削】对话框中选“XY 分层切削”选项，钩选“XY 分层切削”复选框，粗切次数为 2，间距为 10mm，钩选“不提刀”复选框。

（15）选择“共同参数”选项，“安全高度”设为 35.0mm。选择“◉绝对坐标”，“参考高度”设为 35.0mm。选择“◉绝对坐标”，“下刀位置”设为 35.0mm。选择“◉绝对坐标”，“工件表面”设为 30。选择“◉绝对坐标”，“深度”设为 26mm，选择“◉绝对坐标”。

（16）其他选项的参数设置与上一刀路的参数相同。

（17）单击“确定”按钮✔，生成外形铣粗加工刀路，如图 1-57 所示。

（18）在主菜单中选择“刀路丨外形”命令，在零件图上选取ϕ32mm 圆周的边线，箭头方向为逆时针方向，如图 1-58 所示，单击“确定”按钮✔。

（19）在【2D 刀路-外形铣削】对话框中选择“Z 分层切削”选项，钩选“深度分层切削”复选框，最大粗切步进量为 0.6mm（此刀路为斜插进刀方式，避免踩刀），钩选“不提刀”复选框。

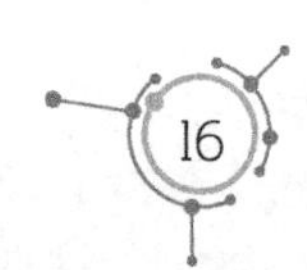

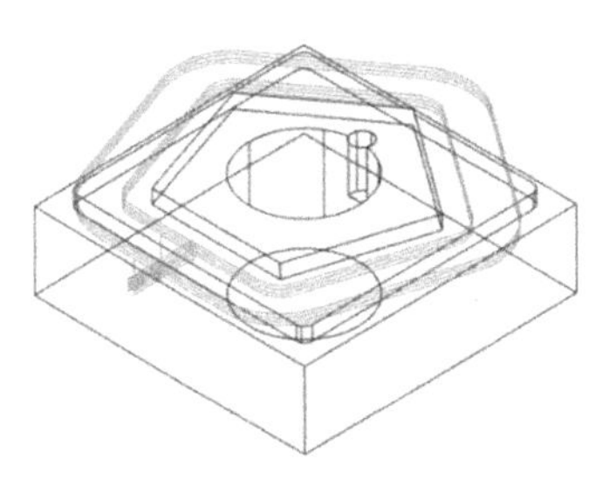

图 1-57　外形铣粗加工刀路

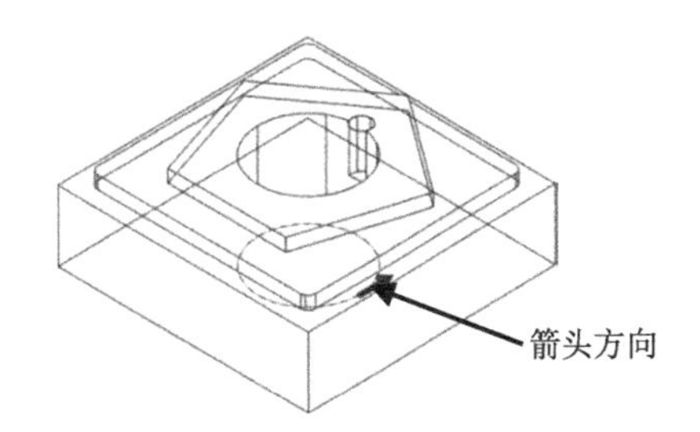

图 1-58　选ϕ32mm 圆周的边线

（20）选择“进/退刀设置”选项，在“进刀”区域中选择“◉相切”，进刀长度设为 10mm，斜插高度为 0.6mm，圆弧半径为 2mm。单击按钮，使退刀参数与进刀参数相同。

（21）选择“XY 分层切削”选项，取消钩选“XY 分层切削”复选框。

（22）选择“共同参数”选项，“安全高度”设为 35.0mm。选择“◉绝对坐标”，“参考高度”设为 35.0mm。选择“◉绝对坐标”，“下刀位置”设为 35.0mm。选择“◉绝对坐标”，“工件表面”设为 30。选择“◉绝对坐标”，“深度”设为 14mm，选“◉绝对坐标”。

（23）其他选项的参数设置与上一刀路的参数相同。

（24）单击“确定”按钮，生成外形铣粗加工刀路，如图 1-59 所示。

（25）在“刀路”管理器中选中第 2～5 个程序，单击鼠标右键，在下拉菜单中选择“编辑已经选择的操作｜更改 NC 文件名”命令，将 NC 文件名更改为 G423-4。

（26）在“刀路”管理器中复制“2-平面铣”刀路，并粘贴到“刀路”管理器的最后，如图 1-60 所示。

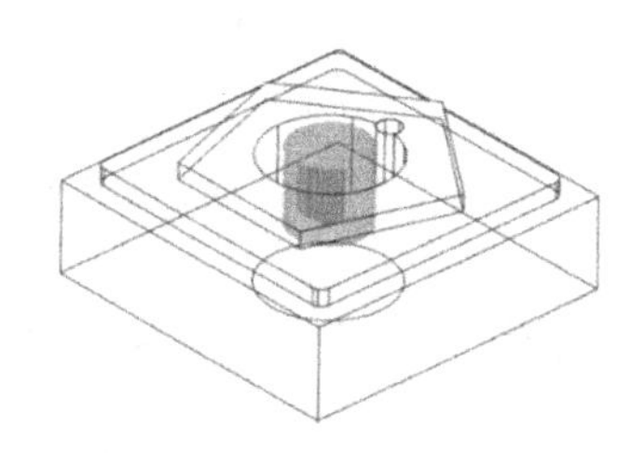

图 1-59　外形铣粗加工刀路

图 1-60　复制刀路到“刀路”管理器的最后

（27）双击“6-平面铣”刀路的“参数”选项，在【2D 刀路-平面铣削】对话框中选中“刀具”选项，将“进给率”改为 600mm/min。选中“切削参数”选项，将“底面预留量”改为 0，“引导方向超出量”改为 100%。选中“Z 分层切削”选项，取消已钩选的“深度分层切削”复选框。

（28）双击“6-平面铣”刀路的“图形”选项，在“串连管理”对话框空白处单击鼠标右键，选择“增加串连”命令，选中五边形边线，如图 1-61 所示。

（29）单击“确定”按钮，再单击“重建刀路”按钮，生成平面铣精加工刀路，如图 1-62 所示。

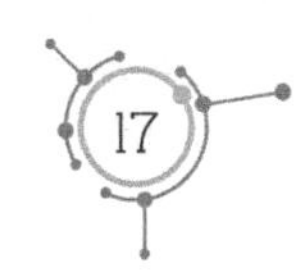

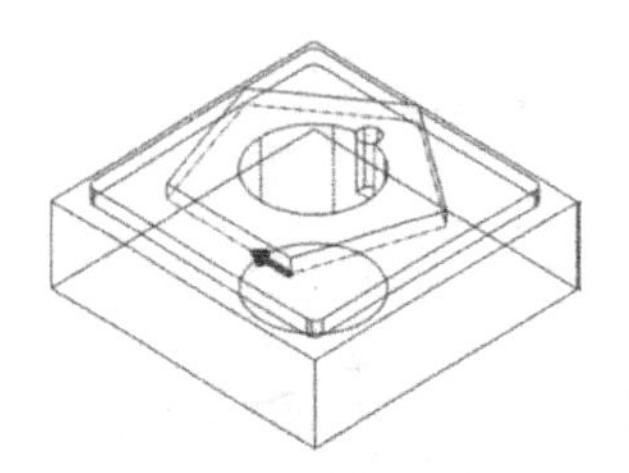

图 1-61　选五边形边线

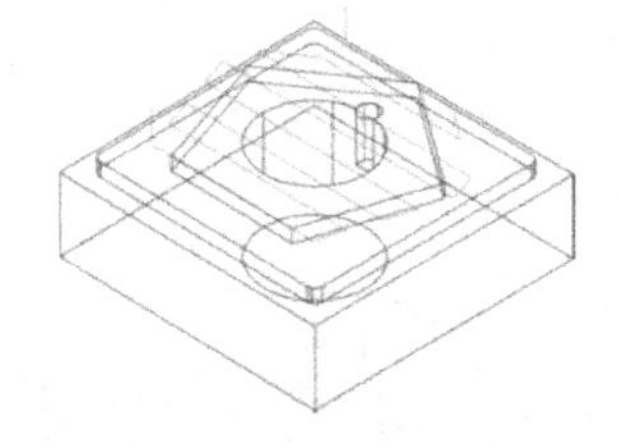

图 1-62　平面铣精加工刀路

（30）在“刀路”管理器中复制“3-外形铣削”刀路，并粘贴到“刀路”管理器的最后。

（31）双击“7-外形铣削”刀路的“参数”选项，在【2D 刀路-外形铣削】对话框中选中“刀具”选项，将“进给率”改为 600mm/min。选中“切削参数”选项，将“壁边预留量”、“底面预留量”改为 0。选中“Z 分层切削”选项，取消已钩选的“深度分层切削”复选框。选中“进/退刀设置”选项，取消已钩选的“在封闭轮廓中点位置执行进/退刀”复选框。选中“XY 分层切削”选项，钩选“XY 分层切削”复选框，粗切次数为 3，间距为 0.1mm，精修次数为 1，间距为 0.02mm，钩选“不提刀”复选框。

（32）单击“确定”按钮，再单击“重建刀路”按钮，生成的刀路如图 1-63 所示。

（33）在“刀路”管理器中复制“4-外形铣削”刀路，并粘贴到“刀路”管理器的最后。

（34）双击“8-外形铣削”刀路的“参数”，在【2D 刀路-外形铣削】对话框中选中“刀具”选项，将“进给率”改为 600mm/min。选中“切削参数”选项，将“壁边预留量”、“底面预留量”改为 0。选中“Z 分层切削”选项，取消已钩选的“深度分层切削”复选框。选中“进/退刀设置”选项，取消已钩选的“在封闭轮廓中点位置执行进/退刀”、“进刀”、“退刀”三个复选框，钩选“调整轮廓起始位置”复选框，长度设为 80%。钩选“调整轮廓终止位置”复选框，长度设为 80%，选中“XY 分层切削”选项，钩选“XY 分层切削”复选框，粗切次数为 2，间距为 10mm，精修次数为 3，间距设为 0.1mm，钩选“不提刀”复选框。

（35）单击“确定”按钮，再单击“重建刀路”按钮，生成的刀路如图 1-64 所示。

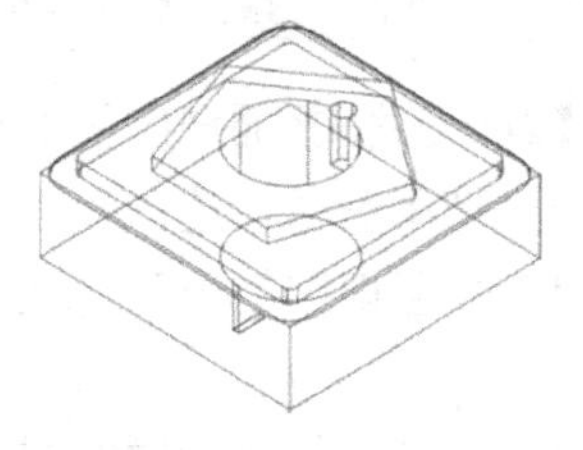

图 1-63　精加工 69.6mm×69.6mm 台阶

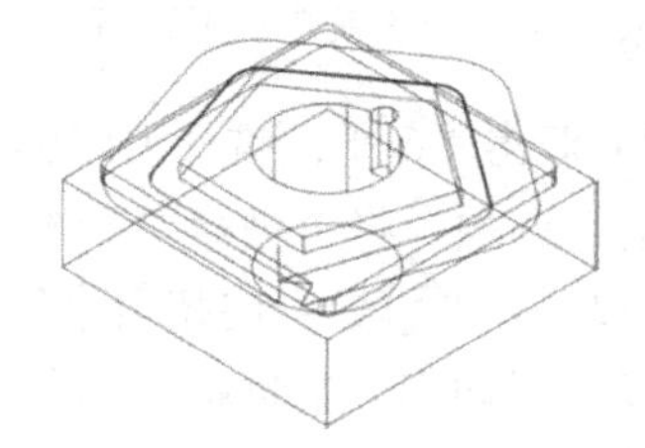

图 1-64　精加工五边形外形

（36）在“刀路”管理器中复制“5-外形铣削”刀路，并粘贴到“刀路”管理器的最后。

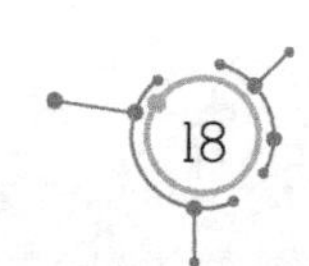

（37）双击“9-外形铣削”刀路的“参数”选项，在【2D 刀路-外形铣削】对话框中选中“刀具”选项，将“进给率”改为 600mm/min。选中“切削参数”选项，将“壁边预留量”改为 0。选中“Z 分层切削”选项，取消已钩选的“深度分层切削”复选框，选中“XY 分层切削”选项，钩选“XY 分层切削”复选框，粗切次数设为 4，间距设为 0.1mm，精修次数设为 1，间距设为 0.02mm。钩选“不提刀”复选框，选中“共同参数”选项，将“深度”改为-32mm。

（38）单击“确定”按钮，再单击“重建刀路”按钮，生成的刀路如图 1-65 所示。

（39）在“刀路”管理器中选中所有程序，再单击“后处理器”按钮 G1，生成 NC 文档。

图 1-65　精加工ϕ32mm 圆形

5. 第一次装夹

（1）零件的实体厚度是 30mm，而毛坯材料的厚度是 35mm，毛坯材料厚度比工件高 5mm。为了便于初学者统一操作步骤，在加工零件时，对正、反两面各加工 2.5mm。

（2）第一次用虎钳装夹时，工件上表面的毛坯面超出虎钳至少 27mm，或者工件装夹的厚度不得超过 8mm。

（3）工件对刀时，采用四边分中的方法来确定工件坐标系，即工件上表面的中心为工件坐标系的原点（0，0），如图 1-66 所示。

（4）Z 方向对刀时，可以用手工方式将工件上表面铣低 2.5mm 后，再将该表面设为 Z0。或者先把刀尖刚好接触工件的上表面，再稍微提升刀具，把刀具移至空挡处，然后降低 2.5mm，设为 Z0，如图 1-67 所示。在数控编程时已经编好加工表面的程序，直接开启程序，即可用编制好的数控程序将工件表面铣削加工 2.5mm。

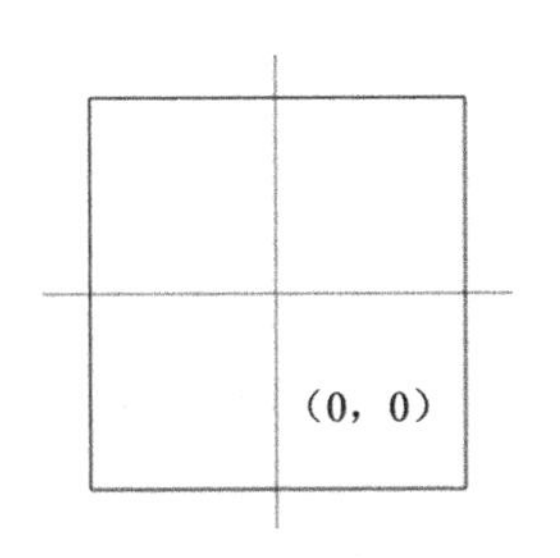

图 1-66　坐标系原点(0，0)

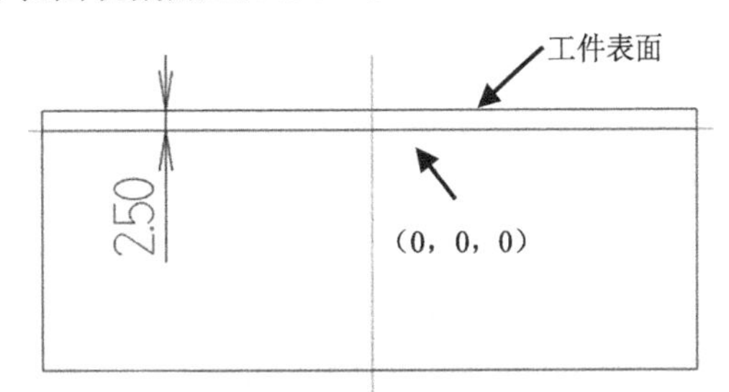

图 1-67　工件表面降低 2.5mm，设为 Z0

（5）工件第一次装夹的加工程序单见表 1-1。

表 1-1　第一次装夹加工程序单

序号	程序名	刀具	加工深度
1	G423-1	ϕ12mm 平底刀	24mm
2	G423-2	ϕ8mm 平底刀	5mm

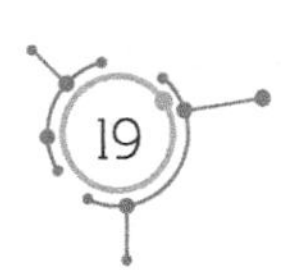

（6）工件第一次装夹示意如图 1-68 所示。

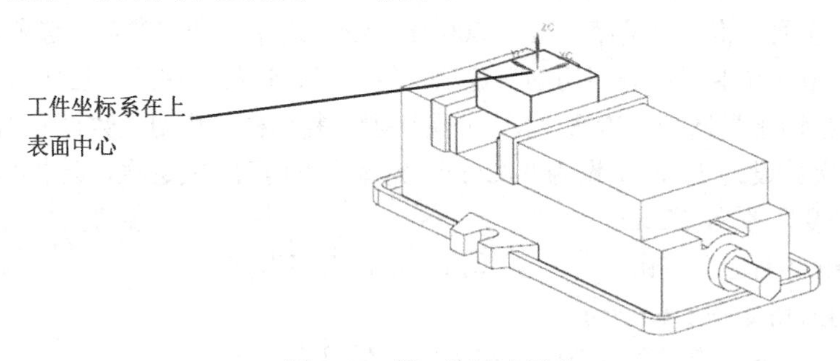

图 1-68　第一次装夹示意

6. 第二次装夹

（1）第二次用虎钳装夹时，工件上表面超出虎钳至少 12mm。
（2）工件下表面的中心为工件坐标系原点（0，0，0）。
（3）第二次装夹的加工程序单见表 1-2 所示。

表 1-2　第二次装夹加工程序单

序号	程序名	刀具	加工深度
1	G423-3	ϕ6mm 钻头	16mm
2	G423-4	ϕ12mm 平底刀	32mm

（4）工件第二次装夹示意如图 1-69 所示。
以工件下方垫铁的上表面为 Z 方向的对刀位置。

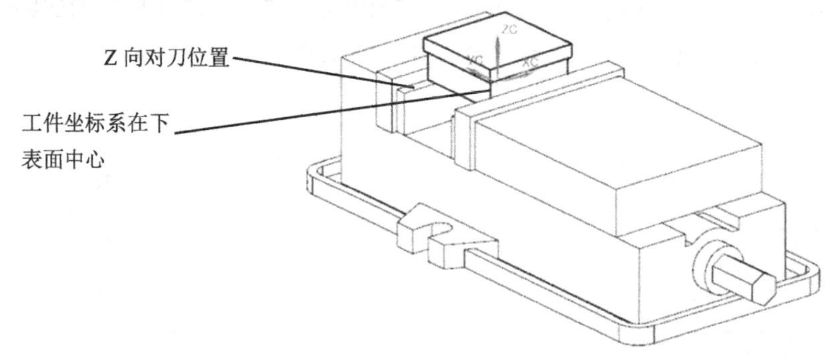

图 1-69　第二次装夹示意

实例 2　G421——双孔板

本节以《职业技能鉴定国家题库试卷》中的 G421 试题为例，详细介绍中级工考证的建模、编程、操机基本过程，零件图形如图 2-1 所示。

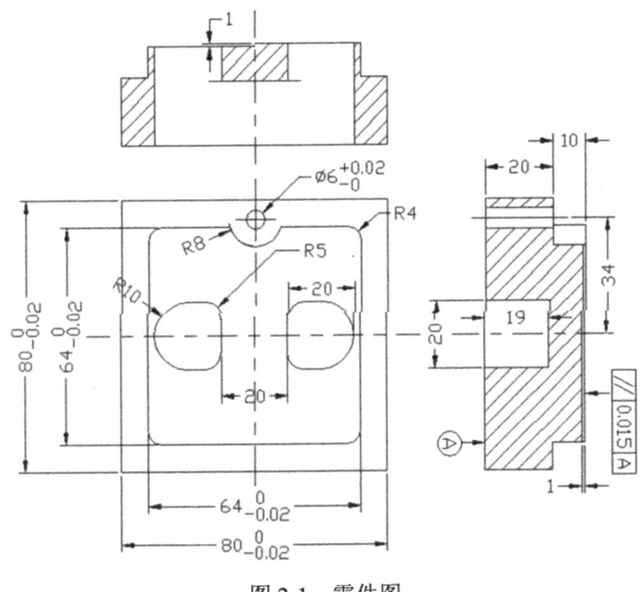

图 2-1　零件图

1. 建模过程

（1）在工作区下方的工具条中，对“绘图模式”选择“3D” 3D 屏幕视图 WCS 平面 Z 0.0 。

（2）在主菜单中选取“绘图｜矩形”命令，在坐标输入框中输入矩形中心点的坐标（0，0，0），按 Enter 键。

（3）在辅助工具条中输入矩形的长 80mm、宽 80mm，单击“设置基准点为中心”按钮，单击“确定”按钮，创建一个矩形。

（4）单击键盘功能键 F9，显示坐标系，如图 1-4 所示。

（5）在主菜单中选取“实体｜拉伸”命令，在绘图区中选取矩形，单击【串连选项】对话框中的“确定”按钮。

（6）在【实体拉伸】对话框中选中“◉创建主体”，距离设为 20mm，拉伸箭头方向朝上。

（7）单击“确定”按钮，创建方体，如图 1-5 所示。

（8）在主菜单中选取“绘图｜矩形”命令，在坐标输入框中输入矩形中心点的坐标（0，0，20），按 Enter 键。在辅助工具条中输入矩形的长 64mm、宽 64mm，单击“设置基准点为中心”按钮，单击“确定”按钮，创建一个矩形，如图 2-2 所示。

（9）在主菜单中选取“绘图丨倒圆角丨串连倒圆角”命令，选中 64mm×64mm 的矩形，单击【串连选项】对话框中的“确定”按钮。

（10）在数据输入栏中输入圆角半径 R4mm。

（11）单击“确定”按钮，创建串连倒圆角特征，如图 2-3 所示。

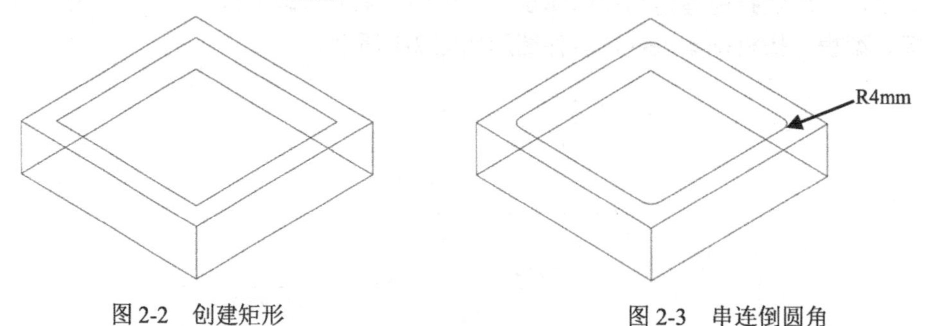

图 2-2　创建矩形　　　　图 2-3　串连倒圆角

（12）在主菜单中选择“绘图丨圆弧丨已知圆心点画圆”命令，在坐标输入框中输入圆心坐标（0，34，20），单击 Enter 键，圆弧直径设为ϕ16mm。

（13）单击“确定”按钮，绘制ϕ16mm 的圆，如图 2-4 所示。

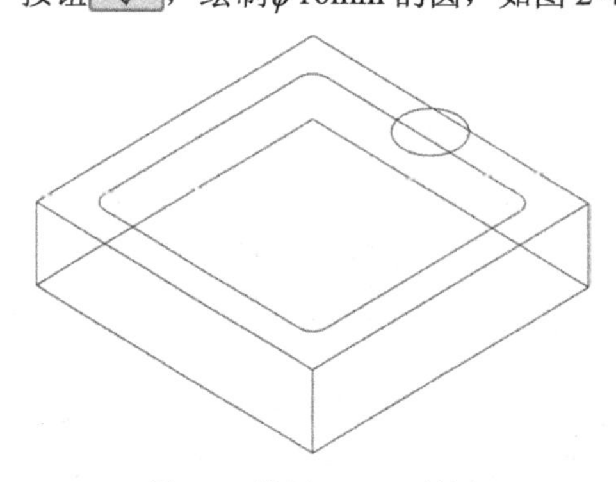

图 2-4　绘制ϕ16mm 的圆

（14）在主菜单中选取“编辑丨修剪/打断丨修剪/打断/延伸”命令，在工具条中选择“分割物体”按钮，如图 2-5 所示。

图 2-5　选择“分割物体”按钮

（15）将圆弧进行修剪，修剪后的形状如图 2-6 所示。

（16）在主菜单中选取“实体丨拉伸”命令，在绘图区中选取按图 2-6 修剪后的串连曲线，单击【串连选项】对话框中的“确定”按钮。

（17）在【实体拉伸】对话框中选中“◉增加凸台”，距离设为 10mm，箭头方向朝上。

（18）单击“确定”按钮，创建凸台，如图 2-7 所示。

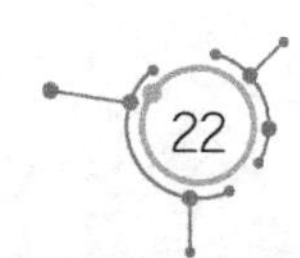

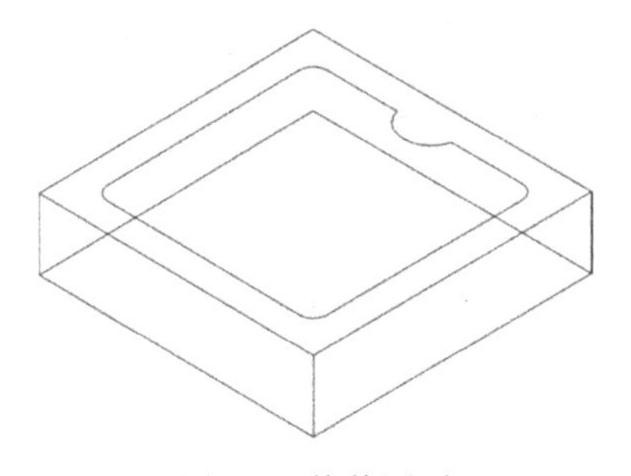
图 2-6　修剪圆弧

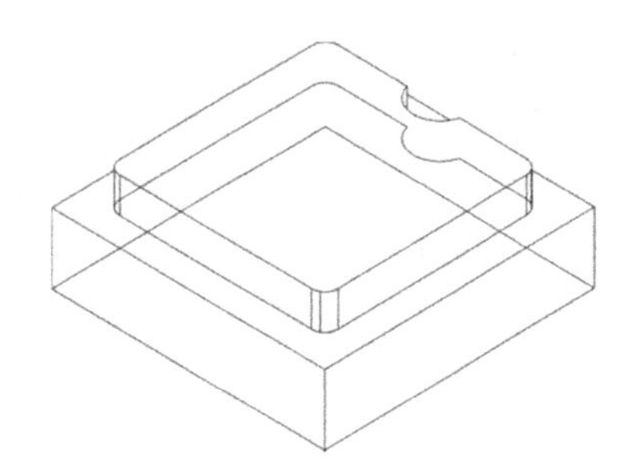
图 2-7　创建凸台

（19）在主菜单中选择“绘图 | 圆弧 | 已知圆心点画圆”命令，在坐标输入框中输入圆心坐标（0，34，20），按 Enter 键，圆弧直径设为ϕ6mm。

（20）单击“确定”按钮，绘制ϕ6mm 的圆，如图 2-8 所示。

（21）在主菜单中选择“实体 | 拉伸”命令，在绘图区中选取刚才创建的圆形，按 Enter 键。在【实体拉伸】对话框中选中“◉切割主体”，对距离选择“◉全部贯通”，单击“反向”按钮，使箭头朝下。

（22）单击“确定”按钮，创建ϕ6mm 通孔，如图 2-9 所示。

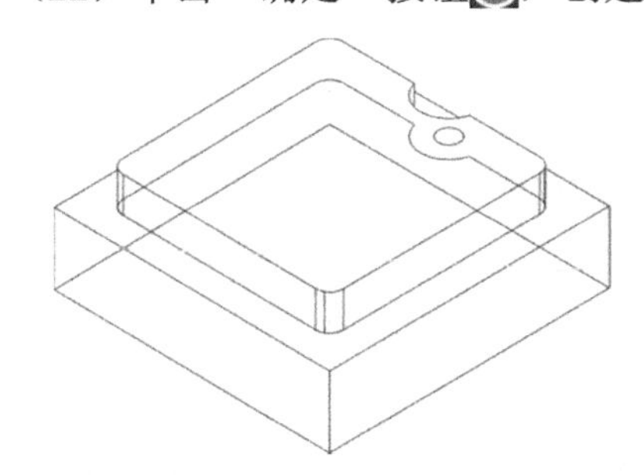
图 2-8　绘制ϕ6mm 的圆

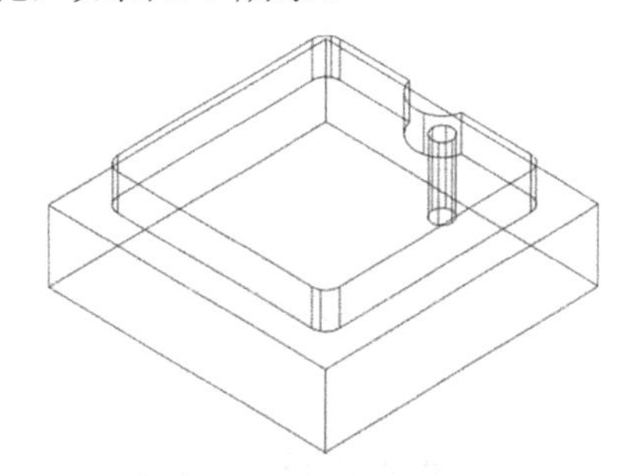
图 2-9　创建ϕ6mm 通孔

（23）在“层别”文本框中输入 2，设定主图层为第 2 层。

（24）在主菜单中选择“绘图 | 绘线 | 任意线”命令，在零件的上表面，通过对边曲线的中点分别绘制一条竖直线和水平线，如图 2-10 所示。

（25）双击“层别”二字，在“层别管理”对话框中取消第 1 层的“×”，绘图区中只显示竖直线和水平线，如图 2-11 所示。

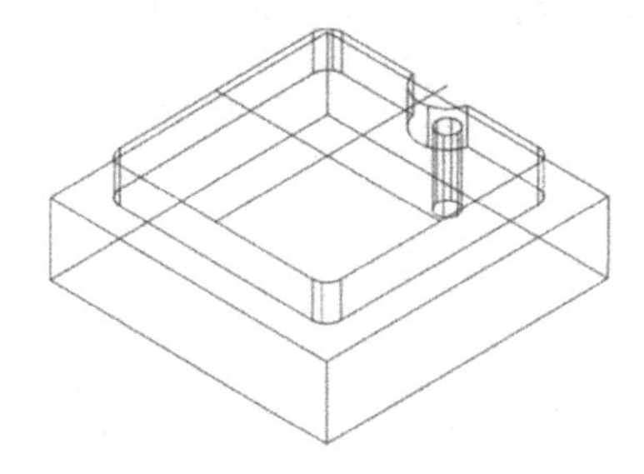
图 2-10　绘制竖直线和水平线

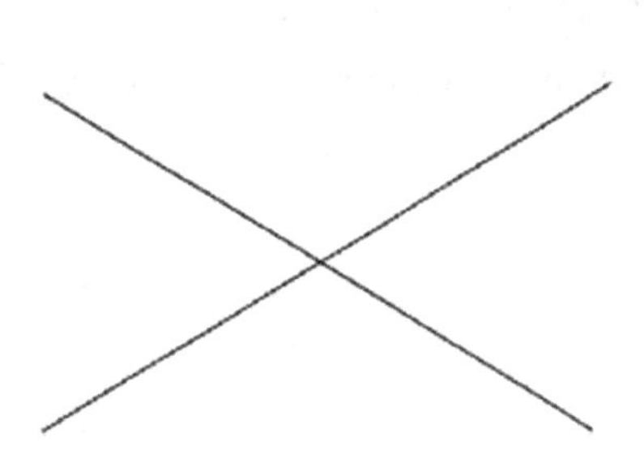
图 2-11　竖直线和水平线

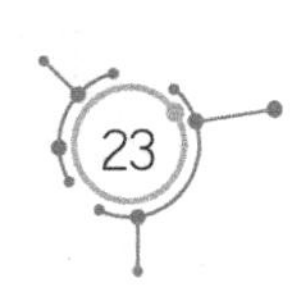

（26）在主菜单中选取“绘图｜圆弧｜已知圆心点画圆”命令，在坐标输入框中输入圆心坐标（0，34，20），按 Enter 键，圆弧直径设为ϕ20mm。

（27）单击“确定”按钮，绘制ϕ20mm 的圆，如图 2-12 所示。

（28）在主菜单中选取“转换｜单体补正”命令，在【补正】对话框中输入“次数”为 1，选择“◉复制”，距离设为 10mm。先选中竖直线，再单击竖直线的左边任意位置，即可在竖直线左边创建一条直线，如图 2-13 所示。

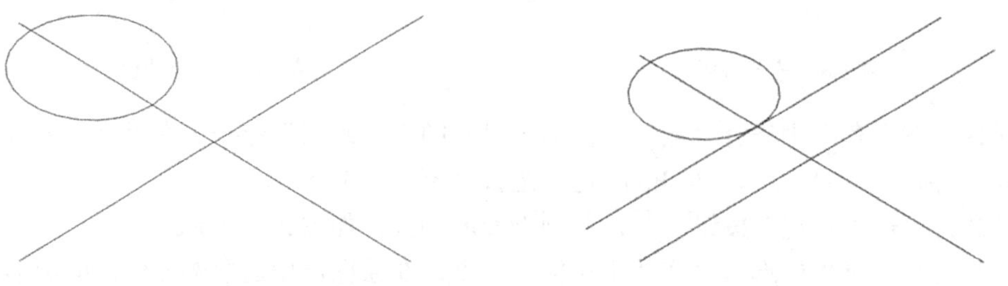

图 2-12　绘制ϕ20mm 的圆　　　　图 2-13　补正竖直线

（29）采用相同的方法，补正水平线，如图 2-14 所示。

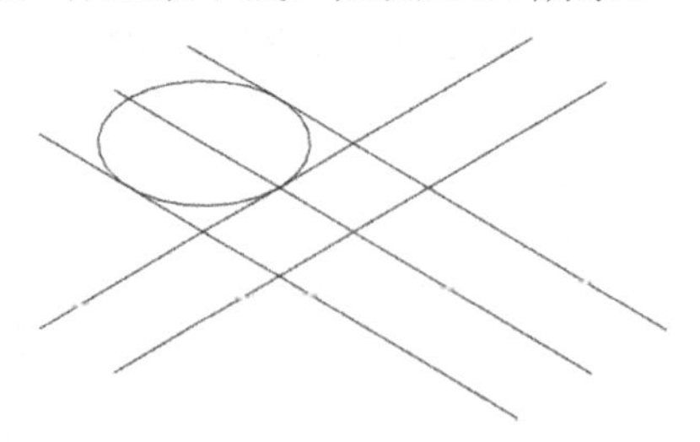

图 2-14　补正水平线

（30）在主菜单中选择“编辑｜修剪/打断｜修剪/打断/延伸”命令，在工具条中单击“两特体修剪”按钮，如图 2-15 所示。

图 2-15　单击“两特体修剪”按钮

（31）修剪圆弧与水平线，如图 2-16 所示。

（32）在主菜单中选择“绘图｜倒圆角｜倒圆角”命令，在数据输入框中输入圆角半径 5mm，创建倒圆角特征，如图 2-17 所示。

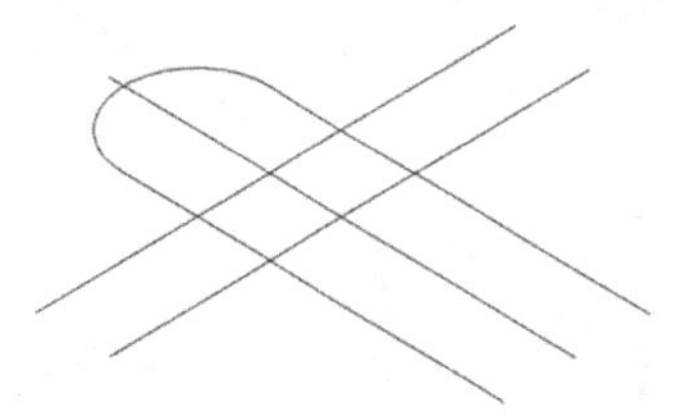

图 2-16　修剪圆弧与水平线

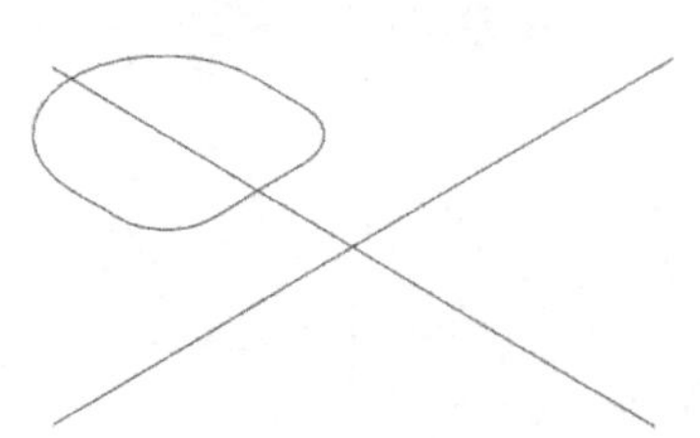

图 2-17　创建倒圆角特征

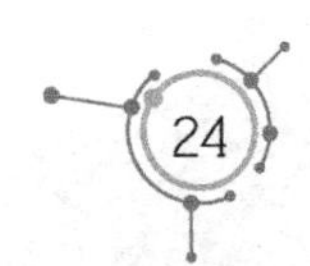

（33）在主菜单中选择“转换 | 镜像”命令，选中刚才创建的图形，按 Enter 键。选中竖直线，单击“确定”按钮，完成镜像，如图 2-18 所示。

（34）在主菜单中选择“实体 | 拉伸”命令，在绘图区中选择刚才创建的圆形，单击 Enter 键。在【实体拉伸】对话框中选中“◉创建主体”，距离设为 30mm，单击“反向”按钮，使箭头朝下，单击“确定”按钮，创建两个实体，如图 2-19 所示。

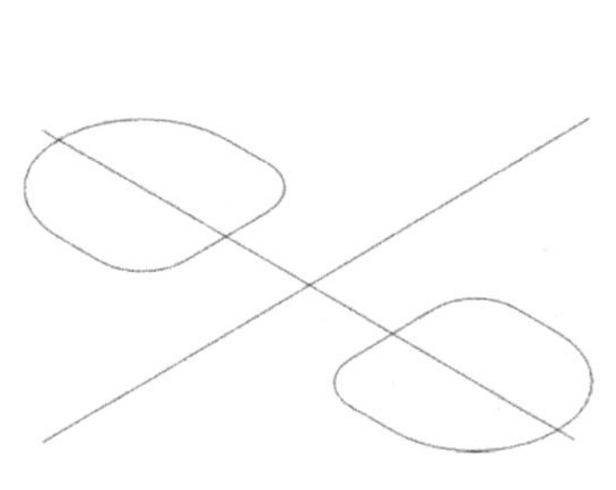
图 2-18　镜像图形

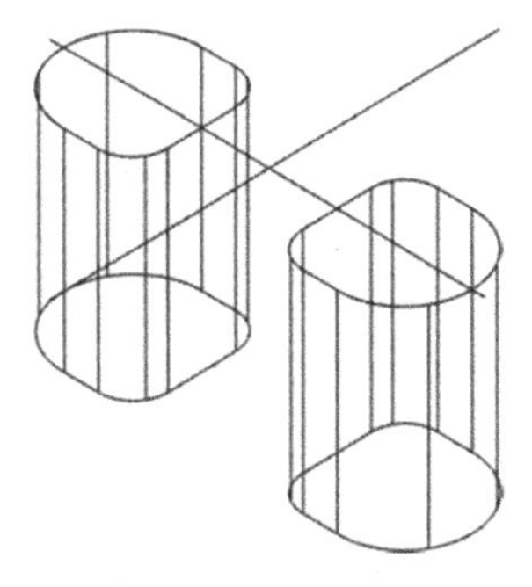
图 2-19　创建两个实体

（35）在主菜单中选择“编辑 | 删除 | 删除图形”命令，删除水平线和竖直线（该操作是为了保持图形的整洁）。

（36）双击“层别”二字，在【层别管理】对话框中显示第 1 层的“×”，显示第 1 层的实体。

（37）在主菜单中选择“实体 | 布尔运算”命令，选取方形零件为目标主体，以图 2-19 所示的实体为工件主体，单击“确定”按钮。

（38）在【布尔运算】对话框中选“◉移除”，单击“确定”按钮，创建 2 个通孔，如图 2-20 所示。

（39）在“层别”文本框中输入 3，设定主图层为第 3 层。

（40）按住鼠标的中键，翻转实体，使底面朝上。

（41）在主菜单中选取“绘图 | 曲面曲线 | 单一边界”命令，在实体上选取圆弧的边线，如图 2-21 所示。

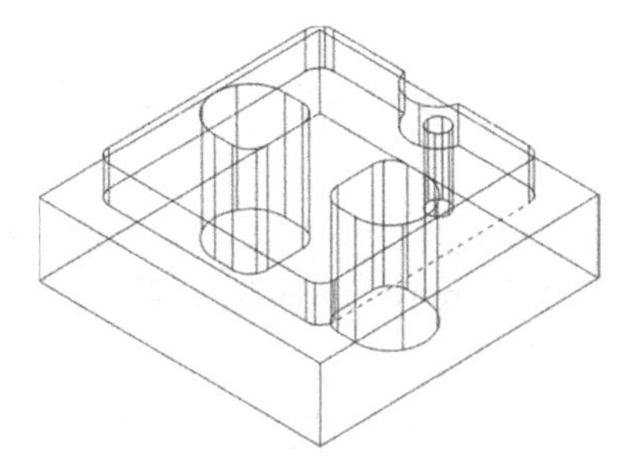
图 2-20　创建两个通孔

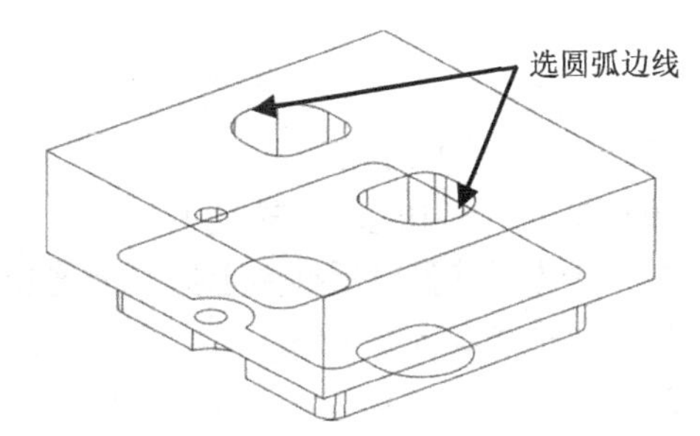

图 2-21　选取圆弧的边线

（42）双击“层别”二字，在【层别管理】对话框中取消第 1 层、第 2 层的“×”，绘图区中只显示两条圆弧，如图 2-22 所示。

（43）在主菜单中选择“绘图 | 绘线 | 任意线”命令，用直线连接两条圆弧的端点，如图 2-23 所示。

图 2-22　只显示两条圆弧　　　　图 2-23　用直线连接两条圆弧的端点

（44）在工作区下方的工具条中双击“层别”二字，在【层别管理】对话框中显示第 1 层、第 2 层的“×”，显示第 1 层与第 2 层的图素。

（45）在主菜单中选择“实体 | 拉伸”命令，在【串连选项】对话框中选择“串连”按钮，选择取图 2-23 创建的圆形，单击【串连选项】对话框中的“确定”按钮。

（46）在【实体拉伸】对话框中选中“◉切割主体”，距离为 19mm。

（47）单击“确定”按钮，在零件底面创建凹槽，如图 2-24 所示。

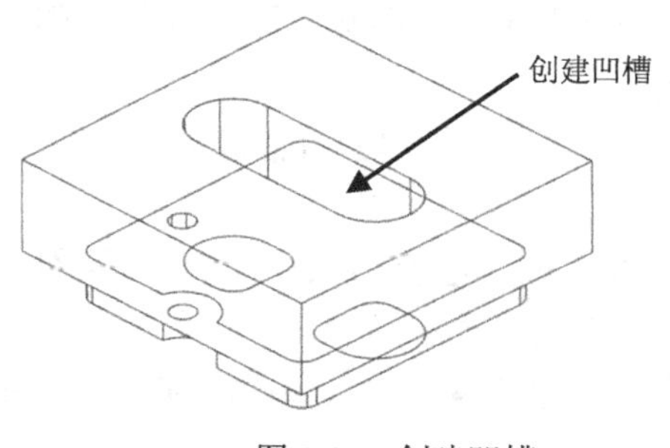

图 2-24　创建凹槽

（48）在工作区下方的工具条中将绘图模式设为“3D”，如图 2-25 所示。

图 2-25　将绘图模式设为“3D”

（49）在主菜单中选取“绘图 | 绘线 | 任意线”命令，以直线的中点和圆弧圆心绘制一条直线，如图 2-26 所示。

（50）在主菜单中选取“转换 | 平移”命令，选取刚才创建的直线，按 Enter 键。

（51）在【平移】对话框中选择“◉连接”，ΔX 为−32mm，如图 2-27 所示。

（52）单击“确定”按钮，创建一个矩形，如图 2-28 所示。

（53）在主菜单中选取“实体 | 拉伸”命令，在【串连选项】对话框中选择“串连”按钮，选取图 2-28 创建的矩形，单击【串连选项】对话框中的“确定”按钮。

（54）在【实体拉伸】对话框中选中“◉切割主体”选项，单击“反向”按钮，使拉伸箭头朝下，距离设为 1mm。

（55）单击“确定”按钮，在零件上表面的左侧降低 1mm，如图 2-29 所示。

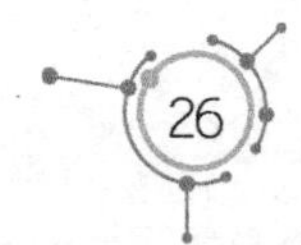

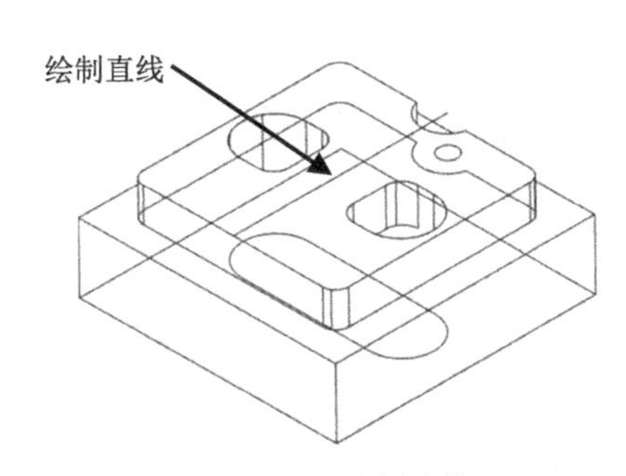

图 2-26　绘制直线

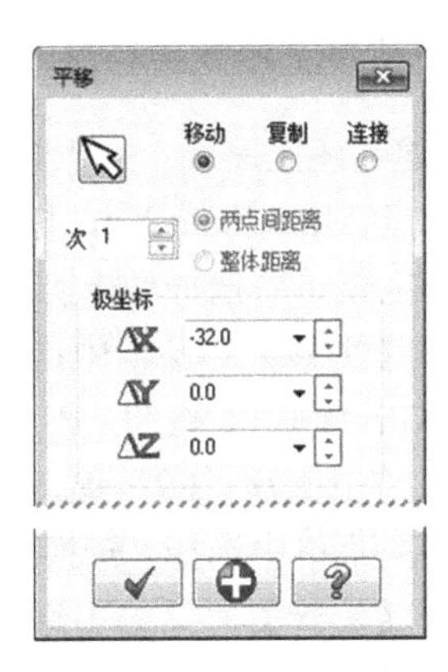

图 2-27　【平移】对话框

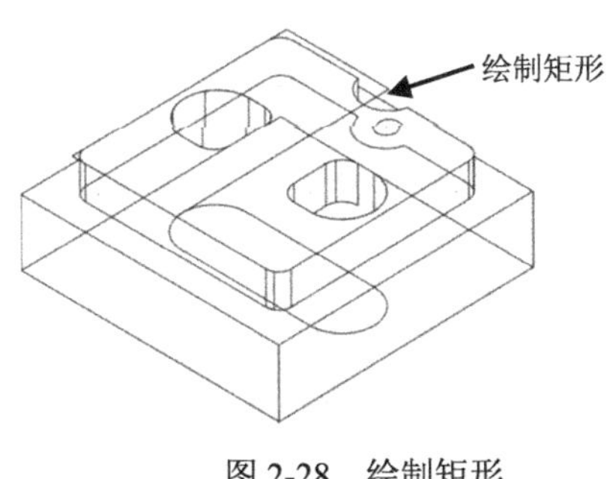

图 2-28　绘制矩形

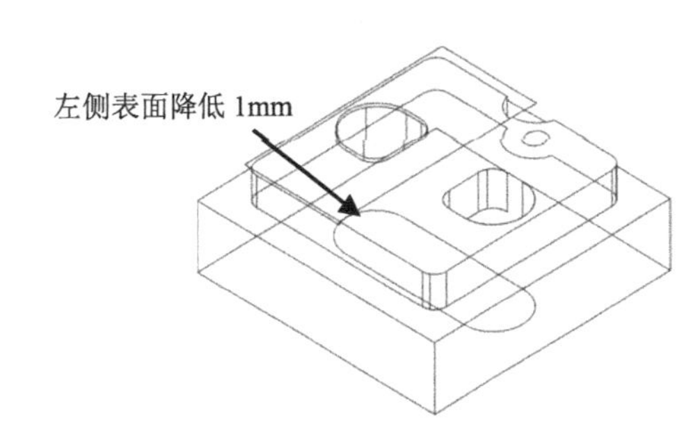

图 2-29　左侧表面降低 1mm

（56）单击“保存”按钮，文件名为“实例 2（G421）.mcx-9”。

2. 工艺分析

（1）对零件的尺寸是 80mm×80mm×30mm 而毛坯材料是 85mm×85mm×35mm 的铝块，进行零件加工时，建议对毛坯正、反两面的平面各加工 2.5mm，以保持统一，便于初学者学习。

（2）根据零件形状，应先加工正面，再加工底面。

（3）根据零件的形状，建议用ϕ12mm 的平底刀加工零件表面及外形，用ϕ6mm 钻嘴加工小孔，用ϕ10mm 平底刀加工 2 个孔。

（4）加工ϕ6mm 小孔时，可以直接用ϕ6mm 钻嘴加工，而不需要先用中心钻预钻孔。

（5）在加工过程中铝渣较难排出，且铝渣容易附着在立铣刀上，加工中间 2 个孔时，建议正、反两面各加工 15mm；两面铣通后，再精加工。

（6）加工正面 2 个孔时，用ϕ10mm 平底刀粗加工，用外形铣削方式中的斜插式。这种加工方式是斜向进刀，既可以避免踩刀，也可以省去预钻孔这一个工序。

（7）加工反面凹槽时，用ϕ12mm 的平底刀粗加工，再用ϕ10mm 平底刀精加工。

（8）因为加工零件的材质是铝，在加工过程中刀具的磨损较小，所以可以在粗加工后不用换刀，直接精加工。

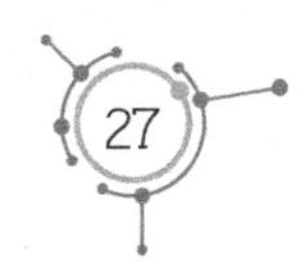

3. 第一次装夹的数控编程

1）创建毛坯工序

（1）启动 Mastercam X9，打开“实例 2（G421）.mcx-9”。

（2）在主菜单中选择“转换｜平移”命令，用框选方式选中所有图素，按 Enter 键。

（3）在【平移】对话框中选择“◉移动”，ΔZ 为-30mm。

（4）单击“确定”按钮，单击“等角视图”按钮。此时坐标系原点在零件上表面中心，单击键盘“F9”键，显示坐标系在工件表面，如图 2-30 所示。

（5）在主菜单中选择“转换｜旋转”命令，用框选方式选中所有图素，按 Enter 键。

（6）在【旋转】对话框中选择“◉移动”选项，角度设为 90°。

（7）单击“确定”按钮，工件旋转 90°，如图 2-31 所示。注：旋转的目的是为了在钻孔时避开码铁。

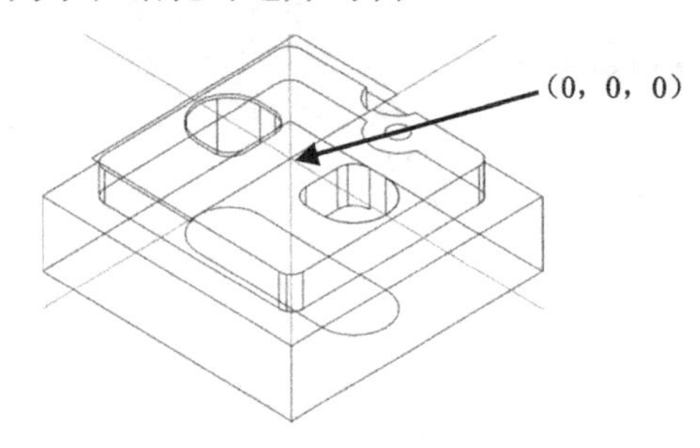

图 2-30　坐标系在工件表面

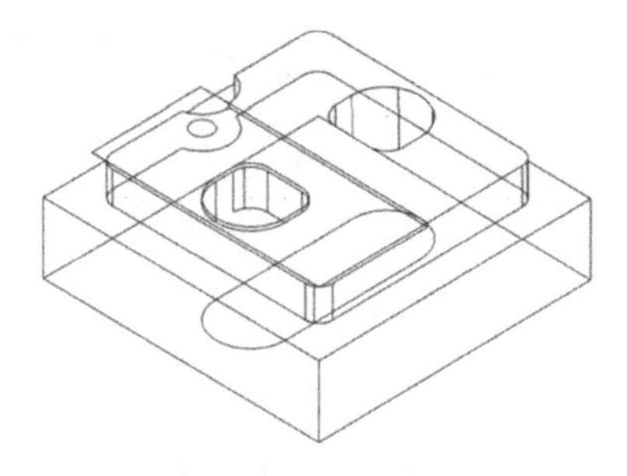

图 2-31　旋转 90°

（8）在主菜单中选择“文件｜另存为”命令，将文件另存为“实例 2（G421）-第一次加工图”。

（9）在主菜单中选择“机床类型｜铣床｜默认”命令，进入加工模式。

（10）同时按住键盘的<Alt+O>组合键，在工作区下方的左侧单击“刀路”二字，在“刀路”管理器中展开“+属性”，再单击“毛坯设置”命令。

（11）在【机床群组属性】对话框“毛坯设置”选项卡中，对“毛坯平面”选择“俯视图”，对“形状”选择“◉立方体”。钩选“显示”、“适度化”复选框，选择“◉线框”，“毛坯原点”为（0，0，2.5），毛坯的长、宽、高分别设为 85mm、85mm、35mm。

2）零件正面用ϕ12mm 立铣刀的数控编程过程

（1）在主菜单中选择“刀路｜平面铣”命令，输入 NC 名称为 G421-1，单击“确定”按钮。

（2）再单击“确定”按钮，在【2D 刀路-平面铣削】对话框中选择“刀具”选项。在右边的空白处单击鼠标右键，在下拉菜单中选择“创建新刀具”命令，对刀具类型选择“平底刀”，刀齿直径设为ϕ12mm，刀号为 1，刀长补正设为 1，半径补正设为 1，进给速率设为 1000mm/min，下刀速率设为 600 mm/min，提刀速率设为 1500 mm/min，主轴转速设为 1500r/min。

（3）在【2D 刀路-平面铣削】对话框中选择“切削参数”选项，对“类型”选择“双

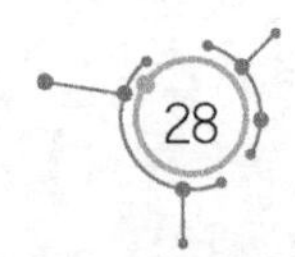

向”，对“截断方向超出量”选择 50%，对“引导方向超出量”选择 50%，“进刀引线长度”设为 100%，“退刀引线长度”设为 0，“最大步进量”设为 80%，底面预留量设为 0.2mm，“最大步进量”设为 80%。

（4）选择“Z 分层切削”选项，钩选“深度分层切削”复选框，“最大粗切步进量”设为 1.0mm。

（5）选择“共同参数”选项，“安全高度”设为 5.0mm。选择“◉绝对坐标”，“参考高度”设为 5.0mm。选择“◉绝对坐标”，“下刀位置”设为 5.0mm。选择“◉绝对坐标”，“工件表面”设为 2.5mm。选择“◉绝对坐标”，“深度”设为 0，选择“◉绝对坐标”。

（6）单击“确定”按钮✓，生成平面铣粗加工刀路，如图 2-32 所示。

（7）在【刀路】管理器中单击“切换”按钮≋，隐藏平面铣刀路。

（8）在主菜单中选择“刀路 | 外形”命令，在零件图上选取 64mm×64mm 的矩形边线，箭头方向为顺时针方向，箭头为起始位置，如图 2-33 所示，单击“确定”按钮✓。

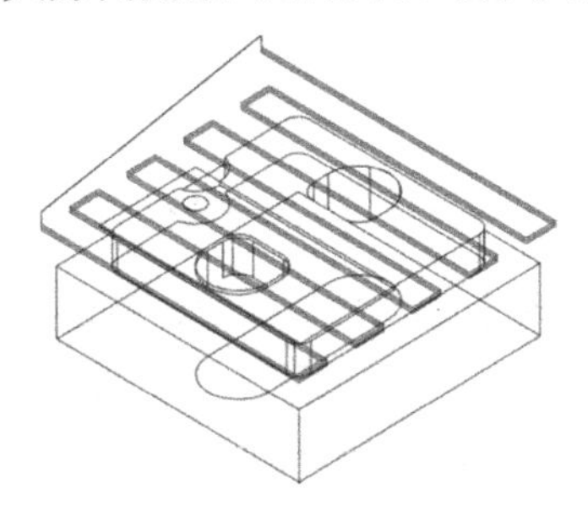

图 2-32　平面铣粗加工刀路

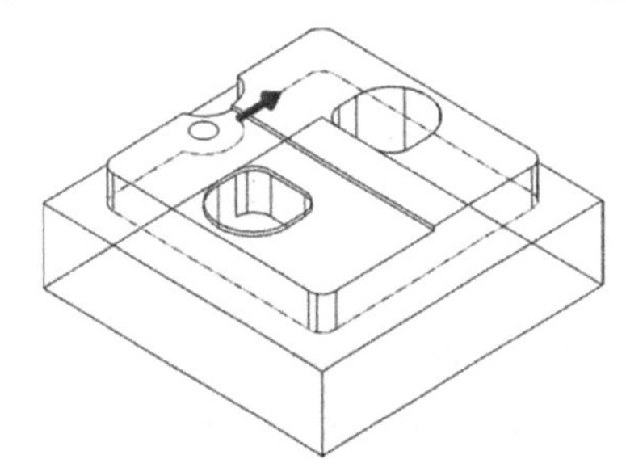

图 2-33　选取 64mm×64mm 矩形的边线

（9）在【2D 刀路-外形铣削】对话框中选择“刀具”选项，选择ϕ12mm 平底刀，进给速率设为 1000mm/min，下刀速率设为 600 mm/min，提刀速率设为 1500 mm/min，主轴转速设为 1500r/min。

（10）选择“切削参数”选项，对“补正方式”选择“电脑”，对“补正方向”选择“左”，“壁边预留量”设为 0.3mm，“底面预留量”设为 0.2mm，“外形铣削方式”选择“2D”。

（11）展开“+.…切削参数”选项后选择“Z 分层切削”选项，钩选“深度分层切削”复选框。对“最大粗切步进量”选择 1.0mm，钩选“不提刀”复选框。

（12）选择“进/退刀设置”选项，钩选“在封闭轮廓中点位置执行进/退刀”、“过切检查”复选框，重叠量设为 0。在“进刀”区域中选择“◉相切”，进刀长度设为 10mm。圆弧半径设为 1mm。单击⏩按钮，使退刀参数与进刀参数相同。

（13）选中“XY 分层切削”选项，在对话框中钩选“XY 分层切削”，粗切次数设为 2，间距设为 8mm，精修次数设为 0，钩选“不提刀”复选框。

（14）选择“共同参数”选项，“安全高度”设为 5.0mm。选择“◉绝对坐标”，“参考高度”设为 5.0mm。选择“◉绝对坐标”，“下刀位置”设为 5.0mm。选择“◉绝对坐标”，“工件表面”设为 0，选择“◉绝对坐标”，“深度”设为-10mm，选择“◉绝对

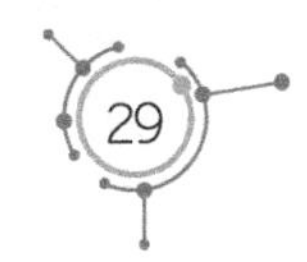

坐标”。

（15）单击“确定”按钮，生成的外形铣刀路如图 2-34 所示。

（16）在【刀路】管理器中单击“切换”按钮，隐藏外形铣刀路。

（17）在主菜单中选择“转换 | 平移”命令，选取图 2-28 绘制的矩形，按 Enter 键，在【平移】对话框中选“◉复制”，ΔY 设为-6.5mm，如图 2-35 所示。

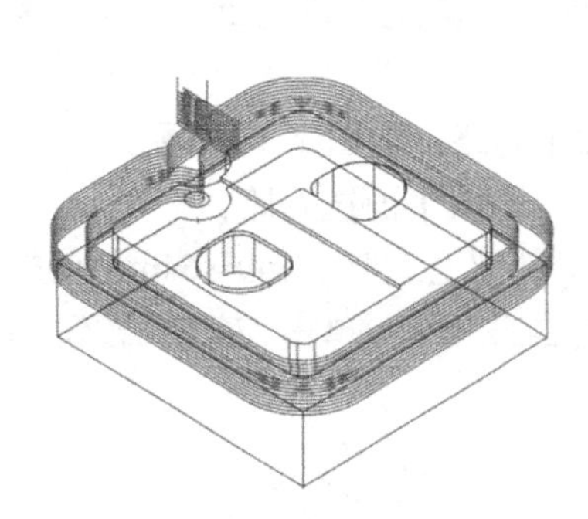

图 2-34　外形铣刀路

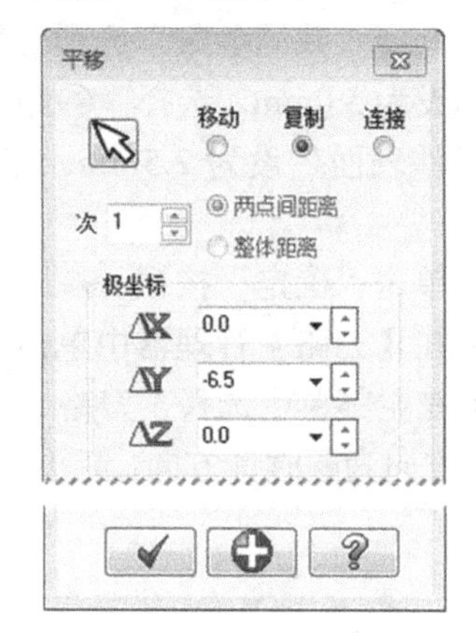

图 2-35 【平移】对话框

（18）单击“确定”按钮，复制矩形，（复制的图素分成两种颜色：群组为红色，结果为紫色）如图 2-36 所示。

（19）在主菜单中选择“刀路 | 平面铣”命令，选中复制后的矩形，如图 2-37 所示。

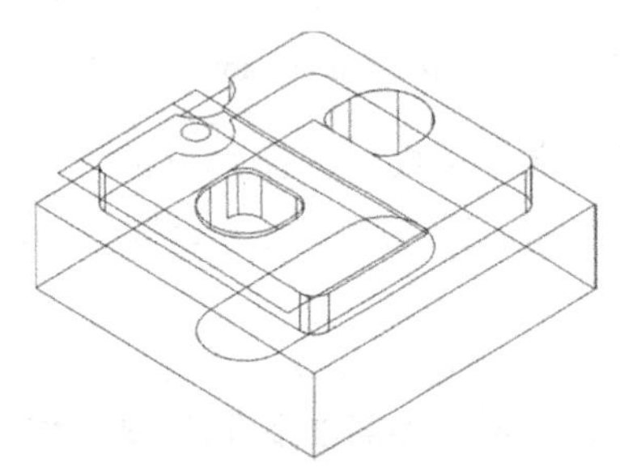

图 2-36　复制矩形

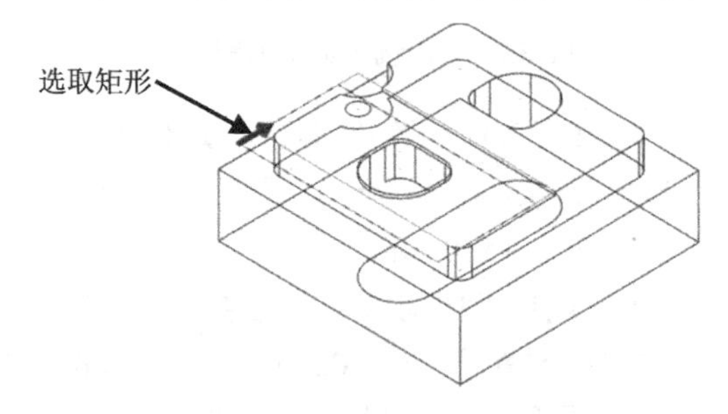

图 2-37　选中复制后的矩形

（20）再单击“确定”按钮，在【2D 刀路-平面铣削】对话框中选择“刀具”选项，选择ϕ12 平底刀。选择“共同参数”选项，“安全高度”设为 5.0mm。选择“◉绝对坐标”，“参考高度”设为 5.0mm。选择“◉绝对坐标”，“下刀位置”设为 5.0mm。选择“◉绝对坐标”，“工件表面”设为 0。选择“◉绝对坐标”，“深度”设为-1.0mm，选择“◉绝对坐标”。

（21）单击“确定”按钮，生成的平面铣刀路，如图 2-38 所示。

（22）在主菜单中选择“转换 | 镜像”命令，选取图 2-28 绘制的矩形，按 Enter 键。在【镜像】对话框中选择“◉复制”，选中“◉”，Y 设为 0，如图 2-39 所示。

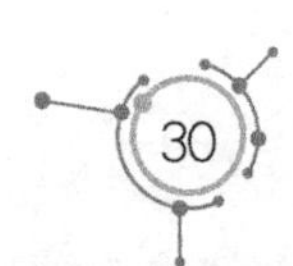

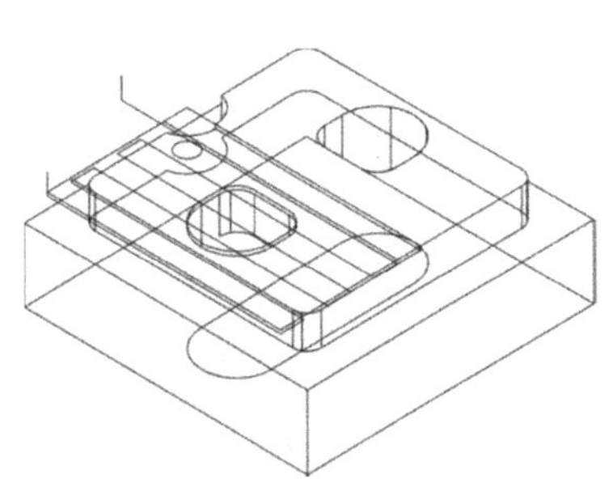

图2-38　平面铣刀路

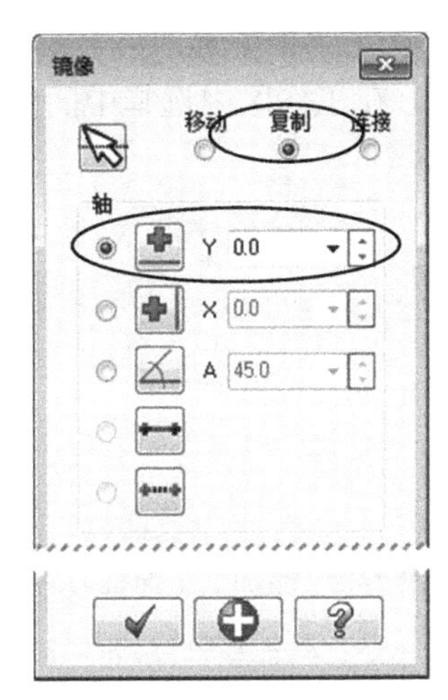

图2-39　【镜像】对话框

（23）单击“确定”按钮，复制一个矩形，如图2-40所示。

（24）在“刀路”管理器中，复制“1-平面铣”刀路到“刀路”管理器的最后面。

（25）单击“4-平面铣”刀路的“参数”，在【2D刀路-平面铣削】对话框中选中“刀具”选项，将“进给速率”改为600mm/min。选择“切削参数”选项，将“底面预留量”改为0。选择“Z分层切削”选项，取消已钩选的“深度分层切削”复选框。

（26）单击“4-平面铣”刀路的“图形”，在【串连管理】对话框中单击鼠标右键，选择“增加串连”命令，选中刚才复制的矩形。

（27）单击“确定”按钮，再单击“重建刀路”按钮，生成的精加工平面铣刀路如图2-41所示。

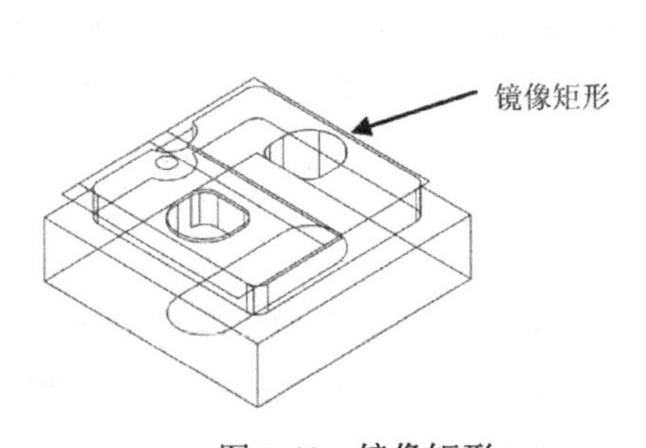

图2-40　镜像矩形

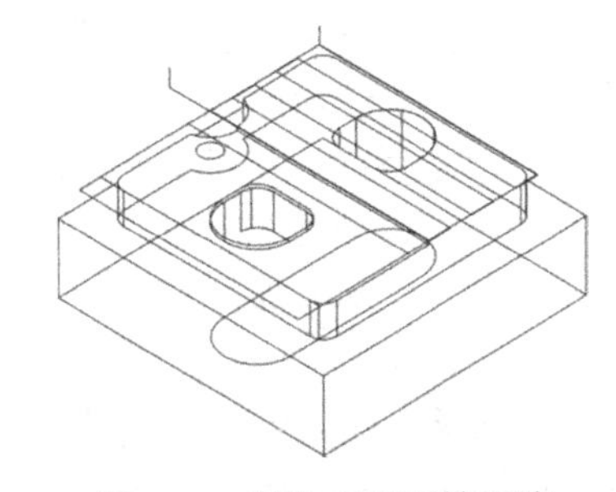

图2-41　精加工平面铣刀路

（28）在“刀路”管理器中，复制“2-平面铣”刀路到“刀路”管理器的最后面。

（29）单击“5-平面铣”刀路的“参数”，在【2D刀路-平面铣削】对话框中选中“刀具”选项，将“进给速率”改为600mm/min。选择“切削参数”选项，将“底面预留量”改为0。选择“Z分层切削”选项，取消已钩选的“深度分层切削”复选框。

（30）单击“确定”按钮，再单击“重建刀路”按钮，生成的精加工平面铣刀路如图2-42所示。

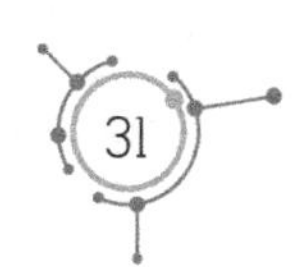

（31）在主菜单中选取“刀路｜外形”命令，在【串连选项】对话框中单击“单体”按钮，在工作区中选择中间的直线，如图 2-43 所示。

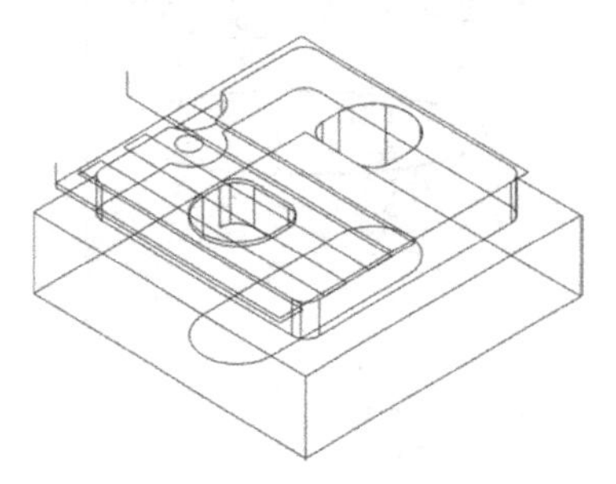
图 2-42 精加工平面铣刀路

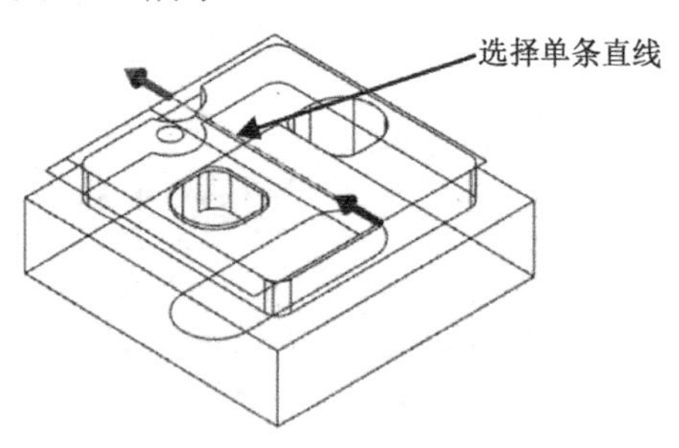

图 2-43 选择单条直线

（32）单击“确定”按钮，在【2D 刀路-外形铣削】对话框中选中“刀具”选项，选择ϕ12mm 平底刀，将“进给速率”改为 600mm/min。选择“切削参数”选项，将“壁边预留量”、“底面预留量”改为 0。选择“Z 分层切削”选项，取消已钩选的“深度分层切削”复选框。选择“进/退刀设置”选项，取消已钩选的“在封闭轮廓中点位置执行进/退刀”、“过切检查”、“进刀”、“退刀”复选框，再钩选“调整轮廓起始位置”复选框，将长度设为 9mm，选择“◉延伸”，进刀长度为 10mm，圆弧半径设为 0mm。单击按钮，使退刀参数与进刀参数相同。选择“共同参数”选项，“安全高度”设为 5.0mm。选择“◉绝对坐标”，“参考高度”设为 5.0mm。选择“◉绝对坐标”，“下刀位置”设为 5.0mm。选择“◉绝对坐标”，“工件表面”设为 0。选择“◉绝对坐标”，“深度”设为 −1mm，选“◉绝对坐标”。

（33）单击“确定”按钮，生成的外形铣刀路如图 2-44 所示。

（34）在“刀路”管理器中，复制“2-外形铣削”刀路到“刀路”管理器的最后面。

（35）单击“7-外形铣削”刀路的“参数”，在【2D 刀路-平面铣削】对话框中选中“刀具”选项，将“进给速率”改为 600mm/min。选择“切削参数”选项，“壁边预留量”、“底面预留量”改为 0。选择“Z 分层切削”选项，取消已钩选的“深度分层切削”复选框。选中“进/退刀设置”选项，取消已钩选的“在封闭轮廓中点位置执行进/退刀”、“进刀”、“退刀”三个复选框。钩选“调整轮廓起始位置”复选框，长度量设为 80%（指长度为刀具直径的 80%）。钩选“调整轮廓终止位置”复选框，长度量设为 80%。选中“XY 分层切削”选项，在对话框中钩选“XY 分层切削”，粗切次数设为 2，间距设为 5mm，精修次数设为 3，间距设为 0.1mm，钩选“不提刀”复选框。

（36）单击“确定”按钮，再单击“重建刀路”按钮，生成的外形铣刀路如图 2-45 所示。

3）零件正面用ϕ6mm 钻孔的数控编程

（1）在主菜单中选择“刀路｜钻孔”命令，选取ϕ6mm 圆周的圆心，单击“确定”按钮。

（2）在【2D 刀路-钻孔】对话框中选中“刀具”选项，在空白处单击鼠标右键，选“创建新刀具”命令，“刀具类型”选择“钻头”，钻头直径设为ϕ6mm，刀肩长度设为

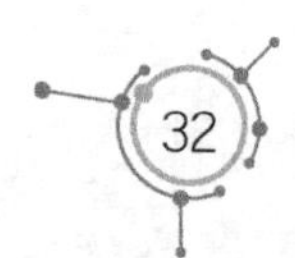

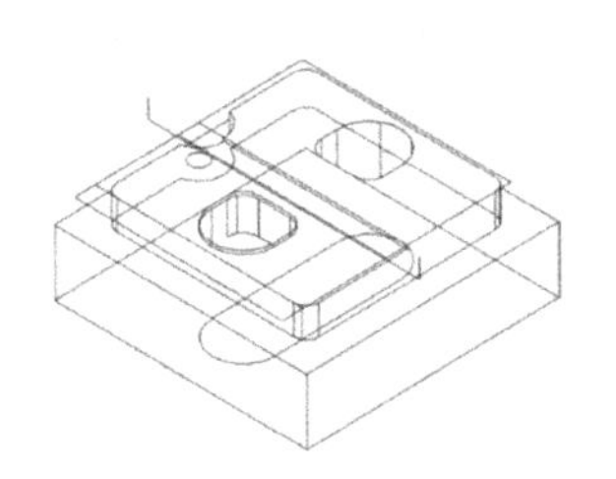

图 2-44　精加工台阶刀路

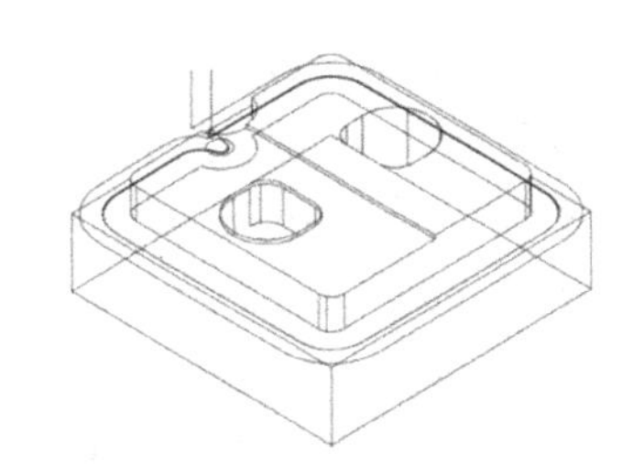

图 2-45　精加工 64mm×64mm 矩形刀路

35mm，刀杆直径为ϕ6mm，刀号设为 2，刀长补正设为 2，半径补正设为 2，进给速率设为 300mm/min，下刀速率设为 600mm/min，提刀速率设为 1000mm/min，主轴转速设为 1500r/min。

（3）选择“切削参数”选项，对“循环方式”选择“深孔啄钻”，把“Peck”设为 1mm。

（4）选择“共同参数”选项，“安全高度”为 10.0mm。选择“◉绝对坐标”，“参考高度”设为 5.0mm。选择“◉绝对坐标”，“工件表面”设为-9.0mm。选择“◉绝对坐标”，“深度”设为-35mm。选择“◉绝对坐标”。

（5）单击“确定”按钮 ✔，生成钻孔刀路，如图 2-46 所示。

（6）在“刀路”管理器中选中“8-深孔啄钻”刀路，单击鼠标右键，选择“编辑已经选择的操作｜更改 NC 文件名”命令，将刀路名更改为 G421-2，如图 2-47 所示。

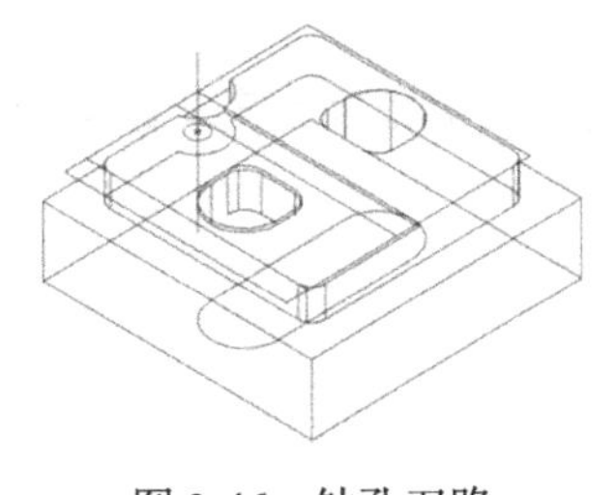

图 2-46　钻孔刀路

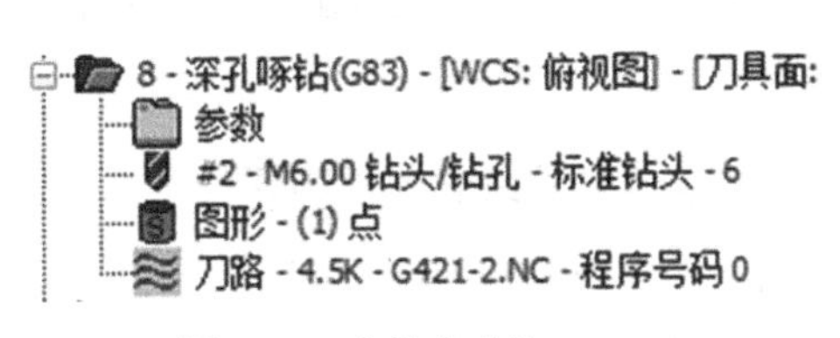

图 2-47　文件名改为 G421-2

4）零件正面用ϕ10 mm 平底刀的数控编程

（1）在主菜单中选取“刀路｜外形”命令，在工作区中选中两个小孔的边线，箭头方向为逆时针，如图 2-48 所示。

（2）在【2D 刀路-外形铣削】对话框中选中“刀具”选项，在空白处单击鼠标右键，选“创建新刀具”命令，对“刀具类型”选择“平底刀”，直径设为ϕ10mm，刀肩长度设为 35mm，刀杆直径设为ϕ10mm，刀号设为 3，刀长补正设为 3，半径补正设为 3，进给速率设为 1000mm/min，下刀速率设为 500mm/min，提刀速率设为 1000mm/min，主轴转速设为 1500r/min。

（3）选择“切削参数”选项，“壁边预留量”改为 0.3mm。

（4）选择“Z 分层切削”选项，钩选“深度分层切削”复选框，“最大粗切步进量”设为 0.5mm，钩选“不提刀”复选框。

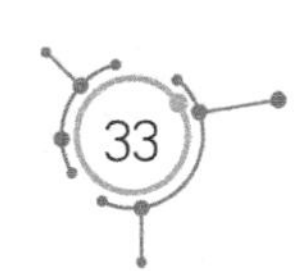

（5）选择“进/退刀设置”选项，在“进刀”区域中选“◉相切”，进刀长度设为7mm，斜插高度设为0.5mm（此进刀方式为斜向进刀，防止踩刀），圆弧半径设为1mm，扫描角度设为90°，单击按钮，使退刀参数与进刀参数相同。

（6）选择“共同参数”选项，“安全高度”设为5.0mm。选择“◉绝对坐标”，“参考高度”设为5.0mm。选择“◉绝对坐标”，“下刀位置”设为5.0mm。选择“◉绝对坐标”，“工件表面”设为0。选择“◉绝对坐标”，“深度”设为-12mm。选择“◉绝对坐标”。

（7）单击“确定”按钮，生成的外形铣刀路如图2-49所示。

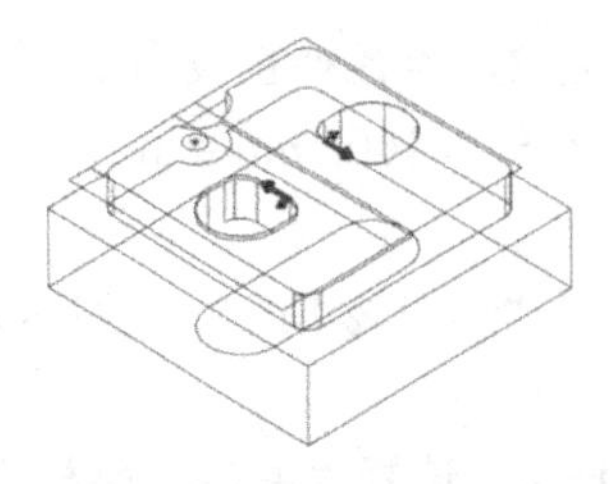

图2-48 选中两小孔的边线

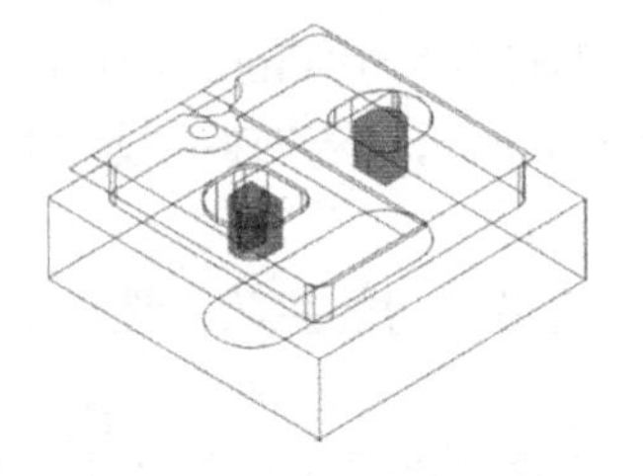

图2-49 小孔的外形铣刀路

（8）在“刀路”管理器中选中“9-外形铣削”刀路，单击鼠标右键，选择“编辑已经选择的操作丨更改NC文件名”命令，将刀路名更改为G421-3，如图2-50所示。

5）程序后处理

（1）在“刀路”管理器中选中所有的程序，再单击“后处理器”按钮G1，生成3个NC文档。

（2）打开NC文档，删除不需要的内容，对于不能换刀的数控铣床，还需要删除T2 M6所在行。

4. 第二次装夹的数控编程

1）创建毛坯工序

（1）启动Mastercam X9，打开“实例2.mcx-9”，单击“前视图”按钮，将零件转化为前视图视角，如图2-51所示。

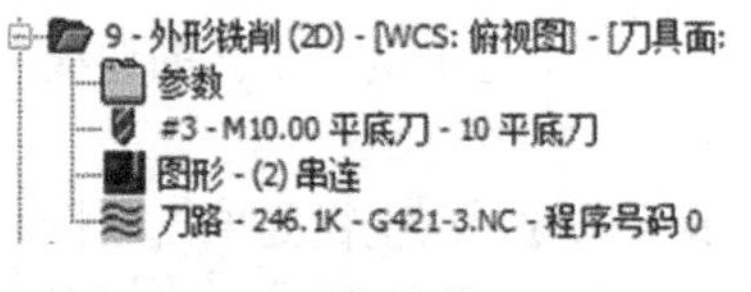

图2-50 刀路名更改为G421-3

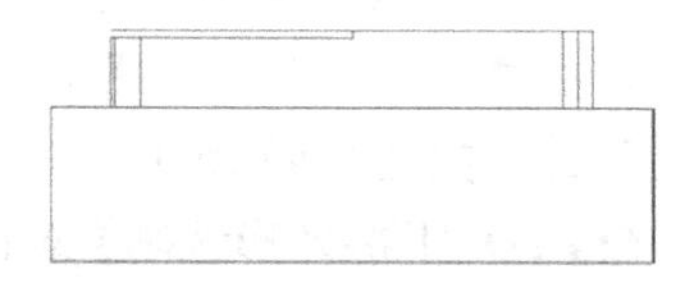

图2-51 前视图

（2）在主菜单中选取“转换丨旋转”命令，在工作区中用框选方式选中所有图素，按Enter键。

（3）在【旋转】对话框中选择“◉移动”，角度设为180°，单击“定义中心点”按钮，如图1-26所示。

（4）在坐标输入栏中输入旋转中心点坐标（0，0，0），按Enter键。

（5）单击“确定”按钮，零件旋转180°，如图2-52所示。

（6）在主菜单中选取“文件｜另存为”命令，将文件另存为“实例 2(G421)-第二次加工图”。

（7）在主菜单中选取“机床类型｜铣床｜默认”命令，进入加工模式。

（8）同时按住键盘的<Alt+O>组合键，在绘图区左侧弹出“刀路”滑板。

（9）在“刀路”管理器中展开“+属性”，再单击“毛坯设置”命令。

（10）在【机床群组属性】对话框“毛坯设置”选项卡中，对“毛坯平面”选择“俯视图”，对“形状”选择“◉立方体”，钩选“显示”、“适度化”复选框，选“◉线框”，“毛坯原点”设为（0，0，32.5），毛坯的长、宽、高分别设为 85mm、85mm、32.5mm，如图 2-53 所示。

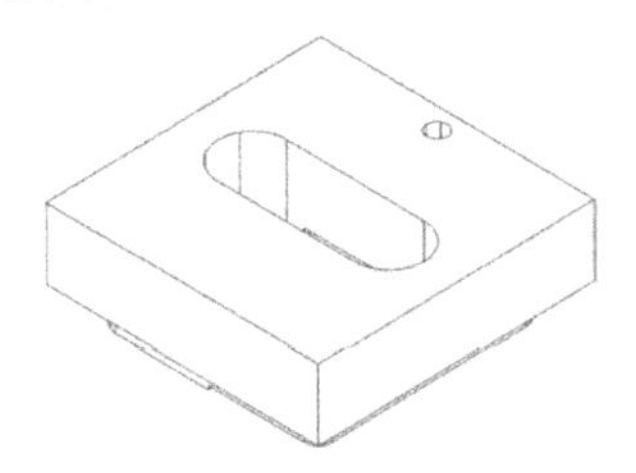
图 2-52　旋转 180°

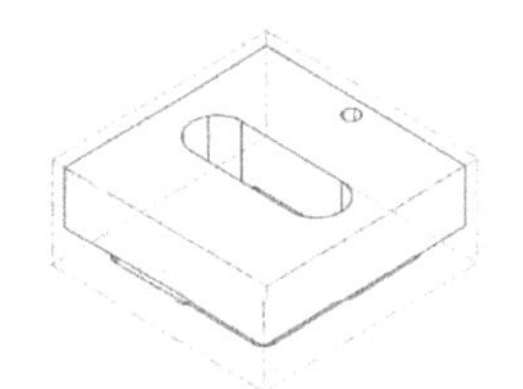
图 2-53　创建毛坯

2）零件反面用ϕ12mm 立铣刀的数控编程

（1）在主菜单中选取“刀路｜平面铣”命令，输入 NC 名称为 G421-4，单击“确定”按钮[✔]。

（2）在【2D 刀路-平面铣削】对话框中选中“刀具”选项，创建ϕ12mm 平底刀，刀具类型选“平底刀”，刀齿直径ϕ12mm，刀号为 1，刀长补正为 1，半径补正为 1，进给速率为 1000mm/min，下刀速率为 500 mm/min，提刀速率为 1500 mm/min，主轴转速为 1500r/min。

（3）在【2D 刀路-平面铣削】对话框中选择“切削参数”选项，“类型”选择“双向”，对“截断方向超出量”选择 50%，“引导方向超出量”选择 50%，“进刀引线长度”为 100%，“退刀引线长度”为 0，“最大步进量”为 80%，底面预留量为 0.2mm，如图 2-33 所示。

（4）选择“Z 分层切削”选项，钩选“深度分层切削”复选框，“最大粗切步进量”设为 1.0mm。

（5）选择“共同参数”选项，“安全高度”设为 35.0mm。选择“◉绝对坐标”，“参考高度”设为 35.0mm。选择“◉绝对坐标”，“下刀位置”设为 35.0mm。选择“◉绝对坐标”，“工件表面”设为 32.5mm。选择“◉绝对坐标”，“深度”设为 30，选择“◉绝对坐标”。

（6）单击“确定”按钮[✔]，生成平面铣粗加工刀路，如图 2-54 所示。

（7）在主菜单中选取“刀路｜外形”命令，在零件图上选取 80mm×80mm 的矩形边线，箭头方向为顺时针方向，如图 2-55 所示，单击“确定”按钮[✔]。

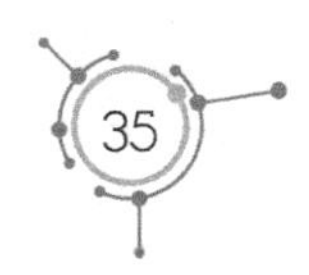

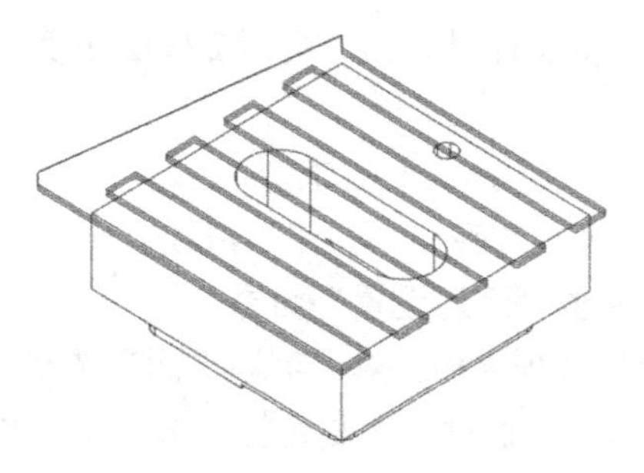

图 2-54　平面铣粗加工刀路

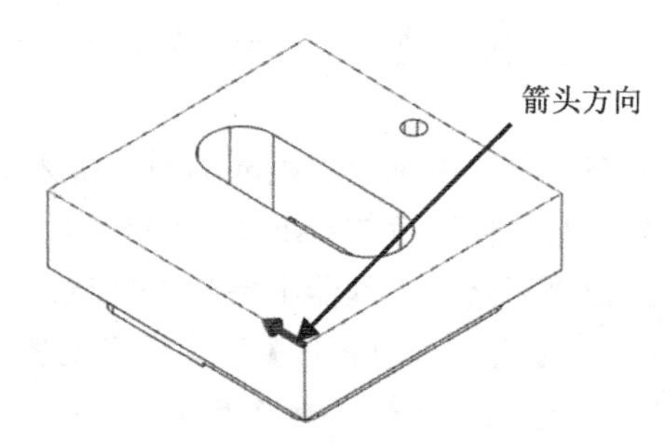

图 2-55　选取 80mm×80mm 的矩形边线

（8）在【2D 刀路-外形铣削】对话框中选择“刀具”选项，选择ϕ12mm 平底刀具，进给速率为 1000mm/min，下刀速率为 600 mm/min，提刀速率为 1500 mm/min，主轴转速为 1500r/min。

（9）选择“切削参数”选项，对“补正方式”选择“电脑”，对“补正方向”选择“左”，“壁边预留量”设为 0.3mm，对“外形铣削方式”选择“2D”。

（10）选择“Z 分层切削”选项，钩选“深度分层切削”复选框，对“最大粗切步进量”选择 1.0mm，钩选“不提刀”复选框。

（11）选择“进/退刀设置”选项，钩选“在封闭轮廓中点位置执行进/退刀”、“过切检查”复选框，重叠量为 0。在“进刀”区域中选择“◉相切”，进刀长度为 8mm，圆弧半径为 1mm，单击⏩按钮，使退刀参数与进刀参数相同。

（12）选择“共同参数”选项，“安全高度”设为 35.0mm。选择“◉绝对坐标”，“参考高度”设为 35.0mm。选择“◉绝对坐标”，“下刀位置”设为 35.0mm。选择“◉绝对坐标”，“工件表面”设为 30。选择“◉绝对坐标”，“深度”设为 9mm，选择“◉绝对坐标”。

（13）单击“确定”按钮✔，生成的外形铣刀路如图 2-56 所示。

（14）在主菜单中选取“刀路｜外形”命令，在零件图上选取槽的边线，箭头方向为逆时针方向，箭头为起点位置，如图 2-57 所示，单击“确定”按钮✔。

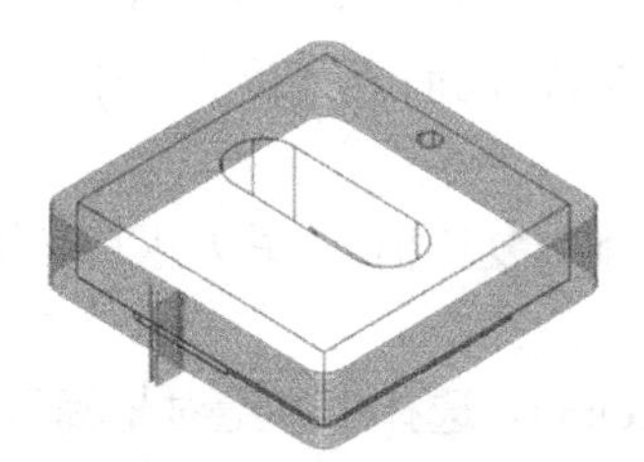

图 2-56　外形铣刀路

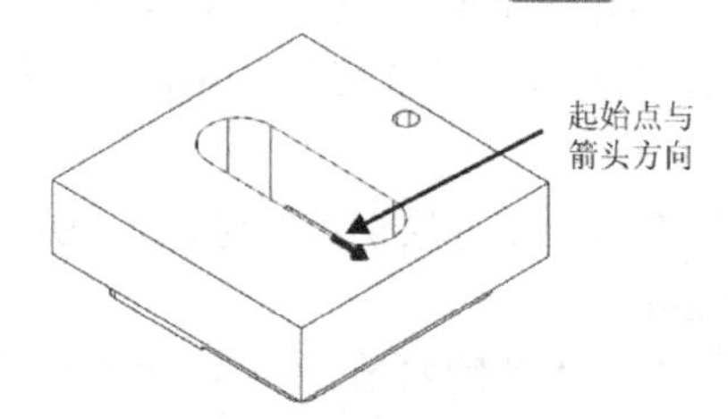

图 2-57　选取槽的边线

（15）选择“刀具”选项，选用ϕ12mm 平底刀。

（16）选择“切削参数”选项，对“补正方式”选择“电脑”，对“补正方向”选择“左”，“壁边预留量”设为 0.3mm，“底面预留量”设为 0.2mm，对“外形铣削方式”选择“2D”。

（17）选择“Z 分层切削”选项，钩选“深度分层切削”复选框，对“最大粗切步进量

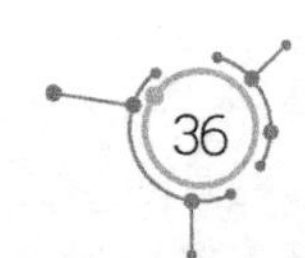

量”选择0.5mm，钩选“不提刀”复选框。

（18）选择“进/退刀设置”选项，钩选“在封闭轮廓中点位置执行进/退刀”复选框，在“进刀”区域中选择“◉相切”，进刀长度为15mm，“斜插高度”为0.5mm（此进刀方式为斜向进刀，防止踩刀），圆弧半径为1mm，“扫描角度”为90°。单击⏩按钮，使退刀参数与进刀参数相同。

（19）选择“共同参数”选项，“安全高度”设为35.0mm。选择“◉绝对坐标”，“参考高度”设为35.0mm。选择“◉绝对坐标”，“下刀位置”设为35.0mm。选择“◉绝对坐标”，“工件表面”设为30。选择“◉绝对坐标”，“深度”设为11mm，选择“◉绝对坐标”。

（20）单击“确定”按钮✔，生成的刀路，如图2-58所示。

（21）在“刀路”管理器中，复制“1-平面铣”刀路并粘贴到最后“刀路”管理器最后。

（22）单击“4-平面铣”刀路的“参数”，在【2D刀路-平面铣削】对话框中选择“刀具”选项，进给率改为600mm/min。选择“切削参数”选项，“底面预留量”改为0。选择“Z分层切削”选项，取消“深度分层切削”复选框。

（23）单击“确定”按钮✔，再单击“重建刀路”按钮，生成的平面铣精加工刀路如图2-59所示。

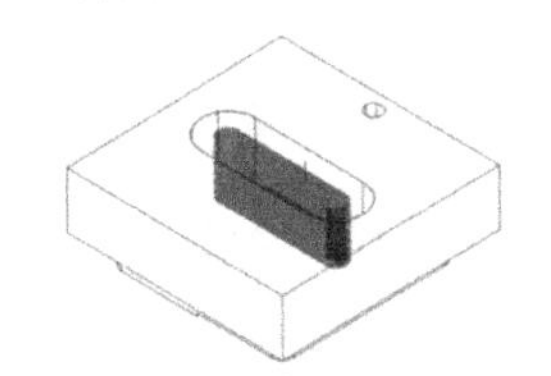
图2-58　外形铣粗加工刀路

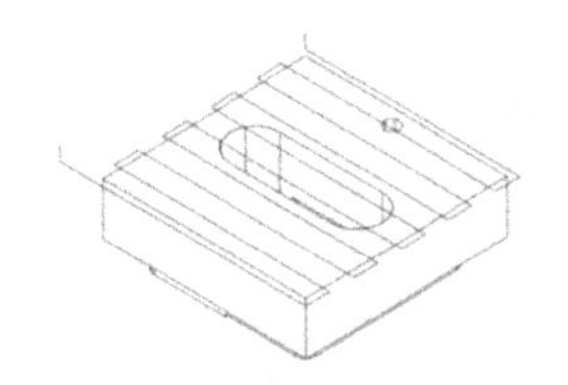
图2-59　平面铣精加工刀路

（24）在“刀路”管理器中，复制“2-外形铣削”刀路并粘贴到最后“刀路”管理器最后。

（25）单击“5-外形铣削”刀路的“参数”选项，在【2D刀路-外形铣削】对话框中选择“刀具”选项，进给率改为600mm/min。选择“切削参数”选项，“壁边预留量”改为0。选择“Z分层切削”选项，取消“深度分层切削”复选框。选中“进/退刀设置”选项，取消已钩选的“在封闭轮廓中点位置执行进/退刀”、“进刀”、“退刀”三个复选框。钩选“调整轮廓起始位置”复选框，长度量设为80%，钩选“调整轮廓终止位置”复选框，长度量设为80%。选择“XY分层切削”选项，在对话框中钩选“XY分层切削”，粗切次数设为3，间距设为0.1mm，精修次数设为1，间距设为0.01mm，钩选“不提刀”复选框。

（26）单击“确定”按钮✔，再单击“重建刀路”按钮，生成的刀路如图2-60所示。

3）零件反面用ϕ10mm立铣刀的数控编程

（1）在“刀路”管理器中，复制“3-外形铣削”刀路并粘贴到最后“刀路”管理器最后。

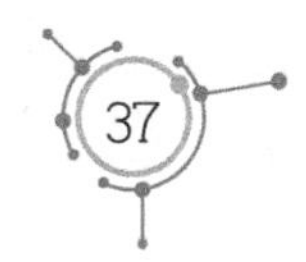

（2）单击“6-外形铣”刀路的“参数”选项，在【2D 刀路-外形铣削】对话框中选择“刀具”选项。在空白处单击鼠标右键，选“创建新刀具”命令，对新刀具的类型选择“平底刀”，直径设为ϕ10mm，刀号设为 2，刀长补正设为 2，半径补正设为 2，进给速率设为 500mm/min，下刀速率设为 600 mm/min，提刀速率设为 1500 mm/min，主轴转速设为 1500r/min。

（3）选择“切削参数”选项，“壁边预留量”设为 0，“底面预留量”设为 0。

（4）选择“Z 分层切削”选项，取消“深度分层切削”复选框。

（5）选择“进/退刀设置”，进刀长度设为 3mm，斜插高度设为 0，单击按钮，使退刀参数与进刀参数相同。

（6）选择“XY 分层切削”选项，在对话框中钩选“XY 分层切削”，粗切次数设为 2，间距设为 3mm，精修次数设为 3，间距设为 0.1mm，钩选“不提刀”复选框。

（7）单击“确定”按钮，再单击“重建刀路”按钮，生成的刀路如图 2-61 所示。

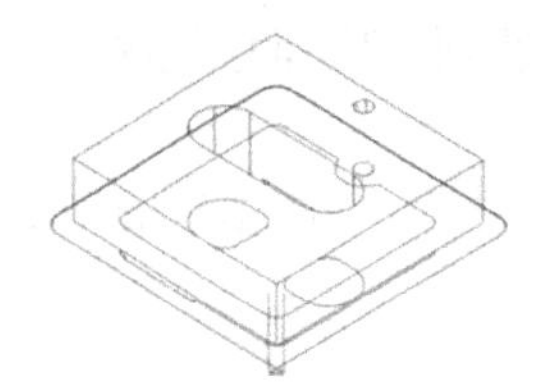

图 2-60　精加工外形刀路

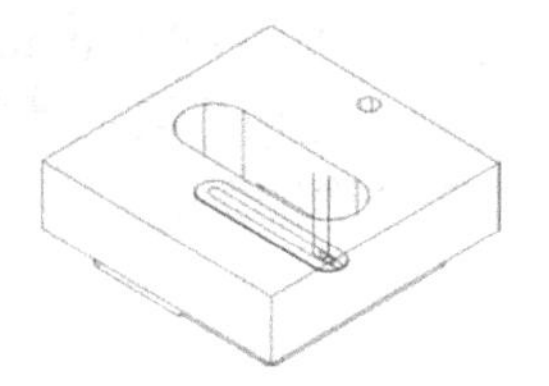

图 2-61　精加工槽刀路

（8）在“刀路”管理器中，复制“6-外形铣削”刀路并粘贴到最后“刀路”管理器最后。

（9）单击“7-外形铣”刀路的“图形”，在【串连管理】对话框中选中“串连 1”。单击鼠标右键，选择“全部重新串连”命令，选中如图 2-18 所创建的两条曲线，箭头方向为逆时针方向，箭头为起点位置，如图 2-62 所示。

（10）单击“7-外形铣”刀路的“参数”，在【2D 刀路-外形铣削】对话框中选择“XY 分层切削”选项，钩选“XY 分层切削”，粗切次数为 3，间距为 0.1mm，钩选“不提刀”复选框。选择“共同参数”选项，“深度”改为-31mm。

（11）单击“确定”按钮，再单击“重建刀路”按钮，生成的刀路如图 2-63 所示。

（12）按住键盘 Ctrl 键，在“刀路”管理器中，选中“6-外形铣削”和“7-外形铣削”，单击鼠标右键，选择“编辑已经选择的操作｜更改 NC 文件名”命令，将 NC 程序名更改为 G421-5。

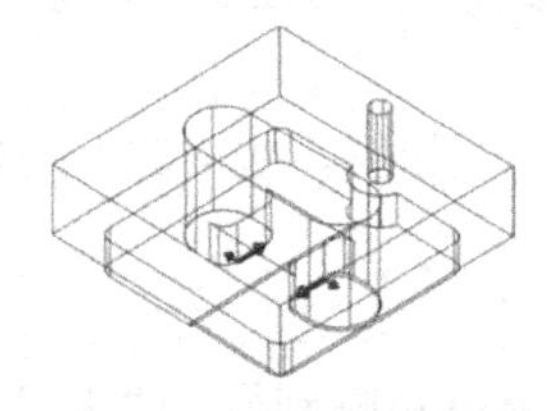

图 2-62　重新选曲线

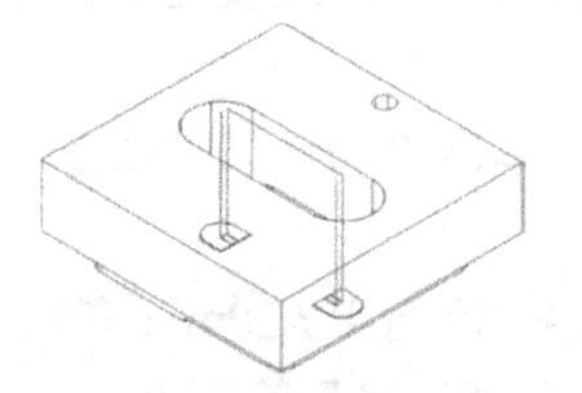

图 2-63　精加工孔刀路

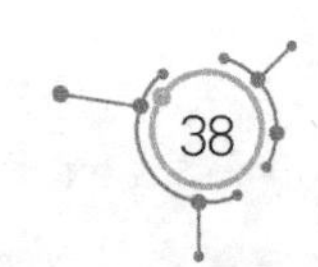

（13）在“刀路”管理器中选中所有刀路，进行后处理，并对 NC 程序进行修改。

（14）单击“保存”按钮，保存文档。

5. 第一次装夹

（1）零件的实体厚度是 30mm，而毛坯材料的厚度是 35mm，毛坯材料厚度比工件高 5mm。为了便于初学者统一操作步骤，在加工零件时，对正、反两面各加工 2.5mm。

（2）第一次用虎钳装夹时，工件上表面要超出虎钳至少 13mm，或者工件装夹的厚度不得超过 22mm。

（3）工件对刀时，采用四边分中的方法来确定工件坐标系，即工件上表面的中心为工件坐标系的原点（0，0），参考实例 1 中的图 1-66。

（4）Z 方向对刀时，可以用手工方式将工件上表面铣低 2.5mm 后，再将该表面设为 Z0。或者先把刀尖刚好接触工件的上表面，再稍微提升刀具，把刀具移至空挡处，然后降低 2.5mm，设为 Z0，参考实例 1 中的图 1-67。在数控编程时已经编好加工表面的程序，直接开启程序，即可用编制好的数控程序将工件表面铣削加工 2.5mm。

（5）工件第一次装夹的加工程序单见表 2-1。

表 2-1　第一次装夹加工程序单

序号	程序名	刀具	加工深度
1	G421-1	ϕ12mm 平底刀	10mm
2	G421-2	ϕ6mm 钻头	35mm
3	G421-3	ϕ10mm 平底刀	12mm

6. 第二次装夹

（1）工件第二次装夹的摆放方向如图 2-64 所示，这样摆放的目的是为了避免加工到码换。

（2）第二次用虎钳装夹时，工件的毛坯表面要超出虎钳至少 24mm。

（3）因为工件上表面有台阶，不平整，所以在第二次装夹时，注意保持摆正工件，不能摆斜。

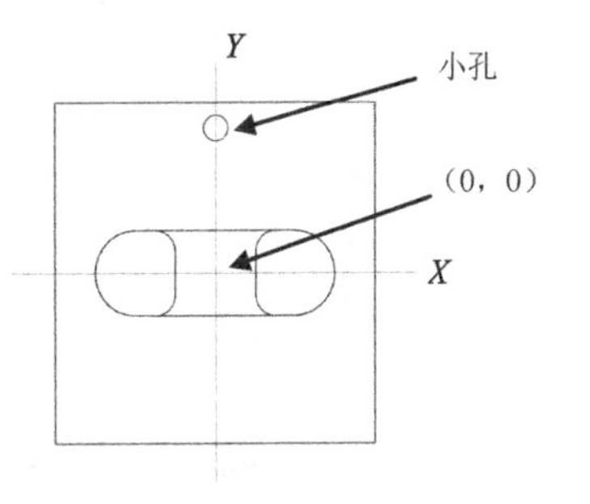

图 2-64　工件第二装夹的摆放方向

（4）工件下表面的中心为坐标系原点（0，0，0）。

（5）工件第二次装夹的加工程序单见表 2-2。

表 2-2　第二次装夹加工程序单

序号	程序名	刀具	加工深度
1	G421-4	ϕ12mm 平底刀	21mm
2	G421-5	ϕ10mm 平底刀	32mm

实例 3　G424——八角板

本节以《职业技能鉴定国家题库试卷》中的 G424 练习题为例，详细介绍中级工考证的建模、编程、操机基本过程，G424 练习题的零件图形如图 3-1 所示。

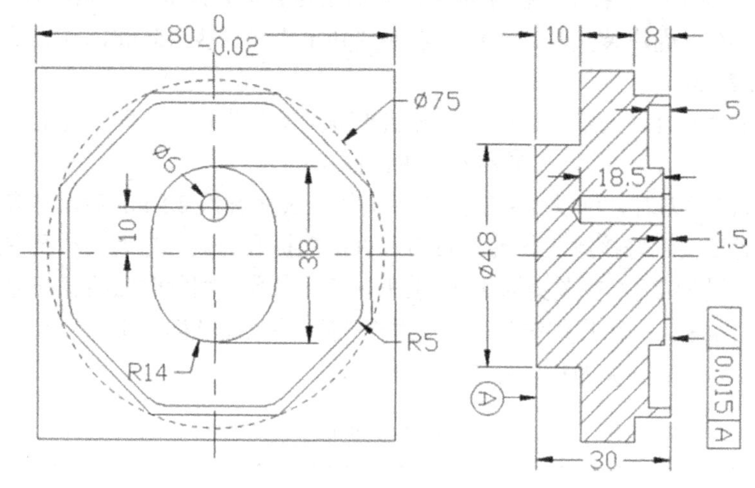

图 3-1　零件图

1. 建模过程

（1）在工作区下方的工具条中，对“绘图模式”选择“3D”。

（2）在主菜单中选择“绘图 | 绘弧 | 已知圆心点画圆”命令，在坐标输入框中输入圆心坐标（0，0，0），圆周的直径设为 48mm，单击“确定”按钮，创建一个圆形。单击功能键 F9，显示坐标系，如图 3-2 所示。

（3）在主菜单中选取“实体 | 拉伸”命令，在绘图区中选取圆周，单击“确定”按钮。在【实体拉伸】对话框中选中“◉创建主体”，距离设为 10mm，拉伸箭头方向朝上。

（4）单击“确定”按钮，创建的圆柱体如图 3-3 所示。

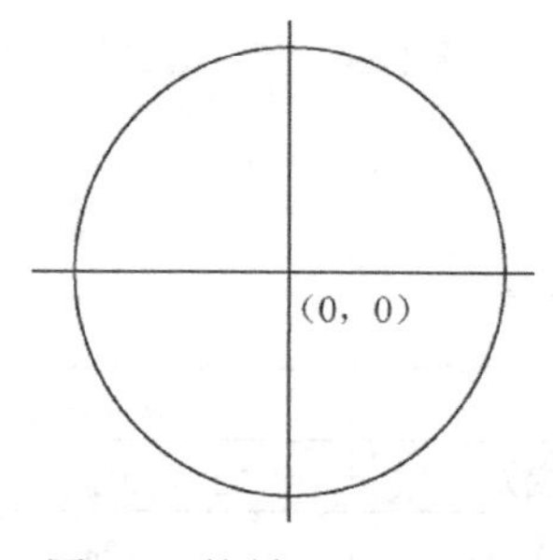

图 3-2　绘制ϕ48mm 圆周

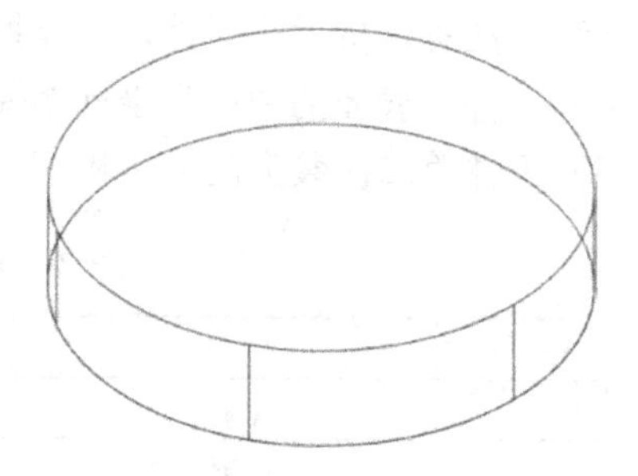

图 3-3　绘制圆柱体

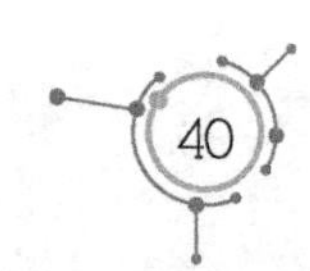

（5）在主菜单中选择“绘图 | 矩形”命令，在坐标输入框中输入矩形中心点的坐标（0，0，10）。按 Enter 键。在辅助工具条中输入矩形的长 80mm、宽 80mm，单击“设置基准点为中心”按钮，单击“确定”按钮，创建一个矩形，如图 3-4 所示。

（6）在主菜单中选择“实体 | 拉伸”命令，选取矩形，单击“确定”按钮。

（7）在【实体拉伸】对话框中选中“◉增加凸台”，距离设为 12mm，位伸箭头方向朝上。

（8）单击“确定”按钮，创建的方体如图 3-5 所示。

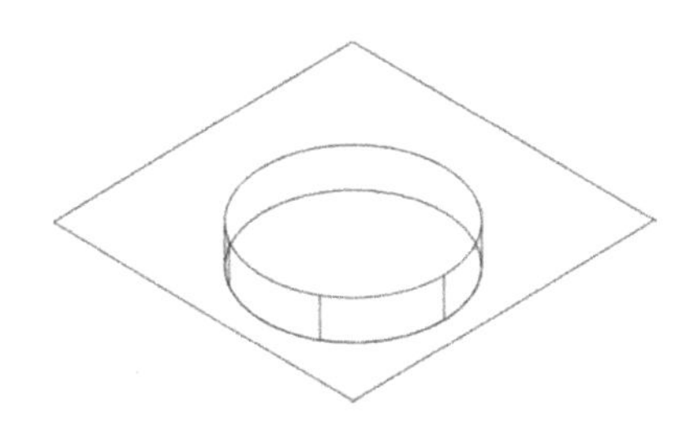

图 3-4　绘制矩形

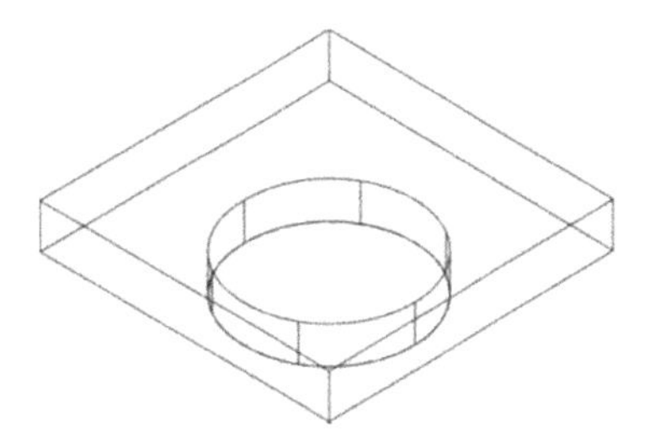

图 3-5　创建方体

（9）在主菜单中选择“绘图 | 多边形”命令，在【多边形】对话框中输入边数 8，半径设为 37.5mm。选择“◉内接圆”，如图 3-6 所示。在坐标输入框中输入多边形中心点的坐标（0，0，22），按 Enter 键，创建正八边形，如图 3-7 所示。

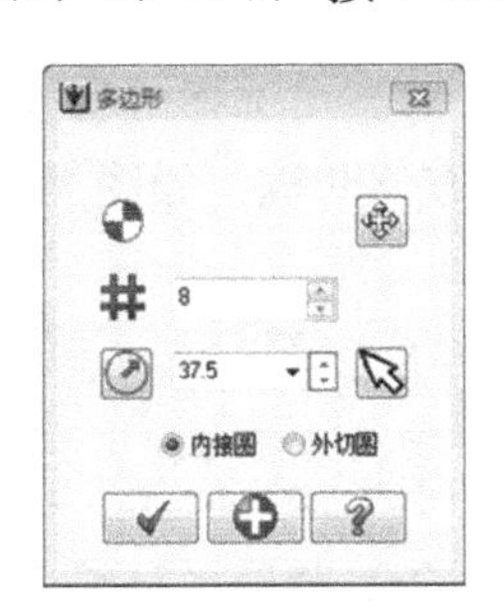

图 3-6 【多边形】对话框

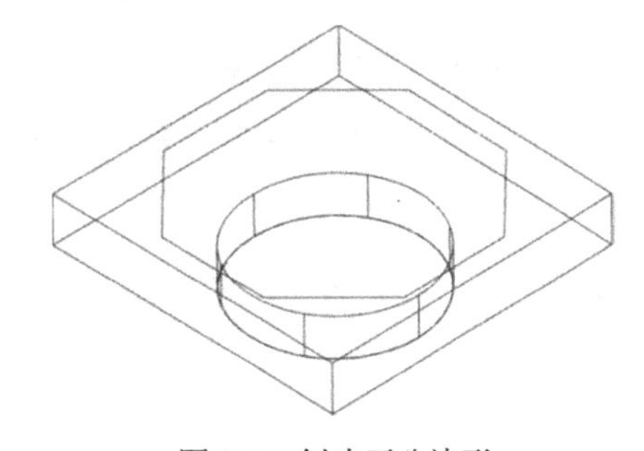

图 3-7　创建正八边形

（10）在主菜单中选择“实体 | 拉伸”命令，选取八边形，单击“确定”按钮。

（11）在【实体拉伸】对话框中选中“◉增加凸台”，距离设为 8mm。

（12）单击“确定”按钮，创建八边形方体，如图 3-8 所示。

（13）在主菜单中选择“转换 | 串联补正”命令，选取正八边形的边线，单击“确定”按钮。在【串联补正选项】对话框中选中“◉复制”，XY 方向的距离设为 2mm，Z 方向的距离设为 3mm，再选择“◉增量坐标”，如图 3-9 所示。

（14）单击“确定”按钮，创建串连补正曲线，如图 3-10 所示。

（15）在主菜单中选择“屏幕 | 清除颜色”命令，可以清除串连补正曲线的颜色。

（16）在主菜单中选择“绘图 | 倒圆角 | 串连倒圆角”命令，选取刚才创建的补正曲线，单击“确定”按钮，输入圆弧半径设为 R5mm。

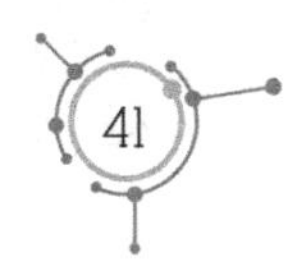

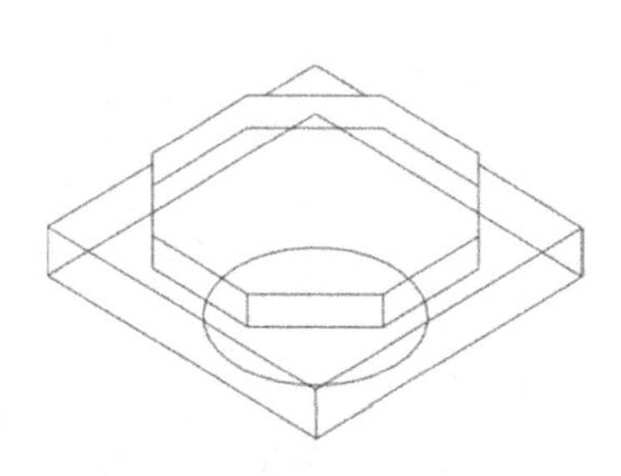

图 3-8　创建八边形方体

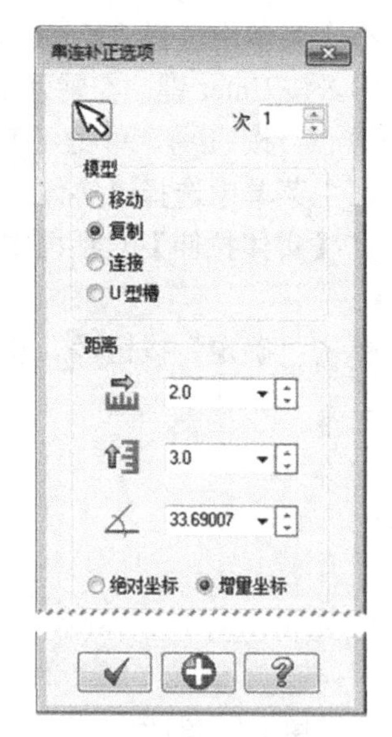

图 3-9　【串联补正选项】对话框

（17）单击“确定”按钮，刚才创建的串连曲线 8 个尖角位全部倒圆角。

（18）在主菜单中选择“实体 | 拉伸”命令，选取串连补正曲线，单击“确定”按钮。

（19）在【实体拉伸】对话框中选中“◉ 切割主体”，对距离选择“◉ 全部贯通”。

（20）单击“确定”按钮，在实体表面创建八边形方体凹坑，如图 3-11 所示。

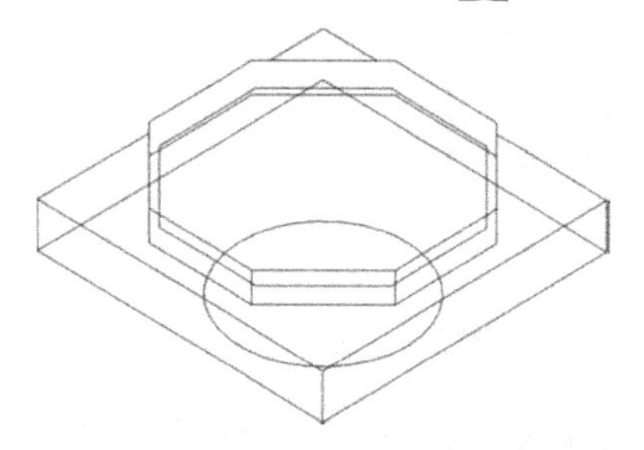

图 3-10　创建串连补正曲线

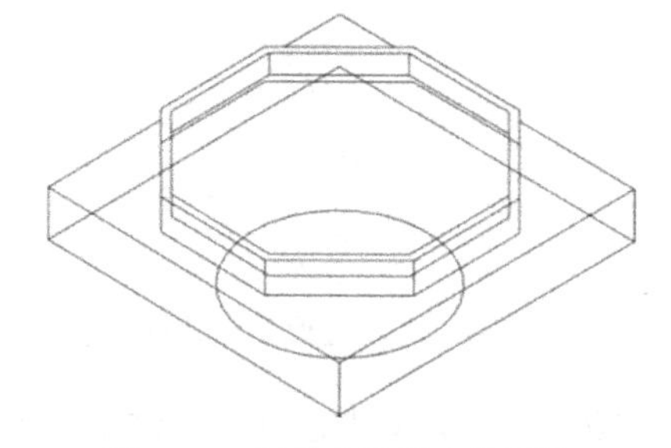

图 3-11　创建八边形方体凹坑

（21）在主菜单中选择“绘图 | 绘线 | 任意线”命令，输入直线起点坐标（−14，−10，25）。按 Enter 键后，输入直线终点坐标（−14，10，25），创建如图 3-12 左边所示的直线。

（22）同样的方法，创建另一条直线，起点坐标（−14，−10，25），终点坐标（−14，10，25），创建如图 3-12 右边所示的直线。

（23）在主菜单中选择“绘图 | 绘弧 | 已知圆心点画圆”命令，输入圆心坐标（0，5，25），圆周的直径设为 28mm，单击“确定”按钮。创建的一个圆周如图 3-13 所示。

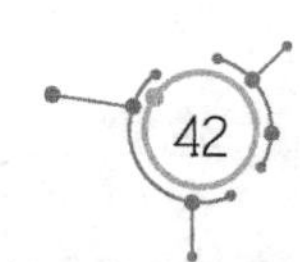

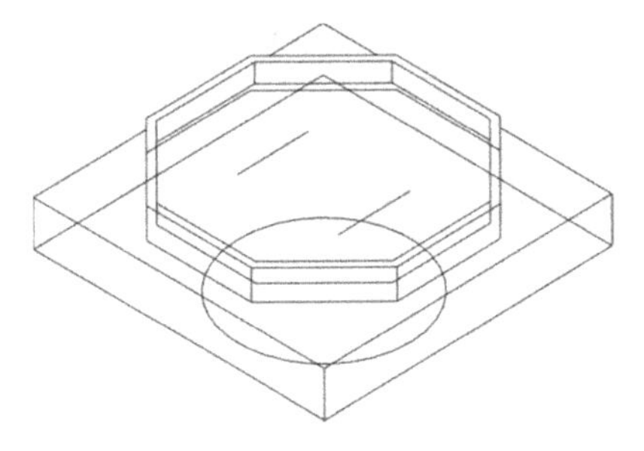
图 3-12　创建两条直线

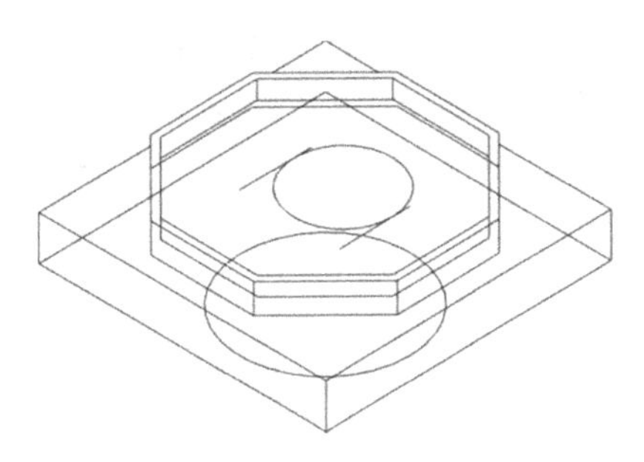
图 3-13　创建直径为 28mm 的圆周

（24）在主菜单中选择“编辑｜修剪/打断｜修剪/打断/延伸”命令，在工具条中选中“两特体修剪”按钮，如图 2-15 所示。修剪圆弧与直线，如图 3-14 所示。

（25）用同样的方法，以（0，−5，25）为圆心，绘制另一个直径为 28mm 的圆周，并进行修剪，如图 3-15 所示。

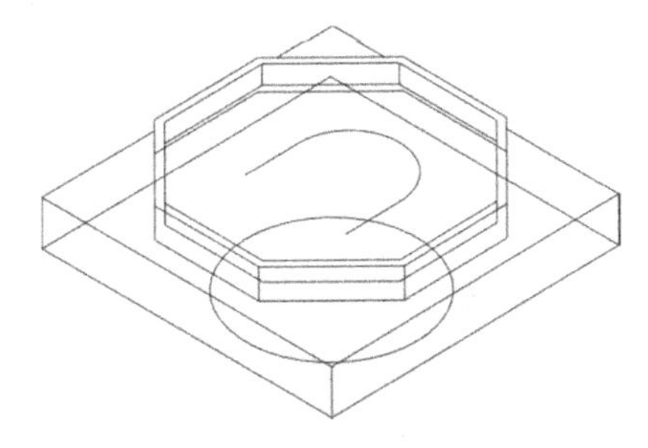
图 3-14　修剪圆弧与直线

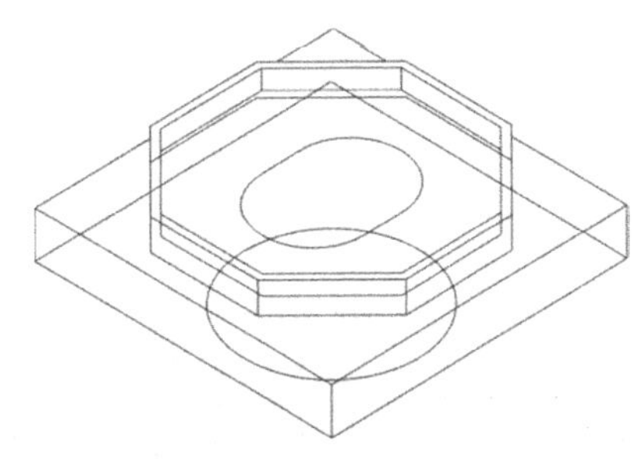
图 3-15　修剪另一端的曲线

（26）在主菜单中选择“实体｜拉伸”命令，选取刚创建的曲线，单击“确定”按钮。

（27）在【实体拉伸】对话框中选中“◉增加凸台”，距离设为 3.5mm。

（28）单击“确定”按钮，在实体表面创建一个凸台，如图 3-16 所示。

（29）单击“前视图”按钮，将零件切换成前视图，如图 3-17 所示。

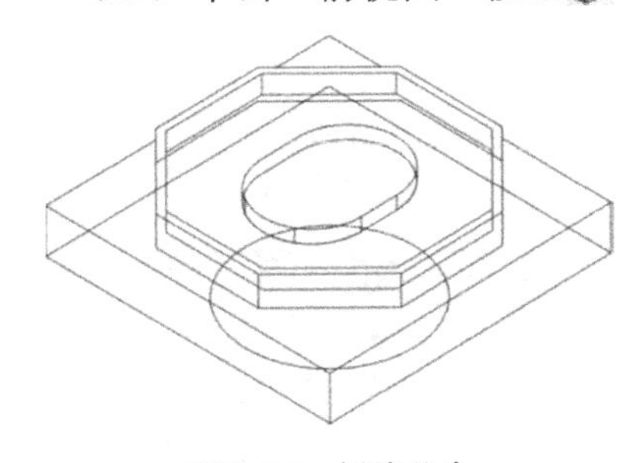
图 3-16　创建凸台

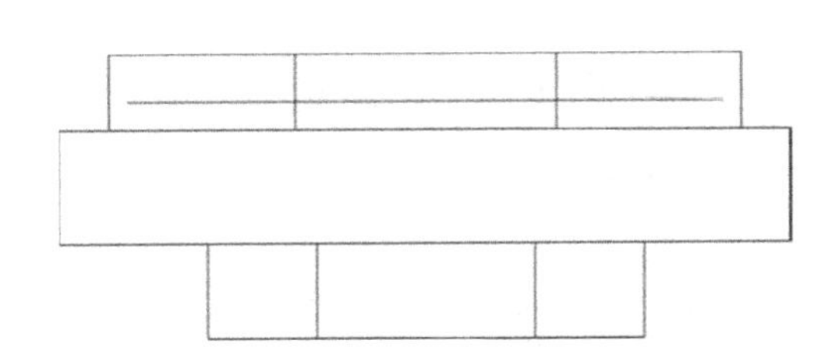
图 3-17　前视图

（30）在工作区下方的工具条中“平面”Z 设为−10mm，如图 3-18 所示。

（31）在主菜单中选择“绘图｜绘线｜任意线”命令，输入直线起点坐标（0，10，−10）。按 Enter 键后输入终点坐标（0，30，−10），绘制的一条直线如图 3-19 所示。

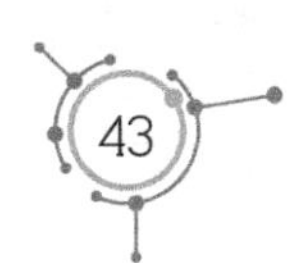

（32）在主菜单中选择“转换 | 平移”命令，选中刚才创建的直线，按 Enter 键。在【平移】对话框中选中“◉连接”，ΔX 为 3mm，如图 3-20 所示。

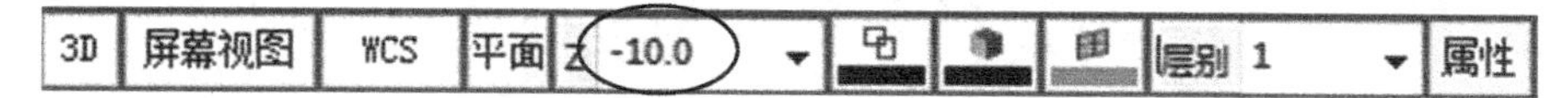

图 3-18 “Z”为-10mm

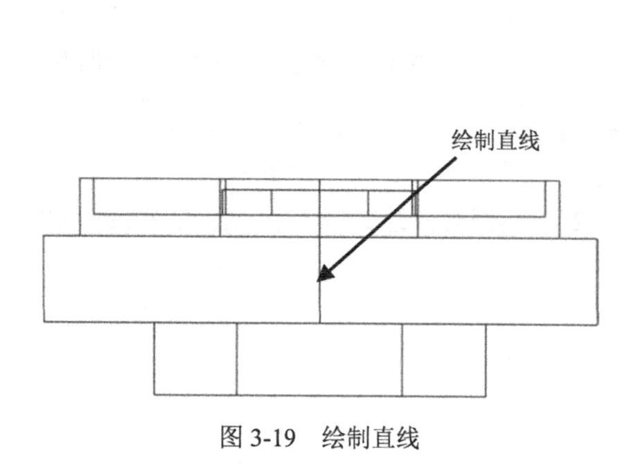

图 3-19 绘制直线

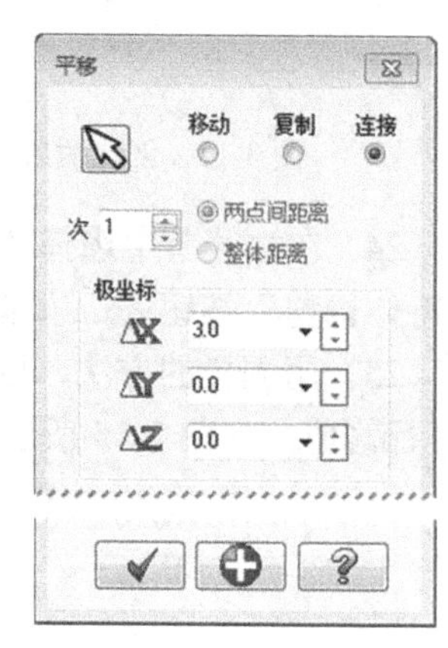

图 3-20 【平移】对话框

（33）单击“确定”按钮，创建的一个矩形如图 3-21 所示。

（34）在主菜单中选择“转换 | 旋转”命令，选中矩形下方的边线，按 Enter 键。在【旋转】对话框中选择“◉移动”，角度设为 31mm，如图 3-22 所示。

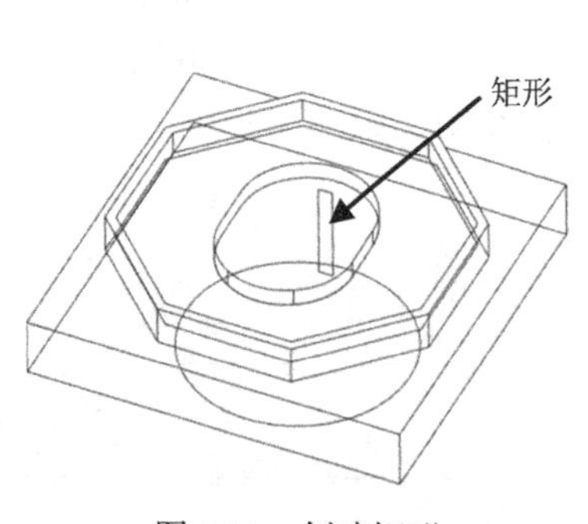

图 3-21 创建矩形

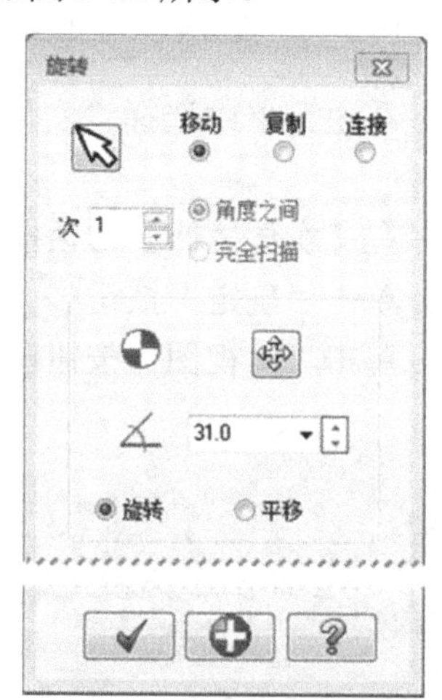

图 3-22 【旋转】对话框

（35）在【旋转】对话框中单击“定义中心点”按钮，选中直线的端点，单击“确定”按钮，旋转矩形下方的边线，如图 3-23 所示。

（36）在主菜单中选择“编辑 | 修剪/打断 | 修剪/打断/延伸”命令，在工具条中选择“两物体修剪”按钮，修剪后的直线如图 3-24 所示。

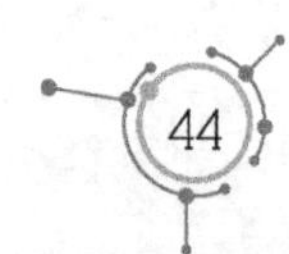

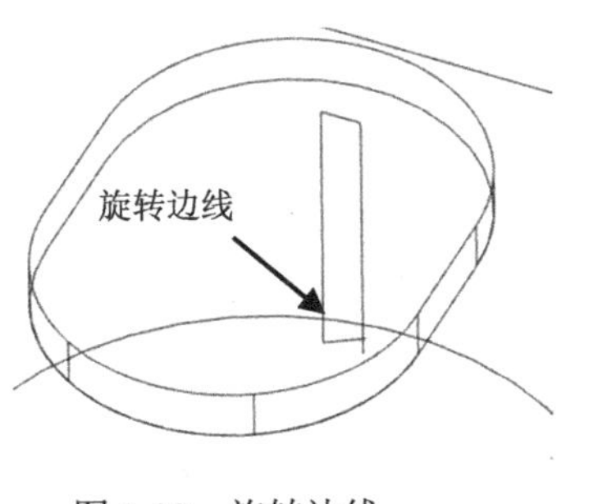

图 3-23　旋转边线

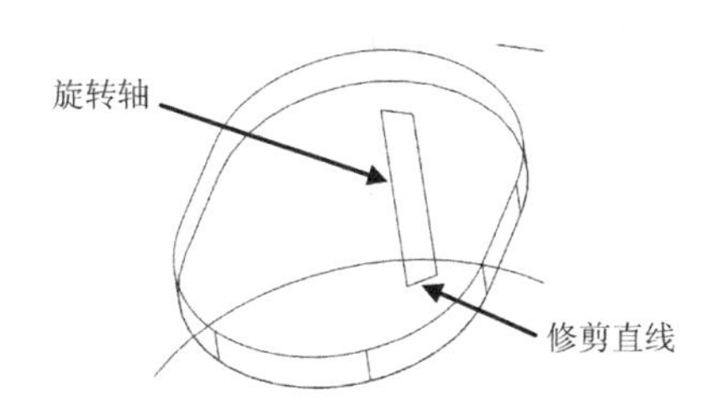

图 3-24　修剪直线

（37）在主菜单中选择“实体 | 旋转”命令，选取如图 3-24 所示修剪后的封闭的曲线，单击“确定”按钮，再选取曲线的一条边为旋转轴。

（38）在【旋转实体】对话框中选择“◉切割主体”选项，起始角度设为 0°，终止角度设为 360°。

（39）单击“确定”按钮，创建一个孔，如图 3-25 所示。

（40）单击“保存”按钮，文件名为“实例 3（G424）.MCX-9”。

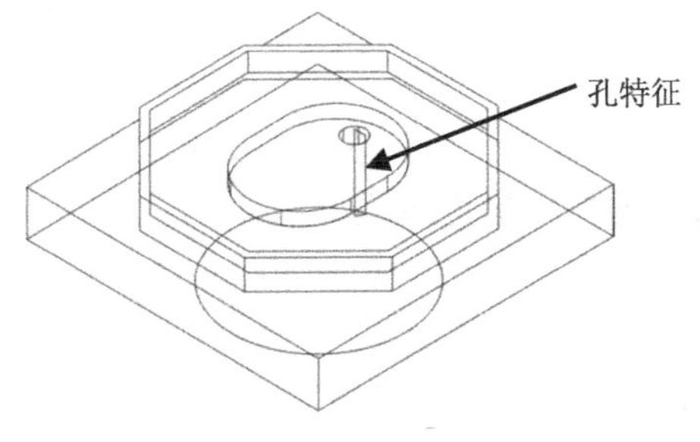

图 3-25　创建孔特征

2. 工艺分析

（1）对零件的尺寸是 80mm×80mm×30mm 而毛坯材料是 85mm×85mm×35mm 的铝块，零件加工时，建议毛坯正、反两面的平面各加工 2.5mm，以保持统一，便于初学者学习。

（2）根据零件形状，建议先加工正面的八边形凸台，再加工反面的圆柱形。

（3）根据零件形状，加工正面八边形凸台时，建议用ϕ12mm 的平底刀进行粗加工，钻孔用ϕ6mm 钻嘴，再用ϕ10mm 平底刀精加工，加工反面圆柱时用ϕ12mm 平底刀。

（4）加工ϕ6mm 小孔时，可以直接用ϕ6mm 钻嘴加工，而不需要先用中心钻预钻孔。

（5）在加工八边形凸台时，用外形铣削方式中的斜向式进刀。这种加工方式是斜向进刀，既可以避免踩刀，也可以省去预钻孔这一个工序。

（6）因为加工零件的材质是铝，在加工过程中刀具的磨损较小，所以可以在粗加工后不用换刀，直接精加工。

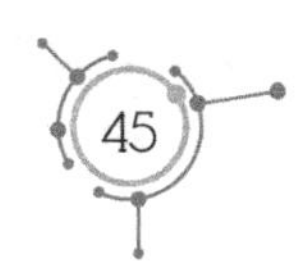

3. 第一次装夹的数控编程

1）创建毛坯工序

（1）启动 Mastercam X9，打开“实例 3（G424）.mcx-9”。

（2）在主菜单中选取“转换 | 平移”命令，用框选方式选中所有图素，按 Enter 键。

（3）在【平移】对话框中选中“◉移动”，ΔZ 为-30mm。

（4）单击“确定”按钮，单击“等角视图”按钮，此时坐标系原点在零件上表面中心。单击键盘“F9”键，显示坐标系在工件表面，如图 3-26 所示。

（5）在主菜单中选取“屏幕 | 清除颜色”命令，可以清除图素的颜色。

（6）在主菜单中选取“文件 | 另存为”命令，另存为“实例 3（G424）-第一次加工图”。

（7）在主菜单中选取“机床类型 | 铣床 | 默认”命令，进入加工模式。

（8）同时按住键盘的<Alt+O>组合键，在工作区下方的左侧单击“刀路”二字，在“刀路”管理器中展开“+属性”，再单击“毛坯设置”命令。

（9）在【机床群组属性】对话框“毛坯设置”选项卡中，对“毛坯平面”选择“俯视图”，对“形状”选择“◉立方体”。钩选“显示”、“适度化”复选框，选择“◉线框”，“毛坯原点”设为（0，0，2.5），毛坯的长、宽、高分别设为 85mm、85mm、35mm。

2）零件正面用ϕ12mm 立铣刀的数控编程过程

（1）在主菜单中选择“刀路 | 平面铣”命令，输入 NC 名称为 G424-1，单击“确定”按钮。

（2）再单击“确定”按钮，在【2D 刀路-平面铣削】对话框中选择“刀具”选项；在右边的空白处单击鼠标右键，在下拉菜单中选择“创建新刀具”命令，对刀具类型选择“平底刀”。刀齿直径为ϕ12mm，刀号设为 1，刀长补正设为 1，半径补正设为 1，进给速率设为 1000mm/min，下刀速率设为 600 mm/min，提刀速率设为 1500 mm/min，主轴转速设为 1500r/min。

（3）在【2D 刀路-平面铣削】对话框中选择“切削参数”选项，对“类型”选择“双向”，对“截断方向超出量”选择 50%，对“引导方向超出量”选择 50%，“进刀引线长度”设为 100%，“退刀引线长度”设为 0，“最大步进量”设为 80%，底面预留量设为 0.2mm，“最大步进量”设为 80%，“粗切角度”设为 90°。

（4）选择“Z 分层切削”选项，钩选“深度分层切削”复选框，“最大粗切步进量”设为 1.0mm。

（5）选择“共同参数”选项，“安全高度”设为 5.0mm。选择“◉绝对坐标”，“参考高度”设为 5.0mm。选择“◉绝对坐标”，“下刀位置”设为 5.0mm。选择“◉绝对坐标”，“工件表面”设为 2.5mm。选择“◉绝对坐标”，“深度”设为 0，选择“◉绝对坐标”。

（6）单击“确定”按钮，生成平面铣粗加工刀路，如图 3-27 所示。

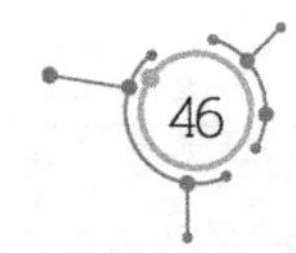

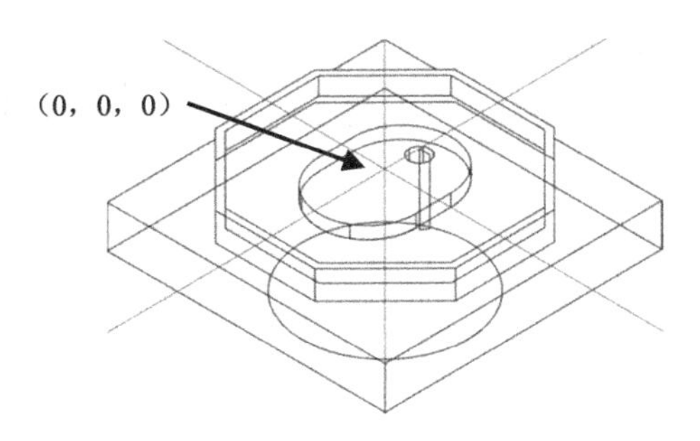

图 3-26　坐标系在工件表面

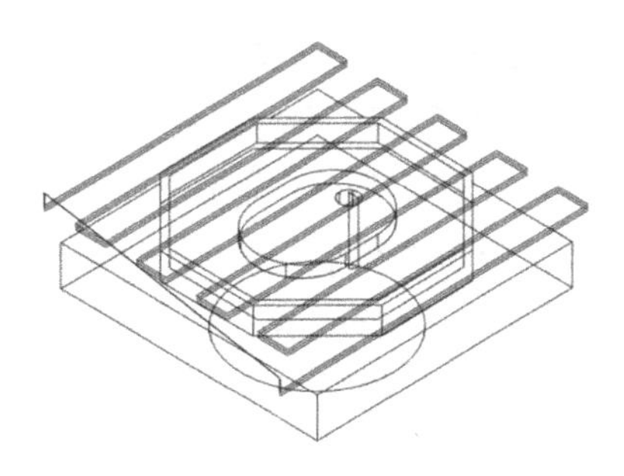

图 3-27　平面铣粗加工刀路

（7）在“刀路”管理器中单击“切换”按钮≋，隐藏平面铣刀路。

（8）在主菜单中选取“刀路｜外形”命令，在零件图上选取 80mm×80mm 矩形边线，箭头方向为顺时针方向，如图 3-28 所示，单击“确定”按钮✔。

（9）在【2D 刀路-外形铣削】对话框中选择“刀具”选项，选择ϕ12mm 平底刀，进给速率设为 *1000mm/min*，下刀速率设为 *600 mm/min*，提刀速率设为 *1500 mm/min*，主轴转速设为 1500r/min。

（10）选择“切削参数”选项，对“补正方式”选择“电脑”，对“补正方向”选择“左”，“壁边预留量”设为 0.3mm，“外形铣削方式”选择“2D”。

（11）选择“Z 分层切削”选项，钩选“深度分层切削”复选框，对“最大粗切步进量”选择 1.0mm，钩选“不提刀”复选框。

（12）选择“进/退刀设置”选项，钩选“在封闭轮廓中点位置执行进/退刀”、“过切检查”复选框，重叠量设为 0。在“进刀”区域中选择“◉相切”，进刀长度设为 5mm，圆弧半径设为 1mm，单击⏩按钮，使退刀参数与进刀参数相同。

（13）选择“共同参数”选项，“安全高度”设为 5.0mm。选择“◉绝对坐标”，“参考高度”设为 5.0mm。选择“◉绝对坐标”，“下刀位置”设为 5.0mm。选择“◉绝对坐标”，“工件表面”设为 0。选择“◉绝对坐标”，“深度”设为-22mm，选择“◉绝对坐标”。

（14）单击“确定”按钮✔，生成的外形铣刀路，如图 3-29 所示。

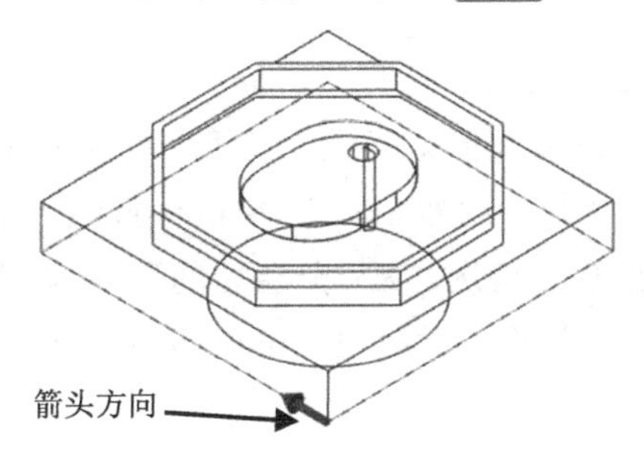

图 3-28　选取 80mm×80mm 矩形边线

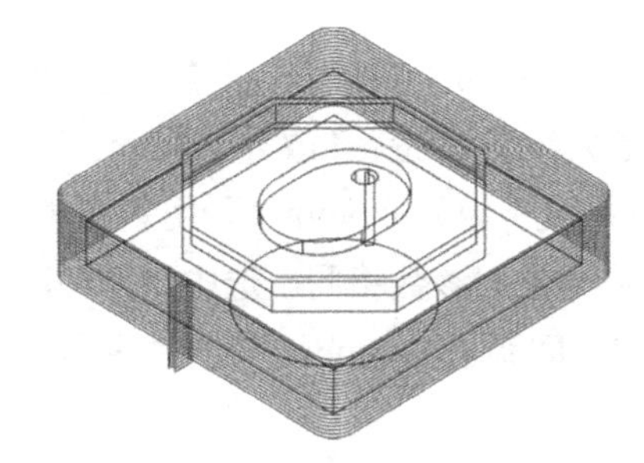

图 3-29　生成的外形铣刀路

（15）在“刀路”管理器中单击“切换”按钮≋，隐藏外形铣刀路。

（16）在“刀路”管理器中复制“2-外形铣削”刀路，并粘贴到刀路管理器最后面。

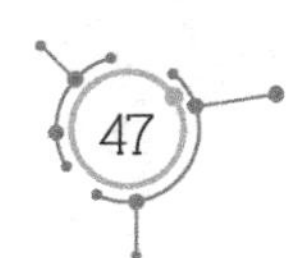

（17）双击“3-外形铣削”刀路的“图形”，在【串连管理】对话框中单击鼠标右键，选“全部重新串连”命令，在零件图上选取正八边形的边线，箭头方向为顺时针方向，如图 3-30 所示，单击“确定”按钮✔。

（18）单击“参数”，在【2D 刀路-外形铣削】对话框中选择“切削参数”选项，“壁边预留量”设为 0.3mm，“底面预留量”设为 0.2mm。

（19）选中“XY 分层切削”选项，在对话框中钩选“XY 分层切削”，粗切次数设为 2，间距设为 10mm，精修次数设为 0，钩选“不提刀”复选框。

（20）选择“共同参数”选项，“安全高度”设为 5.0mm。选择“◉绝对坐标”，“参考高度”设为 5.0mm。选择“◉绝对坐标”，“下刀位置”设为 5.0mm。选择“◉绝对坐标”，“工件表面”设为 0。选择“◉绝对坐标”，“深度”设为-8mm，选择“◉绝对坐标”。

（21）单击“确定”按钮✔，生成的正八边形外形铣刀路如图 3-31 所示。

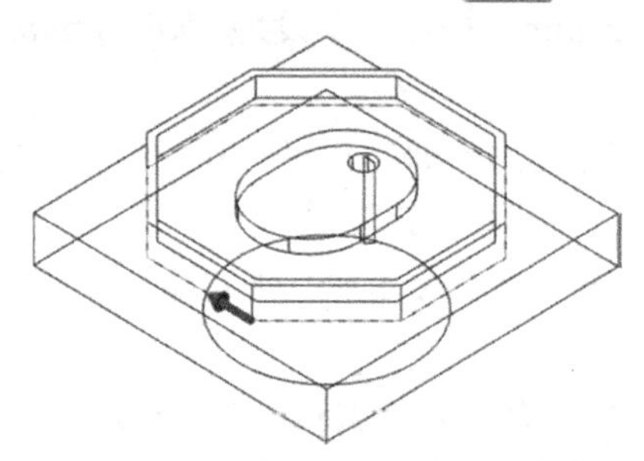

图 3-30　选择正八边形的边线

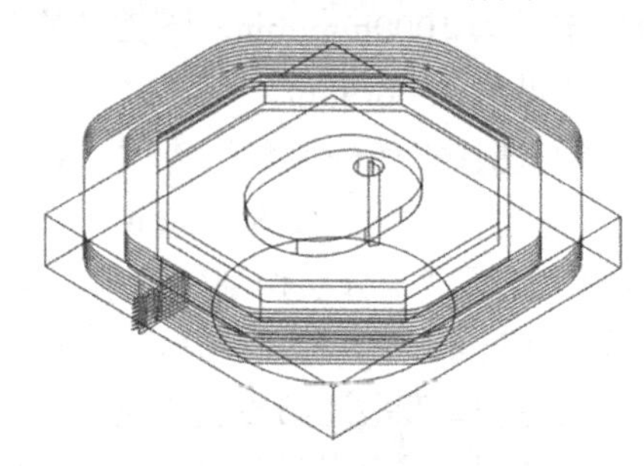

图 3-31　正八边形外形铣削刀路

（22）在“刀路”管理器中单击“切换”按钮≋，隐藏外形铣刀路。

（23）在“刀路”管理器中复制“3-外形铣削”刀路，并粘贴到刀路管理器最后面。

（24）双击“4-外形铣削”刀路的“图形”选项，在【串连管理】对话框中单击鼠标右键，选“全部重新串连”命令，选取图 3-10 创建的正八边形的边线，箭头方向为逆时针方向，如图 3-32 所示，单击“确定”按钮✔。

（25）单击“参数”，在【2D 刀路-外形铣削】对话框中选择“Z 分层切削”选项，将“最大粗切步进量”改为 0.5mm。选择“进/退刀设置”选项，“进刀长度”改为 10mm，“斜插高度”设为 0.5mm（采用斜向进刀方式），“半径”设为 4mm，单击⏩按钮，使退刀参数与进刀参数相同。选中“XY 分层切削”选项，钩选“XY 分层切削”，粗切次数设为 3，间距设为 8mm。选择“共同参数”选项，“深度”改为-1.5mm，选择“◉绝对坐标”。

（26）单击“确定”按钮✔，生成内坑的外形铣刀路如图 3-33 所示。

（27）在“刀路”管理器中单击“切换”按钮≋，隐藏外形铣刀路。

（28）在“刀路”管理器中复制“4-外形铣削”刀路，并粘贴到刀路管理器最后面。

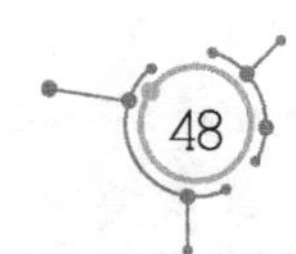

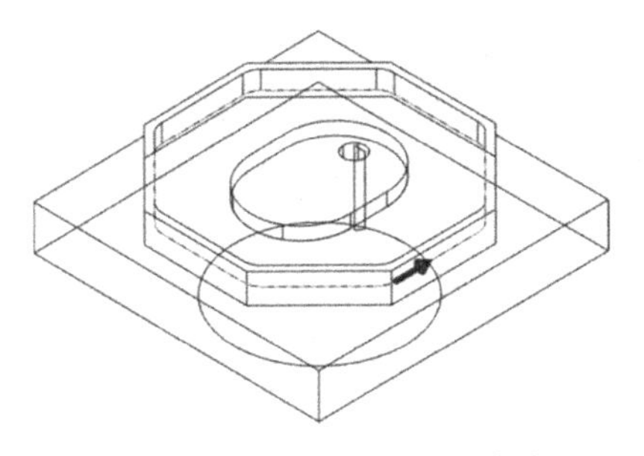
图 3-32　选择正八边形的边线

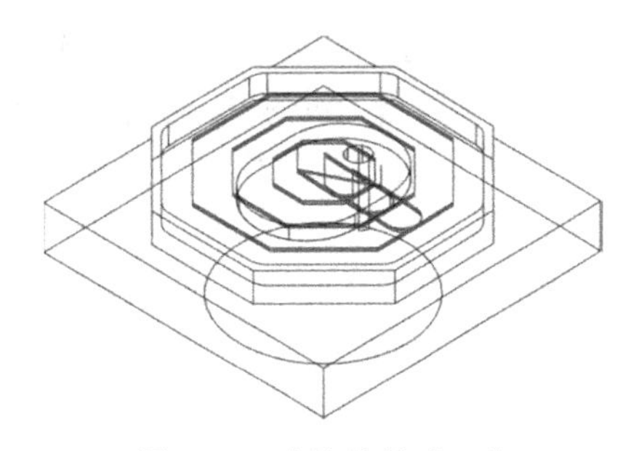
图 3-33　内坑的外形刀路

（29）双击“5-外形铣削”刀路的“图形”，在【串连管理】对话框中单击鼠标右键，选“增加串连”命令，选取图 3-15 创建的曲线，箭头方向为顺时针方向，箭头为起点位置，如图 3-34 所示，单击“确定”按钮。

（30）单击“参数”，在【2D 刀路-外形铣削】对话框中选择“进/退刀设置”选项，将“进刀长度”改为 5mm，“斜插高度”设为 0.25mm，“半径”设为 0.5mm，单击按钮，使退刀参数与进刀参数相同。选中“XY 分层切削”选项，取消已钩选的“XY 分层切削”复选框。选择“共同参数”选项，“工件表面”设为-1.5mm，“深度”改为-5.0mm。

（31）单击“确定”按钮，创建加工槽的外形铣刀路如图 3-35 所示。

（32）在“刀路”管理器中单击“切换”按钮，隐藏外形铣刀路。

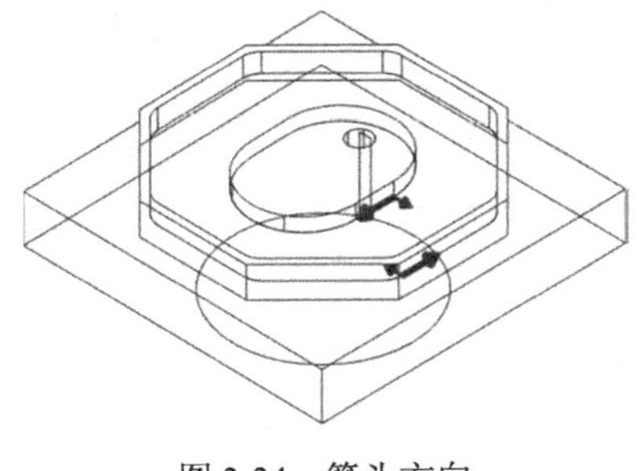
图 3-34　箭头方向

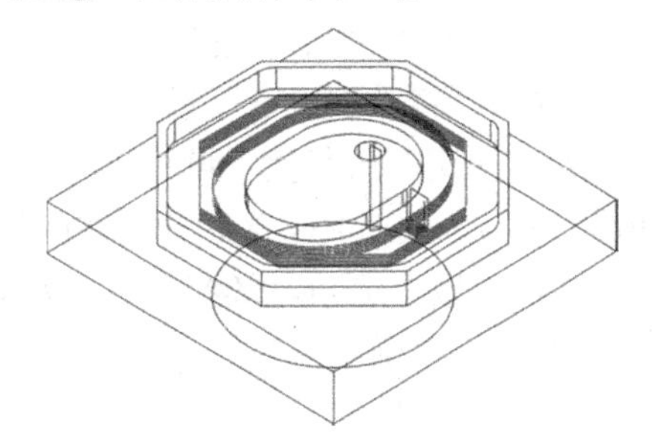
图 3-35　加工槽的刀路

（33）在“刀路”管理器中复制“2-外形铣削”刀路，并粘贴到刀路管理器最后面。

（34）双击“6-外形铣削”刀路的“参数”，在【2D 刀路-外形铣削】对话框中选择“刀具”选项，将“进给率”改为 600mm/min。选择“切削参数”选项，“壁边预留量”改为 0。选择“Z 分层切削”选项，取消已钩选的“深度分层切削”复选框。选中“进/退刀设置”选项，取消已钩选的“在封闭轮廓中点位置执行进/退刀”、“进刀”、“退刀”三个复选框。钩选“调整轮廓起始位置”复选框，长度量设为 80%。钩选“调整轮廓终止位置”复选框，长度量设为 80%。选中“XY 分层切削”选项，钩选“XY 分层切削”复选框，粗切次数设为 3，间距设为 0.1mm，精修次数设为 0，钩选“不提刀”复选框。

（35）单击“确定”按钮，80mm×80mm 外形精加工铣刀路如图 3-36 所示。

（36）在“刀路”管理器中复制“3-外形铣削”刀路，并粘贴到刀路管理器最后面。

（37）双击“7-外形铣削”刀路的“参数”，在【2D 刀路-外形铣削】对话框中选择

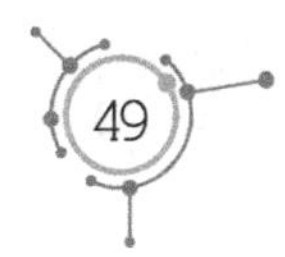

“刀具”选项，将“进给率”改为 600mm/min。选择“切削参数”选项，“壁边预留量”为 0，“底面预留量”设为 0。选择“Z 分层切削”选项，取消已钩选的“深度分层切削”复选框。选中“进/退刀设置”选项，取消已钩选的“在封闭轮廓中点位置执行进/退刀”、“进刀”、“退刀”三个复选框。钩选“调整轮廓起始位置”复选框，长度量设为 80%，钩选“调整轮廓终止位置”复选框，长度量设为 80%。选中“XY 分层切削”选项，钩选“XY 分层切削”复选框，粗切次数设为 2，间距设为 10，精修次数设为 3，间距设为 0.1mm，钩选“不提刀”复选框。

（38）单击“确定”按钮，八边形外形精加工铣刀路如图 3-37 所示。

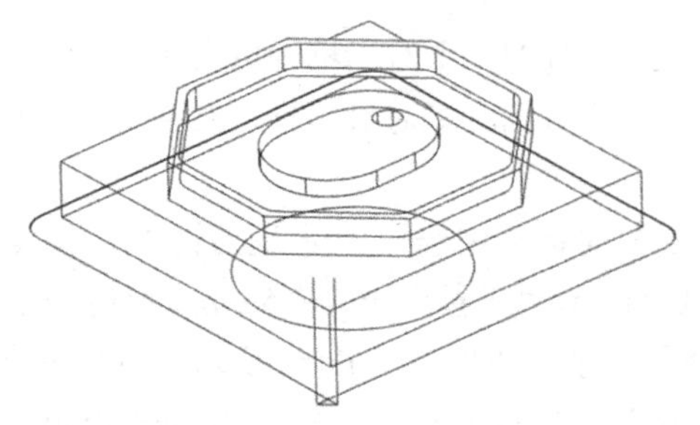

图 3-36　精加工 80mm×80mm 外形刀路

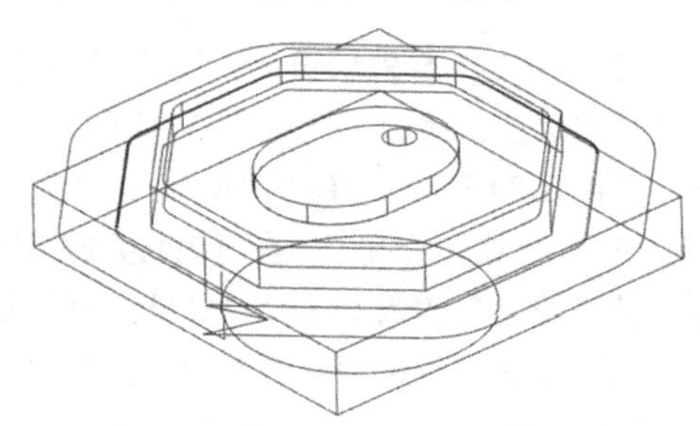

图 3-37　精加工八边形刀路

（39）在“刀路”管理器中复制“4-外形铣削”刀路，并粘贴到刀路管理器最后面。

（40）双击“8-外形铣削”刀路的“参数”，在【2D 刀路-外形铣削】对话框中选择“刀具”选项，将“进给率”设为 600mm/min。选择“切削参数”选项，“壁边预留量”设为-7mm，“底面预留量”设为 0。选择“Z 分层切削”选项，取消已钩选的“深度分层切削”复选框。选中“XY 分层切削”选项，取消已钩选的“XY 分层切削”复选框，选择“共同参数”选项，“◉深度”设为 0。

（41）单击“确定”按钮，八边形顶面精加工铣刀路如图 3-38 所示。

3）零件正面创建钻孔刀路

（1）在主菜单中选择“刀路丨钻孔”命令，选取ϕ6mm 圆周的圆心，单击“确定”按钮，在【2D 刀路-钻孔】对话框中选“刀具”选项，在右边的空白处单击鼠标右键，在下拉菜单中选择“创建新刀具”命令，对刀具类型选择“钻头”，钻头直径设为ϕ6mm，刀号为 2，刀长补正设为 2，半径补正设为 2，进给速率设为 300mm/min，下刀速率设为 600 mm/min，提刀速率设为 1500 mm/min，主轴转速设为 1500r/min。

（2）选择“切削参数”选项，循环方式选“深孔啄钻”即“Peck”，将其值设为 1mm。

（3）选择“共同参数”选项，“安全高度”设为 5.0mm。选择“◉绝对坐标”，“参考高度”设为 5.0mm。选择“◉绝对坐标”，“工件表面”设为-1.5mm。选择“◉绝对坐标”，“深度”设为-20mm。选择“◉绝对坐标”。

（4）单击“确定”按钮，生成钻孔刀路。

（5）在“刀路”管理器中选中“9-深孔啄钻”，单击鼠标右键，选择“编辑已经选择的操作丨更改 NC 文件名”命令，将文件名改为 G424-2，如图 3-39 所示。

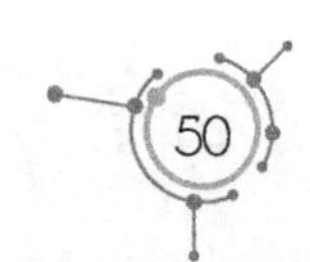

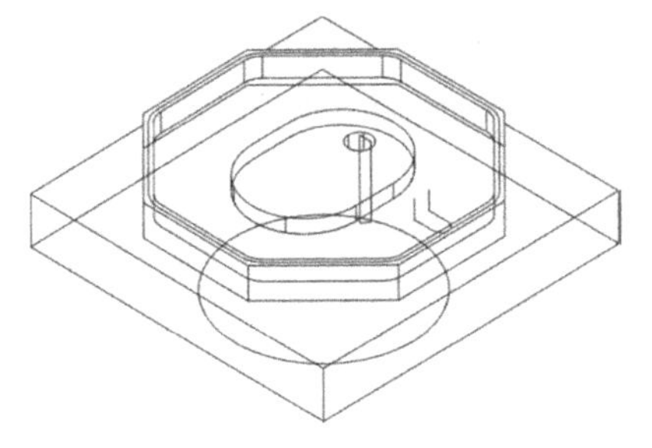

图 3-38　八边形顶面精加工铣刀路

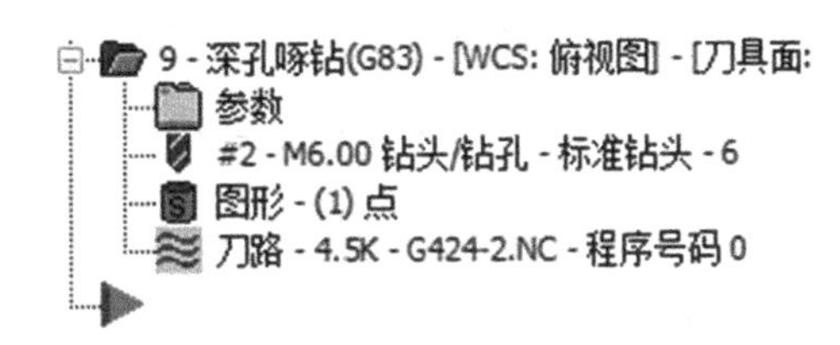

图 3-39　更改文件名 G424-2

4）零件正面用ϕ10mm 立铣刀的数控编程过程

（1）在“刀路”管理器中复制“1-平面铣”刀路，并粘贴到刀路管理器最后面。

（2）双击“10-平面铣”刀路的“参数”，在【2D 刀路-平面铣削】对话框中选择“刀具”选项。在右边的空白处单击鼠标右键，在下拉菜单中选择“创建新刀具”命令，对刀具类型选择“平底刀”，刀齿直径设为ϕ10mm，刀号设为 3，刀长补正设为 3，半径补正设为 3，进给速率设为 500mm/min，下刀速率设为 600mm/min，提刀速率设为 1500mm/min，主轴转速设为 1500r/min。选择“切削参数”选项，“底面预留量”设为 0，对“截断方向超出量”选择 50%，“引导方向超出量”选择 90%，“进刀引线长度”设为 50%，“退刀引线长度”设为 0。选择“Z 分层切削”选项，取消已钩选的“深度分层切削”复选框。

（3）单击“确定”按钮，凸台精加工平面铣刀路如图 3-40 所示。

（4）在“刀路”管理器中复制“5-外形铣削”刀路，并粘贴到刀路管理器最后面。

（5）双击“11-外形铣削”刀路的“参数”，在【2D 刀路-外形铣削】对话框中选择“刀具”选项，选取ϕ10 平底刀，将“进给率”改为 600mm/min。选择“切削参数”选项，“壁边预留量”设为 0mm，“底面预留量”设为 0。选择“Z 分层切削”选项，取消已钩选的“深度分层切削”复选框。选择“进/退刀设置”选项，进刀长度设为 2mm，斜插高度设为 0，半径设为 1mm，单击按钮，使退刀参数与进刀参数相同。选中“XY 分层切削”选项，钩选“XY 分层切削”复选框，粗切次数设为 2，间距设为 2mm，精修次数设为 3，间距设为 0.1mm，钩选“不提刀”复选框。

（6）单击“确定”按钮，凹坑底面精加工铣刀路如图 3-41 所示。

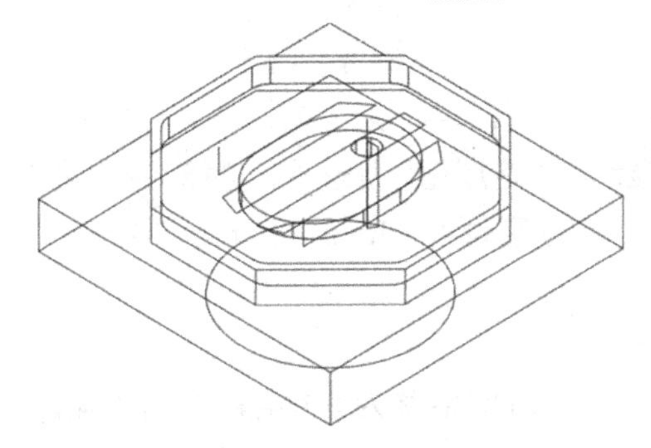

图 3-40　凸台精加工平面铣刀路

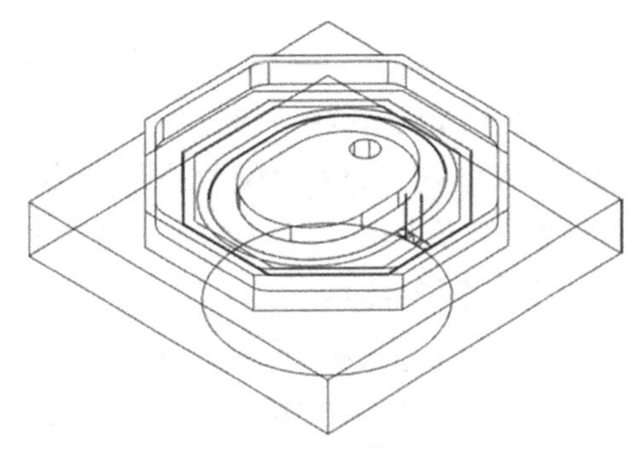

图 3-41　凹坑底面精加工铣刀路

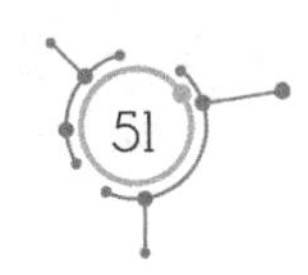

（7）按住键盘 Ctrl 键，在“刀路”管理器中选中“10-平面铣”和“11-外形铣削”，单击鼠标右键，选择“编辑已经选择的操作丨更改 NC 文件名”命令，将文件名改为 G424-3，如图 3-42 所示。

（8）在“刀路”管理器中选中所有刀路，进行后处理，并对 NC 程序进行修改。

4. 第二次装夹的数控编程

1）创建毛坯工序

（1）启动 Mastercam X9，打开“实例 3（G424）.mcx-9”，单击“前视图”按钮，将零件转化为前视图视角，如图 3-43 所示。

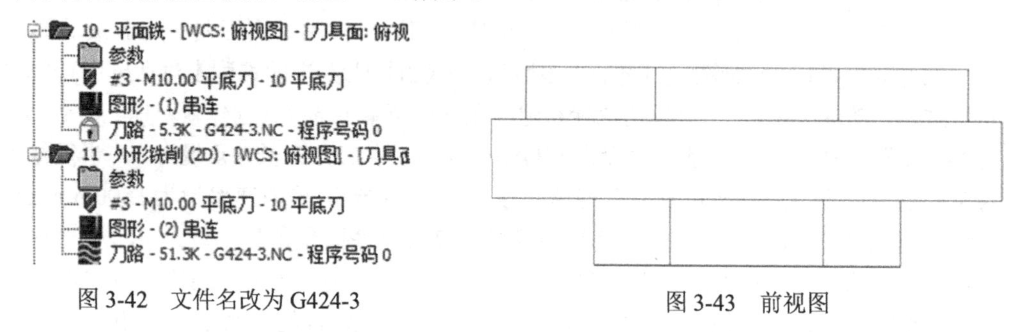

图 3-42　文件名改为 G424-3

图 3-43　前视图

（2）在主菜单中选择“转换丨旋转”命令，用框选方式选中所有图素，按 Enter 键。

（3）在【旋转】对话框中选择“◉移动”，角度设为 180°，单击“定义中心点”按钮，如图 1-26 所示。

（4）在坐标输入栏中输入旋转中心点坐标（0，0，0），按 Enter 键。

（5）单击“确定”按钮，零件旋转 180°，如图 3-44 所示。

（6）在主菜单中选取“转换丨平移”命令，用框选方式选中所有图素，按 Enter 键。

（7）在【平移】对话框中选择“◉移动”ΔZ 设为 30mm。

（8）单击“确定”按钮，零件向上平移 30mm，坐标原点在下表面中心位置。

（9）在主菜单中选取“文件丨另存为”命令，另存为“实例 3（G424）第二次加工图”。

（10）在主菜单中选取“机床类型丨铣床丨默认”命令，进入加工模式。

（11）在“刀路”管理器中展开“+属性”，再单击“毛坯设置”命令。

（12）在【机床群组属性】对话框“毛坯设置”选项卡中，对“毛坯平面”选择“俯视图”，对“形状”选择“◉立方体”，钩选“显示”、“适度化”复选框，选择“◉线框”，“毛坯原点”为（0，0，32.5），毛坯的长、宽、高分别设为 85mm、85mm、32.5mm，创建毛坯如图 3-45 所示。

2）零件反面用ϕ12mm 立铣刀的数控编程过程

（1）在主菜单中选择“刀路丨平面铣”命令，输入 NC 名称为 G424-4，单击“确定”按钮。

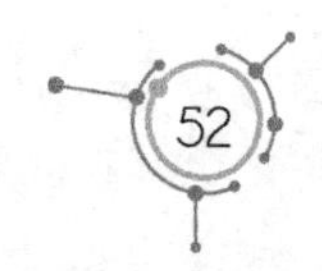

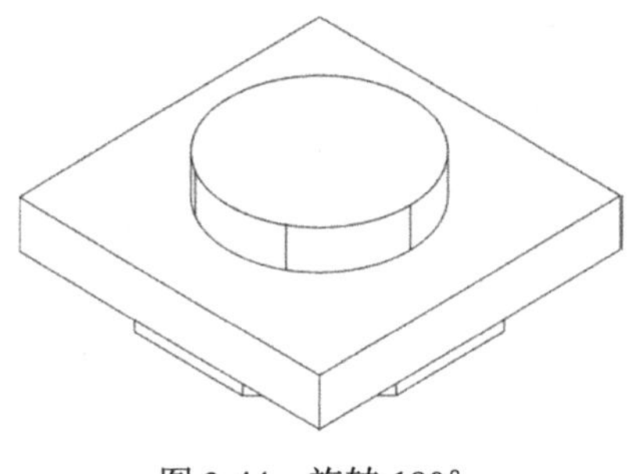

图 3-44　旋转 180°

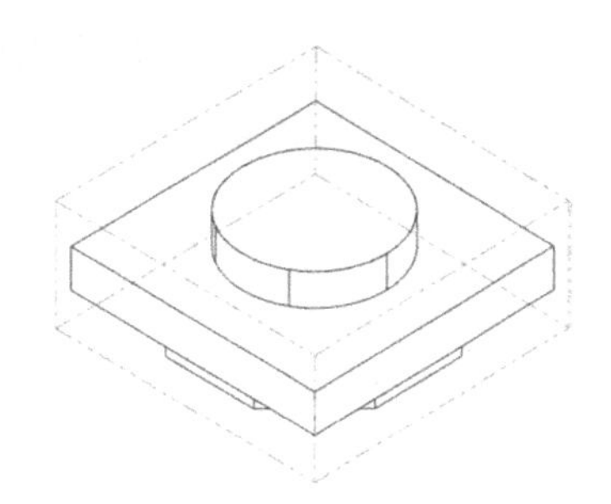

图 3-45　创建毛坯

（2）再单击“确定”按钮，在【2D 刀路-平面铣削】对话框中选择“刀具”选项，在右边的空白处单击鼠标右键，在下拉菜单中选择“创建新刀具”命令，对刀具类型选择“平底刀”，刀齿直径为ϕ12mm，刀号为 1，刀长补正为 1，半径补正为 1，进给速率为 1000mm/min，下刀速率为 600mm/min，提刀速率为 1500mm/min，主轴转速为 1500r/min。

（3）在【2D 刀路-平面铣削】对话框中选择“切削参数”选项，对“类型”选择“双向”，对“截断方向超出量”选择 50%，对“引导方向超出量”选择 50%，“进刀引线长度”设为 100%，“退刀引线长度”为 0，“最大步进量”为 80%，底面预留量为 0.2mm，“最大步进量”为 80%。

（4）选择“Z 分层切削”选项，钩选“深度分层切削”复选框，“最大粗切步进量”为 1.0mm。

（5）选择“共同参数”选项，“安全高度”设为 35.0mm。选择“◉绝对坐标”，“参考高度”设为 35.0mm。选择“◉绝对坐标”，“下刀位置”设为 35.0mm。选择“◉绝对坐标”，“工件表面”设为 32.5mm。选择“◉绝对坐标”，“深度”设为 30，选择“◉绝对坐标”。

（6）单击“确定”按钮，生成的平面铣粗加工刀路如图 3-46 所示。

（7）在“刀路”管理器中单击“切换”按钮，隐藏平面铣刀路。

（8）在主菜单中选取“刀路｜外形”命令，在零件图上选取圆周边线，箭头方向为顺时针方向，如图 3-47 所示，单击“确定”按钮。

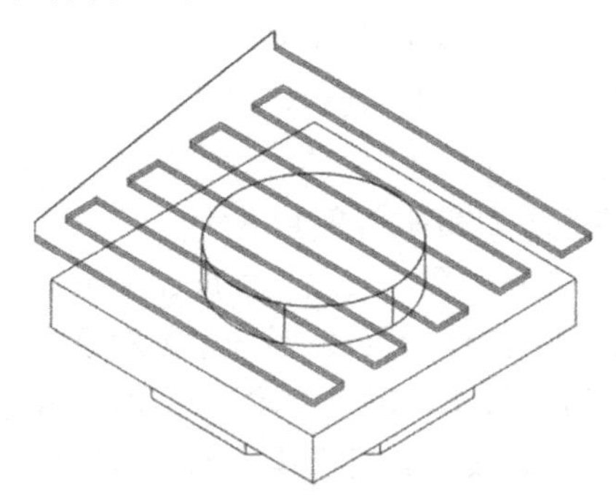

图 3-46　平面铣粗加工刀路

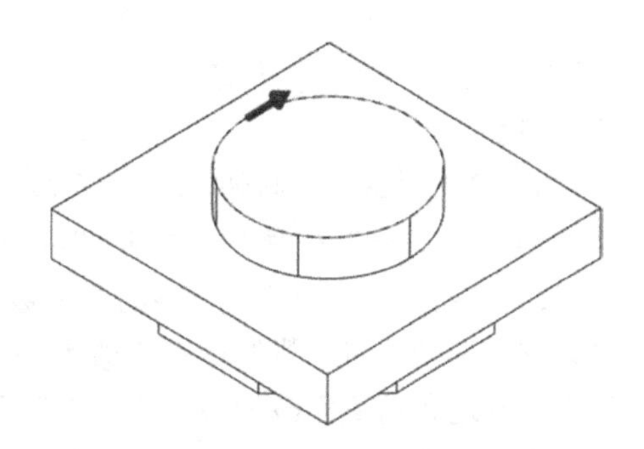

图 3-47　选圆周边线

（9）在【2D 刀路-外形铣削】对话框中选择“刀具”选项，选ϕ12mm 平底刀。

（10）选择“切削参数”选项，对“补正方式”选择“电脑”，对“补正方向”选择“左”，“壁边预留量”设为 0.3mm，“底面预留量”设为 0.2mm，“外形铣削方式”选“2D”。

（11）选择“Z 分层切削”选项，钩选“深度分层切削”复选框，“最大粗切步进量”选 1.0mm，钩选“不提刀”复选框。

（12）选择“进/退刀设置”选项，在“进刀”区域中选择“◉相切”，进刀长度设为 5mm，圆弧半径设为 1mm，单击⏩按钮，使退刀参数与进刀参数相同。

（13）选择“XY 分层切削”选项，钩选“XY 分层切削”复选框，粗切次数设为 4，间距设为 8mm，精修次数设为 0。

（14）选择“共同参数”选项，“安全高度”设为 35.0mm。选择“◉绝对坐标”，“参考高度”设为 35.0mm。选择“◉绝对坐标”，“下刀位置”设为 35.0mm。选择“◉绝对坐标”，“工件表面”设为 30。选择“◉绝对坐标”，“深度”设为 20mm，选择“◉绝对坐标”。

（15）单击“确定”按钮✔，生成粗加工圆周刀路，如图 3-48 所示。

（16）在“刀路”管理器中单击“切换”按钮≋，隐藏外形铣刀路。

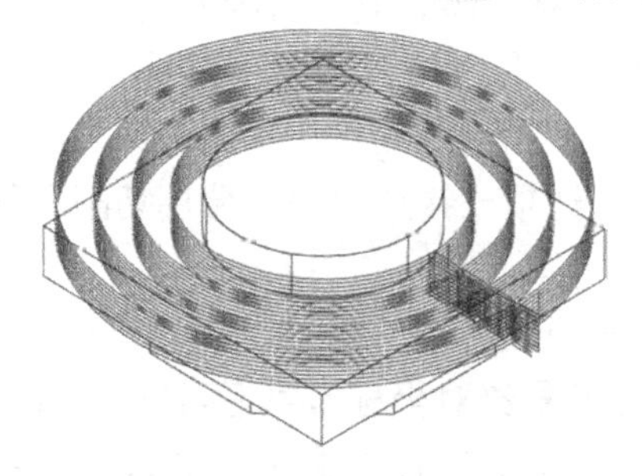

图 3-48　粗加工圆周刀路

（17）在“刀路”管理器中复制“1-平面铣”，并粘贴到“刀路”管理器的最后面。

（18）单击“3-平面铣”刀路的“图形”，在【串连管理】对话框中单击鼠标右键，选择“增加串连”命令，在零件图上选中圆周，如图 3-47 所示。

（19）单击“3-平面铣”刀路的“参数”，在【2D 刀路-平面铣削】对话框中选择“刀具”选项，将“进给速率”改为 500mm/min。选择“切削参数”选项，将“引导方向超出量”改为 100%，“底面预留量”改为 0。选择“Z 分层切削”选项，取消已钩选的“深度分层切削”复选框。

（20）单击“确定”按钮✔，生成的平面精加工刀路如图 3-49 所示。

（21）在“刀路”管理器中复制“2-外形铣削”，并粘贴到“刀路”管理器的最后面。

（22）单击“4-外形铣”刀路的“参数”选项，在【2D 刀路-外形铣削】对话框中选择“刀具”选项，将“进给速率”改为 500mm/min。选择“切削参数”选项，“底面预留量”、“壁边预留量”改为 0。选择“Z 分层切削”选项，取消已钩选的“深度分层切削”复选框。选择“XY 分层切削”选项，粗切次数设为 4，间距设为 8mm，精修次数设为 3，间距设为 0.1mm。

（23）单击“确定”按钮 ✔，生成圆周精加工刀路，如图 3-50 所示。

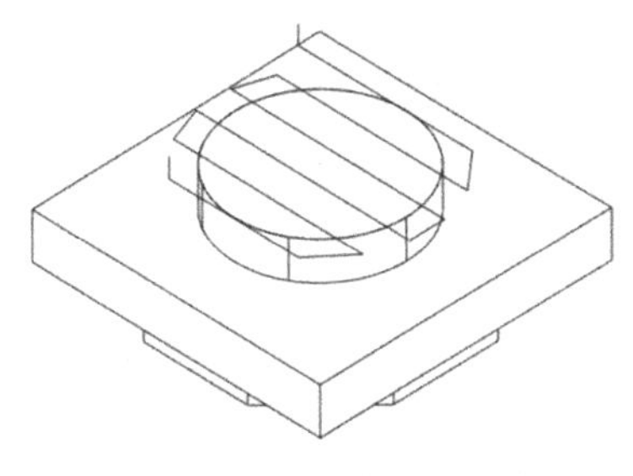

图 3-49　平面精加工刀路

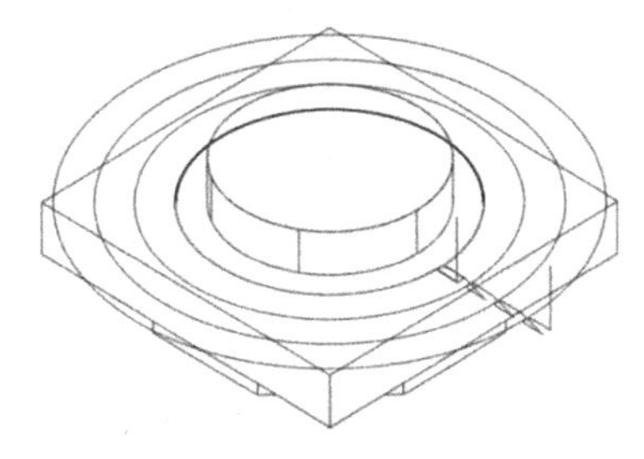

图 3-50　圆周精加工刀路

（24）在“刀路”管理器中选中所有刀路，进行后处理，并对 NC 程序进行修改。

（25）单击“保存”按钮，保存文档。

5. 第一次装夹

（1）零件的实体厚度是 30mm，而毛坯材料的厚度是 35mm，毛坯材料厚度比工件高 5mm。为了便于初学者统一操作步骤，在加工零件时，对正、反两面各加工 2.5mm。

（2）第一次用虎钳装夹时，工件毛坯上表面要超出虎钳至少 25mm，或者工件装夹的厚度不得超过 10mm。

（3）工件对刀时，采用四边分中的方法来确定工件坐标系，即工件上表面的中心为工件坐标系的原点（0，0），参考实例 1 中的图 1-66。

（4）Z 方向对刀时，可以用手工方式将工件上表面铣低 2.5mm 后，再将该表面设为 Z0。或者先把刀尖刚好接触工件的上表面，再稍微提升刀具，把刀具移至空挡处，然后降低 2.5mm，设为 Z0，参考实例 1 中的图 1-67。在数控编程时已经编好加工表面的程序，直接开启程序，即可用编制好的数控程序将工件表面铣削加工 2.5mm。

（5）工件第一次装夹的加工程序单见表 3-1。

表 3-1　第一次装夹加工程序单

序号	程序名	刀具	加工深度
1	G424-1	ϕ12mm 平底刀	22mm
2	G424-2	ϕ6mm 钻头	20mm
3	G424-3	ϕ10mm 平底刀	5mm

6. 第二次装夹

（1）第二次用虎钳装夹时，装夹第一次加工的台阶平面。

（2）工件下底面的中心为坐标系原点（0，0，0）。

（3）工件第二次装夹的加工程序单见表 3-2。

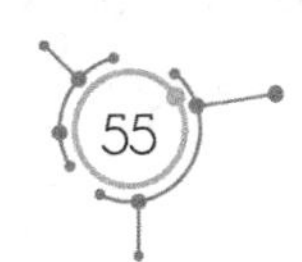

表 3-2　第二次装夹加工程序单

序号	程序名	刀具	加工深度
1	G424-4	ϕ12mm 平底刀	10mm

实例 4　G420——偏心五角板

本节以《职业技能鉴定国家题库试卷》中的 G420 试题为例，详细介绍中级工考证的建模、编程、操机基本过程，零件图形如图 4-1 所示。

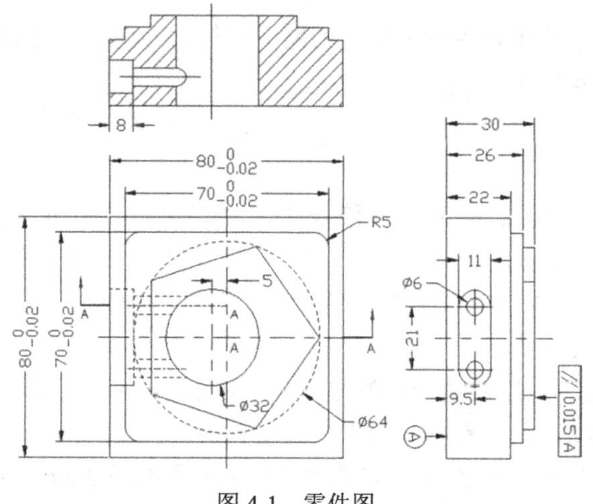

图 4-1　零件图

1. 建模过程

（1）在工作区下方的工具条中，对“绘图模式”选择“3D”。

（2）在主菜单中选取“绘图 | 矩形”命令，在坐标输入框中输入矩形中心点的坐标（0，0，0），单击 Enter 键。

（3）在辅助工具条中输入矩形的长 80mm、宽 80mm，单击“设置基准点为中心”按钮，单击“确定”按钮，创建一个矩形。

（4）单击键盘上的功能键 F9，显示坐标系，如图 1-4 所示。

（5）在主菜单中选取“实体 | 拉伸”命令，在绘图区中选取矩形，单击【串连选项】对话框中的“确定”按钮。

（6）在【实体拉伸】对话框中选中“◉创建主体”，距离设为 22mm，拉伸箭头方向朝上。

（7）单击“确定”按钮，创建方体。

（8）在主菜单中选取“绘图 | 矩形”命令，在坐标输入框中输入矩形中心点的坐标（0，0，22），按 Enter 键。在辅助工具条中输入矩形的长 70mm、宽 70mm，单击“设置

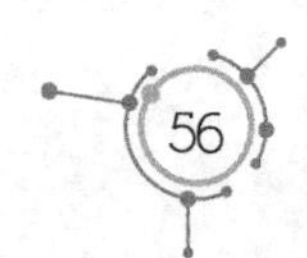

基准点为中心”按钮，单击“确定”按钮，创建一个矩形，如图4-2所示。

（9）在主菜单中选取“绘图｜倒圆角｜串连倒圆角”命令，选中70mm×70mm的矩形，单击【串连选项】对话框中的“确定”按钮。

（10）在数据输入栏中输入圆角半径5mm，单击“确定”按钮。矩形的4个角全部倒圆角，如图4-3所示。

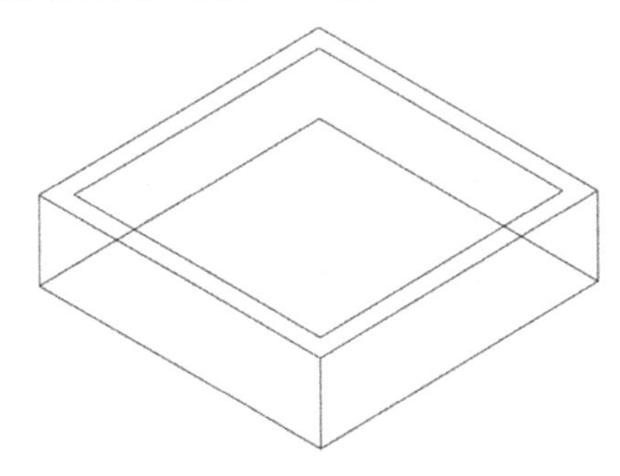

图4-2　创建70mm×70mm的矩形

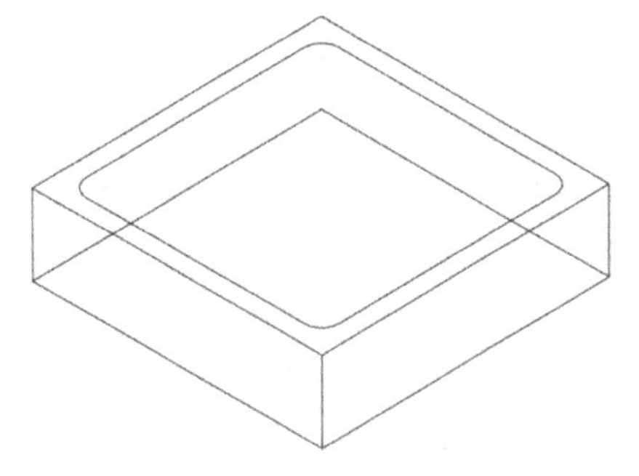

图4-3　矩形4个角全部倒圆角

（11）在主菜单中选择“实体｜拉伸”命令，在绘图区中选取70mm×70mm的矩形，单击【串连选项】对话框中的“确定”按钮。

（12）在【实体拉伸】对话框中选中“◉增加凸台”，距离设为4mm，拉伸箭头方向朝上。

（13）单击“确定”按钮，创建凸台，如图4-4所示。

（14）在主菜单中选取“绘图｜多边形”命令，在坐标输入框中输入多边形中心点的坐标（0，0，26），按Enter键，在【多边形】对话框中输入多边形的边数为5，半径为32mm，选中“◉内接圆”，如图4-5所示。

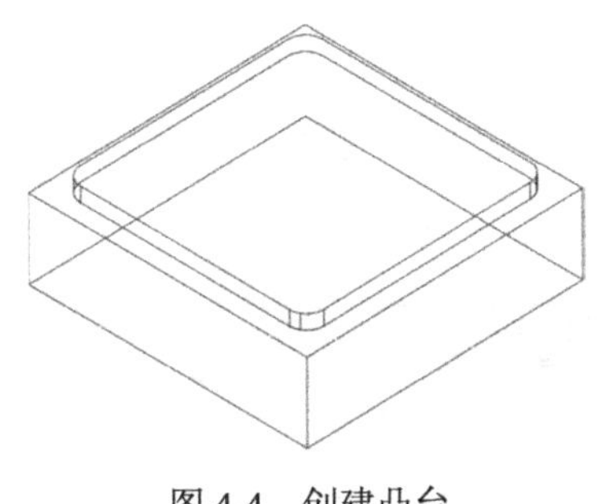

图4-4　创建凸台

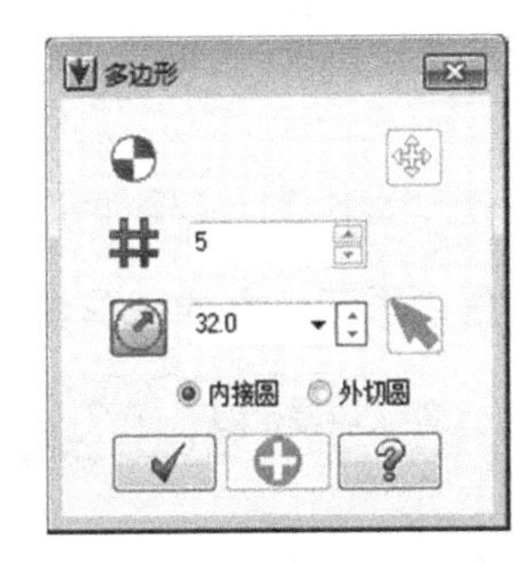

图4-5　【多边形】对话框

（15）单击“多边形”对话框中的“确定”按钮，创建一个五边形，如图4-6所示。

（16）在主菜单中选择“实体｜拉伸”命令，在绘图区中选取刚才创建的五边形，单击【串连选项】对话框中的“确定”按钮。

（17）在【实体拉伸】对话框中选中“◉增加凸台”，距离设为4mm，箭头方向向上。

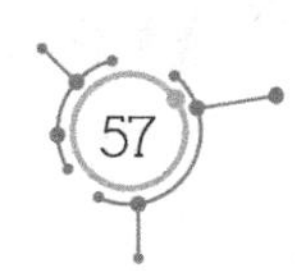

（18）单击“确定”按钮，创建第三个实体（五边形实体），如图 4-7 所示。

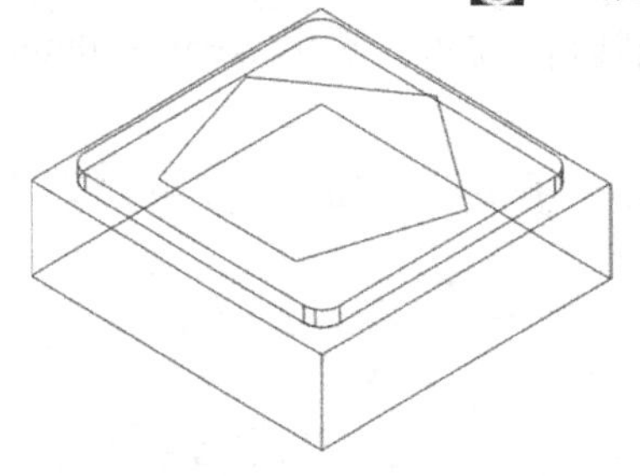

图 4-6　创建五边形

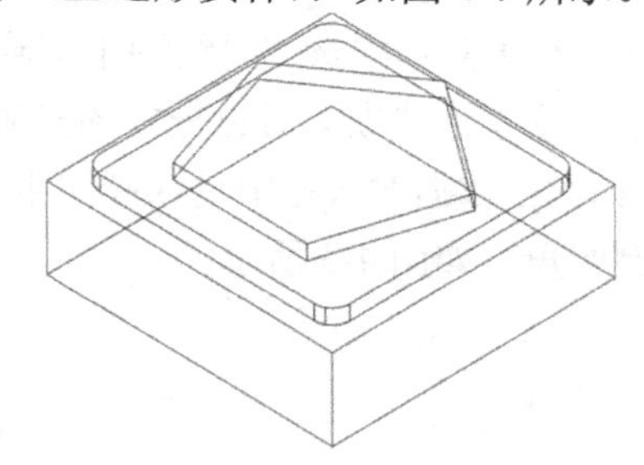

图 4-7　创建五边形实体

（19）在主菜单中选择“绘图｜圆弧｜已知圆心点画圆”命令，在坐标输入框中输入圆心坐标（0，-5，0）。按 Enter 键，圆弧直径为ϕ32mm。

（20）单击“确定”按钮，绘制一个圆，如图 4-8 所示。

（21）在主菜单中选取“实体｜拉伸”命令，在绘图区中选取刚才创建的圆形，单击【串连选项】对话框中的“确定”按钮。

（22）在【实体拉伸】对话框中选中“◉切割主体”，对距离选择“◉全部贯通”，箭头朝上。

（23）单击“确定”按钮，在零件中间切割圆柱实体，如图 4-9 所示。

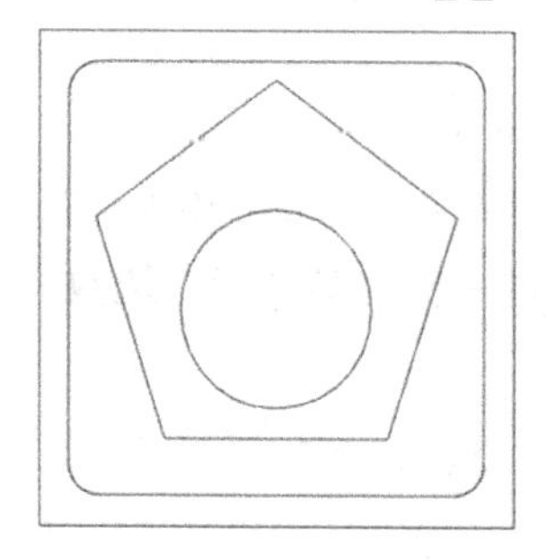

图 4-8　绘制直径为ϕ32mm 的圆

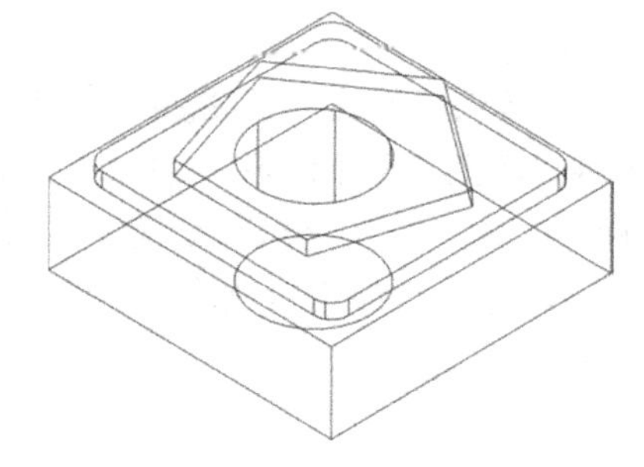

图 4-9　切割圆柱实体

（24）在工作区下方的工具条中单击“平面”二字，如图 4-10 所示。

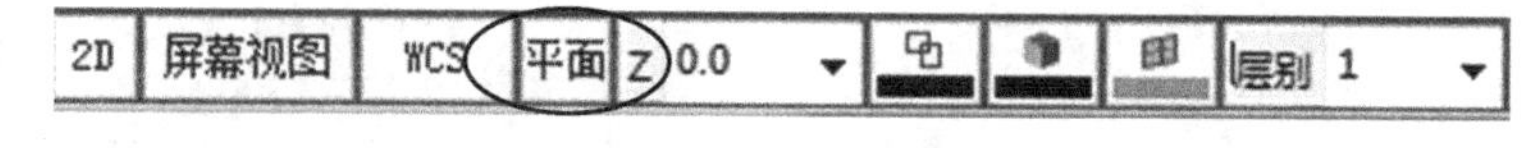

图 4-10　单击“平面”二字

（25）在弹出的菜单中选择“实体定面”，选取实体的侧面为构图面，如图 4-11 所示。

（26）单击“俯视图”按钮，再单击功能键 F9，可看出临时坐标原点在所选侧面的中心，如图 4-12 所示。

（27）在主菜单中选择“绘图｜圆弧｜已知圆心点画圆”命令，在坐标输入框中输入圆心坐标（-10.5，-1.5，0）。按 Enter 键，圆弧直径设为ϕ6mm。

（28）单击“确定”按钮，绘制一个圆，如图 4-13 所示左边的小圆。

（29）用同样的方法，绘制图 4-13 所示左边的大圆及右边的两个同心圆。

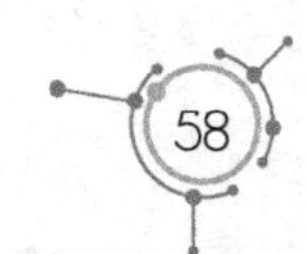

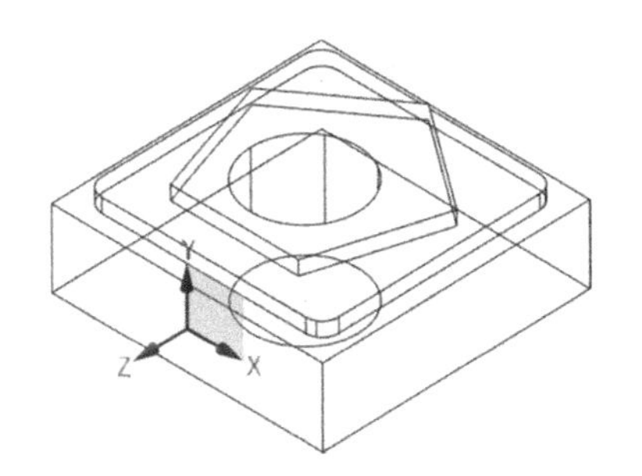

图 4-11　选取侧面为构图面

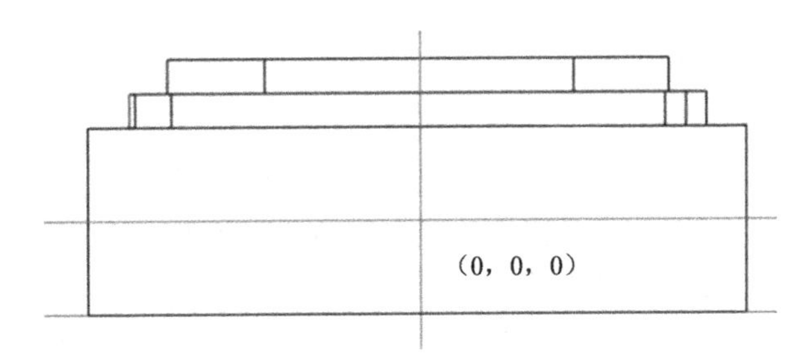

图 4-12　临时坐标原点在所选侧面的中心

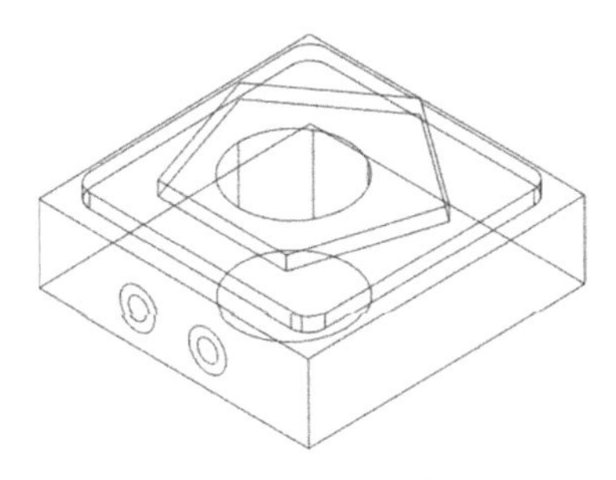

图 4-13　绘制 4 个圆

（30）在主菜单中选择“绘图 | 绘线 | 任意线”命令，在工具条中单击“相切”按钮，如图 4-14 所示。

图 4-14　单击“相切”按钮

（31）绘制两条直线，与两个大圆相切，如图 4-15 所示。

（32）在主菜单中选择“编辑 | 修剪/打断 | 修剪/打断/延伸”命令，在工具条中单击“分割物体”按钮，修剪曲线上不需要的部分，如图 4-16 所示。

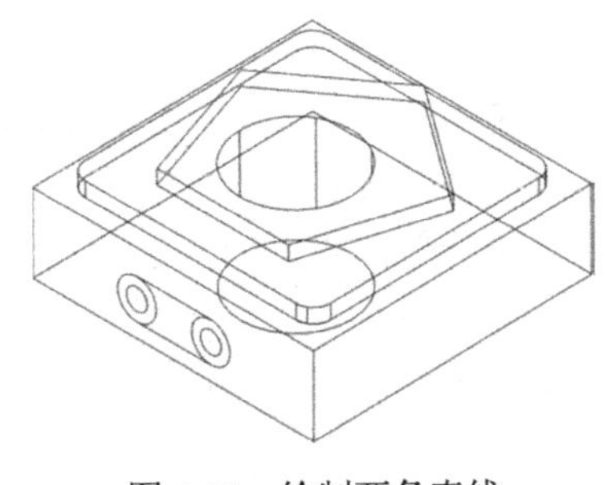

图 4-15　绘制两条直线

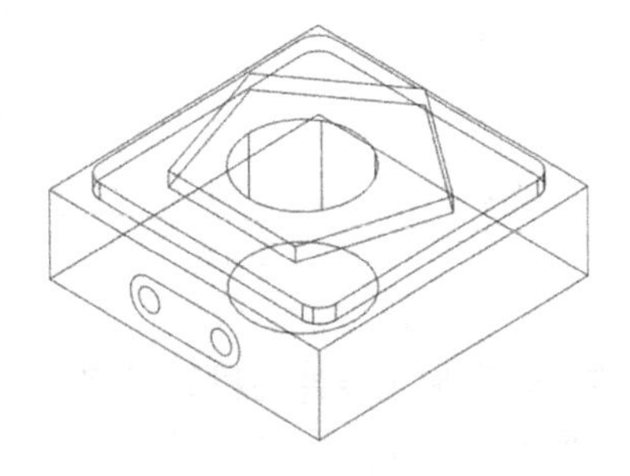

图 4-16　修剪曲线

（33）在主菜单中选择“实体 | 拉伸”命令，在绘图区中选取如图 4-16 所示修剪后的圆形，单击【串连选项】对话框中的“确定”按钮。

（34）在【实体拉伸】对话框中选中“◉切割主体”，距离设为 8mm，箭头方向朝

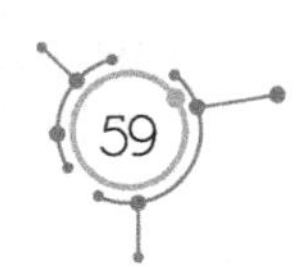

+Y 方向，如图 4-17 所示。

（35）单击“确定”按钮，在零件侧面创建槽，如图 4-17 所示。

（36）在主菜单中选取“实体 | 拉伸”命令，选取图 4-13 所示的两个ϕ6mm 圆周，单击【串连选项】对话框中的“确定”按钮。

（37）在【实体拉伸】对话框中选中“◉切割主体”，距离设为 40mm，箭头方向朝+Y 方向，如图 4-17 所示。

（38）单击“确定”按钮，在零件侧面创建两个ϕ6mm 的孔，如图 4-18 所示。

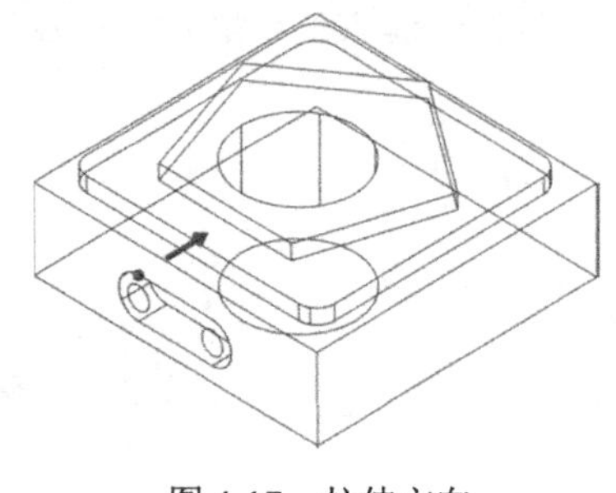

图 4-17　拉伸方向

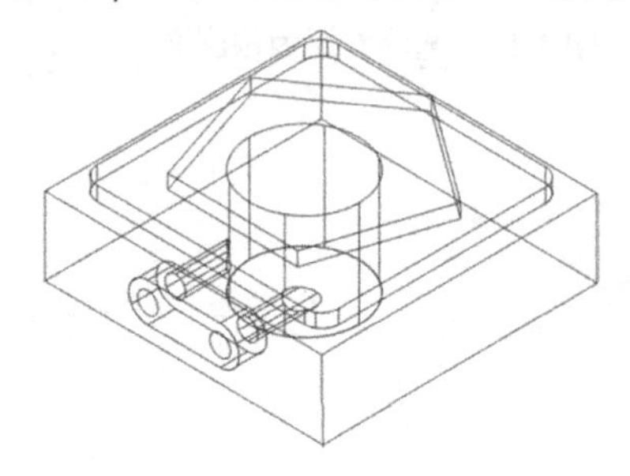

图 4-18　创建两个ϕ6mm 的孔

（39）单击“保存”按钮，将零件保存为“实例 4（G420）.mcx-9”

2. 工艺分析

（1）对零件的尺寸是 80mm×80mm×30mm，而毛坯材料是 85mm×85mm×35mm 的铝块，进行零件加工时，建议毛坯正、反两面的平面各加工 2.5mm，以保持统一，便于初学者学习。

（2）零件需要分三次加工，分三次装夹，根据零件形状，建议先加工底面，再加工正面的五边形，最后加工侧面。

（3）根据零件的形状，建议在加工零件表面时及外形时，用ϕ12mm 的平底刀，加工侧面的小孔用ϕ6mm 钻嘴，加工侧面槽时用ϕ8mm 平底刀。

（4）加工ϕ6mm 小孔时，可以直接用ϕ6mm 钻嘴加工，而不需要先用中心钻预钻孔。

（5）因为在加工过程中铝渣较难排出，且铝渣容易附着在立铣刀上，加工中间ϕ32mm 圆孔时，建议对正、反两面各加工 15mm，两面铣通后，再精加工。

（6）在加工中间ϕ32mm 圆孔时，用外形铣削方式中的斜向式进刀。这种加工方式是斜向进刀，既可以避免踩刀，也可以省去预钻孔这一个工序。

（7）因为加工零件的材质是铝，在加工过程中刀具的磨损较小，所以可以在粗加工后不用换刀，直接精加工。

3. 第一次装夹的数控编程

1）创建毛坯工序

（1）启动 Mastercam X9，打开“实例 4（G420）.mcx-9”，单击“前视图”按钮，

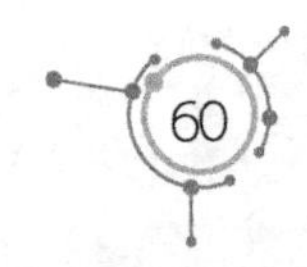

将零件转化为前视图视角，如图 4-19 所示。

（2）在主菜单中选择“转换 | 旋转”命令，在工作区中用框选方式选中所有图素，按 Enter 键。

（3）在【旋转】对话框中选“◉移动”，角度设为 180°，单击“定义中心点”按钮，在坐标输入栏中输入旋转中心点坐标（0，0，0），按 Enter 键。

（4）单击“确定”按钮，零件旋转 180°。

（5）单击“等角视图”按钮，此时坐标系原点在零件表面中心，如图 4-20 所示。

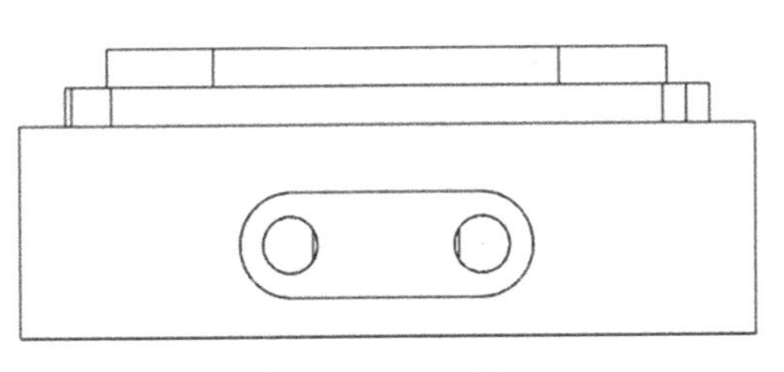

图 4-19　前视图

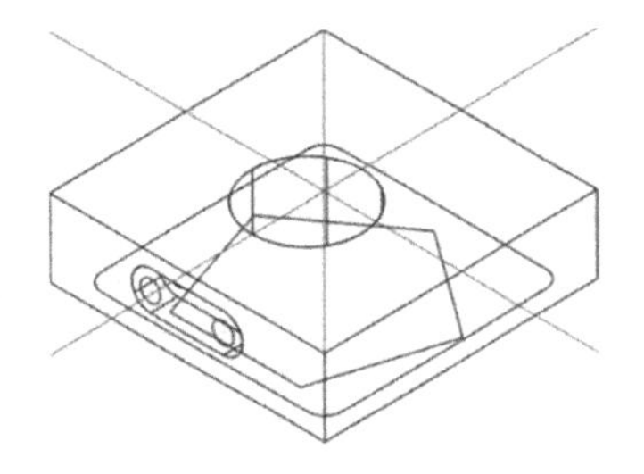

图 4-20　原点在零件上表面中心

（6）在主菜单中选择“文件 | 另存为”命令，将文件另存为“实例 4（G420）第一次加工图”。

（7）在主菜单中选取“机床类型 | 铣床 | 默认”命令，进入加工模式。

（8）同时按住键盘的<Alt+O>组合键，在绘图区左侧弹出“刀路”滑板。

（9）在“刀路”管理器中展开“+属性”，再单击“毛坯设置”命令。

（10）在【机床群组属性】对话框“毛坯设置”选项卡中，对“毛坯平面”选择“俯视图”，对“形状”选择“◉立方体”，钩选“显示”、“适度化”复选框，选“◉线框”，“毛坯原点”为（0，0，2.5），毛坯的长、宽、高分别设为 85mm、85mm、35mm。

2）零件反面用ϕ12mm 立铣刀的数控编程过程

（1）在主菜单中选取“刀路 | 平面铣”命令，输入 NC 名称为 G420-1，如图 4-21 所示。

（2）单击“确定”按钮，再单击“确定”按钮，在【2D 刀路-平面铣削】对话框中选择“刀具”选项。在右边的空白处单击鼠标右键，在下拉菜单中选择“创建新刀具”命令。

（3）刀具类型选择“平底刀”，刀齿直径设为ϕ12mm，刀号设为 1，刀长补正设为 1，半径补正设为 1，进给速率设为 1000mm/min，下刀速率设为 600 mm/min，提刀速率设为 1500 mm/min，主轴转速设为 1500r/min，其他参数选系统默认值。

（4）在【2D 刀路-平面铣削】对话框中选择“切削参数”选项，“类型”选择“双向”，“截断方向超出量”选择 50%，“引导方向超出量”选择 50%，“进刀引线长度”设为 100%，“退刀引线长度”设为 0，“最大步进量”设为 80%，底面预留量设为 0.2mm。

（5）选择“Z 分层切削”选项，钩选“深度分层切削”复选框，“最大粗切步进量”为 1.0mm。

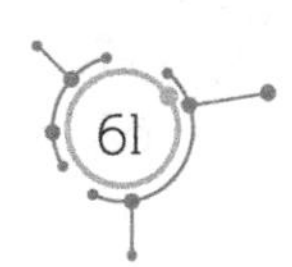

（6）选择“共同参数”选项，“安全高度”设为 5.0mm。选择“◉绝对坐标”，“参考高度”设为 5.0mm。选择“◉绝对坐标”，“下刀位置”设为 5.0mm。选择“◉绝对坐标”，“工件表面”设为 2.5mm。选择“◉绝对坐标”，“深度”设为 0，选择“◉绝对坐标”。

（7）单击“确定”按钮，生成的平面铣粗加工刀路如图 4-22 所示。

（8）在【刀路】管理器中单击“切换”按钮，隐藏平面铣刀路。

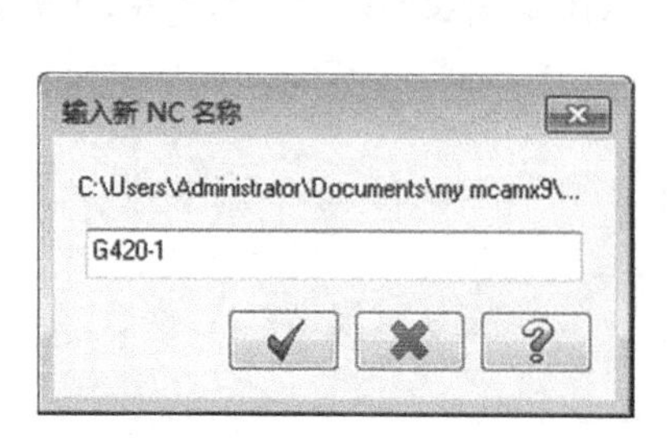

图 4-21　NC 名称为 G420-1

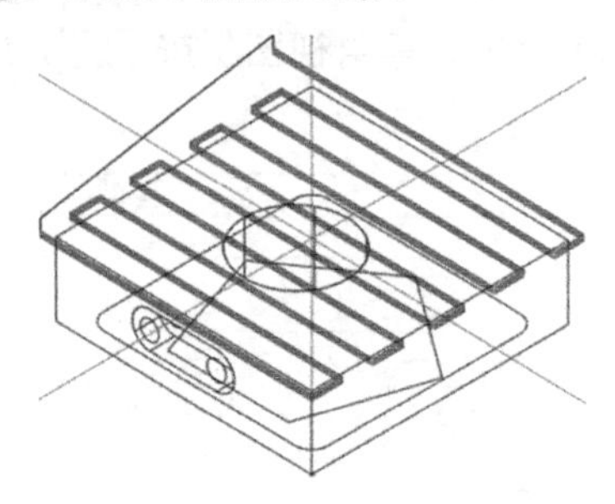

图 4-22　平面铣粗加工刀路

（9）在主菜单中选取“刀路 | 外形”命令，在零件图上选取 80mm×80mm 的矩形边线，箭头方向为顺时针方向，如图 4-23 所示，单击“确定”按钮。

（10）在【2D 刀路-外形铣削】对话框中选择“刀具”选项，选择ϕ12mm 平底。

（11）选择“切削参数”选项，对“补正方式”选择“电脑”，对“补正方向”选择“左”，“壁边预留量”设为 0.3mm，对“外形铣削方式”选择“2D”。

（12）选择“Z 分层切削”选项，钩选“深度分层切削”复选框，对“最大粗切步进量”选择 1.0mm，钩选“不提刀”复选框。

（13）选择“进/退刀设置”选项，钩选“在封闭轮廓中点位置执行进/退刀”、“过切检查”复选框，重叠量设为 0。在“进刀”区域中选择“◉相切”，进刀长度设为 8mm，圆弧半径为 1mm，单击按钮，使退刀参数与进刀参数相同。

（14）选择“共同参数”选项，“安全高度”设为 5.0mm。选择“◉绝对坐标”，“参考高度”设为 5.0mm。选择“◉绝对坐标”，“下刀位置”设为 5.0mm。选择“◉绝对坐标”，“工件表面”设为 0。选择“◉绝对坐标”，“深度”设为-23mm，选择“◉绝对坐标”。

（15）单击“确定”按钮，生成的外形铣刀路如图 4-24 所示。

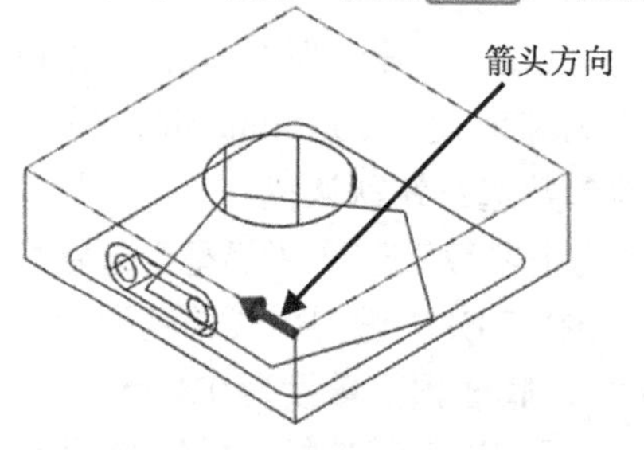

图 4-23　选取 80mm×80mm 矩形边线

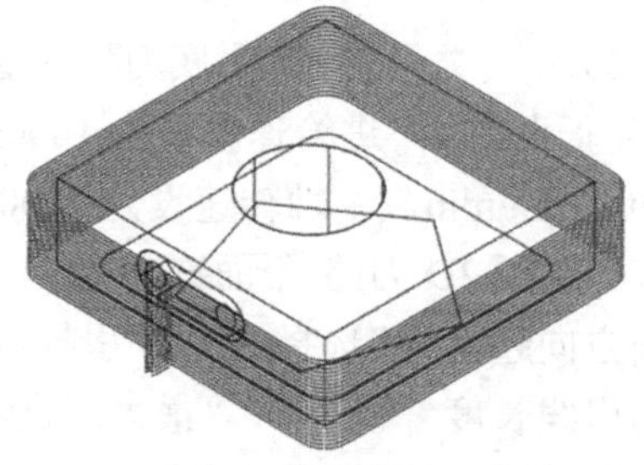

图 4-24　加工 80mm×80mm 矩形刀路

（16）在主菜单中选择“刀路｜外形”命令，在零件图上选取ϕ32mm 圆周的边线，箭头方向为逆时针方向，箭头为起点位置，如图 4-25 所示，单击“确定”按钮。

（17）在【2D 刀路-外形铣削】对话框中选择“Z 分层切削”选项，钩选“深度分层切削”复选框，最大粗切步进量设为 0.6mm，钩选“不提刀”复选框。

（18）选择“进/退刀设置”选项，在“进刀”区域中选择“◉相切”，进刀长度设为 10mm，斜插高度设为 0.6mm（采用斜向进刀，防止踩刀），圆弧半径设设为 4mm。单击按钮，使退刀参数与进刀参数相同。

（19）选择“XY 分层切削”选项，取消已钩选的“XY 分层切削”复选框。

（20）选择“共同参数”选项，“安全高度”设为 5.0mm。选择“◉绝对坐标”，“参考高度”设为 5.0mm。选择“◉绝对坐标”，“下刀位置”设为 5.0mm。选择“◉绝对坐标”，“工件表面”设为 0。选择“◉绝对坐标”，“深度”设为-16mm，选择“◉绝对坐标”。

（21）单击“确定”按钮，加工圆孔的刀路如图 4-26 所示。

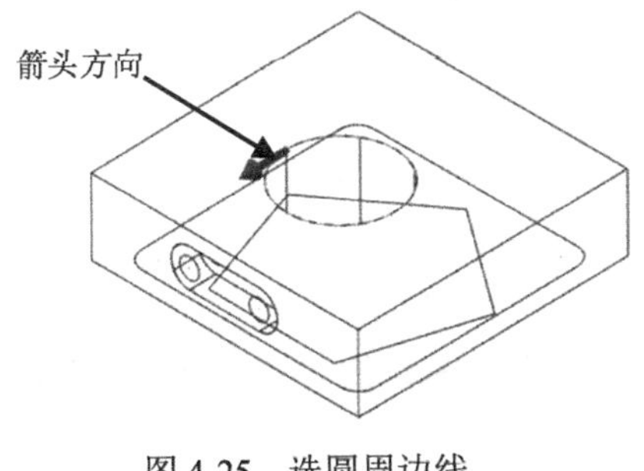

图 4-25　选圆周边线

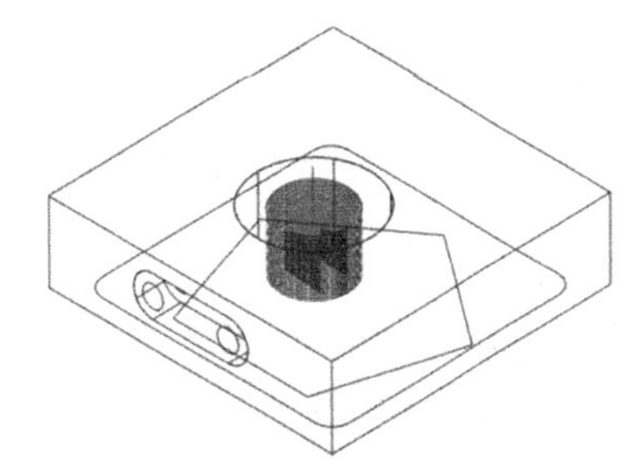

图 4-26　加工圆孔的刀路

（22）在【刀路】管理器中复制“1-平面铣”并粘贴到最后。

（23）双击“4-平面铣”刀路的“参数”，在【2D 刀路–平面铣削】对话框中选中“刀具”选项，将“进给速率”改为 600mm/min。选中“切削参数”选项，将“底面预留量”改为 0，选中“Z 分层切削”选项，取消已钩选的“深度分层切削”复选框。

（24）单击“确定”按钮，生成的平面铣精加工刀路如图 4-27 所示。

（25）在【刀路】管理器中复制“2-外形铣削”并粘贴到最后。

（26）双击“5-外形铣削”刀路的“参数”选项，在【2D 刀路–平面铣削】对话框中选中“刀具”选项，将“进给速率”改为 600mm/min。选中“切削参数”选项，将“壁边预留量”改为 0。选中“Z 分层切削”选项，取消已钩选的“深度分层切削”复选框。选中“进/退刀设置”选项，取消已钩选的“在封闭轮廓中点位置执行进/退刀”复选框，取消已钩选的“进刀”复选框，取消已钩选的“退刀”复选框。钩选“调整轮廓起始位置”复选框，长度量设为 80%，钩选“调整轮廓终止位置”复选框，长度量设为 80%。选中“XY 分层切削”选项，在对话框中钩选“XY 分层切削”，粗切次数设为 3，间距设为 0.1mm，精修次数设为 1，间距设为 0.01mm，钩选“不提刀”复选框。

（27）单击“确定”按钮，生成的外形铣精加工刀路如图 4-28 所示。

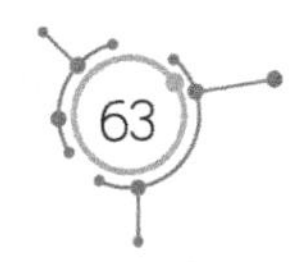

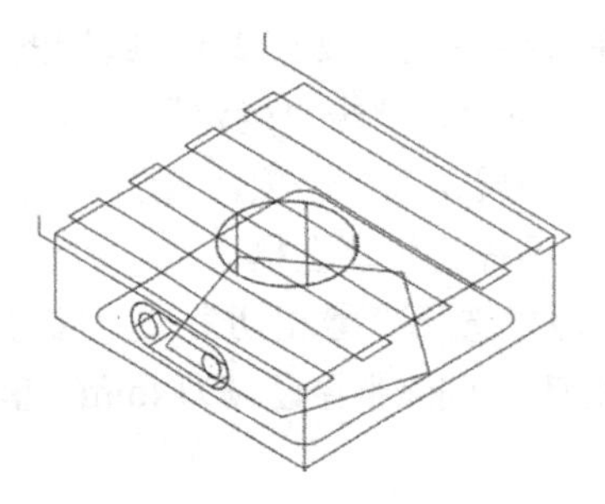

图 4-27　平面铣精加工刀路

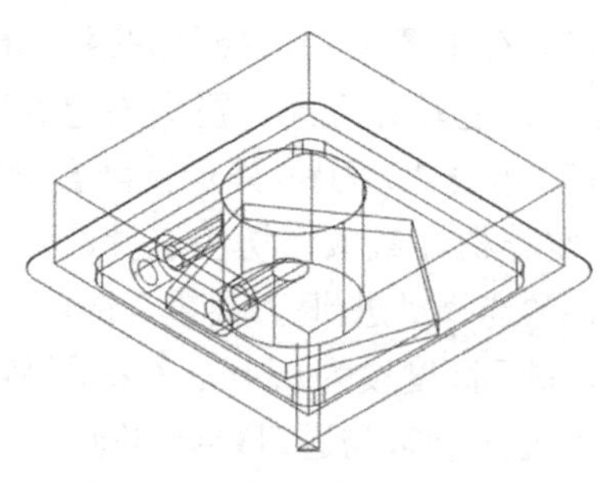

图 4-28　外形铣精加工刀路

3）程序后处理

（1）在“刀路”管理器中选中所有的程序，再单击“后处理器”按钮 G1，生成 1 个 NC 文档。

（2）打开 NC 文档，删除不需要的内容。对于不能换刀的数控铣床，还需要删除 T2 M6 所在行和删除 G43 H2 等字符。

4. 第二次装夹的数控编程

1）创建毛坯工序

（1）启动 Mastercam X9，打开“实例 4（G420）.mcx-9”。

（2）在主菜单中选择“文件 | 另存为”命令，将文件另存为“实例 4（G420）第二次加工图”。

（3）在主菜单中选择“机床类型 | 铣床 | 默认”命令，进入加工模式。

（4）同时按住键盘的<Alt+O>组合键，在绘图区左侧弹出“刀路”滑板。

（5）在“刀路”管理器中展开“+属性”，再单击“毛坯设置”命令。

（6）在【机床群组属性】对话框“毛坯设置”选项卡中，对“毛坯平面”选择“俯视图”，对“形状”选择“◉立方体”，钩选“显示”、“适度化”复选框，选择“◉线框”，“毛坯原点”设为（0，0，32.5），毛坯的设长、宽、高分别为 85mm、85mm、32.5mm。

2）零件正面用ϕ12mm 立铣刀的数控编程过程

（1）在主菜单中选取“刀路 | 平面铣”命令，输入 NC 名称 G420-2。

（2）单击“确定”按钮✔，再单击“确定”按钮✔，在【2D 刀路-平面铣削】对话框中选择“刀具”选项。在右边的空白处单击鼠标右键，在下拉菜单中选择“创建新刀具”命令。

（3）刀具类型选择“平底刀”，刀齿直径设为ϕ12mm，刀号设为 1，刀长补正设为 1，半径补正设为 1，进给速率设为 1000mm/min，下刀速率设为 600 mm/min，提刀速率设为 1500mm/min，主轴转速设为 1500r/min，其他参数选系统默认值。

（4）在【2D 刀路-平面铣削】对话框中选择“切削参数”选项，对“类型”选择“双向”，对“截断方向超出量”选择 50%，“引导方向超出量”选择 50%，“进刀引线长度”设为 100%，“退刀引线长度”设为 0，“最大步进量”设为 80%，底面预留量设为 0.2mm。

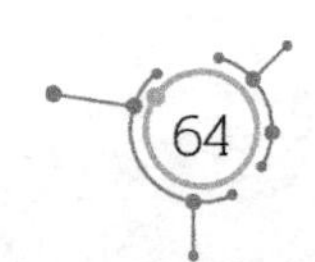

（5）选择“Z 分层切削”选项，钩选“深度分层切削”复选框，将“最大粗切步进量”设为 1.0mm。

（6）选择“共同参数”选项，“安全高度”设为 35.0mm，选择“◉绝对坐标”，“参考高度”设为 35.0mm。选择“◉绝对坐标”，“下刀位置”设为 35.0mm。选择“◉绝对坐标”，“工件表面”设为 32.5mm。选择“◉绝对坐标”，“深度”设为 30，选择“◉绝对坐标”。

（7）单击“确定”按钮✔，生成平面铣粗加工刀路，如图 4-29 所示。

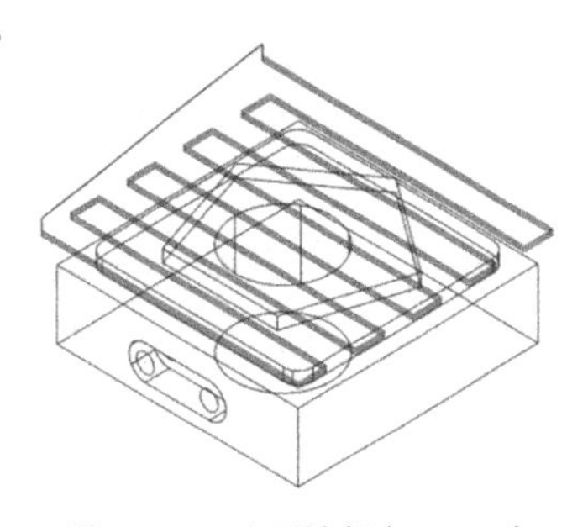
图 4-29　平面铣粗加工刀路

（8）在【刀路】管理器中单击“切换”按钮≋，隐藏平面铣刀路。

（9）在主菜单中选择“刀路｜外形”命令，在零件图上选择 70mm×70mm 的矩形边线，箭头方向为顺时针方向，如图 4-30 所示，单击“确定”按钮✔。

（10）在【2D 刀路-外形铣削】对话框中选择“刀具”选项，选择ϕ12mm 平底。

（11）选择“切削参数”选项，对“补正方式”选择“电脑”，对“补正方向”选择“左”，“壁边预留量”设为 0.3mm，“底面预留量”设为 0.2mm，对“外形铣削方式”选择“2D”。

（12）选择“Z 分层切削”选项，钩选“深度分层切削”复选框，对“最大粗切步进量”选择 1.0mm，钩选“不提刀”复选框。

（13）选择“进/退刀设置”选项，钩选“在封闭轮廓中点位置执行进/退刀”、“过切检查”复选框，重叠量设为 0。在“进刀”区域中选择“◉相切”，进刀长度设为 8mm，圆弧半径设为 1mm，单击⏩按钮，使退刀参数与进刀参数相同。

（14）选择“共同参数”选项，“安全高度”设为 35.0mm。选择“◉绝对坐标”，“参考高度”设为 35.0mm。选择“◉绝对坐标”，“下刀位置”设为 35.0mm。选择“◉绝对坐标”，“工件表面”设为 30。选择“◉绝对坐标”，“深度”设为 22mm，选择“◉绝对坐标”。

（15）单击“确定”按钮✔，生成的外形铣刀路如图 4-31 所示。

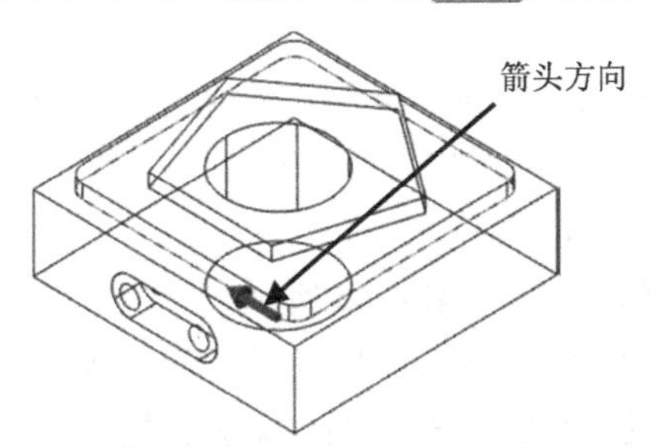

图 4-30　选 70mm×70mm 矩形边线

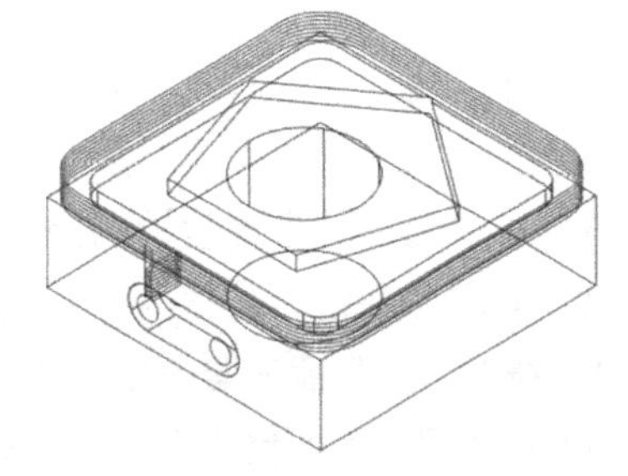
图 4-31　加工 70mm×70mm 的外形铣刀路

（16）在主菜单中选择“刀路｜外形”命令，在零件图上选取五边形的边线，箭头方向为顺时针方向，如图 4-32 所示，单击“确定”按钮✔。

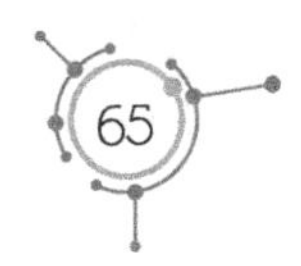

（17）在【2D 刀路-外形铣削】对话框中选择“XY 分层切削”选项，钩选“XY 分层切削”复选框，粗切次数设为 2，间距设为 10mm，钩选“不提刀”复选框。

（18）选择“共同参数”选项，“安全高度”设为 35.0mm。选择“◉绝对坐标”，“参考高度”设为 35.0mm。选择“◉绝对坐标”，“下刀位置”设为 35.0mm。选择“◉绝对坐标”，“工件表面”设为 30，选择“◉绝对坐标”，“深度”设为 26mm，选择“◉绝对坐标”。

（19）其他选项的参数设置与上一刀路的参数相同。

（20）单击“确定”按钮✔，生成的外形铣刀路如图 4-33 所示。

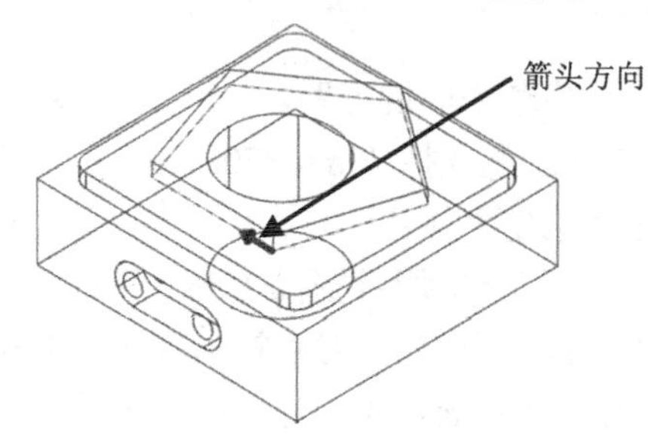

图 4-32　选五边形边线

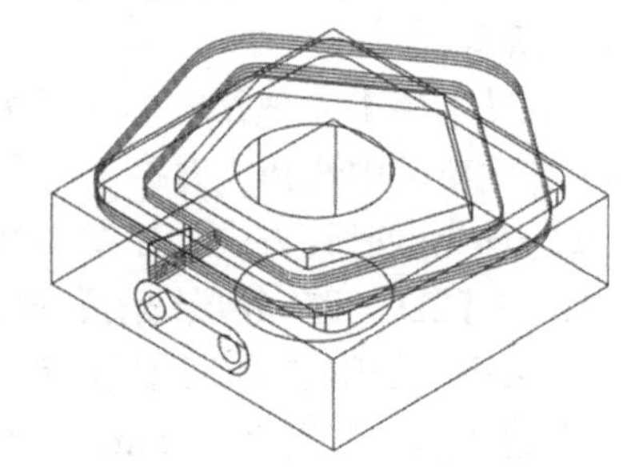

图 4-33　加工五边形的外形铣刀路

（21）在主菜单中选择“刀路 | 外形”命令，在零件图上选取ϕ32mm 圆周的边线，箭头方向为逆时针方向，如图 4-34 所示，单击“确定”按钮✔。

（22）在【2D 刀路-外形铣削】对话框中选择“Z 分层切削”选项，钩选“深度分层切削”复选框，最大粗切步进量为 0.6mm，钩选“不提刀”复选框。

（23）选择“进/退刀设置”选项，在“进刀”区域中选择“◉相切”，进刀长度设为 10mm，斜插高度设为 0.6mm，圆弧半径设为 2mm，单击⏩按钮，使退刀参数与进刀参数相同。

（24）选择“XY 分层切削”选项，取消已钩选的“XY 分层切削”复选框。

（25）选择“共同参数”选项，“安全高度”设为 35.0mm，选择“◉绝对坐标”，“参考高度”设为 35.0mm。选择“◉绝对坐标”，“下刀位置”设为 35.0mm，选择“◉绝对坐标”，“工件表面”设为 30。选择“◉绝对坐标”，“深度”设为 15mm，选择“◉绝对坐标”。

（26）其他选项的参数设置与上个一刀路的参数相同。

（27）单击“确定”按钮✔，生成的外形铣刀路如图 4-35 所示。

（28）在“刀路”管理器中复制“1-平面铣”刀路，并粘贴到“刀路”管理器的最后。

（29）双击“5-平面铣”刀路的“参数”，在【2D 刀路-平面铣削】对话框中选中“刀具”选项，将“进给率”改为 600mm/min。选中“切削参数”选项，将“底面预留量”改为 0，“引导方向超出量”改为 100%。选中“Z 分层切削”选项，取消已钩选的“深度分层切削”复选框。

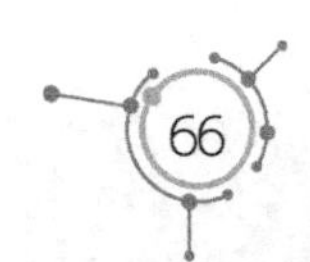

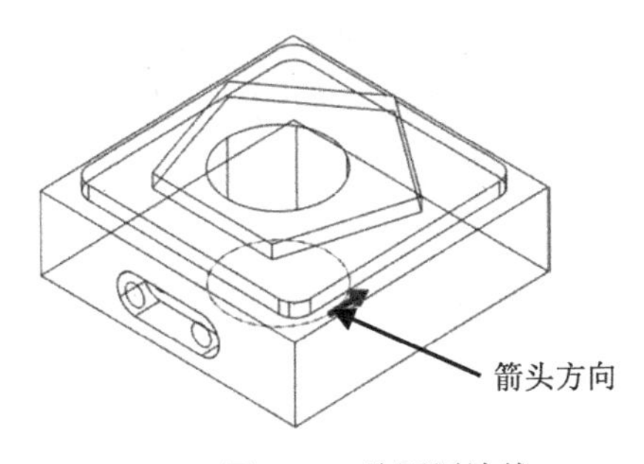

图 4-34　选圆周边线

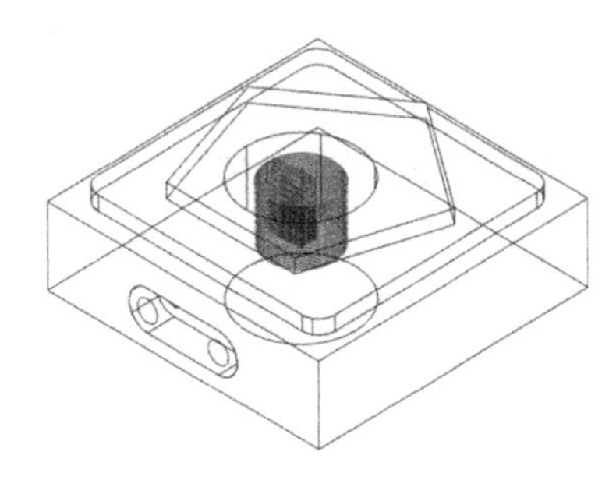

图 4-35　加工圆孔外形铣的刀路

（30）双击“5-平面铣”刀路的“图形”，在“串连管理”对话框空白处单击鼠标右键，选择“增加串连”命令，选中五边形边线。

（31）单击“确定”按钮，再单击“重建刀路”按钮，生成的刀路如图 4-36 所示。

（32）在“刀路”管理器中复制“2-外形铣削”刀路，并粘贴到“刀路”管理器的最后。

（33）双击“6-外形铣削”刀路的“参数”，在【2D 刀路-外形铣削】对话框中选中“刀具”选项，将“进给率”改为 600mm/min。选中“切削参数”选项，将“壁边预留量”、“底面预留量”改为 0。选中“Z 分层切削”选项，取消已钩选的“深度分层切削”复选框。选中“进/退刀设置”选项，取消已钩选的“在封闭轮廓中点位置执行进/退刀”复选框。选中“XY 分层切削”选项，钩选“XY 分层切削”复选框，粗切次数设为 3，间距设为 0.1mm，精修次数设为 1，间距设为 0.02mm，钩选“不提刀”复选框。

（34）单击“确定”按钮，再单击“重建刀路”按钮，生成的刀路如图 4-37 所示。

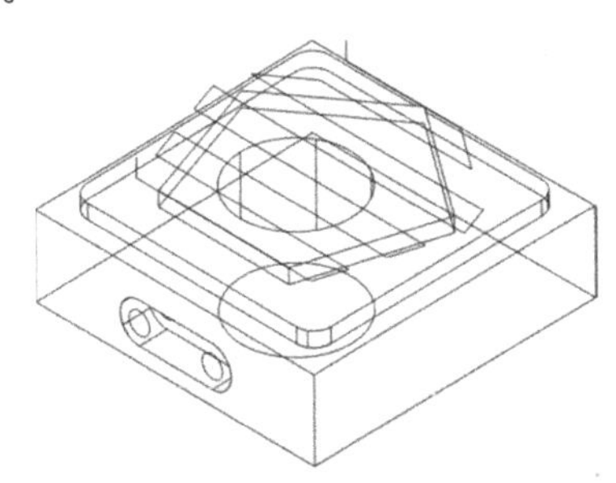

图 4-36　平面精加工刀路

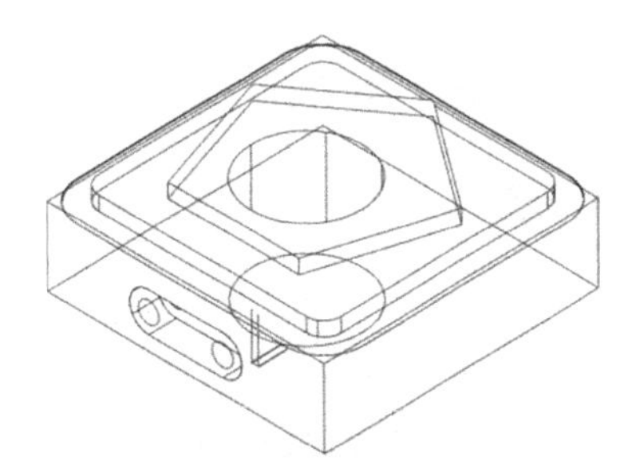

图 4-37　外形精加工刀路

（35）在“刀路”管理器中复制“3-外形铣削”刀路，并粘贴到“刀路”管理器的最后。

（36）双击“7-外形铣削”刀路的“参数”，在【2D 刀路-外形铣削】对话框中选中“刀具”选项，将“进给率”改为 600mm/min。选中“切削参数”选项，将“壁边预留量”、“底面预留量”改为 0。选中“Z 分层切削”选项，取消已钩选的“深度分层切削”复选框，选中“XY 分层切削”选项。选中“进/退刀设置”选项，取消已钩选的“在封闭轮廓中点位置执行进/退刀”、“进刀”、“退刀”三个复选框，钩选“调整轮廓起始位置”复选框，长度设为 80%，钩选“调整轮廓终止位置”复选框，长度设为 80%。钩选“XY 分层切削”复选框，粗切次数设为 2，间距设为 10mm，精修次数设为 3，间距设为 0.1mm，钩选“不提刀”复选框。

（37）单击“确定”按钮，再单击“重建刀路”按钮，精加工五边形的刀路如图 4-38 所示。

（38）在“刀路”管理器中复制“4-外形铣削”刀路，并粘贴到“刀路”管理器的最后。

（39）双击“8-外形铣削”刀路的“参数”，在【2D 刀路-外形铣削】对话框中选中“刀具”选项，将“进给率”改为 600mm/min。选中“切削参数”选项，将“壁边预留量”改为 0。选中“Z 分层切削”选项，取消已钩选的“深度分层切削”复选框，选中“XY 分层切削”选项，钩选“XY 分层切削”复选框，粗切次数为 4，间距为 0.1mm，精修次数设为 1，间距设为 0.02mm，钩选“不提刀”复选框。选中“共同参数”选项，将“深度”改为-1mm。

（40）单击“确定”按钮，再单击“重建刀路”按钮，生成的刀路如图 4-39 所示。

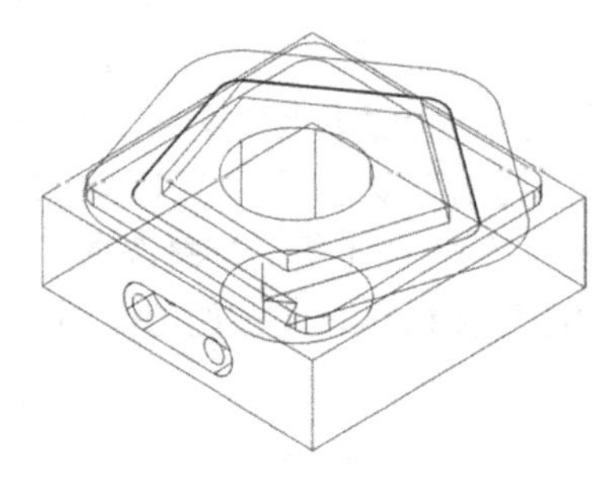
图 4-38　五边形精加工刀路

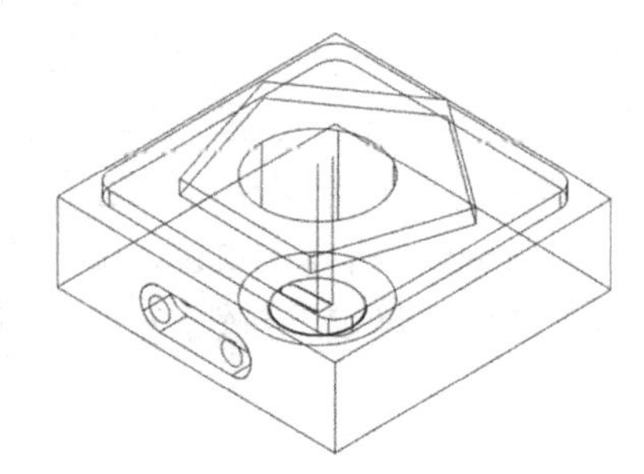
图 4-39　圆柱精加工刀路

（41）在“刀路”管理器中选中所有程序，再单击“后处理器”按钮，生成 NC 文档。

（42）单击“保存”按钮。

5. 第三次装夹的数控编程

（1）启动 Mastercam X9，打开“实例 4（G420）.mcx-9”，单击“侧视图”按钮，将零件转化为侧视图视角，如图 4-40 所示。

（2）在主菜单中选择“转换｜旋转”命令，用框选方式选中所有图素，按 Enter 键。

（3）在【旋转】对话框中选择“◉移动”，角度为-90°，单击“定义中心点”按钮，在坐标输入栏中输入旋转中心点坐标（0，0，0），按 Enter 键。

（4）单击“确定”按钮，零件旋转-90°，如图 4-41 所示。

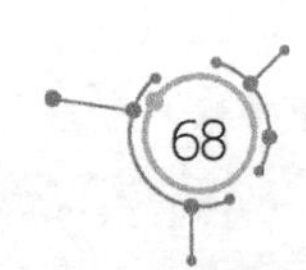

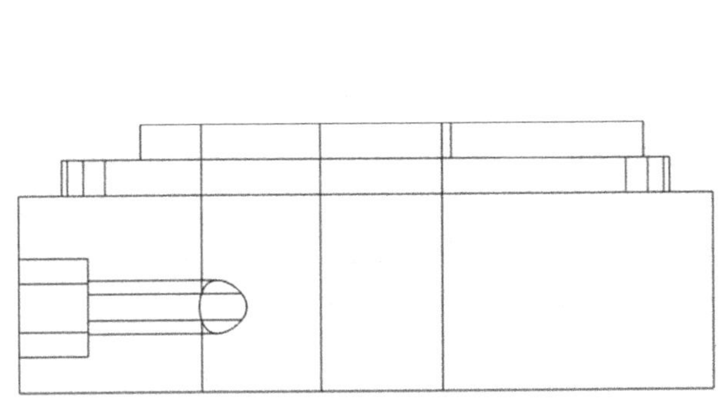
图 4-40　侧视图

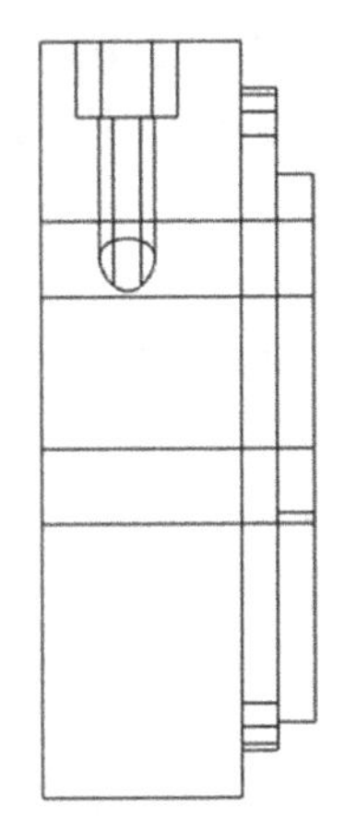
图 4-41　零件旋转-90°

（5）单击“俯视图”按钮，将零件转化为俯视图视角，如图 4-42 所示。

（6）在主菜单中选择“转换 | 平移”命令，在工作区中用框选方式选中所有图素，按 Enter 键。

（7）在【移动】对话框中选择“◉移动”，ΔZ 为-40mm，单击“确定”按钮，零件往-*Z* 方向移动 40mm。

（8）采用相同的方法，将零件往-*Y* 方向移动 15mm。移动后，上表面的中心为坐标原点，如图 4-43 所示。

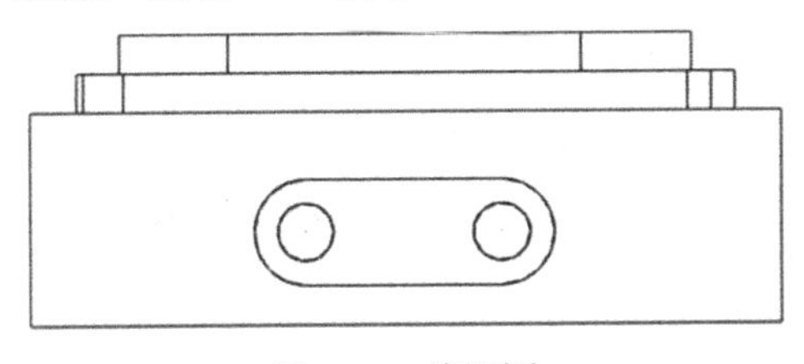
图 4-42　俯视图

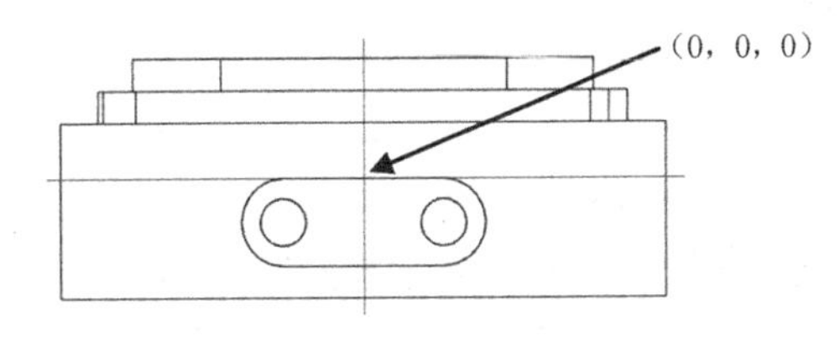

图 4-43　移动图形

（9）在主菜单中选择“机床类型 | 铣床 | 默认”命令，进入加工模式。

（10）在主菜单中选择“刀路 | 外形”命令，输入 NC 程序名为 G420-3。

（11）在零件图上选取槽的边线，箭头方向为逆时针方向，箭头为起点位置，如图 4-44 所示，单击“确定”按钮。

（12）单击“确定”按钮，在【2D 刀路-外形铣削】对话框中选“刀具”选项，在右边的空白处单击鼠标右键，在下拉菜单中选“创建新刀具”命令。

（13）对刀具类型选择“平底刀”，刀齿直径为ϕ8mm，刀号为 1，刀长补正为 1，半径补正为 1，进给速率为 1000mm/min，下刀速率为 600 mm/min，提刀速率为 1500 mm/min，主轴转速为 1500r/min，其他参数选系统默认值。

（14）选择“切削参数”选项，对“补正方式”选择“电脑”，对“补正方向”选择“左”，“壁边预留量”设为 0.3mm，“底面预留量”设为 0.2mm，“外形铣削方式”选“2D”。

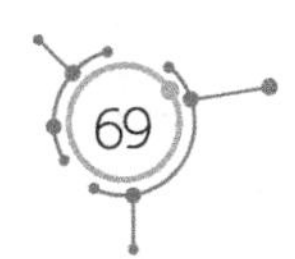

（15）选择“Z 分层切削”选项，钩选“深度分层切削”复选框，“最大粗切步进量”选 0.3mm，钩选“不提刀”复选框。

（16）选择“进/退刀设置”选项，钩选“在封闭轮廓中点位置执行进/退刀”、“过切检查”复选框，重叠量为 0。在“进刀”区域中选“◉相切”，进刀长度为 8mm，斜插高度为 0.3mm，圆弧半径为 0.5mm。单击⏩按钮，使退刀参数与进刀参数相同。

（17）选择“共同参数”选项。“安全高度”设为 5.0mm。选择“◉绝对坐标”，“参考高度”设为 5.0mm，选择“◉绝对坐标”，“下刀位置”设为 5.0mm。选择“◉绝对坐标”，“工件表面”为 0。选择“◉绝对坐标”，“深度”设为-8mm，选择“◉绝对坐标”。

（18）单击“确定”按钮✔，创建的侧面槽刀路如图 4-45 所示。

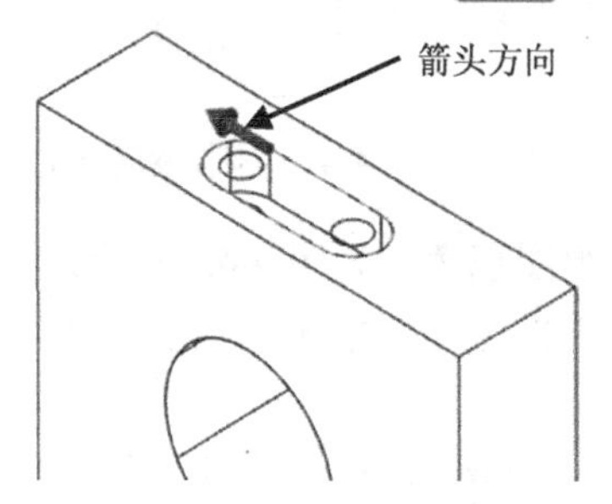

图 4-44　选取槽的边线

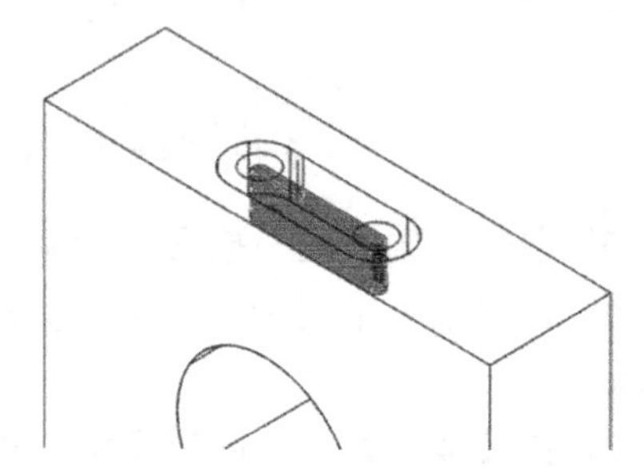

图 4-45　加工侧面槽的刀路

（19）在“刀路”管理器中复制“1-外形铣削”刀路，并粘贴到“刀路”管理器的最后。

（20）双击“2-外形铣削”刀路的“参数”，在【2D 刀路-外形铣削】对话框中选中“刀具”选项，将“进给率”改为 300mm/min。选中“切削参数”选项，将“壁边预留量”、“底面预留量”改为 0。选中“Z 分层切削”选项，取消已钩选的“深度分层切削”复选框，选中“XY 分层切削”选项，钩选“XY 分层切削”复选框，粗切次数为 3，间距为 0.1mm，精修次数为 1，间距为 0.01mm，钩选“不提刀”复选框。

（21）单击“确定”按钮✔，再单击“重建刀路”按钮，生成的刀路如图 4-46 所示。

（22）在主菜单中选择“刀路 | 钻孔”命令，在零件图上先选取侧面两个ϕ6mm 圆周的圆心，单击“确定”按钮✔。

（23）在【2D 刀路-钻孔】对话框中选中“刀具”选项，在空白处单击鼠标右键，选“创建新刀具”命令。对“刀具类型”选择“钻头”，钻头直径为 6mm，刀肩长度为 35mm，刀杆直径为 6mm，刀号为 2，刀长补正为 2，半径补正为 2，进给速率为 300mm/min，下刀速率为 600mm/min，提刀速率为 1000mm/min，主轴转速为 1500r/min。

（24）选择“切削参数”选项，对“循环方式”选择“深孔啄钻”，Peck 为 1mm。

（25）选择“共同参数”选项，“安全高度”为 10.0mm。选择“◉绝对坐标”，“参考高度”设为 5.0mm。选择“◉绝对坐标”，“工件表面”设为-7.0mm。选择“◉绝对坐标”，“深度”为-30mm。选择“◉绝对坐标”。

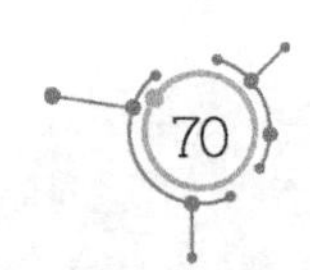

（26）单击“确定”按钮，生成的钻孔刀路如图 4-47 所示。

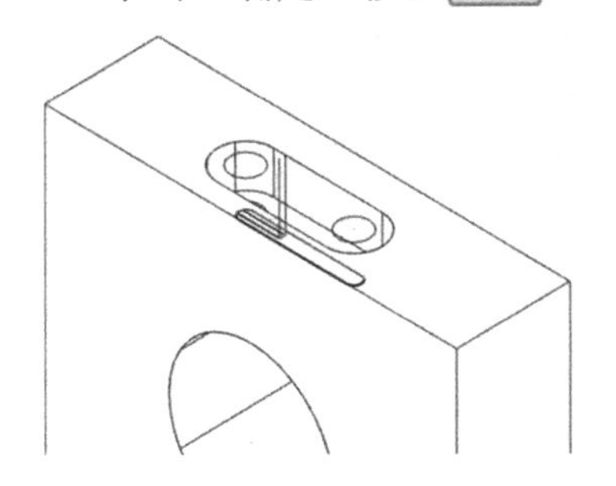

图 4-46　侧边槽的精加工刀路

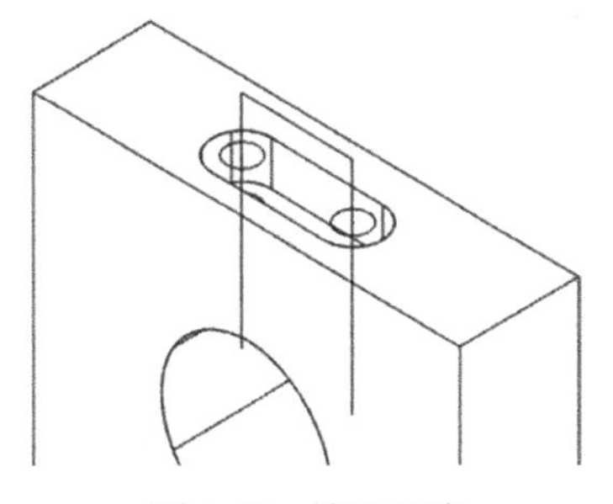

图 4-47　钻孔刀路

（27）在“刀路”管理器中选中“3-深孔啄钻”，单击鼠标右键，选择“编辑已经选择的操作｜更改 NC 文件名”命令，将 NC 程序名更改为 G420-4。

（28）在“刀路”管理器中选中所有刀路，进行后处理，并对 NC 程序进行修改。

（29）单击“保存”按钮，保存文档。

6. 工件的第一次装夹

（1）零件的实体厚度是 30mm，而毛坯材料的厚度是 35mm，毛坯材料厚度比工件高 5mm。为了便于初学者统一操作步骤，在加工零件时，对正、反两面各加工 2.5mm。

（2）第一次用虎钳装夹时，工件上表面要超出虎钳至少 26mm，或者工件装夹的厚度不得超过 9mm。

（3）工件对刀时，采用四边分中的方法来确定工件坐标系，即工件上表面的中心为工件坐标系的原点（0，0），参考实例 1 中的图 1-66。

（4）Z 方向对刀时，可以用手工方式将工件上表面铣低 2.5mm 后，再将该表面设为 Z0。或者先把刀尖刚好接触工件的上表面，再稍微提升刀具，把刀具移至空挡处，然后降低 2.5mm，设为 Z0，参考实例 1 中的图 1-67。在数控编程时已经编好加工表面的程序，直接开启程序，即可用编制好的数控程序将工件表面铣削加工 2.5mm。

（5）工件第一次装夹的加工程序单见表 4-1。

表 4-1　第一次装夹加工程序单

序号	程序名	刀具	加工深度
1	G420-1	ϕ12mm 平底刀	23mm

7. 工件的第二次装夹

（1）第二次用虎钳装夹时，工件上表面要超出虎钳至少 11mm。

（2）工件下底面的中心为坐标系原点（0，0，0）。

（3）工件第二次装夹的方向如图 4-48 所示。

（4）工件第二次装夹的加工程序单见表 4-2。

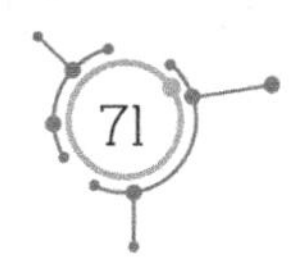

表 4-2　第二次装夹加工程序单

序号	程序名	刀具	加工深度
1	G420-2	φ12mm 平底刀	32mm

8. 工件的第三次装夹

（1）第三次用虎钳装夹时，工件上表面超出虎钳至少 12mm。
（2）工件上表面的中心为坐标系原点（0，0，0）。
（3）工件第三次装夹的方向如图 4-49 所示。
（4）工件第三次装夹的加工程序单见表 4-3。

表 4-3　第三次装夹加工程序单

序号	程序名	刀具	加工深度
1	G420-3	φ8mm 平底刀	8mm
2	G420-4	φ6mm 钻头	30mm

（5）工件第二次装夹的方向如图 4-49 所示。

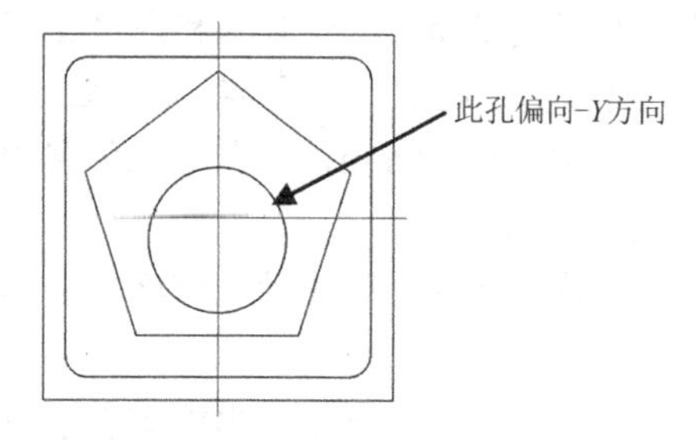

图 4-48　第二次装夹方向

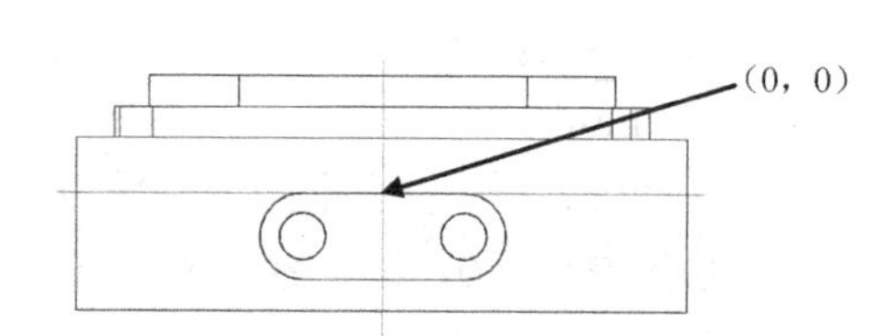

图 4-49　第三次装夹方向

实例 5　G425——上圆下方

本节以《职业技能鉴定国家题库试卷》中的 G425 试题为例，详细介绍中级工考证的建模、编程、操机基本过程，零件图形如图 5-1 所示。

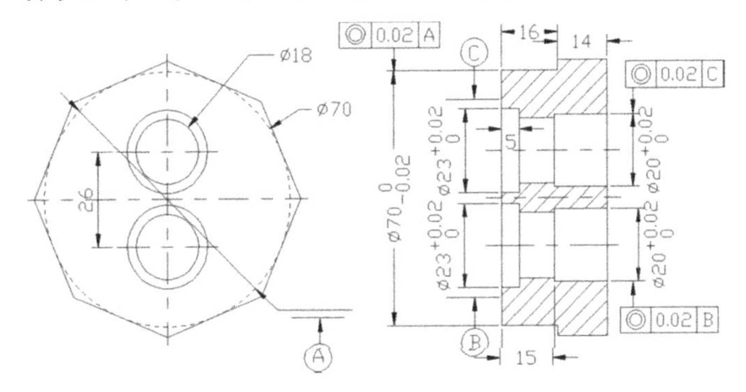

图 5-1　零件图

1. 建模过程

（1）在工作区下方的工具条中，对“绘图模式”选择“3D”。

（2）在主菜单中选择“绘图｜多边形”命令，在坐标输入框中输入矩形中心点的坐标（0，0，0），按 Enter 键。在【多边形】对话框中输入多边形的边数 8，半径为 35mm，选择“◉外切圆”，如图 5-2 所示。

（3）单击“确定”按钮☑，创建一个正八边形，如图 5-3 所示。

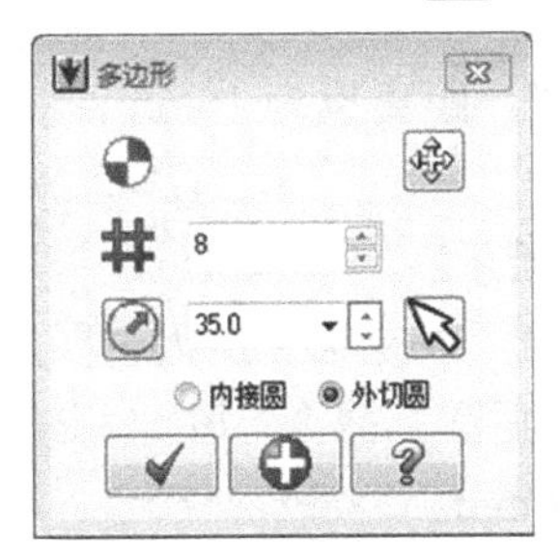

图 5-2　【多边形】对话框

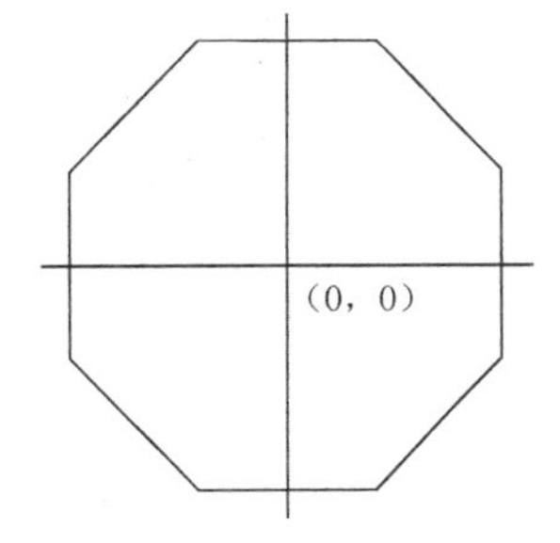

图 5-3　正八边形

（4）在主菜单中选择“转换｜旋转”命令，选取正八边形，按 Enter 键。在【旋转】对话框中选“◉移动”，旋转角度为 22.5°，如图 5-4 所示。

（5）单击“确定”按钮☑，旋转后的正八边形如图 5-5 所示。

（6）在主菜单中选择“实体｜拉伸”命令，在绘图区中选取正八边形，单击【串连选项】对话框中的“确定”按钮☑。

（7）在【实体拉伸】对话框中选中“◉创建主体”，将距离设为 14mm，拉伸箭头方向朝上。

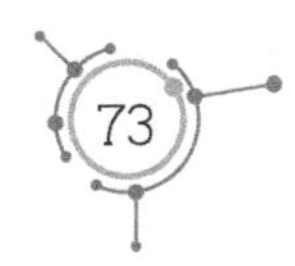

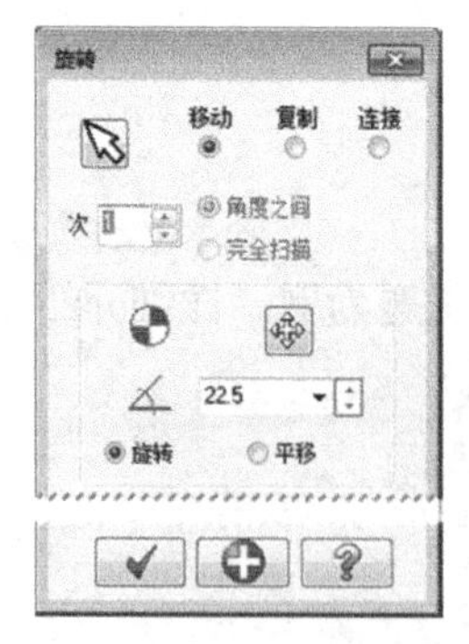

图 5-4　【旋转】对话框

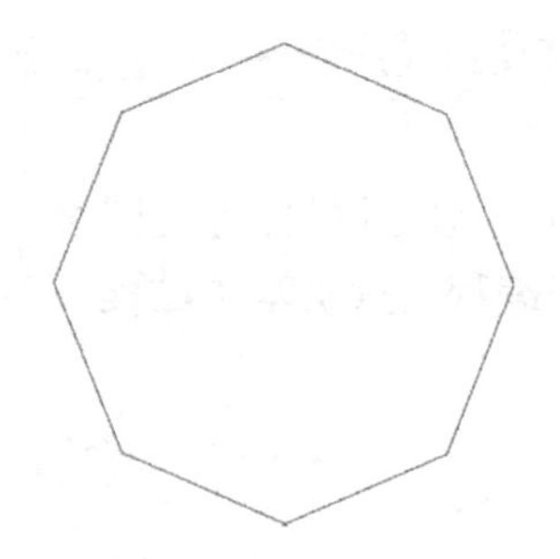

图 5-5　旋转后的正八边形

（8）单击“确定”按钮，创建正八边形实体，如图 5-6 所示。

（9）在主菜单中选取“绘图 | 绘弧 | 已知圆心点画圆”命令，在坐标输入框中输入圆心坐标（0，0，14），直径为ϕ70mm，单击“确定”按钮，创建一个圆周，如图 5-7 所示。

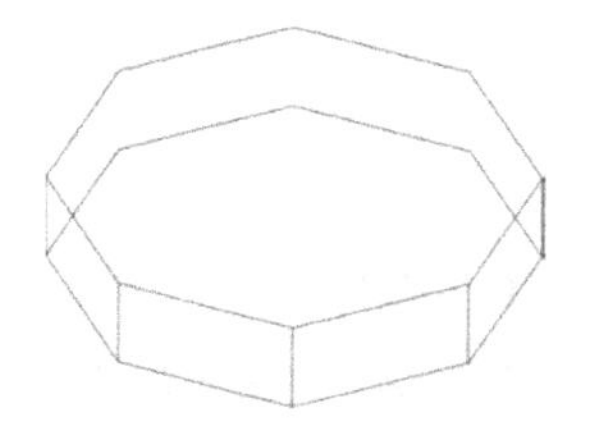

图 5-6　正八边形实体

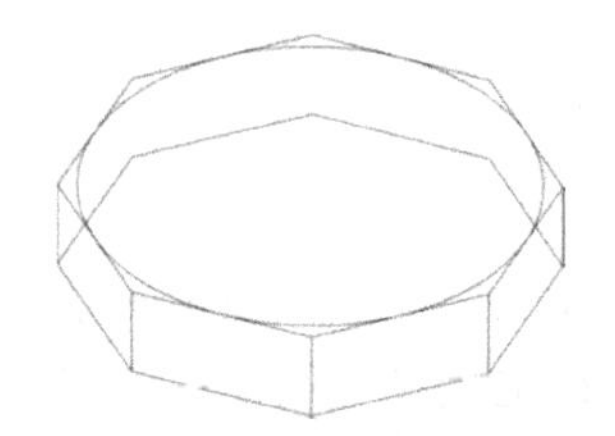

图 5-7　绘制ϕ70mm 圆周

（10）在主菜单中选取“实体 | 拉伸”命令，在绘图区中选取ϕ70mm 的圆周，单击【串连选项】对话框中的“确定”按钮。

（11）在【实体拉伸】对话框中选中“◉增加凸台”，距离设为 16mm，拉伸箭头方向朝上。

（12）单击“确定”按钮，创建的圆柱如图 5-8 所示。

（13）在工作区下方的工具栏中，将“层别”改为 2，设定第 2 层为主图层。

（14）在主菜单中选取“绘图 | 圆弧 | 已知圆心点画圆”命令，在坐标输入框中输入圆心坐标（0，13，0）。按 Enter 键，圆弧直径为ϕ20mm。

（15）单击“确定”按钮，绘制一个圆，如图 5-9 所示。

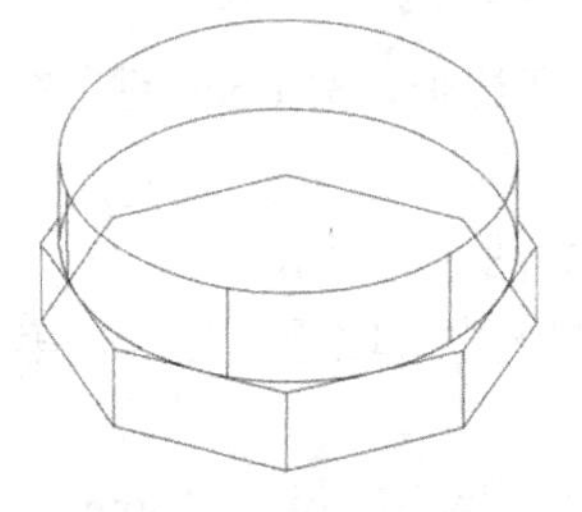

图 5-8　创建圆柱

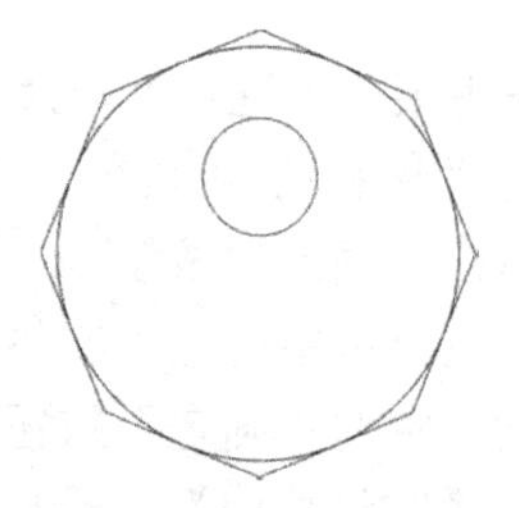

图 5-9　绘制ϕ20mm 圆周

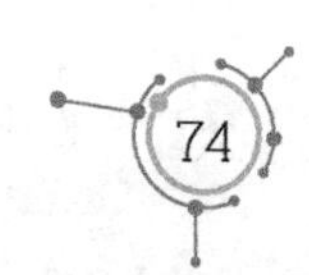

（16）在工作区下方的工具栏中单击“层别”二字，在【层别管理】对话框中取消图层 1 的“×”，如图 5-10 所示，绘图区中只显示一个圆。

（17）在主菜单中选择“实体｜拉伸”命令，在绘图区中选取直径为ϕ20mm 的圆形，单击【串连选项】对话框中的“确定”按钮。

（18）在【实体拉伸】对话框中选中“◉创建主体”，距离设为 15mm，箭头朝上。

（19）单击“确定”按钮，创建圆柱实体，如图 5-11 所示。

（20）在主菜单中选取“绘图｜圆弧｜已知圆心点画圆”命令，在坐标输入框中输入圆心坐标（0，13，15），按 Enter 键，圆周直径为ϕ18mm。

（21）单击“确定”按钮，绘制一个圆，如图 5-12 所示。

（22）在主菜单中选择“实体｜拉伸”命令，在绘图区中选取直径为ϕ18mm 的圆形，单击【串连选项】对话框中的“确定”按钮。

（23）在【实体拉伸】对话框中选中“◉增加凸台”，距离设为 10mm，箭头朝上。

（24）单击“确定”按钮，创建的圆柱实体如图 5-13 所示。

（25）在主菜单中选取“绘图｜圆弧｜已知圆心点画圆”命令，在坐标输入框中输入圆心坐标（0，13，25），按 Enter 键，圆周直径为ϕ23mm。

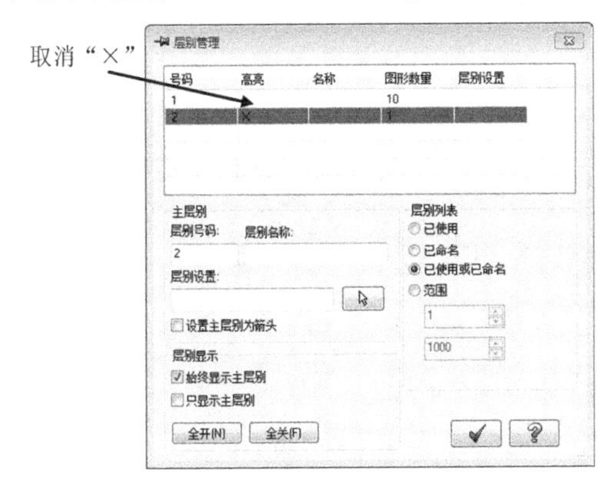

图 5-10　【层别管理】对话框

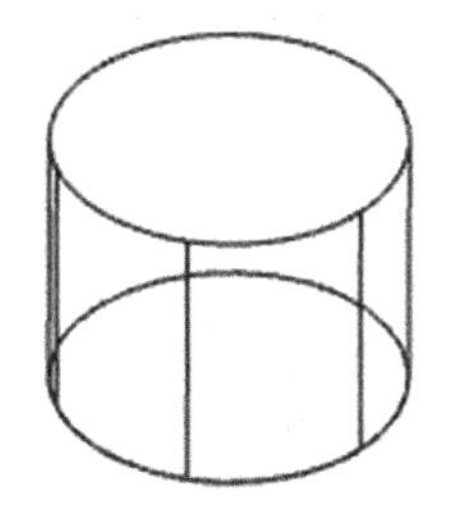

图 5-11　创建圆柱体

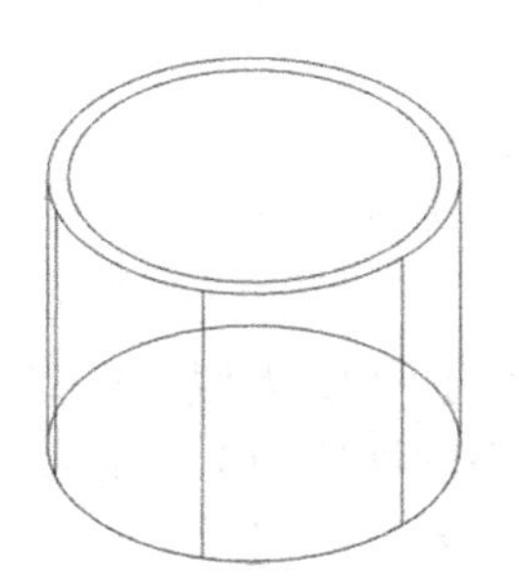

图 5-12　绘制ϕ18mm 圆周

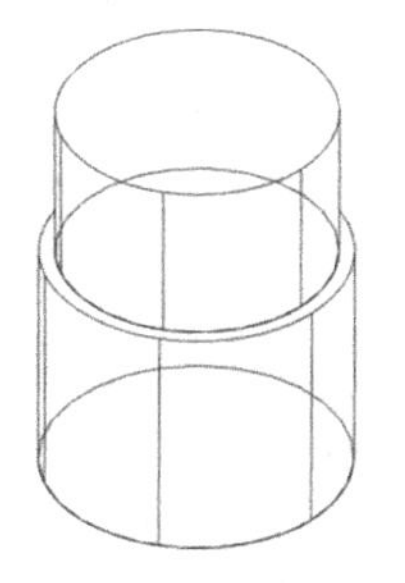

图 5-13　创建圆柱凸台

（26）单击“确定”按钮，绘制一个圆，如图 5-14 所示。

（27）在主菜单中选取“实体｜拉伸”命令，在绘图区中选取直径为ϕ23mm 的圆形，

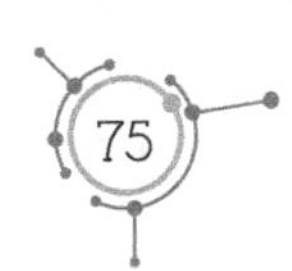

单击【串连选项】对话框中的“确定”按钮。

（28）在【实体拉伸】对话框中选中“◉增加凸台”，距离为 5mm，箭头朝上。

（29）单击“确定”按钮，创建一个圆柱实体，如图 5-15 所示。

（30）在主菜单中选取“转换 | 镜像”命令，用框选方式选中所有图素，按 Enter 键。

（31）在【镜像】对话框中选中“◉复制”，选“◉ Y0”，如图 5-16 所示。

（32）单击“确定”按钮，创建一个镜像特征，如图 5-17 所示。

（33）在主菜单中选择“屏幕 | 清除颜色”命令，即可清除所有图素的颜色。

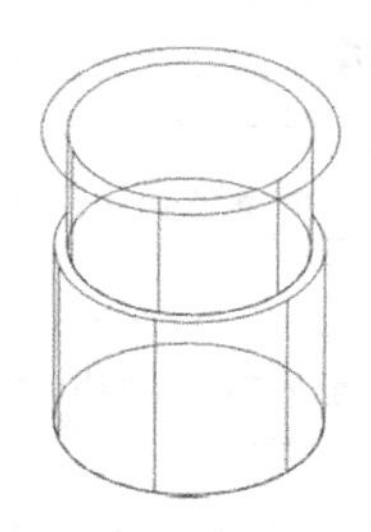

图 5-14　绘制ϕ23mm 圆周

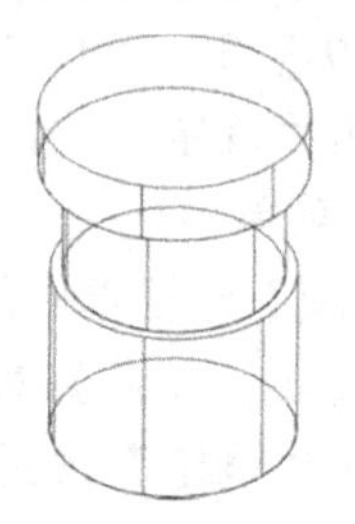

图 5-15　创建圆柱凸台

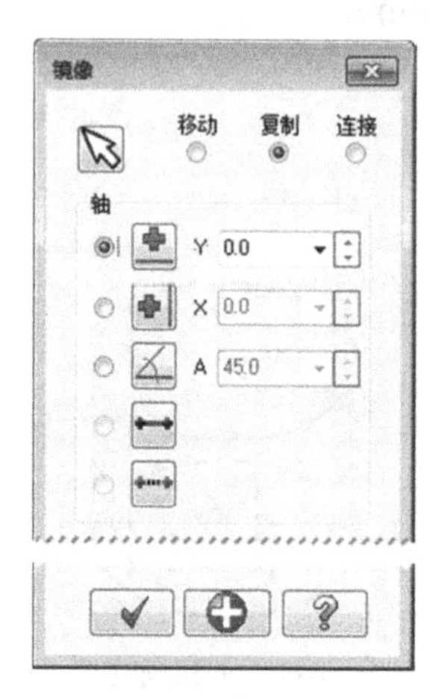

图 5-16　【镜像】对话框

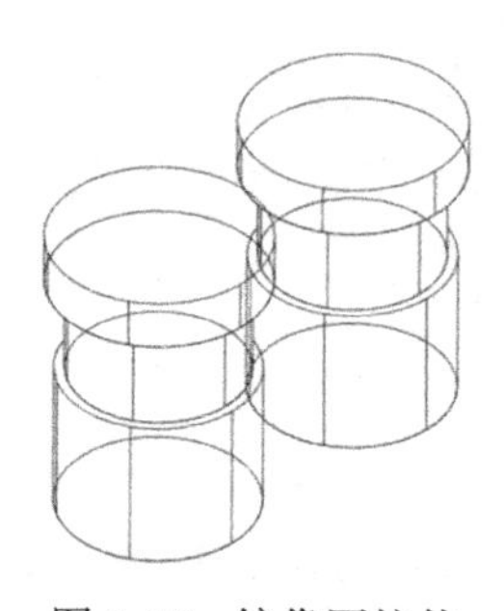

图 5-17　镜像圆柱体

（34）在工作区下方的工具栏中单击“层别”二字，在【层别管理】对话框中显示图层 1 的“×”，在绘图区中显示所有图素。

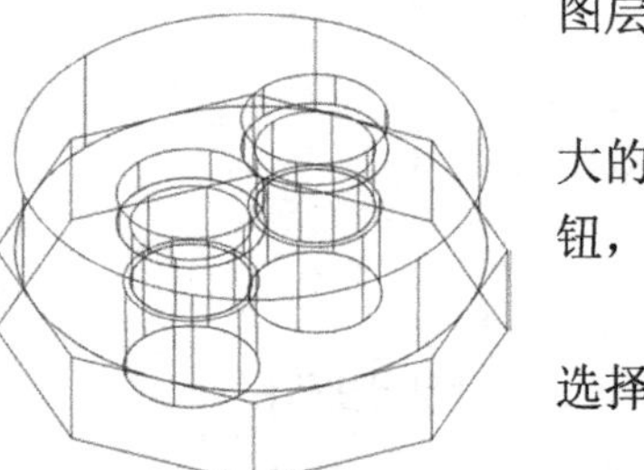

图 5-18　创建切割实体特征

（35）在主菜单中选择“实体 | 布尔运算”命令，选取最大的实体为目标主体。在工具条中选取“验证选择”按钮，再选取图 5-17 所示的两个圆柱体为工具主体。

（36）单击“确定”按钮，在【布尔运算】对话框中选择“◉移除”选项。

（37）单击“确定”按钮，创建切割实体特征，如图 5-18 所示。

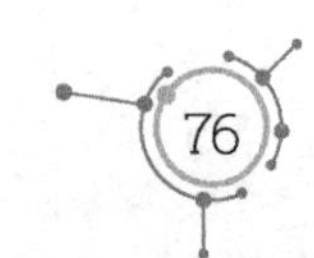

2. 工艺分析

（1）对零件的高度是 30mm 而毛坯材料是 85mm× 85mm×35mm 的铝块，进行零件加工时，建议对毛坯正、反两面的平面各加工 2.5mm，以保持统一，便于初学者学习。

（2）零件需要分两次加工，分两次装夹。根据零件形状，建议先加工底面正八边形，再加工正面的圆柱形。

（3）根据零件的形状，建议在加工零件表面时及外形时，用ϕ12mm 的平底刀，加工中间的小孔时先用ϕ12mm 钻头钻孔，再用ϕ10mm 平底刀精加工。

（4）加工中间的小孔时，应先用ϕ6mm 钻头预钻孔，用ϕ12mm 钻头钻孔。

（5）因为加工零件的材质是铝，在加工过程中刀具的磨损较小，所以可以在粗加工后不用换刀，直接精加工。

3. 第一次装夹的数控编程

1）创建毛坯工序

（1）启动 Mastercam X9，打开“实例 5（G425）.mcx-9”，单击“右视图”按钮，将零件转化为右视图视角，如图 5-19 所示。

（2）在主菜单中选取“转换｜旋转”命令，在工作区中用框选方式选中所有图素，按 Enter 键。

（3）在【旋转】对话框中选择“◉移动”，角度为 180°，单击“定义中心点”按钮，在坐标输入栏中输入旋转中心点坐标（0，0，0），按 Enter 键。

（4）单击“确定”按钮，零件旋转 180°。

（5）单击“等角视图”按钮，此时坐标系原点在零件表面中心，如图 5-20 所示。

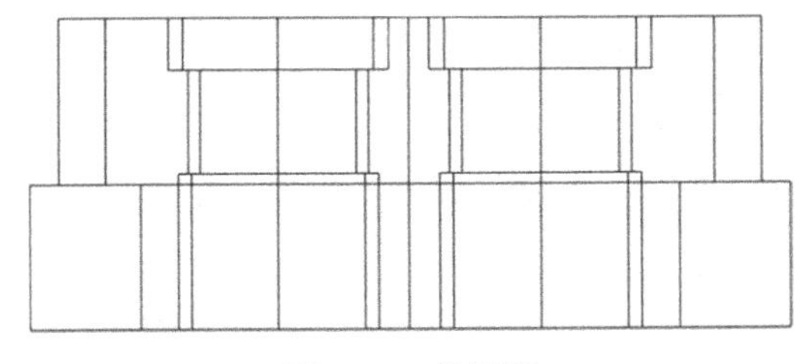

图 5-19　前视图

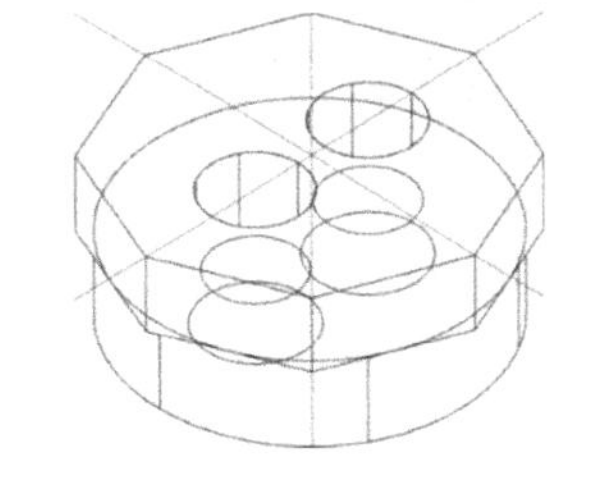

图 5-20　原点在上表面中心

（6）在主菜单中选择“文件｜另存为”命令，将文件另存为“实例 5（G425）第一次加工图”。

（7）在主菜单中选取“机床类型｜铣床｜默认”命令，进入加工模式。

（8）同时按住键盘的<Alt+O>组合键，在绘图区左侧弹出“刀路”滑板。

（9）在“刀路”管理器中展开“+属性”，再单击“毛坯设置”命令。

（10）在【机床群组属性】对话框“毛坯设置”选项卡中，对“毛坯平面”选择“俯视图”，对“形状”选择“◉立方体”，钩选“显示”、“适度化”复选框，选择“◉线框”，“毛坯原点”为（0，0，2.5），毛坯的长、宽、高分别为 85mm、85mm、35mm。

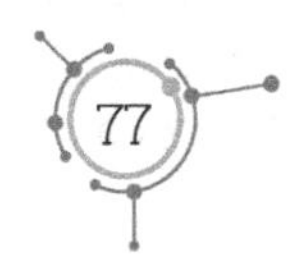

2）钻孔的数控编程过程

（1）在主菜单中选取“刀路｜钻孔”命令，输入 NC 名称为 G425-1,如图 5-21 所示。

（2）在零件图上选取两个小孔的圆心（0，13），（0，−13），单击“确定”按钮。

（3）在【2D 刀路-钻孔】对话框中选择“刀具”选项，在右边的空白处单击鼠标右键，在下拉菜单中选“创建新刀具”命令。

（4）对刀具类型选择“钻头”，刀齿直径为ϕ6mm，刀号为 1，刀长补正为 1，半径补正为 1，进给速率为 100mm/min，下刀速率为 600 mm/min，提刀速率为 1500mm/min，主轴转速为 1500r/min，其他参数选择系统默认值。

（5）选中“切削参数”选项，循环方式选“深孔啄钻”，peck 为 1mm。

（6）选择“共同参数”选项，“安全高度”设为 15.0mm。选择“◉绝对坐标”，“参考高度”设为 15.0mm。选择“◉绝对坐标”，“下刀位置”设为 15.0mm。选择“◉绝对坐标”，“工件表面”设为 2.5mm。选择“◉绝对坐标”，“深度”为−40，选择“◉绝对坐标”。

（7）单击“确定”按钮，生成的钻孔刀路如图 5-22 所示。

（8）在【刀路】管理器中单击“切换”按钮，隐藏平面铣刀路。

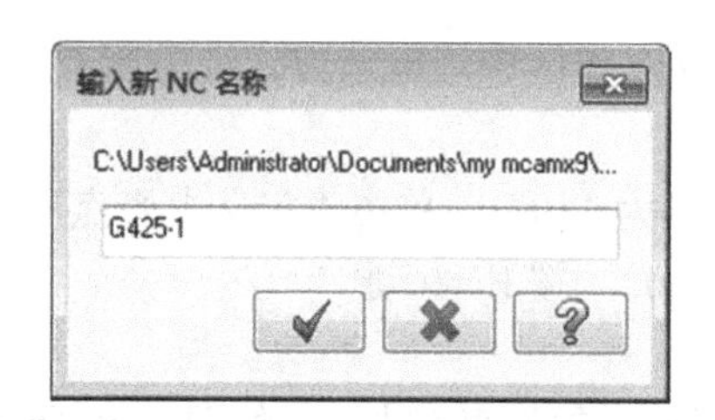

图 5-21　NC 名称为 G420-1

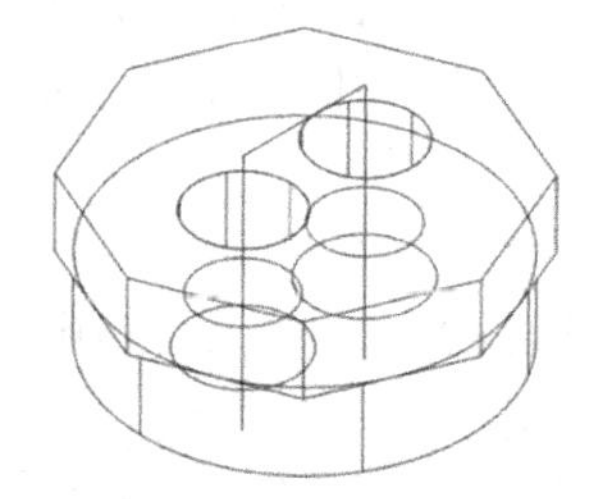

图 5-22　钻孔刀路

3）零件反面用ϕ12mm 立铣刀的数控编程过程

（1）在主菜单中选择“刀路｜平面铣”命令。

（2）单击“确定”按钮，在【2D 刀路-平面铣削】对话框中选择“刀具”选项。在右边的空白处单击鼠标右键，在下拉菜单中选择“创建新刀具”命令。

（3）对刀具类型选择“平底刀”，刀齿直径为ϕ12mm，刀号为 2，刀长补正为 2，半径补正为 2，进给速率为 1000mm/min，下刀速率为 600 mm/min，提刀速率为 1500 mm/min，主轴转速为 1500r/min，其他参数选择系统默认值。

（4）在【2D 刀路-平面铣削】对话框中选“切削参数”选项，对“类型”选择“双向”，对“截断方向超出量”选择 50%，“引导方向超出量”选择 50%，“进刀引线长度”设为 100%，“退刀引线长度”设为 0，“最大步进量”为 80%，底面预留量为 0.2mm。

（5）选择“Z 分层切削”选项，钩选“深度分层切削”复选框，“最大粗切步进量”设为 1.0mm。

（6）选择“共同参数”选项，“安全高度”设为 5.0mm。选择“◉绝对坐标”，“参考高度”设为 5.0mm。选择“◉绝对坐标”，“下刀位置”设为 5.0mm。选择“◉绝对坐

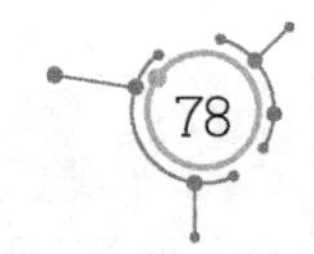

标”，“工件表面”设为 2.5mm。选择“◉绝对坐标”，“深度”设为 0，选择“◉绝对坐标”。

（7）单击“确定”按钮 ✔，生成的平面铣粗加工刀路如图 5-23 所示。

（8）在【刀路】管理器中单击“切换”按钮≋，隐藏平面铣刀路。

（9）在主菜单中选取“刀路｜外形”命令，在零件图上选取正八边形边线。箭头方向为顺时针方向，如图 5-24 所示，单击“确定”按钮 ✔。

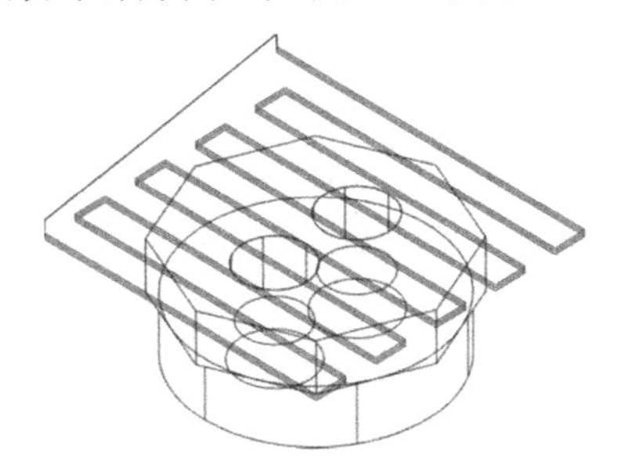

图 5-23　平面铣粗加工刀路

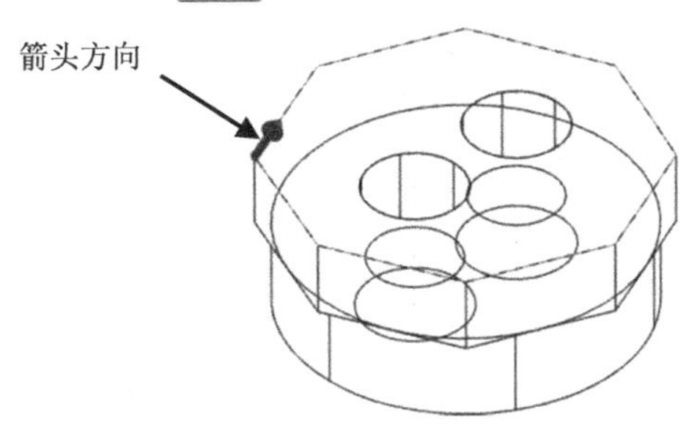

图 5-24　选正八边形边线

（10）在【2D 刀路-外形铣削】对话框中选择“刀具”选项，选择ϕ12mm 平底。

（11）选择“切削参数”选项，对“补正方式”选择“电脑”，对“补正方向”选择“左”，对“壁边预留量”为 0.3mm，对“外形铣削方式”选择“2D”。

（12）选择“Z 分层切削”选项，钩选“深度分层切削”复选框，对“最大粗切步进量”选择 1.0mm，钩选“不提刀”复选框。

（13）选择“进/退刀设置”选项，取消钩选“在封闭轮廓中点位置执行进/退刀”、“过切检查”复选框，重叠量为 0。在“进刀”区域中选“◉相切”，进刀长度设为 8mm，圆弧半径设为 1mm，单击 ⏩ 按钮，使退刀参数与进刀参数相同。

（14）选择“共同参数”选项，“安全高度”设为 5.0mm。选择“◉绝对坐标”，“参考高度”设为 5.0mm，选择“◉绝对坐标”，“下刀位置”设为 5.0mm。选择“◉绝对坐标”，“工件表面”设为 0。选择“◉绝对坐标”，“深度”设为−16mm，选择“◉绝对坐标”。

（15）单击“确定”按钮 ✔，生成的外形铣刀路如图 5-25 所示。

（16）按住键盘的 Ctrl 键，在“刀路”管理器中选中“2-平面铣”和“3-外形铣削”。再单击鼠标右键，选择“编辑已经选择的操作｜更改 NC 文件名”命令，将 NC 文件名改为 G425-2，如图 5-26 所示。

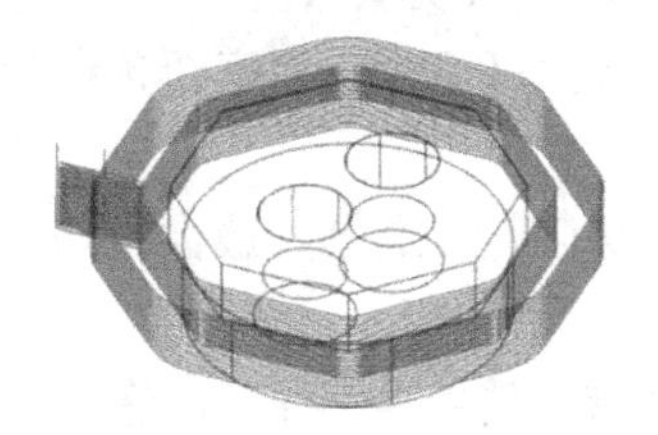

图 5-25　加工正八边形刀路

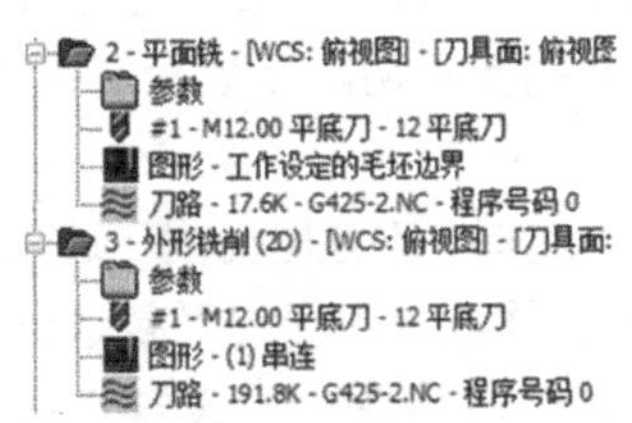

图 5-26　NC 文件名更改为 G425-2

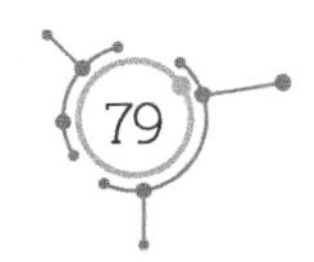

（17）在“刀路”管理器中复制“2-平面铣”，并粘贴到刀路管理器的最后。

（18）在“刀路”管理器中单击“4-平面铣”刀路的“图形”，在【串连管理】对话框中单击鼠标右键，选择“增加串连”命令，选取正八边形的边线。

（19）单击“4-平面铣”刀路的“参数”，在【2D 刀路–平面铣削】对话框中选中“刀具”选项，将“进给速率”改为 500mm/min。选中“切削参数”选项，将“底面预留量”改为 0，将“引导方向超出量”改为 80%。选中“Z 分层切削”选项，取消已钩选的“深度分层切削”复选框。

（20）单击“确定”按钮，生成的平面铣精加工刀路如图 5-27 所示。

（21）在“刀路”管理器中复制“3-外形铣削”，并粘贴到刀路管理器的最后。

（22）在“刀路”管理器中单击“5-外形铣削”刀路的“参数”，在【2D 刀路–外形铣削】对话框中选中“刀具”选项，将“进给速率”改为 500mm/min。选中“切削参数”选项，将“壁边预留量”改为 0。选中“Z 分层切削”选项，取消已钩选的“深度分层切削”复选框。选中“进/退刀设置”选项，取消“在封闭轮廓中点位置执行进/退刀”、“进刀”、“退刀”三个复选框，钩选“调整轮廓起始位置”复选框，“长度”为 80%，钩选“调整轮廓结束位置”复选框，“长度”设为 80%。选“XY 分层切削”选项，粗切次数设为 3，间距设为 0.1mm。

（23）单击“确定”按钮，八边形精加工刀路如图 5-28 所示。

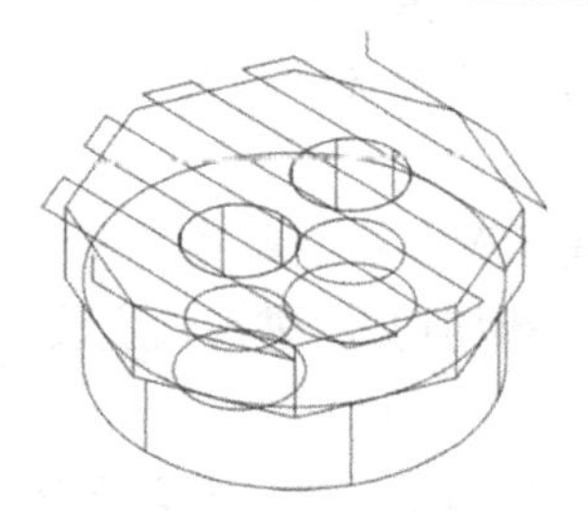

图 5-27　平面铣精加工刀路

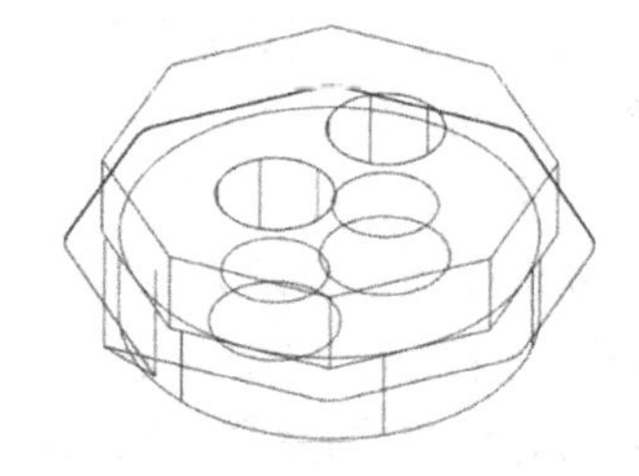

图 5-28　正八边形精加工刀路

（24）在主菜单中选择“刀路 | 外形”命令，在零件图上选取ϕ20mm 圆周的边线，箭头方向为逆时针方向，如图 5-29 所示，单击“确定”按钮。

（25）在【2D 刀路–外形铣削】对话框中选“刀具”选项，在空白处单击鼠标右键，选“创建新刀具”命令。类型为“平底刀”，直径设为ϕ8mm，刀号为 3，刀长补正设为 3，半径补正设为 3，进给速率设为 1000mm/min，下刀速率设为 600 mm/min，提刀速率设为 1500 mm/min，主轴转速为 1500r/min，其他参数选择系统默认值。

（26）选择“切削参数”复选框，“壁边预留量”设为 0.2mm，“底面预留量”设为 0.2mm。

（27）选择“Z 分层切削”选项，钩选“深度分层切削”复选框，最大粗切步进量设为 0.2mm，钩选“不提刀”复选框。

（28）选择“进/退刀设置”选项，在“进刀”区域中选“◉相切”，进刀长度设为 5mm，5 圆弧半径设为 1mm，单击按钮，使退刀参数与进刀参数相同。

（29）选择“XY 分层切削”选项，取消已钩选的“XY 分层切削”复选框。

（30）选择“共同参数”选项，“安全高度”设为 5.0mm，选“◉绝对坐标”，“参考高度”设为 5.0mm，选“◉绝对坐标”，“下刀位置”设为 5.0mm。选“◉绝对坐标”，“工件表面”设为 0。选“◉绝对坐标”，“深度”设为-15mm，选“◉绝对坐标”。

（31）单击“确定”按钮，加工圆孔的刀路如图 5-30 所示。

（32）在“刀路”管理器中复制“6-外形铣削”，并粘贴到刀路管理器的最后。

（33）在“刀路”管理器中单击“7-外形铣削”刀路的“参数”，在【2D 刀路-外形铣削】对话框中选中“刀具”选项，将“进给速率”改为 500mm/min。选中“切削参数”选项，将“壁边预留量”改为 0，“底面预留量”改为 0。选中“Z 分层切削”选项，取消已钩选的“深度分层切削”复选框。选“XY 分层切削”选项，粗切次数为 3，间距为 0.1mm。

（34）单击“确定”按钮，小孔精加工刀路如图 5-31 所示。

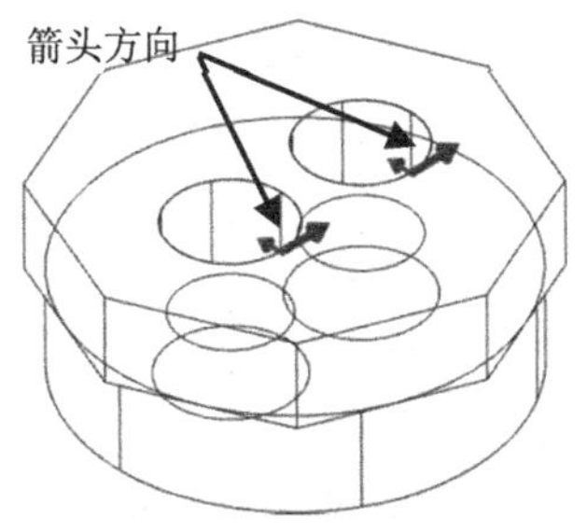

图 5-29　选圆周边线

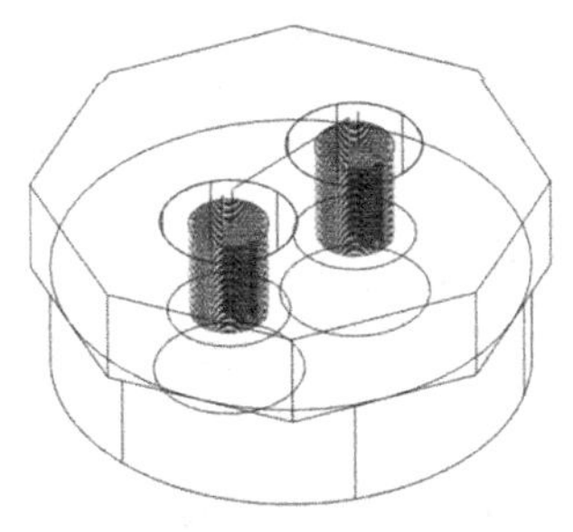

图 5-30　加工圆孔刀路

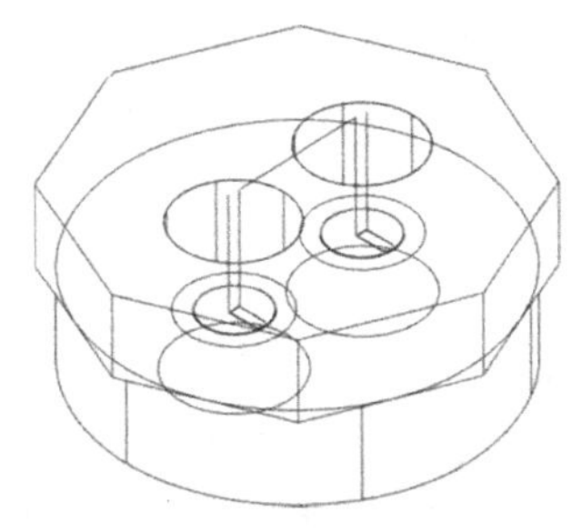

图 5-31　小孔精加工刀路

（35）按住键盘的 Ctrl 键，在“刀路”管理器中选中“6-外形铣削”和“7-外形铣削”。再单击鼠标右键，选择“编辑已经选择的操作｜更改 NC 文件名”命令，将 NC 文件名改为 G425-3。

（36）单击“保存”按钮，保存文档。

4）程序后处理

（1）在“刀路”管理器中选中所有的程序，再单击“后处理器”按钮，生成 3 个 NC 文档。

（2）打开在 NC 文档，删除不需要的内容。对于不能换刀的数控铣床，还需要删除 T2 M6 所在行，删除 G54，删除 G43 H2 等字符。

4. 第二次装夹的数控编程

1）创建毛坯工序

（1）启动 Mastercam X9，打开“实例 5（G425）.mcx-9”。

（2）在主菜单中选取“转换｜旋转”命令，在工作区中用框选方式选中所有图素，按 Enter 键。

（3）在【旋转】对话框中选“◉移动”，角度为 22.5°，如图 5-32 所示。

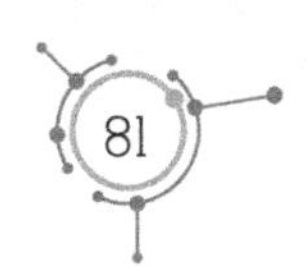

（4）单击“确定”按钮，零件旋转 22.5°，如图 5-33 所示。

图 5-32 【旋转】对话框

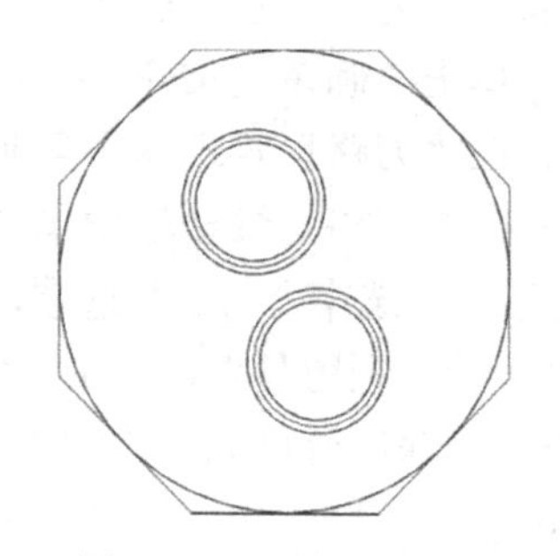

图 5-33 旋转后的零件

（5）在主菜单中选择“屏幕 | 清除颜色”命令，可以清除图素的颜色。

（6）在主菜单中选择“文件 | 另存为”命令，将文件另存为“实例 5（G425）第二次加工图”。

（7）在主菜单中选择“机床类型 | 铣床 | 默认”命令，进入加工模式。

（8）同时按住键盘的<Alt+O>组合键，在绘图区左侧弹出“刀路”滑板。

（9）在“刀路”管理器中展开“+属性”，再单击“毛坯设置”命令。

（10）在【机床群组属性】对话框“毛坯设置”选项卡中，对“毛坯平面”选择“俯视图”，对“形状”选择“◉立方体”，钩选“显示”、“适度化”复选框，选择“◉线框”，“毛坯原点”设为（0，0，32.5），毛坯的长、宽、高分别为 85mm、85mm、32.5mm。

2）零件正面用ϕ12mm 立铣刀的数控编程过程

（1）在主菜单中选择“刀路 | 平面铣”命令，输入 NC 名称为 G425-4。

（2）单击“确定”按钮，再单击“确定”按钮。在【2D 刀路-平面铣削】对话框中选择“刀具”选项。在右边的空白处单击鼠标右键，在下拉菜单中选“创建新刀具”命令。

（3）对刀具类型选择“平底刀”，刀齿直径设为ϕ12mm，刀号为 1，刀长补正设为 1，半径补正设为 1，进给速率设为 1000mm/min，下刀速率设为 600 mm/min，提刀速率设为 1500 mm/min，主轴转速为 1500r/min，其他参数选择系统默认值。

（4）在【2D 刀路-平面铣削】对话框中选择“切削参数”选项，对“类型”选择“双向”，对“截断方向超出量”选择 50%，“引导方向超出量”选 50%，“进刀引线长度”设为 100%，“退刀引线长度”设为 0，“最大步进量”设为 80%，底面预留量设为 0.2mm。

（5）选择“Z 分层切削”选项，钩选“深度分层切削”复选框。“最大粗切步进量”设为 1.0mm。

（6）选择“共同参数”选项，“安全高度”设为 35.0mm。选择“◉绝对坐标”，“参考高度”设为 35.0mm。选择“◉绝对坐标”，“下刀位置”设为 35.0mm。选择“◉绝对坐标”，“工件表面”设为 32.5mm。选择“◉绝对坐标”，“深度”设为 30，选“◉绝对

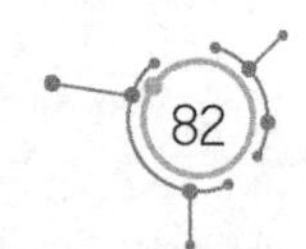

坐标”。

（7）单击“确定”按钮，生成的平面铣粗加工刀路如图 5-34 所示。

（8）在【刀路】管理器中单击“切换”按钮，隐藏平面铣刀路。

（9）在主菜单中选择“刀路｜外形”命令，在零件图上选取ϕ70mm 的圆周边线，箭头方向为顺时针方向，如图 5-35 所示，单击“确定”按钮。

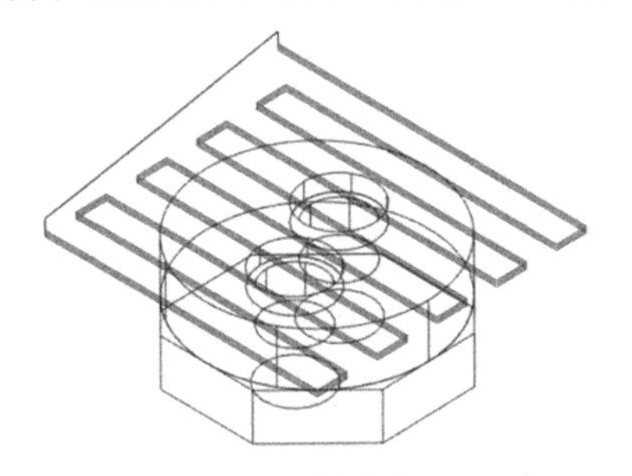

图 5-34　平面铣粗加工刀路

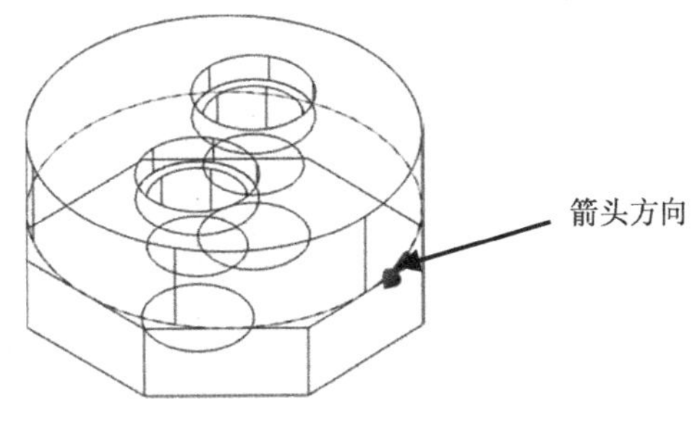

图 5-35　选圆的边线

（10）在【2D 刀路-外形铣削】对话框中选择“刀具”选项，选择ϕ12mm 平底。

（11）选择“切削参数”选项，对“补正方式”选“电脑”，对“补正方向”选择“左”，“壁边预留量”设为 0.3mm，“底面预留量”设为 0.2mm，对“外形铣削方式”选择“2D”。

（12）选择“Z 分层切削”选项，钩选“深度分层切削”复选框，对“最大粗切步进量”选择 1.0mm，钩选“不提刀”复选框。

（13）选择“进/退刀设置”选项，钩选“在封闭轮廓中点位置执行进/退刀”、“过切检查”复选框，重叠量为 0。在“进刀”区域中选择“◉相切”，进刀长度为 8mm，圆弧半径为 1mm，单击按钮，使退刀参数与进刀参数相同。

（14）选择“XY 分层切削”选项，钩选“XY 分层切削”复选框，粗切次为 2，间距为 10mm，钩选“不提刀”复选框。

（15）选择“共同参数”选项，“安全高度”设为 35.0mm。选择“◉绝对坐标”，“参考高度”设为 35.0mm。选择“◉绝对坐标”，“下刀位置”设为 35.0mm。选择“◉绝对坐标”，“工件表面”设为 30。选择“◉绝对坐标”，“深度”设为 14mm，选择“◉绝对坐标”。

（16）单击“确定”按钮，生成的外形铣刀路如图 5-36 所示。

（17）在“刀路”管理器中复制“1-平面铣”刀路，并粘贴到“刀路”管理器的最后。

（18）双击“3-平面铣”刀路的“参数”，在【2D 刀路-平面铣削】对话框中选中“刀具”选项，将“进给率”改为 600mm/min。选中“切削参数”选项，将“底面预留量”改为 0，“引导方向超出量”改为 100%。选中“Z 分层切削”选项，取消钩选“深度分层切削”复选框。

（19）双击“3-平面铣”刀路的“图形”，在“串连管理”对话框空白处单击鼠标右键，选择“增加串连”命令，选中ϕ70mm 的圆周边线。

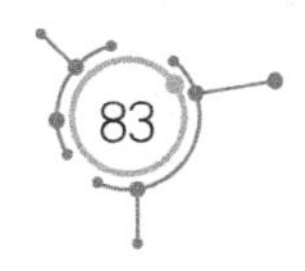

（20）单击“确定”按钮，再单击“重建刀路”按钮，生成的刀路如图 5-37 所示。

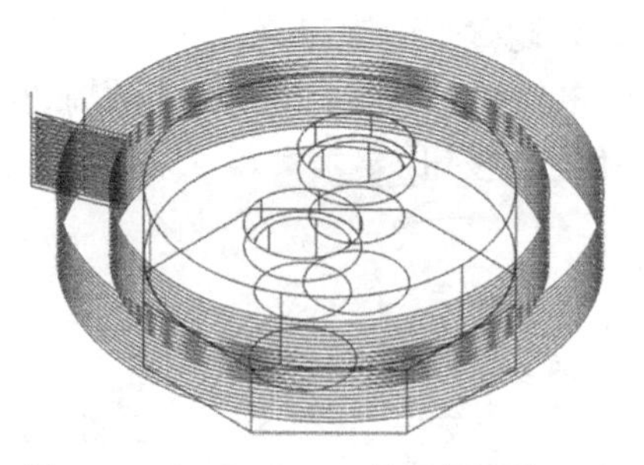

图 5-36　加工ϕ70mm 的圆周边线刀路

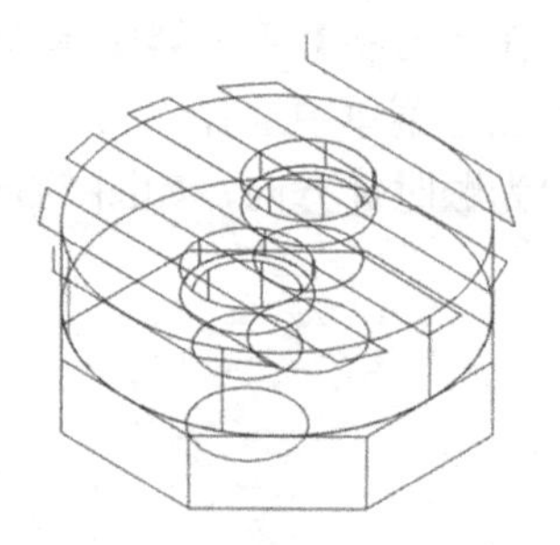

图 5-37　平面精加工刀路

（21）在“刀路”管理器中复制“2-外形铣削”刀路，并粘贴到“刀路”管理器的最后。

（22）双击“4-外形铣削”刀路的“参数”，在【2D 刀路-外形铣削】对话框中选中“刀具”选项，将“进给率”改为 600mm/min。选中“切削参数”选项，将“壁边预留量”、“底面预留量”改为 0。选中“Z 分层切削”选项，取消已钩选的“深度分层切削”复选框。选中“XY 分层切削”选项，钩选“XY 分层切削”复选框，粗切次数设为 3，间距设为 0.1mm，精修次数设为 1，间距设为 0.02mm，钩选“不提刀”复选框。

（23）单击“确定”按钮，再单击“重建刀路”按钮，生成的刀路如图 5-38 所示。

（24）在主菜单中选择“刀路 | 外形”命令，在零件图上选取ϕ22mm 圆周的边线，箭头方向为逆时针方向，如图 5-39 所示，单击“确定”按钮。

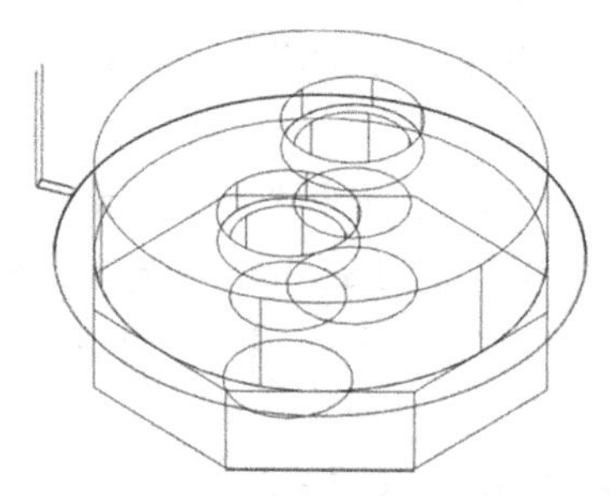

图 5-38　圆周精加工刀路

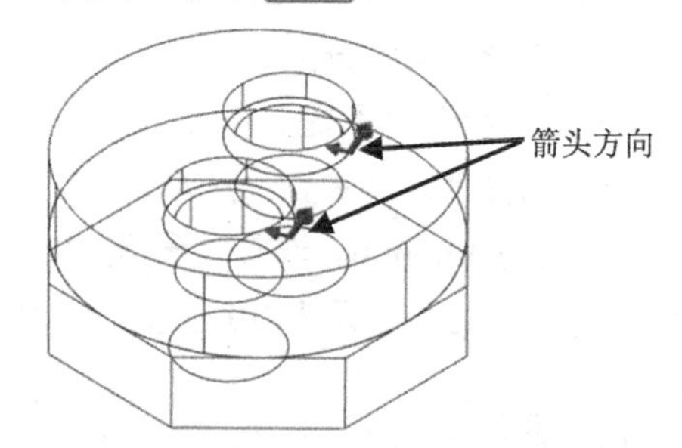

图 5-39　选取ϕ20mm 的圆周

（25）在【2D 刀路-外形铣削】对话框中选“刀具”选项，在右边的空白处单击鼠标右键，在下拉菜单中选择“创建新刀具”命令。

（26）刀具类型选“平底刀”，刀齿直径设为ϕ8mm，刀号设为 2，刀长补正设为 2，半径补正设为 2，进给速率设为 1000mm/min，下刀速率设为 600mm/min，提刀速率设为 1500 mm/min，主轴转速设为 1500r/min，其他参数选择系统默认值。

（27）选择“切削参数”选项，“补正方式”选“电脑”，“补正方向”选“左”，“壁边预留量”为 0.3mm，“底面预留量”为 0.2mm，“外形铣削方式”选“2D”。

（28）选择“Z分层切削”选项，钩选“深度分层切削”复选框，“最大粗切步进量”选0.25mm，钩选“不提刀”复选框。

（29）选择“进/退刀设置”选项，钩选“在封闭轮廓中点位置执行进/退刀”、“过切检查”复选框，重叠量为0，在“进刀”区域中选择“◉相切”，进刀长度为6mm，圆弧半径为1mm，单击⏩按钮，使退刀参数与进刀参数相同。

（30）选择“共同参数”选项，“安全高度”设为35.0mm。选择“◉绝对坐标”，“参考高度”设为35.0mm。选择“◉绝对坐标”，“下刀位置”设为35.0mm。选择“◉绝对坐标”，“工件表面”设为30mm。选择“◉绝对坐标”，“深度”设为25mm，选“◉绝对坐标”。

（31）单击“确定”按钮✔，创建的小孔沉头的刀路如图5-40所示。

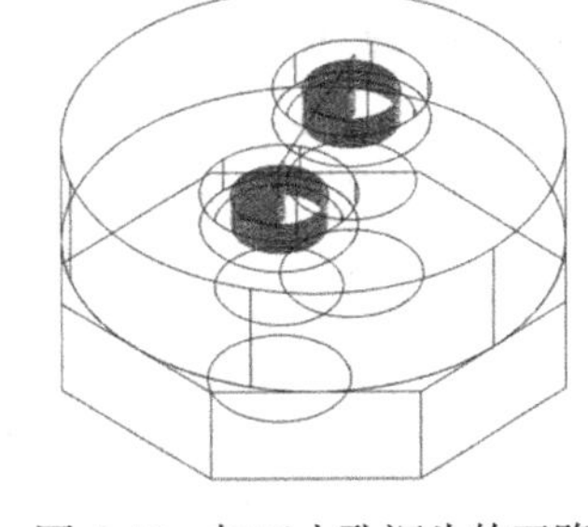

图5-40　加工小孔沉头的刀路

（32）在主菜单中选取“刀路｜外形”命令，在零件图上选取ϕ18mm圆周的边线，箭头方向为逆时针方向，如图5-41所示，单击“确定”按钮✔。

（33）在【2D刀路-外形铣削】对话框中选择“刀具”选项，选ϕ8mm平底刀。

（34）选择“切削参数”选项，对“补正方式”选择“电脑”，对“补正方向”选择“左”，“壁边预留量”设为0.3mm，对“外形铣削方式”选择“2D”。

（35）选择“Z分层切削”选项，钩选“深度分层切削”复选框，“最大粗切步进量”选0.25mm，钩选“不提刀”复选框。

（36）选择“进/退刀设置”选项，钩选“在封闭轮廓中点位置执行进/退刀”、“过切检查”复选框，重叠量为0，在“进刀”区域中选“◉相切”，进刀长度为5mm，圆弧半径为1mm，单击⏩按钮，使退刀参数与进刀参数相同。

（37）选择“共同参数”选项，“安全高度”设为35.0mm。选择“◉绝对坐标”，“参考高度”设为35.0mm。选择“◉绝对坐标”，“下刀位置”设为35.0mm。选择“◉绝对坐标”，“工件表面”为25mm。选择“◉绝对坐标”，“深度”设为14mm。选择“◉绝对坐标”。

（38）单击“确定”按钮✔，创建孔的刀路如图5-42所示。

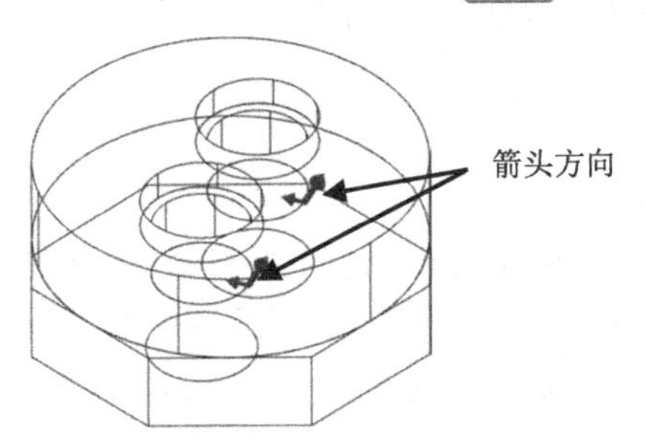

图5-41　选取ϕ18mm的圆周

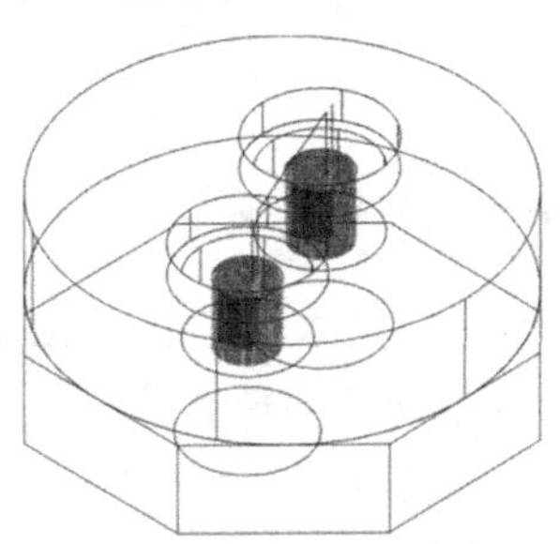

图5-42　加工ϕ18mm的刀路

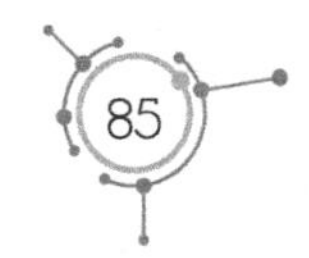

（39）在“刀路”管理器中复制“5-外形铣削”刀路，并粘贴到“刀路”管理器的最后。

（40）双击“7-外形铣削”刀路的“参数”，在【2D 刀路-外形铣削】对话框中选中“刀具”选项，将“进给率”改为 300mm/min。选中“切削参数”选项。将“壁边预留量”、“底面预留量”改为 0。选中“Z 分层切削”选项，取消已钩选的“深度分层切削”复选框，选中“XY 分层切削”选项，钩选“XY 分层切削”复选框。粗切次数设为 3，间距设为 0.1mm，精修次数设为 1，间距设为 0.01mm，钩选“不提刀”复选框。

（41）单击“确定”按钮，再单击“重建刀路”按钮，生成的刀路如图 5-43 所示。

（42）在“刀路”管理器中复制“6-外形铣削”刀路，并粘贴到“刀路”管理器的最后。

（43）双击“8-外形铣削”刀路的“参数”，在【2D 刀路-外形铣削】对话框中选中“刀具”选项，将“进给率”改为 300mm/min。选中“切削参数”选项，将“壁边预留量”改为 0。选中“Z 分层切削”选项，取消已钩选的“深度分层切削”复选框。选中“XY 分层切削”选项，钩选“XY 分层切削”复选框。粗切次数设为 3，间距设为 0.1mm，精修次数设为 1，间距设为 0.01mm，钩选“不提刀”复选框。

（44）单击“确定”按钮，再单击“重建刀路”按钮，生成的刀路如图 5-44 所示。

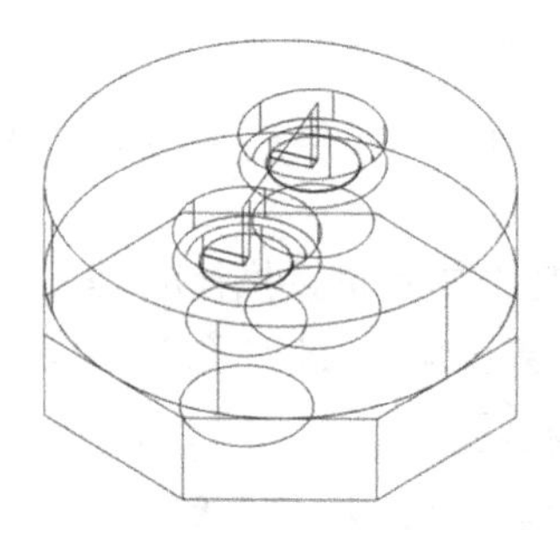

图 5-43　沉头的精加工刀路

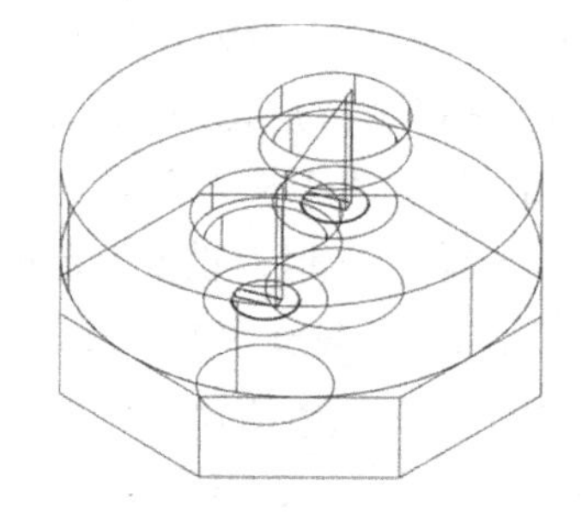

图 5-44　精加工小孔的刀路

（45）按住键盘的 Ctrl 键，在“刀路”管理器中选中第 5～8 个刀路，单击鼠标右键，选择“编辑已经选择的操作 | 更改 NC 文件名”命令，将 NC 程序名更改为 G425-5。

（46）在“刀路”管理器中选中所有刀路，进行后处理，并对 NC 程序进行修改。

（47）单击“保存”按钮，保存文档。

5. 第一次装夹

（1）零件的实体厚度是 30mm，而毛坯材料的厚度是 35mm，毛坯材料厚度比工件高 5mm。为了便于初学者统一操作步骤，在加工零件时，对正、反两面各加工 2.5mm。

（2）第一次用虎钳装夹时，工件上表面的毛坯面要超出虎钳至少 19mm，或者工件装夹的厚度不得超过 16mm。

（3）工件对刀时，采用四边分中的方法来确定工件坐标系，即工件上表面的中心为

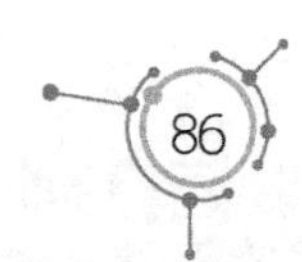

工件坐标系的原点（0，0），参考实例 1 中的图 1-66。

（4）Z 方向对刀时，可以用手工方式将工件上表面铣低 2.5mm 后，再将该表面设为 Z0。或者先把刀尖刚好接触工件的上表面，再稍微提升刀具，把刀具移至空挡处，然后降低 2.5mm，设为 Z0，参考实例 1 中的图 1-67。在数控编程时已经编好加工表面的程序，直接开启程序，即可用编制好的数控程序将工件表面铣削加工 2.5mm。

（5）工件第一次装夹的加工程序单见表 5-1。

表 5-1　第一次装夹加工程序单

序号	程序名	刀具	加工深度
1	G425-1	ϕ6mm 钻头	40mm
2	G425-1	ϕ12mm 钻头	40mm
3	G425-2	ϕ12mm 平底刀	16mm
4	G425-3	ϕ8mm 平底刀	15mm

6. 第二次装夹

（1）第二次用虎钳装夹时，工件毛坯表面要超出虎钳至少 19mm。

（2）工件下表面的中心为坐标系原点（0，0，0）。

（3）工件第二次装夹的方向如图 5-45 所示。

（4）工件第二次装夹的加工程序单见表 5-2。

表 5-2　第二次装夹加工程序单

序号	程序名	刀具	刀长
1	G425-4	ϕ12mm 平底刀	16mm
2	G425-5	ϕ8mm 平底刀	15mm

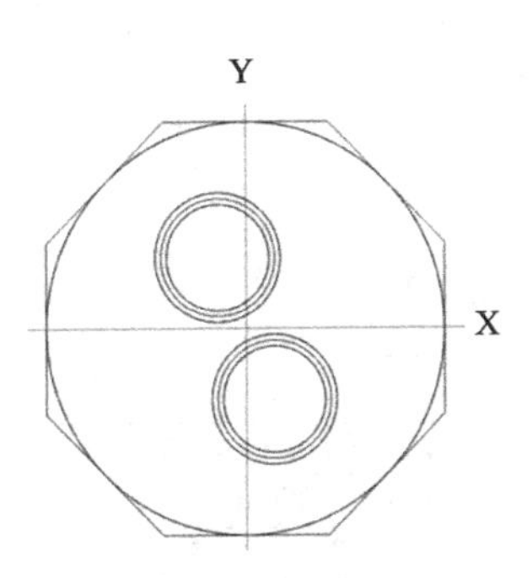

图 5-45　第二次装夹方向

第2单元　高级工考证实例

实例6　G322——半月板

G322 考核说明：

（1）本题分值 100 分。

（2）考核时间：240min。

（3）考核形式：操作。

（4）具体考核要求：根据零件图（见图 6-1～图 6-3）完成加工。

（5）否定项说明：

（a）出现危及考生或他人安全的状况将中止考试，如果原因是考生操作失误所致，考生该题成绩记零分。

（b）因考生操作失误所致，导致设备故障且当场无法排除将中止考试，考生该题成绩记零分。

（c）因刀具、工具损坏而无法继续应中止考试。

G322 评分标准：

序号	项目	配分	评分标准 （各项配分扣完为止）	检测结果	扣分	得分
1	现场操作规范	2	不正确使用机床，酌情扣分			
2		2	不正确使用机床，酌情扣分			
3		2	不正确使用机床，酌情扣分			
4		4	不正确进行设备维护保养，酌情扣分			
5	件二 80mm×80mm 正方形	8	每超差 0.02mm，扣 2 分			
6	70mm×70mm 正方形	8	每超差 0.02mm，扣 2 分			
7	4×R5mm	4	圆角半径每个超差扣 1 分，连接不光滑扣 1 分			
8	6±0.05mm	4	每超差 0.02mm，扣 2 分			
9	R6、R3、R29.5 及直线组成的凹腔	8	每超差 0.02mm，扣 2 分			
10	14±0.05mm	4	每超差 0.02mm，扣 2 分			
11	件一 80mm×80mm 正方形	8	每超差 0.02mm，扣 2 分			
12	R29.5 $^{-0.03}_{-0.06}$ mm	6	每超差 0.02mm，扣 2 分			
13	2×R6mm	4	每超差 0.02mm，扣 2 分			
14	8±0.05mm	4	每超差 0.02mm，扣 2 分			
15	配合技术要求一	12	无法全部嵌入或嵌入不能转动到位，全扣			
16	配合技术要求二	8	装配后高度 38±0.08mm，每超差 0.02mm 扣分			
17	平行度	6	每超差 0.02mm，扣 2 分			
18	表面粗糙度	6	加工部位 30%不达要求扣 1 分，50%不达要求扣 2 分，75%不达要求扣 4 分，超过 75 不达要求全扣			
19	考核时间		在 240 分钟内完成，不得超时			
合并		100				

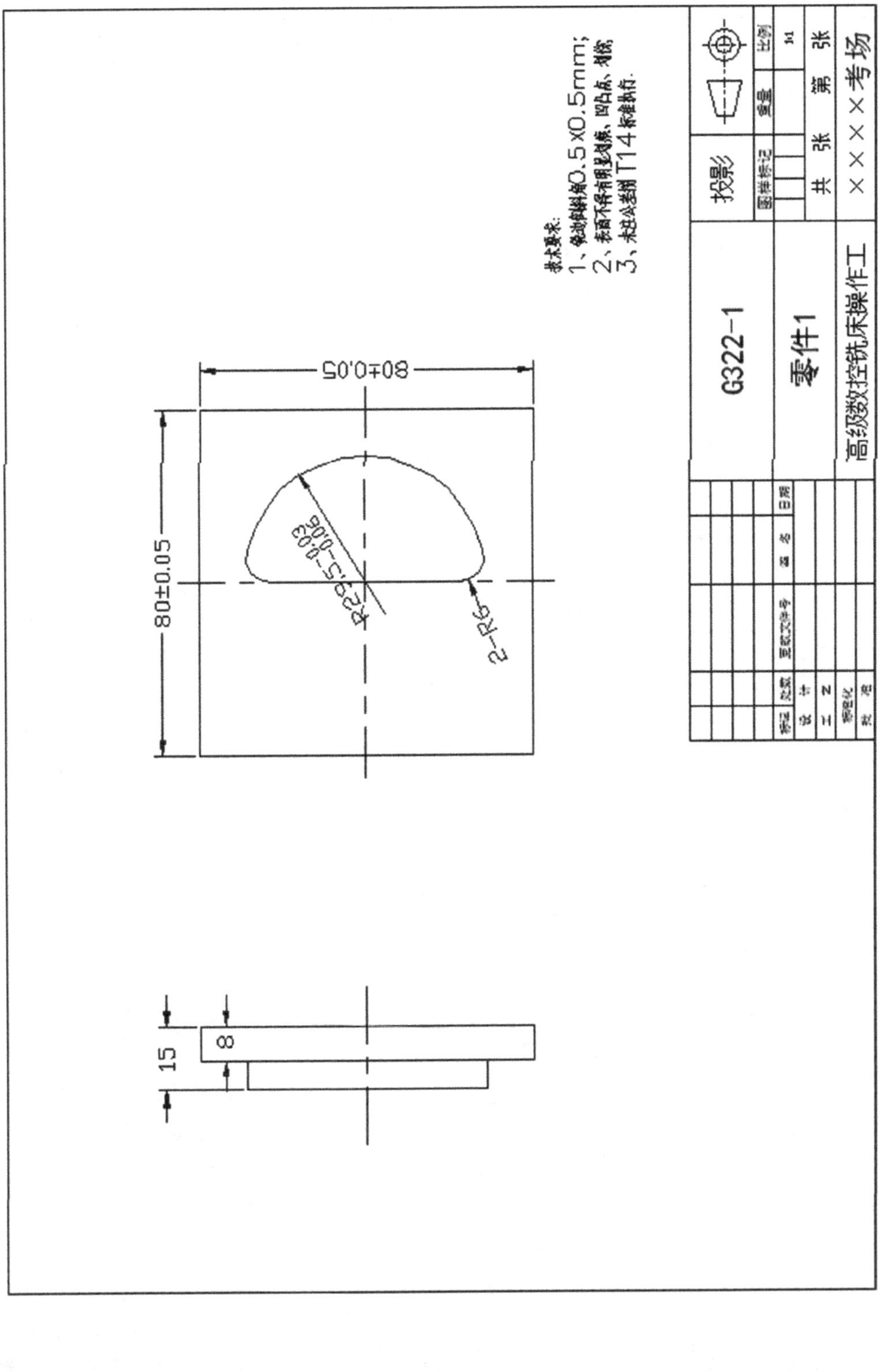

技术要求:
1、锐边倒钝角0.5x0.5mm;
2、表面不得有明显划痕、凹凸点、裂纹;
3、未注公差按 T14 标准执行.

80±0.05
80±0.05
R22.5−0.03/−0.06
2-R6
15
8

G322-1	投影	重量	比例
零件1	图样标记		1:1
	共　张	第　张	
高级数控铣床操作工	×××考场		

图 6-1　G322-1 零件图

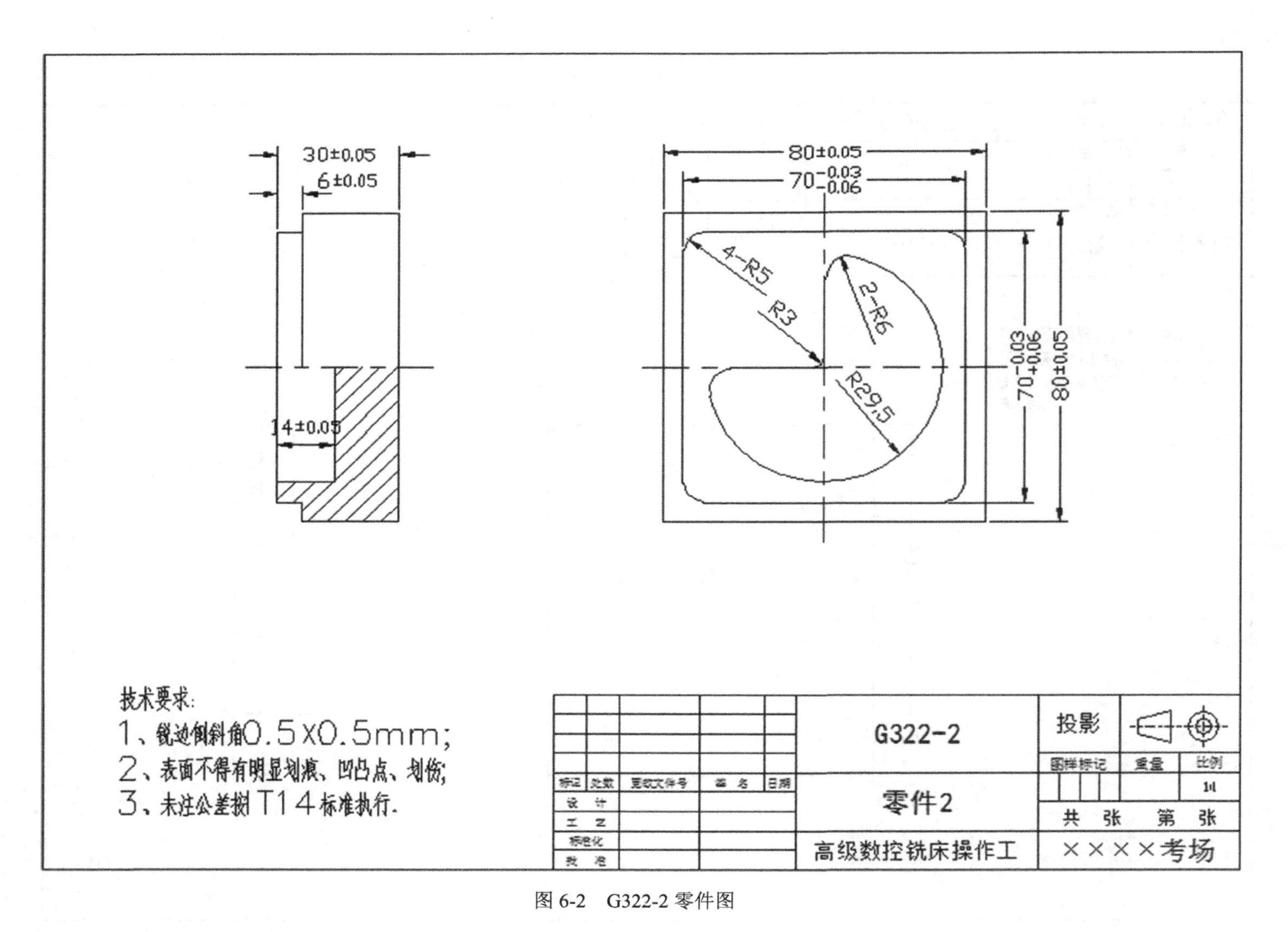

图 6-2 G322-2 零件图

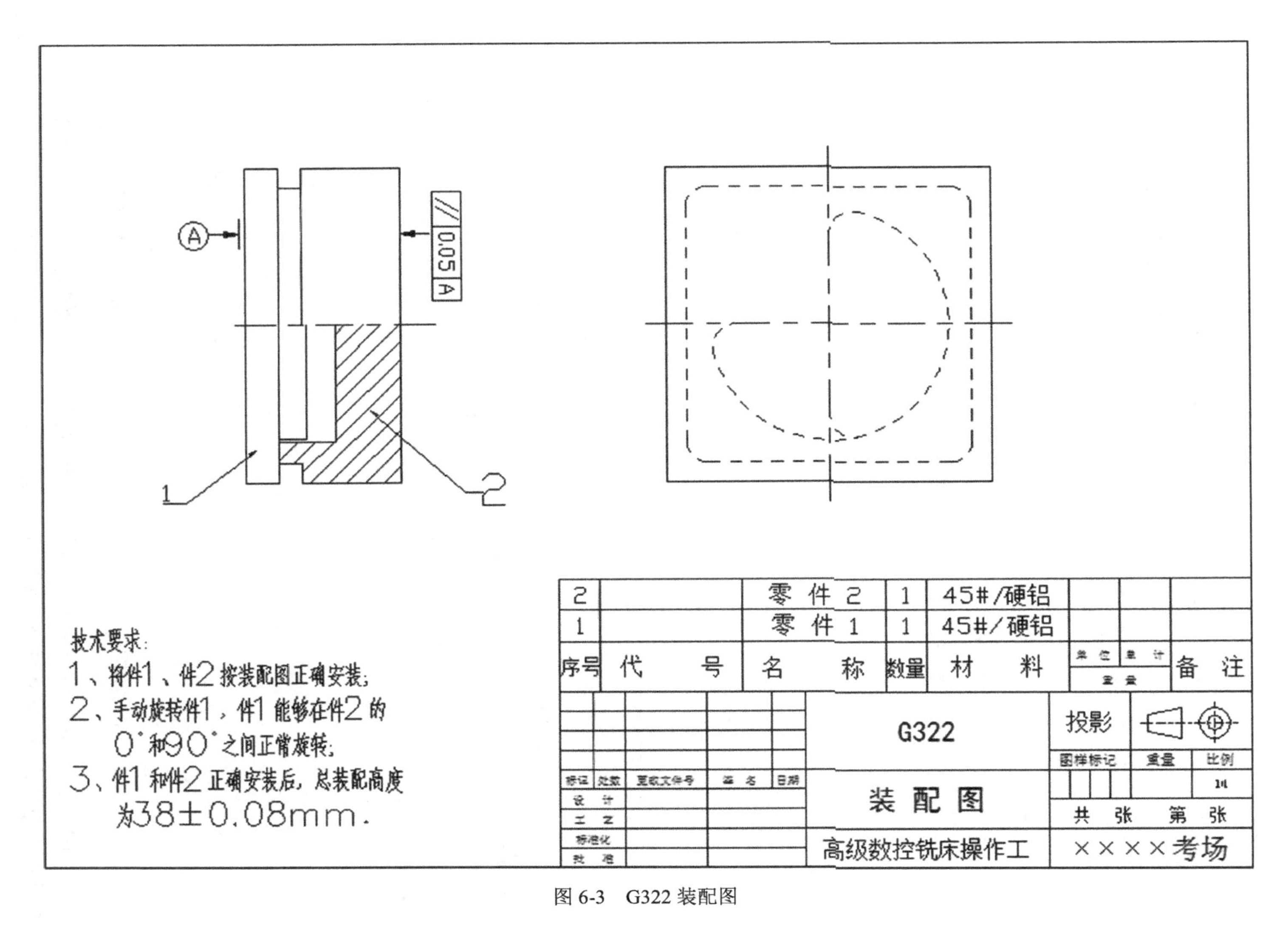
A
0.05
A
1
2
技术要求:
1、将件1、件2按装配图正确安装;
2、手动旋转件1，件1能够在件2的0°和90°之间正常旋转;
3、件1和件2正确安装后，总装配高度为38±0.08mm.
2 零件2 1 45#/硬铝
1 零件1 1 45#/硬铝
序号 代号 名称 数量 材料 备注
G322
投影
装配图
共 张 第 张
高级数控铣床操作工
××××考场

图 6-3　G322 装配图

1. G322-1零件的建模过程

（1）在工作区下方的工具条中对“绘图模式”选择“3D”。

（2）在主菜单中选取“绘图 | 矩形”命令，在坐标输入框中输入矩形中心点的坐标（0，0，0），在辅助工具条中输入矩形的长 80mm、宽 80mm，单击“设置基准点为中心”按钮，单击“确定”按钮，创建一个矩形。

（3）单击键盘功能键 F9，显示坐标系，如图 6-4 所示。

（4）在主菜单中选择“实体 | 拉伸”命令，在绘图区中选取矩形，单击【串连选项】对话框中的“确定”按钮。

（5）在【实体拉伸】对话框中选中“◉创建主体”，距离为 8mm，拉伸箭头方向朝上。

（6）单击“确定”按钮，创建方体，如图 6-5 所示。

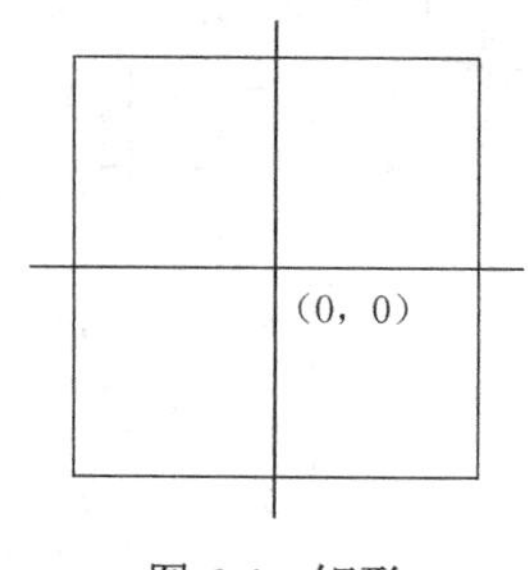

图 6-4　矩形

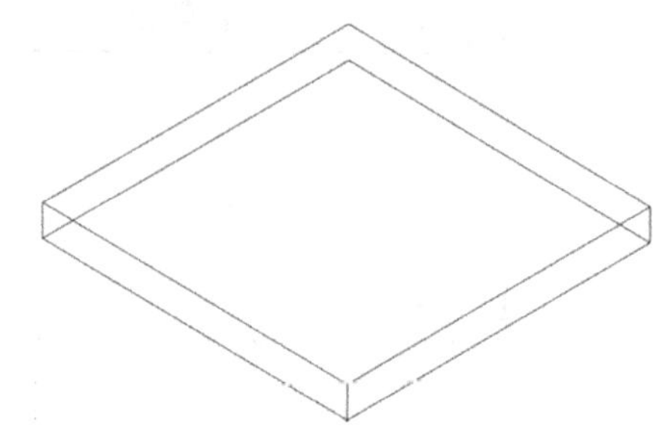

图 6-5　创建长方体

（7）在主菜单中选择“绘图 | 圆弧 | 已知圆心点画圆”命令，在坐标输入框中输入圆心坐标（0，0，8），按 Enter 键，圆弧半径为 R29.5mm。

（8）单击“确定”按钮，绘制一个圆，如图 6-6 所示。

（9）在主菜单中选择“绘图 | 绘线 | 任意线”命令，通过实体边线的中点，绘制一条直线，如图 6-7 所示。

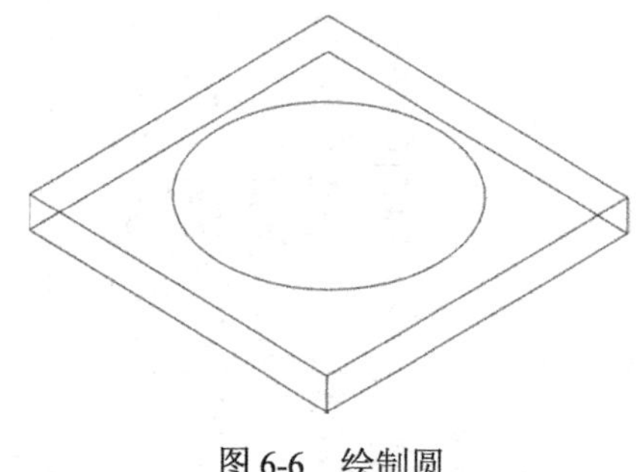

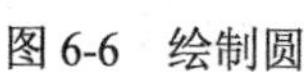

图 6-6　绘制圆

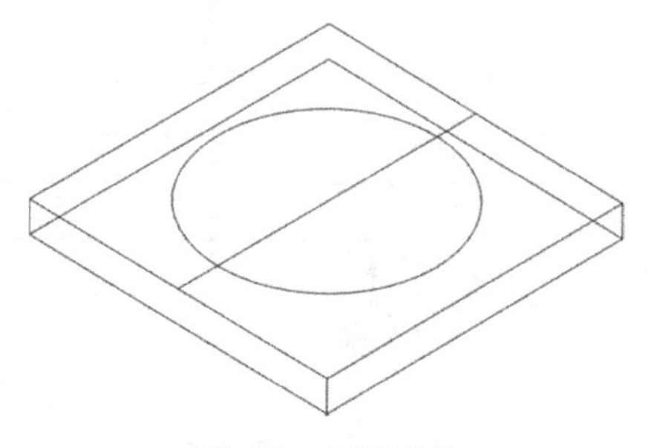

图 6-7　绘制直线

（10）在主菜单中选取“绘图 | 倒圆角 | 倒圆角”命令，在数据框中输入半径 R6mm，完成圆弧与直线的倒圆角特征，如图 6-8 所示。

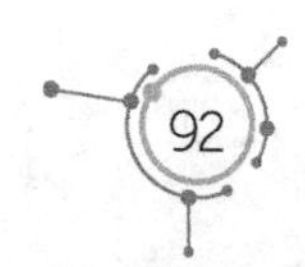

（11）在主菜单中选择“实体｜拉伸”命令，在绘图区中选取刚才创建的圆形，单击【串连选项】对话框中的“确定”按钮。

（12）在【实体拉伸】对话框中选中“◉增加凸台”，距离为 7mm，箭头朝上。

（13）单击“确定”按钮，创建凸台，如图 6-9 所示。

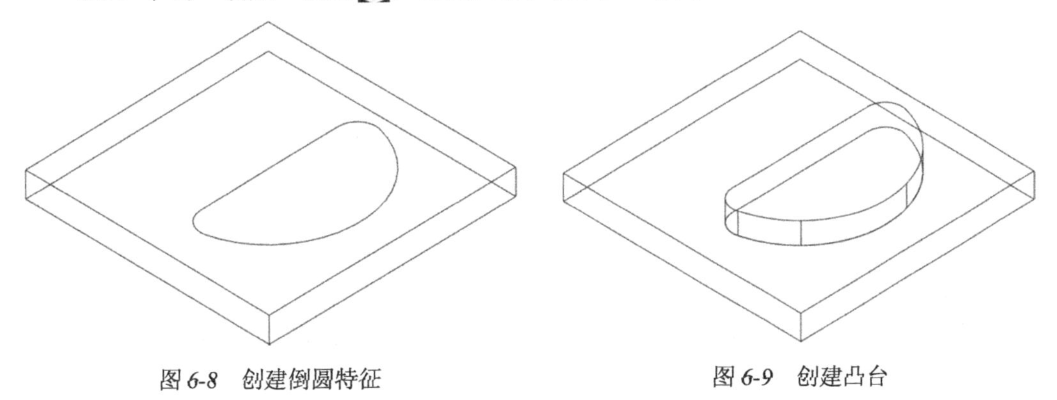

图 6-8　创建倒圆特征　　　　图 6-9　创建凸台

（14）单击“保存”按钮，文件名为 G322-1.mcx-9。

2. G322-1 零件的工艺分析

（1）零件的尺寸是 80mm×80mm×15mm，而毛坯材料是铝块（85mm×85mm×20mm），建议零件加工时，毛坯正、反两面的平面各加工 2.5mm，以保持统一，便于初学者学习。

（2）根据零件形状，应先加工零件反面的平面及 80mm×80mm 外形，再加工零件正面。

（3）根据零件的形状，建议在加工零件时，用ϕ12mm 的平底刀。

（4）因为加工零件的材质是铝，在加工过程中刀具的磨损较小，所以可以在粗加工后不用换刀，直接精加工。

（5）第一次装夹时，以工件的上表面对刀，第二次装夹时，以工件的下表面对刀。

3. G322-1 零件的第一次编程

（1）单击“前视图”按钮，将零件切换到前视图。

（2）在主菜单中选择“转换｜旋转”命令，用框选方式选中所有图素，按 Enter 键，在【旋转】对话框中选“◉复制”，旋转角度为 180°，如图 6-10 所示。

（3）单击“确定”按钮，所有图素旋转 180°，如图 6-11 所示。

（4）在工作区下方工具条中的“层别”两字上单击鼠标右键，在工作区上方的工具条中单击“全部”按钮，如图 6-12 所示。

（5）在【选择所有－单一选择】对话框中选“转换结果”选项，如图 6-13 所示。

（6）按 Enter 键，在【更改层别】对话框中选“◉移动”，取消已钩选的“使用主层别”复选框，编号为 2，如图 6-14 所示。

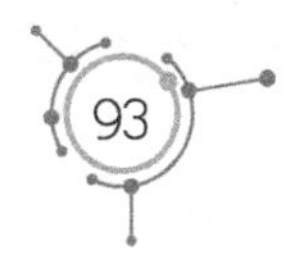

图 6-10 【旋转】对话框

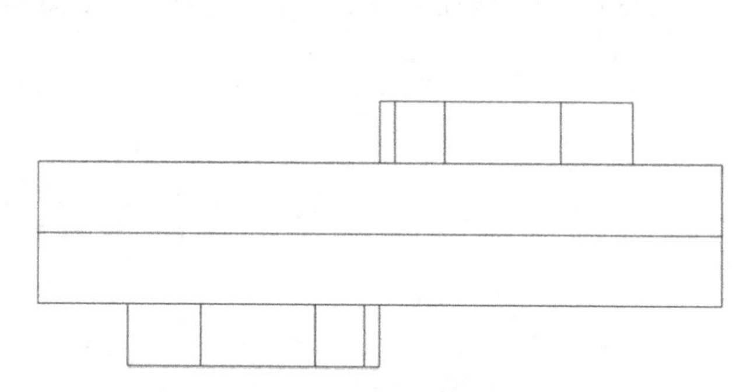

图 6-11 所有图素旋转 180°

图 6-12 选取“全部”按钮

图 6-13 【选择所有-单一选择】对话框

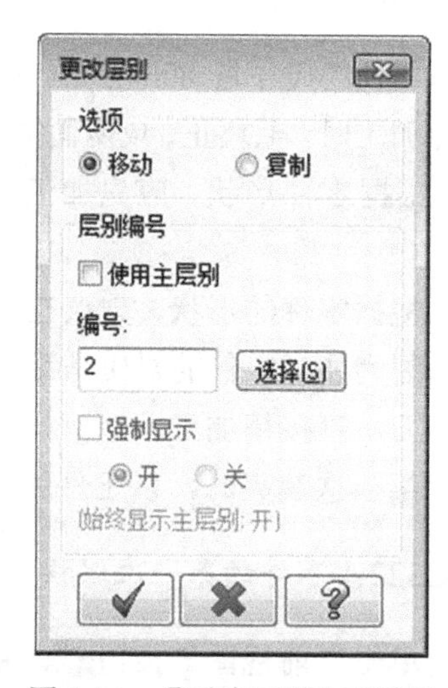

图 6-14 【更改层别】对话框

（7）单击“确定”按钮，所有的结果移至图层 2。

（8）在工作区下方的工具条中单击“层别”两字，在【层别管理】对话框中将第 2 层设为主图层，关闭第 1 层的“×”，只显示第 2 层的图素。

（9）在主菜单中选择“机床类型丨铣床丨默认”命令，进入加工模式。

（10）在“刀路”管理器中展开“+属性”，再单击“毛坯设置”命令。

（11）在【机床群组属性】在对话框“毛坯设置”选项卡中，对“毛坯平面”选择“俯视图”，“形状”选择“◉立方体”，钩选“显示”、“适度化”复选框。选择“◉线框”，

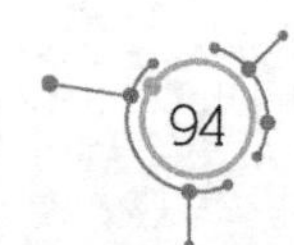

“毛坯原点”设为（0，0，2.5），毛坯的长、宽、高分别为 85mm、85mm、20mm。

（12）在主菜单中选择“刀路 | 平面铣”命令，输入 NC 名称为 G322-1-1。

（13）单击“确定”按钮，再单击“确定”按钮，在【2D 刀路-平面铣削】对话框中选“刀具”选项，在右边的空白处单击鼠标右键，在下拉菜单中选“创建新刀具”命令。

（14）刀具类型选“平底刀”，刀齿直径为ϕ12mm，刀号为 1，刀长补正为 1，半径补正为 1，进给速率为 1000mm/min，下刀速率为 600mm/min，提刀速率为 1500mm/min，主轴转速为 1500r/min，其他参数选择系统默认值。

（15）在【2D 刀路-平面铣削】对话框中选择“切削参数”选项，对“类型”选择“双向”，对“截断方向超出量”选择 50%，“引导方向超出量”选择 50%，“进刀引线长度”设为 100%，“退刀引线长度”设为 0，“最大步进量”设为 80%，底面预留量为 0.2mm。

（16）选择“Z 分层切削”选项，钩选“深度分层切削”复选框，“最大粗切步进量”设为 1.0mm。

（17）选择“共同参数”选项，“安全高度”设为 10.0mm。选择“◉绝对坐标”，“参考高度”设为 10.0mm。选择“◉绝对坐标”，“下刀位置”设为 10.0mm。选择“◉绝对坐标”，“工件表面”设为 2.5mm。选择“◉绝对坐标”，“深度”设为 0，选择“◉绝对坐标”。

（18）单击“确定”按钮，生成的平面铣刀路如图 6-15 所示。

（19）在【刀路】管理器中单击“切换”按钮，隐藏平面铣刀路。

（20）在主菜单中选择“刀路 | 外形”命令，在零件图上选取 80mm×80mm 的矩形边线，箭头方向为顺时针方向，如图 6-16 所示，单击“确定”按钮。

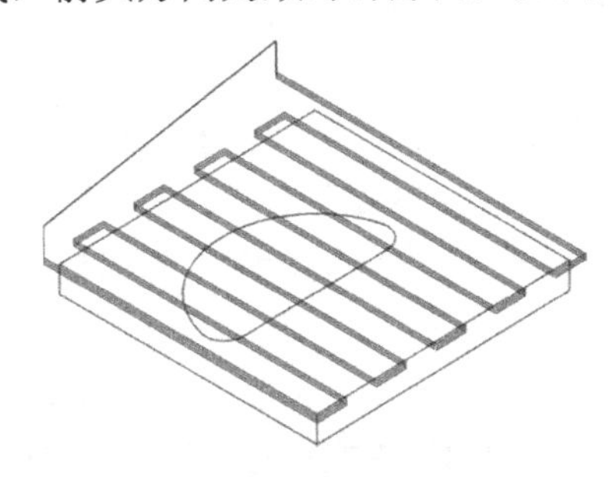

图 6-15　平面铣粗加工刀路

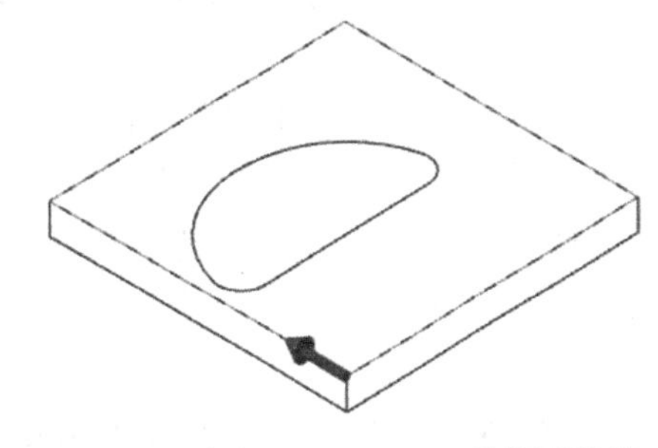

图 6-16　选取 80mm×80mm 的矩形边线

（21）在【2D 刀路-外形铣削】对话框中选择“刀具”选项，选择ϕ12mm 平底刀。

（22）选择“切削参数”选项，对“补正方式”选择“电脑”，对“补正方向”选择“左”，“壁边预留量”为 0.3mm，对“外形铣削方式”选择“2D”。

（23）选择“Z 分层切削”选项，钩选“深度分层切削”复选框，对“最大粗切步进量”选择 1.0mm，钩选“不提刀”复选框。

（24）选择“进/退刀设置”选项，钩选“在封闭轮廓中点位置执行进/退刀”、“过切检查”复选框，重叠量设为 0。在“进刀”区域中选“◉相切”，进刀长度为 8mm，圆

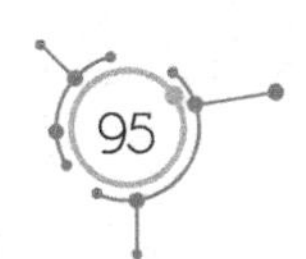

弧半径为 1mm，单击⏩按钮，使退刀参数与进刀参数相同。

（25）选择“共同参数”选项，“安全高度”设为 5.0mm。选择“◉绝对坐标”，“参考高度”设为 5.0mm。选择“◉绝对坐标”，“下刀位置”设为 5.0mm。选择“◉绝对坐标”，“工件表面”为 0mm，选择“◉绝对坐标”，“深度”设为-10mm。选择“◉绝对坐标”。

（26）单击“确定”按钮✔，生成的外形铣刀路如图 6-17 所示。

（27）在“刀路”管理器中复制“1-平面铣”刀路，并粘贴到“刀路”管理器的最后。

（28）双击“3-平面铣”刀路的“参数”，在【2D 刀路-平面铣削】对话框中选中“刀具”选项，将“进给率”改为 600mm/min。选中“切削参数”选项，将“底面预留量”改为 0。选中“Z 分层切削”选项，取消已钩选的“深度分层切削”复选框。

（29）单击“确定”按钮✔，再单击“重建刀路”按钮，生成的刀路如图 6-18 所示。

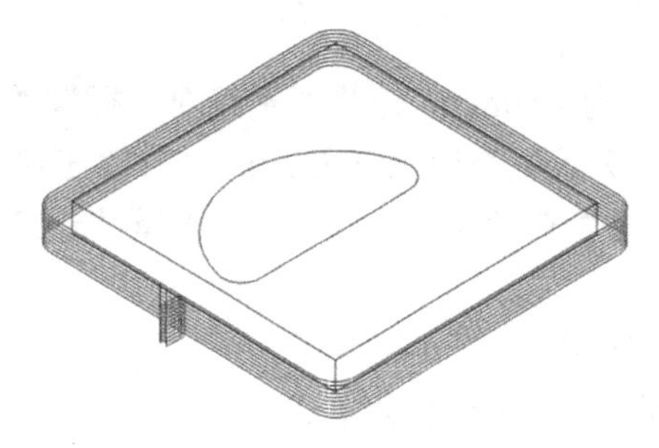

图 6-17　加工 80mm×80mm 矩形边线

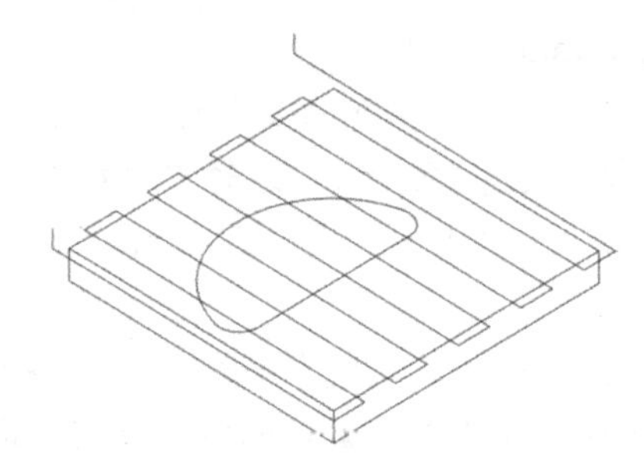

图 6-18　精加工平面刀路

（30）在“刀路”管理器中复制“2-外形铣削”刀路，并粘贴到“刀路”管理器的最后。

（31）双击“4-外形铣削”刀路的“参数”，在【2D 刀路-外形铣削】对话框中选中“刀具”选项，将“进给率”改为 500mm/min。选中“切削参数”选项，将“壁边预留量”改为 0。选中“Z 分层切削”选项，取消已钩选的“深度分层切削”复选框。选择“进/退刀设置”选项，取消已钩选的“在封闭轮廓中点位置执行进/退刀”、“过切检查”、“进刀”、“退刀”复选框，钩选“调整轮廓起始（结束）位置”，“长度”设为 80%。选中“XY 分层切削”选项，钩选“XY 分层切削”复选框，粗切次数为 3，间距为 0.1mm，精修次数为 1，间距为 0.02mm，钩选“不提刀”复选框。

（32）单击“确定”按钮✔，再单击“重建刀路”按钮，生成的刀路如图 6-19 所示。

4. G322-1 零件的第二次编程

（1）设定第 1 层为主图层，并关闭第 2 层。

（2）在主菜单中选择“刀路 | 平面铣”命令，单击“确定”按钮✔，在【2D 刀路-平面铣削】对话框中选择“刀具”选项，选择直径为ϕ12mm 的平底刀。

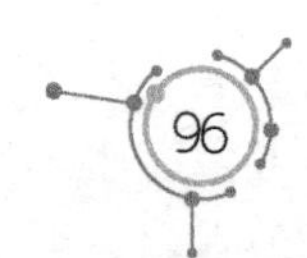

（3）在【2D 刀路-平面铣削】对话框中选择“切削参数”选项，对“类型”选择“双向”，对“截断方向超出量”选择 50%，对“引导方向超出量”选择 50%，“进刀引线长度”为 100%，“退刀引线长度”为 0，“最大步进量”为 80%，底面预留量为 0.2mm。

（4）选择“Z 分层切削”选项，钩选“深度分层切削”复选框，“最大粗切步进量”设为 1.0mm。

（5）选择“共同参数”选项，“安全高度”为 20.0mm。选择“◉绝对坐标”，“参考高度”设为 20.0mm。选择“◉绝对坐标”，“下刀位置”设为 20.0mm。选择“◉绝对坐标”，“工件表面”设为 17.5mm。选择“◉绝对坐标”，“深度”设为 15.0mm，选择“◉绝对坐标”。

（6）单击“确定”按钮，生成的平面铣粗加工刀路如图 6-20 所示。

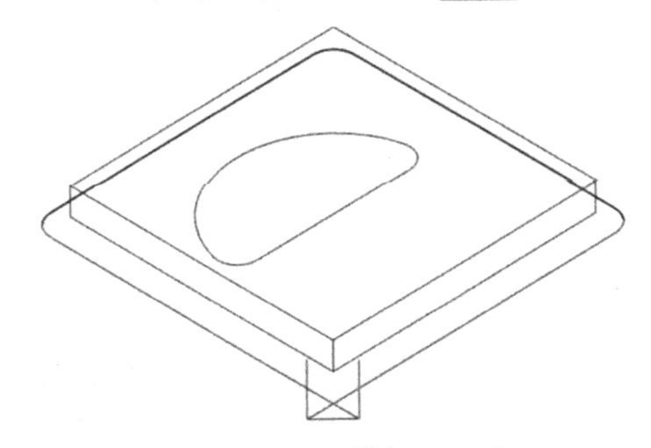

图 6-19　外形精加工刀路

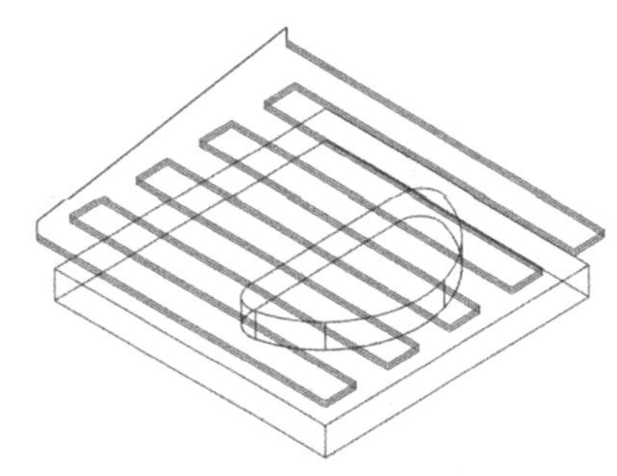

图 6-20　平面铣粗加工刀路

（7）在“刀路”管理器中选中“5-平面铣”，单击鼠标右键，选择“编辑已经选择的操作｜更改 NC 文件名”命令，将 NC 文件名更改为 G322-1-2，如图 6-21 所示。

（8）在主菜单中选择“刀路｜2D 挖槽”，选取两个封闭的曲线，如图 6-22 所示。

（9）单击“确定”按钮，在【2D 刀路-2D 挖槽】对话框中选中“刀具”选项，选择ϕ12mm 平底刀。

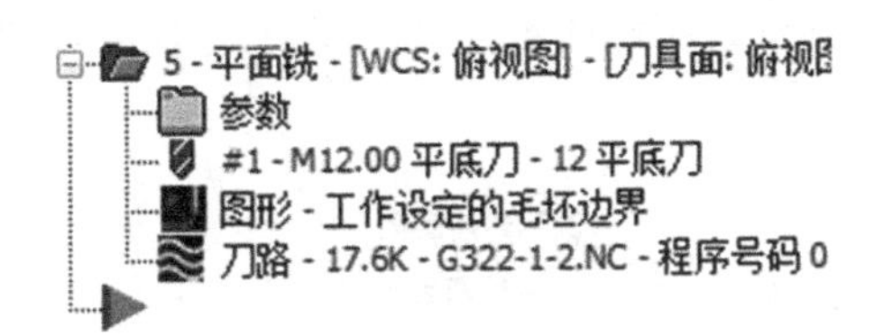

图 6-21　NC 程序名更改为 G322-1-2

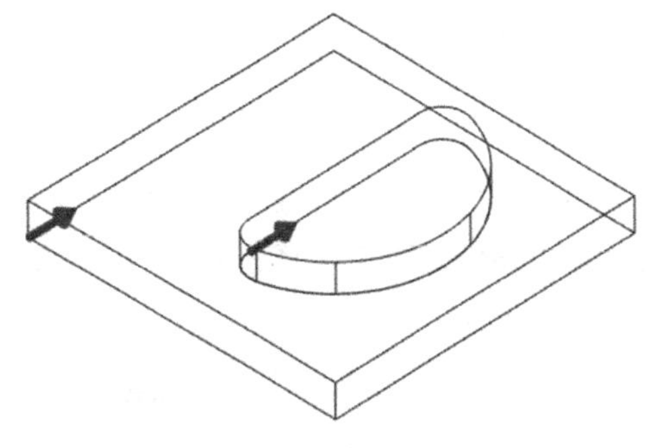

图 6-22　选两个封闭曲线

（10）选择“切削参数”选项，“加工方向”选择“◉顺铣”，对“挖槽加工方式”选择“平面铣”，“重叠量”设为 80%，“进刀引线长度”设为 10mm，“壁边预留量”设为 0.3mm，“底面预留量”设为 0.2mm，如图 6-23 所示。

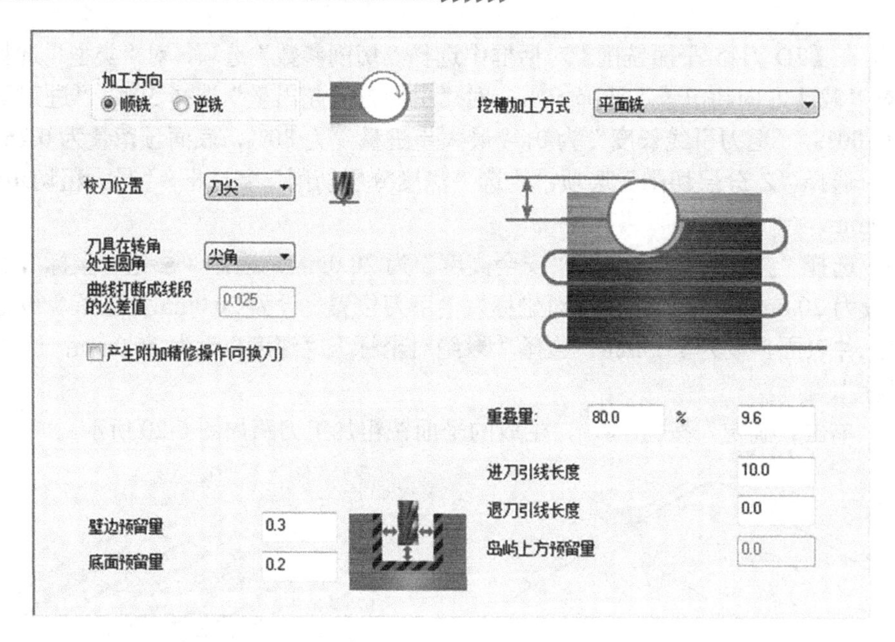

图 6-23　设置切削参数

（11）选择“粗切”选项，钩选“粗切”复选框，切削方式选“双向”，“切削间距”为 80%，粗切角度为 0°，如图 6-24 所示。

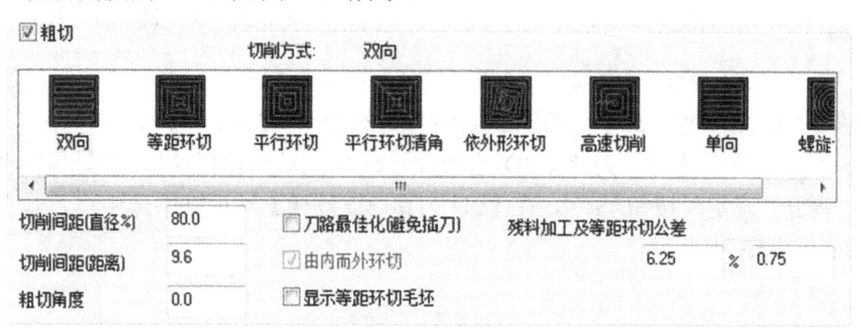

图 6-24　设定切削方式

（12）选择“精修”选项，钩选“精修”复选框，精修次数为 1，间距为 1mm，取消钩选“精修外边界”复选框，如图 6-25 所示。

精修
次　间距　精修次数　刀具补正方式
1　1.0　0　电脑
改写进给速率
进给速率　1000.0
主轴转速　1500
精修外边界
由最接近的图形开始精修
不提刀
使控制器补正最佳化
只在最后深度才执行一次精修
完成所有槽粗切后，才执行分层精修

图 6-25　设定精修参数

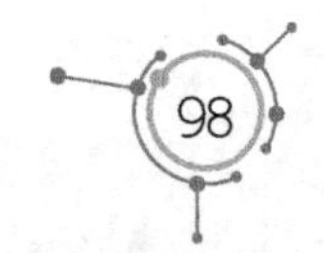

（13）选择“进/退刀设置”选项，在“进刀”区域中选“◉相切”，进刀长度为 3mm，圆弧半径为 1mm，单击 ▸▸ 按钮，使退刀参数与进刀参数相同，如图 6-26 所示。

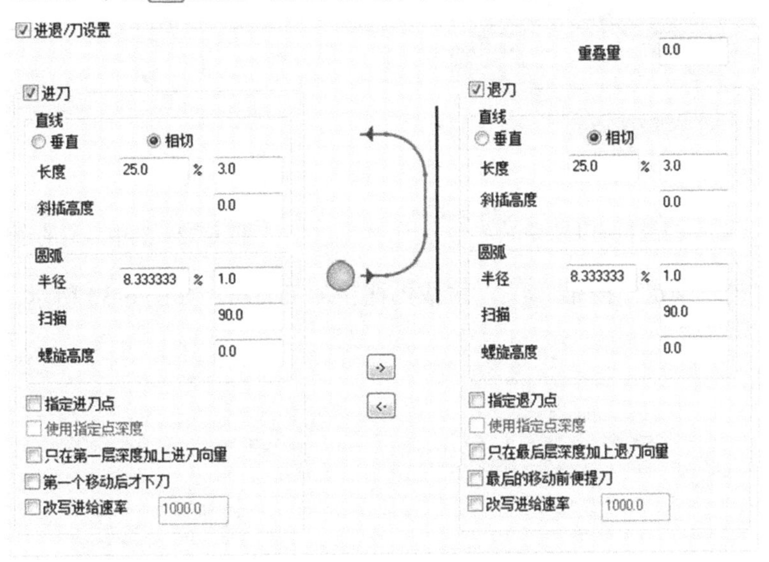

图 6-26　设定“进/退刀设置”参数

（14）选择“Z 分层切削”选项，钩选“深度分层切削”复选框，最大粗切步进量为 1mm，取消已钩选的“不提刀”复选框。

（15）选择“共同参数”选项，“安全高度”设为 20.0mm。选择“◉绝对坐标”，“参考高度”为 20.0mm。选择“◉绝对坐标”，“下刀位置”为 20.0mm。选择“◉绝对坐标”，“工件表面”为 15.0mm，选“◉绝对坐标”，“深度”为 8mm。选择“◉绝对坐标”。

（16）单击“确定”按钮 ✔，生成的挖槽刀路如图 6-27 所示。

（17）在“刀路”管理器中复制“5-平面铣”，并粘贴到刀路管理器的最后。

（18）在“刀路”管理器中单击“7-平面铣”刀路的“图形”，在【串连管理】对话框中单击鼠标右键，选择“增加串连”命令，选中岛屿的边线，如图 6-28 所示。

（19）单击“7-平面铣”刀路的“参数”，在【2D 刀路-平面铣削】对话框中选中“刀具”选项，将“进给速率”改为 500mm/min。选中“切削参数”选项，将“底面预留量”改为 0，将“引导方向超出量”改为 80%。选中“Z 分层切削”选项，取消已钩选的“深度分层切削”。

（20）单击“确定”按钮 ✔，生成的平面铣精加工刀路如图 6-29 所示。

（21）在“刀路”管理器中复制“6-2D 挖槽”，并粘贴到刀路管理器的最后。

（22）在“刀路”管理器中单击“8-2D 挖槽”刀路的“参数”，在【2D 刀路-2D 挖槽】对话框中选中“刀具”选项，将“进给速率”改为 500mm/min。选中“切削参数”选项，将“底面预留量”改为 0、“壁边预留量”改为 0.3mm，将“引导方向超出量”改为 80%。选中“精修”选项，取消已钩选的“精修”复选框。选中“Z 分层切削”选项，取消已钩选的“深度分层切削”复选框。

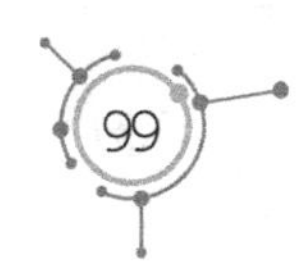

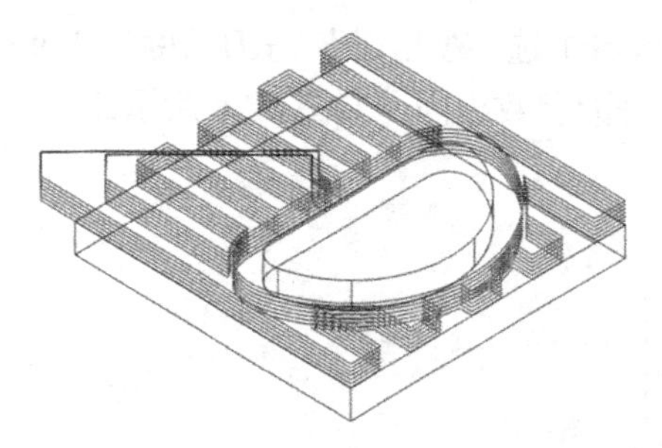

图 6-27　挖槽粗加工刀路

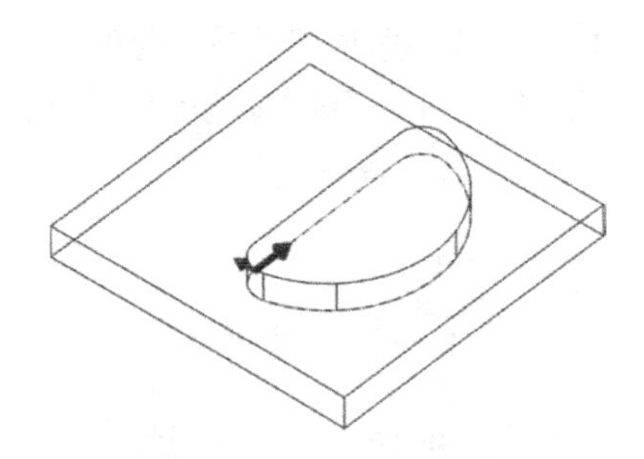

图 6-28　选中岛屿的边线

（23）单击“确定”按钮![]，生成挖槽精加工刀路，如图 6-30 所示。

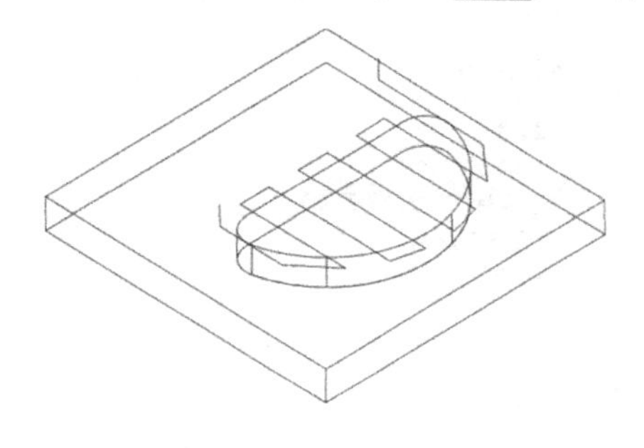

图 6-29　平面铣精加工刀路

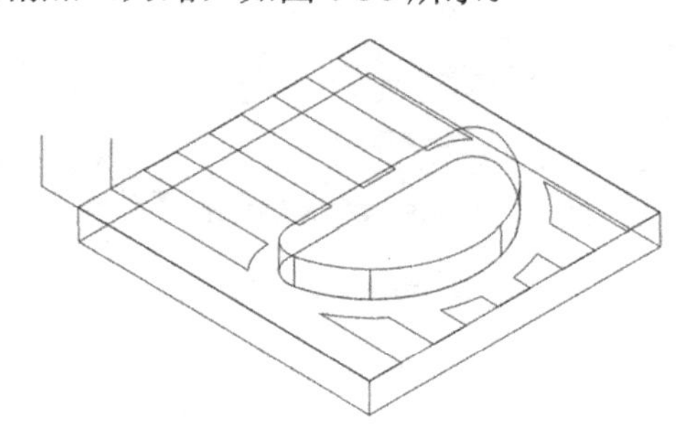

图 6-30　挖槽精加工刀路

（24）在主菜单中选择“刀路 | 外形”命令，在零件图上选取岛屿的边线，箭头方向为顺时针方向，如图 6-28 所示，单击“确定”按钮![]。

（25）在【2D 刀路-外形铣削】对话框中选择“刀具”选项，选择ϕ12mm 平底刀，进给速率设为 500mm/min。

（26）选择“切削参数”选项，“壁边预留量”为 0，“底面预留量”为 0。

（27）选择“Z 分层切削”选项，取消已钩选的“深度分层切削”复选框。

（28）选择“进/退刀设置”选项，在“进刀”区域中选择“◉相切”，进刀长度为 5mm，圆弧半径为 1mm，单击![]按钮，使退刀参数与进刀参数相同。

（29）选择“XY 分层切削”选项，钩选“XY 分层切削”复选框，粗切次数为 3，间距为 0.1mm，精修次数为 1，间距为 0.01mm，钩选“不提刀”复选框。

（30）选择“共同参数”选项，“安全高度”设为 20.0mm。选择“◉绝对坐标”，“参考高度”为 20.0mm。选择“◉绝对坐标”，“下刀位置”设为 20.0mm。选择“◉绝对坐标”，“工件表面”为 17.5mm。选择“◉绝对坐标”，“深度”为 8mm。选择“◉绝对坐标”。

（31）单击“确定”按钮![]，生成的外形铣刀路如图 6-31 所示。

5. G322-2 零件的建模过程

（1）在主菜单中选择“绘图 | 矩形”命令，在坐标输入框中输入矩形中心点的坐标

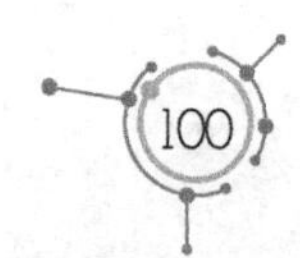

（0，0，0），在辅助工具条中输入矩形的长 80mm、宽 80mm，单击“设置基准点为中心”按钮，如图 6-3 所示，单击“确定”按钮，创建一个矩形。

（2）单击键盘功能键 F9，显示坐标系，如图 6-4 所示。

（3）在主菜单中选择“实体｜拉伸”命令，在绘图区中选取矩形，单击【串连选项】对话框中的“确定”按钮。

（4）在【实体拉伸】对话框中选中“◉创建主体”，距离设为 24mm，拉伸箭头方向朝上。

（5）单击“确定”按钮，创建方体，如图 6-5 所示。

（6）在主菜单中选择“绘图｜矩形”命令，在坐标输入框中输入矩形中心点的坐标（0，0，24），在辅助工具条中输入矩形的长 70mm、宽 70mm，单击“设置基准点为中心”按钮，单击“确定”按钮，创建一个矩形，如图 6-32 所示。

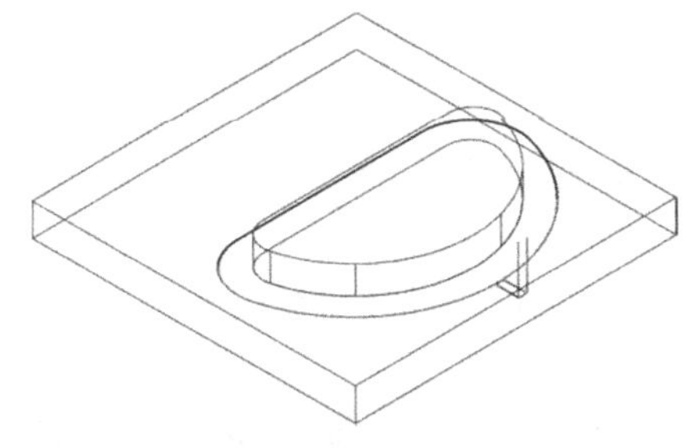

图 6-31　精加工岛屿外形刀路

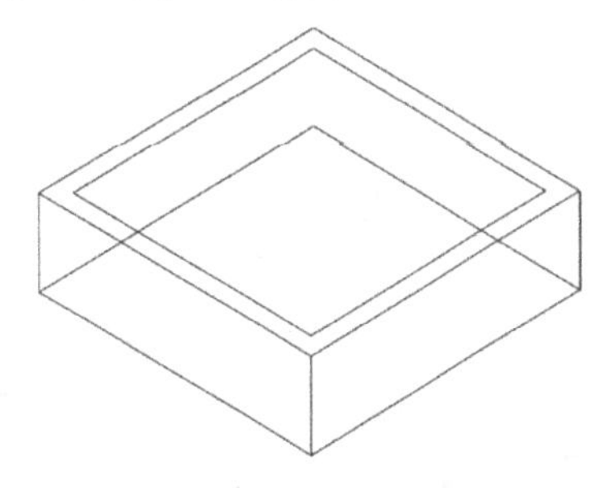

图 6-32　创建 70mm×70mm 矩形

（7）在主菜单中选择“绘图｜倒圆角｜串连倒圆角”命令，在数据输入框中输入 R5mm，选取 70mm×70mm 矩形边框。

（8）在【串连选项】对话框中单击“确定”按钮，创建串连倒圆角特征，如图 6-33 所示。

（9）在主菜单中选择“实体｜拉伸”命令，在绘图区中选取矩形，单击【串连选项】对话框中的“确定”按钮。

（10）在【实体拉伸】对话框中选中“增加凸台”，距离设为 6mm，拉伸箭头方向朝上。

（11）单击“确定”按钮，创建凸台，如图 6-34 所示。

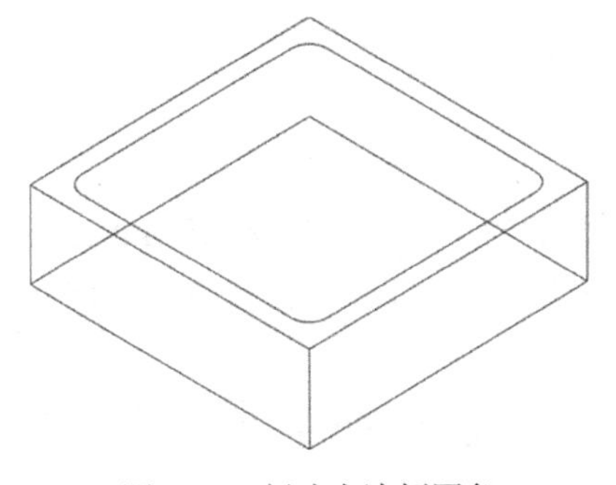

图 6-33　创建串连倒圆角

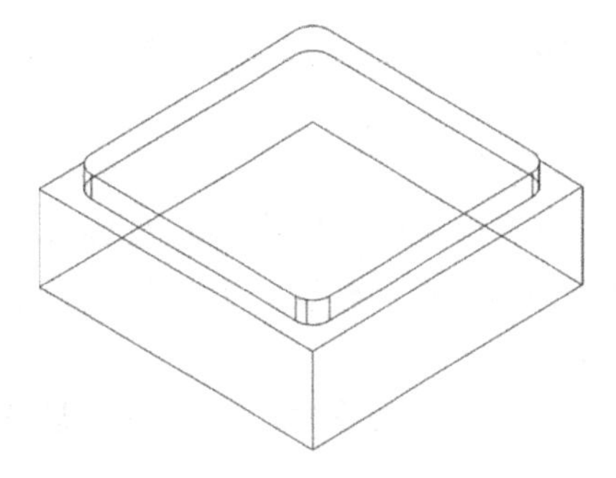

图 6-34　创建凸台

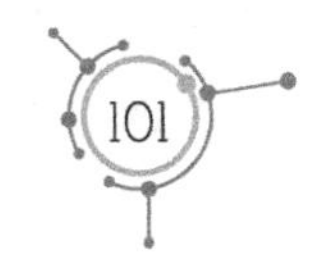

（12）在主菜单中选择“绘图丨圆弧丨已知圆心点画圆”命令，在坐标输入框中输入圆心坐标（0，0，30），按 Enter 键，圆弧半径为 R29.5mm。

（13）单击“确定”按钮，绘制一个圆，如图 6-35 所示。

（14）在主菜单中选取“绘图丨绘线丨任意线”命令，通过实体边线的中点和圆心，绘制两条直线，如图 6-36 所示。

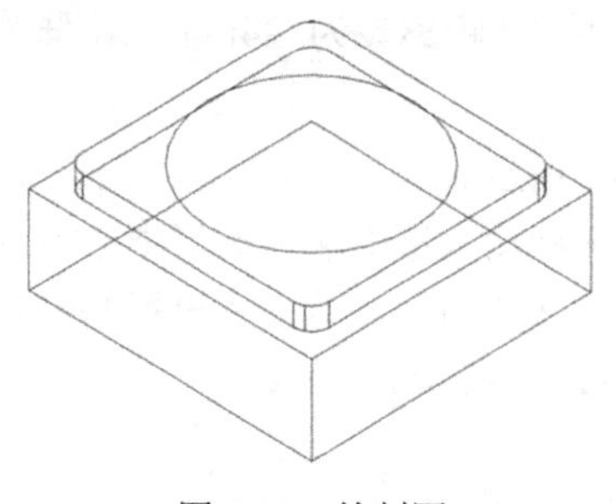

图 6-35　绘制圆

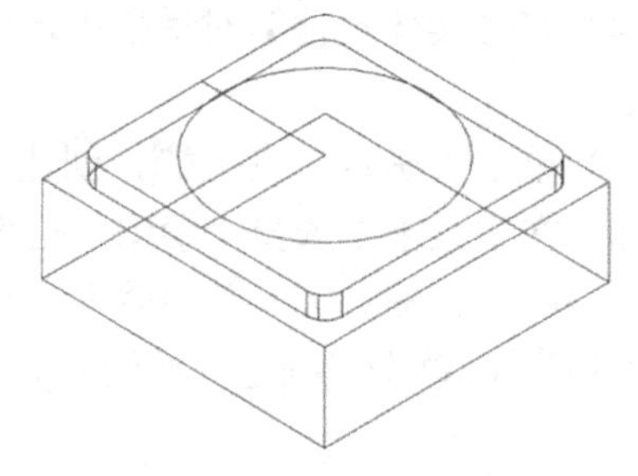

图 6-36　绘制直线

（15）在主菜单中选取“绘图丨倒圆角丨倒圆角”命令，在数据框中输入半径值，完成倒圆角特征，如图 6-37 所示。

（16）在主菜单中选取“实体丨拉伸”命令，在绘图区中选取刚才修剪的图形，单击【串连选项】对话框中的“确定”按钮。

（17）在【实体拉伸】对话框中选中“◉切割主体”，距离设为 14mm，箭头朝下。

（18）单击“确定”按钮，创建凹坑，如图 6-38 所示。

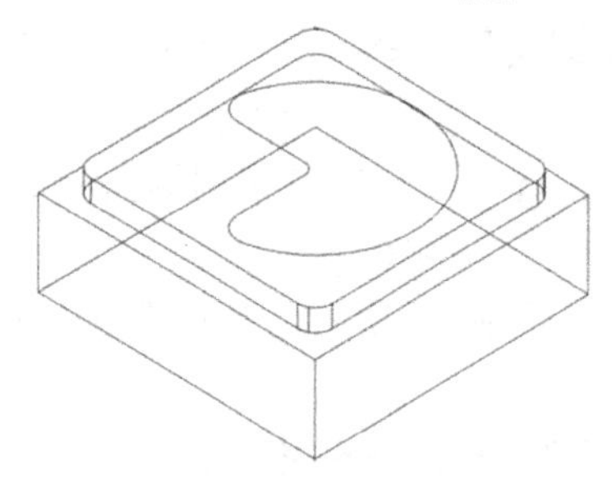

图 6-37　创建倒圆特征

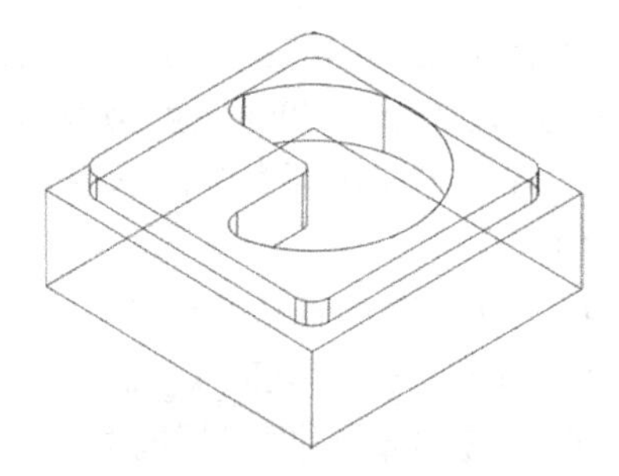

图 6-38　创建凹坑

（19）单击“保存”按钮，文件名为 G322-2.mcx-9。

6. G322-2 零件的工艺分析。

（1）对零件的尺寸是 80mm×80mm×30mm，而毛坯材料是铝块（85mm×85mm×35mm），进行零件加工时，建议对毛坯正、反两面的平面各加工 2.5mm，以保持统一，便于初学者学习。

（2）根据零件形状，应先加工零件反面的平面及 80mm×80mm 外形，再加工零件正面。

（3）根据零件的形状，建议在加工零件时，用ϕ12mm 的平底刀。

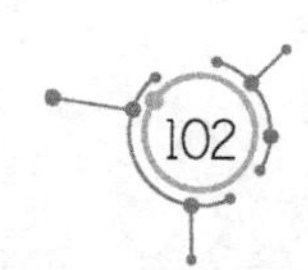

（4）因为加工零件的材质是铝，在加工过程中刀具的磨损较小，所以可以在粗加工后不用换刀，直接精加工。

（5）第一次装夹时，以工件的上表面对刀，第二次装夹时，以工件的下表面对刀。

7. G322-2 零件的第一次编程

（1）单击“前视图”按钮，将零件切换到前视图。

（2）在主菜单中选择“转换 | 旋转”命令，用框选方式选中所有图素，按 Enter 键。在【旋转】对话框中选“◉复制”，旋转角度为 180°。

（3）单击“确定”按钮，所有图素旋转 180°。

（4）在工作区下方工具条中的“层别”两字上单击鼠标右键，在工作区上方的工具条中选取“全部”按钮。

（5）在【选择所有一单一选择】对话框中选“转换结果”选项。

（6）按 Enter 键，在【更改层别】对话框中选“◉移动”，取消钩选“使用主层别”复选框，编号为 2。

（7）单击“确定”按钮，所有的结果移至图层 2。

（8）在工作区下方的工具条中单击“层别”两字，在【层别管理】对话框中将第 2 层设为主图层，关闭第 1 层的“×”，只显示第 2 层的图素。

（9）在主菜单中选取“机床类型 | 铣床 | 默认”命令，进入加工模式。

（10）在“刀路”管理器中展开“+属性”，再单击“毛坯设置”命令。

（11）在【机床群组属性】对话框“毛坯设置”选项卡中，对“毛坯平面”选择“俯视图”，对“形状”选择“◉立方体”，钩选“显示”、“适度化”复选框，选择“◉线框”，“毛坯原点”为（0，0，2.5），毛坯的长、宽、高分别为 85mm、85mm、35mm。

（12）在主菜单中选择“刀路 | 平面铣”命令，输入 NC 名称为 G322-2-1。

（13）单击“确定”按钮，再单击“确定”按钮，在【2D 刀路-平面铣削】对话框中选择“刀具”选项。在右边的空白处单击鼠标右键，在下拉菜单中选择“创建新刀具”命令。

（14）刀具类型选择“平底刀”，刀齿直径为ϕ12mm，刀号为 1，刀长补正为 1，半径补正为 1，进给速率为 1000mm/min，下刀速率为 500 mm/min，提刀速率为 1500 mm/min，主轴转速为 1500r/min，其他参数选择系统默认值。

（15）在【2D 刀路-平面铣削】对话框中选择“切削参数”选项，对“类型”选择“双向”，对“截断方向超出量”选择 50%，对“引导方向超出量”选择 50%，“进刀引线长度”为 100%，“退刀引线长度”为 0，“最大步进量”为 80%，底面预留量为 0.2mm。

（16）选择“Z 分层切削”选项，钩选“深度分层切削”复选框，“最大粗切步进量”为 1.0mm。

（17）选择“共同参数”选项，“安全高度”为 5mm。选择“◉绝对坐标”，“参考高度”为 5mm。选择“◉绝对坐标”，“下刀位置”为 5mm。选择“◉绝对坐标”，“工件表面”为 2.5mm。选择“◉绝对坐标”，“深度”为 0mm。选择“◉绝对坐标”。

（18）单击“确定”按钮，生成平面铣粗加工刀路，如图 6-39 所示。

（19）在【刀路】管理器中单击“切换”按钮，隐藏平面铣刀路。

（20）在主菜单中选取“刀路 | 外形”命令，在零件图上选取 80mm×80mm 的矩形边线，箭头方向为顺时针方向，如图 6-40 所示，单击“确定”按钮。

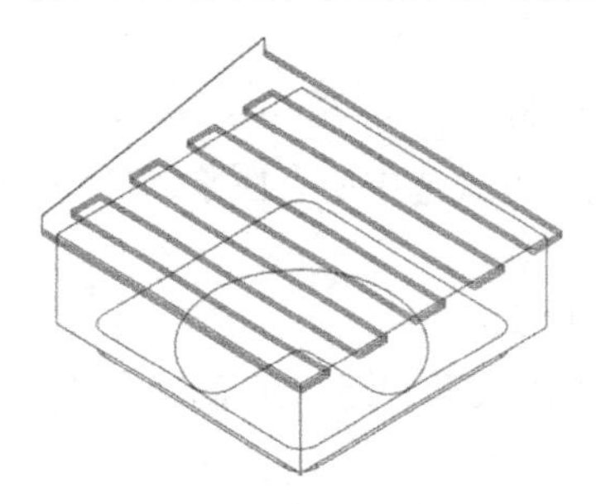

图 6-39 平面铣粗加工刀路

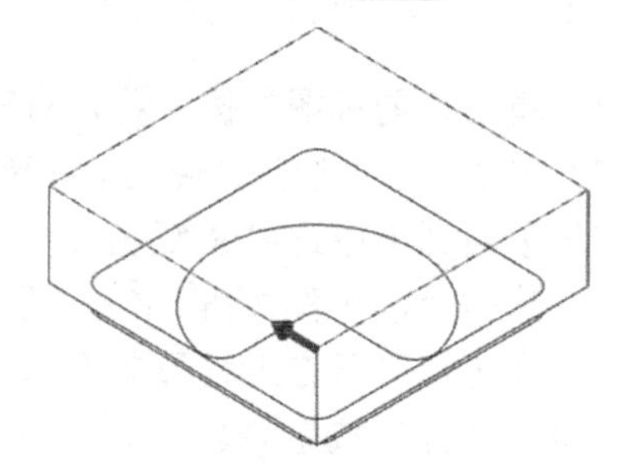

图 6-40 选 80mm×80mm 的矩形边线

（21）在【2D 刀路-外形铣削】对话框中选择“刀具”选项，选择ϕ12mm 平底刀。

（22）选择“切削参数”选项，对“补正方式”选择“电脑”，对“补正方向”选择“左”，“壁边预留量”为 0.3mm，对“外形铣削方式”选择“2D”。

（23）选择“Z 分层切削”选项，钩选“深度分层切削”复选框，“最大粗切步进量”选 1.0mm，钩选“不提刀”复选框。

（24）选择“进/退刀设置”选项，在“进刀”区域中选择“◉相切”，进刀长度为 5mm，圆弧半径为 1mm，单击按钮，使退刀参数与进刀参数相同。

（25）选择“共同参数”选项，“安全高度”为 5.0mm。选择“◉绝对坐标”，“参考高度”为 5.0mm。选择“◉绝对坐标”，“下刀位置”为 5.0mm。选择“◉绝对坐标”，“工件表面”为 0。选择“◉绝对坐标”，“深度”为-25.0mm。选择“◉绝对坐标”。

（26）单击“确定”按钮，生成的外形铣刀路如图 6-41 所示。

（27）在“刀路”管理器中复制“1-平面铣”，并粘贴到刀路管理器的最后。

（28）在“刀路”管理器中单击“3-平面铣”刀路的“参数”，在【2D 刀路-平面铣削】对话框中选中“刀具”选项，将“进给速率”改为 500mm/min。选中“切削参数”选项，将“底面预留量”改为 0。选中“Z 分层切削”选项，取消已钩选的“深度分层切削”复选框。

（29）单击“确定”按钮，生成平面铣精加工刀路，如图 6-42 所示。

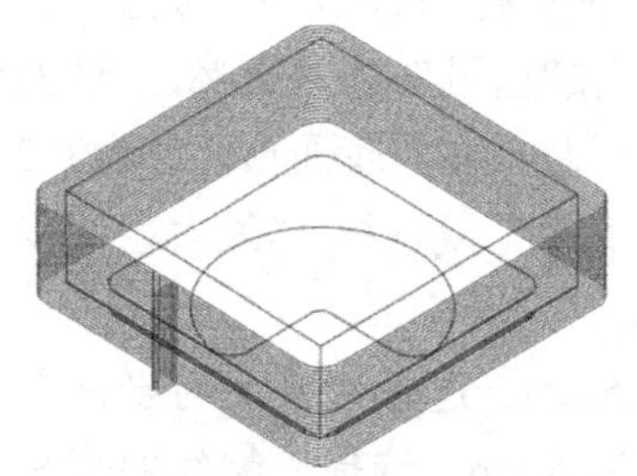

图 6-41 粗加工 80mm×80mm 的刀路

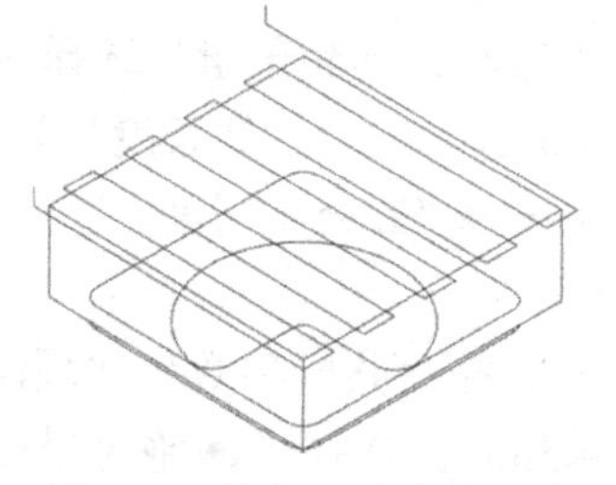

图 6-42 精加工平面铣刀路

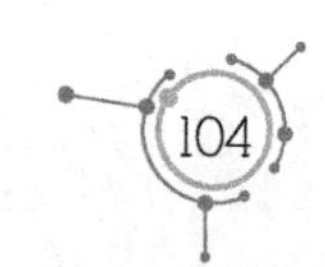

（30）在“刀路”管理器中复制“2-外形铣削”刀路，并粘贴到“刀路”管理器的最后。

（31）双击“4-外形铣削”刀路的“参数”，在【2D 刀路-外形铣削】对话框中选中“刀具”选项，将“进给率”改为 500mm/min。选中“切削参数”选项，将“壁边预留量”改为 0。选中“Z 分层切削”选项，取消已钩选的“深度分层切削”复选框。选择“进/退刀设置”选项，取消已钩选的“在封闭轮廓中点位置执行进/退刀”、“过切检查”、“进刀”、“退刀”复选框，钩选“调整轮廓起始（结束）位置”，“长度”为 80%。选中“XY 分层切削”选项。钩选“XY 分层切削”复选框，粗切次数为 3，间距为 0.1mm，精修次数为 1，间距为 0.02mm，钩选“不提刀”复选框。

（32）单击“重建刀路”按钮，外形精加工刀路如图 6-43 所示。

8. G322-2 零件的第二次编程

（1）将第 1 层设为主图层，并关闭第 2 层的“×”。

（2）在“刀路”管理器中复制“1-平面铣”，并粘贴到刀路管理器的最后。

（3）在“刀路”管理器中单击“5-平面铣”刀路的“参数”选项，在【2D 刀路-平面铣削】对话框中选中“公共参数”选项，“安全高度”设为 35.0mm。选择“◉绝对坐标”，“参考高度”为 35.0mm。选择“◉绝对坐标”，“下刀位置”为 35.0mm，选择“◉绝对坐标”，“工件表面”改为 32.5mm，“深度”改为 30mm。

（4）单击“确定”按钮，生成平面铣粗加工刀路，如图 6-44 所示。

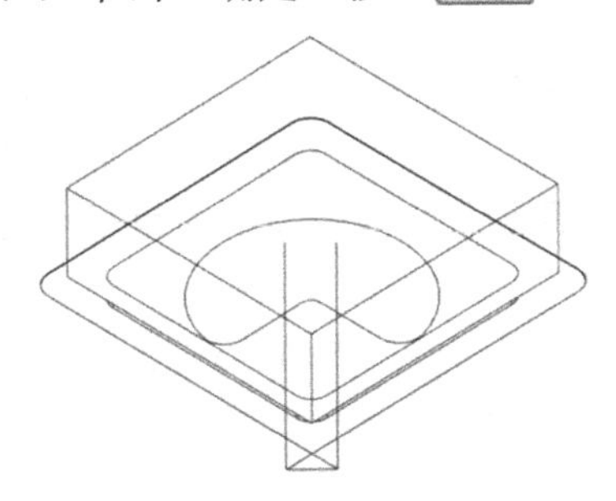
图 6-43　外形精加工刀路

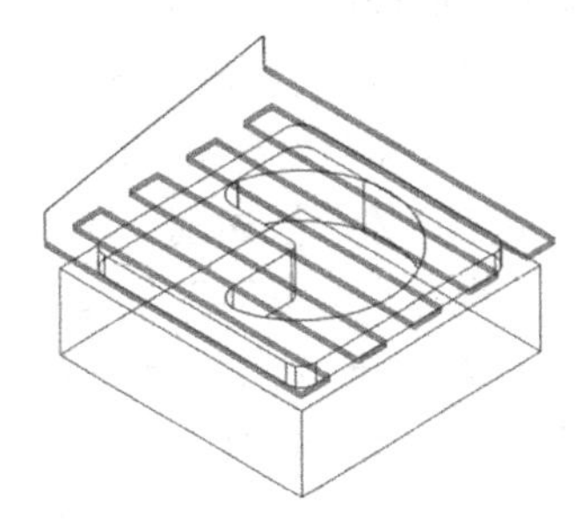
图 6-44　平面铣粗加工刀路

（5）在“刀路”管理器中选中“5-平面铣”刀路，单击鼠标右键，选“编辑已经选取的操作｜更改 NC 文件名”命令，将 NC 文件名更改为 G322-2-2.NC。

（6）在主菜单中选取“刀路｜外形”命令，在零件图上选取 70mm×70mm 的矩形边线，箭头方向为顺时针方向，如图 6-45 所示，单击“确定”按钮。

（7）在【2D 刀路-外形铣削】对话框中选择“刀具”选项，选择ϕ12mm 平底刀，进给速率为 1000mm/min。

（8）选择“切削参数”选项，对“补正方式”选择“电脑”，对“补正方向”选择“左”，“壁边预留量”为 0.3mm，“底面预留量”为 0.2mm，对“外形铣削方式”选择“2D”。

（9）选择“Z 分层切削”选项，钩选“深度分层切削”复选框，“最大粗切步进量”

选 1.0mm，钩选“不提刀”复选框。

（10）选择“进/退刀设置”选项，在“进刀”区域中选“◉相切”，进刀长度为 5mm，圆弧半径为 1mm，单击⏩按钮，使退刀参数与进刀参数相同。

（11）选择“共同参数”选项，“安全高度”为 35.0mm。选择“◉绝对坐标”，“参考高度”为 35.0mm。选择“◉绝对坐标”，“下刀位置”为 35.0mm。选择“◉绝对坐标”，“工件表面”为 30mm。选择“◉绝对坐标”，“深度”为 24.0mm。选择“◉绝对坐标”。

（12）单击“确定”按钮✔，生成的外形铣刀路如图 6-46 所示。

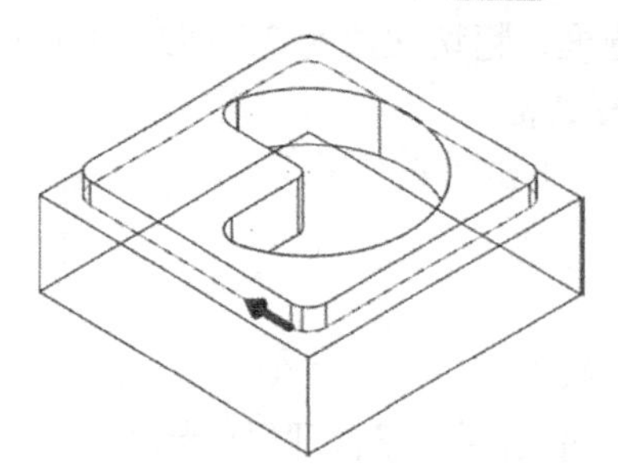

图 6-45　选 70mm×70mm 的矩形边线

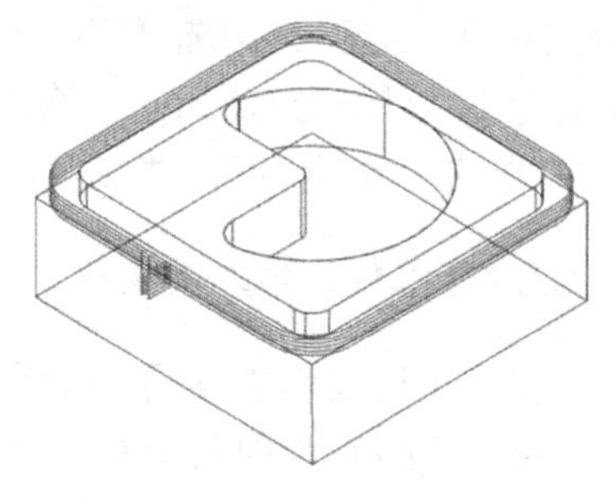

图 6-46　外形铣刀路

（13）在主菜单中选取“刀路 | 外形”命令，在零件图上选取凹坑边线，箭头方向为逆时针方向，箭头为起点位置，如图 6-47 所示，单击“确定”按钮✔。

（14）在【2D 刀路-外形铣削】对话框中选择“刀具”选项，选择ϕ12mm 平底刀，进给速率为 1000mm/min。

（15）选择“切削参数”选项，对“补正方式”选择“电脑”，对“补正方向”选择“左”，“壁边预留量”为 0.3mm，“底面预留量”为 0.2mm，对“外形铣削方式”选择“2D”。

（16）选择“Z 分层切削”选项，钩选“深度分层切削”复选框，“最大粗切步进量”选 0.3mm，钩选“不提刀”复选框。

（17）选择“进/退刀设置”选项，钩选“在封闭轮廓中点位置执行进/退刀”、“过切检查”复选框，在“进刀”区域中选“◉相切”，进刀长度为 6mm，斜插高度为 0.3mm（采用斜向进刀，避免踩刀），圆弧半径为 1mm，单击⏩按钮，使退刀参数与进刀参数相同。

（18）选择“XY 分层切削”选项，粗切次数为 2，间距为 5mm。

（19）选择“共同参数”选项，“安全高度”设为 35.0mm。选择“◉绝对坐标”，“参考高度”为 35.0mm。选择“◉绝对坐标”，“下刀位置”为 35.0mm。选择“◉绝对坐标”，“工件表面”为 30mm。选择“◉绝对坐标”，“深度”为 16mm。选择“◉绝对坐标”。

（20）单击“确定”按钮✔，生成加工凹坑的刀路如图 6-48 所示。

（21）在“刀路”管理器中复制“5-平面铣”，并粘贴到刀路管理器的最后。

（22）在“刀路”管理器中单击“8-平面铣”刀路的“参数”，在【2D 刀路-平面铣削】对话框中选中“刀具”选项，将“进给速率”改为 500mm/min。选中“切削参数”选项，将“底面预留量”改为 0。选中“Z 分层切削”选项，取消已钩选的“深度分层切削”复选框。

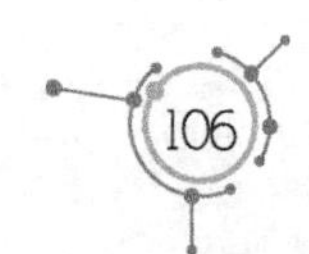

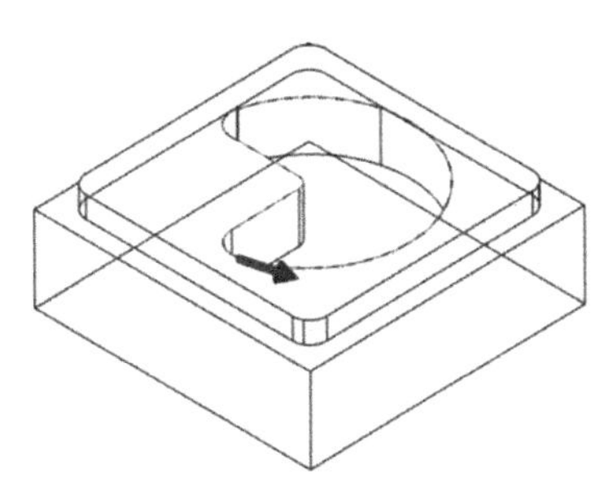

图 6-47　选凹坑边线

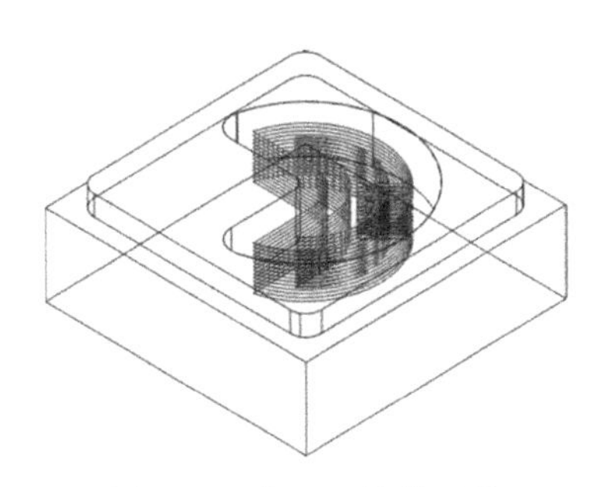

图 6-48　加工凹坑的刀路

（23）单击“重建刀路”按钮，外形精加工刀路如图 6-49 所示。

（24）在“刀路”管理器中复制“6-外形铣削”刀路，并粘贴到“刀路”管理器的最后。

（25）双击“9-外形铣削”刀路的“参数”，在【2D 刀路-外形铣削】对话框中选中“刀具”选项，将“进给率”改为 500mm/min。选中“切削参数”选项，将“壁边预留量”、“底面预留量”改为 0。选中“Z 分层切削”选项，取消已钩选的“深度分层切削”复选框。选中“XY 分层切削”选项，钩选“XY 分层切削”复选框，粗切次数为 3，间距为 0.1mm，精修次数为 1，间距为 0.02mm，钩选“不提刀”复选框。

（26）单击“重建刀路”按钮，外形精加工刀路如图 6-50 所示。

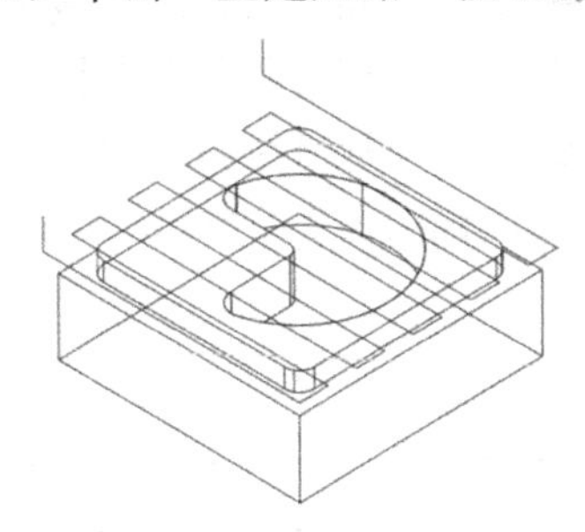

图 6-49　平面精加工刀路

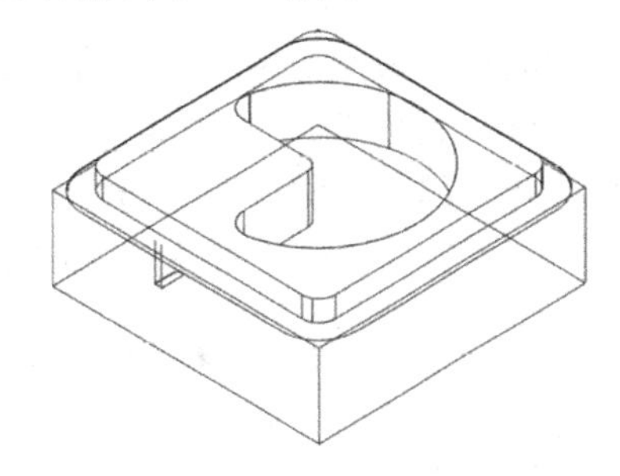

图 6-50　精加工 70mm×70mm 外形刀路

（27）在“刀路”管理器中复制“7-外形铣削”刀路，并粘贴到“刀路”管理器的最后。

（28）双击“10-外形铣削”刀路的“参数”，在【2D 刀路-外形铣削】对话框中选中“刀具”选项，将“进给率”改为 500mm/min，选中“切削参数”选项，将“壁边预留量”、“底面预留量”改为 0。选中“Z 分层切削”选项，取消已钩选的“深度分层切削”复选框。选择“进/退刀设置”选项，“斜插高度”改为 0。选中“XY 分层切削”选项，钩选“XY 分层切削”复选框，粗切次数为 2，间距为 5mm，精修次数为 3，间距为 0.1mm，钩选“不提刀”复选框。

（29）单击“重建刀路”按钮，外形精加工刀路如图 6-51 所示。

（30）单击“保存”按钮，保存文档。

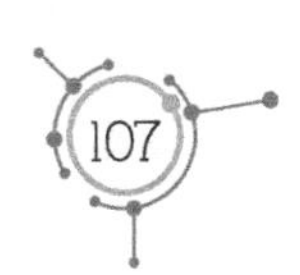

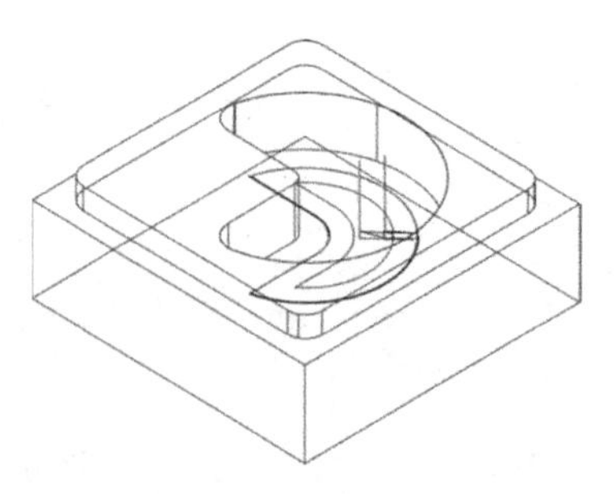

图 6-51　精加工凹坑刀路

9. G322-1 零件的第一次装夹

（1）零件的实体厚度是 15mm，而毛坯材料的厚度是 20mm，毛坯材料厚度比工件高 5mm。为了便于初学者统一操作步骤，在加工零件时，对正、反两面各加工 2.5mm。

（2）第一次用虎钳装夹时，工件上表面要超出虎钳至少 13mm，或者工件装夹的厚度不得超过 7mm。

（3）工件对刀时，采用四边分中的方法来确定工件坐标系，即工件上表面的中心为工件坐标系的原点（0，0），参考实例 1 中的图 1-66。

（4）Z 方向对刀时，可以用手工方式将工件上表面铣低 2.5mm 后，再将该表面设为 Z0。或者先把刀尖刚好接触工件的上表面，再稍微提升刀具，把刀具移至空挡处，然后降低 2.5mm，设为 Z0，参考实例 1 中的图 1-67。在数控编程时已经编好加工表面的程序，直接开启程序，即可用编制好的数控程序将工件表面铣削加工 2.5mm。

（5）工件第一次装夹的加工程序单见表 6-1。

表 6-1　G322-1 第一次装夹加工程序单

序号	程序名	刀具	加工深度
1	G322-1-1	ϕ12mm 平底刀	10mm

10. G322-1 零件的第二次装夹

（1）第二次用虎钳装夹时，工件上表面超出虎钳至少 10mm，工件装夹厚度不得超过 7mm。

（2）工件下表面的中心为坐标系原点（0，0，0）。

（3）工件第二次装夹的加工程序单见表 6-2。

表 6-2　G322-1 第二次装夹加工程序单

序号	程序名	刀具	加工深度
1	G322-1-2	ϕ12mm 平底刀	7mm

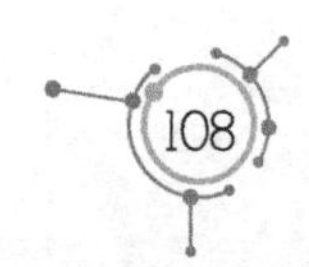

11. G322-2 零件的第一次装夹

（1）零件的实体厚度是 30mm，而毛坯材料的厚度是 35mm，毛坯材料厚度比工件高 5mm。为了便于初学者统一操作步骤，在加工零件时，对正、反两面各加工 2.5mm。

（2）第一次用虎钳装夹时，工件毛坯上表面要超出虎钳至少 29mm，或者工件装夹的厚度不得超过 6mm。

（3）工件对刀时，采用四边分中的方法来确定工件坐标系，即工件上表面的中心为工件坐标系的原点（0，0），参考实例 1 中的图 1-66。

（4）Z 方向对刀时，可以用手工方式将工件上表面铣低 2.5mm 后，再将该表面设为 Z0。或者先把刀尖刚好接触工件的上表面，再稍微提升刀具，把刀具移至空挡处，然后降低 2.5mm，设为 Z0，参考实例 1 中的图 1-67。在数控编程时已经编好加工表面的程序，直接开启程序，即可用编制好的数控程序将工件表面铣削加工 2.5mm。

（5）工件第一次装夹的加工程序单见表 6-3。

表 6-3 G322-2 第一次装夹加工程序单

序号	程序名	刀具	加工深度
1	G322-2-1	ϕ12mm 平底刀	26mm

12. G322-2 零件的第二次装夹

（1）第二次用虎钳装夹时，工件上表面超出虎钳至少 10mm，工件装夹厚度不得超过 20mm。

（2）工件下表面的中心为坐标系原点（0，0，0）。

（3）工件第二次装夹的加工程序单见表 6-4。

表 6-4 G322-2 第二次装夹加工程序单

序号	程序名	刀具	加工深度
1	G322-2-2	ϕ12mm 平底刀	14mm

实例 7　G325——双槽板

G325 考核说明：

（1）本题分值 100 分。

（2）考核时间：240min。

（3）考核形式：操作。

（4）具体考核要求：根据零件图（见图 7-1～图 7-3）完成加工。

（5）否定项说明：

（a）出现危及考生或他人安全的状况将中止考试，如果原因是考生操作失误所致，考生该题成绩记零分。

（b）因考生操作失误所致，导致设备故障且当场无法排除将中止考试，考生该题成绩记零分。

（c）因刀具、工具损坏而无法继续应中止考试。

G352 评分标准：

序号	项目	配分	评分标准 （各项配分扣完为止）	检测结果	扣分	得分
1	现场操作规范	2	不正确使用机床，酌情扣分			
2		2	不正确使用机床，酌情扣分			
3		2	不正确使用机床，酌情扣分			
4		4	不正确进行设备维护保养，酌情扣分			
5	件二 80mm×80mm 正方形	6	每超差 0.02mm，扣 2 分			
6	70mm×71mm 矩形	6	每超差 0.02mm，扣 2 分			
7	深度 $6^{+0.03}_{0}$ mm	4	每超差 0.02mm，扣 2 分			
8	2×$11^{+0.03}_{0}$ mm 圆弧槽	10	2-$11^{+0.03}_{0}$ 每超差 0.02mm，扣 2 分			
9	槽深 $6^{+0.03}_{0}$ mm	4	每超差 0.02mm，扣 2 分			
10	2×$\phi 11^{+0.03}_{0}$ mm 孔	4	每超差 0.02mm，扣 2 分			
11	孔深 10±0.02mm	4	每超差 0.02mm，扣 2 分			
12	件一 80mm×80mm 正方形	6	每超差 0.02mm，扣 2 分			
13	2×$\phi 11^{-0.02}_{-0.04}$ mm 圆柱	10	2-$11^{-0.02}_{-0.04}$ 直径圆柱，每超差 0.02mm，扣 2 分			
14	$\phi 24^{-0.02}_{-0.04}$ mm 圆柱	4	ϕ $24^{-0.02}_{-0.04}$ 直径圆柱，每超差 0.02mm，扣 2 分			
15	高度 $6^{0}_{-0.03}$ mm	4	每超差 0.02mm，扣 2 分			
16	配合技术要求一	10	无法全部嵌入或嵌入不能转动到位，全扣			
17	配合技术要求二	6	装配后高度 30±0.08mm，每超差 0.02mm 扣分			
18	平行度	6	每超差 0.02mm，扣 2 分			
19	表面粗糙度	6	加工部位 30%不达要求扣 1 分，50%不达要求扣 2 分，75%不达要求扣 4 分，超过 75 不达要求全扣			
20	考核时间		在 240 分钟内完成，不得超时			
合并		100				

考评员签号　　　　　　　　　　　　　　　　　　　　　　年　　月　　日

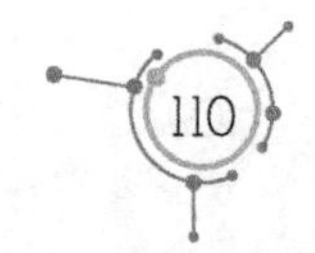

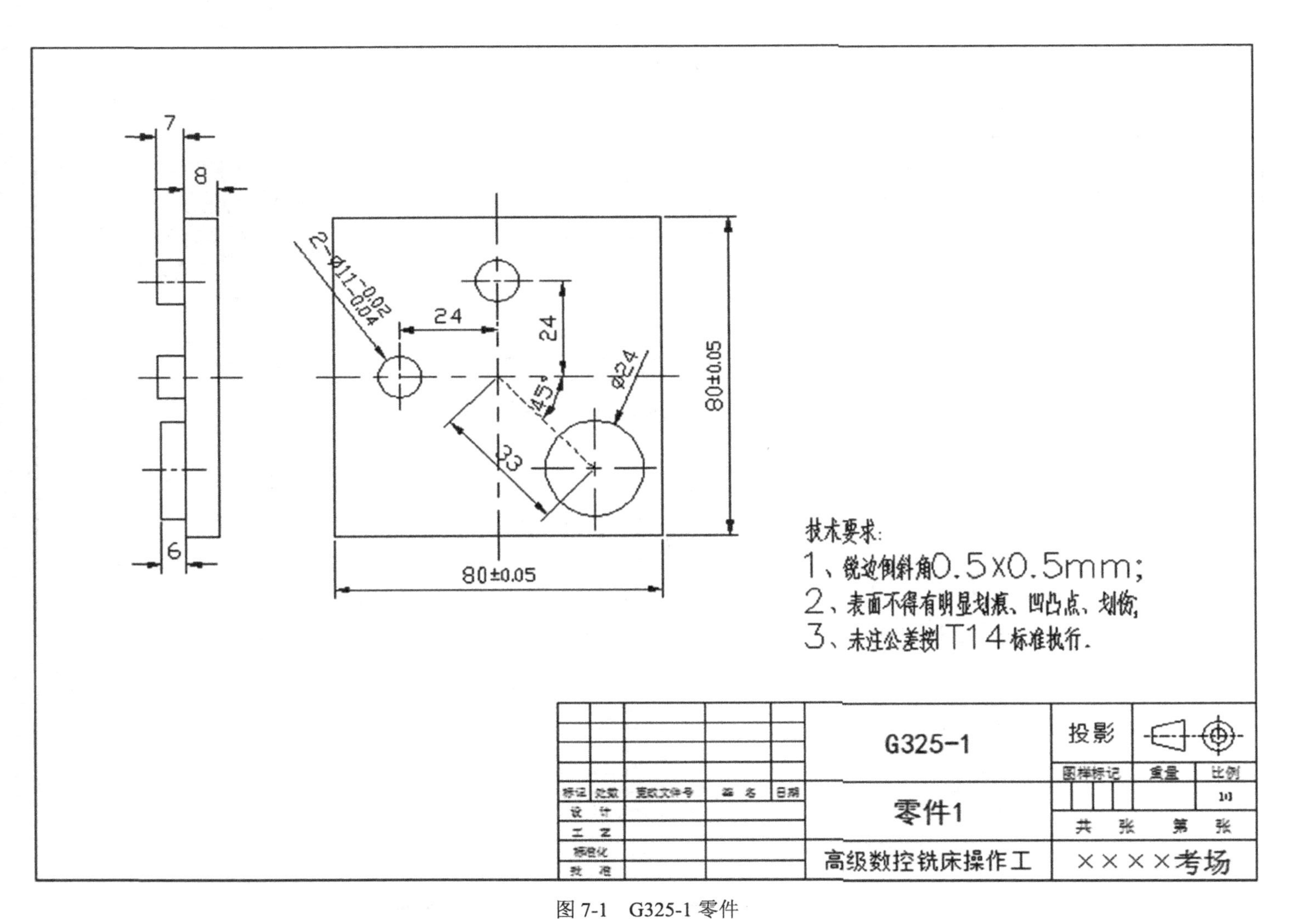
7
8
6
2-Φ11-0.02 -0.04
24
24
45°
33
Φ24
80±0.05
80±0.05
技术要求：
1、锐边倒斜角0.5x0.5mm；
2、表面不得有明显划痕、凹凸点、划伤；
3、未注公差按T14标准执行。
标记
处数
更改文件号
签名
日期
设计
工艺
标准化
批准
G325-1
零件1
高级数控铣床操作工
投影
图样标记
重量
比例
共　张　第　张
××××考场

图 7-1　G325-1 零件

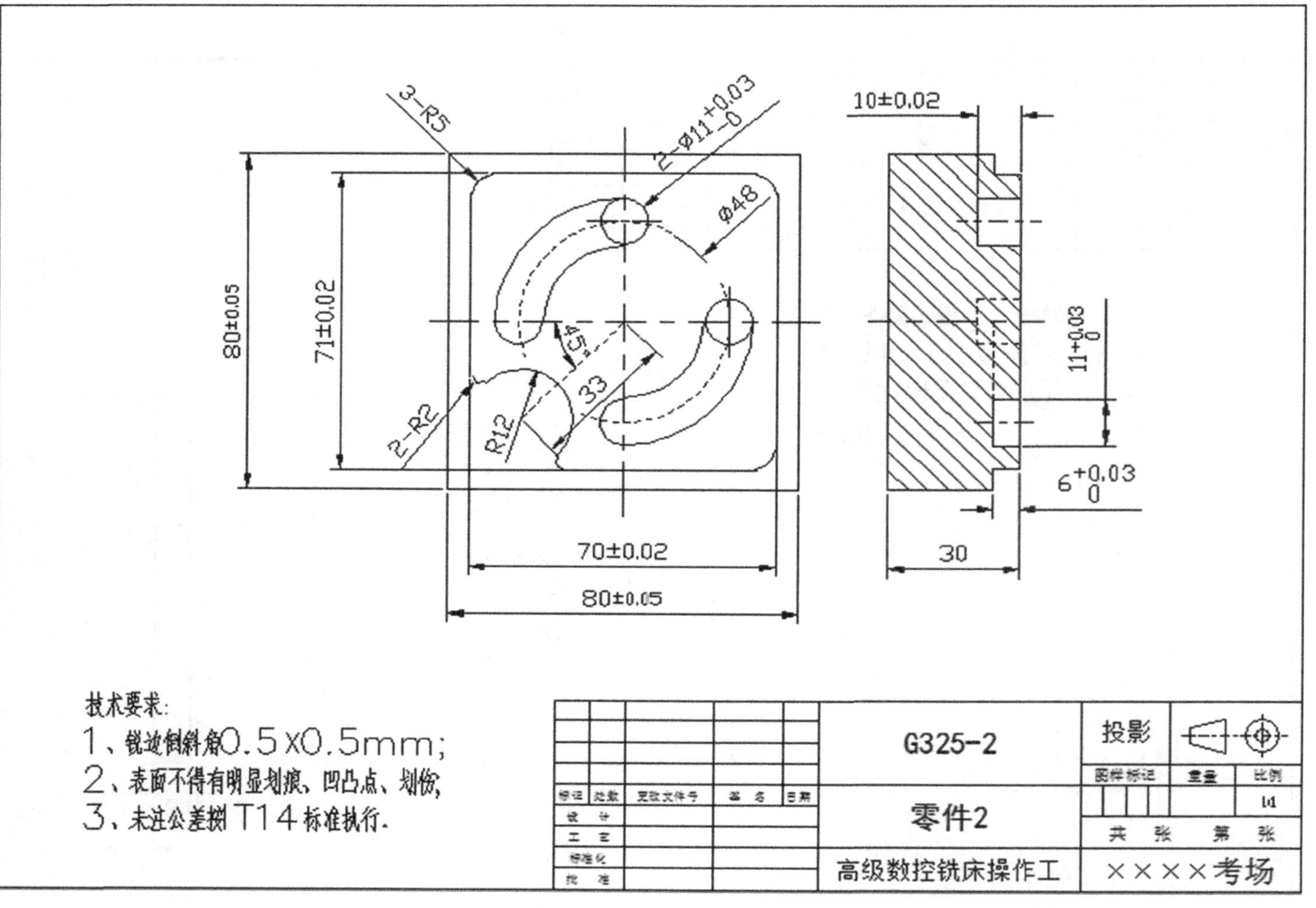

图 7-2 G325-2 零件图

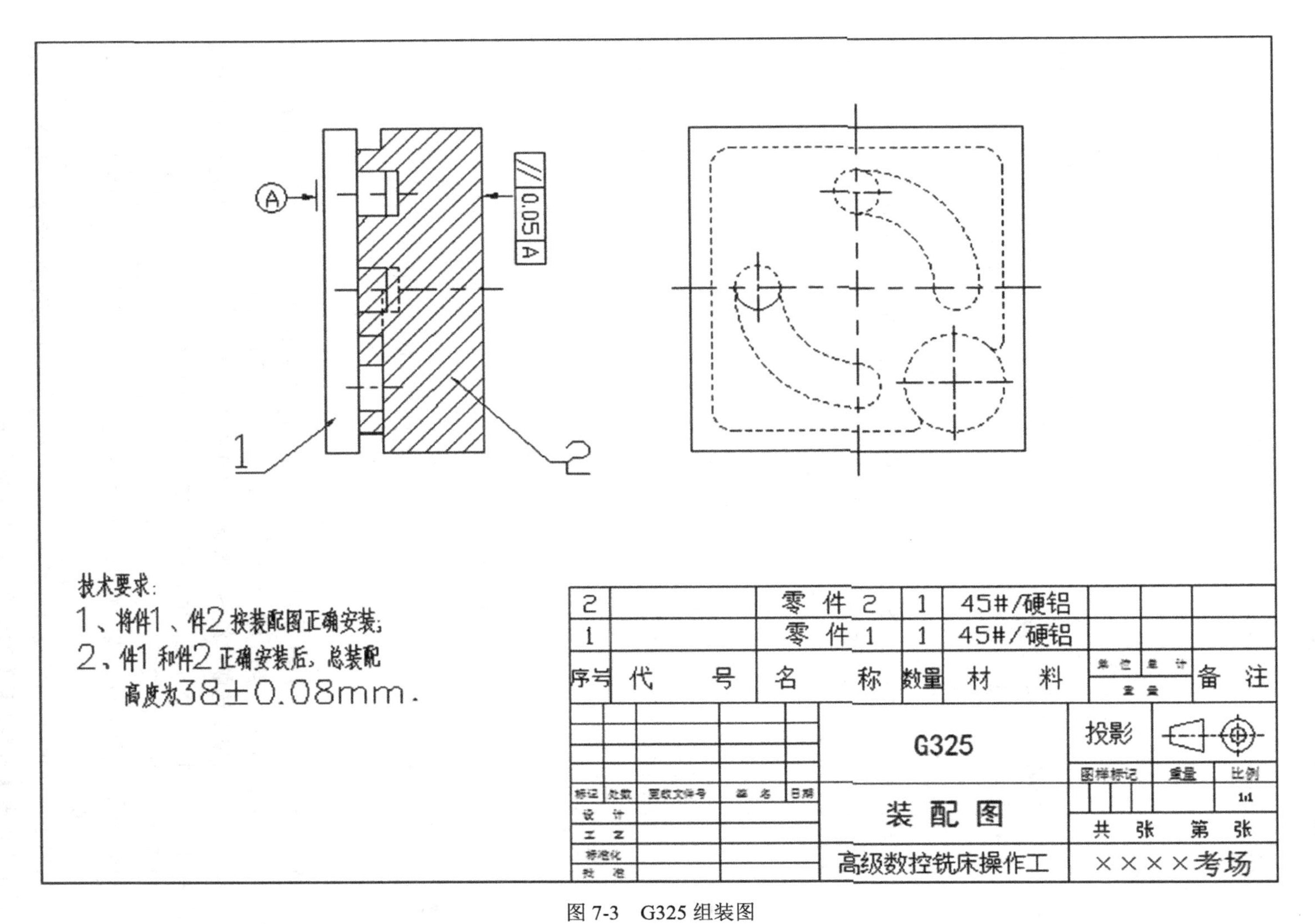

A
//
0.05
A
1
2
技术要求：
1、将件1、件2按装配图正确安装；
2、件1和件2正确安装后，总装配高度为38±0.08mm。
2 零件 2 1 45#/硬铝
1 零件 1 1 45#/硬铝
序号 代号 名称 数量 材料 备注
G325
装配图
高级数控铣床操作工
投影
比例 1:1
共 张 第 张
××××考场

图 7-3　G325 组装图

1. G325-1零件的建模过程

（1）在工作区下方的工具条中对“绘图模式”选择“3D”。

（2）在主菜单中选取“绘图｜矩形”命令，在坐标输入框中输入矩形中心点的坐标（0，0，0），在辅助工具条中输入矩形的长80mm、宽80mm，单击“设置基准点为中心”按钮，单击“确定”按钮，创建一个矩形。

（3）单击键盘功能键F9，显示坐标系，如图7-4所示。

（4）在主菜单中选取“实体｜拉伸”命令，在绘图区中选取矩形，单击【串连选项】对话框中的“确定”按钮。

（5）在【实体拉伸】对话框中选中“◉创建主体”，距离为8mm，拉伸箭头方向朝上。

（6）单击“确定”按钮，创建方体，如图7-5所示。

（7）在主菜单中选取“绘图｜圆弧｜已知圆心点画圆”命令，在坐标输入框中输入圆心坐标（33，0，8），按Enter键，圆弧直径为ϕ24mm。

（8）单击“确定”按钮，绘制一个圆，如图7-6所示。

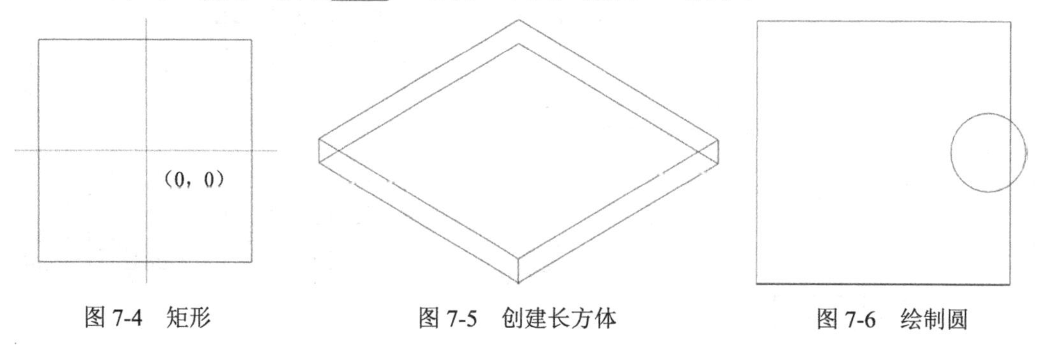

图7-4　矩形　　　图7-5　创建长方体　　　图7-6　绘制圆

（9）在主菜单中选取“转换｜旋转”命令，选取直径为ϕ24mm 的圆周。按Enter键，在【旋转】对话框中选“◉移动”，角度为-45°。

（10）单击“确定”按钮，所选中的圆弧旋转-45°如图7-7所示。

（11）在主菜单中选取“实体｜拉伸”命令，在绘图区中选取刚才创建的圆形，单击【串连选项】对话框中的“确定”按钮。

（12）在【实体拉伸】对话框中选中“◉增加凸台”，距离为6mm，箭头朝上。

（13）单击“确定”按钮，创建圆柱凸台，如图7-8所示。

（14）在主菜单中选取“绘图｜圆弧｜已知圆心点画圆”命令，在坐标输入框中输入圆心坐标（-24，0，8），按Enter键，圆弧直径为ϕ11mm。

（15）单击“确定”按钮，绘制一个圆，如图7-9所示左边的圆。

（16）采用同样的方法，以（0，24，8）为圆心，绘制直径为ϕ11mm 的圆，如图7-9所示上方的圆。

（17）在主菜单中选取“实体｜拉伸”命令，在绘图区中选取刚才创建的两个ϕ11mm 的圆形，单击【串连选项】对话框中的“确定”按钮。

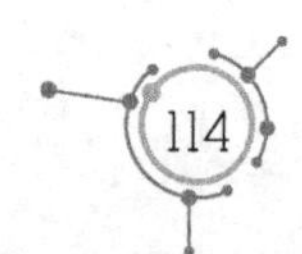

图 7-7　绘制直线

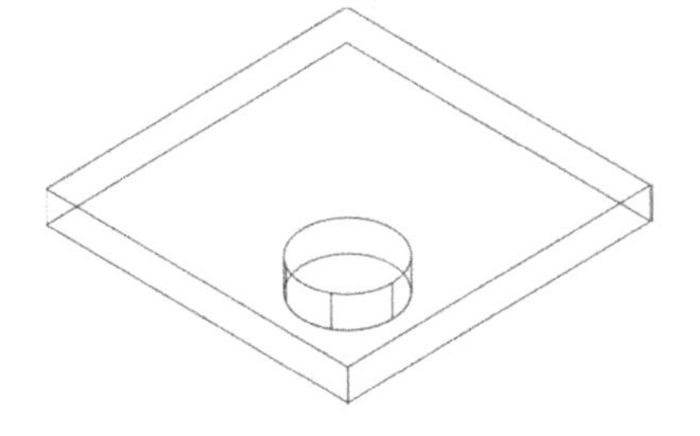

图 7-8　创建凸台

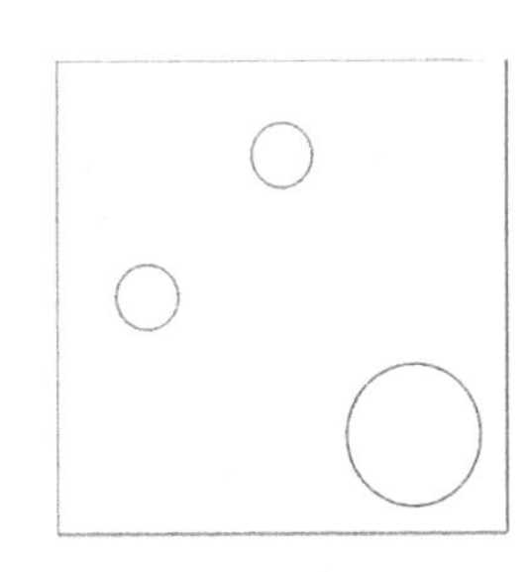

图 7-9　绘制两个ϕ11mm 圆

（18）在【实体拉伸】对话框中选中“◉增加凸台”，距离为 7mm，箭头朝上。

（19）单击“确定”按钮，创建两个圆柱凸台，如图 7-10 所示。

（20）单击“保存”按钮，文件名为 G325-1.mcx-9。

2. G325-1 零件的工艺分析

（1）对零件的尺寸是 80mm×80mm×15mm，而毛坯材料是铝块（85mm×85mm×20mm），进行零件加工时，建议对毛坯正、反两面的平面各加工 2.5mm，以保持统一，便于初学者学习。

（2）根据零件形状，应先加工零件反面的平面及 80mm×80mm 外形，再加工零件正面。

（3）根据零件的形状，建议在加工零件时，用ϕ12mm 的平底刀。

（4）因为加工零件的材质是铝，在加工过程中刀具的磨损较小，所以可以在粗加工后不用换刀，直接精加工。

（5）第一次装夹时，以工件的上表面对刀，第二次装夹时，以工件的下表面对刀。

3. G325-1 零件的第一次编程

（1）单击“前视图”按钮，将零件切换到前视图。

（2）在主菜单中选取“转换｜旋转”命令，用框选方式选中所有图素，按 Enter 键，在【旋转】对话框中选“◉复制”，旋转角度为 180°。

（3）单击“确定”按钮，所有图素旋转 180°，如图 7-11 所示。

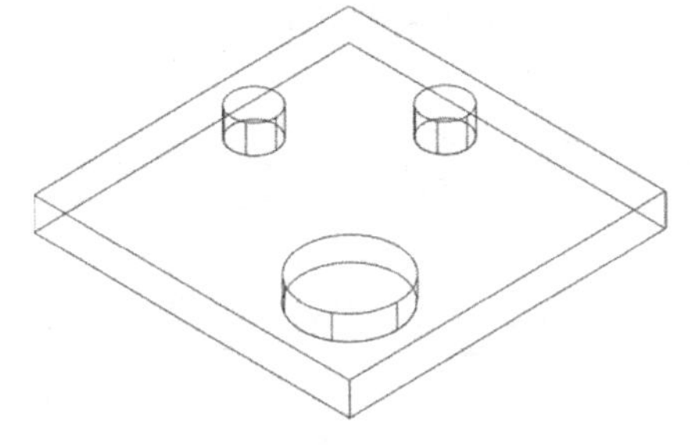

图 7-10　创建两个圆柱凸台

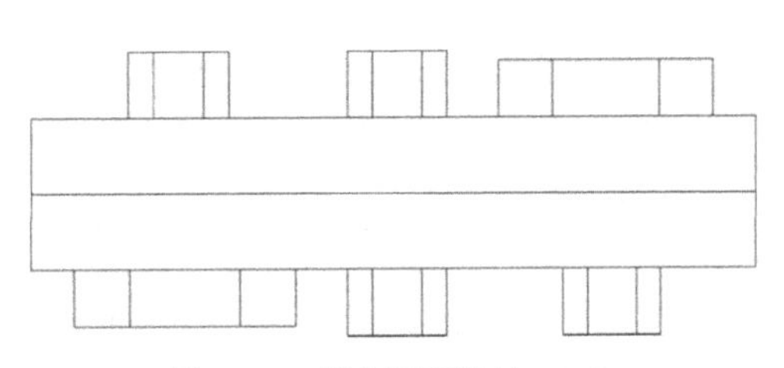

图 7-11　所有图素旋转 180°

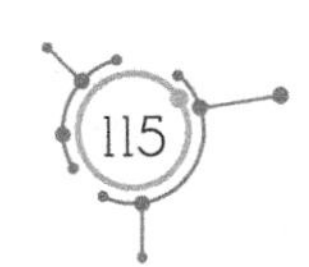

（4）在工作区下方工具条中的“层别”两字上单击鼠标右键，在工作区上方的工具条中选取“全部”按钮。

（5）在【选择所有－单一选择】对话框中选“转换结果”选项。

（6）单击 Enter 键，在【更改层别】对话框中选“◉移动”，取消钩选“使用主层别”复选框，编号为 2。

（7）单击“确定”按钮，所有的结果移至图层 2。

（8）在工作区下方的工具条中单击“层别”两字，在【层别管理】对话框中将第 2 层设为主图层，关闭第 1 层的“×”，只显示第 2 层的图素，如图 7-12 所示。

（9）在主菜单中选取“机床类型 | 铣床 | 默认”命令，进入加工模式。

（10）在“刀路”管理器中展开“+属性”，再单击“毛坯设置”命令。

（11）在【机床群组属性】对话框“毛坯设置”选项卡中，对“毛坯平面”选择“俯视图”，对“形状”选择“◉立方体”，钩选“显示”、“适度化”复选框，选择“◉线框”，“毛坯原点”为（0，0，2.5），毛坯的长、宽、高分别为 85mm、85mm、20mm。

（12）在主菜单中选取“刀路 | 平面铣”命令，输入 NC 名称为 G325-1-1。

（13）单击“确定”按钮，再单击“确定”按钮，在【2D 刀路-平面铣削】对话框中选“刀具”选项，在右边的空白处单击鼠标右键，在下拉菜单中选“创建新刀具”命令。

（14）刀具类型选“平底刀”，刀齿直径为ϕ12mm，刀号为 1，刀长补正为 1，半径补正为 1，进给速率为 1000mm/min，下刀速率为 600 mm/min，提刀速率为 1500 mm/min，主轴转速为 1500r/min，其他参数选择系统默认值。

（15）在【2D 刀路-平面铣削】对话框中选择“切削参数”选项，对“类型”选择“双向”，对“截断方向超出量”选择 50%，对“引导方向超出量”选择 50%，“进刀引线长度”设为 100%，“退刀引线长度”为 0，“最大步进量”为 80%，底面预留量为 0.2mm。

（16）选择“Z 分层切削”选项，钩选“深度分层切削”复选框，“最大粗切步进量”设为 1.0mm。

（17）选择“共同参数”选项，“安全高度”为 5.0mm。选择“◉绝对坐标”，“参考高度”为 5.0mm。选择“◉绝对坐标”，“下刀位置”为 5.0mm，选择“◉绝对坐标”，“工件表面”为 2.5mm。选择“◉绝对坐标”，“深度”为 0，选择“◉绝对坐标”。

（18）单击“确定”按钮，生成平面铣粗加工刀路，如图 7-13 所示。

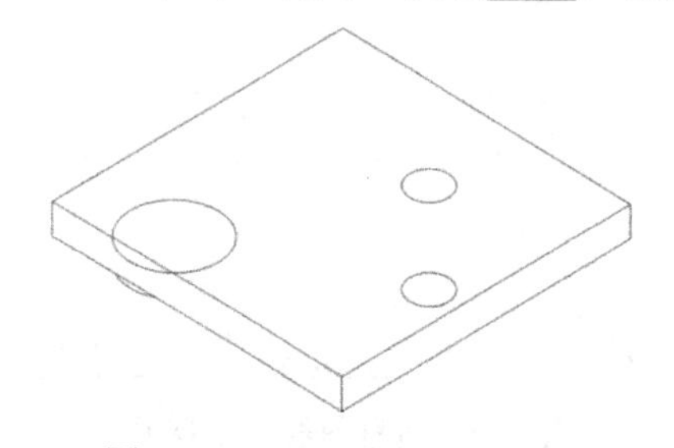

图 7-12　只显示第 2 层的图素

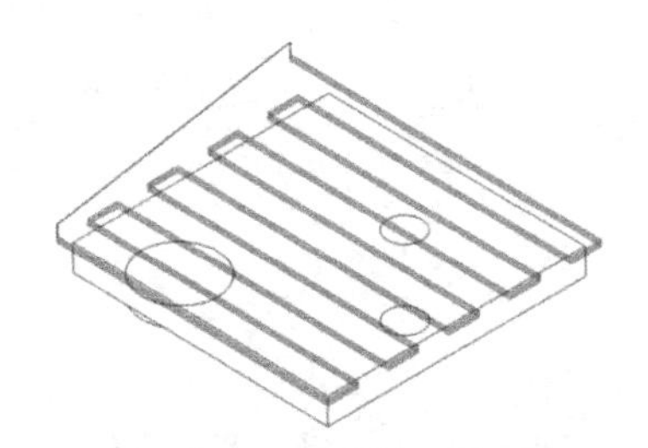

图 7-13　平面铣粗加工刀路

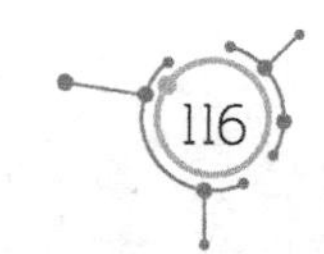

（19）在【刀路】管理器中单击“切换”按钮≋，隐藏平面铣刀路。

（20）在主菜单中选取“刀路丨外形”命令，在零件图上选取 80mm×80mm 的矩形边线，箭头方向为顺时针方向，如图 7-14 所示，单击“确定”按钮✔。

（21）在【2D 刀路-外形铣削】对话框中选“刀具”选项，选 ϕ 12mm 平底刀。

（22）选择“切削参数”选项，对“补正方式”选择“电脑”，对“补正方向”选择“左”，“壁边预留量”为 0.3mm，对“外形铣削方式”选“2D”。

（23）选择“Z 分层切削”选项，钩选“深度分层切削”复选框，“最大粗切步进量”选择 1.0mm，钩选“不提刀”复选框。

（24）选择“进/退刀设置”选项，在“进刀”区域中选“◉相切”，进刀长度为 5mm，圆弧半径为 1mm，单击⏩按钮，使退刀参数与进刀参数相同。

（25）选择“共同参数”选项，“安全高度”为 5.0mm。选择“◉绝对坐标”，“参考高度”为 5.0mm。选择“◉绝对坐标”，“下刀位置”为 5.0mm。选择“◉绝对坐标”，“工件表面”为 0mm。选择“◉绝对坐标”，“深度”为-10mm。选择“◉绝对坐标”。

（26）单击“确定”按钮✔，生成外形铣粗加工刀路，如图 7-15 所示。

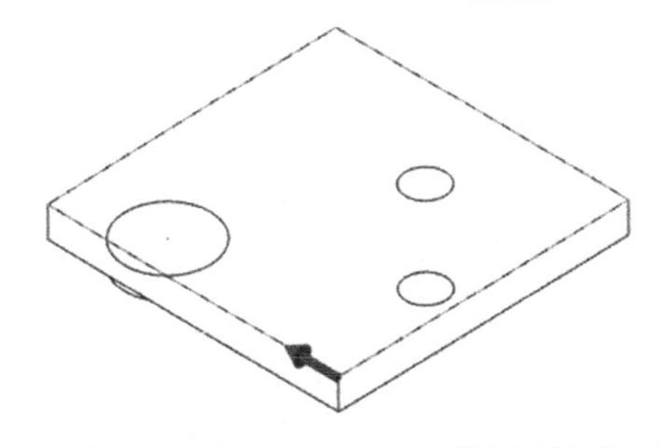

图 7-14 选 80mm×80mm 的矩形边线

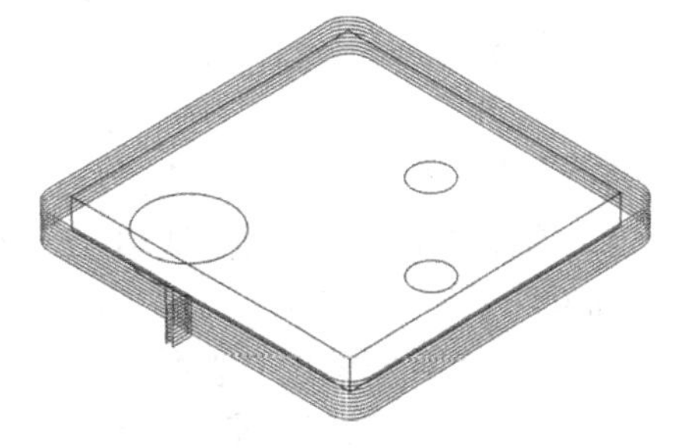

图 7-15 外形铣粗加工刀路

（27）在“刀路”管理器中复制“1-平面铣”刀路，并粘贴到“刀路”管理器的最后。

（28）双击“3-平面铣”刀路的“参数”，在【2D 刀路-平面铣削】对话框中选中“刀具”选项，将“进给率”改为 600mm/min，选中“切削参数”选项，将“底面预留量”改为 0。选中“Z 分层切削”选项，取消已钩选的“深度分层切削”复选框。

（29）单击“重建刀路”按钮，平面精加工刀路如图 7-16 所示。

（30）在“刀路”管理器中复制“2-外形铣削”刀路，并粘贴到“刀路”管理器的最后。

（31）双击“4-外形铣削”刀路的“参数”，在【2D 刀路-外形铣削】对话框中选中“刀具”选项，将“进给率”改为 500mm/min，选中“切削参数”选项，将“壁边预留量”改为 0。选中“Z 分层切削”选项，取消已钩选的“深度分层切削”复选框。选择“进/退刀设置”选项，取消已钩选的“在封闭轮廓中点位置执行进/退刀”、“过切检查”、“进刀”、“退刀”复选框，钩选“调整轮廓起始（结束）位置”复选框，“长度”为 80%。选中“XY 分层切削”选项，钩选“XY 分层切削”复选框，粗切次数为 3，间距为 0.1mm，精修次数为 1，间距为 0.02mm，钩选“不提刀”复选框。

（32）单击“重建刀路”按钮，外形精加工刀路如图 7-17 所示。

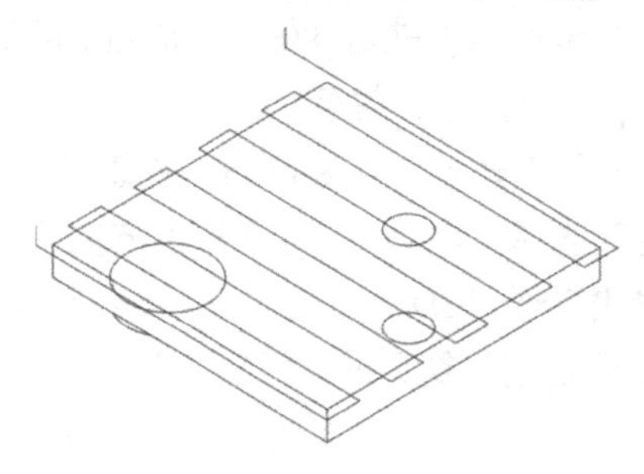

图 7-16　精加工平面刀路

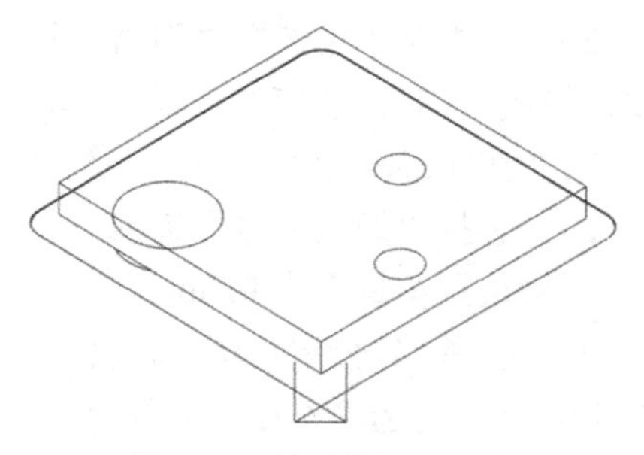

图 7-17　外形精加工刀路

4. G325-1 零件的第二次编程

（1）设定第 1 层为主图层，并关闭第 2 层。

（2）在主菜单中选取“刀路｜平面铣”命令，单击“确定”按钮，在【2D 刀路-平面铣削】对话框中选“刀具”选项，选直径为ϕ12mm 的平底刀。

（3）在【2D 刀路-平面铣削】对话框中选“切削参数”选项，“类型”选“双向”，“截断方向超出量”选 50%，“引导方向超出量”选 50%，“进刀引线长度”为 100%，“退刀引线长度”为 0，“最大步进量”为 80%，“底面预留量”为 0.2mm。

（4）选择“Z 分层切削”选项，钩选“深度分层切削”复选框，“最大粗切步进量”为 1.0mm。

（5）选择“共同参数”选项，“安全高度”为 20.0mm。选择“◉绝对坐标”，“参考高度”为 20.0mm。选择“◉绝对坐标”，“下刀位置”为 20.0mm。选择“◉绝对坐标”，“工件表面”为 17.5mm。选择“◉绝对坐标”，“深度”为 15.0mm。选择“◉绝对坐标”。

（6）单击“确定”按钮，生成平面铣粗加工刀路，如图 7-18 所示。

（7）在“刀路”管理器中选中“5-平面铣”，单击鼠标右键，选择“编辑已经选择的操作｜更改 NC 文件名”命令，将 NC 文件名更改为 G325-1-2，如图 7-19 所示。

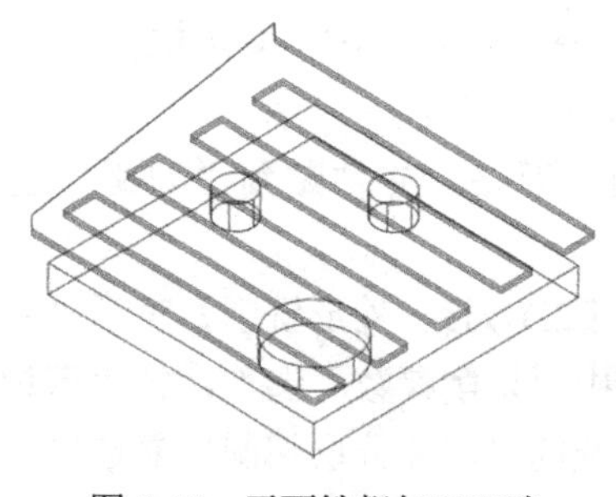

图 7-18　平面铣粗加工刀路

5 - 平面铣 - [WCS: 俯视图] - [刀具面: 俯视图
参数
#1 - M12.00 平底刀 - 12 平底刀
图形 - 工作设定的毛坯边界
刀路 - 17.6K - G325-1-2.NC - 程序号码 0

图 7-19　NC 文件名改为 G325-1-2

（8）在主菜单中选择“刀路｜2D 挖槽”命令，选取三个封闭的曲线（80mm×80mm 矩形边线和两个ϕ11mm 的圆周），如图 7-20 所示。

（9）单击“确定”按钮，在【2D 刀路-2D 挖槽】对话框中选中“刀具”选项，

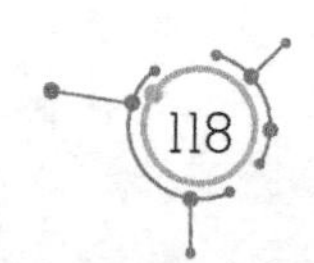

选择ϕ12mm 平底刀。

（10）选择“切削参数”选项，对“加工方向”选择“◉顺铣”，对“挖槽加工方式”选择“平面铣”，“重叠量”为 80%，“进刀引线长度”为 10mm，“壁边预留量”为 0.3mm，“底面预留量”为 0.2mm，如图 6-23 所示。

（11）选择“粗切”选项，钩选“粗切”复选框，切削方式选“双向”，“切削间距”为 80%，粗切角度为 0°，如图 6-24 所示。

（12）选择“进刀”选项，选“◉关”。

（13）选“精修”选项，钩选“精修”复选框，精修次数为 1，间距为 1mm，取消钩选“精修外边界”复选框，如图 6-25 所示。

（14）选择“进/退刀设置”选项，在“进刀”区域中选“◉相切”，进刀长度为 3mm，圆弧半径为 1mm，单击⏩按钮，使退刀参数与进刀参数相同，如图 6-26 所示。

（15）选择“Z 分层切削”选项，钩选“深度分层切削”复选框，最大粗切步进量为 1mm，取消钩选“不提刀”复选框。

（16）选择“共同参数”选项，“安全高度”为 20.0mm。选择“◉绝对坐标”，“参考高度”为 20.0mm。选择“◉绝对坐标”，“下刀位置”为 20.0mm。选择“◉绝对坐标”，“工件表面”为 15.0mm。选择“◉绝对坐标”，“深度”为 14.0mm。选择“◉绝对坐标”。

（17）单击“确定”按钮✔，生成挖槽粗加工刀路（一），如图 7-21 所示。

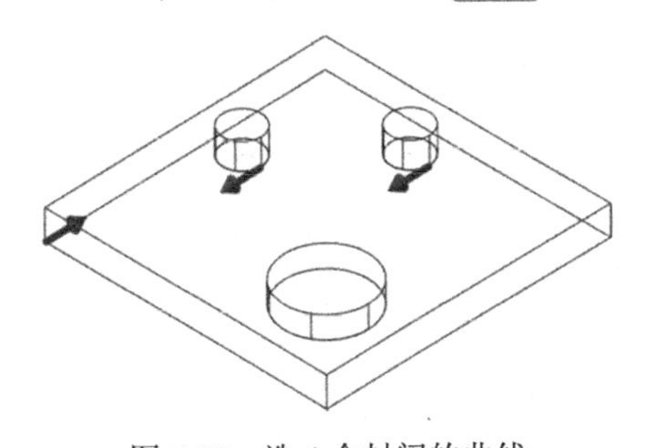

图 7-20　选 4 个封闭的曲线

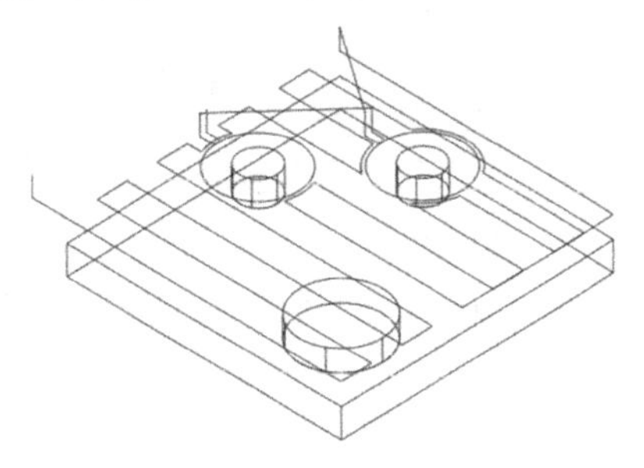

图 7-21　挖槽粗加工刀路（一）

（18）在主菜单中选取“刀路 | 2D 挖槽”，选取 4 个封闭的曲线（1 个 80mm×80mm 矩形边线和 3 个圆周），如图 7-22 所示。。

（19）单击“确定”按钮✔，在【2D 刀路-2D 挖槽】对话框中选中“刀具”选项，选ϕ12mm 平底刀。

（20）选择“共同参数”选项，“安全高度”为 20.0mm。选择“◉绝对坐标”，“参考高度”为 20.0mm。选择“◉绝对坐标”，“下刀位置”为 20.0mm。选择“◉绝对坐标”，“工件表面”为 14.0mm，选“◉绝对坐标”，“深度”为 8.0mm。选择“◉绝对坐标”。

（21）单击“确定”按钮✔，生成挖槽粗加工刀路（二），如图 7-23 所示。

（22）在“刀路”管理器中复制“7-挖槽”，并粘贴到刀路管理器的最后。

（23）单击“8-挖槽”的“参数”选项，在【2D 刀路-2D 挖槽】对话框中选中“刀具”选项，将“进给速率”改为 500mm/min。选中“切削参数”选项，将“底面预留量”

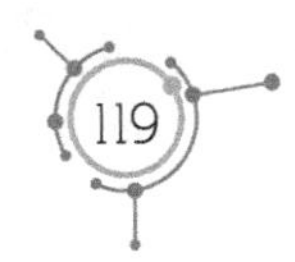

改为 0，“壁边预留量”改为 0。选中“精修”选项，次数为 1，间距为 0.2mm，钩选“进给速率”复选框，将“进给速度”改为 200mm/min，如图 7-24 所示。选择“Z 分层切削”选项，取消已钩选的“Z 分层切削”复选框。

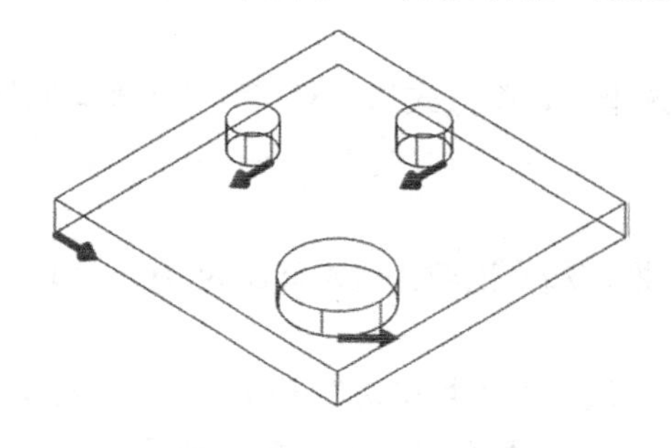

图 7-22　选取三个封闭的曲线

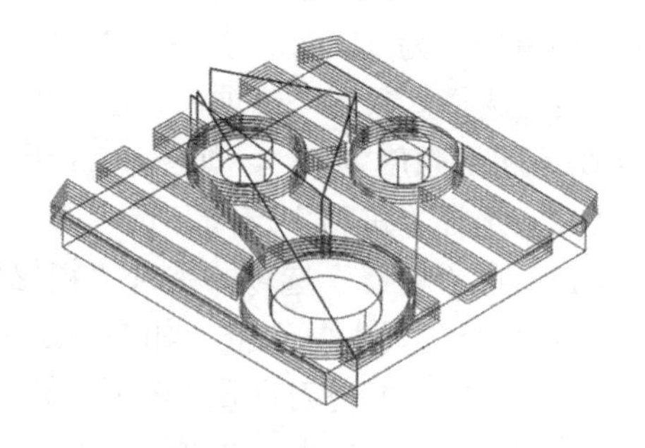

图 7-23　挖槽粗加工刀路（二）

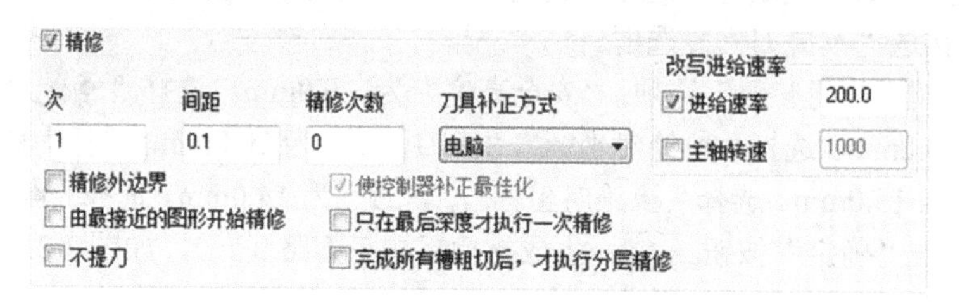

图 7-24　将“进给速度”改为 200mm/min

（24）单击“确定”按钮，生成的挖槽精加工刀路如图 7-25 所示。

（25）在主菜单中选取“刀路 | 平面铣”命令，在【串连选项】对话框中单击“实体”按钮，选中 3 个圆柱上表面的边线，如图 7-26 所示。

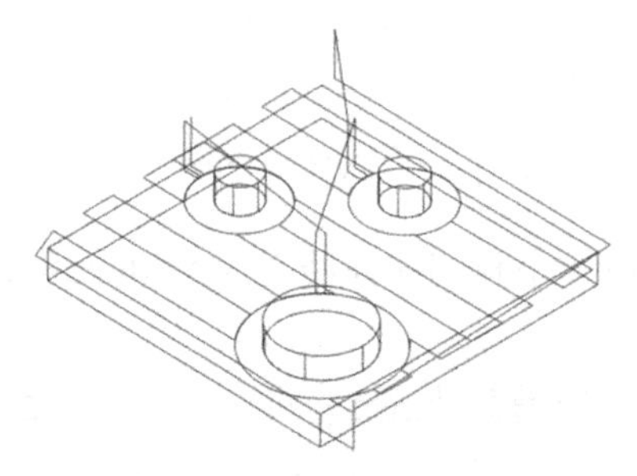

图 7-25　挖槽精加工刀路

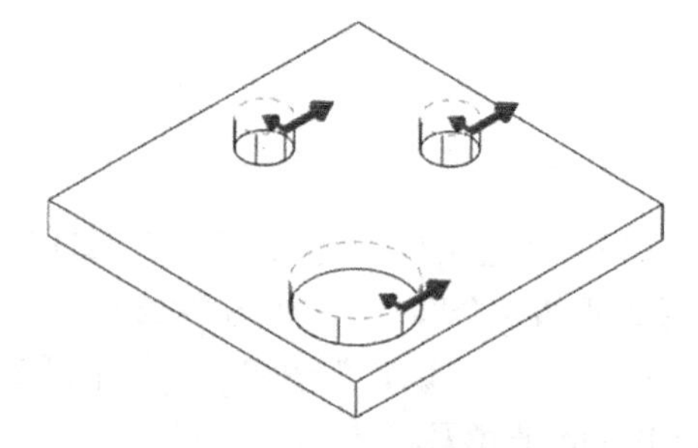

图 7-26　选圆柱上表面的边线

（26）在【2D 刀路-平面铣削】对话框中选择“刀具”选项，选择ϕ12mm 平底刀，进给速率 500mm/min。

（27）选择“切削参数”选项，对“类型”选择“双向”，对“截断方向超出量”选择 50%，对“引导方向超出量”选择 100%，“进刀引线长度”为 100%，“退刀引线长度”为 0，“最大步进量”为 80%，“底面预留量”为 0。

（28）选择“Z 分层切削”选项，取消“深度分层切削”复选框前面的“√”。

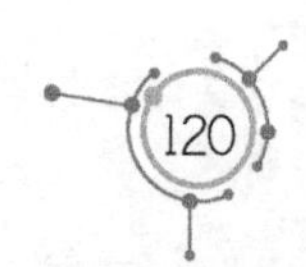

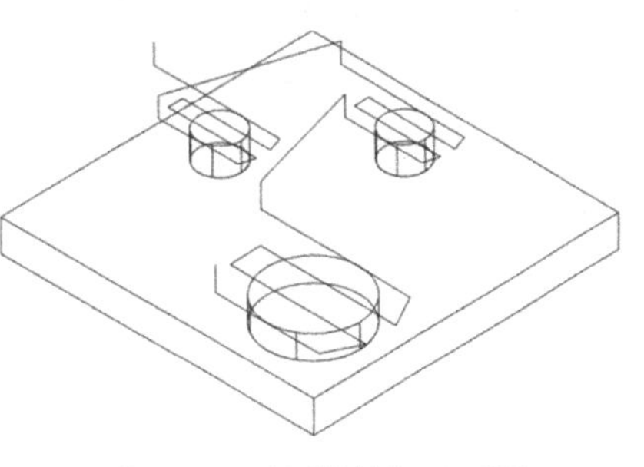

图 7-27　平面铣精加工刀路

（29）选择“共同参数”选项，“安全高度”为 20.0mm。选择“◉绝对坐标”，“参考高度”为 20.0mm。选择“◉绝对坐标”，“下刀位置”为 20.0mm，选择“◉绝对坐标”，“工件表面”为 17.5mm。选择“◉绝对坐标”，“深度”为 0。选择“◉增量坐标”（此处选“◉增量坐标”，可以把加工不同高度的刀路写在同一个程序中）。

（30）单击“确定”按钮，生成平面铣精加工刀路，如图 7-27 所示。

（31）单击“保存”按钮，保存文档。

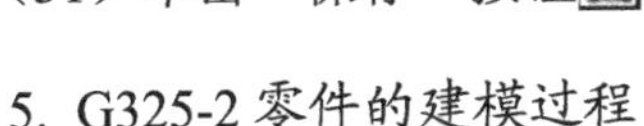

5. G325-2 零件的建模过程

（1）在主菜单中选取“绘图｜矩形”命令，在坐标输入框中输入矩形中心点的坐标（0，0，0），在辅助工具条中输入矩形的长 80mm、宽 80mm，单击“设置基准点为中心”按钮，单击“确定”按钮，创建一个矩形。

（2）单击键盘功能键 F9，显示坐标系，如图 7-4 所示。

（3）在主菜单中选取“实体｜拉伸”命令，在绘图区中选取矩形，单击【串连选项】对话框中的“确定”按钮。

（4）在【实体拉伸】对话框中选中“◉创建主体”，距离设为 24mm，拉伸箭头方向朝上。

（5）单击“确定”按钮，创建方体，如图 7-5 所示。

（6）在主菜单中选取“绘图｜矩形”命令，在坐标输入框中输入矩形中心点的坐标（0，0，24），在辅助工具条中输入矩形长 70mm，宽 71mm，单击“设置基准点为中心”按钮，单击“确定”按钮，创建一个矩形，如图 7-28 所示。

（7）在主菜单中选择“绘图｜倒圆角｜串连倒圆角”命令，在数据栏中输入 R5mm，选取 70mm×71mm 的矩形，单击“确定”按钮，创建串连倒圆角特征，如图 7-29 所示。

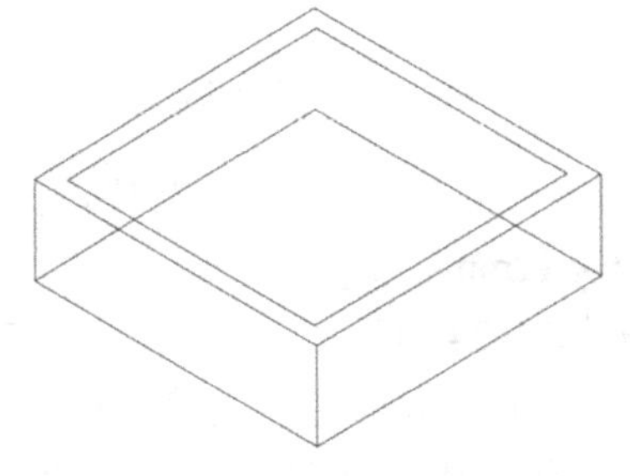

图 7-28　创建 70mm×71mm 矩形

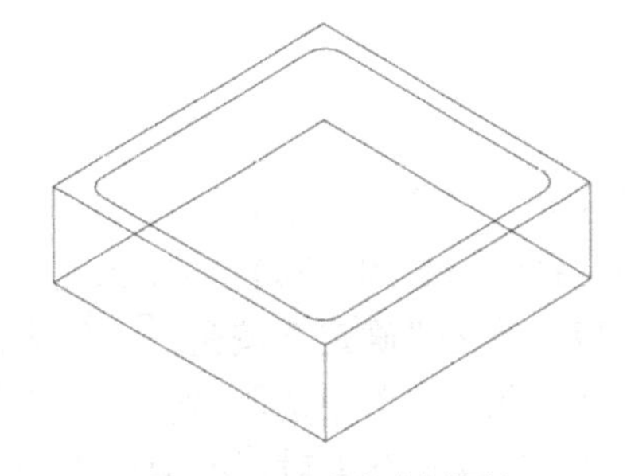

图 7-29　创建串连倒圆角

（8）在主菜单中选取“绘图｜圆弧｜已知圆心点画圆”命令，在坐标输入框中输入圆心坐标（−33，0，24），按 Enter 键，圆弧直径为ϕ24mm。

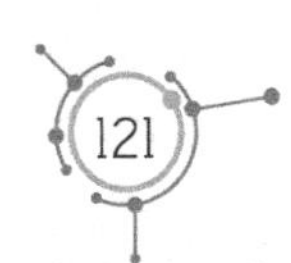

（9）单击“确定”按钮，绘制一个圆，如图 7-30 所示。

（10）在主菜单中选择“转换 | 旋转”命令，选中刚才创建的圆弧，按 Enter 键，在【旋转】对话框中选择“◉移动”，角度为 45° 选项。

（11）单击“确定”按钮，所选中的圆弧旋转 45° 如图 7-31 所示。

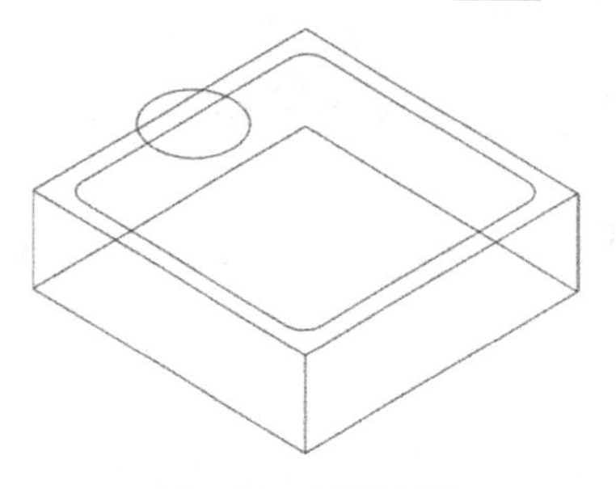

图 7-30　绘制圆周

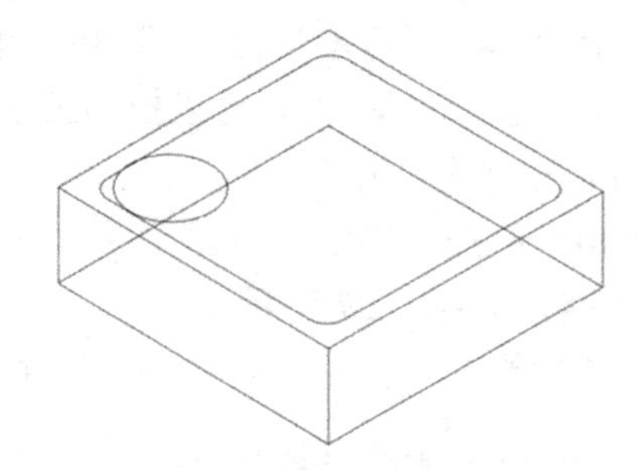

图 7-31　圆周旋转 45°

（12）在主菜单中选取“绘图 | 倒圆角 | 倒圆角”命令，选中圆周和矩形边线创建倒圆角（R5mm），如图 7-32 所示（删除多余的图素）。

（13）在主菜单中选择“实体 | 拉伸”命令，在绘图区中选取刚才创建的圆形，单击【串连选项】对话框中的“确定”按钮。

（14）在【实体拉伸】对话框中选中“◉增加凸台”，距离为 6mm，箭头朝上。

（15）单击“确定”按钮，创建凸台，如图 7-33 所示。

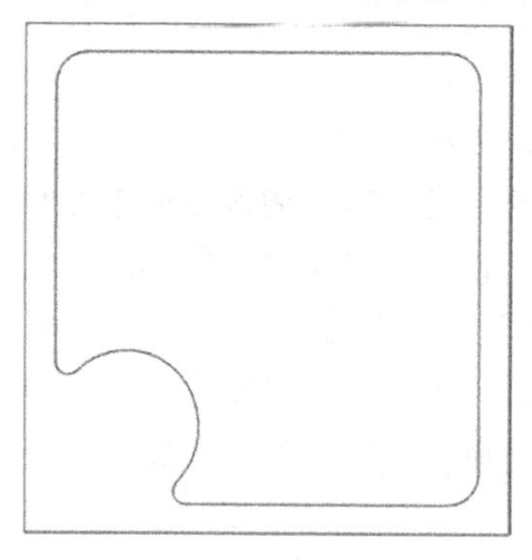

图 7-32　倒圆角 R5

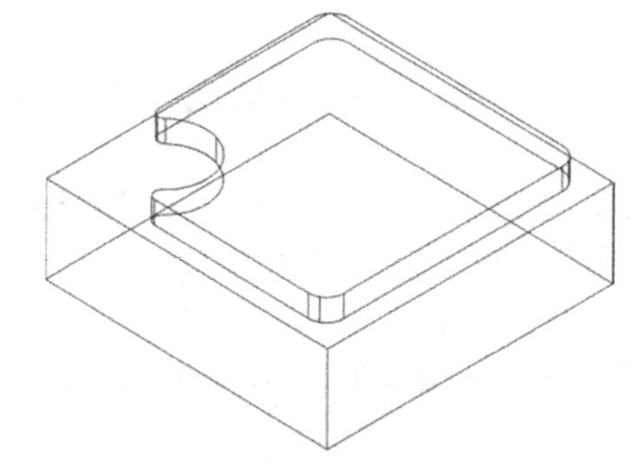

图 7-33　创建凸台

（16）在主菜单中选择“绘图 | 圆弧 | 已知圆心点画圆”命令，在坐标输入框中输入圆心坐标（24，0，30），按 Enter 键，圆弧直径为ϕ11mm。

（17）单击“确定”按钮，绘制一个圆，如图 7-34 所示。

（18）在主菜单中选取“转换 | 旋转”命令，选中刚才创建的圆，按 Enter 键。

（19）在【旋转】对话框中选“◉复制”，次数为 3，角度为 90°，单击“定义中心点”按钮，输入旋转中心点坐标（0，0，0），按 Enter 键。

（20）单击“确定”按钮，绘制另外三个圆，如图 7-35 所示。

（21）在主菜单中选取“屏幕 | 清除颜色”命令，即可清除图素的颜色。

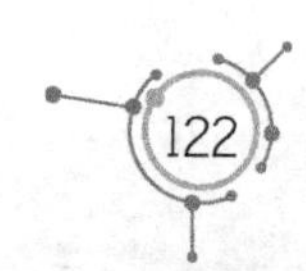

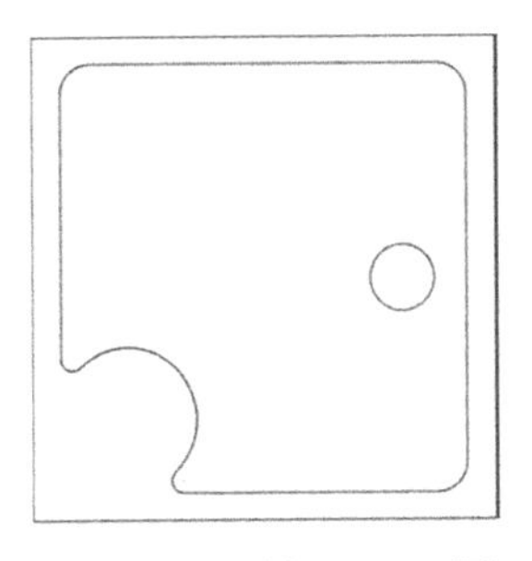

图 7-34　绘制ϕ11mm 圆

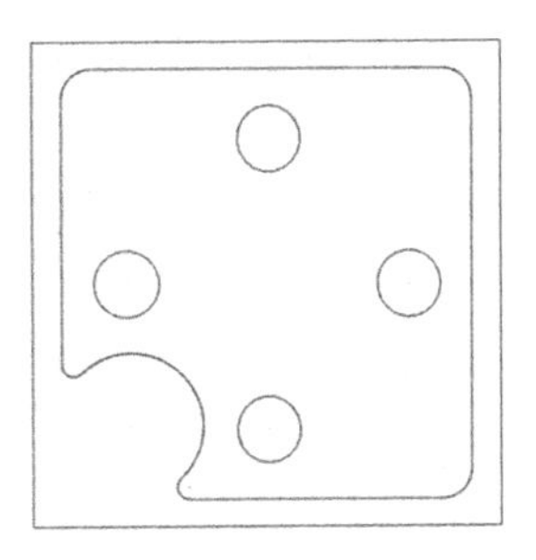

图 7-35　绘制另外三个圆

（22）在主菜单中选择“绘图｜圆弧｜已知圆心点画圆”命令，以（0，0，30）为圆心，绘制两个圆，直径分别为ϕ37mm 和ϕ59mm，如图 7-36 所示。

（23）在主菜单中选择“编辑｜修剪/打断｜修剪/打断/延伸”命令，在工具条中选“分割物体”按钮，如图 7-37 所示。

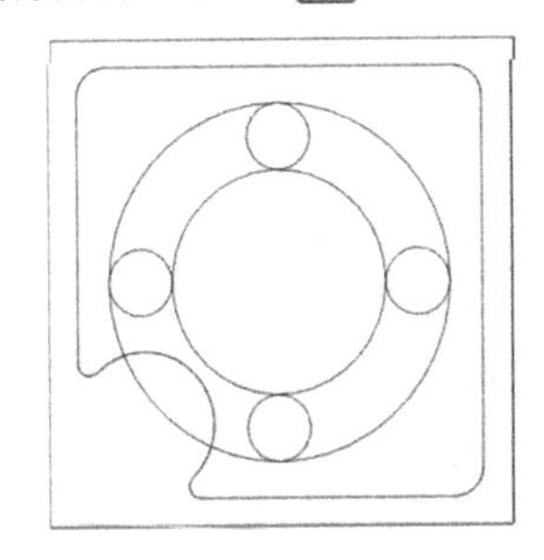

图 7-36　绘制两个圆周

图 7-37　选“分割物体”按钮

（24）修剪曲线多余的部分，修剪后的结果如图 7-38 所示。

（25）在主菜单中选择“实体｜拉伸”命令，在绘图区中选取刚才修剪后的图形，单击【串连选项】对话框中的“确定”按钮。

（26）在【实体拉伸】对话框中选中“◉切割主体”，距离设为 6mm，箭头朝下。

（27）单击“确定”按钮，创建两条槽，如图 7-39 所示。

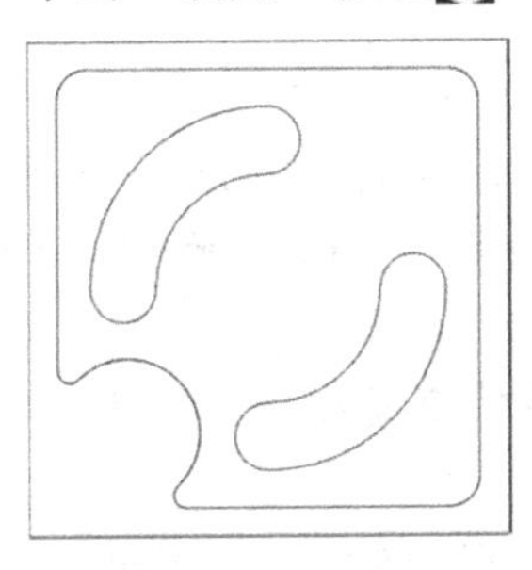

图 7-38　修剪结果

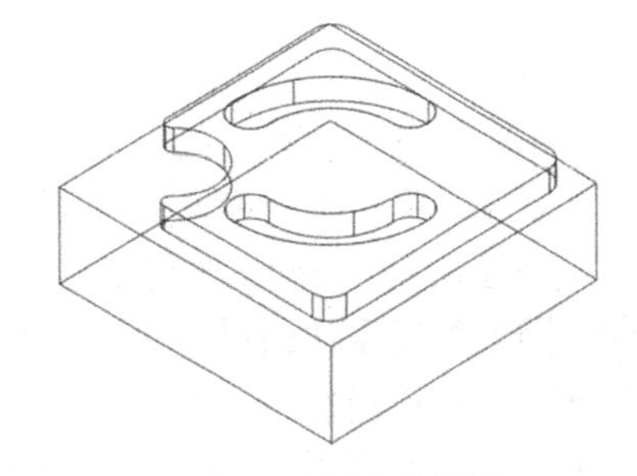

图 7-39　创建两条槽

（28）在主菜单中选择“转换｜平移”命令，选中 4 条ϕ11mm 的圆弧，按 Enter 键，在【平移】对话框中选“复制”，ΔZ 为-10mm，如图 7-40 所示。

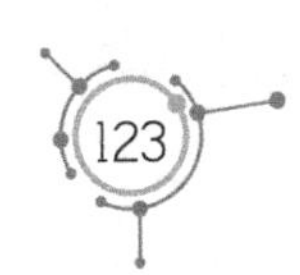

（29）单击“确定”按钮，所选中的 4 条圆弧向下平移复制 10mm，如图 7-41 所示。

（30）在主菜单中选取“编辑 | 修剪/打断 | 恢复全圆”命令，选中刚才复制的 4 条圆弧。

（31）按 Enter 键，所选中的圆弧恢复成整圆，如图 7-42 所示。

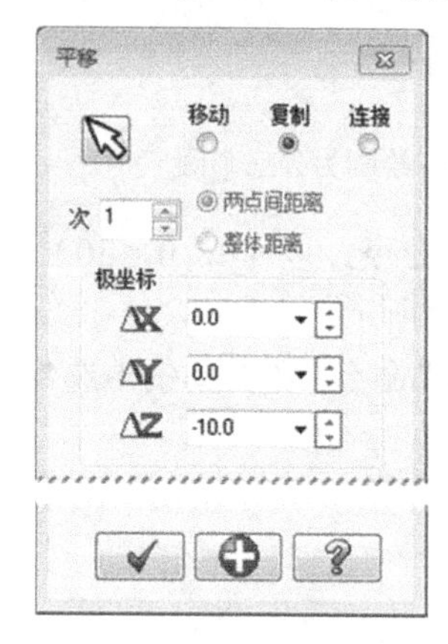

图 7-40 【平移】对话框

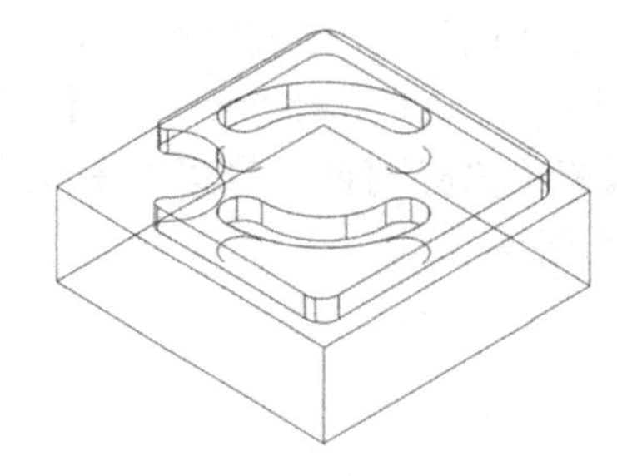

图 7-41 复制 4 条圆弧

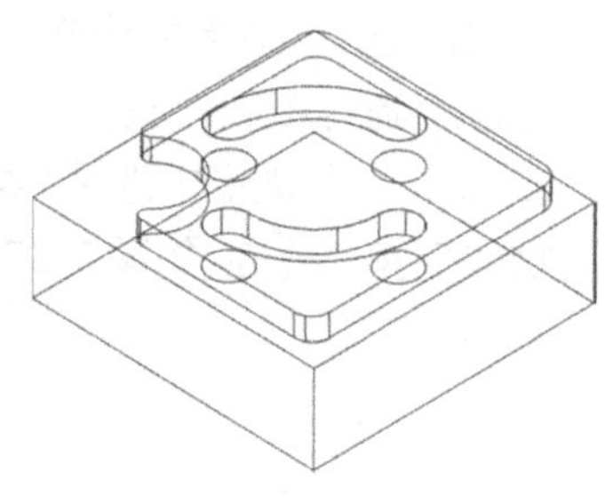

图 7-42 圆弧恢复成整圆

（32）在主菜单中选取“实体 | 拉伸”命令，在绘图区中选取刚才恢复成整圆的 4 个圆弧，单击【串连选项】对话框中的“确定”按钮。

（33）在【实体拉伸】对话框中选中“◉切割主体”，距离设为 6mm，箭头朝上。

（34）单击“确定”按钮，创建 4 个圆孔，如图 7-43 所示。

（35）单击“保存”按钮，文件名为 G325-2.mcx-9。

6. G325-2 零件的工艺分析

（1）零件的尺寸是 80mm×80mm×30mm，而毛坯材料是铝块（85mm×85mm×35mm），建议零件加工时，毛坯正、反两面的平面各加工 2.5mm，以保持统一，便于初学者学习。

（2）根据零件形状，应先加工零件反面的平面及 80mm×80mm 外形，再加工零件正面。

（3）根据零件的形状，在加工零件的平面及外形时，建议用ϕ12mm 的平底刀，加工正面两条槽及小孔时，考虑到刀具的回旋空间，建议用ϕ6mm 平底刀，也可以用ϕ8 平底刀，不建议用ϕ10mm 平底刀。

（4）因为加工零件的材质是铝，在加工过程中刀具的磨损较小，所以可以在粗加工后不用换刀，直接精加工。

（5）第一次装夹时，以工件的上表面对刀，第二次装夹时，以工件的下表面对刀。

7. G325-2 零件的第一次编程

（1）单击“前视图”按钮，将零件切换到前视图。

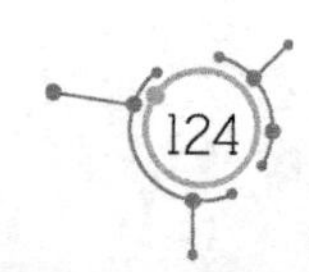

（2）在主菜单中选取“转换｜旋转”命令，用框选方式选中所有图素，按 Enter 键，在【旋转】对话框中选“◉复制”，旋转角度为 180。

（3）单击“确定”按钮✔，所有图素旋转 180°，如图 7-44 所示。

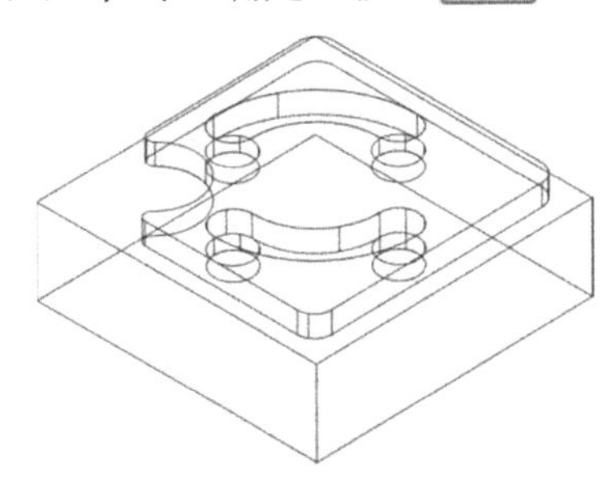

图 7-43　创建 4 个圆孔

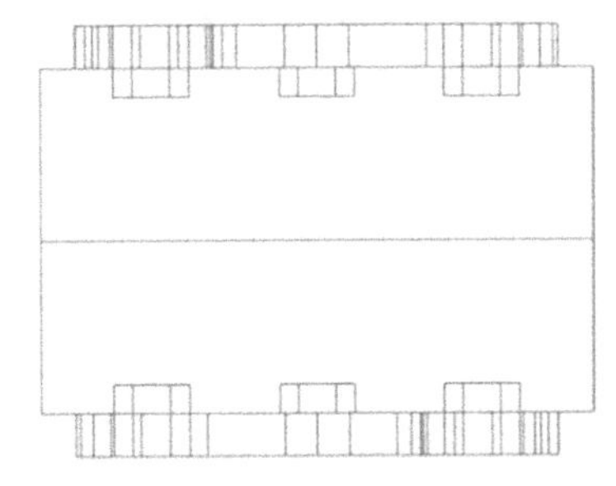

图 7-44　所有图素旋转 180°

（4）在工作区下方工具条中的“层别”两字上单击鼠标右键，在工作区上方的工具条中选取“全部”按钮。

（5）在【选择所有—单一选择】对话框中选“转换结果”选项。

（6）按 Enter 键，在【更改层别】对话框中选“◉移动”，取消钩选“使用主层别”复选框，编号为 2。

（7）单击“确定”按钮✔，所有的结果移至图层 2。

（8）在工作区下方的工具条中单击“层别”两字，在【层别管理】对话框中将第 2 层设为主图层，关闭第 1 层的“×”，只显示第 2 层的图素，如图 7-45 所示。

（9）在主菜单中选择“机床类型｜铣床｜默认”命令，进入加工模式。

（10）在“刀路”管理器中展开“+属性”，再单击“毛坯设置”命令。

（11）在【机床群组属性】对话框“毛坯设置”选项卡中，对“毛坯平面”选择“俯视图”，对“形状”选择“◉立方体”，钩选“显示”、“适度化”复选框，选择“◉线框”，“毛坯原点”设为（0，0，2.5），毛坯的长、宽、高分别为 85mm、85mm、35mm。

（12）在主菜单中选择“刀路｜平面铣”命令，输入 NC 名称为 G325-2-1。

（13）单击“确定”按钮✔，再单击“确定”按钮✔，在【2D 刀路-平面铣削】对话框中选“刀具”选项，在右边的空白处单击鼠标右键，在下拉菜单中选“创建新刀具”命令。

（14）刀具类型选“平底刀”，刀齿直径为ϕ12mm，刀号为 1，刀长补正为 1，半径补正为 1，进给速率为 1000mm/min，下刀速率为 600mm/min，提刀速率为 1500mm/min，主轴转速为 1500r/min，其他参数选择系统默认值。

（15）在【2D 刀路-平面铣削】对话框中选择“切削参数”选项，对“类型”选择“双向”，对“截断方向超出量”选择 50%，“引导方向超出量”选择 50%，“进刀引线长度”设为 100%，“退刀引线长度”设为 0，“最大步进量”设为 80%，底面预留量为 0.2mm。

（16）选择“Z 分层切削”选项，钩选“深度分层切削”复选框，“最大粗切步进量”为 1.0mm。

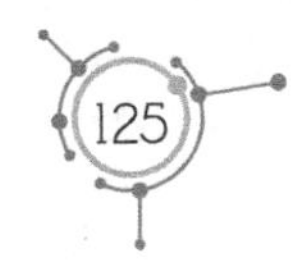

（17）选择“共同参数”选项，“安全高度”设为 5.0mm。选择“◉绝对坐标”，“参考高度”为 5.0mm。选择“◉绝对坐标”，“下刀位置”设为 5.0mm。选择“◉绝对坐标”，“工件表面”为 2.5mm。选择“◉绝对坐标”，“深度”为 0，选择“◉绝对坐标”。

（18）单击“确定”按钮✔，生成的平面铣粗加工刀路如图 7-46 所示。

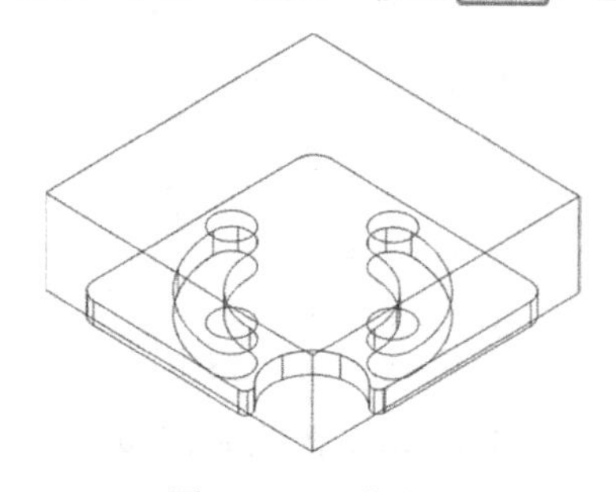

图 7-45　工件背面

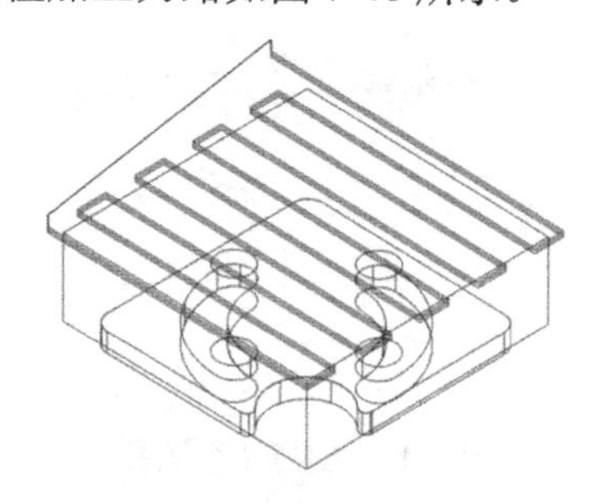

图 7-46　平面铣粗加工刀路

（19）在【刀路】管理器中单击“切换”按钮≋，隐藏平面铣刀路。

（20）在主菜单中选择“刀路 | 外形”命令，在零件图上选取 80mm×80mm 的矩形边线，箭头方向为顺时针方向，如图 7-47 所示，单击“确定”按钮✔。

（21）在【2D 刀路-外形铣削】对话框中选“刀具”选项，选择ϕ12mm 平底刀。

（22）选择“切削参数”选项，对“补正方式”选择“电脑”，对“补正方向”选择“左”，“壁边预留量”为 0.3mm，“外形铣削方式”选“2D”。

（23）选择“Z 分层切削”选项，钩选“深度分层切削”复选框，“最大粗切步进量”选择 1.0mm，钩选“不提刀”复选框。

（24）选择“进/退刀设置”选项，在“进刀”区域中选择“◉相切”，进刀长度为 5mm，圆弧半径为 1mm，单击⏩按钮，使退刀参数与进刀参数相同。

（25）选择“共同参数”选项，“安全高度”为 5.0mm。选择“◉绝对坐标”，“参考高度”为 5.0mm。选择“◉绝对坐标”，“下刀位置”为 5.0mm。选择“◉绝对坐标”，“工件表面”为 0mm。选择“◉绝对坐标”，“深度”为-26mm，选择“◉绝对坐标”。

（26）单击“确定”按钮✔，生成的外形铣粗加工刀路，如图 7-48 所示。

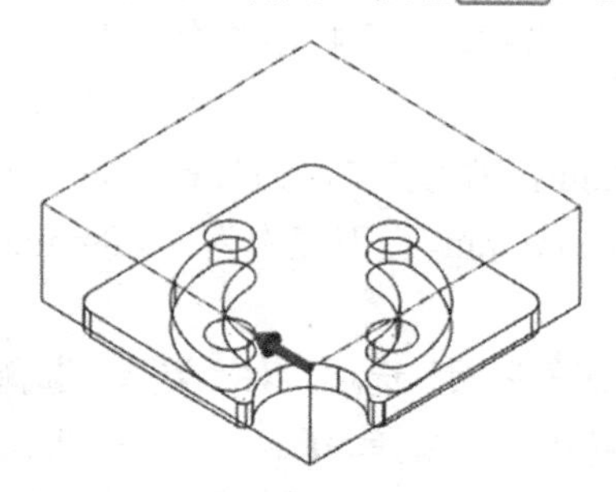

图 7-47　选 80mm×80mm 矩形边线

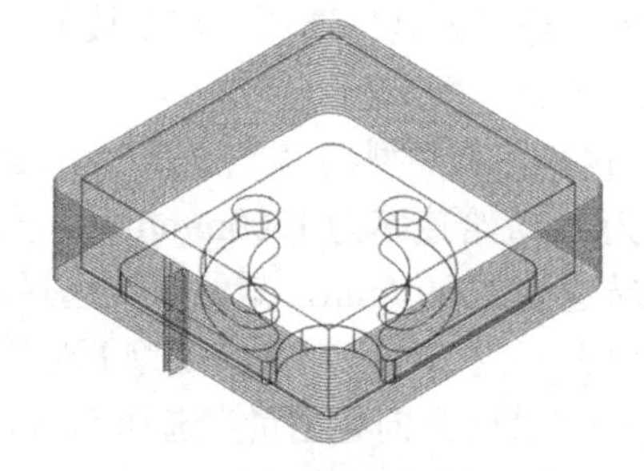

图 7-48　外形铣粗加工刀路

（27）在“刀路”管理器中复制“1-平面铣”刀路，并粘贴到“刀路”管理器的最后。

（28）双击“3-平面铣”刀路的“参数”，在【2D 刀路-平面铣削】对话框中选中“刀

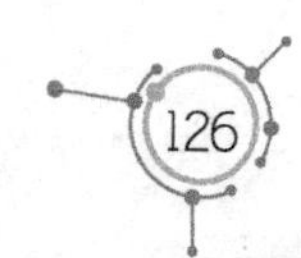

具”选项，将“进给率”改为 600mm/min。选中“切削参数”选项，将“底面预留量”改为 0。选中“Z 分层切削”选项，取消已钩选的“深度分层切削”复选框。

（29）单击“重建刀路”按钮，平面精加工刀路如图 7-49 所示。

（30）在“刀路”管理器中复制“2-外形铣削”刀路，并粘贴到“刀路”管理器的最后。

（31）双击“4-外形铣削”刀路的“参数”，在【2D 刀路-外形铣削】对话框中选中“刀具”选项，将“进给率”改为 500mm/min。选中“切削参数”选项，将“壁边预留量”改为 0。选中“Z 分层切削”选项，取消已钩选的“深度分层切削”复选框。选择“进/退刀设置”选项，取消已钩选的“在封闭轮廓中点位置执行进/退刀”、“过切检查”、“进刀”、“退刀”复选框，钩选“调整轮廓起始（结束）位置”，“长度”设为 80%。选中“XY 分层切削”选项，钩选“XY 分层切削”复选框，粗切次数为 3，间距为 0.1mm，精修次数为 1，间距为 0.02mm，钩选“不提刀”复选框。

（32）单击“重建刀路”按钮，外形精加工刀路如图 7-50 所示。

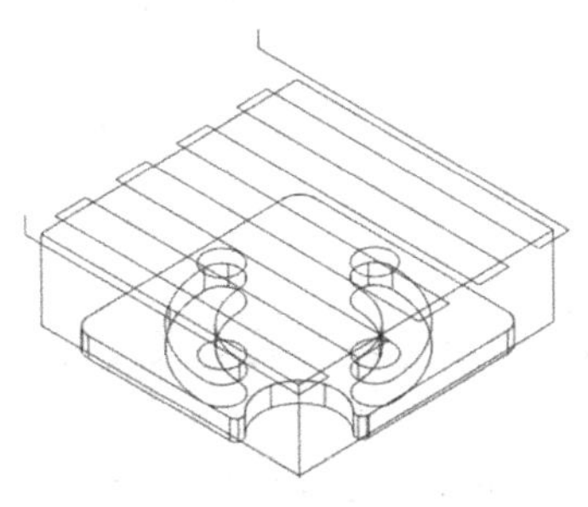

图 7-49　平面精加工刀路

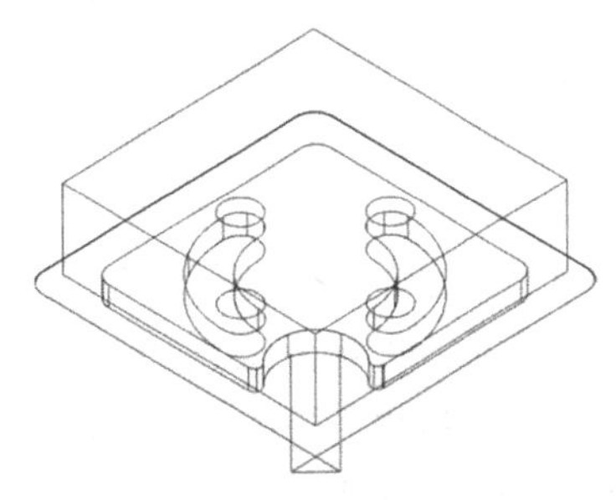

图 7-50　外形精加工刀路

8. G325-2 零件的第二次编程

（1）设定第 1 层为主图层，并关闭第 2 层。

（2）在主菜单中选取“刀路丨平面铣”命令，单击“确定”按钮，在【2D 刀路-平面铣削】对话框中选择“刀具”选项，选择直径为ϕ12mm 的平底刀。

（3）在【2D 刀路-平面铣削】对话框中选择“切削参数”选项，对“类型”选择“双向”，对“截断方向超出量”选择 50%，对“引导方向超出量”选择 50%，“进刀引线长度”设为 100%，“退刀引线长度”为 0，“最大步进量”为 80%，底面预留量为 0.2mm。

（4）选择“Z 分层切削”选项，钩选“深度分层切削”复选框，“最大粗切步进量”设为 1.0mm。

（5）选择“共同参数”选项，“安全高度”为 35.0mm。选择“◉绝对坐标”，“参考高度”设为 35.0mm。选择“◉绝对坐标”，“下刀位置”设为 35.0mm。选择“◉绝对坐标”，“工件表面”为 32.5mm。选择“◉绝对坐标”，“深度”设为 30.0mm。选择“◉绝对坐标”。

（6）单击“确定”按钮，生成平面铣粗加工刀路，如图 7-51 所示。

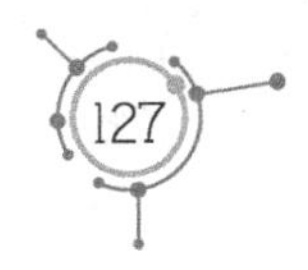

（7）在“刀路”管理器中选中“5-平面铣”，单击鼠标右键，选择“编辑已经选择的操作 | 更改 NC 文件名”命令，将 NC 文件名更改为 G325-2-2，如图 7-52 所示。

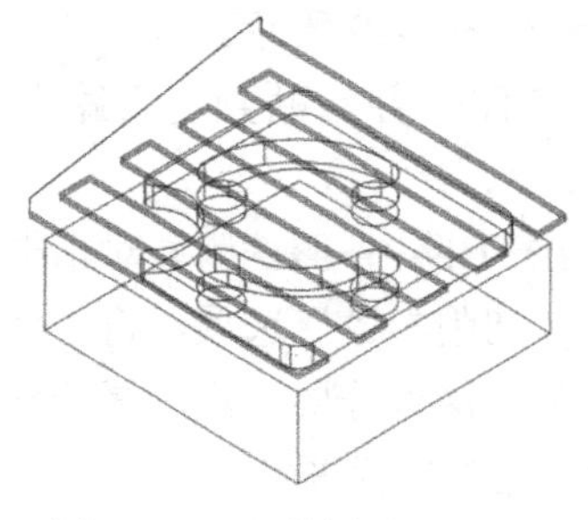

图 7-51　平面铣粗加工刀路

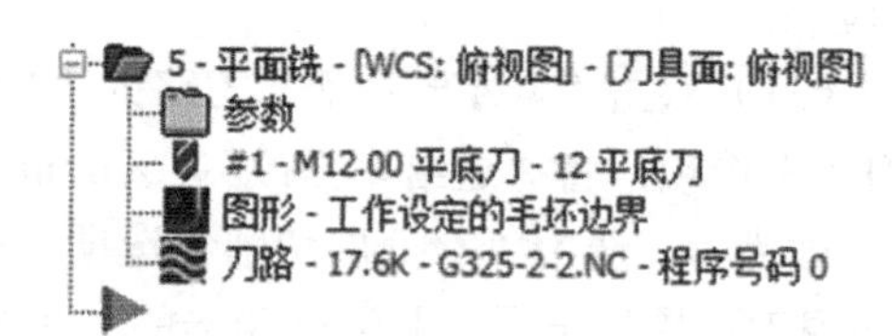

图 7-52　NC 文件名更改为 G325-2-2

（8）在主菜单中选取“刀路 | 外形”命令，在零件图上选取台阶的边线，箭头方向为顺时针方向，箭头为起始位置，如图 7-53 所示，单击“确定”按钮 。

（9）在【2D 刀路-外形铣削】对话框中选择“刀具”选项，选择ϕ12mm 平底刀。

（10）选择“切削参数”选项，“补正方式”选择“电脑”，“补正方向”选择“左”，“壁边预留量”为 0.3mm，“底面预留量”为 0.2mm，“外形铣削方式”选“2D”。

（11）选择“Z 分层切削”选项，钩选“深度分层切削”复选框，“最大粗切步进量”选 1.0mm，钩选“不提刀”复选框。

（12）选择“进/退刀设置”选项，在“进刀”区域中选“◉相切”，进刀长度为 32mm，圆弧半径为 5.0mm，单击 按钮，使退刀参数与进刀参数相同。

（13）选择“共同参数”选项，“安全高度”为 35.0mm。选择“◉绝对坐标”，“参考高度”为 35.0mm。选择“◉绝对坐标”，“下刀位置”为 35.0mm。选择“◉绝对坐标”，“工件表面”为 30mm。选择“◉绝对坐标”，“深度”为 24mm。选择“◉绝对坐标”。

（14）单击“确定”按钮 ，生成的外形铣粗加工刀路如图 7-54 所示。

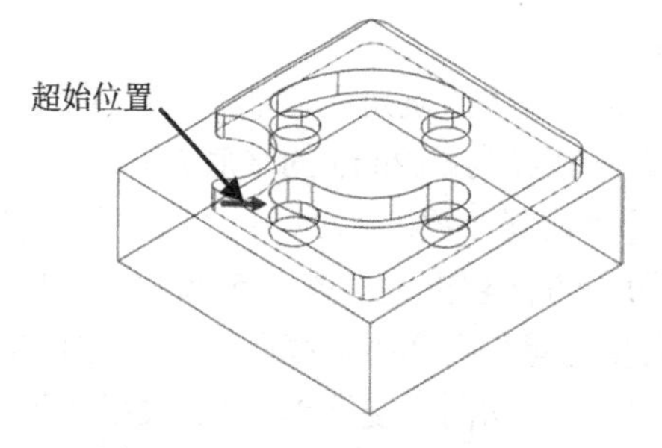

图 7-53　选取台阶的边线

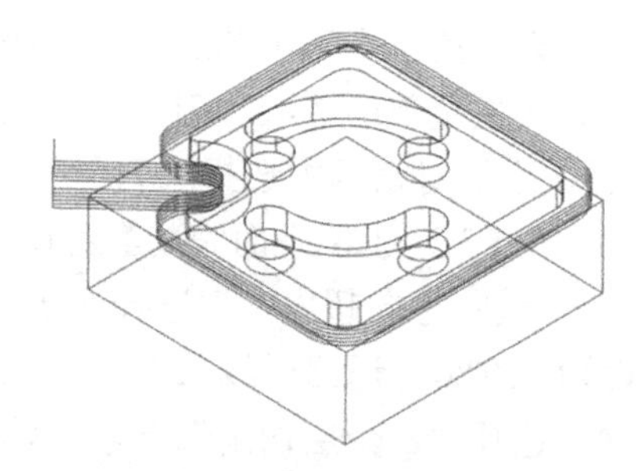

图 7-54　外形铣粗加工刀路

（15）在“刀路”管理器中复制“5-平面铣”刀路，并粘贴到“刀路”管理器的最后。

（16）双击“7-平面铣”刀路的“参数”，在【2D 刀路-平面铣削】对话框中选中“刀具”选项，将“进给率”改为 600mm/min。选中“切削参数”选项，将“底面预留量”改为 0。选中“Z 分层切削”选项，取消已钩选的“深度分层切削”复选框。

（17）单击“重建刀路”按钮 ，平面精加工刀路如图 7-55 所示。

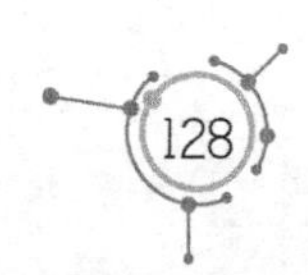

（18）在“刀路”管理器中复制“6-外形铣削”刀路，并粘贴到“刀路”管理器的最后。

（19）双击“8-外形铣削”刀路的“参数”，在【2D 刀路-外形铣削】对话框中选中“刀具”选项，将“进给率”改为 500mm/min。选中“切削参数”选项，将“壁边预留量”、“底面预留量”改为 0。选中“Z 分层切削”选项，取消已钩选的“深度分层切削”复选框。选中“XY 分层切削”选项，钩选“XY 分层切削”复选框，粗切次数为 3，间距为 0.1mm，精修次数为 1，间距为 0.02mm，钩选“不提刀”复选框。

（20）单击“重建刀路”按钮，台阶外形精加工刀路如图 7-56 所示。

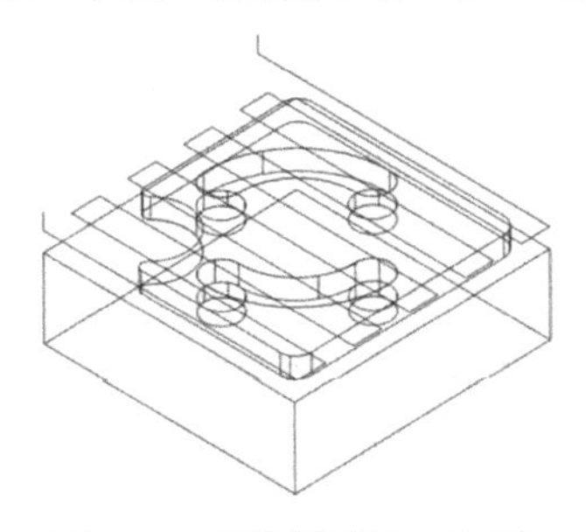
图 7-55　平面铣精加工刀路

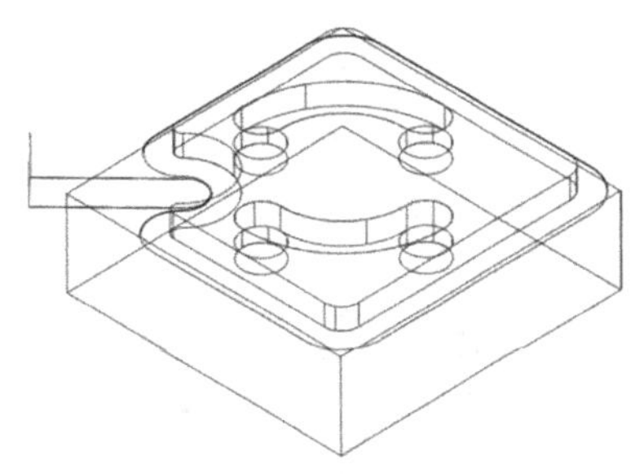
图 7-56　台阶精加工刀路

（21）在主菜单中选取“刀路｜外形”命令，选取两条槽的边线，箭头方向为逆时针方向，箭头起始位置，如图 7-57 所示。

（22）单击“确定”按钮，在【2D 刀路-平面铣削】对话框中选“刀具”选项，在右边的空白处单击鼠标右键，在下拉菜单中选“创建新刀具”命令。

（23）刀具类型选“平底刀”，刀齿直径为ϕ6mm，刀号为 2，刀长补正为 2，半径补正为 2，进给速率为 1000mm/min，下刀速率为 600 mm/min，提刀速率为 1500 mm/min，主轴转速为 1500r/min，其他参数选择系统默认值。

（24）选择“切削参数”选项，对“补正方式”选择“电脑”，对“补正方向”选择“左”，“壁边预留量”为 0.3mm，“底面预留量”为 0.15mm，对“外形铣削方式”选择“2D”。

（25）选择“Z 分层切削”选项，钩选“深度分层切削”复选框，“最大粗切步进量”选 0.3mm，钩选“不提刀”复选框。

（26）选择“进/退刀设置”选项，在“进刀”区域中选“◉相切”，进刀长度为 7mm，斜插高度为 0.3mm（采用斜向进刀，防止踩刀），圆弧半径为 1.0mm。单击按钮，使退刀参数与进刀参数相同。

（27）选择“共同参数”选项，“安全高度”为 35.0mm。选择“◉绝对坐标”，“参考高度”为 35.0mm。选择“◉绝对坐标”，“下刀位置”为 35.0mm。选择“◉绝对坐标”，“工件表面”为 30mm。选择“◉绝对坐标”，“深度”为 24mm，选择“◉绝对坐标”。

（28）单击“确定”按钮，生成加工槽的刀路如图 7-58 所示。

（29）在主菜单中选取“刀路｜外形”命令，选取 4 条直径为ϕ11 的圆周边线，箭头方向为逆时针方向，如图 7-59 所示。

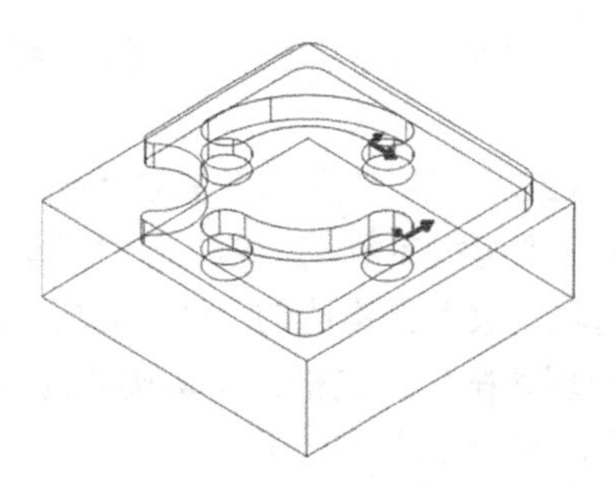

图 7-57　选两条槽的边线

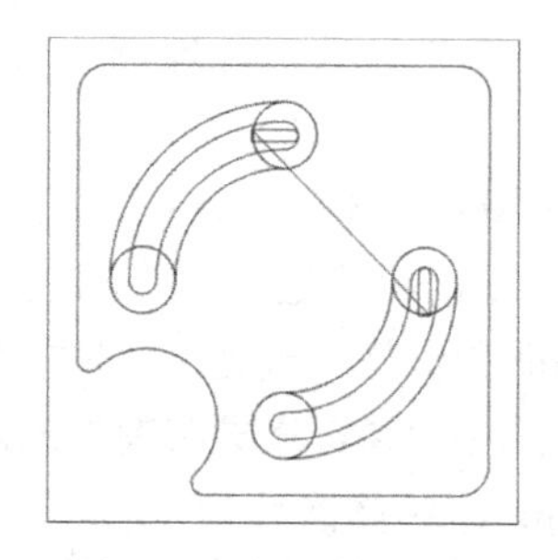

图 7-58　加工槽的刀路

（30）单击“确定”按钮，选择“Z 分层切削”选项，钩选“深度分层切削”复选框，“最大粗切步进量”选 0.1mm，钩选“不提刀”复选框。

（31）选择“进/退刀设置”选项，在“进刀”区域中选“◉相切”，进刀长度为 3mm，斜插高度为 0.1mm，圆弧半径为 0.5mm，单击按钮，使退刀参数与进刀参数相同。

（32）选择“共同参数”选项，“安全高度”为 35.0mm。选择“◉绝对坐标”，“参考高度”为 35.0mm，选择“◉绝对坐标”，“下刀位置”为 35.0mm。选择“◉绝对坐标”，“工件表面”为 24mm，选择“◉绝对坐标”，“深度”为 20mm。选择“◉绝对坐标”。

（33）单击“确定”按钮，生成加工圆孔的刀路如图 7-60 所示。

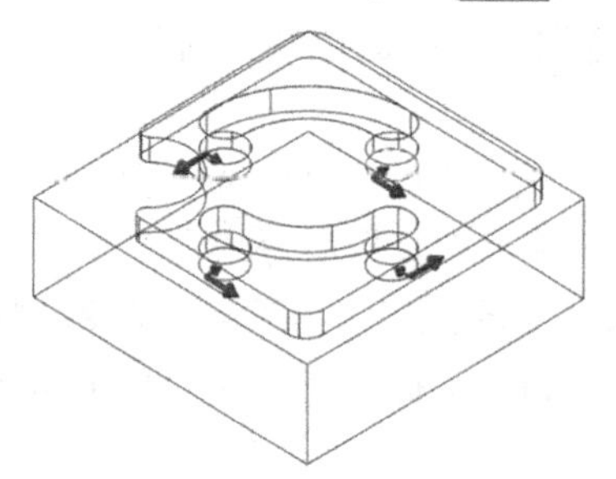

图 7-59　选取 4×ϕ11 圆周的边线

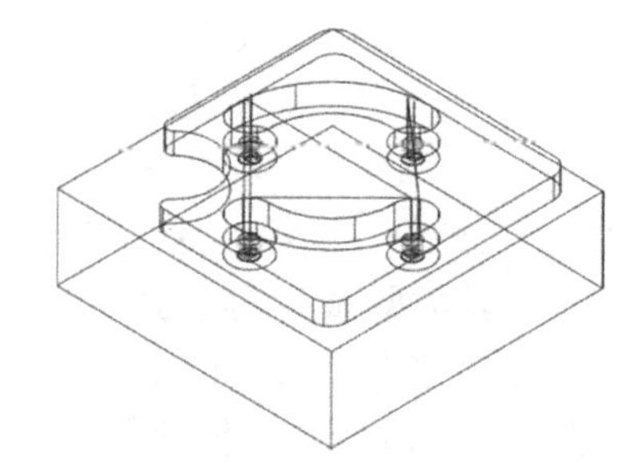

图 7-60　加工圆孔刀路

（34）在“刀路”管理器中复制“9-外形铣削”刀路，并粘贴到“刀路”管理器的最后。

（35）双击“11-外形铣削”刀路的“参数”，在【2D 刀路-外形铣削】对话框中选中“刀具”选项，将“进给率”改为 500mm/min。选中“切削参数”选项，将“壁边预留量”、“底面预留量”改为 0。选中“Z 分层切削”选项，取消已钩选的“深度分层切削”复选框。选中“XY 分层切削”选项，钩选“XY 分层切削”复选框，粗切次数为 3，间距为 0.1mm，精修次数为 1，间距为 0.02mm，钩选“不提刀”复选框。

（36）单击“重建刀路”按钮，两个槽的精加工刀路如图 7-61 所示。

（37）在“刀路”管理器中复制“10-外形铣削”刀路，并粘贴到“刀路”管理器的最后。

（38）双击“12-外形铣削”刀路的“参数”，在【2D 刀路-外形铣削】对话框中选中“刀具”选项，将“进给率”改为 500mm/min，选中“切削参数”选项，将“壁边预留

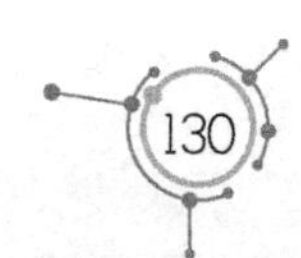

量”、“底面预留量”改为 0。选中“Z 分层切削”选项，取消已钩选的“深度分层切削”复选框。选中“XY 分层切削”选项，钩选“XY 分层切削”复选框，粗切次数为 3，间距为 0.1mm，精修次数为 1，间距为 0.02mm，钩选“不提刀”复选框。

（39）单击“重建刀路”按钮，两个圆孔的精加工刀路如图 7-62 所示。

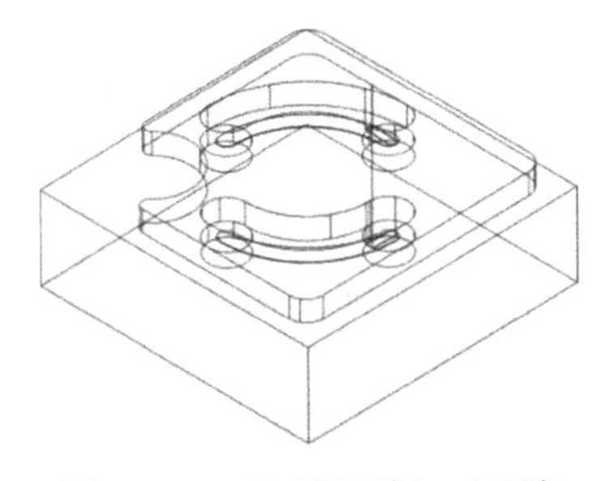

图 7-61　两个槽的精加工刀路

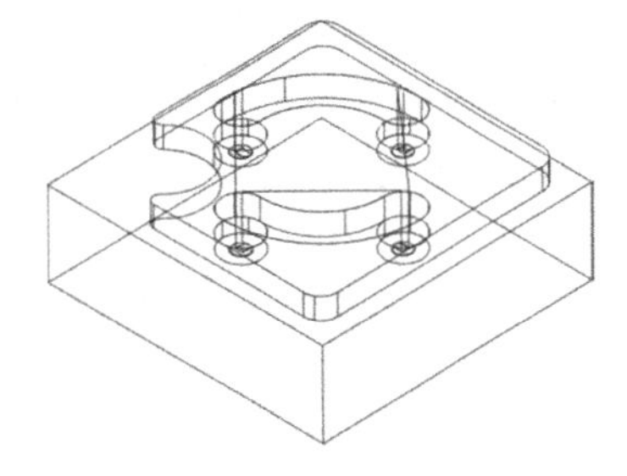

图 7-62　4 个圆孔的精加工刀路

（40）按住 Ctrl 键，在“刀路”管理器中选中第 9～12 个刀路。单击鼠标右键，选择“编辑已经选择的操作｜更改 NC 文件名”命令，将 NC 文件名更改为 G325-2-3。

（41）单击“保存”按钮，文件名为 G325-2.mcx-9。

9. G325-1 零件的第一次装夹

（1）零件的实体厚度是 15mm，而毛坯材料的厚度是 20mm，毛坯材料厚度比工件高 5mm.为了便于初学者统一操作步骤，在加工零件时，对正、反两面各加工 2.5mm。

（2）第一次用虎钳装夹时，工件上表面要超出虎钳至少 13mm，或者工件装夹的厚度不得超过 7mm。

（3）工件对刀时，采用四边分中的方法来确定工件坐标系，即工件上表面的中心为工件坐标系的原点（0，0），参考实例 1 中的图 1-66。

（4）Z 方向对刀时，可以用手工方式将工件上表面铣低 2.5mm 后，再将该表面设为 Z0。或者先把刀尖刚好接触工件的上表面，再稍微提升刀具，把刀具移至空挡处，然后降低 2.5mm，设为 Z0，参考实例 1 中的图 1-67。在数控编程时已经编好加工表面的程序，直接开启程序，即可用编制好的数控程序将工件表面铣削加工 2.5mm。

（5）工件第一次装夹的加工程序单见表 7-1。

表 7-1　G325-1 第一次装夹加工程序单

序号	程序名	刀具	加工深度
1	G325-1-1	ϕ12mm 平底刀	10mm

10. G325-1 零件的第二次装夹

（1）第二次用虎钳装夹时，工件上表面超出虎钳至少 10mm，工件装夹厚度不得超过 7mm。

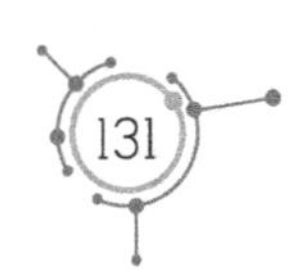

（2）工件下表面的中心为坐标系原点（0，0，0）。

（3）工件第二次装夹的加工程序单见表 7-2。

表 7-2　G325-1 第二次装夹加工程序单

序号	程序名	刀具	加工深度
1	G325-1-2	ϕ12mm 平底刀	7mm

11. G325-2 零件的第一次装夹

（1）零件的实体厚度是 30mm，而毛坯材料的厚度是 35mm，毛坯材料厚度比工件高 5mm。为了便于初学者统一操作步骤，在加工零件时，对正、反两面各加工 2.5mm。

（2）第一次用虎钳装夹时，工件上表面的毛坯面要超出虎钳平面至少 29mm，或者工件装夹的厚度不得超过 7mm。

（3）工件对刀时，采用四边分中的方法来确定工件坐标系，即工件上表面的中心为工件坐标系的原点（0，0），参考实例 1 中的图 1-66。

（4）Z 方向对刀时，可以用手工方式将工件上表面铣低 2.5mm 后，再将该表面设为 Z0。或者先把刀尖刚好接触工件的上表面，再稍微提升刀具，把刀具移至空挡处，然后降低 2.5mm，设为 Z0，参考实例 1 中的图 1-67。在数控编程时已经编好加工表面的程序，直接开启程序，即可用编制好的数控程序将工件表面铣削加工 2.5mm。

（5）工件第一次装夹的加工程序单见表 7-3。

表 7-3　G325-2 第一次装夹加工程序单

序号	程序名	刀具	加工深度
1	G325-2-1	ϕ12mm 平底刀	26mm

12. G325-2 零件的第二次装夹

（1）第二次用虎钳装夹时，工件上表面超出虎钳至少 10mm，工件装夹厚度不得超过 20mm。

（2）工件下表面的中心为坐标系原点（0，0，0）。

（3）工件第二次装夹的加工程序单见表 7-4。

表 7-4　G325-2 第二次装夹加工程序单

序号	程序名	刀具	加工深度
1	G325-2-2	ϕ12mm 平底刀	6mm
2	G325-2-3	ϕ6mm 平底刀	10mm

实例 8　G323——弯槽板

G323 考核说明：

（1）本题分值 100 分。

（2）考核时间：240min。

（3）考核形式：操作。

（4）具体考核要求：根据零件图（见图 8-1～图 8-3）完成加工。

（5）否定项说明：

（a）出现危及考生或他人安全的状况将中止考试，如果原因是考生操作失误所致，考生该题成绩记零分。

（b）因考生操作失误所致，导致设备故障且当场无法排除将中止考试，考生该题成绩记零分。

（c）因刀具、工具损坏而无法继续应中止考试。

G323 评分标准：

序号	项目	配分	评分标准 （各项配分扣完为止）	检测结果	扣分	得分
1	现场操作规范	2	不正确使用机床，酌情扣分			
2		2	不正确使用机床，酌情扣分			
3		2	不正确使用机床，酌情扣分			
4		4	不正确进行设备维护保养，酌情扣分			
5	件二 80mm×80mm 正方形	6	每超差 0.02mm，扣 2 分			
6	深度 15±0.02mm	4	每超差 0.02mm，扣 2 分			
7	R65.5mm，ϕ20mm 凸台	6	$2\times\phi20_{-0.03}^{-0.02}$ 圆柱，每超差 0.02mm，扣 2 分			
8	R65mm，ϕ20mm 连接	4	圆角半径每个超差扣 1 分，连接不光滑扣 1 分			
9	2×R6mm 凸台	4	40±0.02mm，20±0.02mm，每超差 0.02mm，扣 2 分			
10	高度 10.5mm	4	每超差 0.02mm，扣 2 分			
11	件一 80mm×80mm 正方形	6	每超差 0.02mm，扣 2 分			
12	R11mm，R65.5mm 圆弧槽	4	$R11_{0}^{0.03}$ 每超差 0.02mm，扣 2 分			
13	10±0.02mm 直槽	4	每超差 0.02mm，扣 2 分			
14	$6_{-0.02}^{0}$ mm 深度	4	每超差 0.02mm 扣 2 分			
15	62±0.02mm	4	每超差 0.02mm，扣 2 分			
16	25±0.02mm	4	每超差 0.02mm，扣 2 分			
17	$4.5_{-0.02}^{0}$ mm	4	每超差 0.02mm，扣 2 分			
18	2×R6mm 圆弧槽	4	每超差 0.02mm，扣 2 分			
19	40±0.02mm	4	每超差 0.02mm，扣 2 分			
20	配合技术要求一	6	无法全部嵌入到位，全扣			
21	配合技术要求二	6	装配后高度 30±0.08mm，每超差 0.02mm 扣分			
22	平行度	6	每超差 0.02mm，扣 2 分			
23	表面粗糙度	6	加工部位 30%不达要求扣 1 分，50%不达要求扣 2 分，75%不达要求扣 4 分，超过 75 不达要求全扣			
24	考核时间		在 240 分钟内完成，不得超时			
合并		100				

考评员签号　　　　　　　　　　　　　　　　　　　　　年　　月　　日

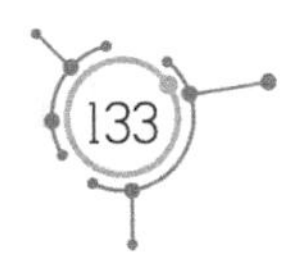

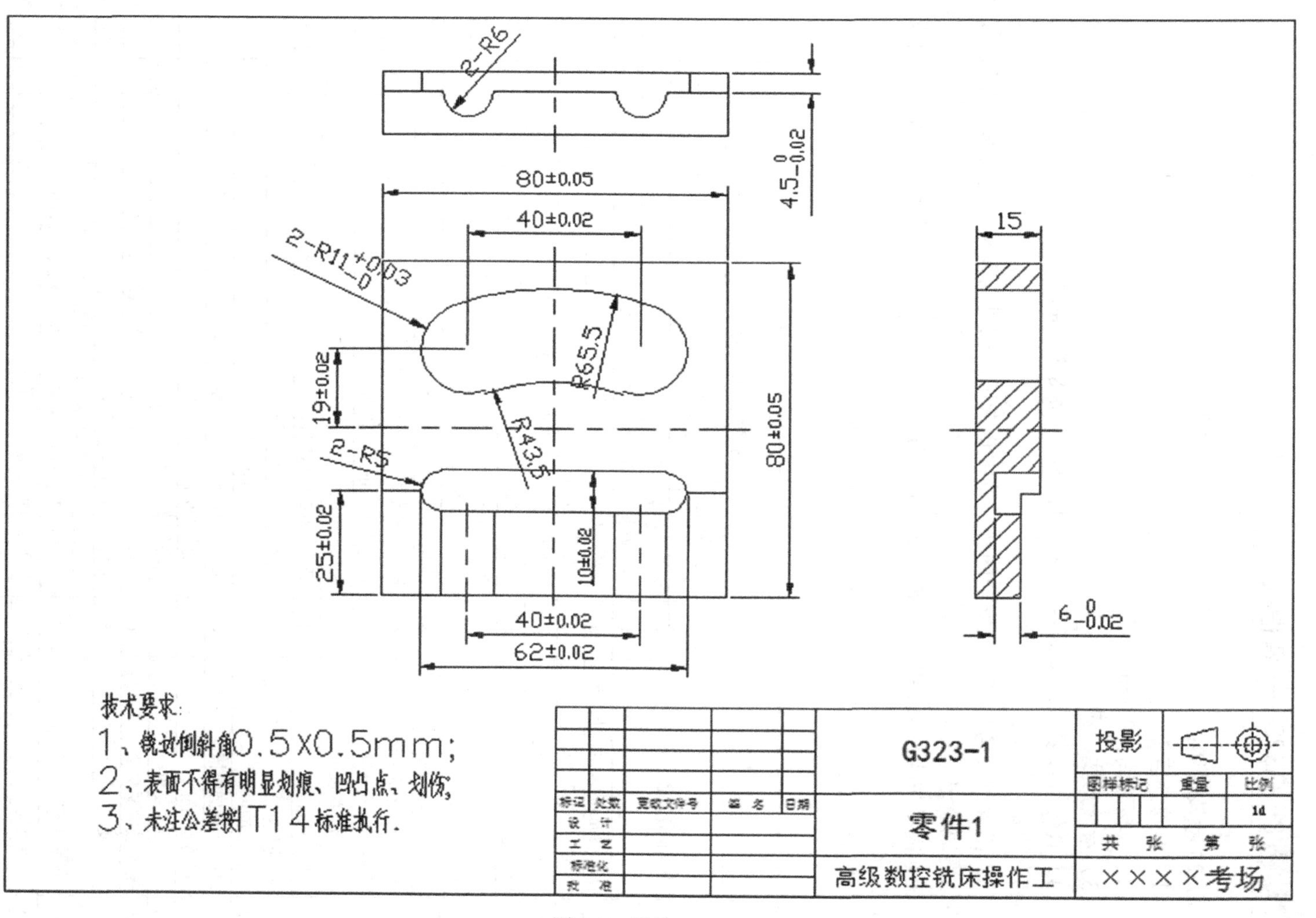

技术要求：
1、锐边倒斜角0.5X0.5mm；
2、表面不得有明显划痕、凹凸点、划伤；
3、未注公差按T14标准执行。
G323-1
零件1
高级数控铣床操作工
××××考场
投影
80±0.05
40±0.02
62±0.02
10±0.02
19±0.02
25±0.02
R65.5
R43.5
2-R5
2-R6
15

图 8-1 零件 G323-1

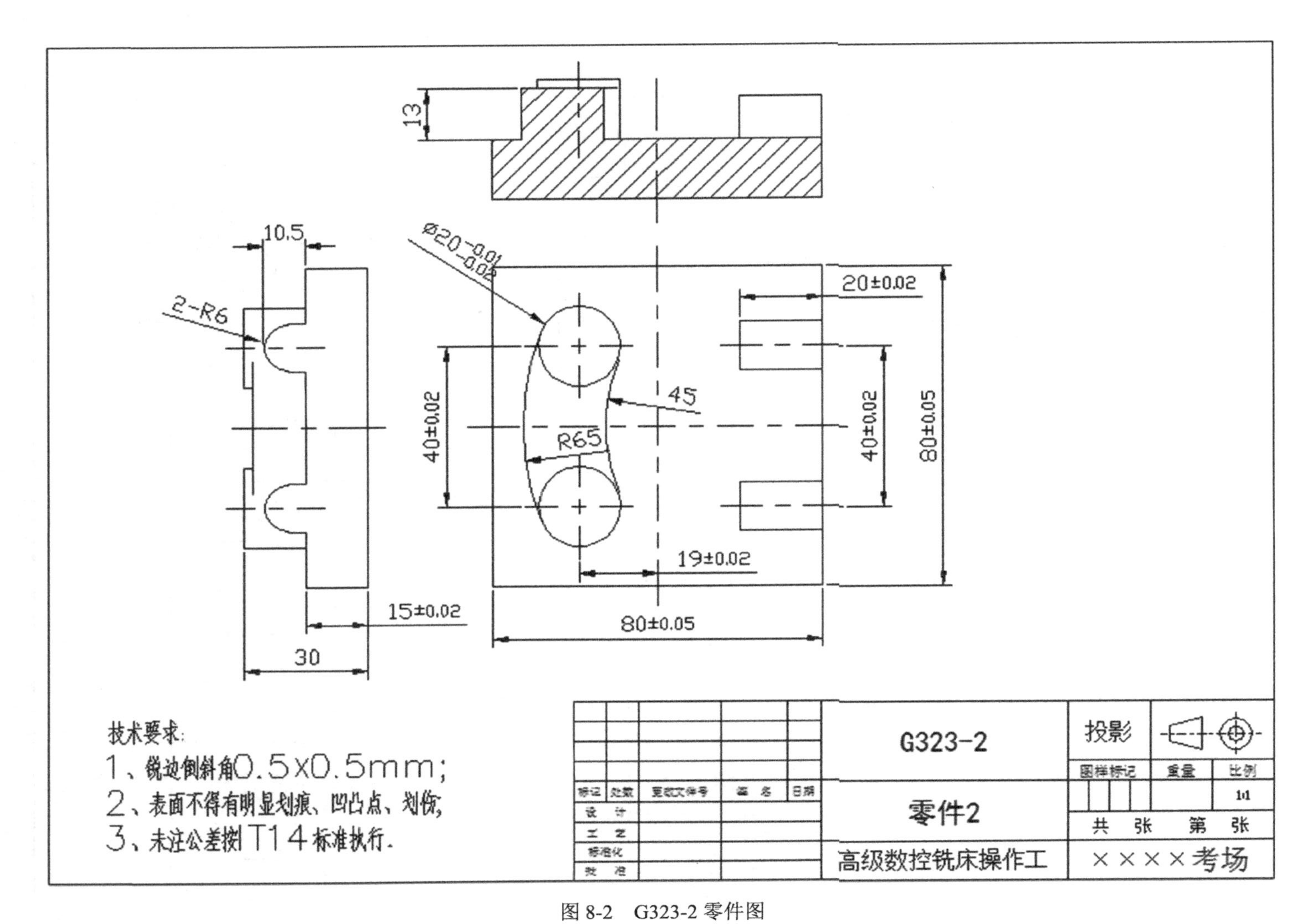

图 8-2　G323-2 零件图

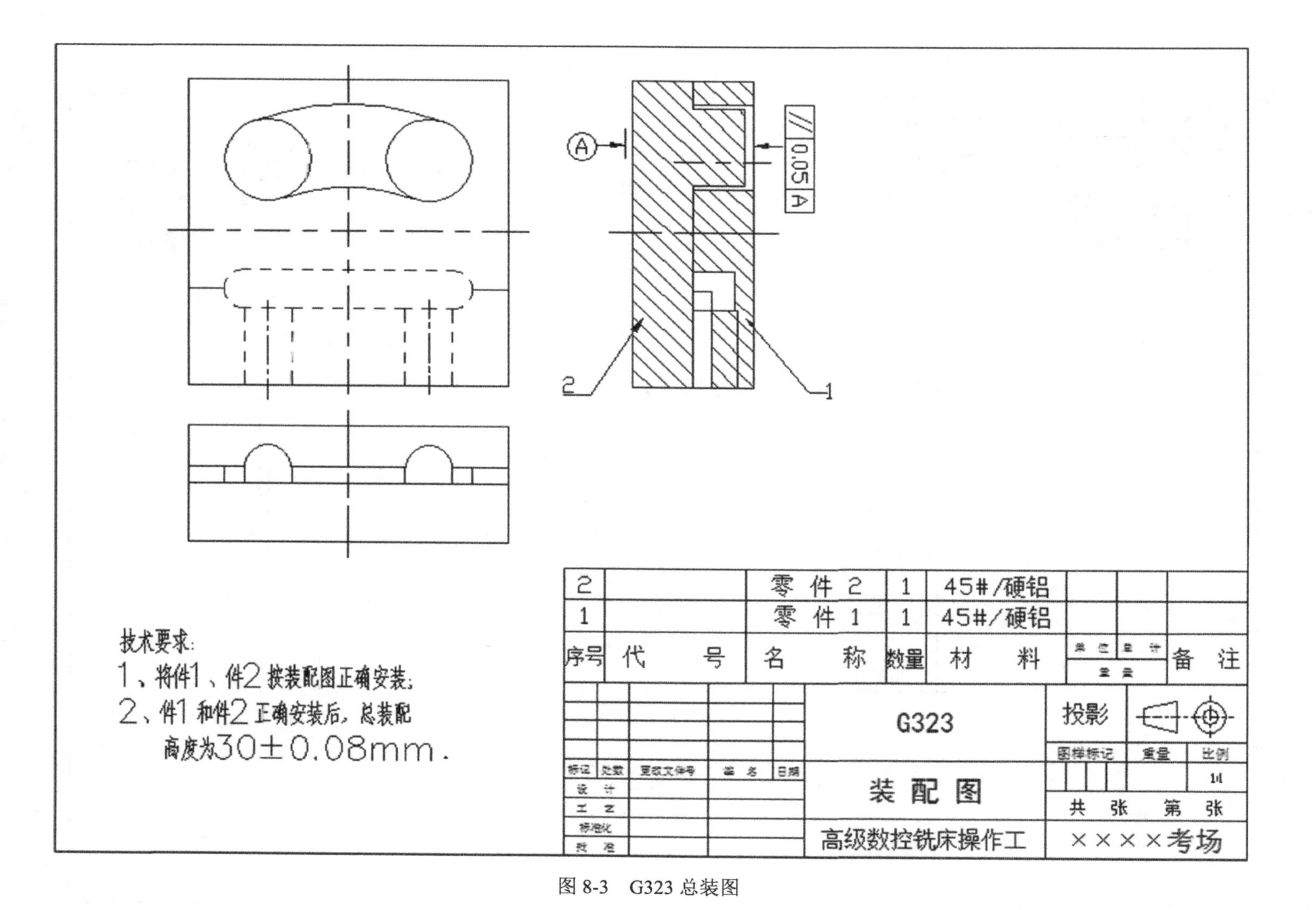

A
// 0.05 A
2
1
技术要求:
1、将件1、件2按装配图正确安装;
2、件1和件2正确安装后，总装配高度为30±0.08mm.
2 零 件 2 1 45#/硬铝
1 零 件 1 1 45#/硬铝
序号 代 号 名 称 数量 材 料 备 注
G323
投影
比例
1:1
装 配 图
共 张 第 张
高级数控铣床操作工
××××考场

图 8-3 G323 总装图

1. G323-1 零件的建模过程

（1）在工作区下方的工具条中对“绘图模式”选择“3D”。

（2）在主菜单中选择“绘图 | 矩形”命令，在坐标输入框中输入矩形中心点的坐标（0，0，0），在辅助工具条中输入矩形的长 80mm、宽 80mm，单击“设置基准点为中心”按钮，单击“确定”按钮，创建一个矩形。

（3）单击键盘功能键 F9，显示坐标系，如图 8-4 所示。

（4）在主菜单中选取“实体 | 拉伸”命令，在绘图区中选取矩形，单击【串连选项】对话框中的“确定”按钮。

（5）在【实体拉伸】对话框中选中“◉创建主体”，距离为 15mm，拉伸箭头方向朝上。

（6）单击“确定”按钮，创建方体，如图 8-5 所示。

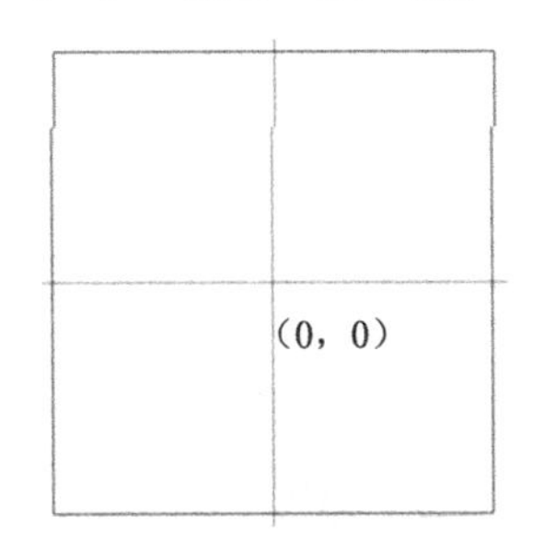

图 8-4　绘制矩形

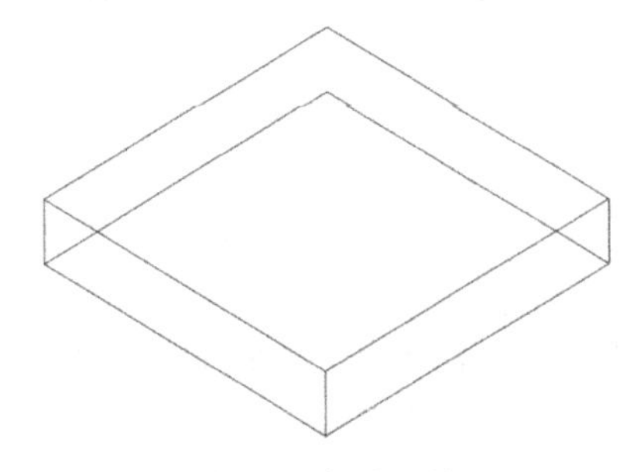
图 8-5　创建方体

（7）在下方的工具条“层别”文本框中输入 2，设定图层 2 为主图层。

（8）在主菜单中选取“绘图 | 绘弧 | 已知圆心点画圆”命令，分别以（−19，−20，0）和（−19，20，0）为圆心，以 ϕ22mm 为直径，绘制两个圆，如图 8-6 所示。

（9）在主菜单中选取“绘图 | 绘弧 | 切弧”命令，在工具条中单击“两物体相切”按钮，半径设为 65.5mm，如图 8-7 所示。

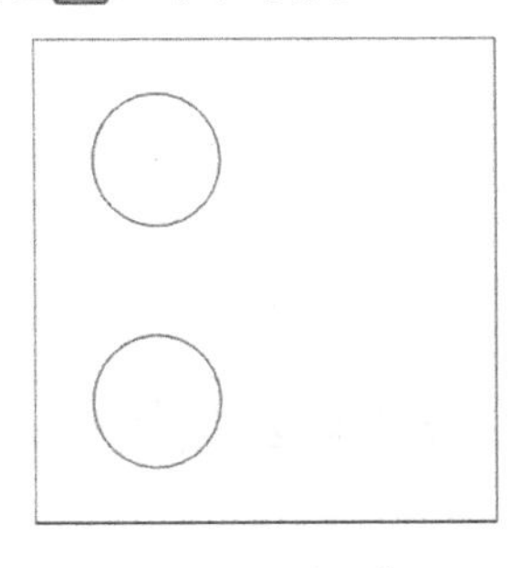
图 8-6　绘制两个圆

图 8-7　单击“两物体相切”按钮

（10）单击“确定”按钮，创建一条圆弧，如图 8-8 大圆弧所示。

（11）采用相同的方法，创建另一条圆弧（R43.5mm），如图 8-8 小圆弧所示。

（12）分别以（15，−26，0）和（15，26，0）为圆心，以 ϕ10mm 为直径，绘制两

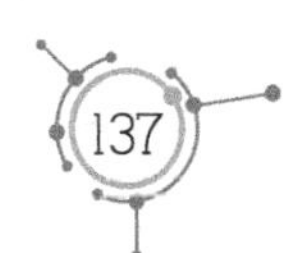

个圆，并绘制两条直线与两圆相切，如图 8-9 所示。

（13）在主菜单中选择“编辑 | 修剪/打断 | 修剪/打断/延伸”命令，在工具条中单击“分割物体”按钮，如图 7-35 所示。

（14）修剪曲线多余的部分，修剪后的结果如图 8-10 所示。

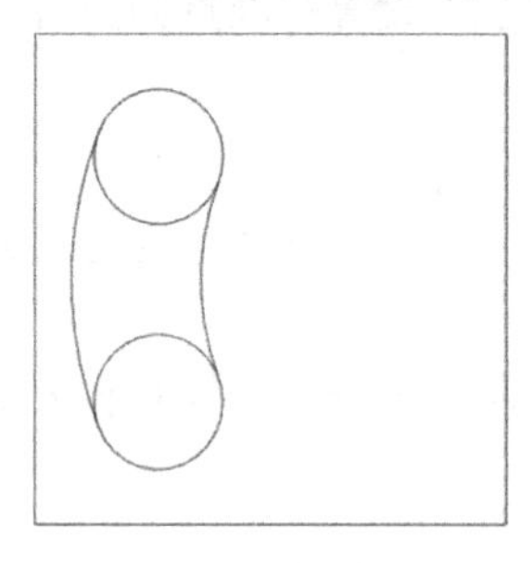

图 8-8　创建两条切弧

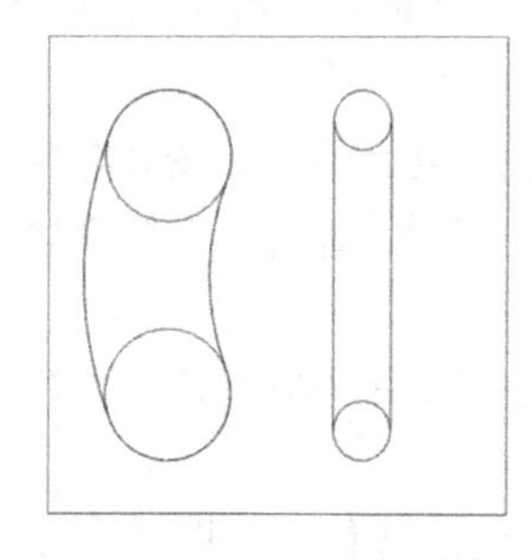

图 8-9　绘制小圆及切线

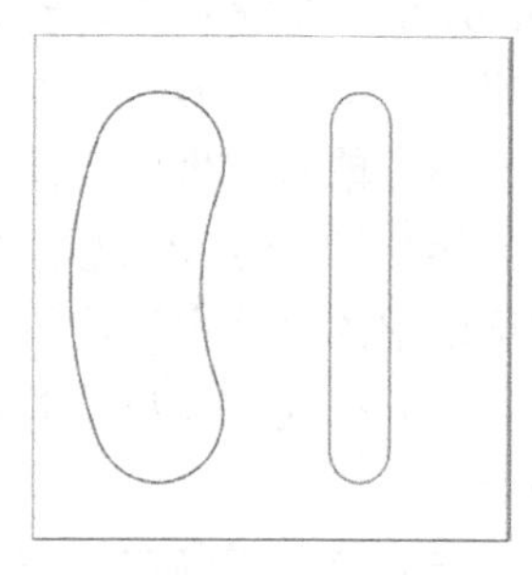

图 8-10　修剪曲线

（15）在主菜单中选取“实体 | 拉伸”命令，在绘图区中选取刚才绘制的两条封闭曲线，单击【串连选项】对话框中的“确定”按钮。

（16）在【实体拉伸】对话框中选中“◉切割主体”，距离设为 15mm，拉伸箭头方向朝上。

（17）单击“确定”按钮，切割实体，如图 8-11 所示。

（18）在主菜单中选择“绘图 | 矩形”命令，取消选取“设置基准点为中心”按钮，在坐标输入框中输入矩形第一个顶点的坐标（40，-40，10.5）。按 Enter 键后，输入矩形第二个顶点的坐标（15，40，10.5），单击“确定”按钮，创建一个矩形，如图 8-12 所示。

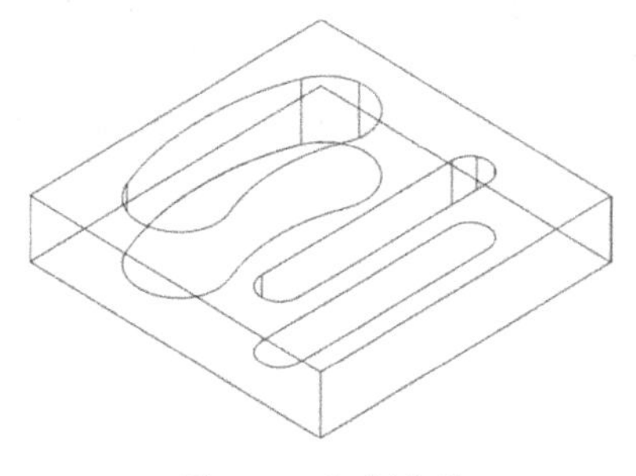

图 8-11　切割实体

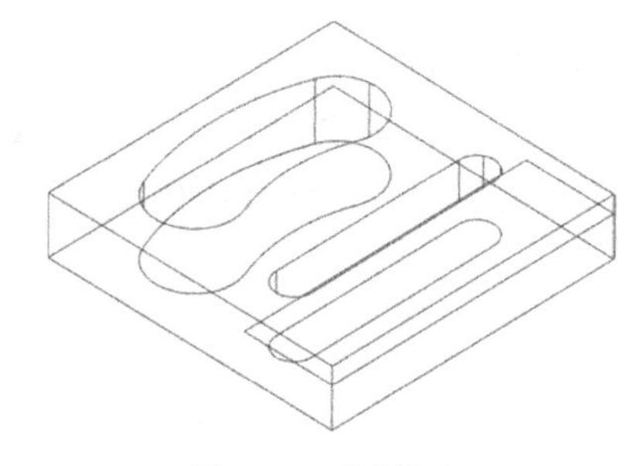

图 8-12　绘制矩形

（19）在主菜单中选择“实体 | 拉伸”命令，在绘图区中选取图 8-12 所示的矩形，单击【串连选项】对话框中的“确定”按钮。

（20）在【实体拉伸】对话框中选中“◉切割主体”，距离设为 15mm，拉伸箭头方向朝上。

（21）单击“确定”按钮，切割实体，如图 8-13 所示。

（22）在下方的工具条中单击“屏幕视图”，在下拉菜单中选择“依照实体面定视图”命令，选取实体右侧的平面，切换成右视图，如图 8-14 所示。

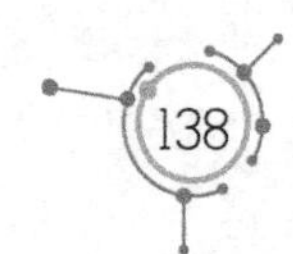

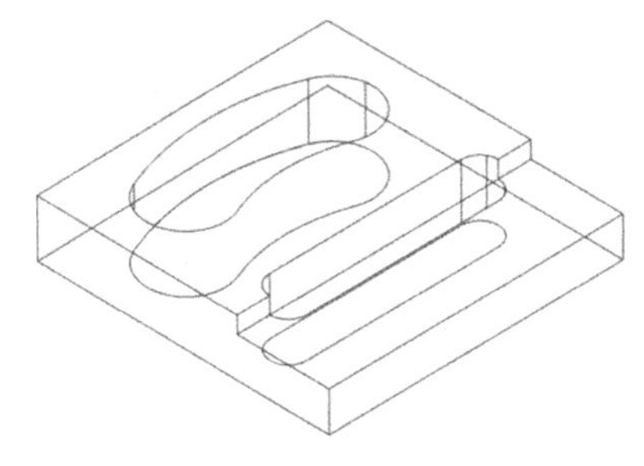

图 8-13　切割实体

图 8-14　右视图

（23）分别以（−20，10.5，40）和（20，10.5，40）为圆心，以ϕ12mm 为直径，绘制两个圆，切换成等角视图后如图 8-15 所示。

（24）在主菜单中选择“实体｜拉伸”命令，在绘图区中选取刚才绘制的两个圆周，单击【串连选项】对话框中的“确定”按钮。

（25）在【实体拉伸】对话框中选中“◉切割主体”，距离设为 25mm，拉伸箭头方向朝左。

（26）单击“确定”按钮，创建两条半圆槽。

（27）在下方的工具条中单击“层别”二字，在【层别管理】对话框中设定图层 1 为主图层，并取消图层 2 所对应的“×”，关闭图层 2，只显示实体，如图 8-16 所示。

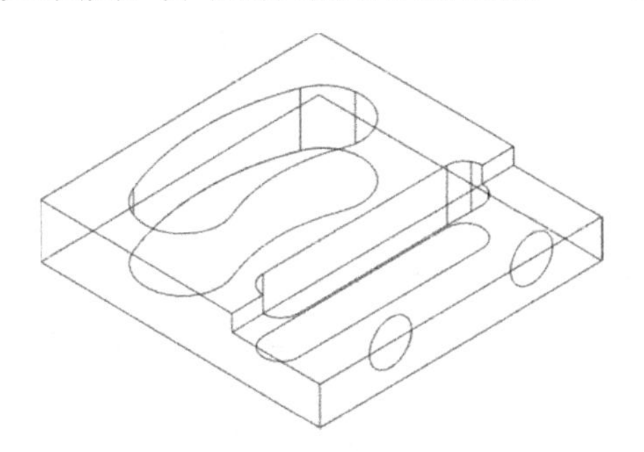

图 8-15　绘制两个圆弧

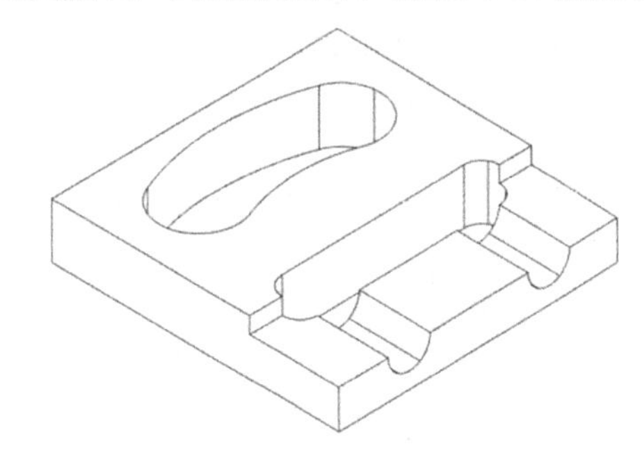

图 8-16　创建两条半圆槽

（28）单击“保存”按钮，文件名为 G323-1.mcx-9。

2. G323-1 零件的工艺分析

（1）零件的尺寸是 80mm×80mm×15mm，毛坯材料是铝块（85mm×85mm×20mm）。为了方便第二次装夹，在第一次装夹时加工表面 1mm，第二次装夹时加工表面 4mm。

（2）根据零件的形状，建议在加工零件弯槽时，用ϕ12mm 的平底刀，加工小槽时，用ϕ8mm 的平底刀，加工半圆槽时，用ϕ12mm 球头刀。

（3）因为加工零件的材质是铝，在加工过程中刀具的磨损较小，所以可以在粗加工后不用换刀，直接精加工。

（4）因第一次装夹的厚度不超过 4mm，为防止工件在加工时装夹不稳，应在第二次

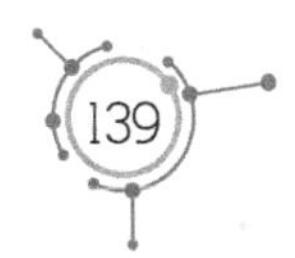

装夹时加工工件中的两条槽。

（5）第一次装夹时，以工件的上表面对刀，第二次装夹时，以工件的下表面对刀。

3. G323-1 零件的第一次编程

（1）单击“前视图”按钮，将零件切换到前视图。

（2）在主菜单中选择“转换 | 旋转”命令，用框选方式选中所有图素，按 Enter 键，在【旋转】对话框中选择“◉复制”，旋转角度为 180°，如图 6-10 所示。

（3）单击“确定”按钮，所有图素旋转 180°，如图 8-17 所示。

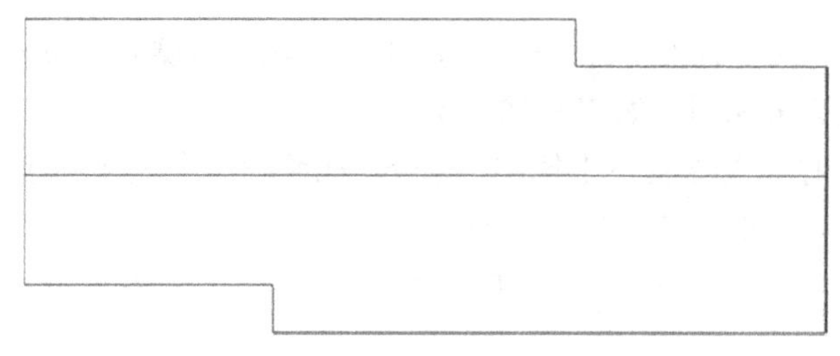

图 8-17　所有图素旋转 180°

（4）在工作区下方工具条中的“层别”两字上单击鼠标右键，在工作区上方的工具条中选择“全部”按钮，如图 6-12 所示。

（5）在【选择所有－单一选择】对话框中选择“转换结果”选项，如图 6-13 所示。

（6）按 Enter 键，在【更改层别】对话框中选“◉移动”，取消“使用主层别”复选框前面的“√”，编号为 10，如图 6-14 所示。

（7）单击“确定”按钮，所有的结果移至图层 10。

（8）在主菜单中选取“屏幕 | 清除颜色”命令，可清除所有图素的颜色。

（9）在工作区下方的工具条中单击“层别”两字，在【层别管理】对话框中将第 10 层设为主图层，关闭第 1 层的“×”，只显示第 10 层的图素，如图 8-18 所示。

（10）在主菜单中选取“机床类型 | 铣床 | 默认”命令，进入加工模式。

（11）在“刀路”管理器中展开“+属性”，再单击“毛坯设置”命令。

（12）在【机床群组属性】对话框“毛坯设置”选项卡中，对“毛坯平面”选择“俯视图”，对“形状”选择“◉立方体”，钩选“显示”、“适度化”复选框，选“◉线框”，“毛坯原点”为（0，0，0.5），毛坯的长、宽、高分别为 85mm、85mm、20mm。

（13）在主菜单中选取“刀路 | 平面铣”命令，输入 NC 名称为 G323-1-1。

（14）单击“确定”按钮，再单击“确定”按钮，在【2D 刀路-平面铣削】对话框中选“刀具”选项，在右边的空白处单击鼠标右键，在下拉菜单中选“创建新刀具”命令。

（15）刀具类型选“平底刀”，刀齿直径为ϕ12mm，刀号为 1，刀长补正为 1，半径补正为 1，进给速率为 500mm/min，下刀速率为 600mm/min，提刀速率为 1500mm/min，主轴转速为 1500r/min，其他参数选择系统默认值。

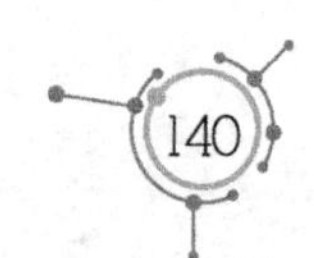

（16）在【2D 刀路-平面铣削】对话框中选“切削参数”选项，对“类型”选择“双向”，对“截断方向超出量”选择 50%，对“引导方向超出量”选 50%，“进刀引线长度”设为 100%，“退刀引线长度”设为 0，“最大步进量”设为 80%，底面预留量为 0。

（17）选择“Z 分层切削”选项，钩选“深度分层切削”复选框，“最大粗切步进量”为 1.0mm。

（18）选择“共同参数”选项，“安全高度”为 5.0mm。选择“◉绝对坐标”，“参考高度”设为 5.0mm，选择“◉绝对坐标”，“下刀位置”为 5.0mm。选择“◉绝对坐标”，“工件表面”为 0.5mm，选择“◉绝对坐标”，“深度”为 0。选择“◉绝对坐标”。

（19）单击“确定”按钮，生成平面铣精加工刀路，如图 8-19 所示。

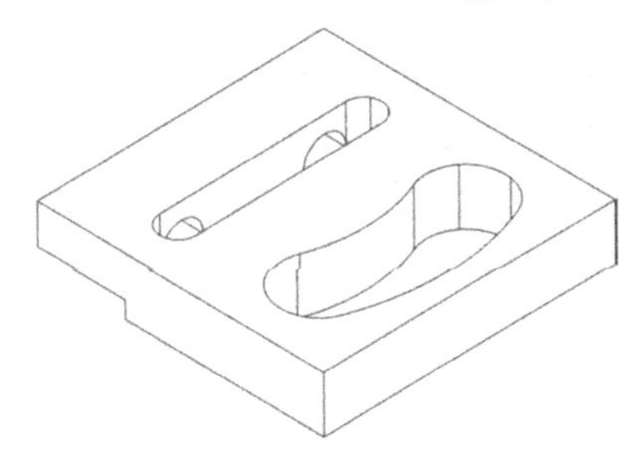

图 8-18　只显示第 10 层的图素

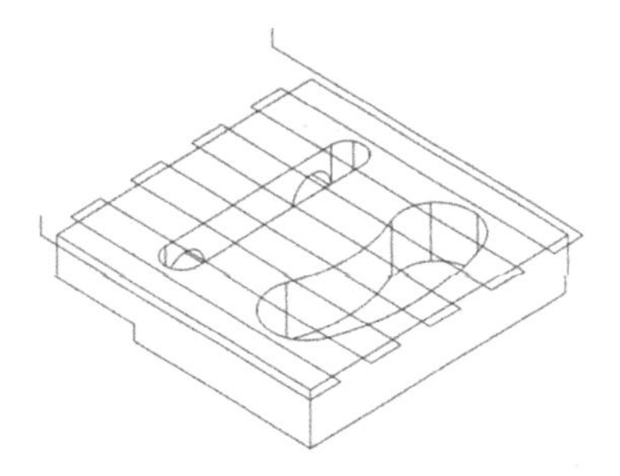

图 8-19　平面铣精加工刀路

（20）在【刀路】管理器中单击“切换”按钮，隐藏平面铣刀路。

（21）在主菜单中选取“刀路｜外形”命令，在【串连选项】对话框中选择“实体”按钮。在零件图上选取实体上表面的边线，箭头方向为顺时针方向，如图 8-20 所示，单击“确定”按钮。

（22）在【2D 刀路-外形铣削】对话框中选择“刀具”选项，选择ϕ12mm 平底刀，进给速率为 1000mm/min。

（23）选择“切削参数”选项，对“补正方式”选择“电脑”，“补正方向”选“左”，“壁边预留量”为 0.3mm，对“外形铣削方式”选择“2D”。

（24）选择“Z 分层切削”选项，钩选“深度分层切削”复选框，对“最大粗切步进量”选择 1.0mm，钩选“不提刀”复选框。

（25）选择“进/退刀设置”选项，在“进刀”区域中选择“◉相切”，进刀长度为 5mm，圆弧半径为 1mm。单击按钮，使退刀参数与进刀参数相同。

（26）选择“共同参数”选项，“安全高度”设为 5.0mm。选择“◉绝对坐标”，“参考高度”设为 5.0mm。选择“◉绝对坐标”，“下刀位置”设为 5.0mm。选择“◉绝对坐标”，“工件表面”设为 0mm。选择“◉绝对坐标”，“深度”设为-15.5mm，选择“◉绝对坐标”。

（27）单击“确定”按钮，生成外形铣粗加工刀路，如图 8-21 所示。

（28）在“刀路”管理器中复制“2-外形铣削”刀路，并粘贴到“刀路”管理器的最后。

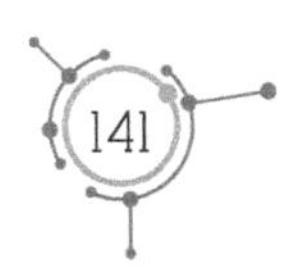

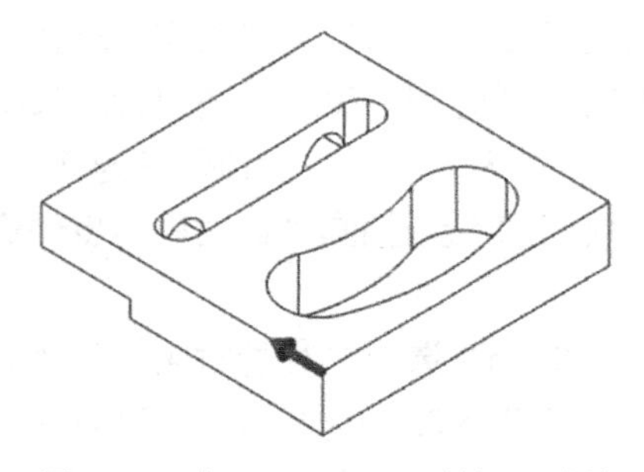

图 8-20　选 80mm×80mm 的矩形边线

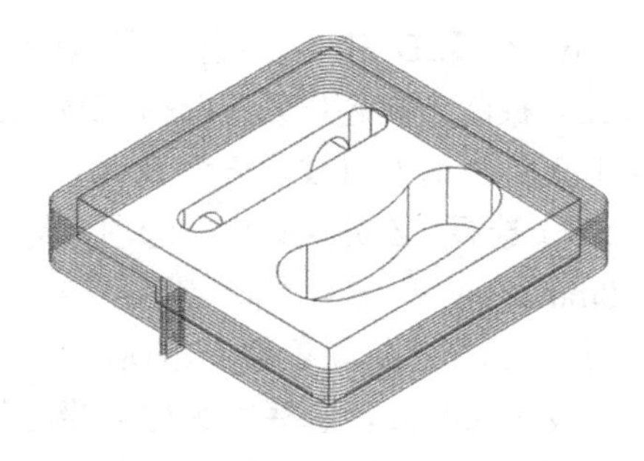

图 8-21　外形铣粗加工刀路

（29）双击“3-外形铣削”刀路的“参数”，在【2D 刀路-外形铣削】对话框中选中“刀具”选项，将“进给率”改为 500mm/min，选中“切削参数”选项，将“壁边预留量”改为 0。选中“Z 分层切削”选项，取消已钩选的“深度分层切削”复选框。选择“进/退刀设置”选项，取消已钩选的“在封闭轮廓中点位置执行进/退刀”、“过切检查”、“进刀”、“退刀”复选框，钩选“调整轮廓起始（结束）位置”复选框，“长度”设为 80%。选中“XY 分层切削”选项，钩选“XY 分层切削”复选框，粗切次数为 3，间距为 0.1mm，精修次数为 1，间距为 0.02mm，钩选“不提刀”复选框。

（30）单击“重建刀路”按钮，外形精加工刀路如图 8-22 所示。

4. G323-1 零件的第二次编程

（1）设定第 1 层为主图层，并关闭第 2 层、第 10 层。

（2）在主菜单中选择“刀路 | 平面铣”命令，单击“确定”按钮，在【2D 刀路-平面铣削】对话框中选“刀具”选项，选择直径为ϕ12mm 的平底刀。

（3）在【2D 刀路-平面铣削】对话框中选择“切削参数”选项，“类型”选择“双向”，对“截断方向超出量”选择 50%，对“引导方向超出量”选择 50%，“进刀引线长度”设为 100%，“退刀引线长度”为 0，“最大步进量”为 80%，底面预留量为 0.2mm。

（4）选择“Z 分层切削”选项，钩选“深度分层切削”复选框，“最大粗切步进量”为 1.0mm。

（5）选择“共同参数”选项，“安全高度”为 25.0mm。选择“◉绝对坐标”，“参考高度”为 25.0mm。选“◉绝对坐标”，“下刀位置”为 25.0mm。选择“◉绝对坐标”，“工件表面”为 19.5mm。选“◉绝对坐标”，“深度”为 15.0mm，选择“◉绝对坐标”。

（6）单击“确定”按钮，生成平面铣粗加工刀路，如图 8-23 所示。

（7）在“刀路”管理器中选中“4-平面铣”，单击鼠标右键，选择“编辑已经选择的操作 | 更改 NC 文件名”命令，将 NC 文件名更改为 G323-1-2，如图 8-24 所示。

（8）在主菜单中选择“刀路 | 外形”命令，在【串连选项】对话框中选择“实体”按钮。在零件图上选取弯槽的边线，箭头方向为逆时针方向，箭头为起始位置，如图 8-25 所示，单击“确定”按钮。

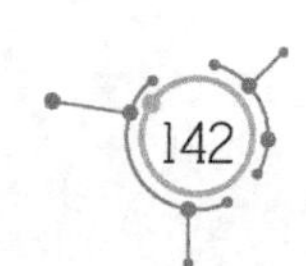

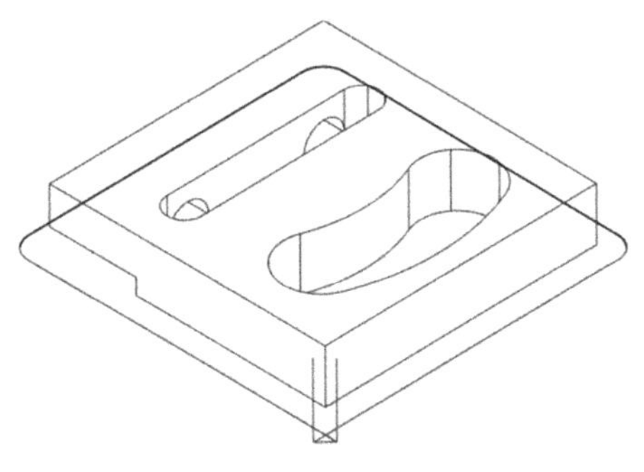

图 8-22　外形铣精加工刀路

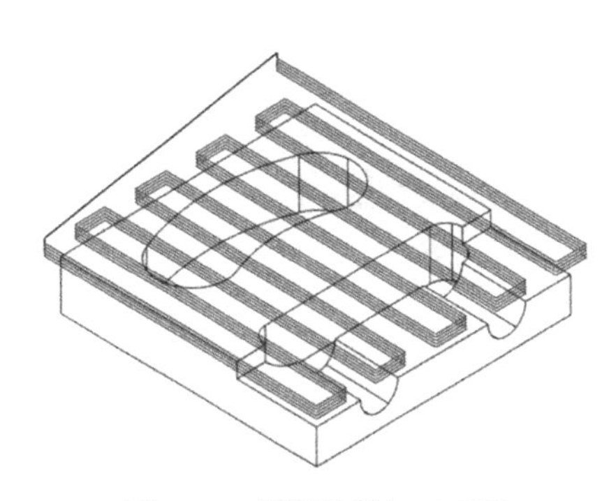

图 8-23　平面铣粗加工刀路

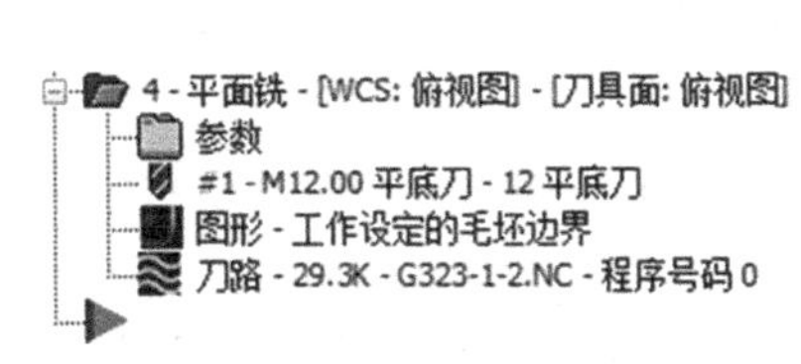

图 8-24　NC 文件名更改为 G323-1-2

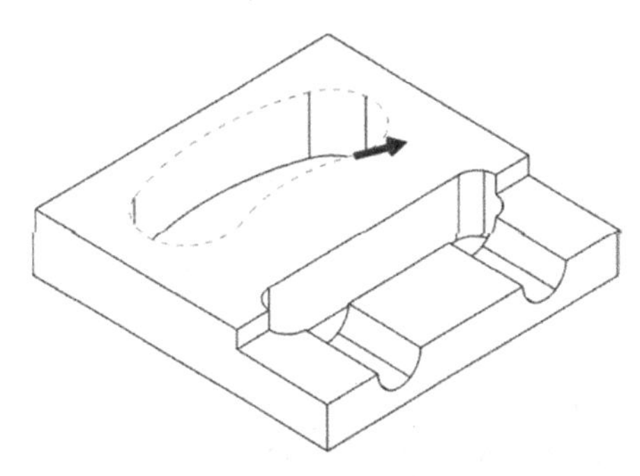

图 8-25　选取弯槽边线

（9）在【2D 刀路-外形铣削】对话框中选择“刀具”选项，选择ϕ12mm 平底刀，进给速率为 1000mm/min。

（10）选择“切削参数”选项，对“补正方式”选择“电脑”，对“补正方向”选择“左”，“壁边预留量”为 0.3mm，对“外形铣削方式”选择“2D”。

（11）选择“Z 分层切削”选项，钩选“深度分层切削”复选框，“最大粗切步进量”选择 0.5mm，钩选“不提刀”复选框。

（12）选择“进/退刀设置”选项，钩选“在封闭轮廓中点位置执行进/退刀”、“过切检查”、“进刀”、“退刀”复选框，在“进刀”区域中选“◉相切”，进刀长度为 15mm，圆弧半径为 1mm，斜插高度为 0.5mm，单击按钮，使退刀参数与进刀参数相同，取消钩选“调整轮廓起始（结束）位置”复选框。

（13）选择“共同参数”选项，“安全高度”设为 20mm。选择“◉绝对坐标”，“参考高度”设为 20mm。选“◉绝对坐标”，“下刀位置”设为 20mm。选择“◉绝对坐标”，“工件表面”为 15mm。选“◉绝对坐标”，“深度”设为-1.0mm。选择“◉绝对坐标”。

（14）单击“确定”按钮，生成弯槽外形铣粗加工刀路，如图 8-26 所示。

（15）在主菜单中选取“绘图｜矩形”命令，在数据输入栏中输入矩形第一点坐标（40，40，15）。单击 Enter 键后，输入矩形第二点坐标（21.5，-40，15），绘制一个矩形，如图 8-27 所示（该矩形是设计编程的辅助线）。

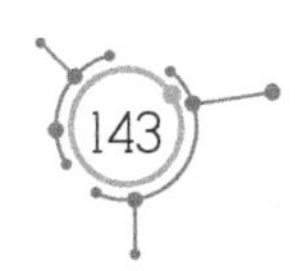

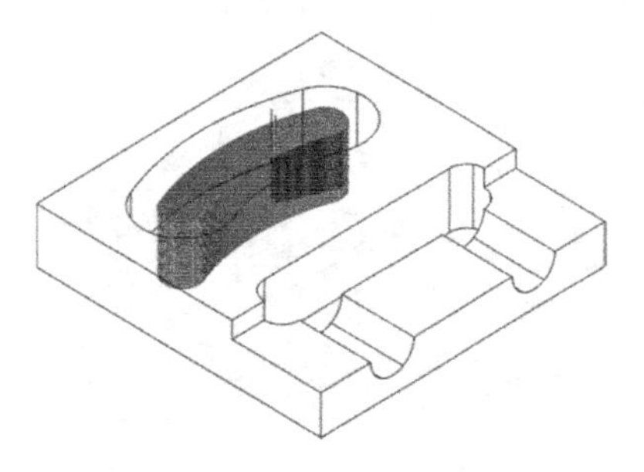

图 8-26　弯槽外形铣粗加工刀路

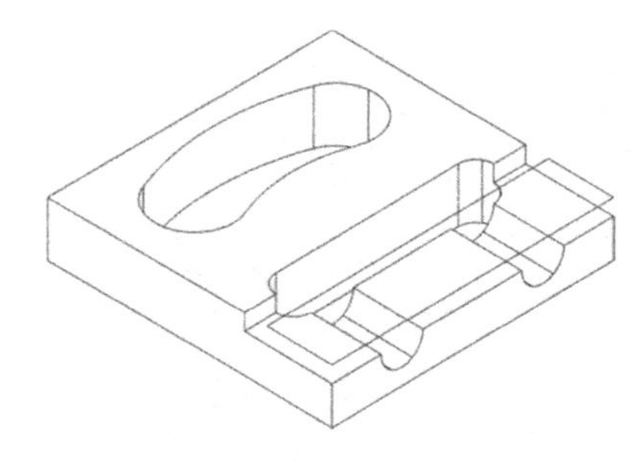

图 8-27　绘制矩形

（16）在主菜单中选择“刀路｜平面铣”命令，选取刚才创建的矩形，在【2D 刀路-平面铣削】对话框中选“刀具”选项，选择直径为ϕ12mm 的平底刀。

（17）在【2D 刀路-平面铣削】对话框中选择“切削参数”选项，对“类型”选择“双向”，对“截断方向超出量”选择 50%，对“引导方向超出量”选择 50%，对“进刀引线长度”设为 100%，“退刀引线长度”为 0，“最大步进量”为 80%，底面预留量为 0.2mm，选中“◉逆铣”复选框，粗切角度为 90°。

（18）选择“Z 分层切削”选项，钩选“深度分层切削”复选框，“最大粗切步进量”为 1.0mm。

（19）选择“共同参数”选项，“安全高度”为 20.0mm。选择“◉绝对坐标”，“参考高度”为 20.0mm。选择“◉绝对坐标”，“下刀位置”为 20.0mm。选择“◉绝对坐标”，“工件表面”为 15mm。选择“◉绝对坐标”，“深度”为 10.5mm。选择“◉绝对坐标”。

（20）单击“确定”按钮 ✔，生成平面铣粗加工刀路，如图 8-28 所示。

（21）在“刀路”管理器中复制“4-平面铣”刀路，并粘贴到“刀路”管理器的最后。

（22）单击“7-平面铣”刀路的“图形”，在【串连管理】对话框中单击鼠标右键，选择“增加串连”命令，在【串连选项】对话框中选“实体”按钮，选中实体上表面的边线，如图 8-29 虚线所示。

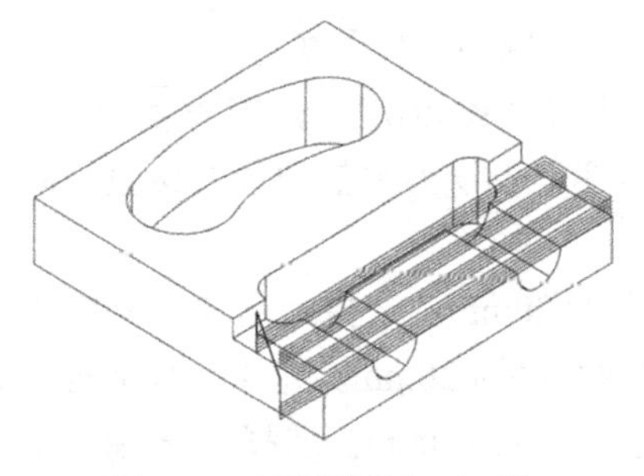

图 8-28　平面铣粗加工刀路

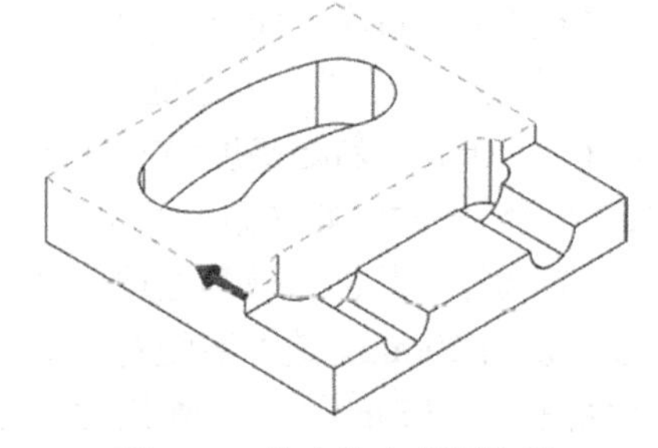

图 8-29　选实体上表面边线

（23）单击“7-平面铣”刀路的“参数”，在【2D 刀路-平面铣削】对话框中选中“刀具”选项，将“进给率”改为 600mm/min。选中“切削参数”选项，将“底面预留量”改为 0。选中“Z 分层切削”选项，取消已钩选的“深度分层切削”复选框。

（24）单击“重建刀路”按钮，平面精加工刀路如图 8-30 所示。

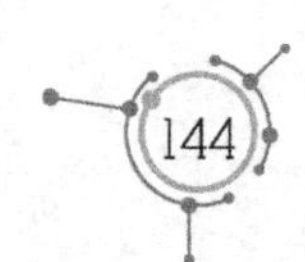

（25）在“刀路”管理器中复制“5-外形铣削”刀路，并粘贴到“刀路”管理器的最后。

（26）双击“8-外形铣削”刀路的“参数”，在【2D 刀路-外形铣削】对话框中选中“刀具”选项，将“进给率”改为 500mm/min，选中“切削参数”选项，将“壁边预留量”改为 0。选中“Z 分层切削”选项，取消已钩选的“深度分层切削”复选框。选中“XY 分层切削”选项，钩选“XY 分层切削”复选框，粗切次数为 3，间距为 0.1mm，精修次数为 1，间距为 0.02mm，钩选“不提刀”复选框。

（27）单击“重建刀路”按钮，外形精加工刀路如图 8-31 所示。

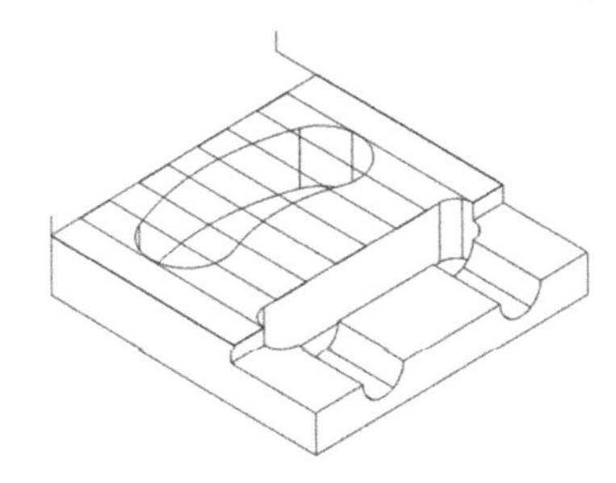

图 8-30　平面铣精加工刀路

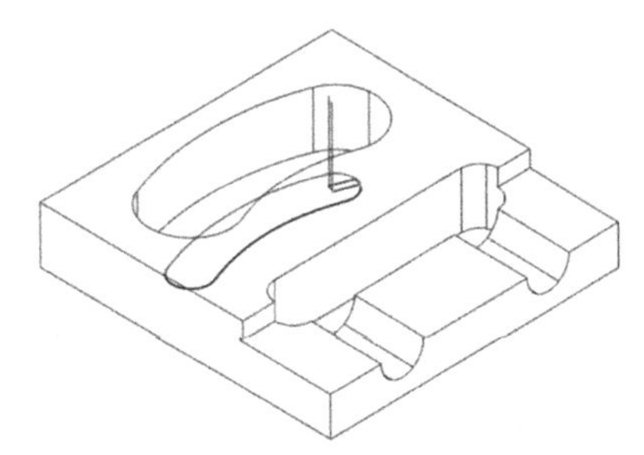

图 8-31　弯槽外形精加工刀路

（28）在“刀路”管理器中复制“6-平面铣”刀路，并粘贴到“刀路”管理器的最后。

（29）单击“9-平面铣”刀路的“参数”，在【2D 刀路-平面铣削】对话框中选中“刀具”选项，将“进给率”改为 600mm/min，选中“切削参数”选项，将“底面预留量”改为 0。选中“Z 分层切削”选项，取消已钩选的“深度分层切削”复选框。

（30）单击“重建刀路”按钮，平面精加工刀路如图 8-32 所示。

（31）在主菜单中选取“刀路｜外形”命令，在【串连选项】对话框中选“实体”按钮，选中实体上的边线，方向如图 8-33 虚线所示。

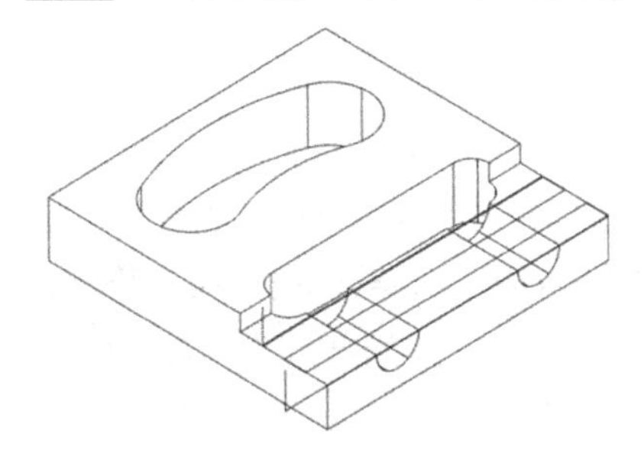

图 8-32　平面铣精加工刀路

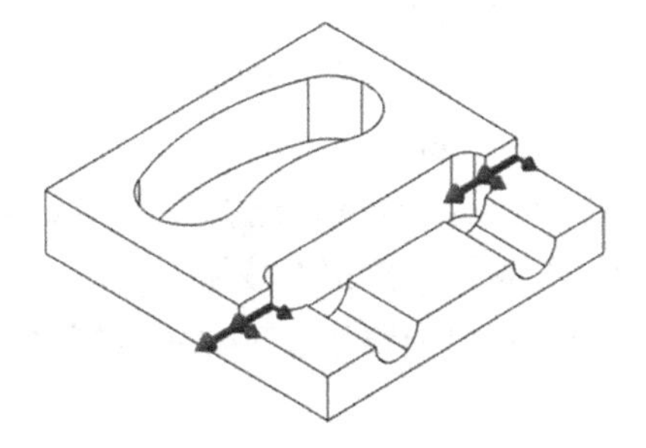

图 8-33　选取实体边线

（32）在【2D 刀路-外形铣削】对话框中选中“刀具”选项，将“进给率”改为 500mm/min，选中“切削参数”选项，将“壁边预留量”改为 0。选中“Z 分层切削”选项，取消已钩选的“深度分层切削”复选框。选择“进/退刀设置”选项，取消已钩选的“在封闭轮廓中点位置执行进/退刀”、“过切检查”、“进刀”、“退刀”复选框，钩选“调整轮廓起始（结束）位置”复选框，“长度”为 10mm，选择“◉延伸”选项。选中“XY 分层切削”

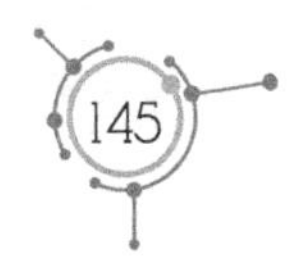

选项，取消已钩选的“XY 分层切削”复选框。选中“共同参数”选项，深度为 10.5mm，选择“◉绝对坐标”选项。

（33）单击“重建刀路”按钮，外形精加工刀路如图 8-34 所示。

（34）在主菜单中选取“刀路 | 外形”命令，在【串连选项】对话框中选择“实体”按钮和“串连”按钮，在零件图上选取小槽的边线，箭头方向为逆时针方向，箭头为起始位置，如图 8-35 所示，单击“确定”按钮。

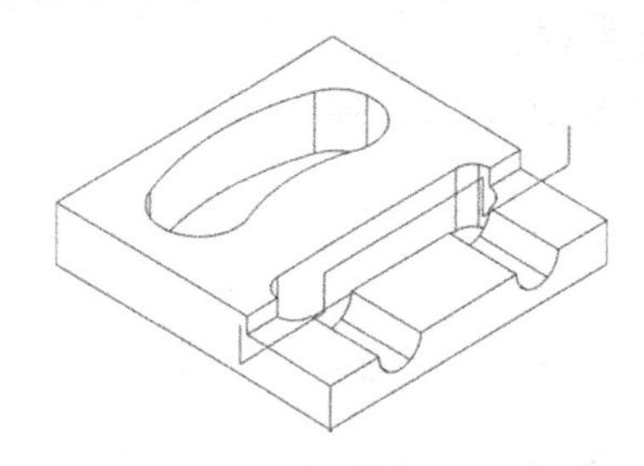

图 8-34　外形精加工刀路

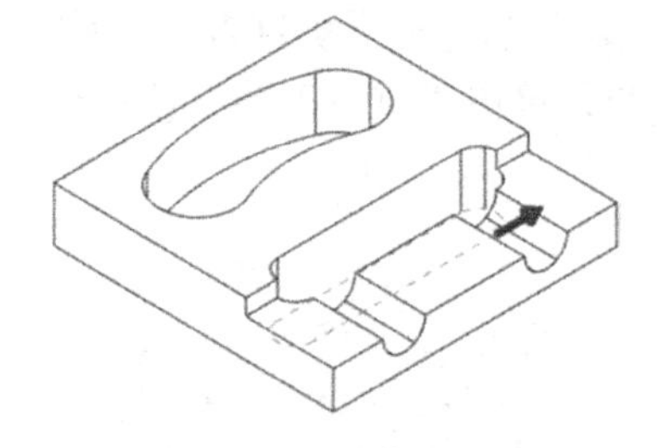

图 8-35　选小槽的边线

（35）在【2D 刀路-外形铣削】对话框中选择“刀具”选项，在空白处单击鼠标右键，选择“创建新刀具”命令，直径设为ϕ8mm 平底刀，进给速率为 1000mm/min。

（36）选择“切削参数”选项，“补正方式”选“电脑”，“补正方向”选“左”，“壁边预留量”为 0.2mm，“外形铣削方式”选“2D”。

（37）选择“Z 分层切削”选项，钩选“深度分层切削”复选框，“最大粗切步进量”选 0.3mm，钩选“不提刀”复选框。

（38）选择“进/退刀设置”选项，钩选“在封闭轮廓中点位置执行进/退刀”、“过切检查”、“进刀”、“退刀”复选框，在“进刀”区域中选“◉相切”，进刀长度设为 10mm，圆弧半径设为 0.5mm，斜插高度设为 0.3mm，单击按钮，使退刀参数与进刀参数相同，取消已钩选的“调整轮廓起始（结束）位置”复选框。

（39）选择“共同参数”选项，“安全高度”为 20mm。选择“◉绝对坐标”，“参考高度”设为 20mm。选择“◉绝对坐标”，“下刀位置”为 20mm。选择“◉绝对坐标”，“工件表面”为 15mm。选择“◉绝对坐标”，“深度”为-1.0mm。选择“◉绝对坐标”。

（40）单击“确定”按钮，生成小槽外形铣粗加工刀路，如图 8-36 所示。

（41）在“刀路”管理器中复制“11-外形铣削”刀路，并粘贴到“刀路”管理器的最后。

（42）双击“12-外形铣削”刀路的“参数”，在【2D 刀路-外形铣削】对话框中选中“刀具”选项，将“进给率”改为 500mm/min。选中“切削参数”选项，将“壁边预留量”改为 0。选中“Z 分层切削”选项，取消已钩选的“深度分层切削”复选框。选中“XY 分层切削”选项，钩选“XY 分层切削”复选框，粗切次数为 3，间距为 0.1mm，精修次数为 1，间距为 0.02mm，钩选“不提刀”复选框。

（43）单击“重建刀路”按钮，小槽精加工刀路如图 8-37 所示。

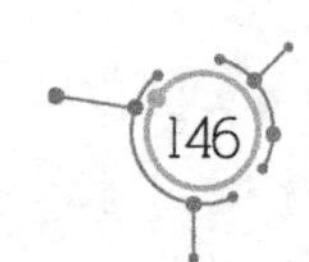

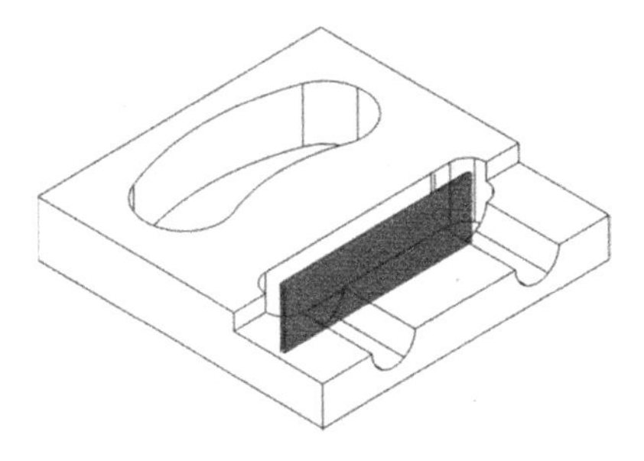

图 8-36　小槽粗加工刀路

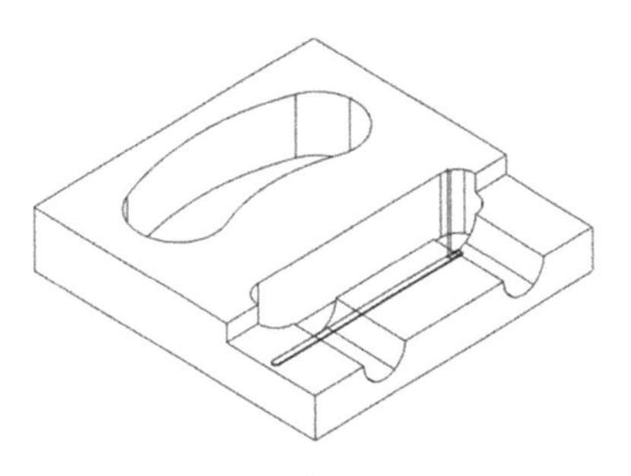

图 8-37　小槽精加工刀路

（44）在“刀路”管理器中选中“11-外形铣削”和“12-外形铣削”，单击鼠标右键，选“编辑已经选择的操作｜更改 NC 文件名”命令，将 NC 文件名更改为 G323-1-3，如图 8-38 所示。

（45）在主菜单中选取“刀路｜外形”命令，在【串连选项】对话框中选“实体”按钮和“单体”按钮，在零件图上选取半圆槽的边线，如图 8-39 所示。

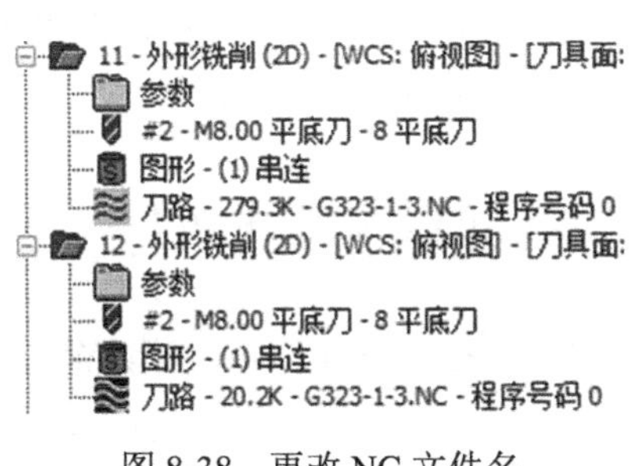

图 8-38　更改 NC 文件名

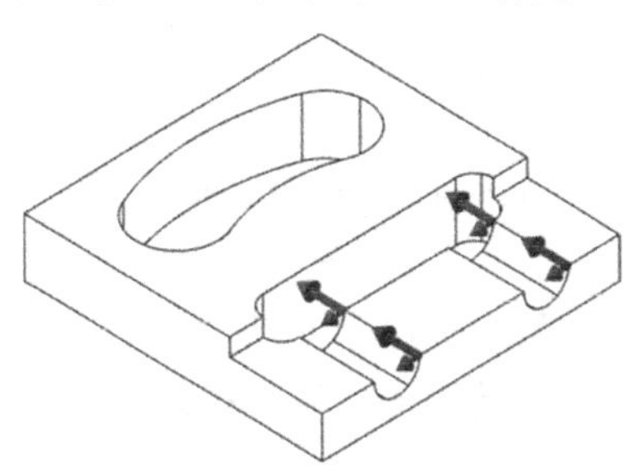

图 8-39　选半圆槽的边线

（46）在【2D 刀路-外形铣削】对话框中选“刀具”选项，在空白处单击鼠标右键，选择“创建新刀具”命令，直径设为ϕ12mm 球刀，进给速率设为 50mm/min，转速为 1000r/min。

（47）选择“切削参数”选项，对“补正方式”选择“电脑”，对“补正方向”选择“左”，“壁边预留量”为 0，对“外形铣削方式”选择“2D”。

（48）选择“Z 分层切削”选项，钩选“深度分层切削”复选框，“最大粗切步进量”为 0.5mm。

（49）选择“进/退刀设置”选项，钩选“在封闭轮廓中点位置执行进/退刀”、“过切检查”、“进刀”、“退刀”复选框，在“进刀”区域中选“◉相切”，进刀长度为 8mm，圆弧半径为 0，斜插高度为 0.mm，退刀长度为 2mm，圆弧半径为 0，取消已钩选的“调整轮廓起始（结束）位置”复选框。

（50）选择“共同参数”选项，“安全高度”为 20mm。选择“◉绝对坐标”，“参考高度”设为 20mm。选择“◉绝对坐标”，“下刀位置”为 20mm。选择“◉绝对坐标”，“工件表面”设为 10.5mm。选择“◉绝对坐标”，“深度”为-4.5mm。选择“◉绝对坐标”。

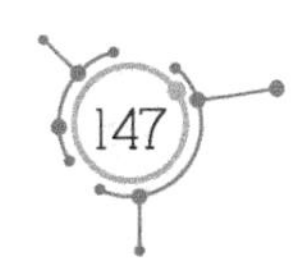

（51）单击“确定”按钮 ，生成的半圆槽加工刀路如图 8-40 所示。

（52）在“刀路”管理器中选中“13-外形铣削”，单击鼠标右键，选择“编辑已经选择的操作｜更改 NC 文件名”命令，将 NC 文件名更改为 G323-1-4，如图 8-41 所示。

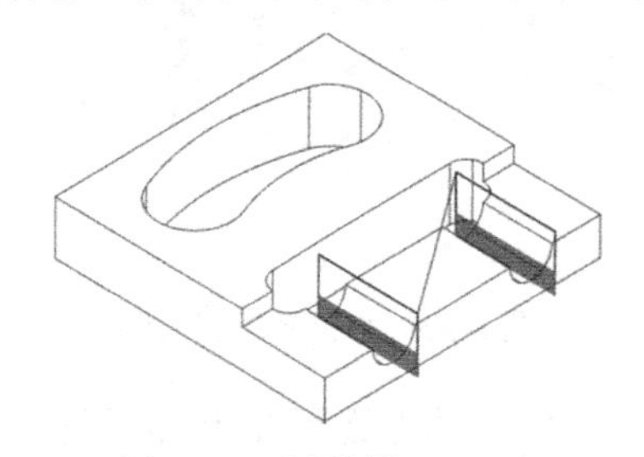

图 8-40　半圆槽加工刀路

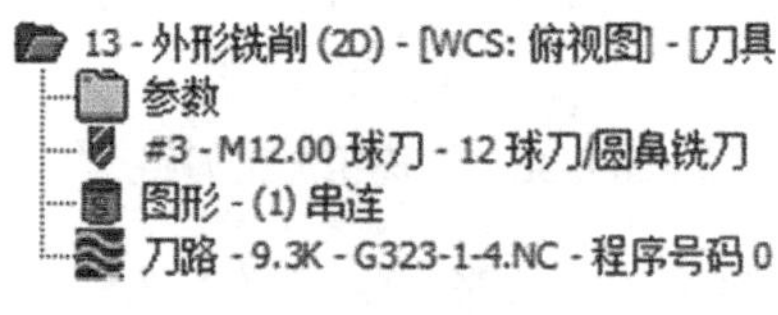

图 8-41　更改 NC 文件名

5. G323-2 零件的建模过程

（1）单击“新建”按钮 ，在主菜单中选取“绘图｜矩形”命令，在坐标输入框中输入矩形中心点的坐标（0，0，0），在辅助工具条中输入矩形的长 80mm 和宽 80mm，单击“设置基准点为中心”按钮 ，单击“确定”按钮 ，创建一个矩形。

（2）单击键盘功能键 F9，显示坐标系，如图 8-4 所示。

（3）在主菜单中选取“实体｜拉伸”命令，在绘图区中选取矩形，单击【串连选项】对话框中的“确定”按钮 。

（4）在【实体拉伸】对话框中选中“◉创建主体”，距离为 15mm，拉伸箭头方向朝上。

（5）单击“确定”按钮 ，创建方体，如图 8-5 所示。

（6）在下方的工具条“层别”文本框中输入 2，设定图层 2 为主图层。

（7）分别以（−19，−20，15）和（−19，20，15）为圆心，以 ϕ22mm 为直径，绘制两个圆，如图 8-6 所示。

（8）在主菜单中选取“绘图｜绘弧｜切弧”命令，在工具条中选“两物体相切”按钮 ，半径为 65.5mm，如图 8-7 所示。

（9）单击“确定”按钮 ，创建一条圆弧，如图 8-8 大圆弧所示。

（10）采用相同的方法，创建另一条圆弧（R43.5mm），如图 8-8 小圆弧所示。

（11）在主菜单中选取“编辑｜修剪/打断｜修剪/打断/延伸”命令，在工具条中选“分割物体”按钮 ，如图 7-35 所示。

（12）修剪曲线多余的部分，修剪后的结果如图 8-10 弯槽所示。

（13）在主菜单中选取“实体｜拉伸”命令，在绘图区中选取刚才绘制的封闭曲线，单击【串连选项】对话框中的“确定”按钮 。

（14）在【实体拉伸】对话框中选中“◉增加凸台”，距离为 13mm，拉伸箭头方向朝上。

（15）单击“确定”按钮 ，增加凸台，如图 8-42 所示。

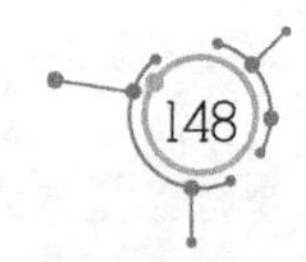

（16）分别以（-19，-20，28）和（-19，20，28）为圆心，以ϕ22mm 为直径，绘制两个圆，如图 8-43 所示。

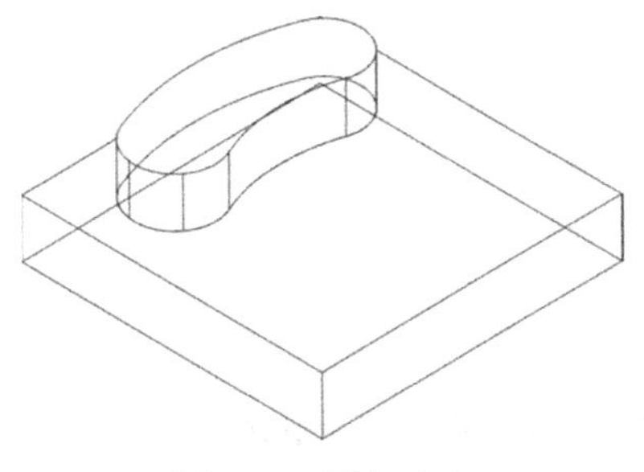

图 8-42　增加凸台

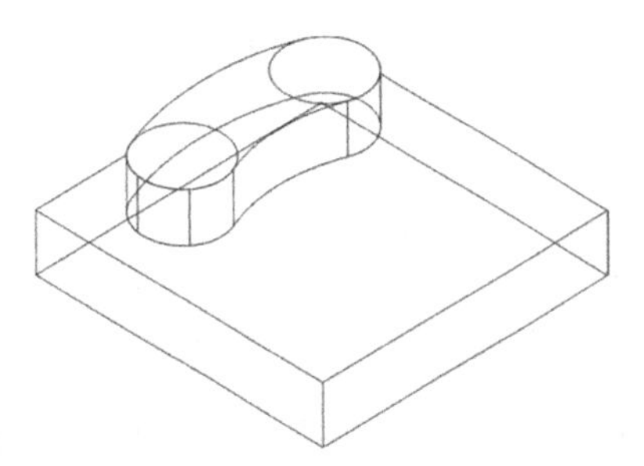

图 8-43　绘制两个圆周

（17）在主菜单中选取“实体 | 拉伸”命令，在绘图区中选取刚才绘制的两个圆，单击【串连选项】对话框中的“确定”按钮。

（18）在【实体拉伸】对话框中选择“◉增加凸台”，距离设为 2mm，拉伸箭头方向朝上。

（19）单击“确定”按钮，增加圆柱凸台，如图 8-44 所示。

（20）单击右视图按钮，将视图切换成右视图。

（21）分别以（-20，195，40）和（20，19.5，40）为圆心，以ϕ12mm 为直径，绘制两个圆，如图 8-45 所示。

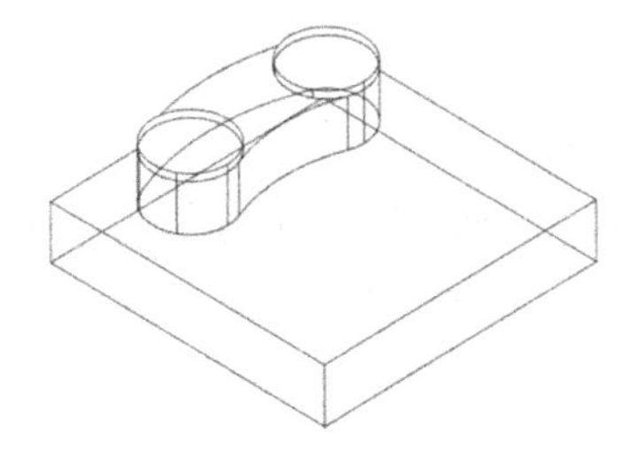

图 8-44　创建两个圆柱凸台

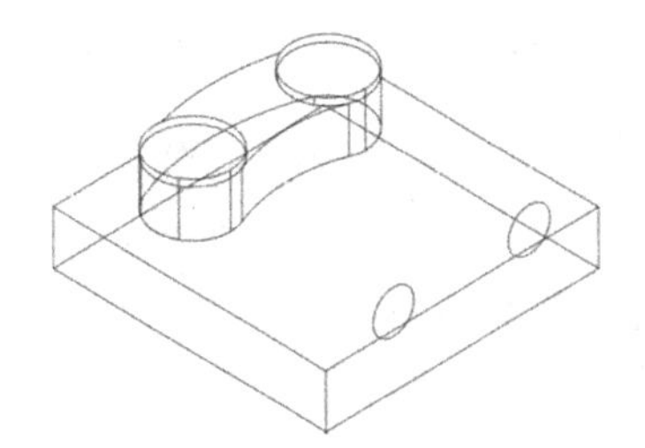

图 8-45　绘制两个圆

（22）在主菜单中选取“绘图 | 绘线 | 任意线”命令，绘制 4 条竖直线，且与圆相切，如图 8-46 所示。

（23）在主菜单中选择“编辑 | 修剪/打断 | 修剪/打断/延伸”命令，在工具条中单击“分割物体”按钮，修剪后的圆弧如图 8-47 所示。

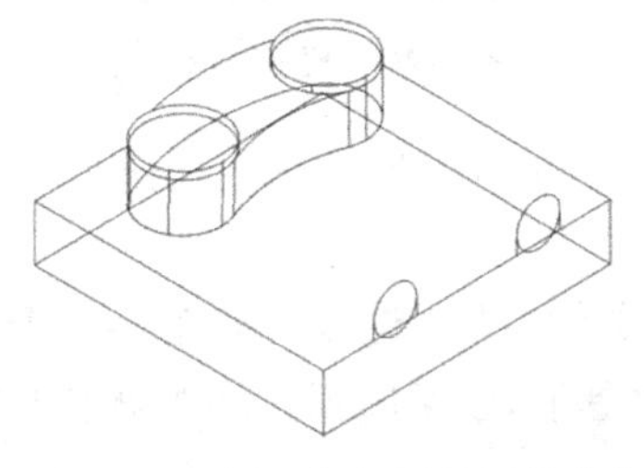

图 8-46　绘制 4 条与圆相切的直线

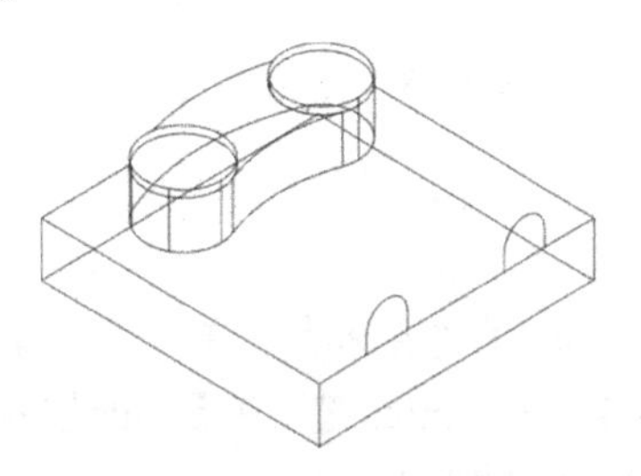

图 8-47　修剪圆弧

（24）在主菜单中选择“实体｜拉伸”命令，在绘图区中选取刚才绘制的曲线，单击【串连选项】对话框中的“确定”按钮。

（25）在【实体拉伸】对话框中选中“◉增加凸台”，距离设为 20mm，拉伸箭头方向向左。

（26）单击“确定”按钮，增加凸台，如图 8-48 所示。

（27）单击“保存”按钮，文件名为 G323-2.mcx-9。

6. G323-2 零件的工艺分析

（1）零件的尺寸是 80mm×80mm×30mm，毛坯材料是铝块（85mm×85mm×35mm）。为了保持工件侧面的光洁度，先加工底面及 80mm×80mm 矩形，再加工正面的凸台。

（2）为与 G323-1 零件的加工方式保持统一，第一次装夹时加工表面 1mm，第二次装夹时加工表面 4mm。

（3）根据零件的形状，可用ϕ12mm 的平底刀加工外形和挖槽，用ϕ6 的球头刀加工曲面。

（4）因为加工零件的材质是铝，在加工过程中刀具的磨损较小，所以可以在粗加工后不用换刀，直接精加工。

（5）为了提高表面粗糙度，在加工圆弧面时，可以按从下往上的方式加工。

（6）第一次装夹时，以工件的上表面对刀，第二次装夹时，以工件的下表面对刀。

7. G323-2 零件的第一次编程

（1）单击“前视图”按钮，将零件切换到前视图。

（2）在主菜单中选取“转换｜旋转”命令，用框选方式选中所有图素，按 Enter 键，在【旋转】对话框中选“◉复制”，旋转角度为 180°，如图 6-10 所示。

（3）单击“确定”按钮，所有图素旋转 180°，如图 8-49 所示。

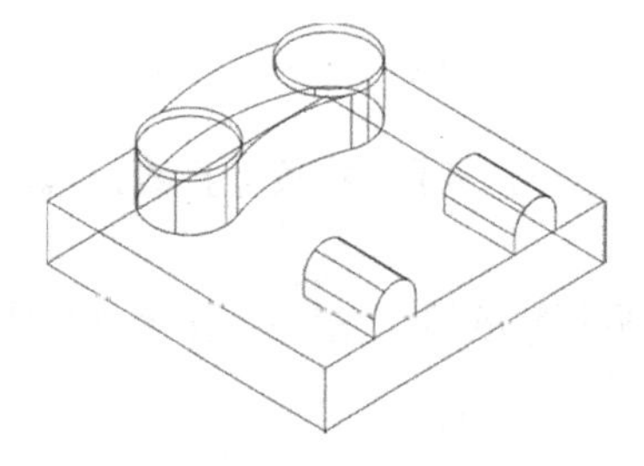

图 8-48　创建两个凸台

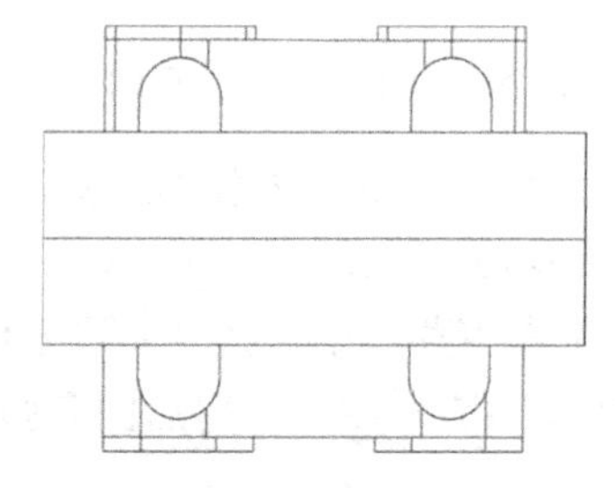

图 8-49　旋转 180°

（4）在工作区下方工具条中的“层别”两字上单击鼠标右键，在工作区上方的工具条中单击“全部”按钮。

（5）在【选择所有－单一选择】对话框中选“转换结果”选项，如图 6-13 所示。

（6）单击 Enter 键，在【更改层别】对话框中选“◉移动”，取消钩选“使用主层别”复选框，编号为 10。

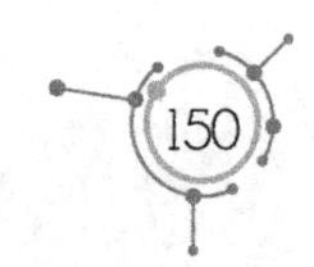

（7）单击“确定”按钮，所有的结果移至图层 10。

（8）在主菜单中选取“屏幕 | 清除颜色”命令，可清除所有图素的颜色。

（9）在工作区下方的工具条中单击“层别”两字，在【层别管理】对话框中将第 10 层设为主图层，关闭第 1 层和第 2 层的“×”，只显示第 10 层的图素，如图 8-50 所示。

（10）在主菜单中选择“机床类型 | 铣床 | 默认”命令，进入加工模式。

（11）在“刀路”管理器中展开“+属性”，再单击“毛坯设置”命令。

（12）在【机床群组属性】对话框“毛坯设置”选项卡中对“毛坯平面”选择“俯视图”，对“形状”选择“◉立方体”，钩选“显示”、“适度化”复选框，选择“◉线框”，“毛坯原点”为（0，0，0.5），毛坯的长、宽、高分别设为 85mm、85mm、35mm。

（13）在主菜单中选择“刀路 | 平面铣”命令，输入 NC 名称为 G323-2-1。

（14）单击“确定”按钮，再单击“确定”按钮，在【2D 刀路-平面铣削】对话框中选“刀具”选项，在右边的空白处单击鼠标右键，在下拉菜单中选“创建新刀具”命令。

（15）刀具类型选“平底刀”，刀齿直径为ϕ12mm，刀号为 1，刀长补正为 1，半径补正为 1，进给速率为 500mm/min，下刀速率为 600mm/min，提刀速率为 1500mm/min，主轴转速为 1500r/min，其他参数选择系统默认值。

（16）在【2D 刀路-平面铣削】对话框中选“切削参数”选项，对“类型”选择“双向”，对“截断方向超出量”选择 50%，对“引导方向超出量”选择 50%，“进刀引线长度”设为 100%，“退刀引线长度”为 0，“最大步进量”为 80%，底面预留量为 0。

（17）选择“Z 分层切削”选项，钩选“深度分层切削”复选框，“最大粗切步进量”为 1.0mm。

（18）选择“共同参数”选项，“安全高度”为 5.0mm。选择“◉绝对坐标”，“参考高度”为 5.0mm。选择“◉绝对坐标”，“下刀位置”设为 5.0mm。选择“◉绝对坐标”，“工件表面”为 0.5mm。选择“◉绝对坐标”，“深度”设为 0，选择“◉绝对坐标”。

（19）单击“确定”按钮，生成平面铣精加工刀路，如图 8-51 所示。

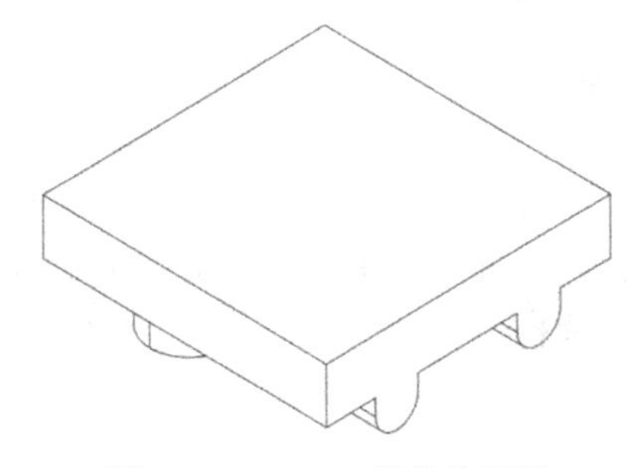

图 8-50　G323-2 零件的反面

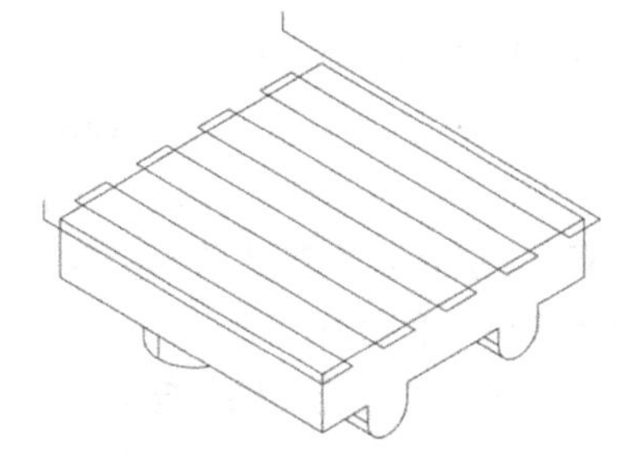

图 8-51　平面铣精加工刀路

（20）在【刀路】管理器中单击“切换”按钮，隐藏平面铣刀路。

（21）在主菜单中选择“刀路 | 外形”命令，在【串连选项】对话框中选择“实体”按钮，在零件图上选取实体上表面的边线，箭头方向为顺时针方向，如图 8-52 所

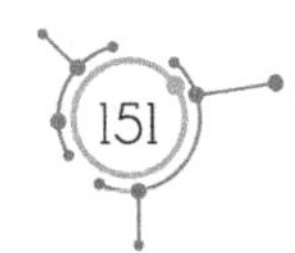

示，单击“确定”按钮[✔]。

（22）在【2D 刀路-外形铣削】对话框中选“刀具”选项，选择ϕ12mm 平底刀，进给速率为 1000mm/min。

（23）选择“切削参数”选项，对“补正方式”选择“电脑”，对“补正方向”选择“左”，“壁边预留量”设为 0.3mm，对“外形铣削方式”选择“2D”。

（24）选择“Z 分层切削”选项，钩选“深度分层切削”复选框，“最大粗切步进量”选择 1.0mm，钩选“不提刀”复选框。

（25）选择“进/退刀设置”选项，在“进刀”区域中选“◉相切”，进刀长度为 5mm，圆弧半径为 1mm，单击[⏩]按钮，使退刀参数与进刀参数相同。

（26）选择“共同参数”选项，“安全高度”为 5.0mm。选择“◉绝对坐标”，“参考高度”为 5.0mm。选择“◉绝对坐标”，“下刀位置”为 5.0mm。选择“◉绝对坐标”，“工件表面”为 0mm。选择“◉绝对坐标”，“深度”为-27.5mm。选择“◉绝对坐标”。

（27）单击“确定”按钮[✔]，生成外形铣粗加工刀路，如图 8-53 所示。

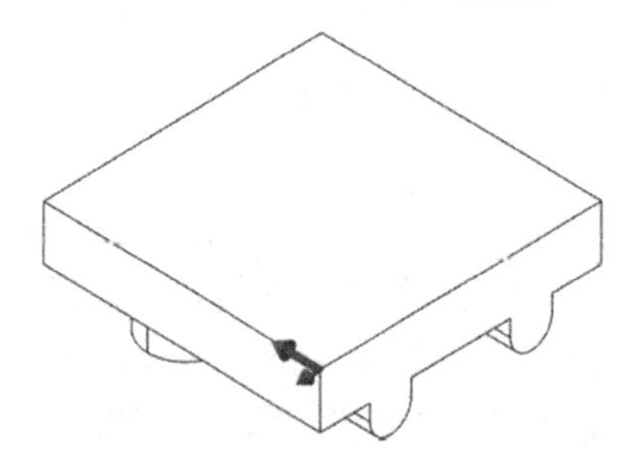

图 8-52　选 80mm×80mm 的矩形边线

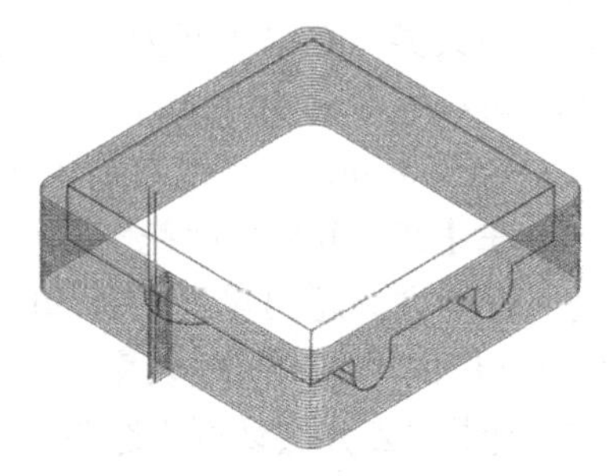

图 8-53　外形铣粗加工刀路

（28）在“刀路”管理器中复制“2-外形铣削”刀路，并粘贴到“刀路”管理器的最后。

（29）双击“3-外形铣削”刀路的“参数”，在【2D 刀路-外形铣削】对话框中选中“刀具”选项，将“进给率”改为 500mm/min，选中“切削参数”选项，将“壁边预留量”改为 0。选中“Z 分层切削”选项，取消已钩选的“深度分层切削”复选框。选择“进/退刀设置”选项，取消已钩选的“在封闭轮廓中点位置执行进/退刀”、“过切检查”、“进刀”、“退刀”复选框，钩选“调整轮廓起始（结束）位置”复选框，“长度”为 80%。选中“XY 分层切削”选项，钩选“XY 分层切削”复选框，粗切次数为 3，间距为 0.1mm，精修次数为 1，间距为 0.02mm，钩选“不提刀”复选框。

（30）单击“重建刀路”按钮，外形精加工刀路如图 8-54 所示。

8. G323-2 零件的第二次编程

（1）设定第 1 层为主图层，并关闭第 2 层、第 10 层。

（2）在主菜单中选取“刀路 | 平面铣”命令，单击“确定”按钮[✔]，在【2D 刀路-平面铣削】对话框中选“刀具”选项，选直径为ϕ12mm 的平底刀。

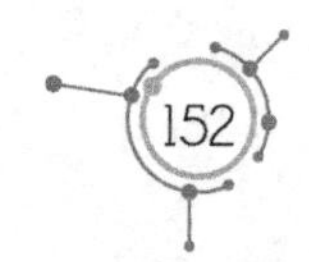

（3）在【2D 刀路-平面铣削】对话框中选择“切削参数”选项，对“类型”选择“双向”，对“截断方向超出量”选择 50%，对“引导方向超出量”选择 50%，“进刀引线长度”设为 100%，“退刀引线长度”为 0，“最大步进量”为 80%，底面预留量为 0.2mm。

（4）选择“Z 分层切削”选项，钩选“深度分层切削”复选框，“最大粗切步进量”为 1.0mm。

（5）选择“共同参数”选项，“安全高度”为 40.0mm。选择“◉绝对坐标”，“参考高度”设为 40.0mm，选择“◉绝对坐标”，“下刀位置”为 40.0mm。选择“◉绝对坐标”，“工件表面”为 34.5mm。选择“◉绝对坐标”，“深度”设为 30.0mm，选择“◉绝对坐标”。

（6）单击“确定”按钮✔，生成的平面铣粗加工刀路如图 8-55 所示。

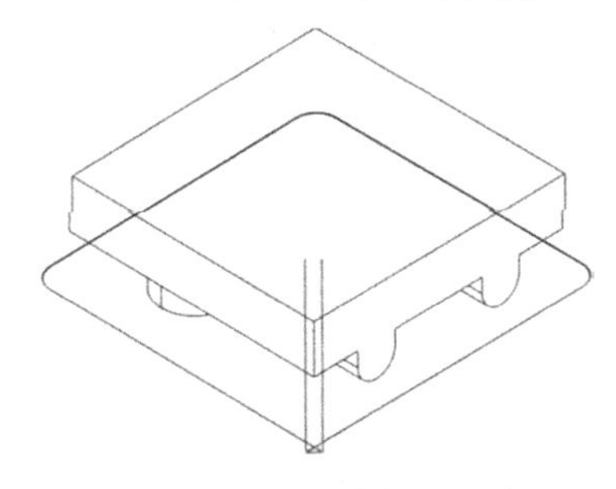

图 8-54　外形精加工刀路

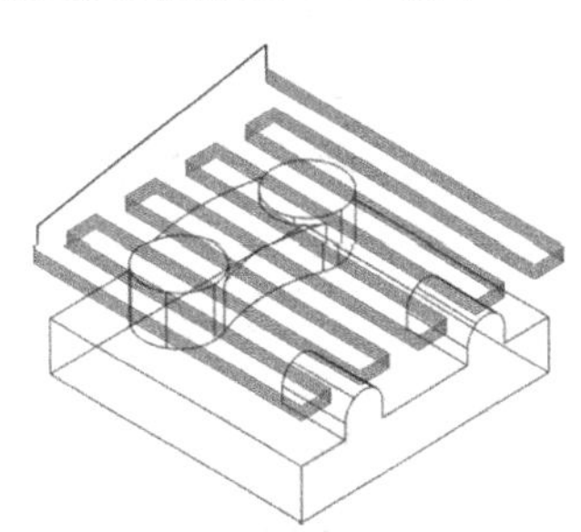

图 8-55　平面铣粗加工刀路

（7）在主菜单中选取“刀路 | 挖槽”命令，在【串连选项】对话框中选“实体”按钮，选取实体 80mm×80mm 外形以及两个ϕ22mm 的圆周，如图 8-56 所示。

（8）在【2D 刀路-2D 挖槽】对话框中选“切削参数”选项，对“挖槽加工方式”选择“平面铣”，对“重叠量”选择 50%，“进刀引线长度”设为 10mm，“壁边预留量”设为 0.2mm，“底面预留量”为 0.2mm。

（9）选择“粗切”选项，“切削方向”选“双向”，“切削间距”为 80%，“进刀方式”选择“◉关”。

（10）选择“精修”选项，钩选“精修”复选框，次数为 1，间距为 0.5mm。

（11）选择“进/退刀设置”选项，钩选“进/退刀设置”复选框，进刀长度为 3mm，半径为 1mm，扫描角度为 90°。

（12）选择“Z 分层切削”选项，钩选“深度分层切削”复选框，“最大粗切步进量”为 1mm。

（13）选择“共同参数”选项，“工件表面”为 30.0mm，“深度”为 28.0mm。

（14）单击“确定”按钮✔，生成挖槽粗加工刀路，如图 8-57 所示。

（15）在主菜单中选取“刀路 | 挖槽”命令，在【串连选项】对话框中选“实体”按钮，选取实体 80mm×80mm 外形以及弯槽的边线，如图 8-58 所示。

（16）选“共同参数”选项，“工件表面”为 28.0mm，“深度”为 25.5mm，其余参数与上一工序相同。

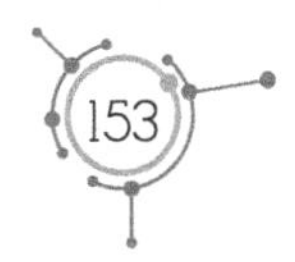

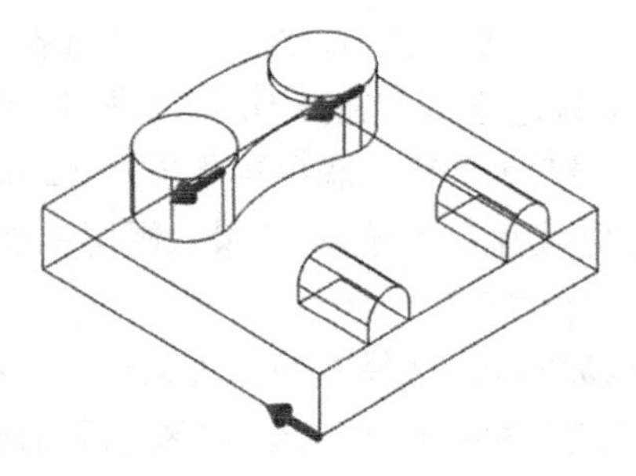

图 8-56　选 80mm×80mm 外形及两个圆周

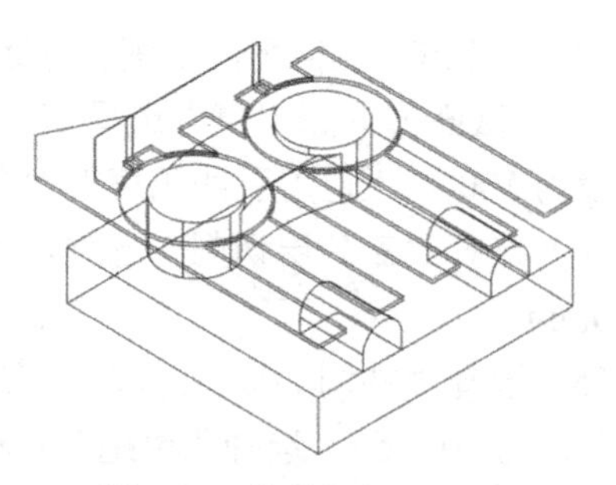

图 8-57　挖槽粗加工刀路

（17）单击“确定”按钮，生成的挖槽粗加工刀路如图 8-59 所示。

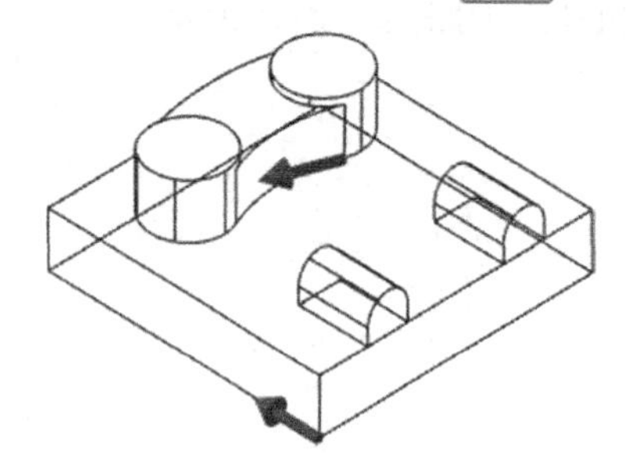

图 8-58　选 80mm×80mm 外形及弯槽边线

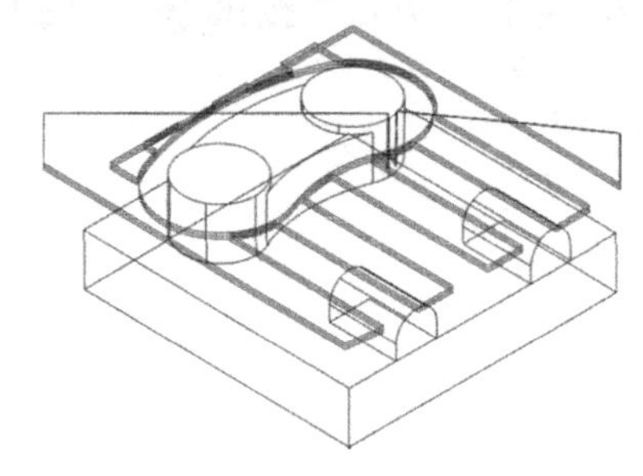

图 8-59　挖槽粗加工刀路

（18）在主菜单中选取“绘图｜矩形”命令，以工件右边两个凸台的顶点绘制两个矩形，如图 8-60 所示。

（19）在主菜单中选取“刀路｜挖槽”命令，在【串连选项】对话框中选“实体”按钮，选取实体 80mm×80mm 外形、弯槽的边线以及刚才创建的矩形，如图 8-61 所示。

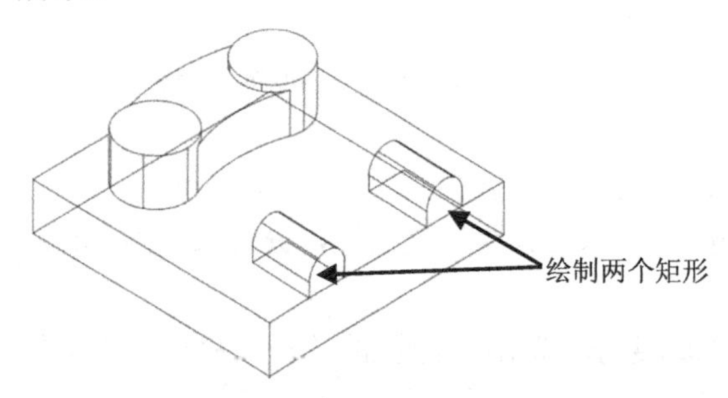

图 8-60　绘制两个矩形

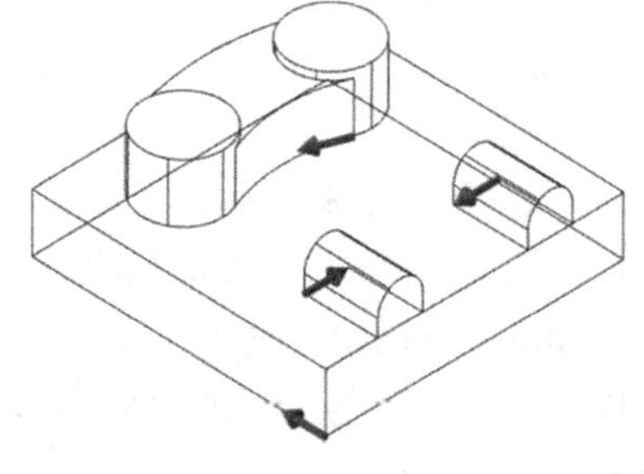

图 8-61 选 80mm×80mm 外形、弯槽边以两个矩形

（20）选择“粗切”选项，“切削方向”选择“等距环切”。

（21）选择“精修”选项，取消钩选“精修”复选框。

（22）选择“进/退刀设置”选项，取消钩选“进/退刀设置”复选框。

（23）选择“共同参数”选项，“工件表面”为 25.5mm，“深度”为 15mm，其余参数与上一工序相同。

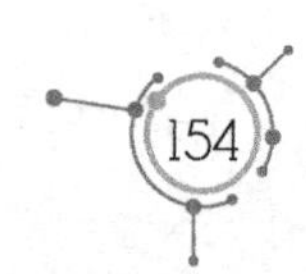

（24）单击“确定”按钮，生成挖槽粗加工刀路，如图 8-62 所示。

（25）在主菜单中选取“刀路｜平面铣”命令，在零件上选取两个ϕ22mm 的圆周，单击“确定”按钮。

（26）在【2D 刀路-平面铣削】对话框中选择“刀具”，“进给速度”改为 500r/min，选择“切削参数”选项，底面预留量为 0。选择“Z 分层切削”选项，取消已钩选的“深度分层切削”复选框。选“公共参数”选项，“深度”设为 30mm，其余参数不变。

（27）单击“确定”按钮，生成的平面铣粗加工刀路如图 8-63 所示。

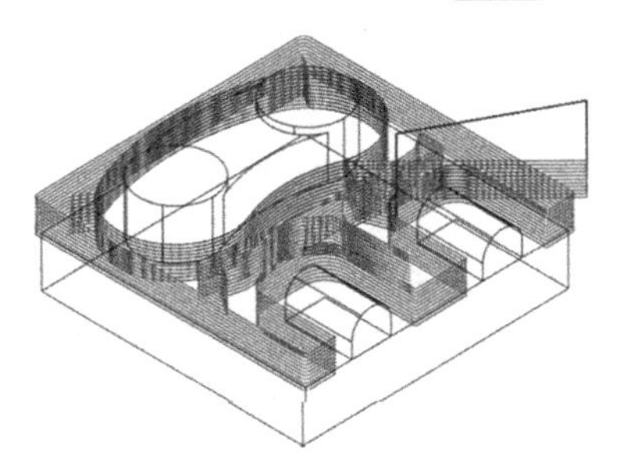

图 8-62　挖槽粗加工刀路

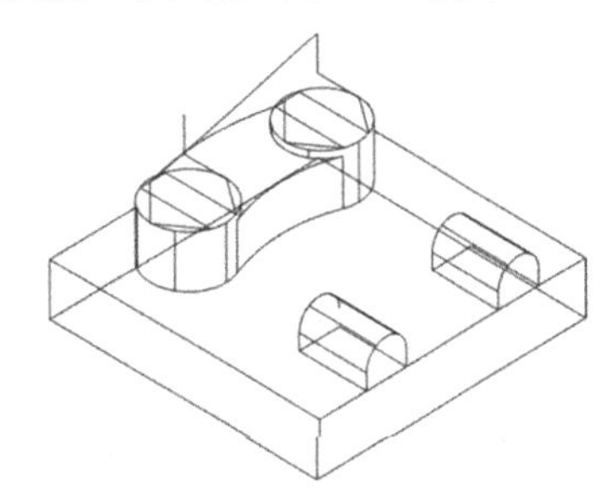

图 8-63　平面铣精加工刀路

（28）在“刀路”管理器中复制“7-2D 挖槽”刀路到最后。

（29）双击“9-2D 挖槽”，在【2D 刀路-2D 挖槽】对话框中选“刀具”，“进给速度”改为 500r/min。选择“切削参数”选项，底面预留量为 0。选择“Z 分层切削”选项，取消已钩选的“深度分层切削”复选框。

（30）单击“确定”按钮，生成平面铣粗加工刀路，如图 8-64 所示。

（31）在主菜单中选“刀路｜外形”，选取 2 个ϕ22 的圆周，箭头方向为顺时针，如图 8-65 所示。

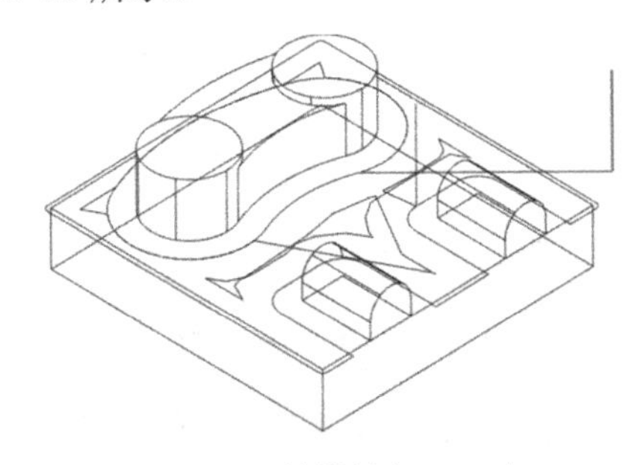

图 8-64　挖槽精加工刀路

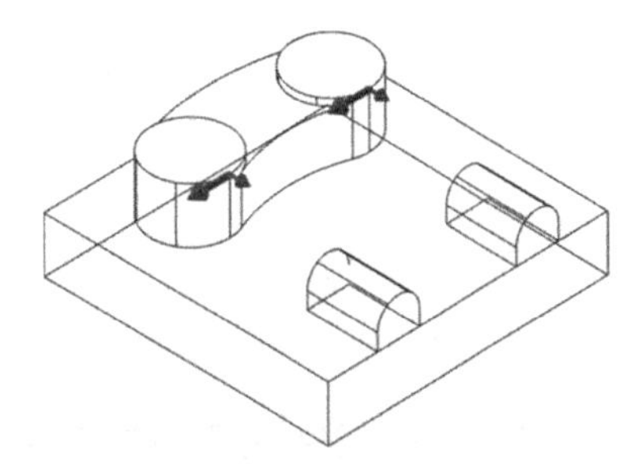

图 8-65　选 2 个ϕ22 的圆周

（32）在【2D 刀路-外形铣削】对话框中选择“刀具”，“进给速度”改为 500r/min，选择“切削参数”选项，壁边预留量、底面预留量为 0。选择“Z 分层切削”选项，取消已钩选的“深度分层切削”复选框。选“XY 分层切削”选项，钩选“XY 分层切削”复选框，粗切次数为 2，间距为 4mm，精修次数为 3，间距为 0.1mm，选“公共参数”选项，“深度”为 28mm，其余参数不变。

（33）单击“确定”按钮，生成的外形精加工刀路如图 8-66 所示。

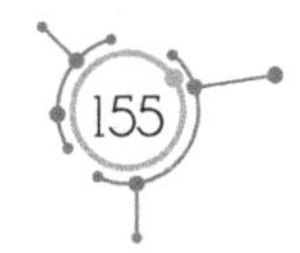

（34）在主菜单中选“刀路｜外形”，选取弯槽的外形，箭头方向为顺时针，如图 8-67 所示。

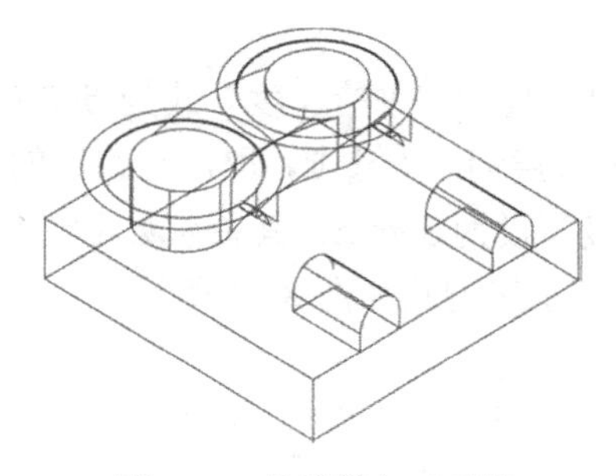

图 8-66　外形精加工刀路

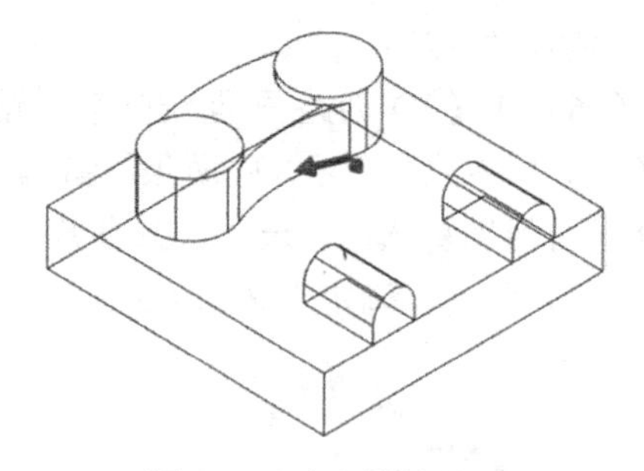

图 8-67　选弯槽的外形

（35）在【2D 刀路-外形铣削】对话框中选“刀具”，“进给速度”改为 500r/min，选择“切削参数”选项，壁边预留量、底面预留量为 0。选择“Z 分层切削”选项，取消已钩选的“深度分层切削”复选框。选择“XY 分层切削”选项，钩选“XY 分层切削”复选框，粗切次数为 3，间距为 0.1mm。选择“公共参数”选项，“深度”为 15mm，其余参数不变。

（36）单击“确定”按钮，生成的外形精加工刀路，如图 8-68 所示。

（37）在主菜单中选“刀路｜外形”，在【串连管理】对话框中选“实体”按钮和“局部串连”按钮，选取两个凸台的外形，箭头方向为顺时针，如图 8-69 所示。

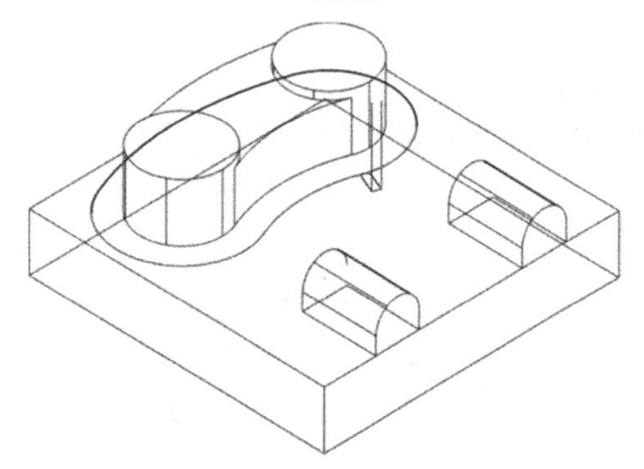

图 8-68　外形精加工刀路

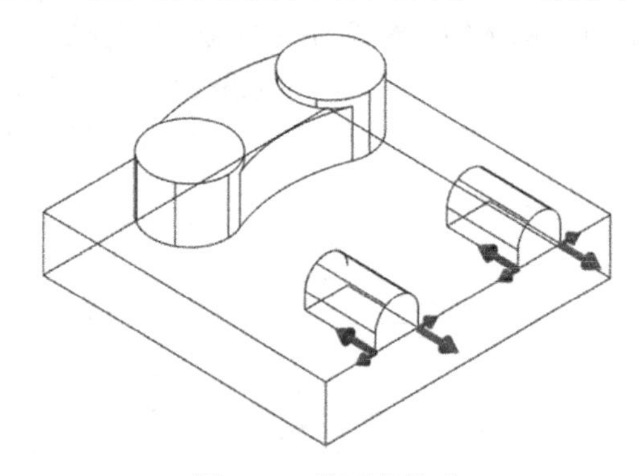

图 8-69　选两条外形

（38）在【2D 刀路-外形铣削】对话框中选择“刀具”选项，将“进给速度”改为 500r/min。选择“切削参数”选项，壁边预留量、底面预留量为 0。选择“Z 分层切削”选项，取消已钩选的“深度分层切削”复选框。选择“XY 分层切削”选项，钩选“XY 分层切削”复选框，粗切次数为 3，间距为 0.1mm，选“进/退刀设置”选项，取消已钩选的“进刀”、“退刀”复选框，钩选“调整轮廓起始（结束）位置”复选框，长度为 75%。选“公共参数”选项，“深度”为 15mm，其余参数不变。

（39）单击“确定”按钮，生成的外形精加工刀路如图 8-70 所示。

（40）在下方的工具条“层别”文本框中输入 15，设定图层 15 为主图层。

（41）在主菜单中选取“绘图｜曲面曲线｜单一边界”命令，选取实体右侧小凸台圆弧面的边线，如图 8-71 所示。

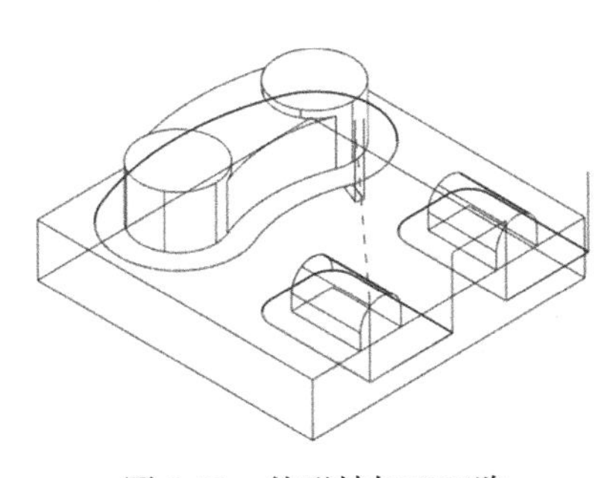
图 8-70　外形精加工刀路

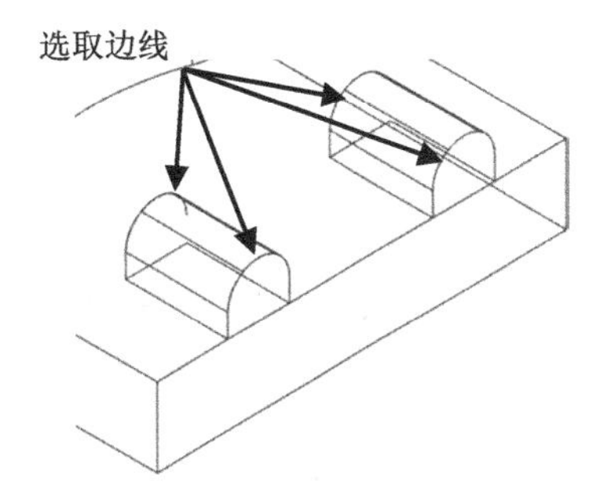

图 8-71　选取小凸台圆弧面的边线

（42）在下方的工具条中单击“层别”两字，在【层别管理】对话框中取消图层 1 的“×”，只显示图层 15 的图素。

（43）在主菜单中选择“编辑｜修剪/打断｜打断成若干段”命令，选取刚才创建的 4 条边线。按 Enter 键，在“数量”栏中输入 2，单击“删除”按钮删除、“曲线”按钮，如图 8-72 所示。

图 8-72　在“数量”栏中输入 2，选“删除”、“曲线”按钮

（44）单击“确定”按钮，所选中的 4 条边线全部打断成 2 段。

（45）在主菜单中选取“刀路｜线框刀路｜直纹”命令，在【串连选项】对话框中选“单体”按钮，选取两段曲线，注意起始点在下方，如图 8-73 所示。

注：开粗时从下往上切削，可以避免踩刀。精加工时从下往下切削，可以提高表面粗糙度。

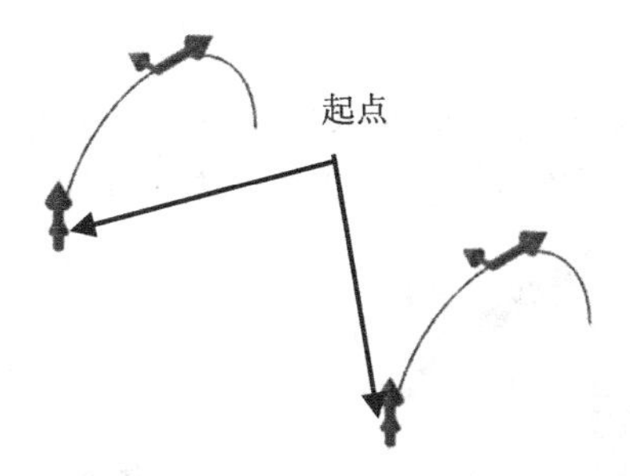

图 8-73　选取两段曲线，起始点在下方

（46）单击“确定”按钮，在【直纹】对话框“直纹加工参数”选项卡中，对“切削方向”选择“◉双向”，“截断方向切削量”设为 0.2mm，“预留量”为 0.2mm，“安全高度”为 35mm。对“电脑补正位置”选择“左”，如图 8-74 所示。

注：“电脑补正位置”选择“左”还是选“右”，应根据两条曲线先后顺序不同来决定。

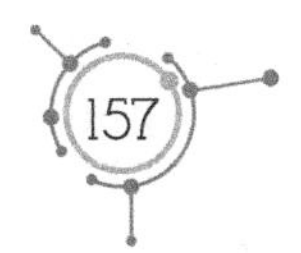

（47）在“刀路”管理器中选取第 4～16 个刀路，单击鼠标右键，选择“编辑已经选择的操作 | 更改 NC 文件名”命令，将程序名改为 G323-2-2。

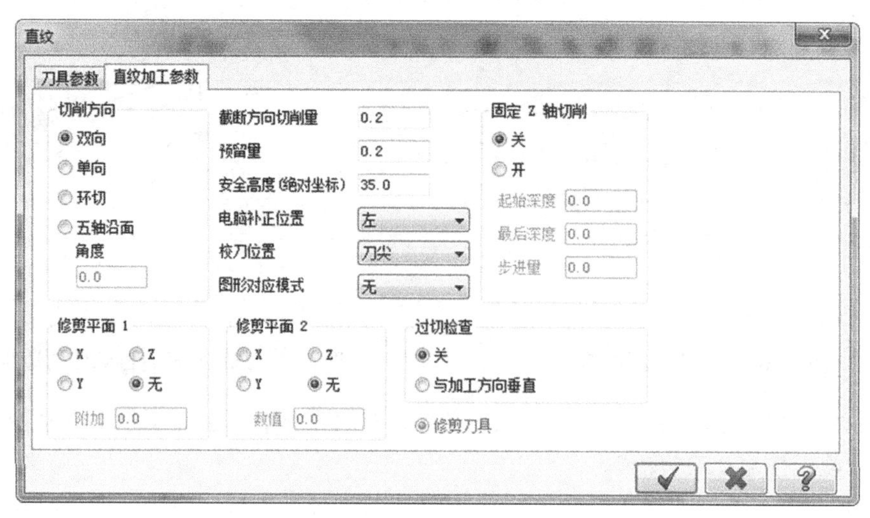

图 8-74 【直纹】对话框

（48）单击“确定”按钮，生成直纹刀路，如图 8-75 最左边的刀路所示。

（49）采同相同的方法，创建其他三个直纹刀路，如图 8-75 所示。

（50）在主菜单中选择“刀路 | 线框刀路 | 直纹”命令，在【串连选项】对话框中单击“单体”按钮，选取两段曲线。注意起始点在下方，如图 8-73 所示。

（51）单击“确定”按钮，在【直纹】对话框“刀具参数”选项中单击鼠标右键，选择“创建新刀具”命令，对“类型”选择“球刀”，直径设为ϕ8mm，进给速度为 600mm/min。

（52）在“直纹加工参数”选项卡中对“切削方向”选择“◉双向”，“截断方向切削量”设为 0.1mm，“预留量”为 0，“安全高度”为 35mm，对“电脑补正位置”选择“左”。

（53）单击“确定”按钮，生成直纹刀路，如图 8-76 最左边的刀路所示。

（54）采同相同的方法，创建其他三个直纹刀路，如图 8-76 所示。

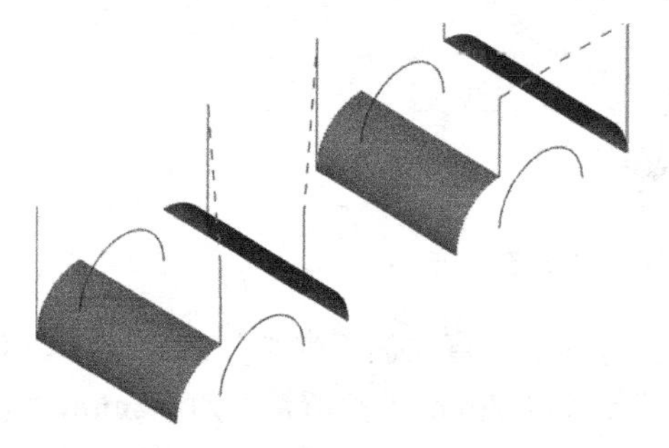

图 8-75 直纹粗加工刀路

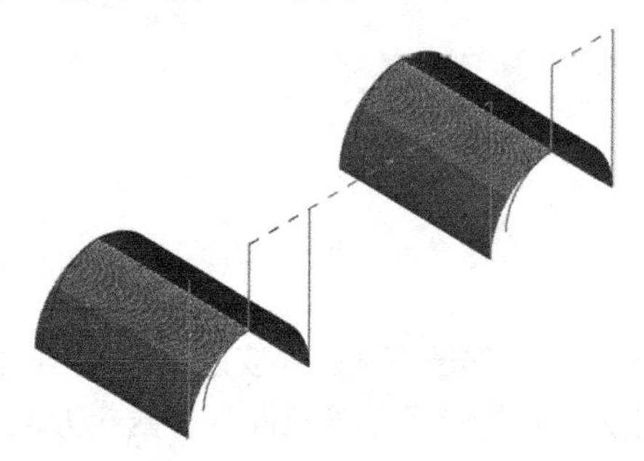

图 8-76 直纹精加工刀路

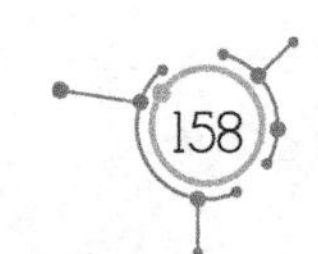

（55）在“刀路”管理器中选取第 17～20 个刀路，单击鼠标右键，选“编辑已经选择的操作｜更改 NC 文件名”命令，将程序名改为 G323-2-3。

9. G323-1 零件的第一次装夹

（1）零件的实体厚度是 15mm，而毛坯材料的厚度是 20mm，毛坯材料厚度比工件高 5mm。为了便于第二次装夹，在第一次装夹时，工件表面铣低约 1mm；第二次装夹时，工件表面铣低约 4mm。

（2）第一次用虎钳装夹时，工件上表面要超出虎钳至少 16.5mm，或者工件装夹的厚度不得超过 3.5mm。

（3）工件对刀时，采用四边分中的方法来确定工件坐标系，即工件上表面的中心为工件坐标系的原点（0，0），参考实例中的图 1-66。

（4）Z 方向对刀时，可以用手工方式将工件上表面铣低 1mm 后，再将该表面设为 Z0。或者先把刀尖刚好接触工件的上表面，再稍微提升刀具，把刀具移至空挡处，然后降低 1mm，设为 Z0，在数控编程时已经编好加工表面的程序，直接开启程序，即可用编制好的数控程序将工件表面铣削加工 1mm。

（5）工件第一次装夹的加工程序单见表 8-1。

表 8-1　G323-1 第一次装夹加工程序单

序号	程序名	刀具	加工深度
1	G323-1-1	ϕ12mm 平底刀	15.5mm

10. G323-1 零件的第二次装夹

（1）为了既能很好地装夹工件，也能保证在加工时，铣刀不会碰到虎钳，G323-1 零件的第二次装夹的方向如图 8-77 所示。

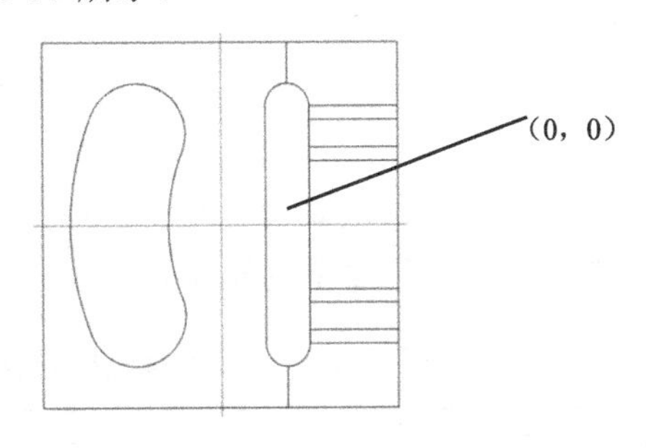

图 8-77　第二次装夹方向

（2）第二次用虎钳装夹时，工件上表面的毛坯面要超出虎钳至少 9mm，工件装夹厚度不得超过 10mm。

（3）工件下表面的中心为坐标系原点（0，0，0）。

（4）工件第二次装夹的加工程序单见表 8-2。

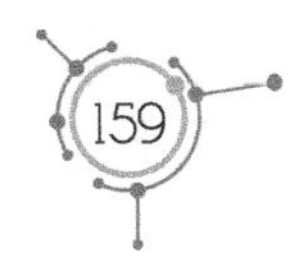

表 8-2　G323-1 第二次装夹加工程序单

序号	程序名	刀具	加工深度
1	G323-1-2	φ12mm 平底刀	16mm
2	G323-1-3	φ8mm 平底刀	16mm
3	G323-1-4	φ12mm 球头刀	6mm

11. G323-2 零件的第一次装夹

（1）零件的实体厚度是 30mm，而毛坯材料的厚度是 35mm，毛坯材料厚度比工件高 5mm，在第一次装夹时，工件表面铣低约 1mm，第二次装夹时，工件表面铣低约 4mm。

（2）第一次用虎钳装夹时，工件上表面要超出虎钳至少 28mm。也就是说，工件装夹的厚度不得超过 7mm。

（3）工件对刀时，采用四边分中的方法来确定工件坐标系，即工件上表面的中心为工件坐标系的原点（0，0），参考实例 1 中的图 1-66。

（4）Z 方向对刀时，可以用手工方式将工件上表面铣低 1mm 后，再将该表面设为 Z0。或者先把刀尖刚好接触工件的上表面，再稍微提升刀具，把刀具移至空挡处，然后降低 1mm，设为 Z0，在数控编程时已经编好加工表面的程序，直接开启程序，即可用编制好的数控程序将工件表面铣削加工 1mm。

（5）工件第一次装夹的加工程序单见表 8-3。

表 8-3　G323-2 第一次装夹加工程序单

序号	程序名	刀具	加工深度
1	G323-2-1	φ12mm 平底刀	27.5mm

12. G323-2 零件的第二次装夹

（1）第二次用虎钳装夹时，毛坯工件上表面要超出虎钳至少 20mm，工件装夹厚度不得超过 15mm。

（2）工件下表面的中心为坐标系原点（0，0，0）。

（3）工件第二次装夹的加工程序单见表 8-4。

表 8-4　G323-2 第二次装夹加工程序单

序号	程序名	刀具	加工深度
1	G323-2-2	φ12mm 平底刀	15mm
2	G323-2-3	φ8mm 球头刀	10mm

实例 9 G329——偏心板

G329 考核说明：

（1）本题分值 100 分。

（2）考核时间：240min。

（3）考核形式：操作。

（4）具体考核要求：根据零件图（见图 9-1～图 9-3）完成加工。

（5）否定项说明：

（a）出现危及考生或他人安全的状况将中止考试，如果原因是考生操作失误所致，考生该题成绩记零分。

（b）因考生操作失误所致，导致设备故障且当场无法排除将中止考试，考生该题成绩记零分。

（c）因刀具、工具损坏而无法继续应中止考试。

G329 评分标准：

序号	项目	配分	评分标准（各项配分扣完为止）	检测结果	扣分	得分
1	现场操作规范	2	不正确使用机床，酌情扣分			
2		2	不正确使用机床，酌情扣分			
3		2	不正确使用机床，酌情扣分			
4		4	不正确进行设备维护保养，酌情扣分			
5	件二 80mm×80mm 正方形	6	每超差 0.02mm，扣 2 分			
6	70mm×71mm 矩形	4	每超差 0.02mm，扣 2 分			
7	4×R10mm	4	每超差 0.02mm，扣 1 分			
8	等宽 2mm	2	每超差 0.02mm，扣 1 分			
9	6×R10mm 组成的凸台	10	6×R10，$26.5^{-0.025}_{-0.05}$，$46^{-0.025}_{-0.05}$ 每超差 0.02mm，扣 2 分			
10	深 8±0.02mm	2	每超差 0.02mm，扣 2 分			
11	8.2±0.02mm	4	每超差 0.02mm，扣 2 分			
12	12.16±0.02mm	4	每超差 0.02mm，扣 2 分			
13	件一 80mm×80mm 正方形	6	每超差 0.02mm，扣 2 分			
14	厚度 7±0.05mm	2	每超差 0.02mm，扣 1 分			
15	71mm×70mm 矩形	4	每超差 0.02mm，扣 2 分			
16	4×R10mm	4	每超差 0.02mm，扣 2 分			
17	6×R10mm 组成的通孔	10	6-R10mm，$26.5^{+0.025}_{0}$ mm，$46^{+0.025}_{0}$ mm 每超差 0.02mm，扣 2 分			
18	14±0.02mm	4	每超差 0.02mm，扣 2 分			
19	10±0.02mm	4	每超差 0.02mm，扣 2 分			
20	配合技术要求一	6	无法全部嵌入或嵌入不能转动到位，全扣			
21	配合技术要求二	4	装配后高度 37±0.08mm，每超差 0.02mm 扣分			
22	平行度	4	每超差 0.02mm，扣 2 分			
23	表面粗糙度	6	加工部位 30%不达要求扣 1 分，50%不达要求扣 2 分，75%不达要求扣 4 分，超过 75 不达要求全扣			
24	考核时间		在 240 分钟内完成，不得超时			
	合并	100				

考评员签名： 年 月 日

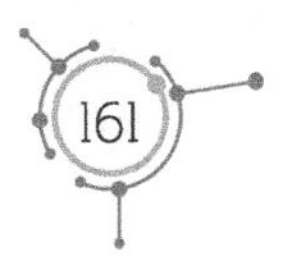

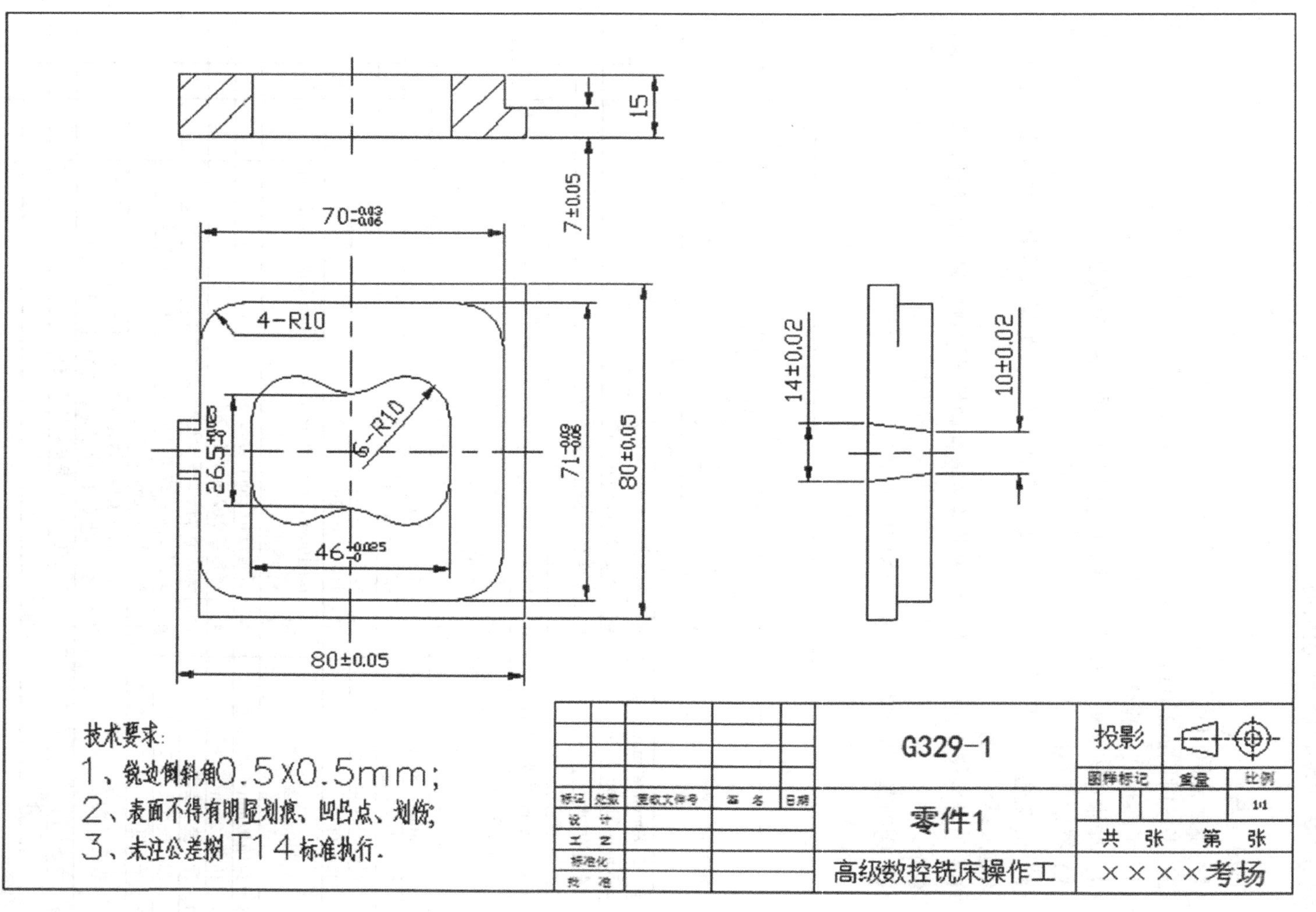

图 9-1 G329-1 零件图

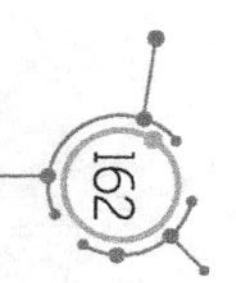

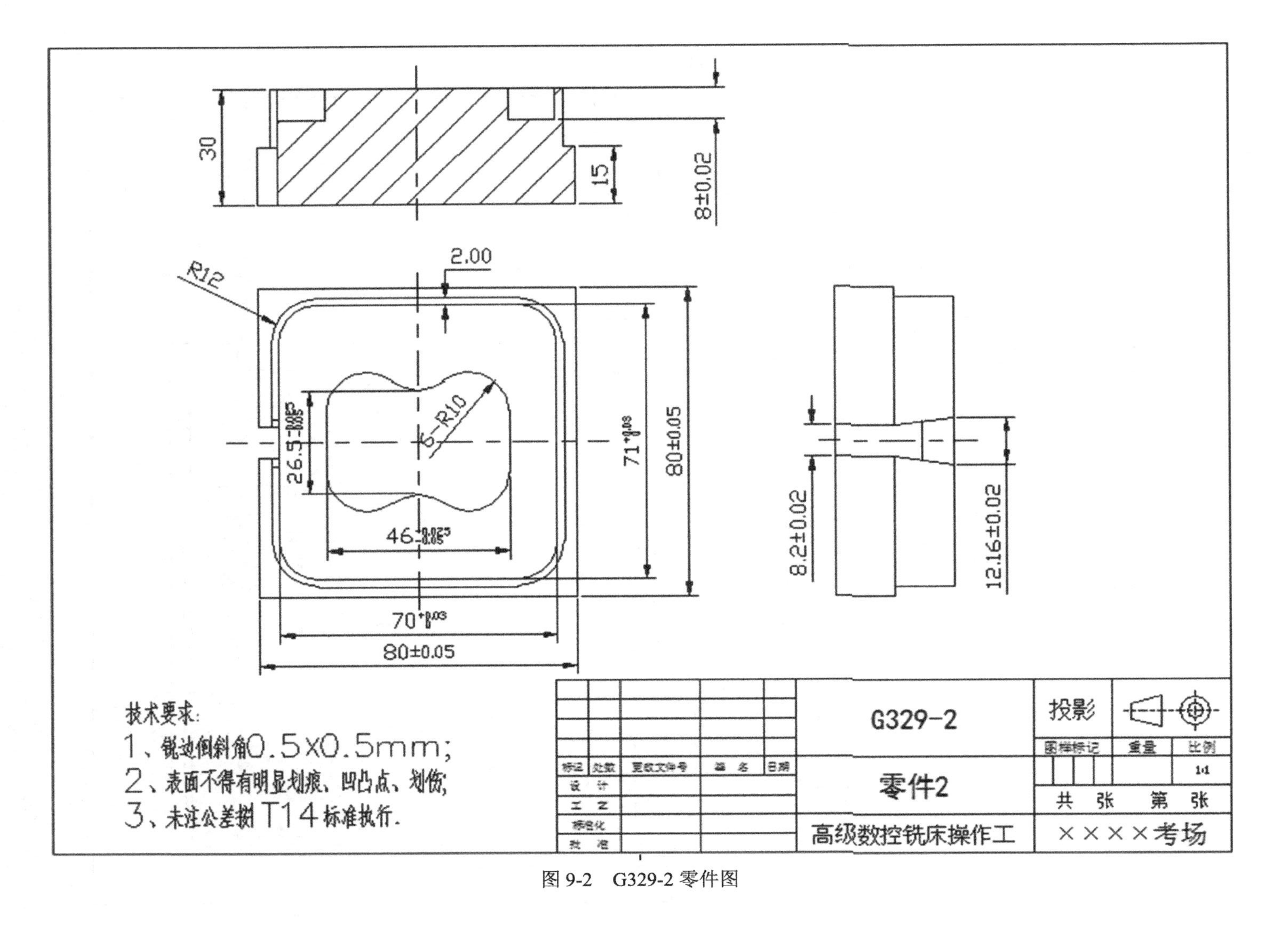

图 9-2　G329-2 零件图

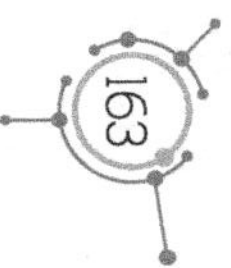

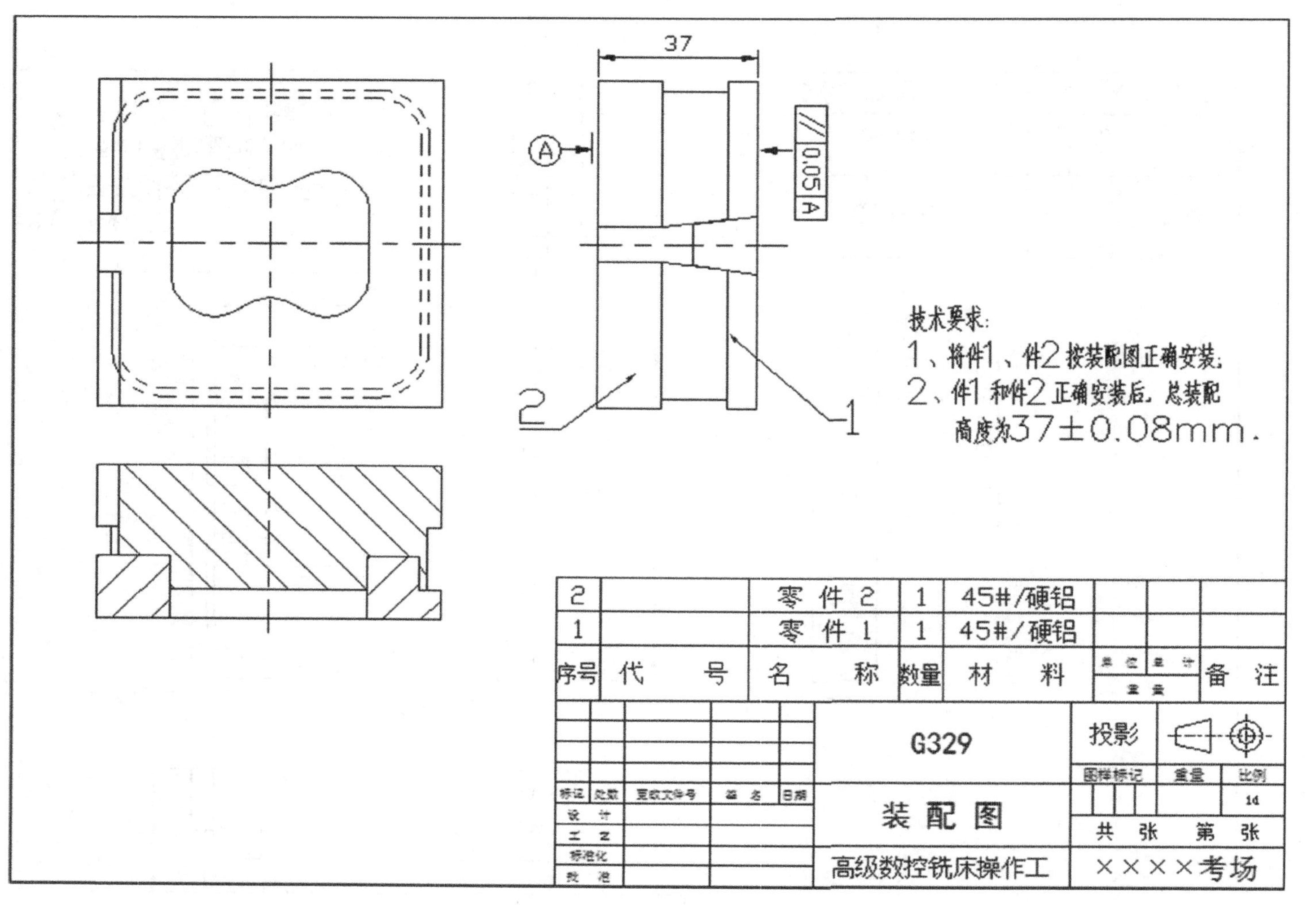

37
A
// 0.05 A
2
1
技术要求:
1、将件1、件2按装配图正确安装;
2、件1和件2正确安装后，总装配
高度为37±0.08mm.
2 零件2 1 45#/硬铝
1 零件1 1 45#/硬铝
序号 代号 名称 数量 材料 备注
G329
投影
装配图
共 张 第 张
高级数控铣床操作工
××××考场

图 9-3 G329 装配图

1. G329-1 零件的建模过程

（1）在工作区下方的工具条中对“绘图模式”选择“3D”。

（2）在主菜单中选择“绘图｜矩形”命令，在坐标输入框中输入矩形第一个顶点的坐标（40，40，0），按 Enter 键。输入矩形第二个顶点的坐标（-35，-40，0），单击“确定”按钮，创建一个矩形，单击功能键 F9，显示坐标系，如图 9-4 所示。

（3）在主菜单中选取“实体｜拉伸”命令，在绘图区中选取矩形，单击【串连选项】对话框中的“确定”按钮。

（4）在【实体拉伸】对话框中选中“◉创建主体”选项，距离设为 7mm，拉伸箭头方向朝上。

（5）单击“确定”按钮，创建方体，如图 9-5 所示。

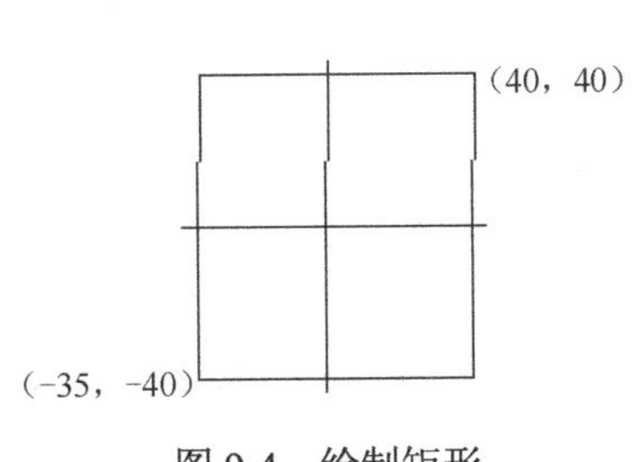

图 9-4　绘制矩形

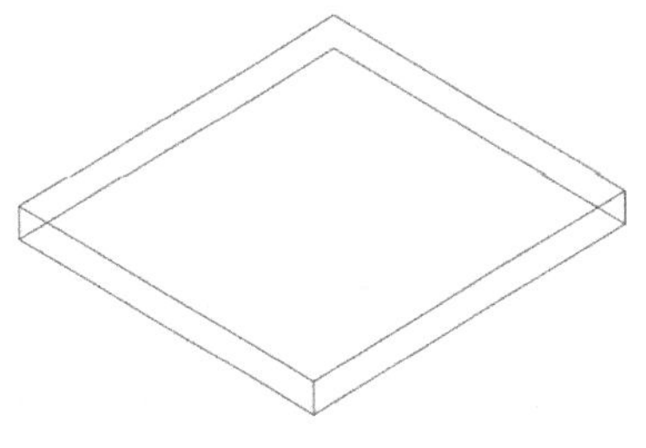

图 9-5　创建方体

（6）在主菜单中选取“绘图｜矩形”命令，在坐标输入框中输入矩形第一个顶点的坐标（35，35.5，7），按 Enter 键，输入矩形第二个顶点的坐标（-35，-35.5，7），单击“确定”按钮，创建一个矩形，如图 9-6 所示。

（7）在主菜单中选择“绘图｜倒圆角｜串连倒圆角”命令，选取 70mm×70mm 的矩形，单击“确定”按钮，输入圆角 R10mm，所选矩形的 4 个角都倒圆角（R10mm），如图 9-6 所示。

（8）在主菜单中选取“实体｜拉伸”命令，在绘图区中选取 70mm×70mm 矩形，单击【串连选项】对话框中的“确定”按钮。

（9）在【实体拉伸】对话框中选中“◉增加凸台”选项，距离设为 8mm，拉伸箭头方向朝上。

（10）单击“确定”按钮，创建方体，如图 9-7 所示。

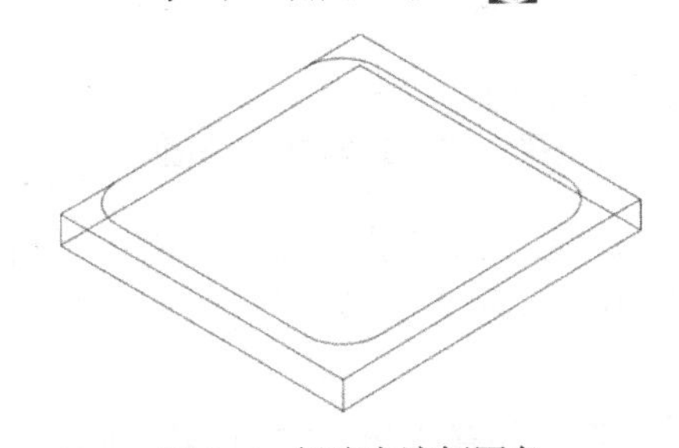

图 9-6　创建串连倒圆角

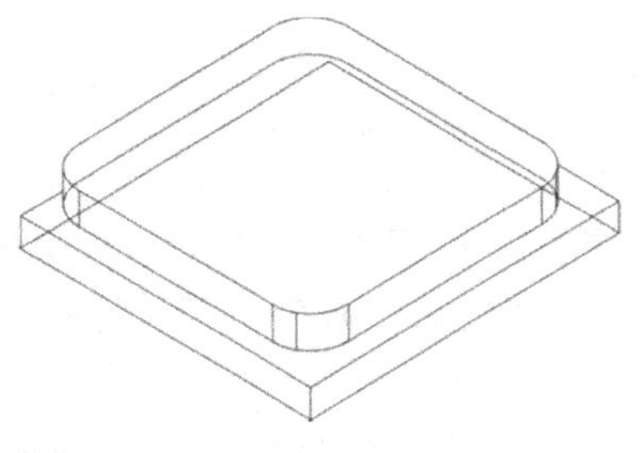

图 9-7　增加凸台

（11）在主菜单中选择“绘图｜绘弧｜已知圆心点画圆”命令，分别以（0，−23.25，0）和（0，−23.25，0）为圆心，以ϕ20mm 为直径，绘制两个圆，如图 9-8 两个圆所示。

（12）在主菜单中选择“绘图｜绘线｜任意线”命令，分别以（−23，−20，0）和（−23，20，0）为端点，绘制一条直线，再以（23，−20，0）和（23，20，0）为端点，绘制另一条直线，如图 9-8 所示的两条直线。

（13）在主菜单中选择“绘图｜倒圆角｜倒圆角”命令，在直线与圆周之间创建 4 个倒圆角特征（R10mm），如图 9-9 所示。

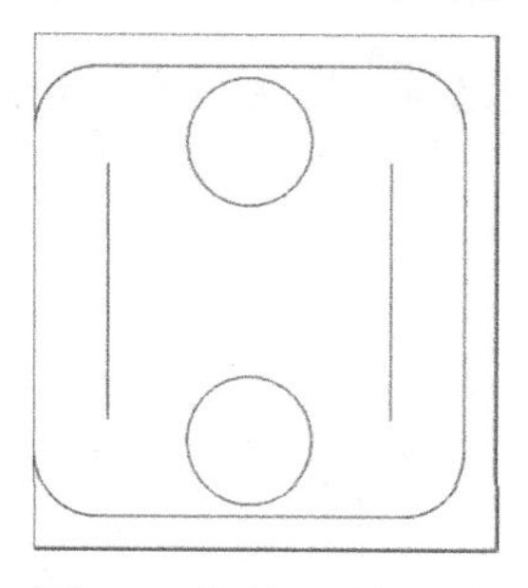

图 9-8　绘制圆弧与直线

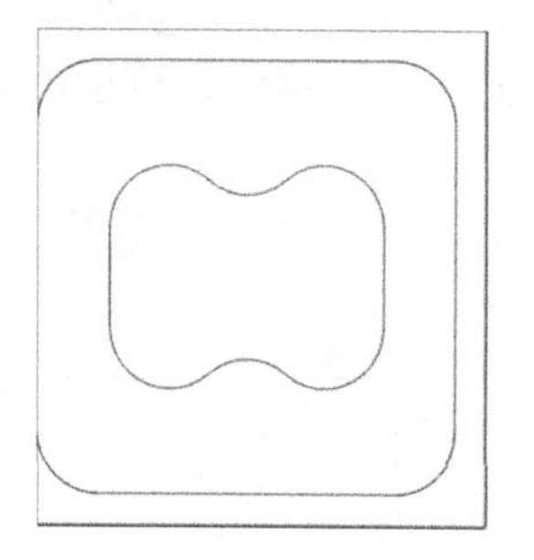

图 9-9　倒圆角特征

（14）在主菜单中选择“实体｜拉伸”命令，在绘图区中选取如图 9-9 所示的图形，单击【串连选项】对话框中的“确定”按钮。

（15）在【实体拉伸】对话框中选中“◉切割主体”选项，“距离”选择“◉全部贯通”，拉伸箭头方向朝上。

（16）单击“确定”按钮，在实体中间创建通孔，如图 9-10 所示。

（17）在工作区下方的工具条中单击“平面”两字，在弹出的菜单中选择“实体定面”命令，选取实体左侧的平面。在【选择平面】对话框中单击“下一个平面”按钮，选取如图 9-11 所示的坐标系。

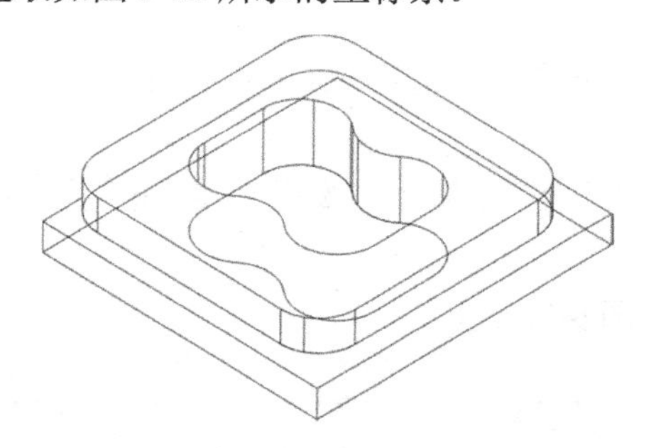

图 9-10　创建通孔

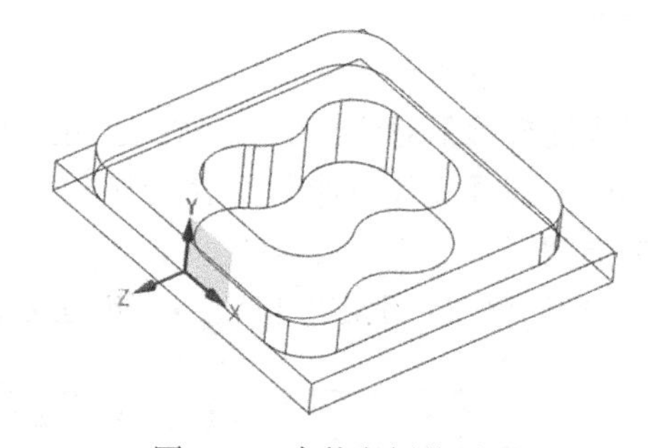

图 9-11　实体左侧的平面

（18）在工作区下方的工具条中单击“WCS”选项，在弹出的菜单中选择“指定平面｜平面列表”命令。在【选择平面】列表框中选取刚才创建的平面，如图 9-12 所示。

（19）再在工作区上方单击“俯视图”按钮，图形切换视角，如图 9-13 所示。

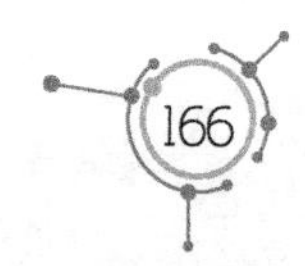

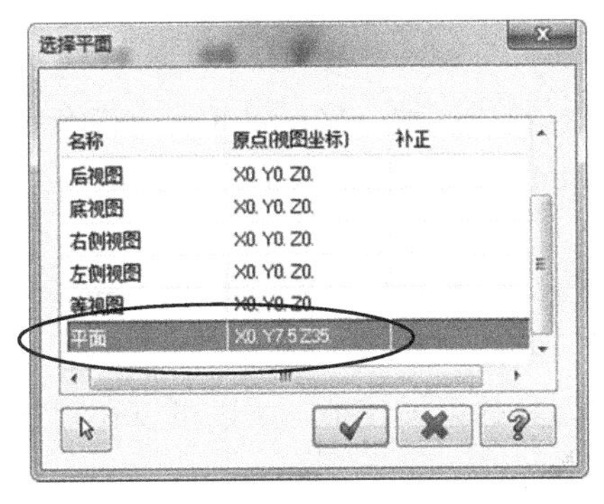

图 9-12　选取刚才创建的平面

图 9-13　图形切换视角

（20）在主菜单中选择“绘图 | 绘线 | 任意线”命令，在工具条中单击“连续线”按钮，以（−5，7.5，0）、（5，7.5，0）、（−7，−7.5，0）和（7，−7.5，0）为端点，绘制 4 条直线，构成封闭的曲线，如图 9-14 所示。

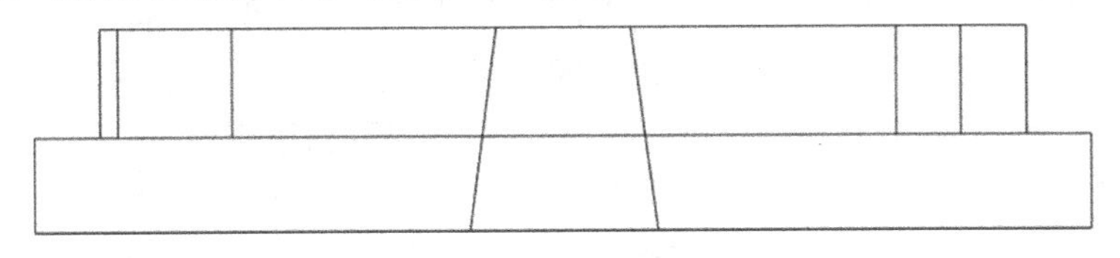

图 9-14　绘制封闭的曲线

（21）在工作区下方的工具条中单击“WCS”选项，在弹出的菜单条中选“俯视图”命令。

（22）再在工作区上方单击“等角视图”按钮，图形切换视角，如图 9-15 所示。

（23）在主菜单中选取“实体 | 拉伸”命令，在绘图区中选取如图 9-14 所示的图形，单击【串连选项】对话框中的“确定”按钮。

（24）在【实体拉伸】对话框中选中“◉增加凸台”选项，距离设为 5mm，拉伸箭头方向向左。

（25）单击“确定”按钮，创建凸台，如图 9-16 所示。

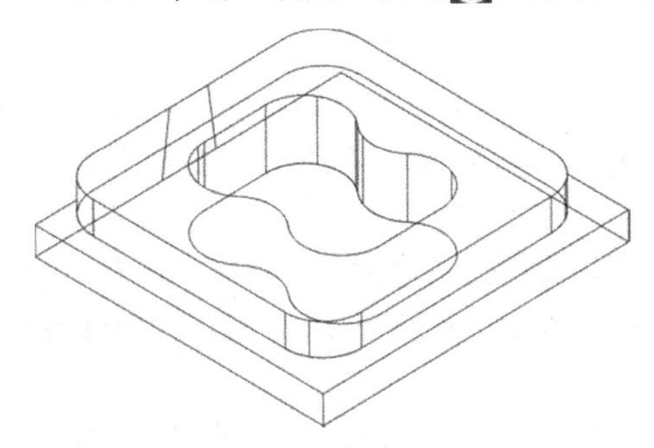

图 9-15　等角视图

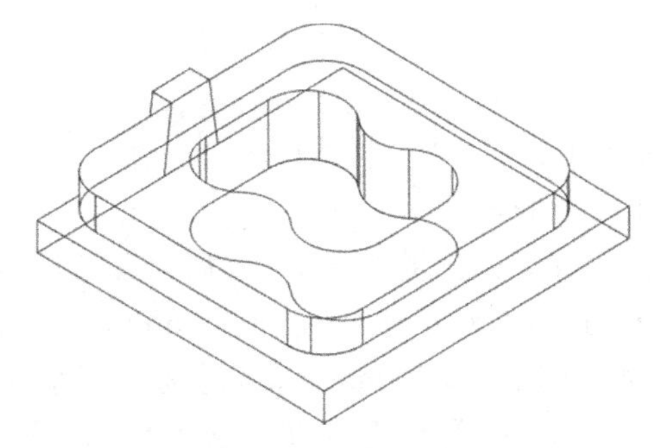

图 9-16　创建凸台

（26）单击“保存”按钮，文件名为 G329-1.mcx-9。

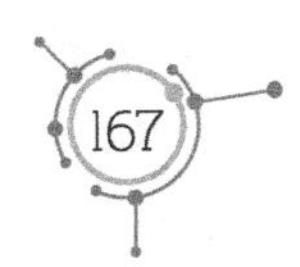

2. G329-1 零件的工艺分析

（1）零件的尺寸是 80mm×80mm×15mm，毛坯材料是铝块（85mm×85mm×20mm）。建议第一次装夹时，加工工件的上表面（加工 1.0mm），第二次装夹时，工件表面加工 4.0mm。

（2）根据零件的形状，工件需要分三次装夹才能完成加工，全部用ϕ12mm 平底刀加工。

（3）因为加工零件的材质是铝，在加工过程中刀具的磨损较小，所以可以在粗加工后不用换刀，直接精加工。

（4）第一次装夹时，以工件的上表面对刀。第二次装夹时，以工件的下表面对刀，第三次装夹时，以侧面的上表面对刀。

3. G329-1 零件的第一次编程

（1）把鼠标放在工作区下方工具条中的“层别”二字上，单击鼠标右键，选中实体，按 Enter 键。在【更改层别】对话框中选“◉移动”，取消“使用主层别”复选框前面的“√”，“编号”为 2，单击“确定”按钮，将实体移到第 2 层。

（2）在工作区下方的工具条中单击“层别”二字，在【层别管理】对话框中设第 2 层为主图层，取消第 1 层的“×”（这样做的目的是保持桌面的整洁）。

（3）在主菜单中选择“机床类型｜铣床｜默认”命令，进入加工模式。

（4）在“刀路”管理器中展开“+属性”，再单击“毛坯设置”命令。

（5）在【机床群组属性】对话框“毛坯设置”选项卡中，对“毛坯平面”选择“俯视图”，对“形状”选择“◉立方体”，钩选“显示”、“适度化”复选框，选择“◉线框”，“毛坯原点”为（0，0，19.0），毛坯的长、宽、高分别设为 85mm、85mm、20mm。

（6）在工作区下方的工具条中单击“WCS”，在弹出的菜单条中选“底视图（WCS（B））”命令，如图 9-17 所示。

（7）再在工作区上方的工具条中单击“俯视图”按钮，以底视图为刀路平面，如图 9-18 所示。

（8）在主菜单中选择“刀路｜平面铣”命令，输入 NC 名称为 G329-1-1。

（9）单击“确定”按钮，再单击“确定”按钮，在【2D 刀路-平面铣削】对话框中选“刀具”选项。在右边的空白处单击鼠标右键，在下拉菜单中选择“创建新刀具”命令。

（10）刀具类型选择“平底刀”，刀齿直径为ϕ12mm，刀号为 1，刀长补正为 1，半径补正为 1，进给速率为 500mm/min，下刀速率为 600 mm/min，提刀速率为 1500 mm/min，主轴转速为 1500r/min，其他参数选择系统默认值。

（11）在【2D 刀路-平面铣削】对话框中选择“切削参数”选项，对“类型”选择“双向”，对“截断方向超出量”选择 50%，对“引导方向超出量”选择 50%，“进刀引线长度”设为 100%，“退刀引线长度”设为 0，“最大步进量”设为 80%，底面预留量为 0。

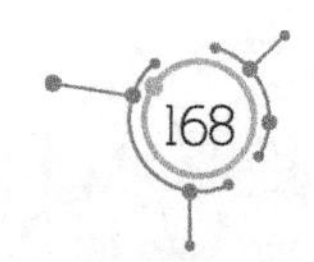

（12）选择“Z 分层切削”选项，钩选“深度分层切削”复选框，“最大粗切步进量”设为 1.0mm。

（13）选择“共同参数”选项，“安全高度”设为 5.0mm。选择“◉绝对坐标”，“参考高度”为 5.0mm。选择“◉绝对坐标”，“下刀位置”设为 5.0mm。选择“◉绝对坐标”，“工件表面”为 1.0mm。选择“◉绝对坐标”，“深度”为 0，选择“◉绝对坐标”。

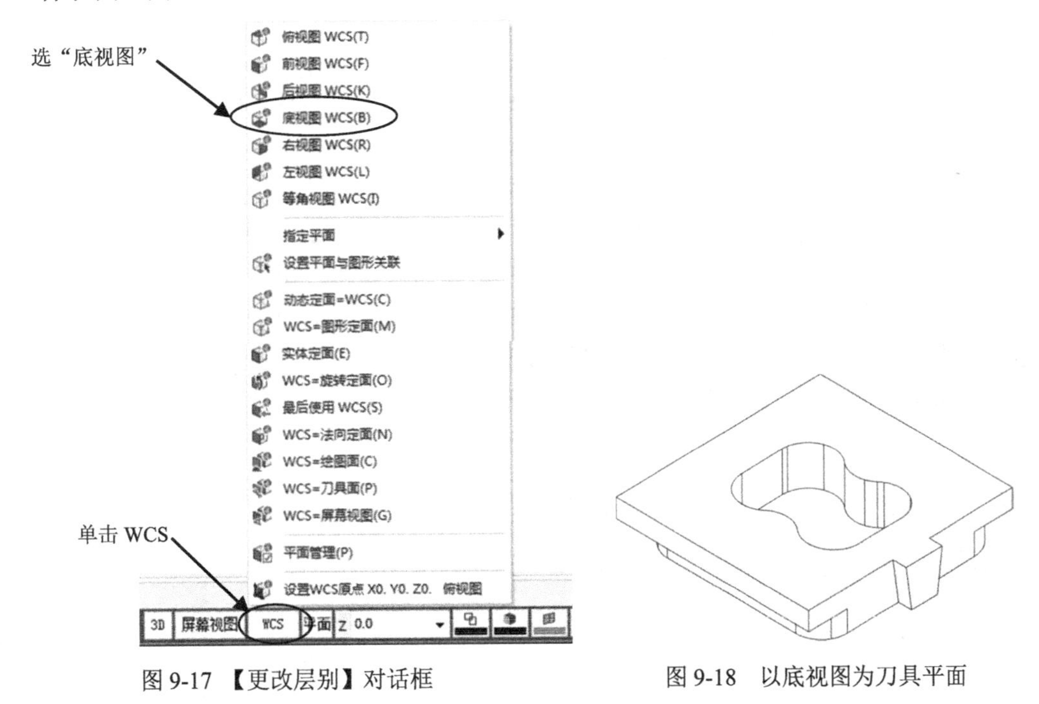

图 9-17 【更改层别】对话框　　图 9-18　以底视图为刀具平面

（14）单击“确定”按钮，生成平面铣精加工刀路，如图 9-19 所示。

（15）在【刀路】管理器中单击“切换”按钮，隐藏平面铣刀路。

（16）在主菜单中选取“刀路｜外形”命令，在【串连选项】对话框中选“实体”按钮，在零件图上选取实体上表面的边线，箭头方向为顺时针方向，如图 9-20 虚线所示，单击“确定”按钮。

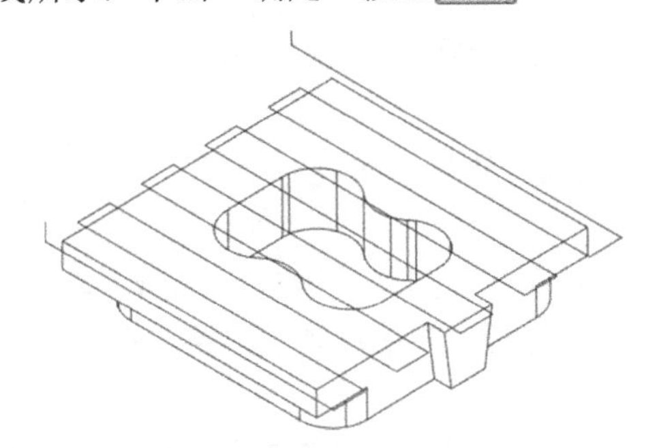

图 9-19　平面铣精加工刀路

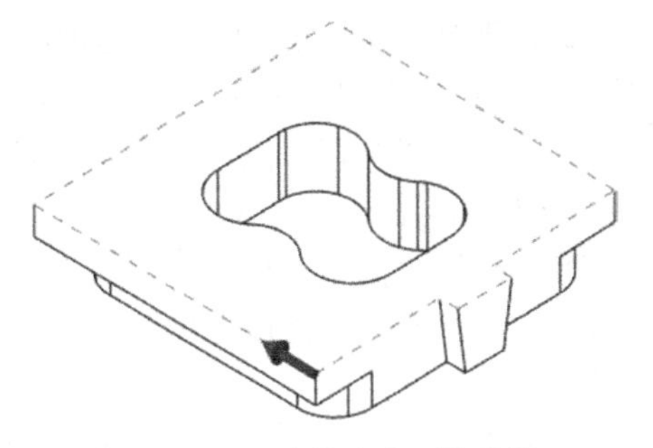

图 9-20　选实体上表面的边线

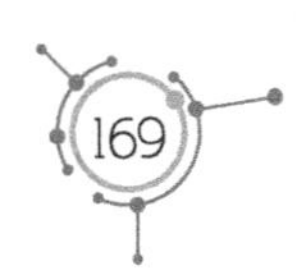

（17）在【2D 刀路-外形铣削】对话框中选择“刀具”选项，选择ϕ12mm 平底刀，进给速率为 1000mm/min。

（18）选择“切削参数”选项，对“补正方式”选择“电脑”，对“补正方向”选择“左”，“壁边预留量”设为 0.3mm，对“外形铣削方式”选择“2D”。

（19）选择“Z 分层切削”选项，钩选“深度分层切削”复选框，对“最大粗切步进量”选择 1.0mm，钩选“不提刀”复选框。

（20）选择“进/退刀设置”选项，在“进刀”区域中选择“◉相切”，进刀长度为 5mm，圆弧半径为 1mm，单击⏩按钮，使退刀参数与进刀参数相同。

（21）选择“共同参数”选项，“安全高度”为 5.0mm。选择“◉绝对坐标”，“参考高度”为 5.0mm。选择“◉绝对坐标”，“下刀位置”为 5.0mm。选择“◉绝对坐标”，“工件表面”为 0mm。选择“◉绝对坐标”，“深度”为-8mm。选择“◉绝对坐标”。

（22）单击“确定”按钮✔，生成外形铣粗加工刀路，如图 9-21 所示。

（23）在主菜单中选取“刀路 | 外形”命令，在【串连选项】对话框中选“实体”按钮，在零件图上选取实体上表面内坑的边线，箭头方向为逆时针方向，如图 9-22 虚线所示，箭头位置为起点，单击“确定”按钮✔。

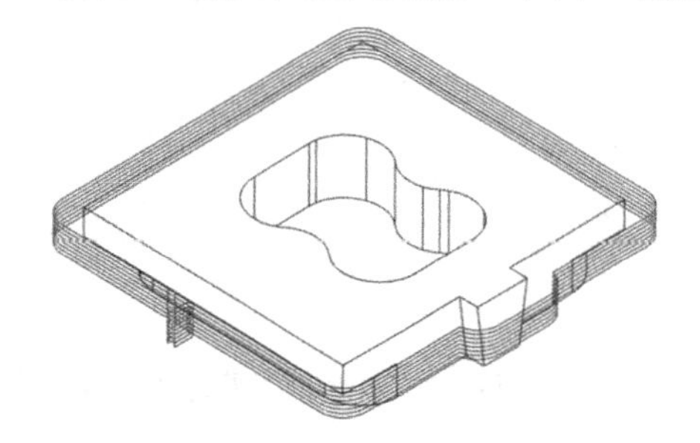

图 9-21　外形铣粗加工刀路

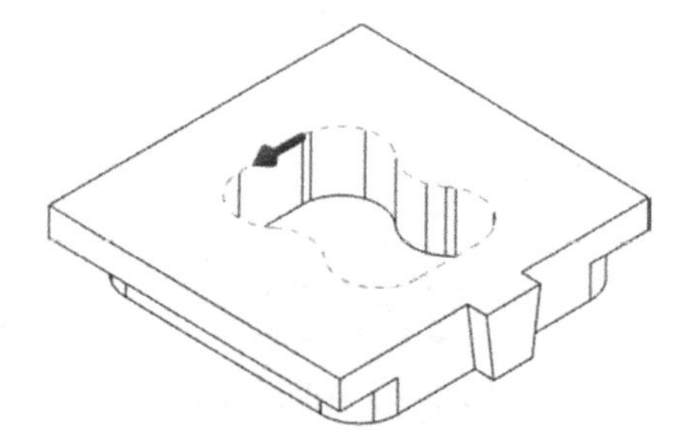

图 9-22　选内坑的边线

（24）选择“Z 分层切削”选项，钩选“深度分层切削”复选框，对“最大粗切步进量”选择 0.5mm，钩选“不提刀”复选框。

（25）选择“进/退刀设置”选项，在“进刀”区域中选对“◉相切”，进刀长度设为 10mm，斜插高度为 0.5mm，圆弧半径为 1mm，单击⏩按钮，使退刀参数与进刀参数相同。

（26）选择“XY 分层切削”选项，钩选“XY 分层切削”复选框，粗切次数为 2，间距为 5mm，钩选“不提刀”复选框。

（27）选择“共同参数”选项，“深度”为-16mm。选择“◉绝对坐标”。其他参数与上一工序相同。

（28）单击“确定”按钮✔，生成内坑外形铣粗加工刀路，如图 9-23 所示。

（29）在“刀路”管理器中复制“2-外形铣削”刀路，并粘贴到“刀路”管理器的最后。

（30）双击“4-外形铣削”刀路的“参数”，在【2D 刀路-外形铣削】对话框中选中“刀具”选项，将“进给率”改为 500mm/min，选中“切削参数”选项，将“壁边预留

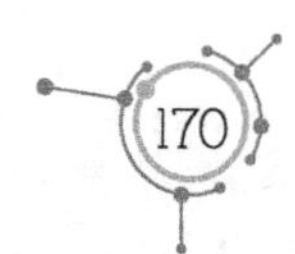

量”改为 0。选中“Z 分层切削”选项，取消已钩选的“深度分层切削”复选框。选择“进/退刀设置”选项，取消已钩选的“在封闭轮廓中点位置执行进/退刀”、“过切检查”、“进刀”、“退刀”复选框，钩选“调整轮廓起始（结束）位置”复选框，“长度”设为 80%。选中“XY 分层切削”选项，钩选“XY 分层切削”复选框，粗切次数为 3，间距为 0.1mm，精修次数为 1，间距为 0.02mm，取消已钩选的“不提刀”复选框。

（31）双击“4-外形铣削”刀路的“图形”，在【串连管理】对话框中单击鼠标右键，选择“全部重新串连”命令，在【串连选项】对话框中选“实体”按钮、“局部串连”按钮和“实体面”按钮，在零件图上先选取起点的边线，再单击【选择参考面】对话框的“确定”按钮。最后选实体上表面终点所在边线，显示两个箭头，箭头方向为顺时针方向，如图 9-24 所示，单击“确定”按钮。

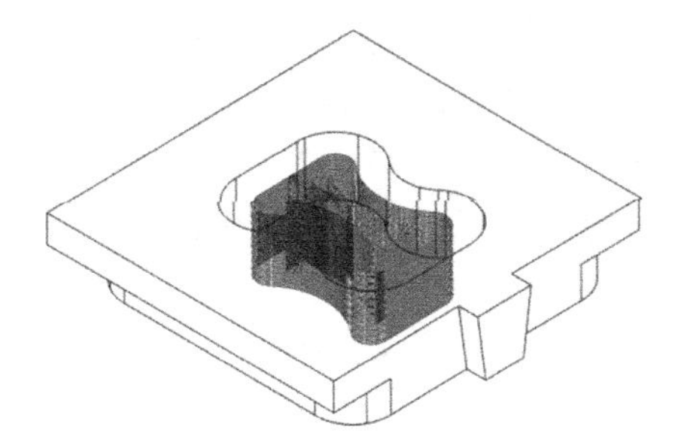

图 9-23　内坑外形铣粗加工刀路

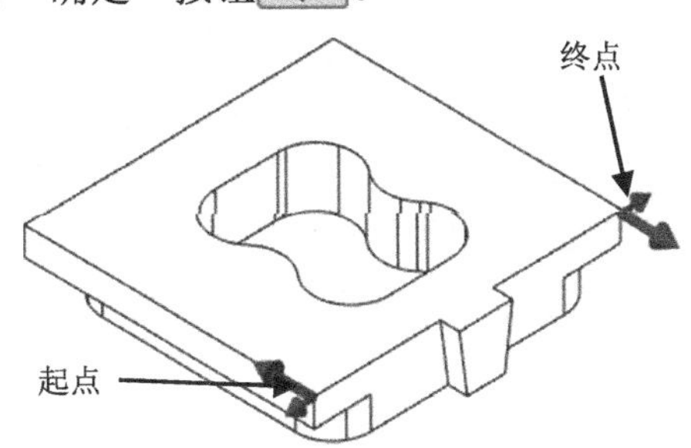

图 9-24　选取实体的部分外形

（32）单击“重建刀路”按钮，外形精加工刀路如图 9-25 所示。

（33）在“刀路”管理器中复制“3-外形铣削”刀路，并粘贴到“刀路”管理器的最后。

（34）双击“5-外形铣削”刀路的“参数”，在【2D 刀路-外形铣削】对话框中选中“刀具”选项，将“进给率”改为 500mm/min。选中“切削参数”选项，将“壁边预留量”改为 0。选中“Z 分层切削”选项，取消已钩选的“深度分层切削”复选框。选中“XY 分层切削”选项，钩选“XY 分层切削”复选框，粗切次数为 3，间距为 0.1mm，精修次数为 1，间距为 0.02mm。

（35）单击“重建刀路”按钮，内坑外形精加工刀路如图 9-26 所示。

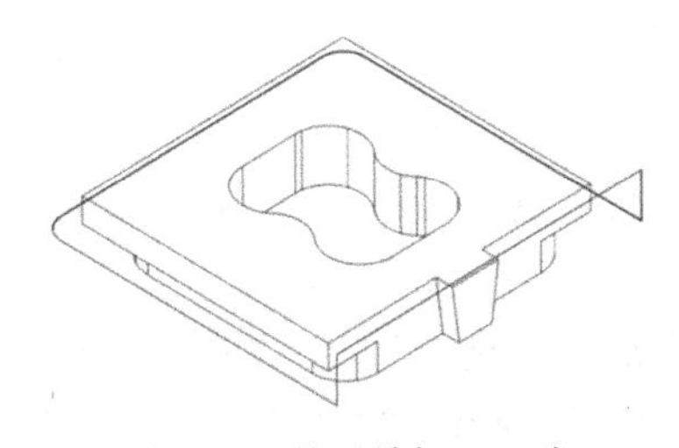

图 9-25　外形精加工刀路

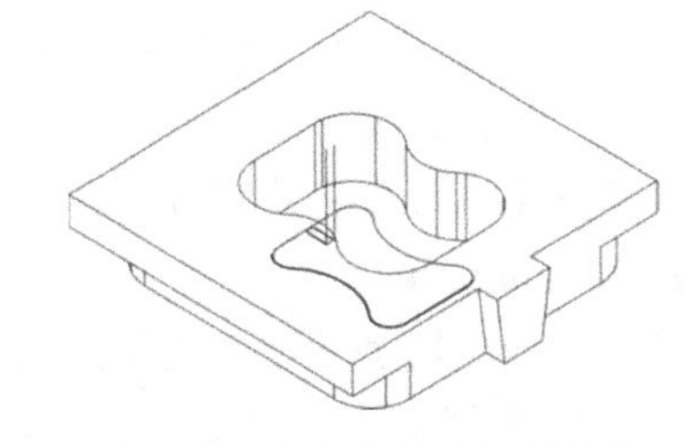

图 9-26　内坑外形精加工刀路

4. G329-1 零件的第二次编程

（1）在工作区下方的工具条中单击“WCS”，在菜单条中选择“俯视图（WCS（T））”

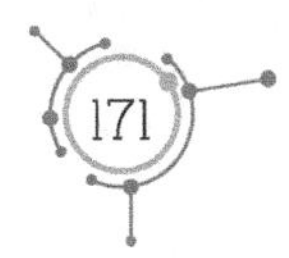

命令。

（2）再在工作区上方的工具条中单击“俯视图”按钮，以俯视图为刀路平面。

（3）在主菜单中选取“刀路｜平面铣”命令，单击“确定”按钮。在【2D 刀路-平面铣削】对话框中选“刀具”选项，选择直径为ϕ12mm 的平底刀。

（4）在【2D 刀路-平面铣削】对话框中选择“切削参数”选项，对“类型”选择“双向”，对“截断方向超出量”选择 50%，对“引导方向超出量”选择 50%，“进刀引线长度”设为 100%，“退刀引线长度”设为 0，“最大步进量”为 80%，底面预留量为 0.2mm。

（5）选择“Z 分层切削”选项，钩选“深度分层切削”复选框，“最大粗切步进量”为 1.0mm。

（6）选择“共同参数”选项，“安全高度”为 25.0mm，选择“◉绝对坐标”，“参考高度”设为 25.0mm。选择“◉绝对坐标”，“下刀位置”为 25.0mm。选择“◉绝对坐标”，“工件表面”为 19.0mm。选择“◉绝对坐标”，“深度”为 15.0mm。选择“◉绝对坐标”。

（7）单击“确定”按钮，生成平面铣粗加工刀路，如图 9-27 所示。

（8）选中刚才创建的刀路，单击鼠标右键，选择“编辑已经选择的操作｜更改 NC 文件名”命令，将 NC 文件名更改为 G329-1-2，如图 9-28 所示。

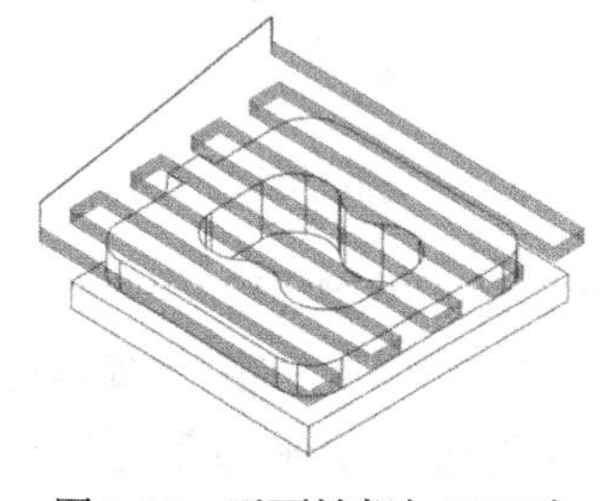

图 9-27　平面铣粗加工刀路

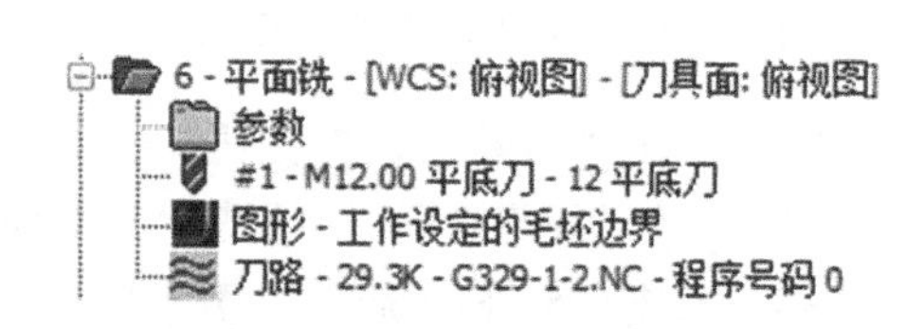

图 9-28　更改 NC 文件名

（9）在【刀路】管理器中单击“切换”按钮，隐藏平面铣刀路。

（10）在主菜单中选取“刀路｜外形”命令，在【串连选项】对话框中依次选择“实体”按钮、“局部串连”按钮和“实体面”按钮。在零件图上选取实体上表面左上角的圆弧边线，再单击【选择参考面】对话框的“确定”按钮。最后选实体上表面左下角的圆弧边线，显示两个箭头，箭头方向为顺时针方向，如图 9-29 所示，单击“确定”按钮。

（11）在【2D 刀路-外形铣削】对话框中选“刀具”选项，选ϕ12mm 平底刀，进给速率为 1000mm/min。

（12）选择“切削参数”选项，对“补正方式”选择“电脑”，对“补正方向”选择“左”，“壁边预留量”为 0.3mm，“底面预留量”为 0.2mm，对“外形铣削方式”选择“2D”。

（13）选择“Z 分层切削”选项，钩选“深度分层切削”复选框，“最大粗切步进量”选择 1.0mm，取消钩选“不提刀”复选框。

（14）选择“进/退刀设置”选项，在“进刀”区域中选择“◉相切”，进刀长度为

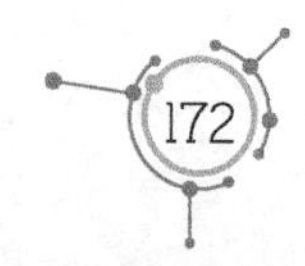

5mm，圆弧半径为 1mm，单击⏩按钮，使退刀参数与进刀参数相同。钩选“调整轮廓起始（结束）位置”复选框，长度选择 70%。

（15）选择“共同参数”选项，“安全高度”为 25.0mm，选择“◉绝对坐标”，将“参考高度”设为 25.0mm。选择“◉绝对坐标”，“下刀位置”为 25.0mm。选择“◉绝对坐标”，“工件表面”为 15.0mm。选择“◉绝对坐标”，“深度”为-7.0mm。选择“◉绝对坐标”。

（16）单击“确定”按钮✔，生成外形铣粗加工刀路，如图 9-30 所示。

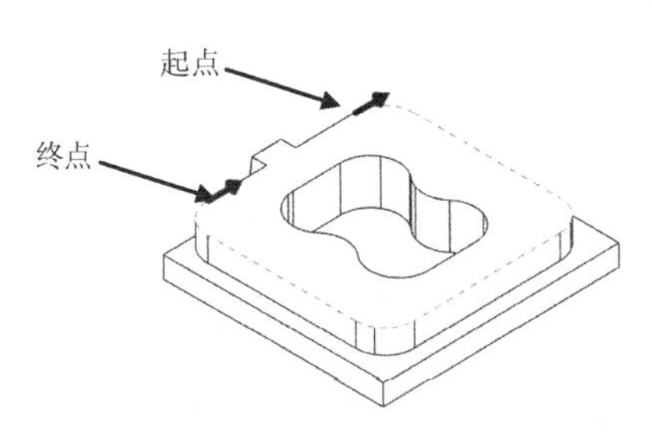

图 9-29　选取实体的部分外形

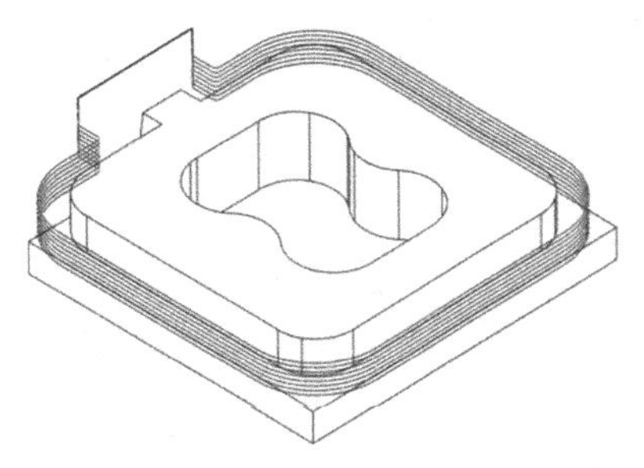

图 9-30　外形精加工刀路

（17）在“刀路”管理器中复制“6-平面铣”刀路，并粘贴到“刀路”管理器的最后。

（18）双击“8-平面铣”刀路的“参数”，在【2D 刀路-平面铣削】对话框中选中“刀具”选项，将“进给率”改为 600mm/min。选中“切削参数”选项，将“底面预留量”改为 0。选中“Z 分层切削”选项，取消已钩选的“深度分层切削”复选框。

（19）单击“重建刀路”按钮，平面精加工刀路如图 9-31 所示。

（20）在“刀路”管理器中复制“7-外形铣削”刀路，并粘贴到“刀路”管理器的最后。

（21）双击“9-外形铣削”刀路的“参数”，在【2D 刀路-外形铣削】对话框中选中“刀具”选项，将“进给率”改为 500mm/min。选中“切削参数”选项，将“壁边预留量”、“底面预留量”改为 0。选中“Z 分层切削”选项，取消已钩选的“深度分层切削”复选框。选择“进/退刀设置”选项，取消已钩选的“调整轮廓起始（结束）位置”复选框。选中“XY 分层切削”选项，钩选“XY 分层切削”复选框，粗切次数为 3，间距为 0.1mm，精修次数为 1，间距为 0.02mm，取消“不提刀”复选框前面的“√”。

（22）单击“重建刀路”按钮，外形精加工刀路如图 9-32 所示。

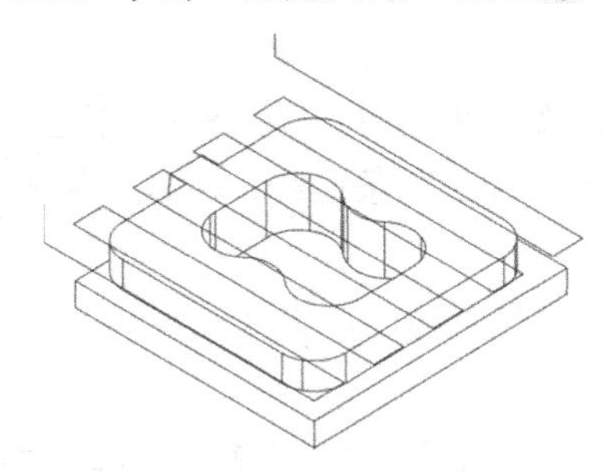

图 9-31　平面铣精加工刀路

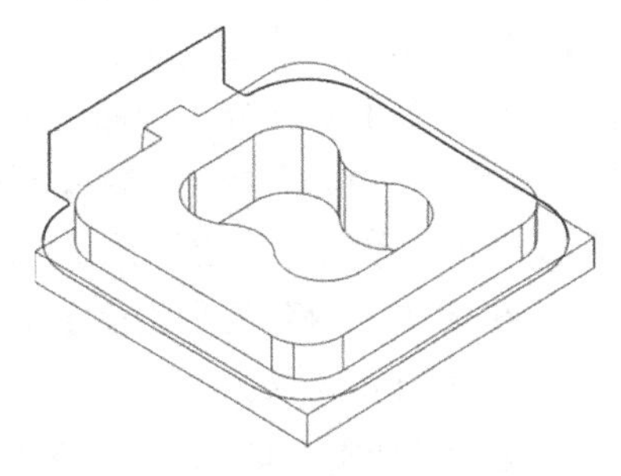

图 9-32　外形精加工刀路

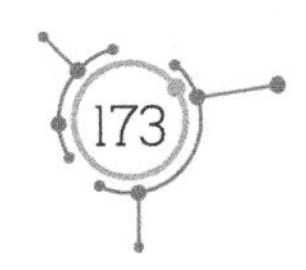

5. G329-1 零件的第三次编程

（1）在工作区下方的工具条中单击“WCS”，在菜单条中选择“实体定面”命令，选取实体左侧凸起的表面。在【选择平面】对话框中单击“下一个平面”按钮，选取如图 9-33 所示的坐标系。

（2）再在工作区上方的工具条中单击“俯视图”按钮，以刚才的坐标系为刀路平面。

（3）在主菜单中选取“刀路｜外形”命令，在【串连选项】对话框中依次选“实体”按钮、“局部串连”按钮和“实体面”按钮，在零件图上选取凸起的右边线，再单击【选择参考面】对话框的“确定”按钮。最后选凸起的左边线，显示两个箭头，箭头方向为逆时针方向，如图 9-34 所示，单击“确定”按钮。

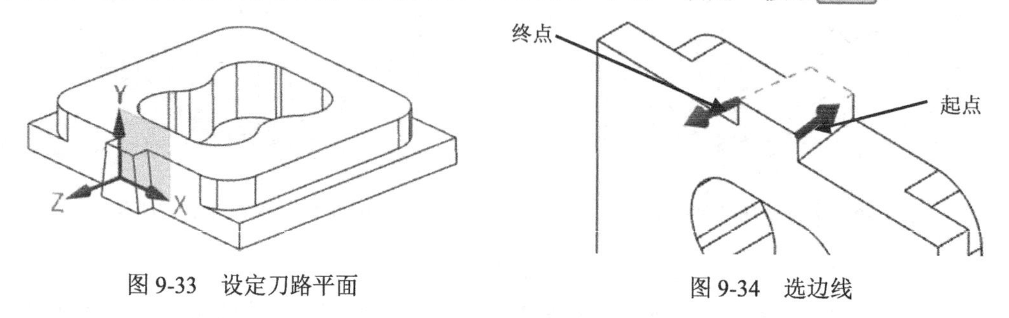

图 9-33　设定刀路平面　　　图 9-34　选边线

（4）在【2D 刀路-外形铣削】对话框中选择“刀具”选项，选择ϕ12mm 平底刀，进给速率为 500mm/min。

（5）选择“切削参数”选项，对“补正方式”选择“电脑”，“补正方向”选择“左”，“壁边预留量”为-5mm，“底面预留量”为 0，“外形铣削方式”选“2D”。

（6）选择“Z 分层切削”选项，钩选“深度分层切削”复选框，“最大粗切步进量”选择 1.0mm，钩选“不提刀”复选框。

（7）选择“进/退刀设置”选项，取消“进刀”、“退刀”复选框前面的“√”，钩选“调整轮廓起始（结束）位置”复选框，长度为 70%。

（8）选择“共同参数”选项，将“安全高度”设为 5.0mm。选择“◉绝对坐标”，将“参考高度”设为 5.0mm。选择“◉绝对坐标”，“下刀位置”为 5.0mm。选择“◉绝对坐标”，“工件表面”为 3mm。选择“◉绝对坐标”，“深度”为 0。选择“◉绝对坐标”。

（9）单击“确定”按钮，生成加工凸起平面的刀路如图 9-35 所示。

（10）在主菜单中选取“刀路｜外形”命令，在【串连选项】对话框中依次选“实体”按钮、“边界”按钮，在零件图上选取凸起的两条边线，注意箭头方向，如图 9-36 所示，单击“确定”按钮。

（11）在【2D 刀路-外形铣削】对话框中选择“刀具”选项，选择ϕ12mm 平底刀，进给速率为 1200mm/min。

（12）选择“切削参数”选项，对“补正方式”选择“电脑”，“补正方向”选择“左”，“壁边预留量”为 0.2mm，“底面预留量”为 0.2mm，“外形铣削方式”选择“2D”。

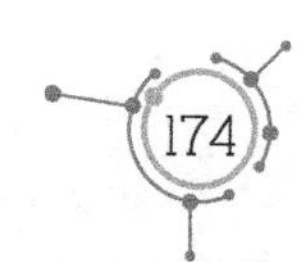

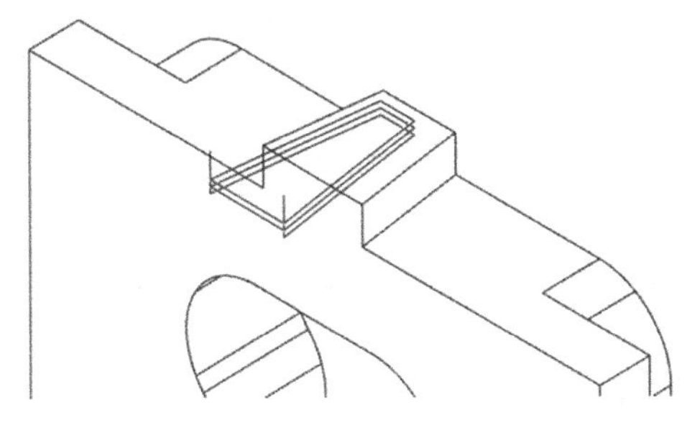

图 9-35　加工凸起平面的刀路

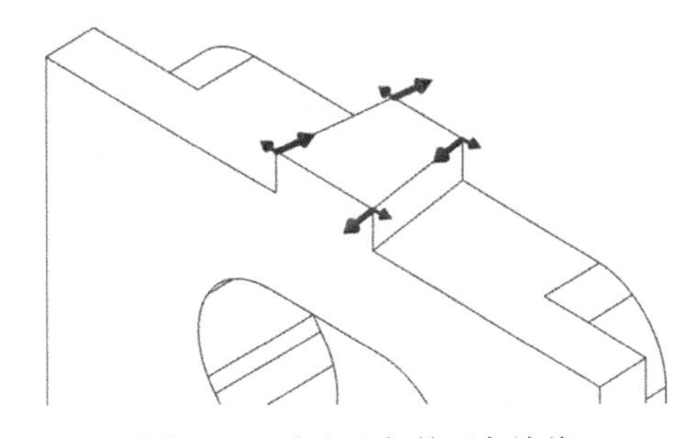

图 9-36　选取凸起的两条边线

（13）选择“Z 分层切削”选项，钩选“深度分层切削”复选框，对“最大粗切步进量”选择 1.0mm，钩选“不提刀”复选框。

（14）选择“进/退刀设置”选项，钩选“进刀”，进刀长度设为 10mm，半径为 1mm，单击按钮，使退刀参数与进刀参数相同。钩选“调整轮廓起始（结束）位置”复选框，长度为 50%。

（15）选“共同参数”选项，“安全高度”为 5.0mm，选“◉绝对坐标”，“参考高度”为 5.0mm，选“◉绝对坐标”，“下刀位置”为 5.0mm，选“◉绝对坐标”，“工件表面”为 0，选“◉绝对坐标”，“深度”为-5mm，选“◉绝对坐标”。

（16）单击“确定”按钮，生成加工凸起外形的刀路，如图 9-37 所示。

（17）在“刀路”管理器中复制“11-外形铣削”刀路，并粘贴到“刀路”管理器的最后。

（18）双击“12-外形铣削”刀路的“参数”，在【2D 刀路-外形铣削】对话框中选中“刀具”选项，将“进给率”改为 500mm/min。选中“切削参数”选项，将“壁边预留量”、“底面预留量”改为 0。选中“Z 分层切削”选项，取消已钩选的“深度分层切削”复选框。选中“XY 分层切削”选项，钩选“XY 分层切削”复选框，粗切次数为 4，间距为 10mm，精修次数为 3，间距为 0.1mm，取消钩选“不提刀”复选框。

（19）单击“确定”按钮，生成精加工凸起台阶的刀路如图 9-38 所示。

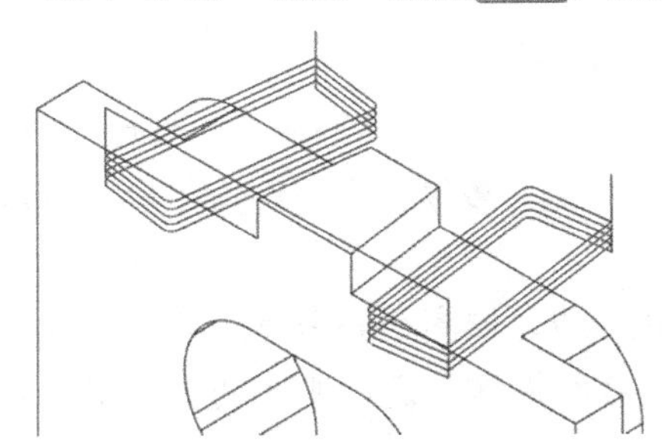

图 9-37　加工凸起外形的刀路

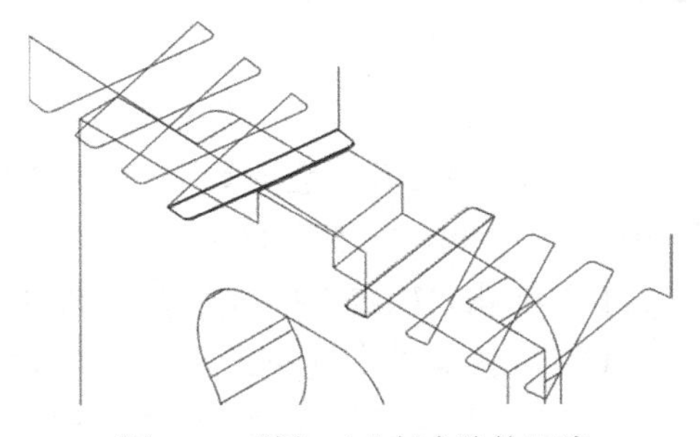

图 9-38　精加工凸起台阶的刀路

6. G329-2 零件的建模过程

（1）在主菜单中选取“绘图｜矩形”命令，在坐标输入框中输入矩形第一个顶点的

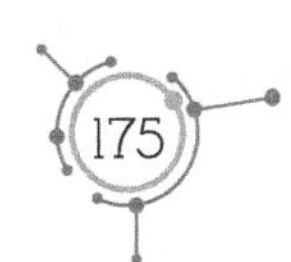

坐标（40，40，0），按 Enter 键，输入矩形第二个顶点的坐标（-40，-40，0），单击“确定”按钮☑，创建一个矩形。

（2）在主菜单中选取“实体 | 拉伸”命令，在绘图区中选取矩形，单击【串连选项】对话框中的“确定”按钮✔。

（3）在【实体拉伸】对话框中选中“◉创建主体”，距离为 15mm，拉伸箭头方向朝上。

（4）单击“确定”按钮✔，创建方体，如图 9-39 所示。

（5）在主菜单中选取“绘图 | 矩形”命令，在坐标输入框中输入矩形第一个顶点的坐标（37，37.5，15），按 Enter 键，输入矩形第二个顶点的坐标（-37，-37.5，15），单击“确定”按钮☑，创建一个矩形，如图 9-40 所示。

（6）在主菜单中选取“绘图 | 倒圆角 | 串连倒圆角”命令，选取 74mm×75mm 的矩形，单击“确定”按钮☑，输入圆角 R10mm，所选矩形的 4 个角都倒圆角（R12mm），如图 9-40 所示。

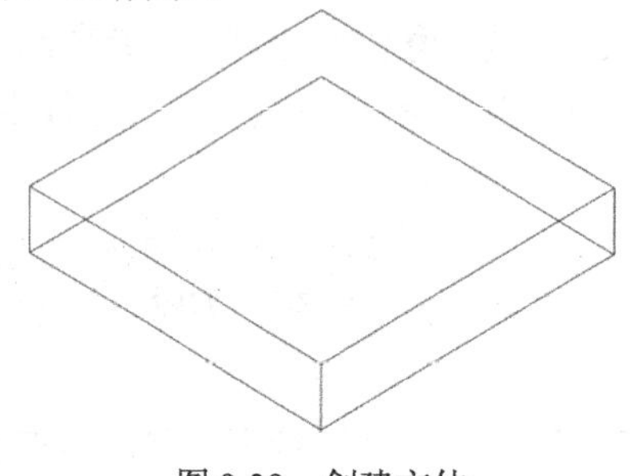

图 9-39　创建方体

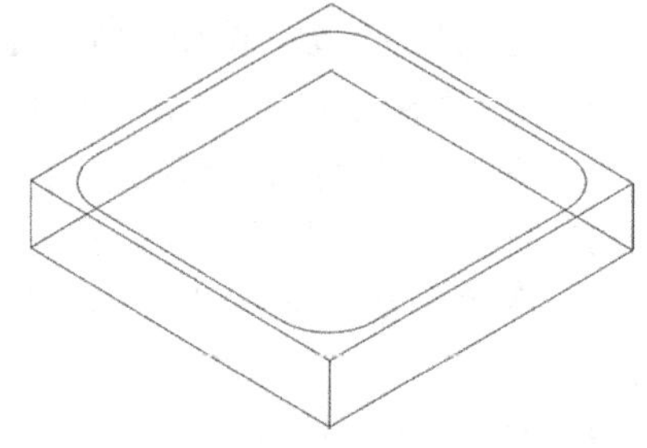

图 9-40　绘制 70mm×71mm 矩形

（7）在主菜单中选取“实体 | 拉伸”命令，在绘图区中选取矩形，单击【串连选项】对话框中的“确定”按钮✔。

（8）在【实体拉伸】对话框中选中“◉增加凸台”，距离设为 15mm，拉伸箭头方向朝上。

（9）单击“确定”按钮✔，创建方体，如图 9-41 所示。

（10）在主菜单中选择“转换 | 串连补正”命令，选取图 9-40 的曲线，按 Enter 键。

（11）在【串连补正选项】对话框中“次数”为 1，选“◉复制”，*XY* 向距离为 2mm，*Z* 向距离为 7mm，如图 9-42 所示。

（12）单击“确定”按钮✔，创建一条补正曲线，如图 9-43 所示。

（13）在主菜单中选择“实体 | 拉伸”命令，在绘图区中选取刚才创建的图形，单击【串连选项】对话框中的“确定”按钮✔。

（14）在【实体拉伸】对话框中选中“◉切割主体”选项，距离设为 15mm，拉伸箭头方向朝上。

（15）单击“确定”按钮✔，在实体中间创建凹坑，如图 9-44 所示。

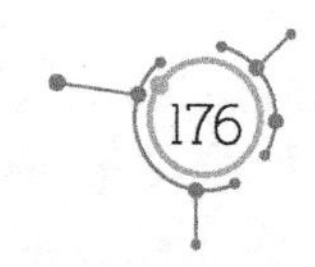

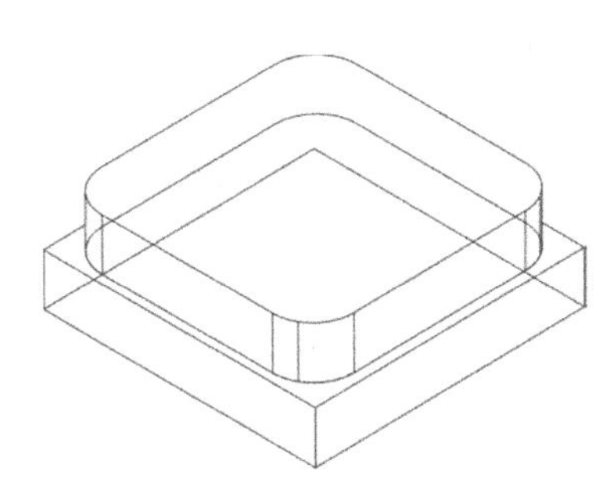

图 9-41　增加凸台

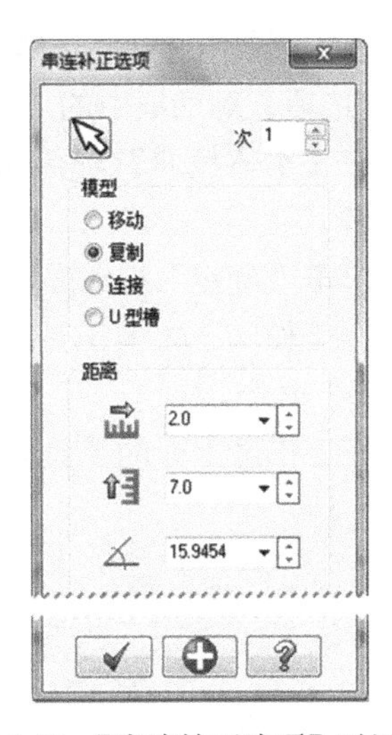

图 9-42　【串连补正选项】对话框

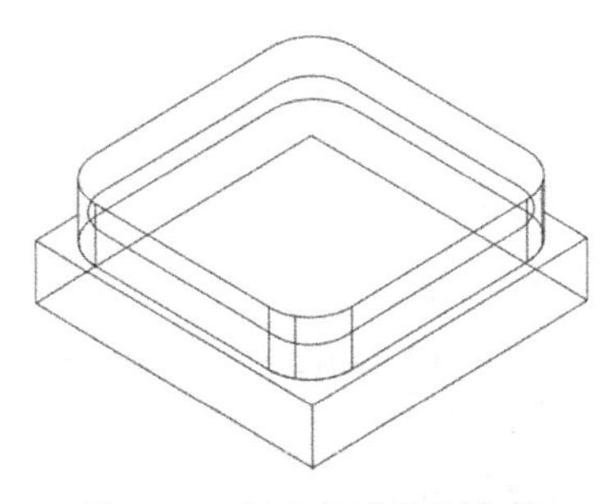

图 9-43　创建串连补正曲线

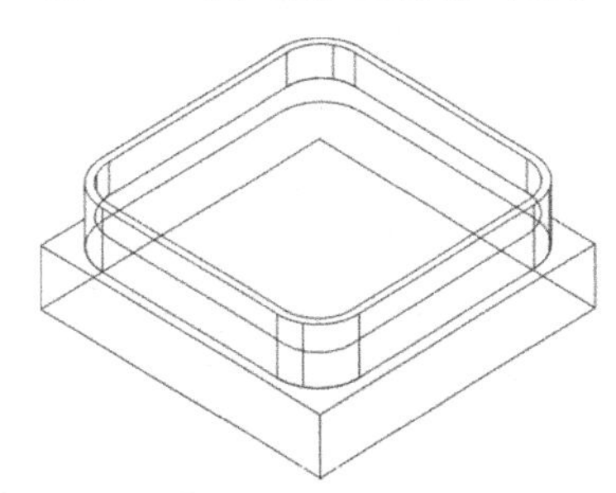

图 9-44　创建凹坑

（26）在主菜单中选取“绘图｜绘弧｜已知圆心点画圆”命令，分别以（0，-23.25，22）和（0，-23.25，22）为圆心，以ϕ20mm 为直径，绘制两个圆，如图 9-45 所示。

（27）在主菜单中选择“绘图｜绘线｜任意线”命令，分别以（-23，-20，22）和（-23，20，22）为端点，绘制一条直线，再以（23，-20，22）和（23，20，22）为端点，绘制另一条直线，如图 9-45 两条直线所示。

（28）在主菜单中选择“绘图｜倒圆角｜倒圆角”命令，在直线与圆周之间创建 4 个倒圆角特征（R10mm），如图 9-46 所示。

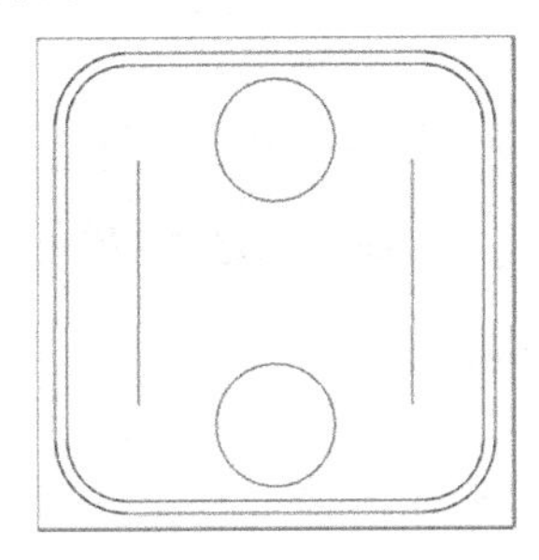

图 9-45　绘制圆与直线

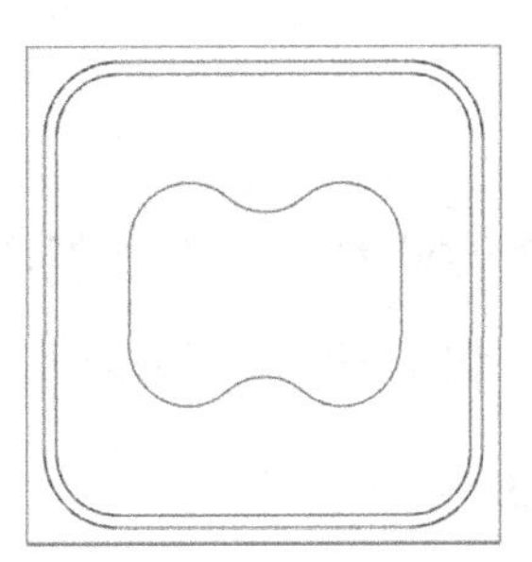

图 9-46　倒圆角 R10

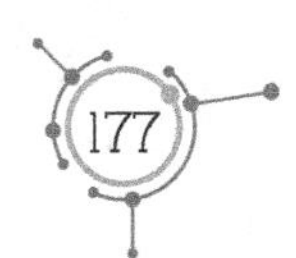

（29）在主菜单中选择“实体 | 拉伸”命令，在绘图区中选取如图 9-46 所示的图形，单击【串连选项】对话框中的“确定”按钮。

（30）在【实体拉伸】对话框中选中“◉增加凸台”，距离为 8mm，拉伸箭头方向朝上。

（31）单击“确定”按钮，在实体中间创建凸台，如图 9-47 所示。

（32）在工作区下方的工具条中单击“WCS”选项，在滑出的菜单条中选“左视图（WCS（L））”命令。

（33）在工作区上方的工具条中单击“主视图”按钮，系统切换视图，如图 9-48 所示。

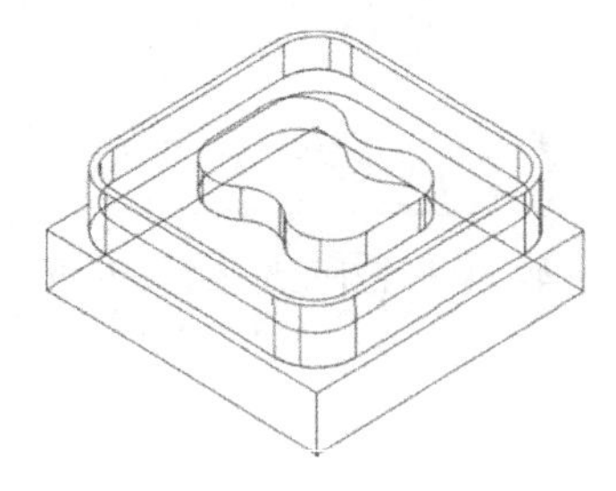

图 9-47　增加凸台

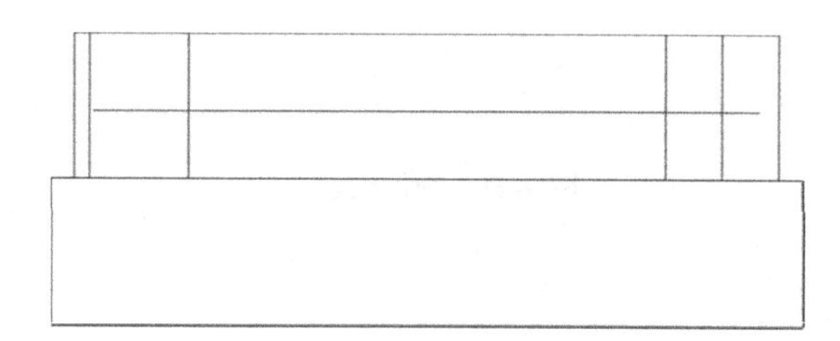

图 9-48　切换视图

（34）在主菜单中选取“绘图 | 绘线 | 任意线”命令，在工具条中单击“连续线”按钮，以（-4.1，0，40）、（-4.1，15，40）、（-6.08，30，40）、（6.08，30，40）、（4.1，15，40）、（4.1，15，40）为端点，绘制 6 条直线，构成封闭曲线，如图 9-49 所示。

（35）在主菜单中选择“实体 | 拉伸”命令，在绘图区中选取刚才创建的图形，单击【串连选项】对话框中的“确定”按钮。

（36）在【实体拉伸】对话框中选中“◉切割主体”选项，距离设为 5mm，拉伸箭头方向向左。

（37）单击“确定”按钮，在实体侧面创建槽，如图 9-50 所示。

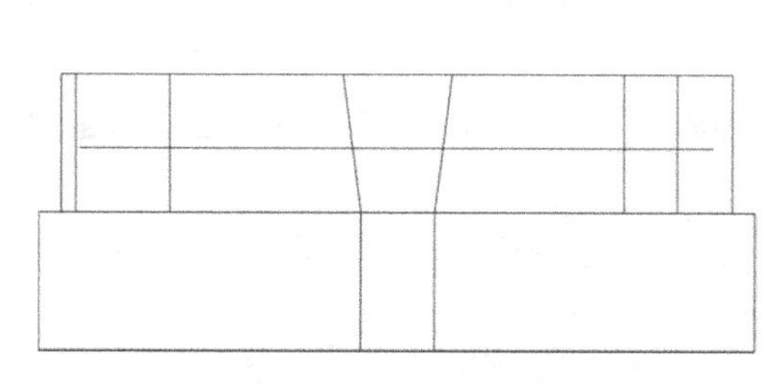

图 9-49　绘制一个封闭的曲线

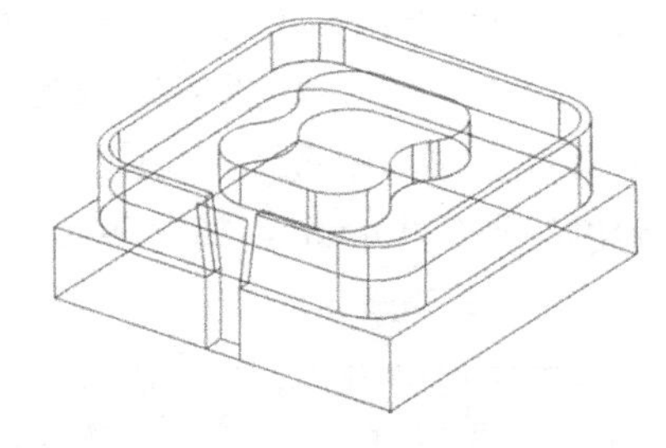

图 9-50　创建侧面槽

（38）单击“保存”按钮，文件名为 G329-2.mcx-9。

7. G329-2 零件的工艺分析

（1）零件的尺寸是 80mm×80mm×30mm，毛坯材料是铝块（85mm×85mm×35mm），

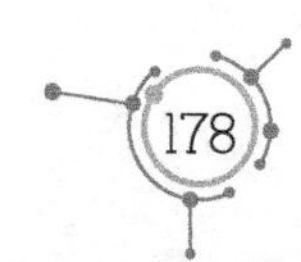

建议第一次装夹时，加工工件的上表面（加工 1.0mm），第二次装夹时，工件表面加工 4.0mm。

（2）根据零件的形状，工件需要分三次装夹才能完成加工，需用ϕ12mm 和ϕ6mm 平底刀加工。

（3）因为加工零件的材质是铝，在加工过程中刀具的磨损较小，所以可以在粗加工后不用换刀，直接精加工。

（4）第一次装夹时，以工件的上表面对刀。第二次装夹时，以工件的下表面对刀，第三次装夹时，以侧面的上表面对刀。

8. G329-2 零件的第一次编程

（1）把鼠标放在工作区下方工具条中的“层别”二字上，单击鼠标右键，选中实体，按 Enter 键，在【更改层别】对话框中选“◉移动”，取消“使用主层别”复选框前面的“√”“编号”为 2，单击“确定”按钮，将实体移到第 2 层。

（2）在工作区下方的工具条中单击“层别”二字，在【层别管理】对话框中设第 2 层为主图层，取消第 1 层的“×”（这样做的目的是为了保持桌面整洁）。

（3）在主菜单中选择“机床类型 | 铣床 | 默认”命令，进入加工模式。

（4）在“刀路”管理器中展开“+属性”，再单击“毛坯设置”命令。

（5）在【机床群组属性】对话框“毛坯设置”选项卡中，对“毛坯平面”选择“俯视图”，对“形状”选择“◉立方体”，钩选“显示”、“适度化”复选框，选择“◉线框”，“毛坯原点”为（0，0，34.0），毛坯的长、宽、高分别为 85mm、85mm、35mm。

（6）在工作区下方的工具条中单击“WCS”选项，在弹出的菜单条中选“底视图（WCS（B））”命令，如图 9-17 所示。

（7）再在工作区上方的工具条中单击“俯视图”按钮，以底视图为刀路平面，如图 9-51 所示。

（8）在主菜单中选择“刀路 | 平面铣”命令，输入 NC 名称为 G329-2-1。

（9）单击“确定”按钮，再单击“确定”按钮，在【2D 刀路-平面铣削】对话框中选“刀具”选项，在右边的空白处单击鼠标右键，在下拉菜单中选“创建新刀具”命令。

（10）对刀具类型选择“平底刀”，将刀齿直径设为ϕ12mm，刀号为 1，刀长补正为 1，半径补正为 1，进给速率为 500mm/min，下刀速率为 600 mm/min，提刀速率为 1500mm/min，主轴转速为 1500r/min，其他参数选系统默认值。

（11）在【2D 刀路-平面铣削】对话框中选择“切削参数”选项，对“类型”选择“双向”，对“截断方向超出量”选择 50%，对“引导方向超出量”选择 50%，将“进刀引线长度”设为 100%，“退刀引线长度”设为 0，“最大步进量”设为 80%，底面预留量为 0。

（12）选择“Z 分层切削”选项，钩选“深度分层切削”复选框，“最大粗切步进量”为 1.0mm。

（13）选择“共同参数”选项，“安全高度”为 5.0mm。选择“◉绝对坐标”，“参考

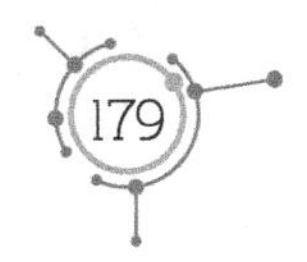

高度”为 5.0mm。选择“◉绝对坐标”，“下刀位置”为 5.0mm。选择“◉绝对坐标”，“工件表面”为 1.0mm。选择“◉绝对坐标”，“深度”为 0，选择“◉绝对坐标”。

（14）单击“确定”按钮，生成平面铣精加工刀路，如图 9-52 所示。

（15）在【刀路】管理器中单击“切换”按钮，隐藏平面铣刀路。

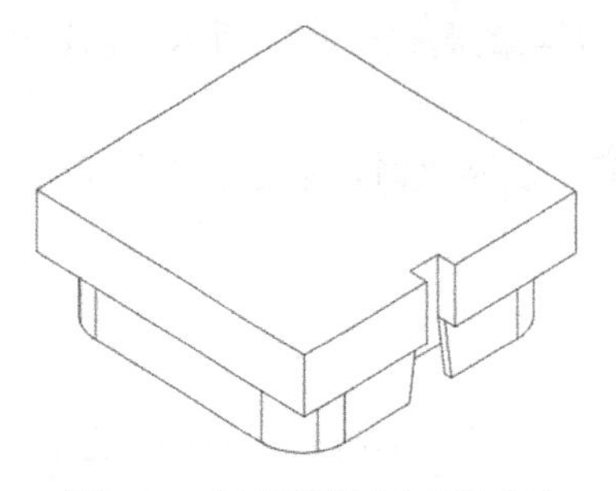

图 9-51　以底视图为刀路平面

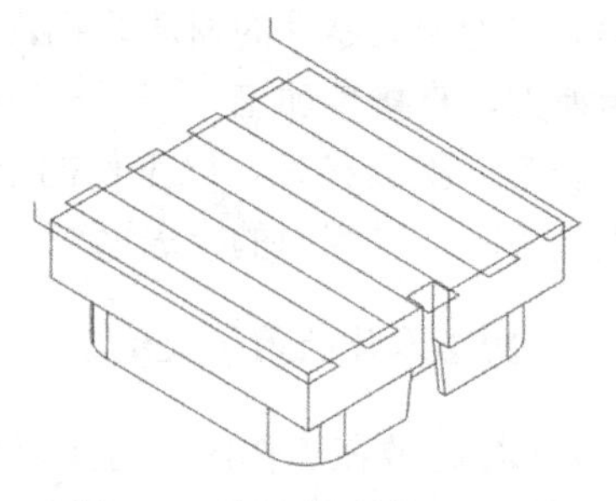

图 9-52　平面铣精加工刀路

（16）在工作区下方的工具条中单击“层别”二字，在【层别管理】对话框中显示第 1 层的“×”，显示第 1 层的图素。

（17）在主菜单中选取“刀路 | 外形”命令，在【串连选项】对话框中选择“线框”按钮，在零件图上选取 80mm×80mm 的矩形边线，箭头方向为顺时针方向，如图 9-53 中的虚线所示，单击“确定”按钮。

（18）在【2D 刀路-外形铣削】对话框中选择“刀具”选项，选择ϕ12mm 平底刀，进给速率为 1000mm/min。

（19）选择“切削参数”选项，“补正方式”选“电脑”，“补正方向”选“左”，“壁边预留量”为 0.3mm，“外形铣削方式”选“2D”。

（20）选择“Z 分层切削”选项，钩选“深度分层切削”复选框，对“最大粗切步进量”选择 1.0mm，钩选“不提刀”复选框。

（21）选择“进/退刀设置”选项，在“进刀”区域中选择“◉相切”选项，进刀长度设为 5mm，圆弧半径为 1mm，单击按钮，使退刀参数与进刀参数相同。

（22）选择“共同参数”选项，“安全高度”为 5.0mm。选择“◉绝对坐标”，“参考高度”为 5.0mm。选择“◉绝对坐标”，“下刀位置”为 5.0mm。选择“◉绝对坐标”，“工件表面”为 0mm。选择“◉绝对坐标”，“深度”为-16mm，选择“◉绝对坐标”。

（23）单击“确定”按钮，生成外形铣粗加工刀路，如图 9-54 所示。

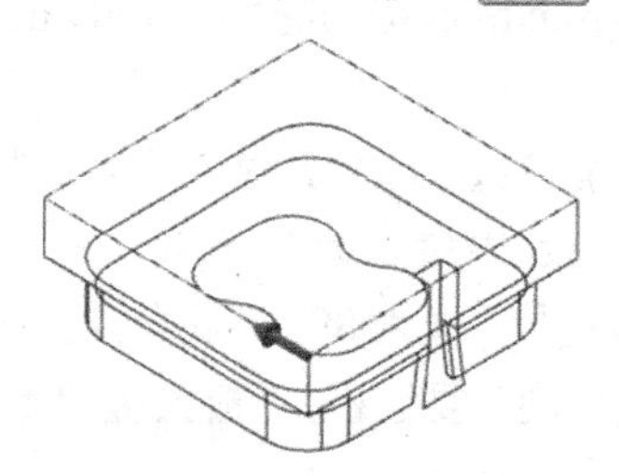

图 9-53　选取 80mm×80mm 的矩形边线

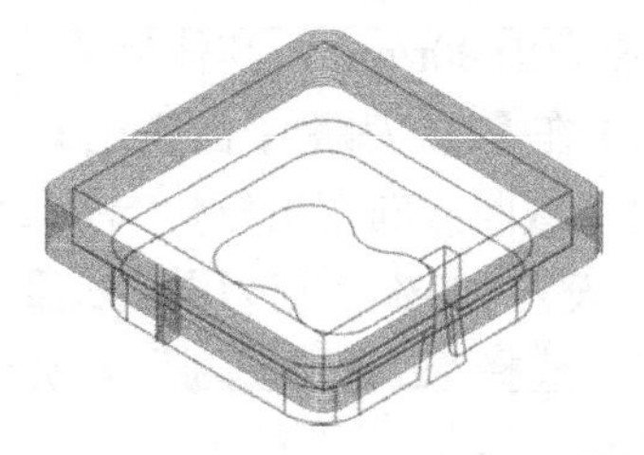

图 9-54　外形铣粗加工刀路

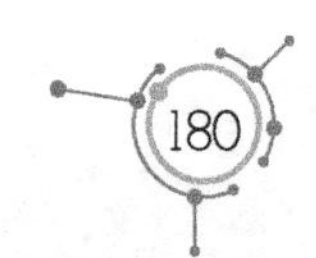

（24）在“刀路”管理器中复制“2-外形铣削”刀路，并粘贴到“刀路”管理器的最后。

（25）双击“3-外形铣削”刀路的“参数”，在【2D 刀路-外形铣削】对话框中选中“刀具”选项，将“进给率”改为 500mm/min，选中“切削参数”选项，将“壁边预留量”改为 0。选中“Z 分层切削”选项，取消已钩选的“深度分层切削”复选框。选择“进/退刀设置”选项，取消“在封闭轮廓中点位置执行进/退刀”、“过切检查”、“进刀”、“退刀”复选框前面的“√”，钩选“调整轮廓起始（结束）位置”复选框，“长度”为 80%。选中“XY 分层切削”选项，钩选“XY 分层切削”复选框，粗切次数为 3，间距为 0.1mm，精修次数为 1，间距为 0.02mm，取消已钩选的“不提刀”复选框。

（26）单击“重建刀路”按钮，外形精加工刀路如图 9-55 所示。

9. G329-2 零件的第二次编程

（1）在工作区下方的工具条中单击“WCS”选项，在菜单条中选择“俯视图（WCS（T））”命令。

（2）再在工作区上方的工具条中单击“俯视图”按钮，以俯视图为刀路平面。

（3）在主菜单中选择“刀路｜平面铣”命令，单击“确定”按钮，在【2D 刀路-平面铣削】对话框中选“刀具”选项，选择直径为ϕ12mm 的平底刀。

（4）在【2D 刀路-平面铣削】对话框中选择“切削参数”选项，对“类型”选择“双向”，对“截断方向超出量”选择 50%，对“引导方向超出量”选择 50%，“进刀引线长度”设为 100%，“退刀引线长度”为 0，“最大步进量”为 80%，底面预留量为 0.2mm。

（5）选择“Z 分层切削”选项，钩选“深度分层切削”复选框，“最大粗切步进量”为 1.0mm。

（6）选择“共同参数”选项，“安全高度”为 40.0mm。选择“◉绝对坐标”，“参考高度”为 40.0mm。选择“◉绝对坐标”，“下刀位置”为 40.0mm。选择“◉绝对坐标”，“工件表面”为 34.0mm。选择“◉绝对坐标”，“深度”为 30.0mm。选择“◉绝对坐标”。

（7）单击“确定”按钮，生成平面铣粗加工刀路，如图 9-56 所示。

（8）选中刚才创建的刀路，单击鼠标右键，选择“编辑已经选择的操作｜更改 NC 文件名”命令，将 NC 文件名更改为 G329-2-2。

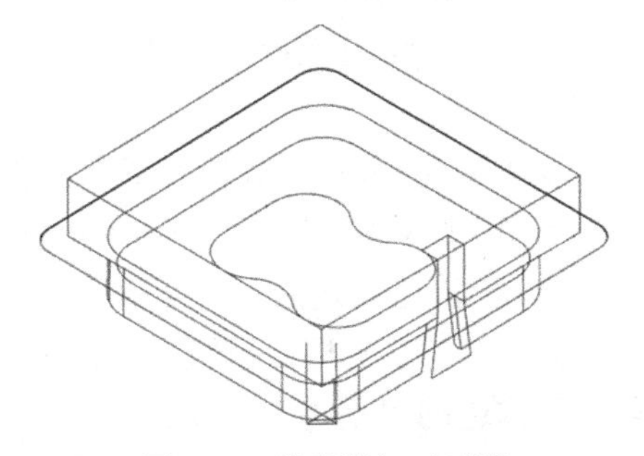

图 9-55　外形精加工刀路

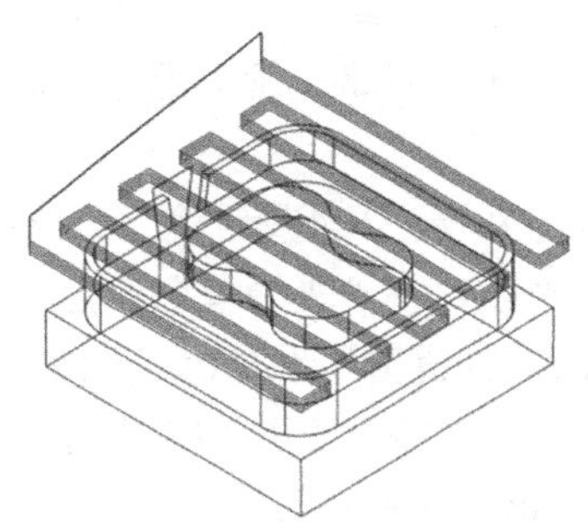

图 9-56　平面铣粗加工刀路

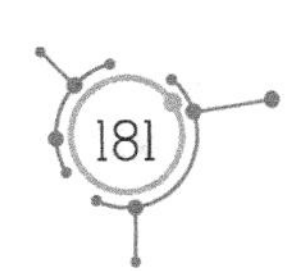

（27）在主菜单中选择“刀路 | 外形”命令，在【串连选项】对话框中选“线框”按钮，在零件图上选取 74mm×75mm 的矩形边线，箭头方向为顺时针方向，如图 9-57 虚线所示，单击“确定”按钮。

（28）在【2D 刀路-外形铣削】对话框中选择“刀具”选项，选择ϕ12mm 平底刀，进给速率为 1000mm/min。

（29）选择“切削参数”选项，对“补正方式”选择“电脑”，对“补正方向”选择“左”，“壁边预留量”为 0.3mm，“底面预留量”为 0.2mm，“外形铣削方式”选择“2D”。

（30）选择“Z 分层切削”选项，钩选“深度分层切削”复选框，“最大粗切步进量”选 1.0mm，钩选“不提刀”复选框。

（31）选择“进/退刀设置”选项，在“进刀”区域中选择“◉相切”选项，进刀长度为 5mm，圆弧半径为 1mm，单击按钮，使退刀参数与进刀参数相同。

（32）选择“共同参数”选项，“安全高度”为 35.0mm。选择“◉绝对坐标”，“参考高度”为 35.0mm。选择“◉绝对坐标”，“下刀位置”为 35.0mm。选择“◉绝对坐标”，“工件表面”为 30mm。选择“◉绝对坐标”，“深度”为-16mm。选择“◉绝对坐标”。

（33）单击“确定”按钮，生成外形铣粗加工刀路，如图 9-58 所示。

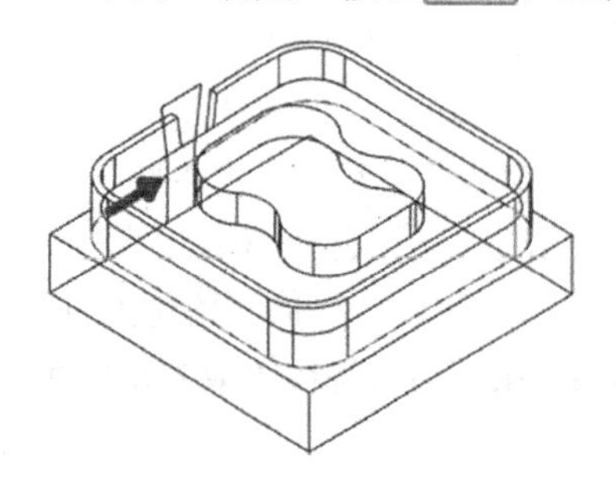

图 9-57 选 74mm×75mm 的矩形边线

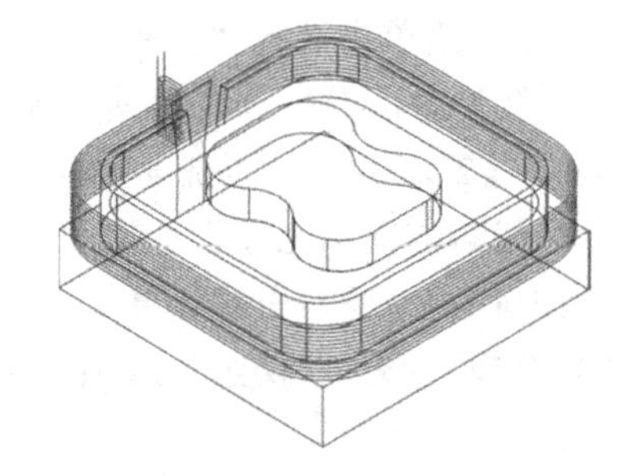

图 9-58 外形铣粗加工刀路

（34）在“刀路”管理器中复制“4-平面铣”刀路，并粘贴到“刀路”管理器的最后。

（35）双击“6-平面铣”刀路的“参数”，在【2D 刀路-外形铣削】对话框中选中“刀具”选项，将“进给率”改为 500mm/min，选中“切削参数”选项，将“底面预留量”改为 0。选中“Z 分层切削”选项，取消已钩选的“深度分层切削”复选框。

（36）单击“重建刀路”按钮，平面铣精加工刀路如图 9-59 所示。

（37）在“刀路”管理器中复制“5-外形铣削”刀路，并粘贴到“刀路”管理器的最后。

（38）双击“7-外形铣削”刀路的“参数”，在【2D 刀路-外形铣削】对话框中选中“刀具”选项，将“进给率”改为 500mm/min，选中“切削参数”选项，将“壁边预留量”、“底面预留量”改为 0。选中“Z 分层切削”选项，取消已钩选的“深度分层切削”复选框。选中“XY 分层切削”选项，钩选“XY 分层切削”复选框，粗切次数为 3，间距为 0.1mm，精修次数为 1，间距为 0.02mm，取消已钩选的“不提刀”复选框。

（39）单击“重建刀路”按钮，外形精加工刀路如图 9-60 所示。

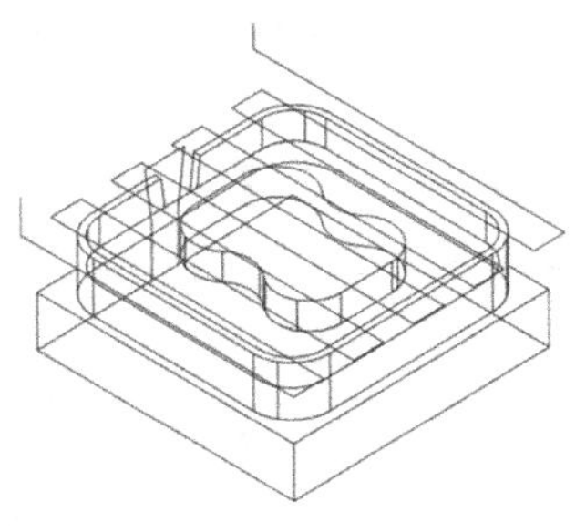

图 9-59　平面铣精加工刀路

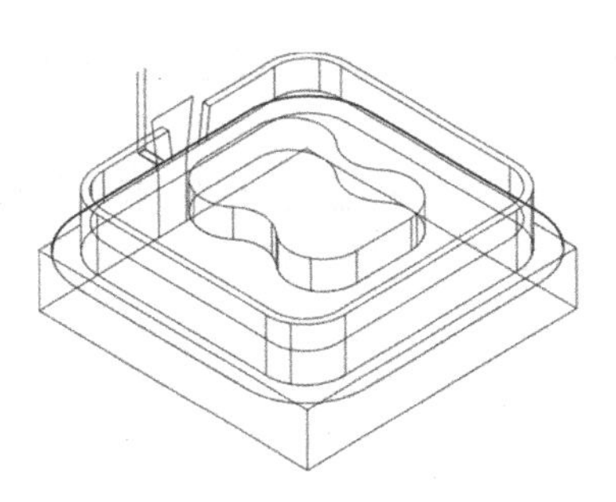

图 9-60　外形铣精加工刀路

（40）在主菜单中选取“刀路｜2D 挖槽”命令，在【串连选项】对话框中选“线框”按钮，在零件图上选取 70mm×71mm 的矩形边线以及岛屿边线，如图 9-61 虚线所示。

（41）单击“确定”按钮，在【2D 刀路-2D 挖槽】对话框中选“刀具”选项，在空白处单击鼠标右键，选“创建新刀具”命令，刀具类型选“平底刀”，刀齿直径为ϕ10mm，刀号为 2，刀长补正为 2，半径补正为 2，进给速率为 1000mm/min，下刀速率为 1000 mm/min，提刀速率为 1500 mm/min，主轴转速为 1500r/min。

（42）选择“切削参数”选项，对“加工挖槽方式”选择“标准”，“壁边预留量”为 0.3mm，“底面预留量”为 0.2mm。

（43）选“粗切”选项，“粗切”方式为“双向”，“切削间距”为 80%。

（44）选择“进刀方式”选项，选择“◉螺旋”，最小半径为 4mm，最大半径为 10mm，进刀角度为 1°。

（45）选择“精修”选项，钩选“精修”复选框，次数为 1，间距为 0.5mm。

（46）选择“进/退刀设置”选项，进刀长度为 2mm，半径为 1mm，进刀与退刀方式相同。

（47）选择“Z 分层切削”选项，钩选“深度分层切削”复选框，“最大粗切步进量”为 0.5mm，取消“不提刀”复选框前面的“√”。

（48）选择“共同参数”选项，“安全高度”设为 35.0mm。选择“◉绝对坐标”，“参考高度”为 35.0mm。选择“◉绝对坐标”，“下刀位置”设为 35.0mm。选择“◉绝对坐标”，“工件表面”为 8.0mm。选择“◉增量坐标”，“深度”为 22.0mm。选择“◉绝对坐标”（工件表面改为“增量坐标”，可以减少进刀螺纹的圈数）。

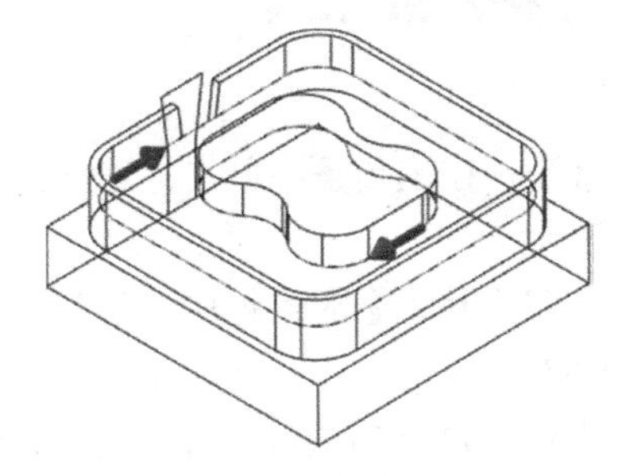

图 9-61　选挖槽的边线

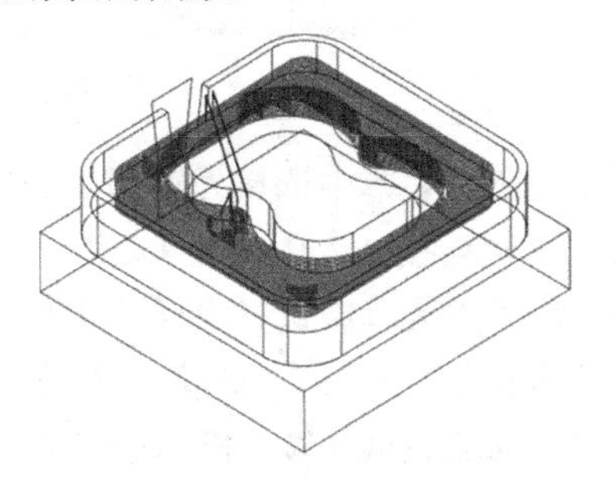

图 9-62　挖槽粗加工刀路

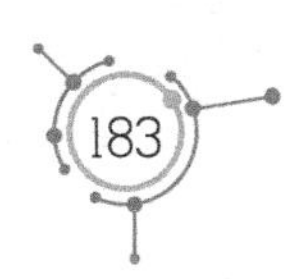

（49）在“刀路”管理器中复制“8-2D 挖槽”刀路，并粘贴到“刀路”管理器的最后。

（50）双击“9-2D 挖槽”刀路的“参数”，在【2D 刀路-外形铣削】对话框中选中“刀具”选项，将“进给率”改为 500mm/min，选中“切削参数”选项，将“壁边预留量”、“底面预留量”改为 0。选“精修”选项，钩选“精修”复选框，次数为 3，间距为 0.1mm，钩选“由最接近的图形开始精修”、“不提刀”复选框。选中“Z 分层切削”选项，取消已钩选的“深度分层切削”复选框。

（51）单击“重建刀路”按钮，挖槽精加工刀路如图 9-63 所示。

（52）选中“8-2D 挖槽”、“9-2D 挖槽”刀路，单击鼠标右键，选择“编辑已经选择的操作 | 更改 NC 文件名”命令，将 NC 文件名更改为 G329-2-3。

10. G329-2 零件的第三次编程

（1）在工作区下方的工具条中单击“WCS”选项，在菜单条中选择“左视图（WCS（L））”命令。

（2）再在工作区上方的工具条中单击“俯视图”按钮，以左视图为刀路平面。

（3）在工作区下方的工具条中单击“层别”二字，在【层别管理】对话框中取消图层 1 所对应的“×”，隐藏第 1 层的图素（这样做是为了保持桌面整洁），如图 9-64 所示。

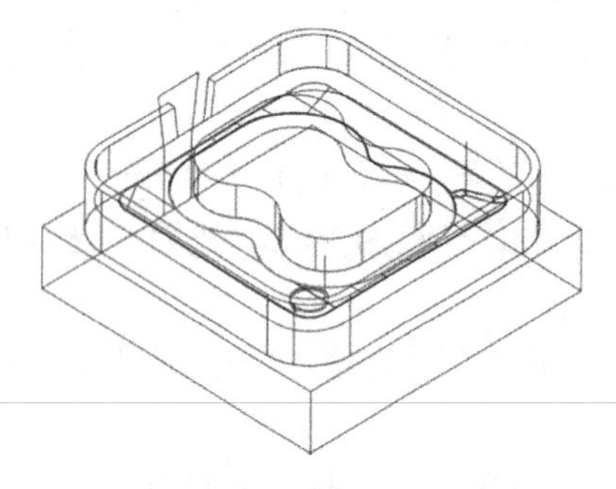

图 9-63　挖槽精加工刀路

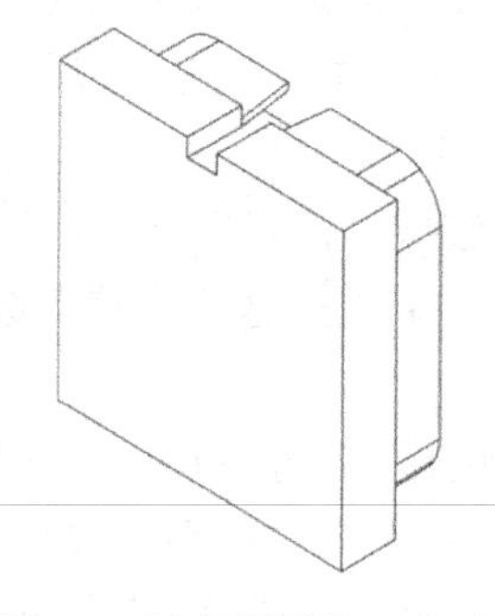

图 9-64　以左视图为刀路平面

（4）在工作区下方的工具条中选“2D”，Z 值为 40，如图 9-65 所示。

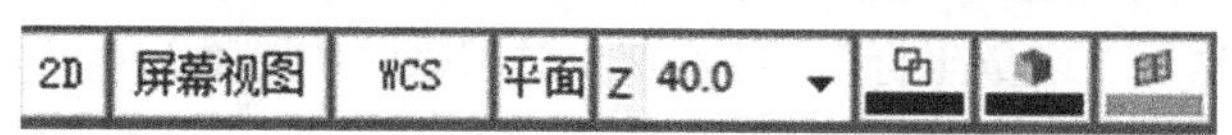

图 9-65　选“2D”，Z 值为 40

（5）在主菜单中选择“绘图 | 绘线 | 任意线”命令，在工具条中单击“连续线”按钮，依次连接 A、B、C、D、E、F，如图 9-66 所示。

（6）在主菜单中选择“转换 | 单体补正”命令，在【补正】对话框中“次”为 1，选择“◉移动”选项，“距离”设为 10mm，如图 9-67 所示。

（7）选取直线 *CD*，再单击直线 *CD* 的右边，直线 *CD* 向右补正 5mm，如图 9-68 所示。

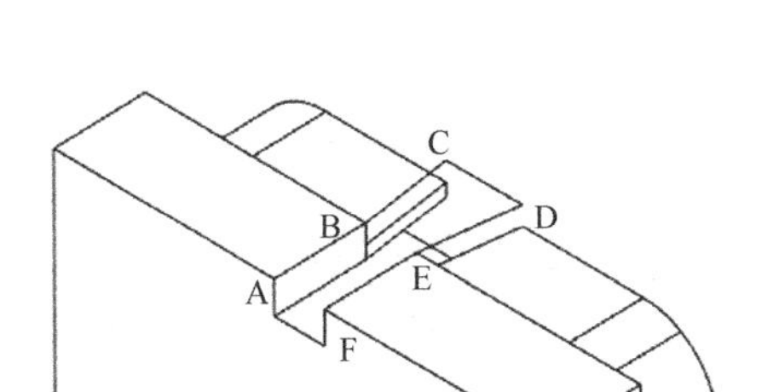

图 9-66　依次连接 *A*、*B*、*C*、*D*、*E*、*F*

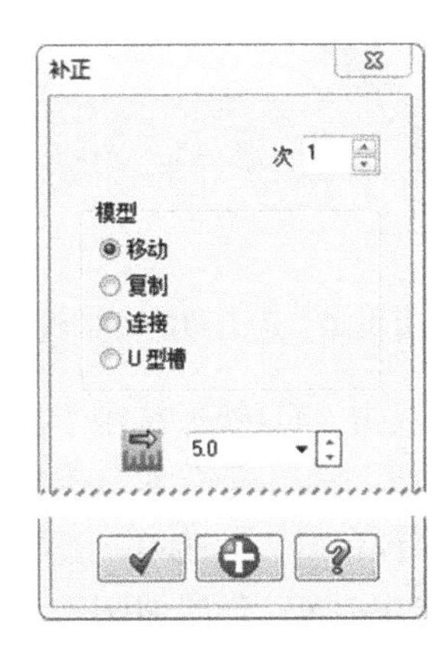

图 9-67 【补正】对话框

（8）在主菜单中选择“编辑 | 修剪/打断 | 修剪/打断/延伸”命令，在工具条中选择“两物体修剪”按钮，修剪刚才补正的曲线，如图 9-69 所示。

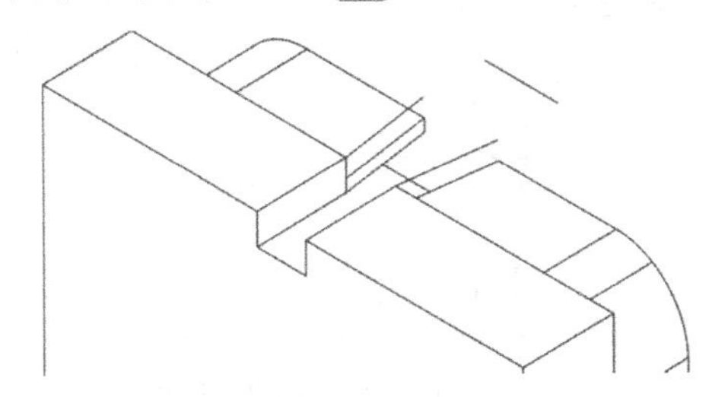

图 9-68　直线 *CD* 向右补正 10mm

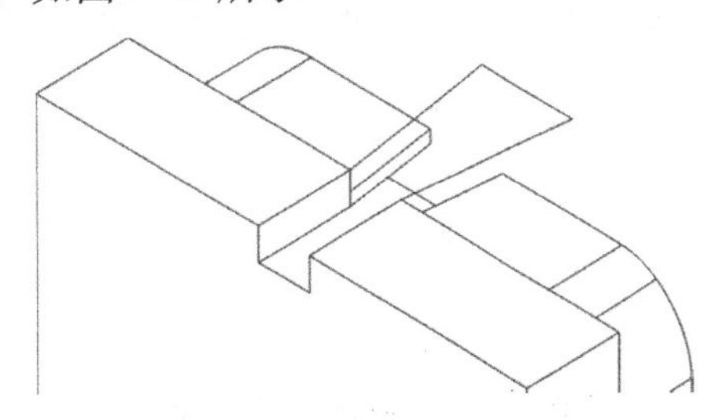

图 9-69　修剪刚才补正的曲线

（9）在主菜单中选择“刀路 | 外形铣削”命令，选取修剪后的曲线，如图 9-70 所示。

（10）单击“确定”按钮，在【2D 刀路-平面铣削】对话框中选择“刀具”选项，在空白处单击鼠标右键。选择“创建新刀具”命令，类型为平底刀，直径为ϕ6mm，进给速率为 1000mm/min，主轴转速为 1200r/min，下刀速度为 500mm/min。

（11）选择“切削参数”选项，“壁边预留量”为 0.2mm，“底面预留量”为 0.15mm。

（12）选择“Z 分层切削”选项，钩选“深度分层切削”、“不提刀”复选框，“最大粗切步进量”为 0.3mm。

（13）选“进/退刀设置”选项，取消“进刀”、“退刀”复选框前面的“√”，钩选“调整轮廓起始（结束）位置”复选框，长度为 80%。

（14）选择“XY 分层切削”选项，取消钩选“XY 分层切削”。

（15）选择“共同参数”选项，“安全高度”为 45.0mm。选择“绝对坐标”，“参考高度”为 45.0mm。选择“◉绝对坐标”，“下刀位置”为 45.0mm。选择“◉绝对坐标”，“工件表面”为 40.0mm。选择“◉绝对坐标”，“深度”为 35.0mm。选择“◉绝对坐标”。

（16）单击“确定”按钮，生成外形粗加工刀路，如图 9-71 所示。

（17）在“刀路”管理器中复制“10-外形铣削”刀路，并粘贴到“刀路”管理器的最后。

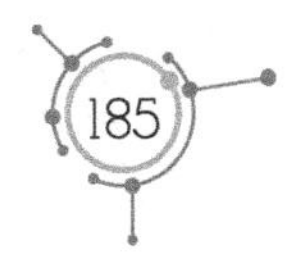

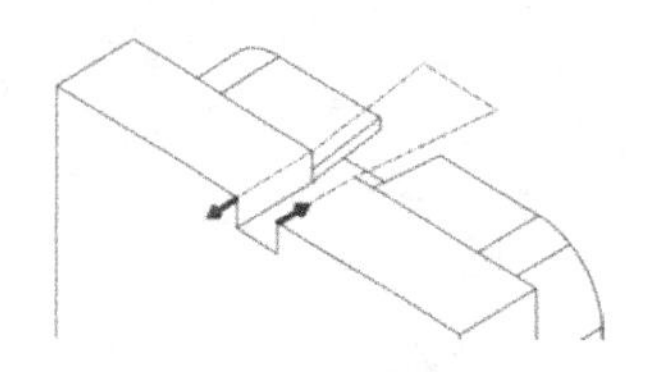

图 9-70　选刀路的外形线

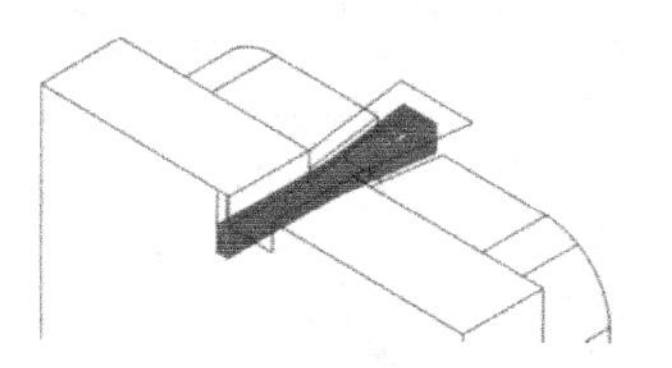

图 9-71　外形加工刀路

（18）双击“11-外形铣削”刀路的“参数”，在【2D 刀路-外形铣削】对话框中选中“刀具”选项，将“进给率”改为 500mm/min，选中“切削参数”选项，将“壁边预留量”、“底面预留量”改为 0。选中“Z 分层切削”选项，取消已钩选的“深度分层切削”复选框。选中“XY 分层切削”选项，钩选“XY 分层切削”复选框，粗切次数为 3，间距为 0.1mm，精修次数为 1，间距为 0.02mm，取消已钩选的“不提刀”复选框。

（19）单击“重建刀路”按钮，外形精加工刀路如图 9-72 所示。

（20）选中“10-外形铣削”、“11-外形铣削”刀路，单击鼠标右键，选择“编辑已经选择的操作 | 更改 NC 文件名”命令，将 NC 文件名更改为 G329-2-4，如图 9-73 所示。

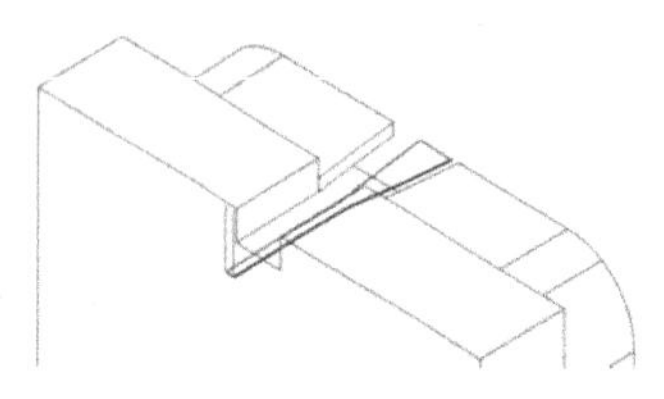

图 9-72　外形精加工刀路

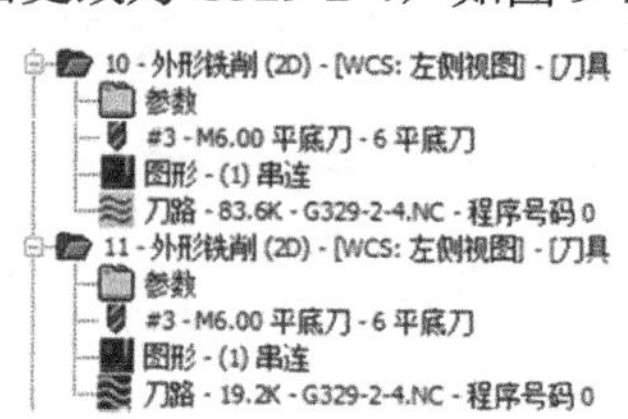

图 9-73　NC 文件名更改为 G329-2-4

11. G329-1 零件的第一次装夹

（1）零件的实体厚度是 15mm，而毛坯材料的厚度是 20mm，毛坯材料厚度比工件高 5mm，第一次装夹时，加工表面 1mm，第二次装夹时，加工零件表面 4mm。

（2）第一次用虎钳装夹时，工件上表面要超出虎钳至少 8mm，或者工件装夹的厚度不得超过 12mm。

（3）工件对刀时，采用四边分中的方法来确定工件坐标系，即工件上表面的中心为工件坐标系的原点（0，0），参考实例 1 中的图 1-66。

（4）Z 方向对刀时，可以用手工方式将工件上表面铣低 1mm 后，再将该表面设为 Z0。或者先把刀尖刚好接触工件的上表面，再稍微提升刀具，把刀具移至空挡处，然后降低 1mm，设为 Z0，在数控编程时已经编好加工表面的程序，直接开启程序，即可用编制好的数控程序将工件表面铣削加工 1mm。

（5）工件第一次装夹的加工程序单见表 9-1。

表 9-1　G329-1 第一次装夹加工程序单

序号	程序名	刀具	加工深度
1	G329-1-1	ϕ12mm 平底刀	16mm

12. G329-1 零件的第二次装夹

（1）第二次用虎钳装夹时，装夹在工件的台阶处，毛坯工件高于台钳 12mm 或者工件装夹厚度不得超过 7mm。

（2）工件下表面的中心为坐标系原点（0，0，0）。

（3）工件第二次装夹的加工程序单见表 9-2。

表 9-2　G329-1 第二次装夹加工程序单

序号	程序名	刀具	加工深度
1	G329-1-2	ϕ12mm 平底刀	8mm

13. G329-1 零件的第三次装夹

（1）第三次用虎钳装夹时，工件上表面超出虎钳至少 8mm。

（2）工件侧面的中心为坐标系原点（0，0，0）。

（3）工件第三次装夹的加工程序单见表 9-3。

表 9-3　G329-1 第三次装夹加工程序单

序号	程序名	刀具	加工深度
1	G329-1-3	ϕ12mm 平底刀	5mm

（4）G329-1 工件的第二次装夹方向如图 9-74 所示。

（5）G329-1 工件的第三次装夹方向如图 9-75 所示。

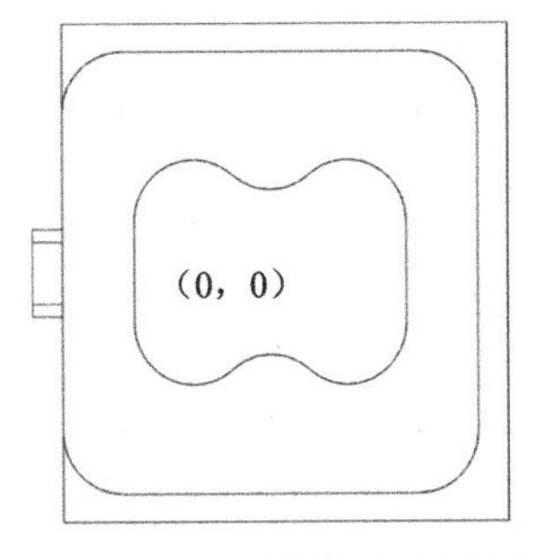

图 9-74　G329-1 工件的第二次装夹方向

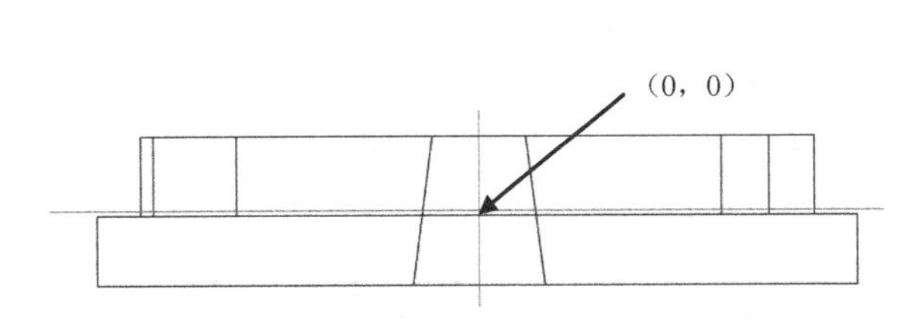

图 9-75　G329-1 工件的第三次装夹方向

14. G329-2 零件的第一次装夹

（1）零件的实体厚度是 30mm，而毛坯材料的厚度是 35mm，毛坯材料厚度比工件高 5mm，第一次装夹时，加工表面 1mm，第二次装夹时，加工零件表面 4mm。

（2）第一次用虎钳装夹时，工件上表面超出虎钳至少 17mm，或者工件装夹的厚度不得超过 18mm。

（3）工件对刀时，采用四边分中的方法来确定工件坐标系，即工件上表面的中心为

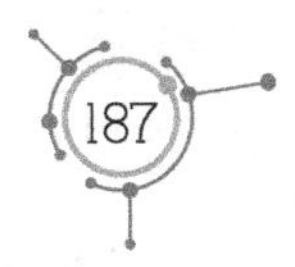

工件坐标系的原点（0，0），参考实例 1 中的图 1-66。

（4）Z 方向对刀时，可以用手工方式将工件上表面铣低 1mm 后，再将该表面设为 Z0。或者先把刀尖刚好接触工件的上表面，再稍微提升刀具，把刀具移至空挡处，然后降低 1mm，设为 Z0，在数控编程时已经编好加工表面的程序，直接开启程序，即可用编制好的数控程序将工件表面铣削加工 1mm。

（5）工件第一次装夹的加工程序单见表 9-4。

表 9-4　G329-2 第一次装夹加工程序单

序号	程序名	刀具	加工深度
1	G329-2-1	ϕ12mm 平底刀	16mm

15. G329-2 零件的第二次装夹

（1）第二次用虎钳装夹时，工件毛坯面要超出虎钳至少 19mm，工件装夹厚度不得超过 15mm。

（2）工件下表面的中心为坐标系原点（0，0，0）。

（3）工件第二次装夹的加工程序单见表 9-5。

表 9-5　G329-2 第二次装夹加工程序单

序号	程序名	刀具	加工深度
1	G329-2-2	ϕ12mm 平底刀	15mm
2	G329-2-3	ϕ10mm 平底刀	8mm

16. G329-2 零件的第三次装夹

（1）第三次用虎钳装夹时，工件上表面超出虎钳至少 8mm。

（2）工件侧面的中心为坐标系原点（0，0，40）。

（3）工件第三次装夹的加工程序单见表 9-6。

表 9-6　G329-2 第三次装夹加工程序单

序号	程序名	刀具	加工深度
1	G329-2-4	ϕ6mm 平底刀	5mm

（4）G329-2 工件的第三次装夹方向如图 9-76 所示。

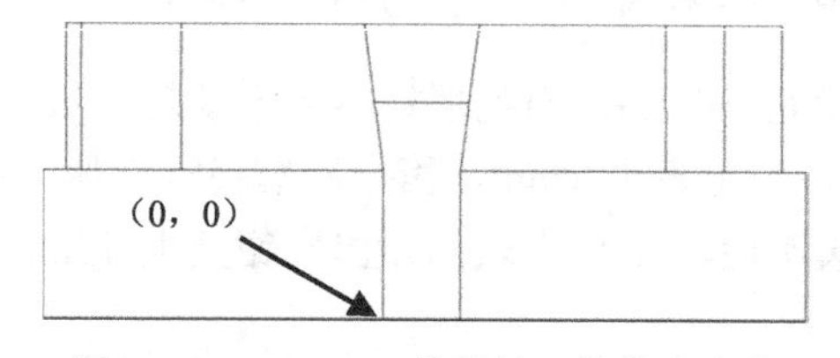

图 9-76　G329-2 工件的第三次装夹方向

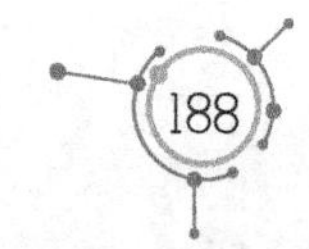

实例 10　G321——弯凸台

G321 考核说明：

（1）本题分值 100 分。

（2）考核时间：240min。

（3）考核形式：操作。

（4）具体考核要求：根据零件图（见图 10-1～图 10-3）完成加工。

（5）否定项说明：

（a）出现危及考生或他人安全的状况将中止考试，如果原因是考生操作失误所致，考生该题成绩记零分。

（b）因考生操作失误所致，导致设备故障且当场无法排除将中止考试，考生该题成绩记零分。

（c）因刀具、工具损坏而无法继续应中止考试。

G321 评分标准：

序号	项目	配分	评分标准 （各项配分扣完为止）	检测结果	扣分	得分
1	现场操作规范	2	不正确使用机床，酌情扣分			
2		2	不正确使用机床，酌情扣分			
3		2	不正确使用机床，酌情扣分			
4		4	不正确进行设备维护保养，酌情扣分			
5	件一 80mm×80mm 正方形	6	每超差 0.02mm，扣 2 分			
6	U 形槽	8	宽度 $10^{+0.03}_{0}$ 每超差 0.02mm，扣 2 分			
7	ϕ40mm 圆台	4	ϕ40mm 直径，每超差 0.02mm，扣 2 分			
8	圆台与 U 形槽	4	与槽相切处表面高低差每超 0.02 扣 2 分			
9	11±0.03mm	4	每超差 0.02mm，扣 2 分			
10	件二 80mm×80mm 正方形	6	每超差 0.02mm，扣 2 分			
11	U 形凸台	10	宽度 $10^{-0.02}_{-0.03}$ mm，每超差 0.02mm，扣 1 分			
12	R6、R10、R20 及直线组成的腔	8	圆角半径每个超差扣 1 分，连接不光滑扣 1 分			
13	R10 与直线的夹角	2	90° 夹角，每超差 0.1°扣 1 分			
17	腔与 U 形凸台	4	与 U 形凸台相切处不平每超差 0.02mm，扣 2 分			
18	4±0.02mm	4	每超差 0.02mm，扣 2 分			
19	$15^{0}_{-0.03}$ mm	6	每超差 0.02mm，扣 2 分			
20	配合技术要求一	10	无法全部嵌入或嵌入不能转动到位，全扣			
21	配合技术要求二	4	装配后高度 26±0.08mm，每超差 0.02mm 扣 2 分			
22	平行度	4	每超差 0.02mm，扣 2 分			
23	表面粗糙度	6	加工部位 30%不达要求扣 1 分，50%不达要求扣 2 分，75%不达要求扣 4 分，超过 75 不达要求全扣			
24	考核时间		在 240 分钟内完成，不得超时			
合并		100				

考评员签名：　　　　　　　　　　　　　　　　　　　　年　　月　　日

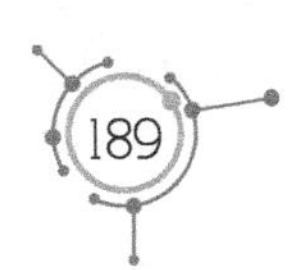

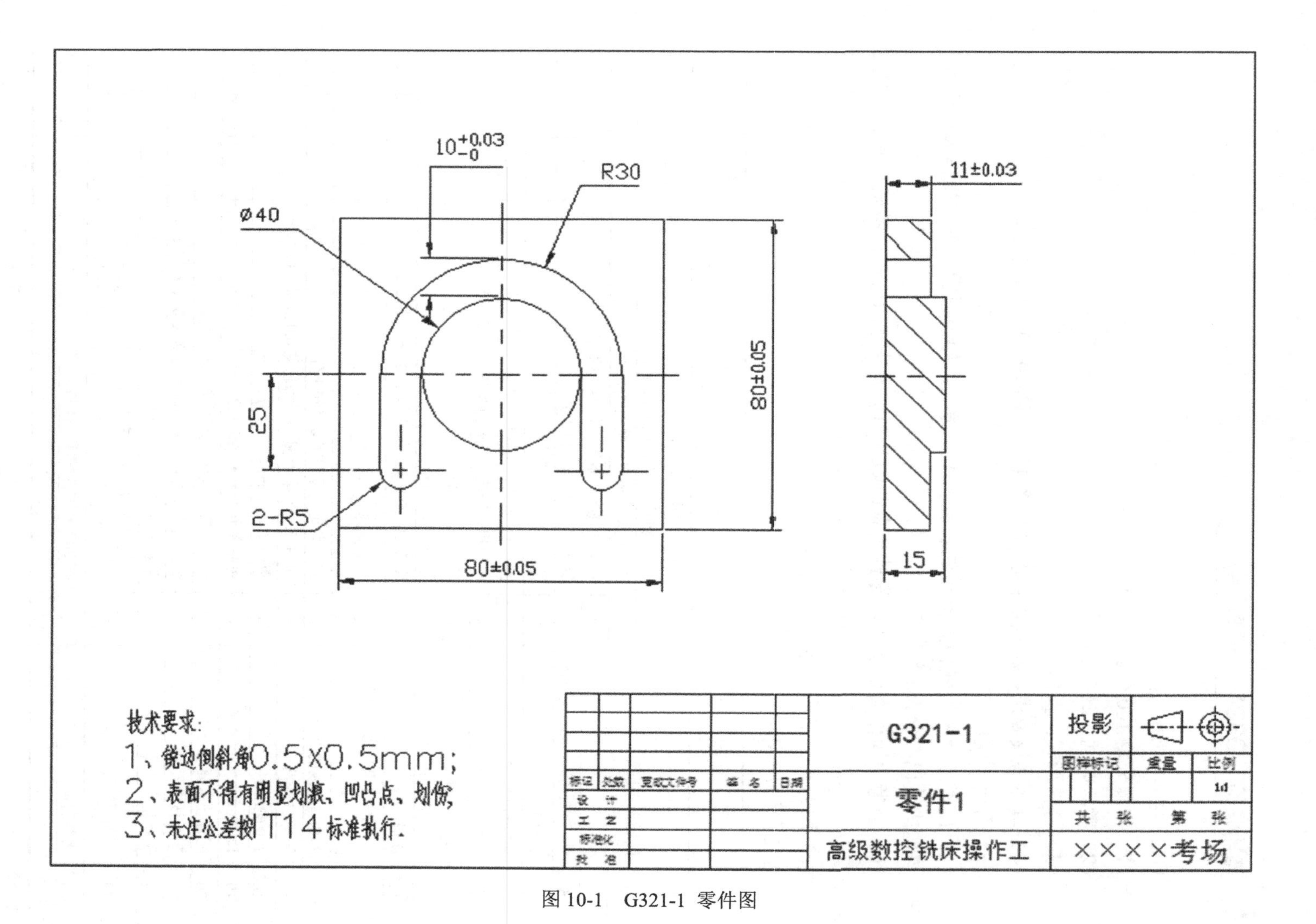

图 10-1 G321-1 零件图

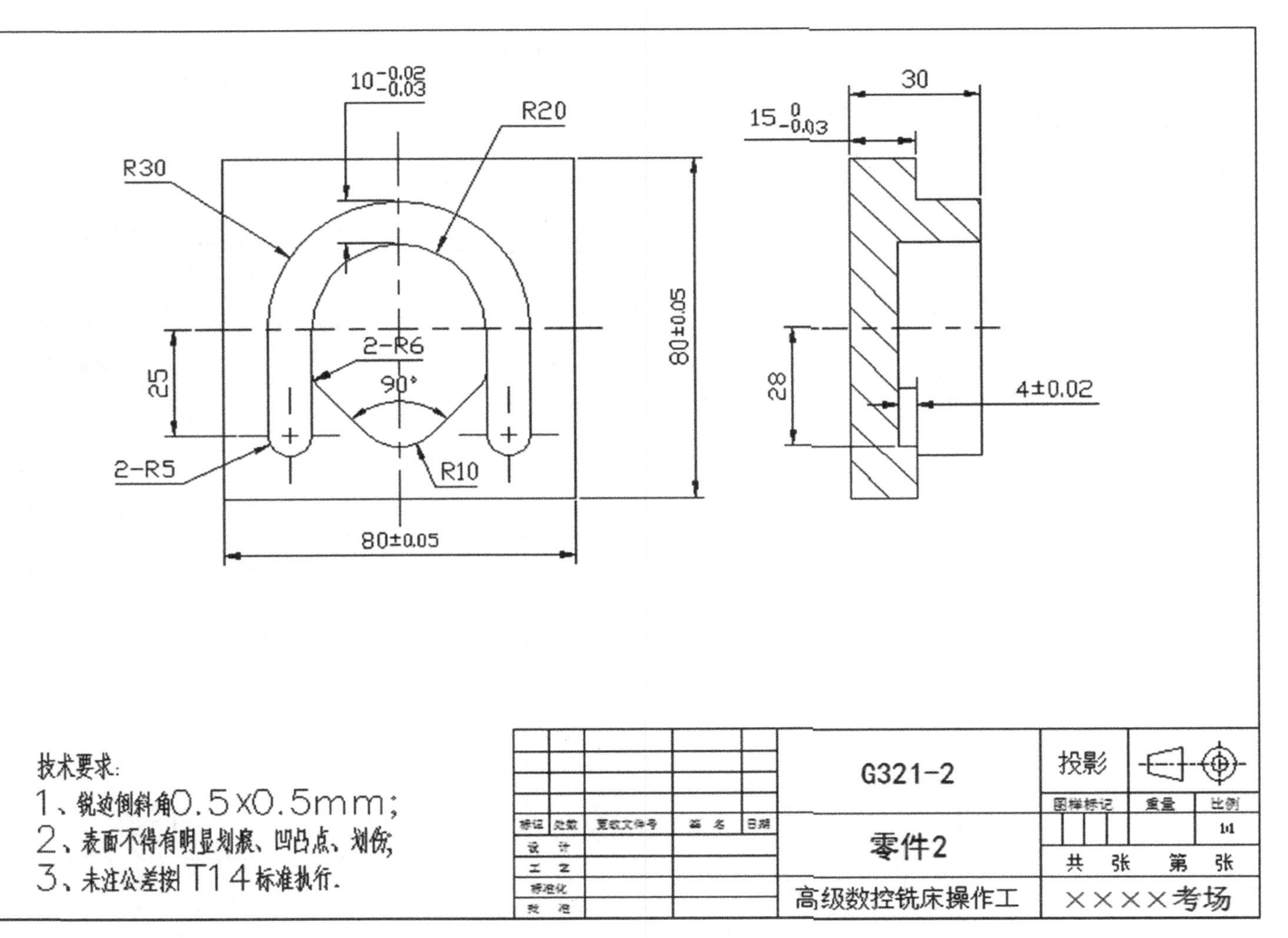

图 10-2　G321-2 零件图

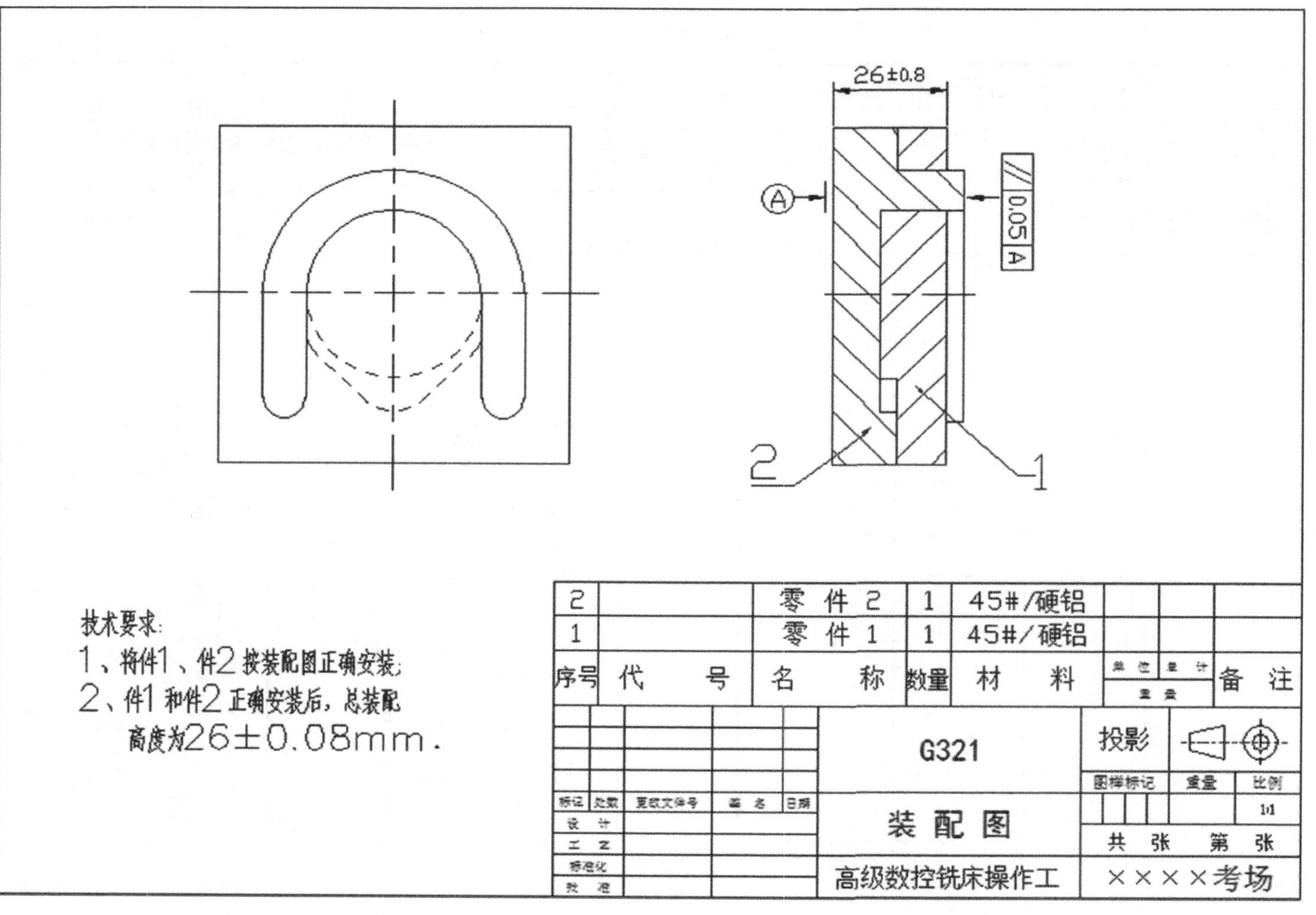

图 10-3　G321 总装图

1. G321-1 零件的建模过程

（1）在工作区下方的工具条中对“绘图模式”选择“3D”。

（2）在主菜单中选取“绘图｜矩形”命令，在坐标输入框中输入矩形第一个顶点的坐标（40，40，0），按 Enter 键，输入矩形第二个顶点的坐标（-40，-40，0），单击“确定”按钮，创建一个矩形，单击功能键 F9，显示坐标系，如图 10-4 所示。

（3）在主菜单中选取“实体｜拉伸”命令，在绘图区中选取矩形，单击【串连选项】对话框中的“确定”按钮。

（4）在【实体拉伸】对话框中选中“◉创建主体”，距离为 11mm，拉伸箭头方向朝上。

（5）单击“确定”按钮，创建方体，如图 10-5 所示。

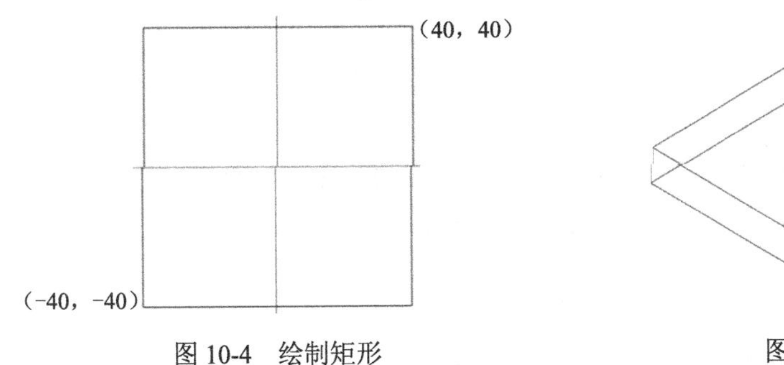

图 10-4　绘制矩形

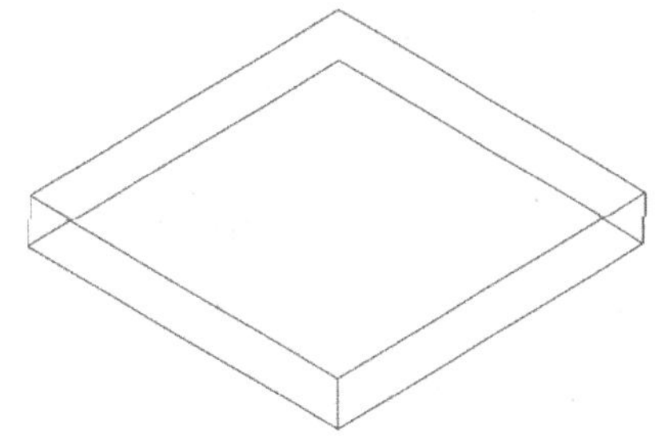

图 10-5　创建方体

（6）在主菜单中选取“绘图｜绘弧｜已知圆心点画圆”命令，以（0，0，0）为圆心，分别以 ϕ60mm 和 ϕ40mm 为直径，绘制两个圆，以（-25，-25，0）和（25，-25，0）为圆心，以 ϕ10mm 为直径，绘制两个圆，并用直线连接起来，如图 10-6 所示。

（7）在主菜单中选择“编辑｜修剪/打断｜修剪/打断/延伸”命令，在工具条中选择“分割物体”按钮和“两物体修剪”按钮，修剪刚才创建的曲线，如图 10-7 所示。

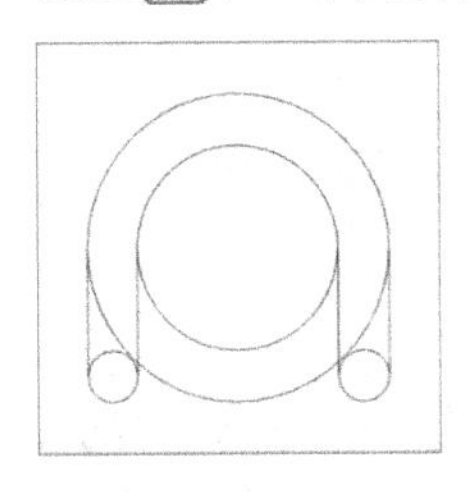

图 10-6　绘制圆和直线

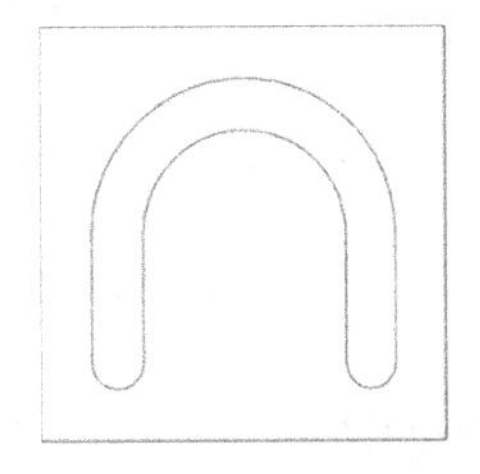

图 10-7　修剪曲线

（8）在主菜单中选择“实体｜拉伸”命令，在绘图区中选取图 10-7 所示的修剪后的图形，单击【串连选项】对话框中的“确定”按钮。

（9）在【实体拉伸】对话框中选中“◉切割主体”选项，“距离”选择“◉全部贯通”选项，拉伸箭头方向朝上。

（10）单击“确定”按钮，在实体中间创建一条槽，如图 10-8 所示。

（11）在主菜单中选取“绘图｜绘弧｜已知圆心点画圆”命令，以坐标（0，0，11）为圆心，以 ϕ40mm 为直径，绘制一个圆，如图 10-9 所示。

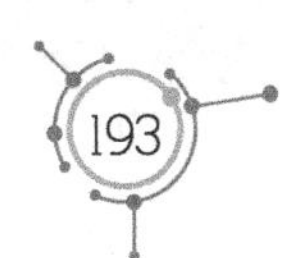

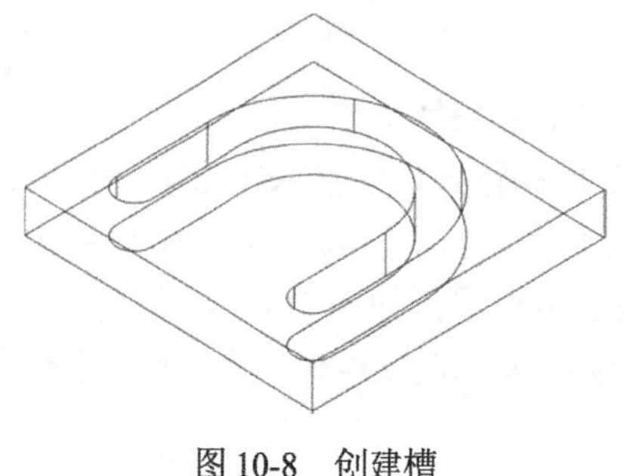

图 10-8　创建槽

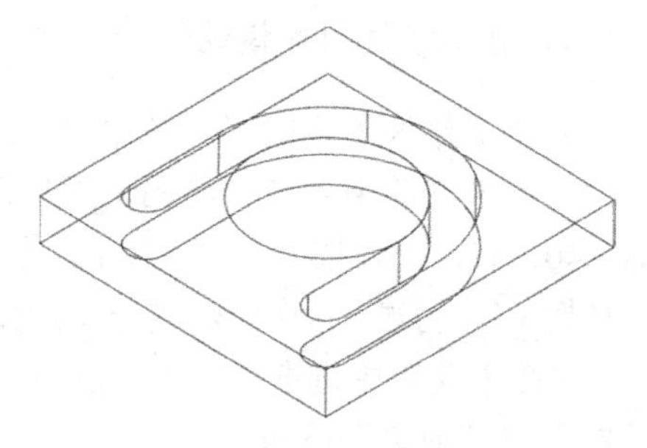

图 10-9　绘制ϕ40mm 的圆

（12）在主菜单中选取“实体 | 拉伸”命令，在绘图区中选取ϕ40mm 的图形，单击【串连选项】对话框中的“确定”按钮。

（13）在【实体拉伸】对话框中选中“◉增加凸台”选项，距离设为 4mm，拉伸箭头方向朝上。

（14）单击“确定”按钮，在实体中间创建凸台，如图 10-10 所示。

（15）单击“保存”按钮，文件名为 G321-1.mcx-9。

2. G321-1 零件的工艺分析

（1）零件的尺寸是 80mm×80mm×15mm，毛坯材料是铝块（85mm×85mm×20mm），建议第一次装夹时，加工工件的上表面（加工 0.5mm），第二次装夹时，工件表面加工 4.5mm。

（2）根据零件的形状，工件需分两次装夹才能完成加工，用ϕ8mm 和ϕ12mm 平底刀加工。

（3）因为加工零件的材质是铝，在加工过程中刀具的磨损较小，所以可以在粗加工后不用换刀，直接精加工。

（4）第一次装夹时，以工件的上表面对刀。第二次装夹时，以工件的下表面对刀。

3. G321-1 零件的第一次编程

（1）把鼠标放在工作区下方工具条中的“层别”二字上，单击鼠标右键，选中实体，按 Enter 键。在【更改层别】对话框中选择“◉移动”选项，取消“使用主层别”复选框前面的“√”，“编号”为 2，如图 10-11 所示。

（2）单击“确定”按钮，将实体移到第 2 层。

（3）在工作区下方的工具条中单击“层别”二字，在【层别管理】对话框中设第 2 层为主图层，取消第 1 层的“×”。

（4）在主菜单中选择“机床类型 | 铣床 | 默认”命令，进入加工模式。

（5）在“刀路”管理器中展开“+属性”，再单击“毛坯设置”命令。

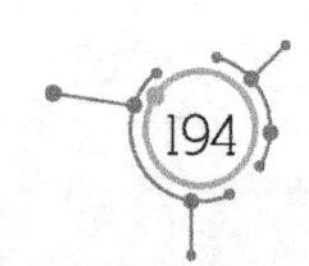

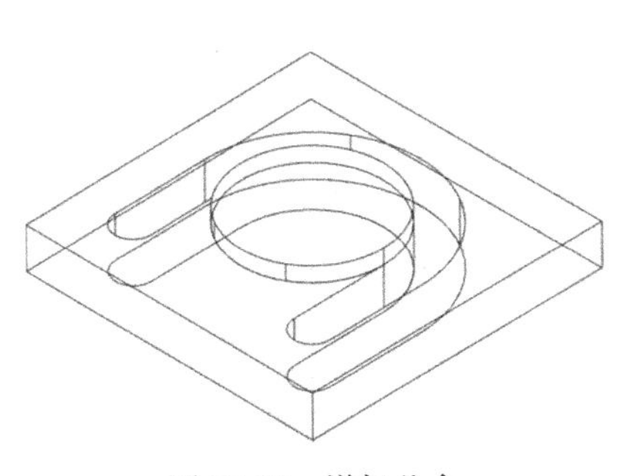

图 10-10　增加凸台

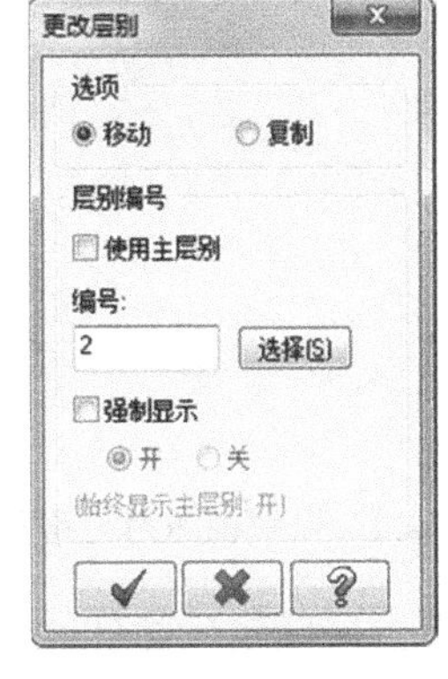

图 10-11 【更改层别】对话框

（6）在【机床群组属性】对话框“毛坯设置”选项卡中对“毛坯平面”选择“俯视图”，对“形状”选择“◉立方体”，钩选“显示”、“适度化”复选框，选择“◉线框”，“毛坯原点”为（*0*，*0*，*19.5*），毛坯的长、宽、高分别为 *85mm*、*85mm*、*20mm*。

（7）在工作区下方的工具条中单击“WCS”，在弹出的菜单条中选“底视图（WCS（B））”命令，如图 9-17 所示。

（8）再在工作区上方的工具条中单击“俯视图”按钮，以底视图为刀路平面，如图 10-12 所示。

（9）在主菜单中选择“刀路 | 平面铣”命令，输入 NC 名称为 G321-1-1。

（10）单击“确定”按钮，再单击“确定”按钮，在【2D 刀路-平面铣削】对话框中选择“刀具”选项，在右边的空白处单击鼠标右键，在下拉菜单中选择“创建新刀具”命令。

（11）刀具类型选择“平底刀”，刀齿直径为ϕ12mm，刀号为 1，刀长补正为 1，半径补正为 1，进给速率为 500mm/min，下刀速率为 600mm/min，提刀速率为 1500mm/min，主轴转速为 1500r/min，其他参数选择系统默认值。

（12）在【2D 刀路-平面铣削】对话框中选择“切削参数”选项，对“类型”选择“双向”，对“截断方向超出量”选择 50%，“引导方向超出量”选择 50%，“进刀引线长度”设为 100%，“退刀引线长度”为 0，“最大步进量”为 80%，底面预留量为 0。

（13）选择“Z 分层切削”选项，取消“深度分层切削”复选框前面的“√”。

（14）选择“共同参数”选项，“安全高度”为 5.0mm。选择“◉绝对坐标”，“参考高度”为 5.0mm。选择“◉绝对坐标”，“下刀位置”为 5.0mm。选择“◉绝对坐标”，“工件表面”为 0.5mm。选择“◉绝对坐标”，“深度”为 0，选择“◉绝对坐标”。

（15）单击“确定”按钮，生成平面铣精加工刀路，如图 10-13 所示。

（16）在【刀路】管理器中单击“切换”按钮，隐藏平面铣刀路。

（17）在主菜单中选取“刀路 | 外形”命令，在【串连选项】对话框中选“实体”按钮，选取实体上 80mm×80mm 的边线，方向为顺时针方向，如图 10-14 虚线所示。

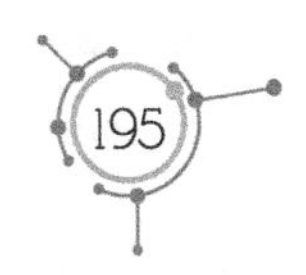

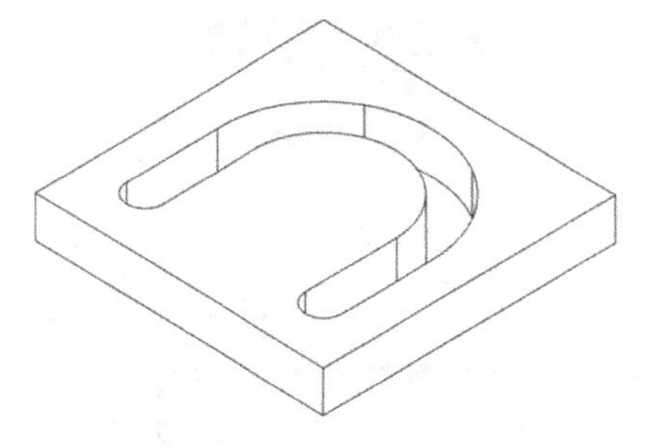

图 10-12　以底视图为刀路平面

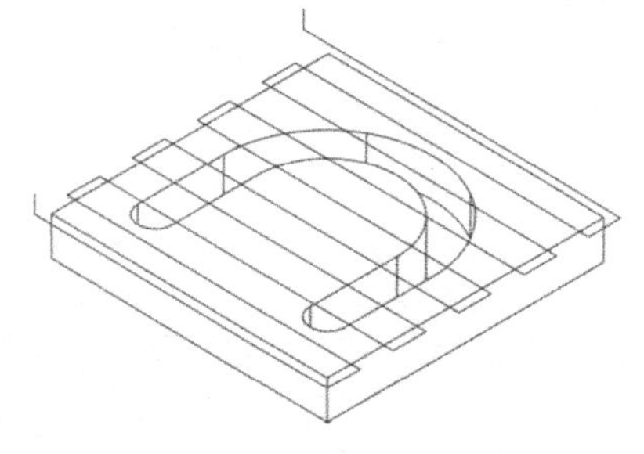

图 10-13　平面铣精加工刀

（18）单击“确定”按钮，选择“切削参数”选项，对“补正方式”选择“电脑”，“补正方向”选择“左”，“壁边预留量”为 0.3mm，“外形铣削方式”选“2D”。

（19）选择“Z 分层切削”选项，钩选“深度分层切削”复选框，“最大粗切步进量”选 1.0mm，钩选“不提刀”复选框。

（20）选择“进/退刀设置”选项，在“进刀”区域中选“◉相切”，进刀长度为 5mm，圆弧半径为 1mm，单击按钮，使退刀参数与进刀参数相同。

（21）选择“共同参数”选项，“安全高度”为 5.0mm。选择“◉绝对坐标”，“参考高度”为 5.0mm。选择“◉绝对坐标”，“下刀位置”为 5.0mm。选择“◉绝对坐标”，“工件表面”为 0mm。选择“◉绝对坐标”，“深度”为-12mm。选择“◉绝对坐标”。

（22）单击“确定”按钮，生成外形铣粗加工刀路，如图 10-15 所示。

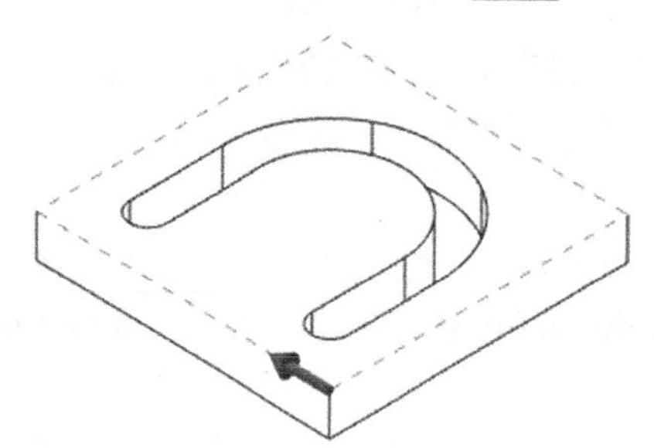

图 10-14　选 80mm×80mm 边线

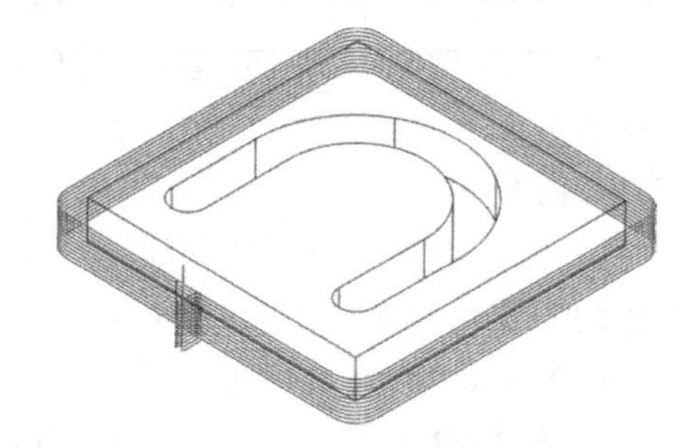

图 10-15　外形铣粗加工刀路

（23）在“刀路”管理器中复制“2-外形铣削”刀路，并粘贴到“刀路”管理器的最后。

（24）双击“3-外形铣削”刀路的“参数”，在【2D 刀路-外形铣削】对话框中选中“刀具”选项，将“进给率”改为 500mm/min，选中“切削参数”选项，将“壁边预留量”改为 0。选中“Z 分层切削”选项，取消已钩选的“深度分层切削”复选框。选择“进/退刀设置”选项，取消已钩选的“在封闭轮廓中点位置执行进/退刀”、“过切检查”、“进刀”、“退刀”复选框，钩选“调整轮廓起始（结束）位置”复选框，“长度”为 80%。选中“XY 分层切削”选项，钩选“XY 分层切削”复选框，粗切次数为 3，间距为 0.1mm，精修次数为 1，间距为 0.02mm，钩选“不提刀”复选框。

（25）单击“重建刀路”按钮，外形精加工刀路如图 10-16 所示。

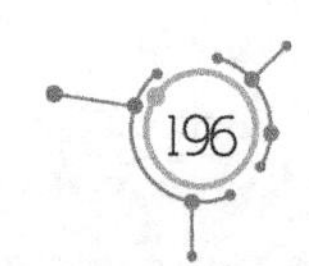

4. G321-1 零件的第二次编程

（1）在工作区下方的工具条中单击“WCS”，在弹出的菜单条中选“俯视图（WCS（T））”命令，再在工作区上方的工具条中单击“俯视图”按钮，以俯视图为刀路平面，如图 10-17 所示。

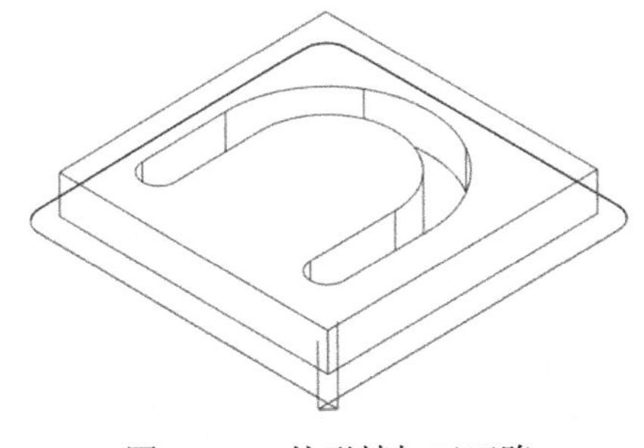

图 10-16　外形精加工刀路

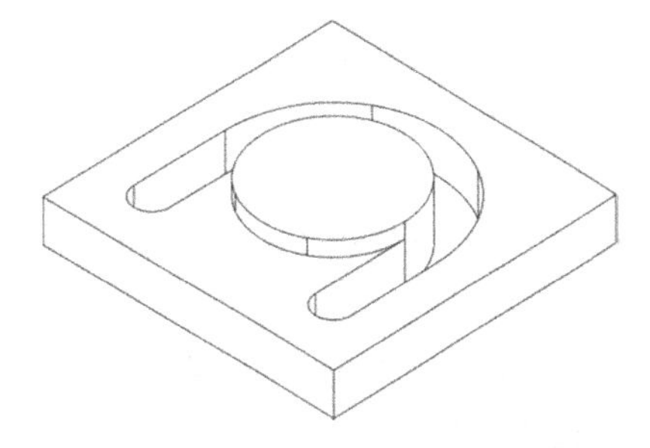

图 10-17　以俯视图为刀路平面

（2）在主菜单中选取“刀路 | 平面铣”命令，单击“确定”按钮，在【2D 刀路-平面铣削】对话框中选择“刀具”选项，选择直径为ϕ12mm 的平底刀。

（3）在【2D 刀路-平面铣削】对话框中选“切削参数”选项，对“类型”选择“双向”，对“截断方向超出量”选择 50%，对“引导方向超出量”选择 50%，“进刀引线长度”为 100%，“退刀引线长度”为 0，“最大步进量”为 80%，底面预留量为 0.2mm。

（4）选择“Z 分层切削”选项，钩选“深度分层切削”复选框，“最大粗切步进量”为 1.0mm。

（5）选择“共同参数”选项，“安全高度”为 25.0mm。选择“◉绝对坐标”，“参考高度”为 25.0mm。选择“◉绝对坐标”，“下刀位置”为 25.0mm。选择“◉绝对坐标”，“工件表面”为 19.5mm。选择“◉绝对坐标”，“深度”为 15.0mm。选择“◉绝对坐标”。

（6）单击“确定”按钮，生成平面铣粗加工刀路，如图 10-18 所示。

（7）在“刀路”管理器中选中“4-平面铣”，单击鼠标右键，选择“编辑已经选择的操作 | 更改 NC 文件名”命令，将 NC 文件名更改为 G321-1-2，如图 10-19 所示。

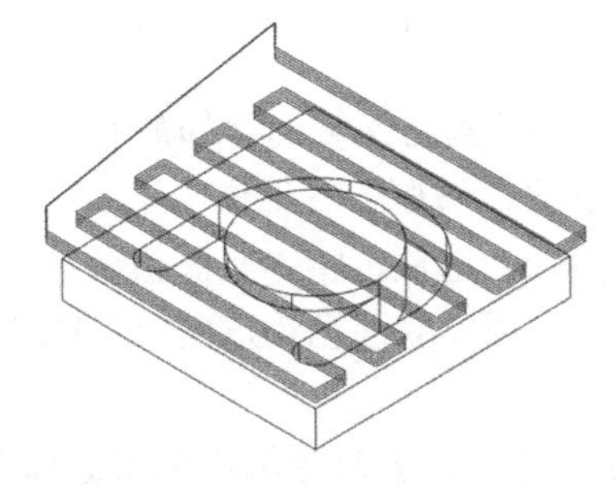

图 10-18　平面铣粗加工刀路

4 - 平面铣 - [WCS: 俯视图] - [刀具面: 俯视
参数
#1 - M12.00 平底刀 - 12 平底刀
图形 - 工作设定的毛坯边界
刀路 - 29.3K - G321-1-2.NC - 程序号码

图 10-19　NC 文件名更改为 G321-1-2

（8）在主菜单中选择“刀路 | 2D 挖槽”，在【串连选项】对话框中选择“实体”按钮，选取 80mm×80mm 矩形边线和ϕ40mm 的圆周，如图 10-20 所示。

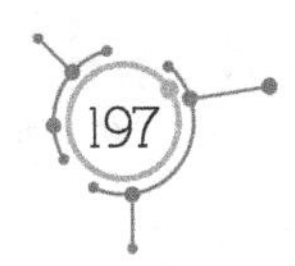

（9）单击“确定”按钮，在【2D 刀路-2D 挖槽】对话框中选中“刀具”选项，选ϕ12mm 平底刀。

（10）选择“切削参数”选项，对“加工方向”选择“◉顺铣”，“挖槽加工方式”选“平面铣”，“重叠量”为 80%，“进刀引线长度”为 10mm，“壁边预留量”为 0.3mm，“底面预留量”为 0.2mm，如图 6-23 所示。

（11）选择“粗切”选项，钩选“粗切”复选框，切削方式选“双向”，“切削间距”为 80%，粗切角度为 0°，如图 6-24 所示。

（12）选择“进刀方式”选项，选择“◉关”选项。

（13）选择“精修”选项，钩选“精修”复选框，精修次数为 1，间距为 1mm，取消已钩选的“精修外边界”复选框，如图 6-25 所示。

（14）选择“进/退刀设置”选项，在“进刀”区域中选择“◉相切”，进刀长度为 3mm，圆弧半径为 1mm，单击按钮，使退刀参数与进刀参数相同，如图 6-26 所示。

（15）选择“Z 分层切削”选项，钩选“深度分层切削”复选框，最大粗切步进量为 1mm，取消钩选“不提刀”复选框。

（16）选择“共同参数”选项，“安全高度”为 20.0mm，选择“◉绝对坐标”，“参考高度”为 20.0mm。选择“◉绝对坐标”，“下刀位置”为 20.0mm。选择“◉绝对坐标”，“工件表面”为 15.0mm。选择“◉绝对坐标”，“深度”为 11.0mm。选择“◉绝对坐标”。

（17）单击“确定”按钮，生成挖槽粗加工刀路，如图 10-21 所示。

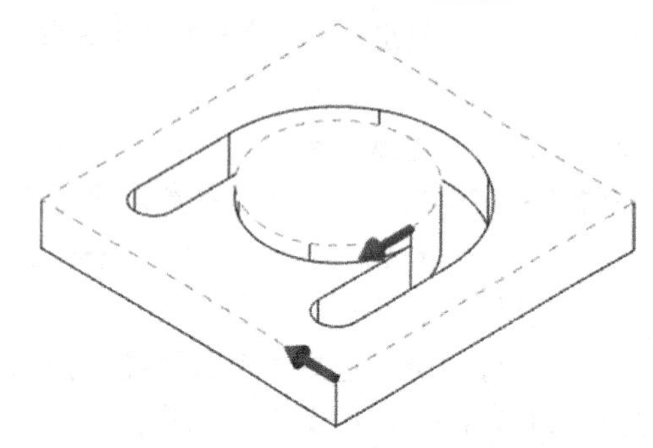

图 10-20　选矩形边线和圆周

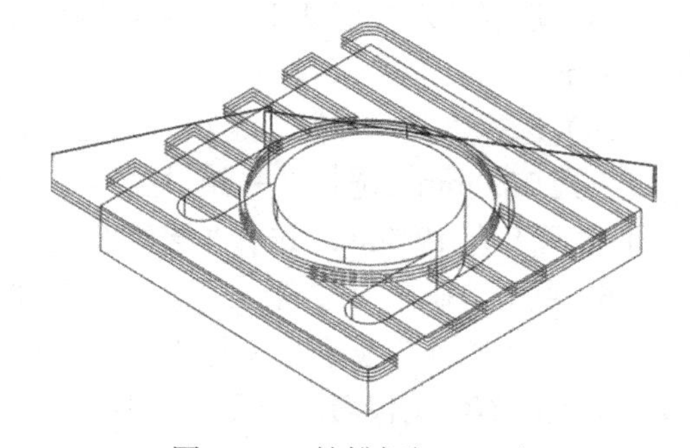

图 10-21　挖槽粗加工刀路

（18）在“刀路”管理器中复制“4-平面铣”，并粘贴到刀路管理器的最后。

（19）单击“6-平面铣”的“参数”，在【2D 刀路-平面铣削】对话框中选中“刀具”选项，将“进给率”改为 600mm/min，选中“切削参数”选项，将“底面预留量”改为 0，“引导方向超出量”为 80%。选中“Z 分层切削”选项，取消已钩选的“深度分层切削”复选框。

（20）单击“6-平面铣”的“图形”命令，在【串连管理】对话框中单击鼠标右键，选择“增加串连”命令，选取ϕ40mm 的圆周，如图 10-22 所示。

（21）单击“重建刀路”按钮，平面精加工刀路如图 10-23 所示。

（22）在“刀路”管理器中复制“5-2D 挖槽”，并粘贴到刀路管理器的最后。

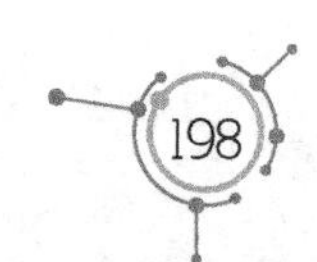

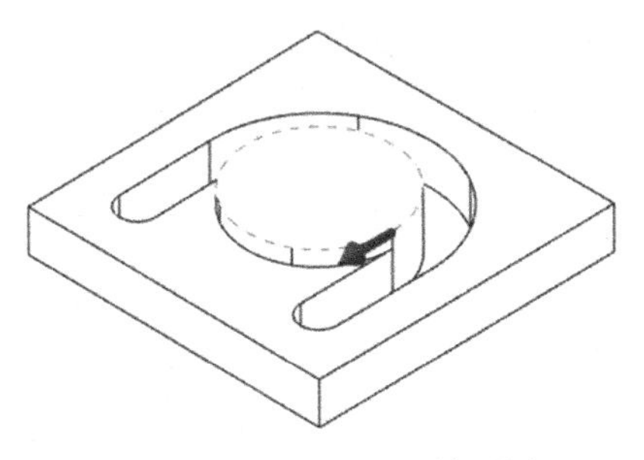

图 10-22　选ϕ40mm 的圆周

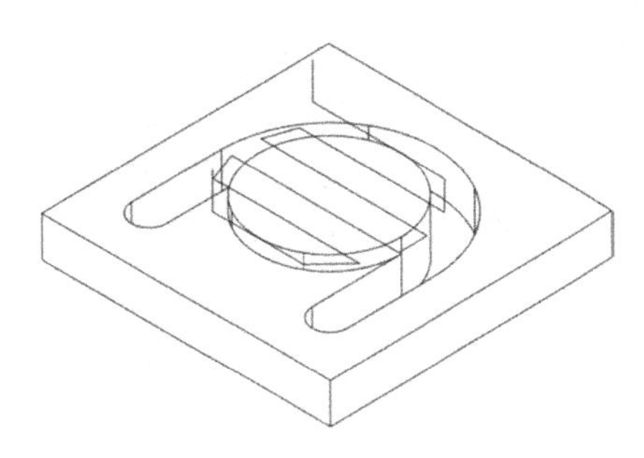

图 10-23　平面精加工刀路

（23）单击“7-2D 挖槽”的“参数”，在【2D 刀路-平面铣削】对话框中选中“刀具”选项，在空白处单击鼠标右键，选择“创建新刀具”命令，对刀具类型选“平底刀”，刀齿直径为ϕ8mm，刀号为 2，刀长补正为 2，半径补正为 2，进给速率为 500mm/min，下刀速率为 600 mm/min，提刀速率为 1500 mm/min，主轴转速为 1500r/min。

（24）选择“切削参数”选项，将“底面预留量”、“壁边预留量”改为 0，“重叠量”为 50%。选择“粗切”选项，切削间距为 7mm。选“精修”选项，次数为 1，间距为 0.2mm，钩选“进给速率”复选框，将“进给速度”改为 200mm/min。选中“Z 分层切削”选项，取消已钩选的“深度分层切削”复选框。

（25）单击“重建刀路”按钮，2D 挖槽精加工刀路如图 10-24 所示。

（26）在“刀路”管理器中选中“7-2D 挖槽”，单击鼠标右键，选择“编辑已经选择的操作 | 更改 NC 文件名”命令，将 NC 文件名更改为 G321-1-3，如图 10-25 所示。

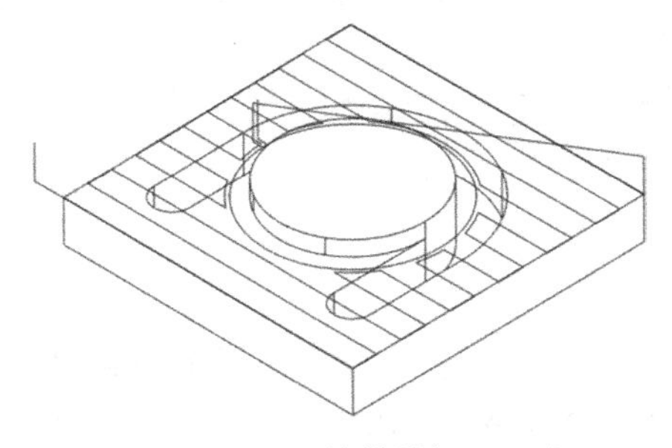

图 10-24　2D 挖槽精加工刀路

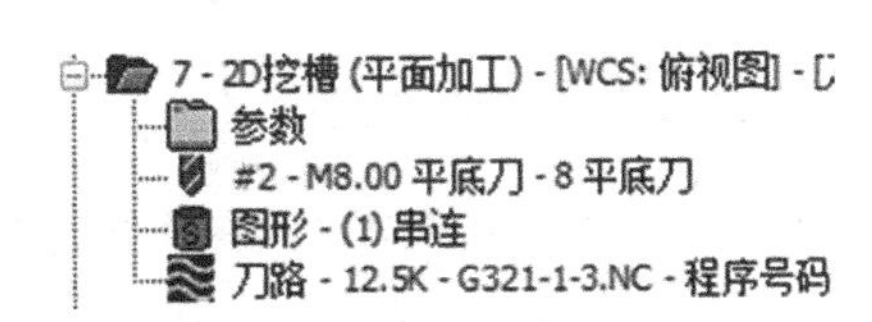

图 10-25　NC 文件名更改为 G321-1-3

（27）在主菜单中选取“刀路 | 外形”命令，在【串连选项】对话框中选“实体”按钮，选取槽的边线，箭头为顺时针方向，箭头为起始点，如图 10-26 所示，单击“确定”按钮。

（28）在【2D 刀路-外形铣削】对话框中选择“刀具”选项，选择ϕ8mm 平底刀。

（29）选择“切削参数”选项，对“补正方式”选择“电脑”，对“补正方向”选择“左”，“壁边预留量”为 0.3mm，对“外形铣削方式”选择“2D”。

（30）选择“Z 分层切削”选项，钩选“深度分层切削”复选框，“最大粗切步进量”选 0.5mm，钩选“不提刀”复选框。

（31）选择“进/退刀设置”选项，钩选“在封闭轮廓中点位置执行进/退刀”复选框，

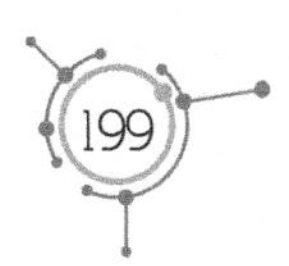

在“进刀”区域中选“◉相切”，进刀长度为 10mm，斜插高度为 0.5mm（采用斜向进刀，防止踩刀），圆弧半径为 0.5mm，单击⏩按钮，使退刀参数与进刀参数相同，取消“调整轮廓起始（结束）位置”复选框前面的“√”。

（32）选择“共同参数”选项，“安全高度”为 20.0mm。选择“◉绝对坐标”，“参考高度”为 20.0mm。选择“◉绝对坐标”，“下刀位置”为 20.0mm。选择“◉绝对坐标”，“工件表面”为 11mm。选择“◉绝对坐标”，“深度”为-1mm，选择“◉绝对坐标”。

（33）单击“确定”按钮✔，生成外形铣粗加工刀路，如图 10-27 所示。

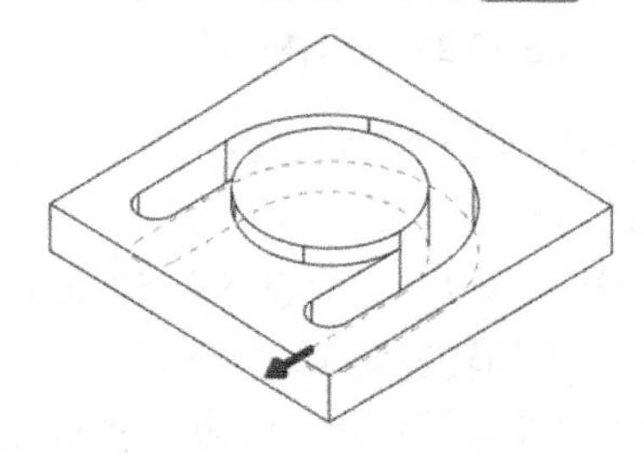

图 10-26　选取槽的边线

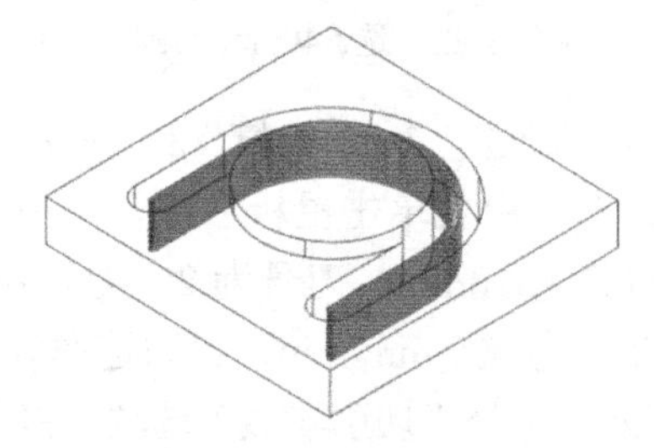

图 10-27　外形铣粗加工刀路

（34）在“刀路”管理器中复制“8-外形铣削”刀路，并粘贴到“刀路”管理器的最后。

（35）双击“9-外形铣削”刀路的“参数”，在【2D 刀路-外形铣削】对话框中选中“刀具”选项，将“进给率”改为 500mm/min，选中“切削参数”选项，将“壁边预留量”设为 0。选中“Z 分层切削”选项，取消已钩选的“深度分层切削”复选框。选中“XY 分层切削”选项，钩选“XY 分层切削”复选框，粗切次数为 3，间距为 0.1mm，精修次数为 1，间距为 0.02mm，钩选“不提刀”复选框。

（36）单击“重建刀路”按钮，槽外形精加工刀路如图 10-28 所示。

（37）单击“保存”按钮，保存文档。

5. G321-2 零件的建模过程

（1）在主菜单中选取“绘图 | 矩形”命令，在坐标输入框中输入矩形中心点的坐标（0，0，0），在辅助工具条中输入矩形的长 80mm 和宽 80mm，单击“设置基准点为中心”按钮，单击“确定”按钮✔，创建一个矩形。

（2）单击键盘功能键 F9，显示坐标系，如图 10-4 所示。

（3）在主菜单中选取“实体 | 拉伸”命令，在绘图区中选取矩形，单击【串连选项】对话框中的“确定”按钮✔。

（4）在【实体拉伸】对话框中选中“◉创建主体”选项，将距离设为 15mm，拉伸箭头方向朝上。

（5）单击“确定”按钮，创建方体，如图 10-5 所示。

（6）在主菜单中选取“绘图 | 绘弧 | 已知圆心点画圆”命令，以（0，0，15）为圆心，绘制直径为ϕ40mm 的圆，以（0，-18，15）为圆心，绘制ϕ20mm 的圆，并绘制两条直线，如图 10-29 所示。

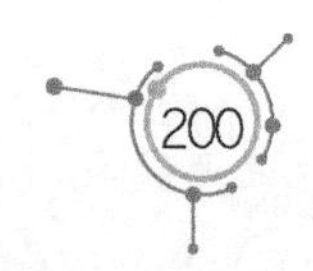

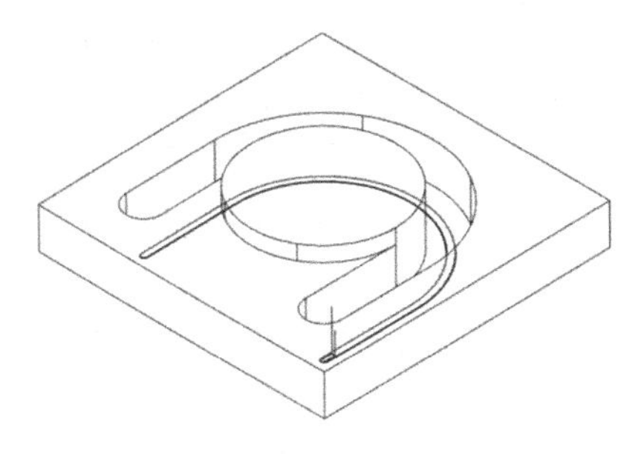

图 10-28　槽精加工刀路

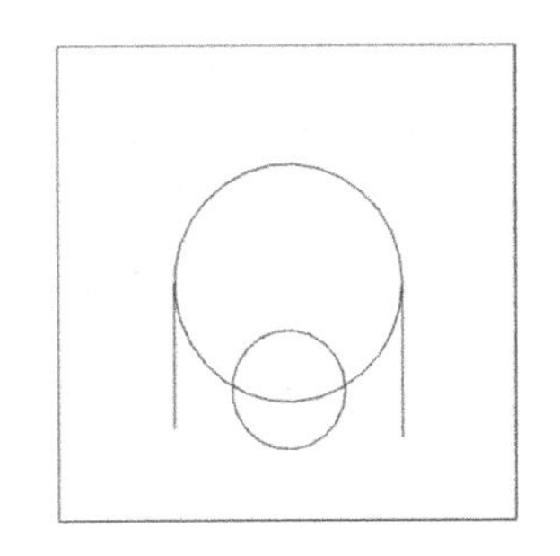

图 10-29　绘制两条圆及两条直线

（7）在主菜单中选取“绘图 | 绘线 | 任意线”命令，在辅助工具条“角度”文本框中输入 45°，单击“相切”按钮，如图 10-30 所示。

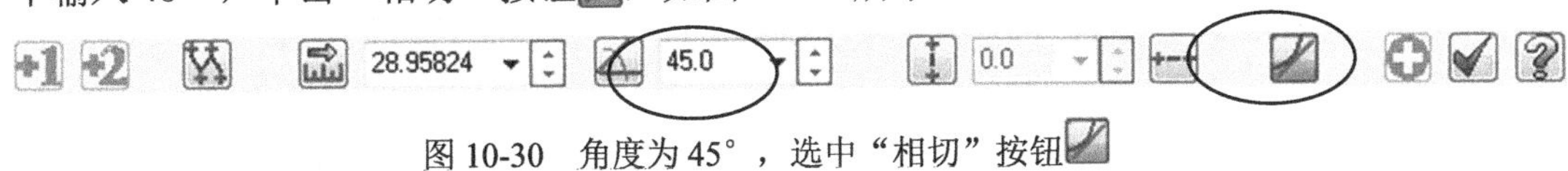

图 10-30　角度为 45°，选中“相切”按钮

（8）选中ϕ20mm 的小圆，绘制一条直线，与ϕ20mm 的小圆相切，且角度为 45°，如图 10-31 右边的斜线所示。

（9）采用相同的方法，绘制一条直线，与ϕ20mm 的小圆相切，且角度为 135°，如图 10-31 左边的斜线所示。

（10）在主菜单中选“编辑 | 修剪/打断 | 修剪/打断/延伸”命令，在工具条中选“分割物体”按钮和“两物体修剪”按钮，修剪刚才创建的曲线，如图 10-32 所示。

（11）在主菜单中选取“绘图 | 倒圆角 | 倒圆角”命令，创建 2 个倒圆角（R6mm），如图 10-33 所示。

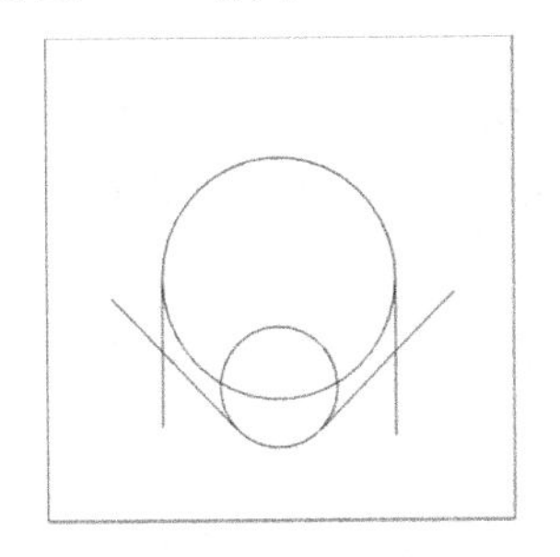

图 10-31　绘制两条斜线

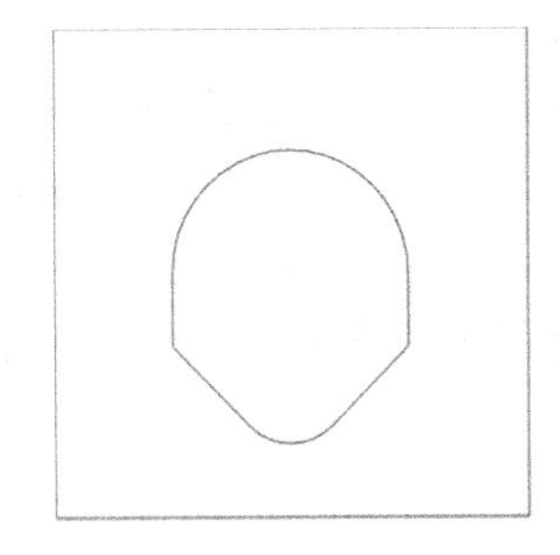

图 10-32　修剪曲线

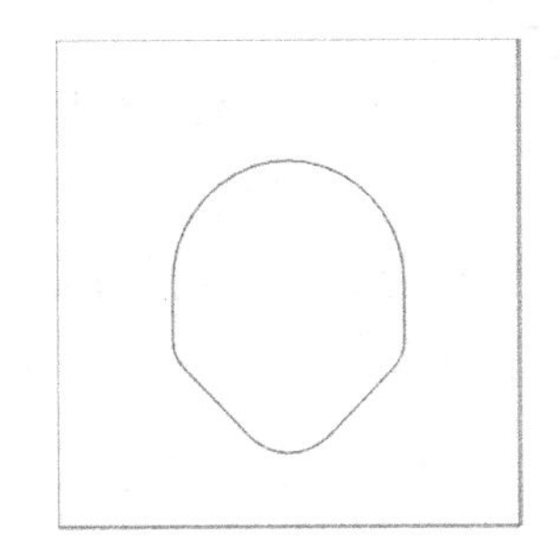

图 10-33　创建倒圆角

（12）在主菜单中选取“实体 | 拉伸”命令，在绘图区中选取图 10-33 所示的图形，单击【串连选项】对话框中的“确定”按钮。

（13）在【实体拉伸】对话框中选中“◉切割主体”，距离设为 4mm，拉伸箭头方向朝下。

（14）单击“确定”按钮，在实体中间创建一个凹坑，如图 10-34 所示。

（15）在主菜单中选取“绘图 | 绘弧 | 已知圆心点画圆”命令，以（0，0，30）为圆心，分别以ϕ60mm 和ϕ40mm 为直径，绘制两个圆，以（−25，−25，30）和（25，−25，

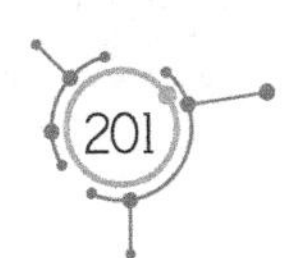

30）为圆心，以ϕ10mm 为直径，绘制两个圆，并用直线连接起来，如图 10-6 所示。

（16）在主菜单中选“编辑 | 修剪/打断 | 修剪/打断/延伸”命令，在工具条中选“分割物体”按钮和“两物体修剪”按钮，修剪刚才创建的曲线，如图 10-7 所示。

（17）在主菜单中选取“实体 | 拉伸”命令，在绘图区中选取刚才创建的图形，单击【串连选项】对话框中的“确定”按钮。

（18）在【实体拉伸】对话框中选中“◉增加凸台”，距离为 15mm，拉伸箭头方向朝上。

（19）单击“确定”按钮，在实体中间创建凸起，如图 10-35 所示。

（20）单击“保存”按钮，文件名为 G321-2.mcx-9。

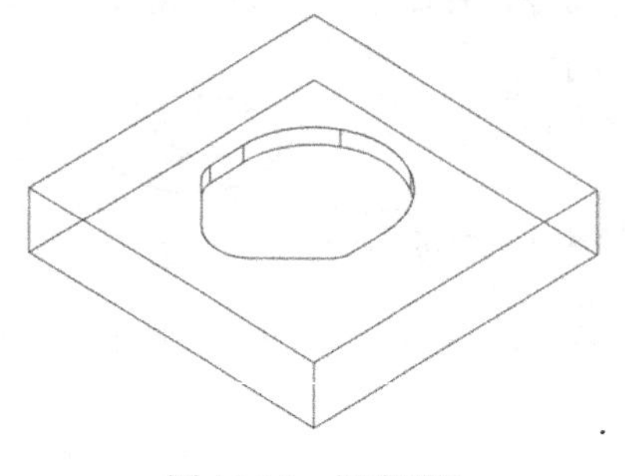

图 10-34　创建凹坑

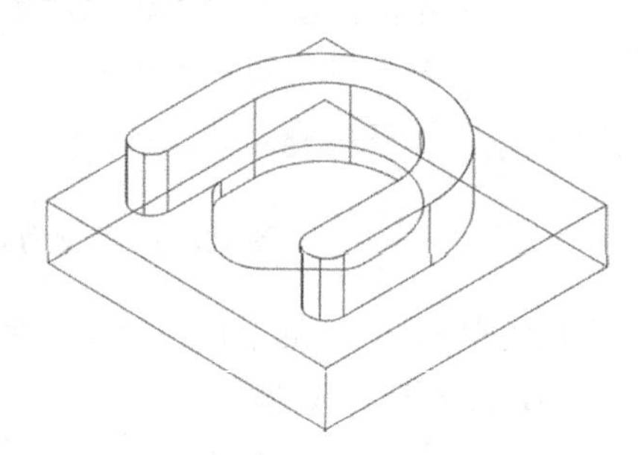

图 10-35　创建凸起

6. G321-2 零件的工艺分析

（1）零件的尺寸是 80mm×80mm×30mm，毛坯材料是铝块（85mm×85mm×35mm），建议第一次装夹时，加工工件的上表面（加工 0.5mm），第二次装夹时，工件表面加工 4.5mm。

（2）根据零件的形状，工件需分两次装夹才能完成加工，用ϕ12mm 平底刀加工。

（3）因为加工零件的材质是铝，在加工过程中刀具的磨损较小，所以可以在粗加工后不用换刀，直接精加工。

（4）第一次装夹时，以工件的上表面对刀，第二次装夹时，以工件的下表面对刀。

7. G321-2 零件的第一次编程

（1）把鼠标放在工作区下方工具条中的“层别”二字上，单击鼠标右键，选中实体，按 Enter 键，在【更改层别】对话框中选择“◉移动”，取消“使用主层别”复选框前面的“√”，“编号”为 2，如图 10-11 所示。

（2）单击“确定”按钮，将实体移到第 2 层。

（3）在工作区下方的工具条中单击“层别”二字，在【层别管理】对话框中设第 2 层为主图层，取消第 1 层的“×”。

（4）在主菜单中选取“机床类型 | 铣床 | 默认”命令，进入加工模式。

（5）在“刀路”管理器中展开“+属性”，再单击“毛坯设置”命令。

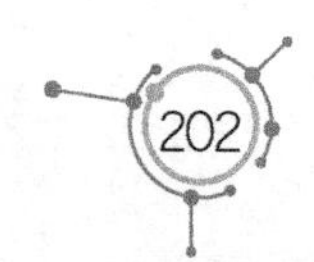

（6）在【机床群组属性】对话框“毛坯设置”选项卡中，对“毛坯平面”选择“俯视图”，对“形状”选择“◉立方体”，钩选“显示”、“适度化”复选框，选择“◉线框”，“毛坯原点”为（0，0，34.5），毛坯的长、宽、高分别为85mm、85mm、35mm。

（7）在工作区下方的工具条中单击“WCS”，在弹出的菜单条中选“底视图（WCS（B））”命令，如图9-17所示。

（8）再在工作区上方的工具条中，单击“俯视图”按钮。此时，工件的底面朝上。以底视图为刀路平面，再按“等角视图”按钮，工件如图10-36所示。

（9）在主菜单中选取“刀路｜平面铣”命令，输入NC名称为G321-2-1。

（10）单击“确定”按钮，再单击“确定”按钮，在【2D刀路-平面铣削】对话框中选择“刀具”选项，在右边的空白处单击鼠标右键，在下拉菜单中选择“创建新刀具”命令。

（11）对刀具类型选择“平底刀”，刀齿直径为ϕ12mm，刀号为1，刀长补正为1，半径补正为1，进给速率为500mm/min，下刀速率为600 mm/min，提刀速率为1500 mm/min，主轴转速为1500r/min，其他参数选择系统默认值。

（12）在【2D刀路-平面铣削】对话框中选择“切削参数”选项，对“类型”选择“双向”，对“截断方向超出量”选择50%，“引导方向超出量”选择50%，“进刀引线长度”设为100%，“退刀引线长度”为0，“最大步进量”为80%，底面预留量为0。

（13）选择“Z分层切削”选项，取消“深度分层切削”复选框前面的“√”。

（14）选择“共同参数”选项，“安全高度”为5.0mm。选择“◉绝对坐标”，“参考高度”为5.0mm。选择“◉绝对坐标”，“下刀位置”为5.0mm。选择“◉绝对坐标”，“工件表面”为0.5mm。选择“◉绝对坐标”，“深度”为0，选择“◉绝对坐标”。

（15）单击“确定”按钮，生成平面铣精加工刀路，如图10-37所示。

（16）在【刀路】管理器中单击“切换”按钮，隐藏平面铣刀路。

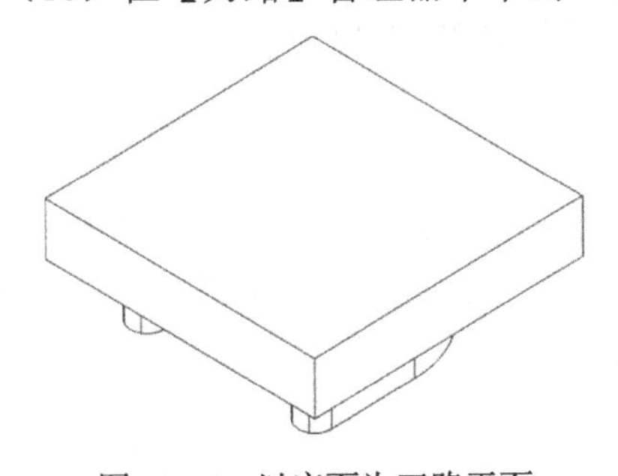

图10-36　以底面为刀路平面

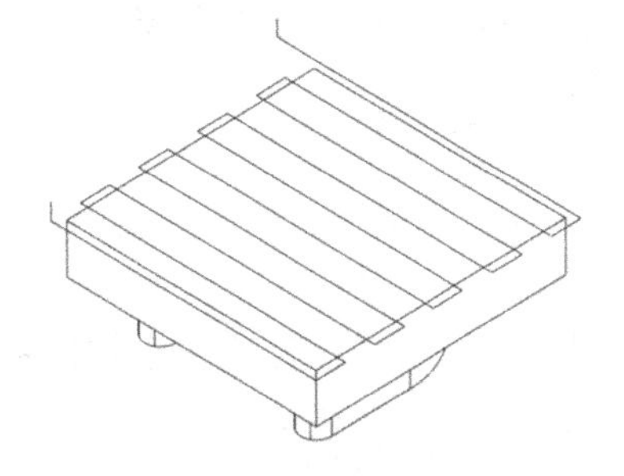

图10-37　平面铣精加工刀路

（17）在主菜单中选取“刀路｜外形”命令，在【串连选项】对话框中选“实体”按钮，选取实体上80mm×80mm的边线，方向为顺时针，如图10-38虚线所示。

（18）单击“确定”按钮，选择“切削参数”选项，对“补正方式”选择“电脑”，“补正方向”选择“左”，“壁边预留量”为0.3mm，“外形铣削方式”选择“2D”。

（19）选择“Z分层切削”选项，钩选“深度分层切削”复选框，“最大粗切步进量”

选 1.0mm，钩选“不提刀”复选框。

（20）选择“进/退刀设置”选项，在“进刀”区域中选择“◉相切”，进刀长度为5mm，圆弧半径为 1mm，单击按钮，使退刀参数与进刀参数相同。

（21）选择“共同参数”选项，“安全高度”为 5.0mm。选择“◉绝对坐标”，“参考高度”为 5.0mm。选择“◉绝对坐标”，“下刀位置”为 5.0mm。选择“◉绝对坐标”，“工件表面”为 0mm。选择“◉绝对坐标”，“深度”为-16mm。选择“◉绝对坐标”。

（22）单击“确定”按钮，生成外形铣粗加工刀路，如图 10-39 所示。

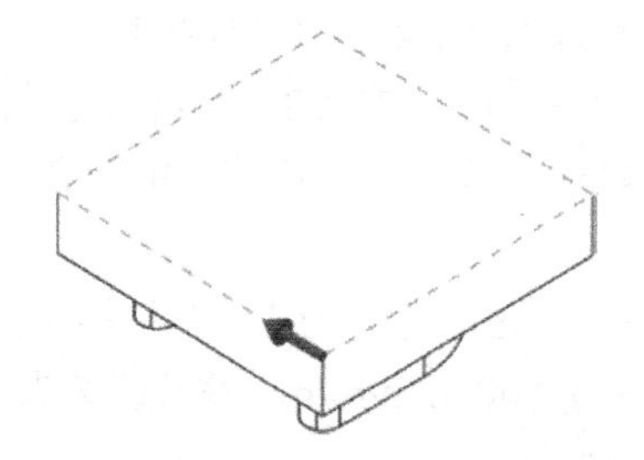

图 10-38 选 80mm×80mm 边线

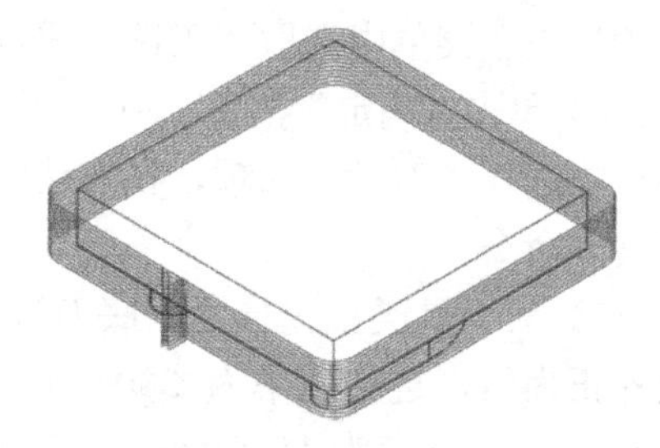

图 10-39 外形铣粗加工刀路

（26）在“刀路”管理器中复制“2-外形铣削”刀路，并粘贴到“刀路”管理器的最后。

（27）双击“3-外形铣削”刀路的“参数”，在【2D 刀路-外形铣削】对话框中选中“刀具”选项，将“进给率”改为 500mm/min，选中“切削参数”选项，将“壁边预留量”改为 0。选中“Z 分层切削”选项，取消已钩选的“深度分层切削”复选框。选择“进/退刀设置”选项，取消已钩选的“在封闭轮廓中点位置执行进/退刀”、“过切检查”、“进刀”、“退刀”复选框，钩选“调整轮廓起始（结束）位置”复选框，“长度”为 80%。选中“XY 分层切削”选项，钩选“XY 分层切削”复选框，粗切次数为 3，间距为 0.1mm，精修次数为 1，间距为 0.02mm，钩选“不提刀”复选框。

（28）单击“重建刀路”按钮，外形精加工刀路如图 10-40 所示。

8. G321-2 零件的第二次编程

（1）在工作区下方的工具条中单击“WCS”，在弹出的菜单条中选“俯视图（WCS（T））”命令，再在工作区上方的工具条中单击“俯视图”按钮，以俯视图为刀路平面，再按“等角视图”按钮，工件如图 10-41 所示。

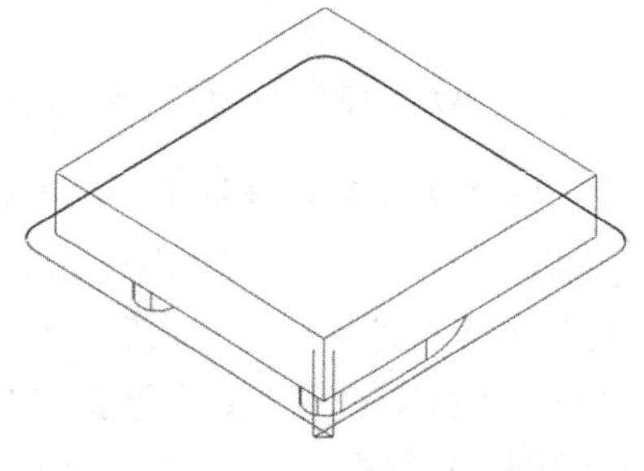

图 10-40 外形精加工刀路

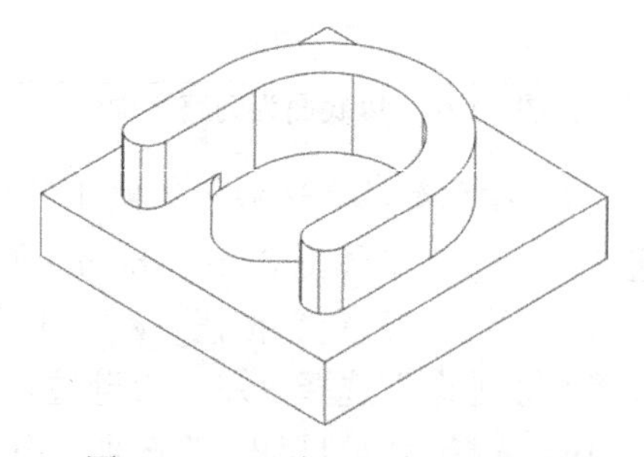

图 10-41 以俯视图为刀路平面

（2）在主菜单中选择“刀路｜平面铣”命令，单击“确定”按钮，在【2D 刀路-平面铣削】对话框中选择“刀具”选项，选ϕ12mm 平底刀，进给速度为 1000mm/min。

（3）在【2D 刀路-平面铣削】对话框中选择“切削参数”选项，对“类型”选择“双向”，对“截断方向超出量”选择 50%，“引导方向超出量”选择 50%，“进刀引线长度”设为 100%，“退刀引线长度”为 0，“最大步进量”为 80%，底面预留量为 0.2mm。

（4）选择“Z 分层切削”选项，钩选“深度分层切削”复选框，“最大粗切步进量”为 1.0mm。

（5）选择“共同参数”选项，“安全高度”为 40.0mm。选择“◉绝对坐标”，“参考高度”为 40.0mm。选择“◉绝对坐标”，“下刀位置”为 40.0mm。选择“◉绝对坐标”，“工件表面”为 34.5mm。选择“◉绝对坐标”，“深度”为 30.0mm。选择“◉绝对坐标”。

（6）单击“确定”按钮，生成平面铣粗加工刀路，如图 10-42 所示。

（7）在“刀路”管理器中选中“4-平面铣”，单击鼠标右键，选择“编辑已经选择的操作｜更改 NC 文件名”命令，将 NC 文件名更改为 G321-2-2，如图 10-43 所示。

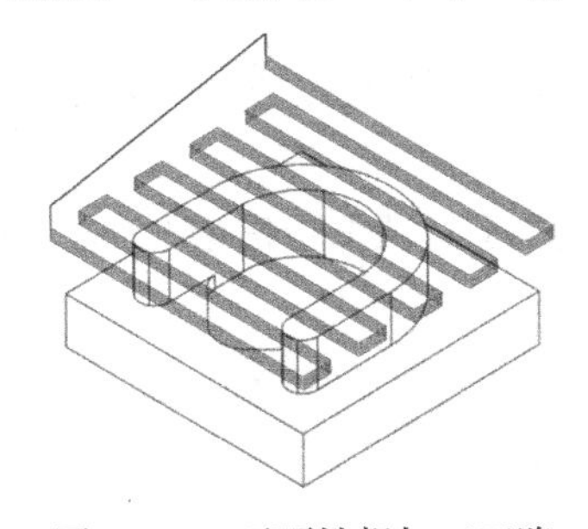

图 10-42　平面铣粗加工刀路

4 - 平面铣 - [WCS: 俯视图] - [刀具面: 俯视
参数
#1 - M12.00 平底刀 - 12 平底刀
图形 - 工作设定的毛坯边界
刀路 - 29.3K - G321-2-2.NC - 程序号码

图 10-43　NC 文件名更改为 G321-2-2

（8）在主菜单中选取“刀路｜2D 挖槽”，在【串连选项】对话框中选“实体”按钮，选取 80mm×80mm 矩形边线和凸起的边线，如图 10-44 所示。

（9）单击“确定”按钮，在【2D 刀路-2D 挖槽】对话框中选中“刀具”选项，选ϕ12mm 平底刀，进给速度为 1000mm/min。

（10）选择“切削参数”选项，对“加工方向”选择“◉顺铣”，“挖槽加工方式”选择“平面铣”，“重叠量”为 80%，“进刀引线长度”为 10mm，“壁边预留量”为 0.3mm，“底面预留量”为 0.2mm，如图 6-23 所示。

（11）选择“粗切”选项，钩选“粗切”复选框，切削方式选“双向”，“切削间距”为 80%，粗切角度为 0°，如图 6-24 所示。

（12）选择“进刀”选项，选“◉关”。

（13）选择“精修”选项，钩选“精修”复选框，精修次数为 1，间距为 1mm，取消“精修外边界”复选框前面的“√”，如图 6-25 所示。

（14）选择“进/退刀设置”选项，在“进刀”区域中选“◉相切”，进刀长度为 3mm，圆弧半径为 1mm，单击按钮，使退刀参数与进刀参数相同，如图 6-26 所示。

（15）选“Z 分层切削”选项，钩选“深度分层切削”复选框，最大粗切步进量为

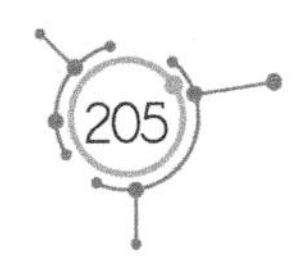

1mm，取消已钩选的“不提刀”复选框。

（16）选择“共同参数”选项，“安全高度”为 35.0mm。选择“◉绝对坐标”，“参考高度”为 35.0mm。选择“◉绝对坐标”，“下刀位置”为 35.0mm。选择“◉绝对坐标”，“工件表面”为 30.0mm。选择“◉绝对坐标”，“深度”为 15.0mm。选择“◉绝对坐标”。

（17）单击“确定”按钮✔，生成挖槽粗加工刀路，如图 10-21 所示。

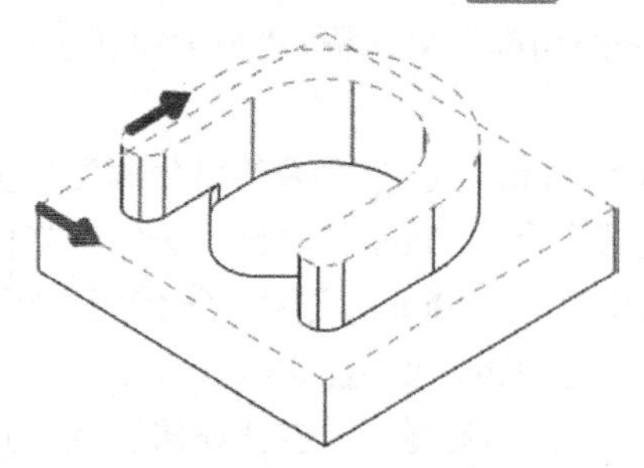
图 10-44　选矩形边线和圆周

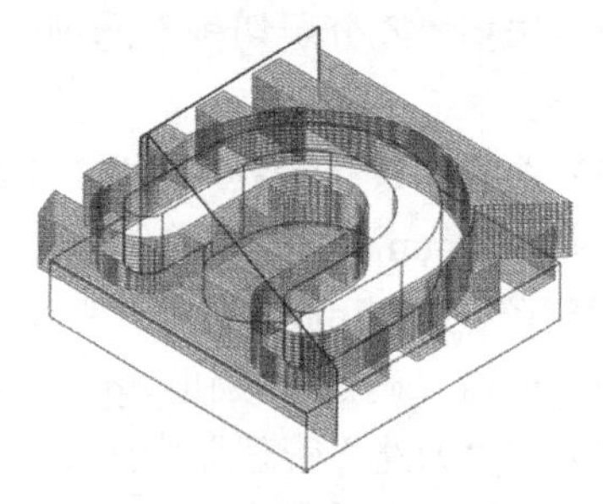
图 10-45　挖槽粗加工刀路

（18）在主菜单中选择“刀路 | 2D 挖槽”，在【串连选项】对话框中选择“实体”按钮，选取凹坑的边线，如图 10-46 所示。

（19）单击“确定”按钮✔，在【2D 刀路-2D 挖槽】对话框中选中“刀具”选项，选择ϕ12mm 平底刀，进给速度为 1000mm/min。

（20）选择“切削参数”选项，“加工方向”选“◉顺铣”，“挖槽加工方式”选“标准”，“壁边预留量”为 0.3mm，“底面预留量”为 0.2mm。

（21）选择“粗切”选项，钩选“粗切”复选框，切削方式选“平行环切”，“切削间距”为 80%，钩选“由内而外环切”复选框。

（22）选择“进刀”选项，选“◉螺旋”，最小半径 10mm，最大半径为 15mm，Z 间距为 0.5mm，进刀角度为 0.5°。

（23）选择“精修”选项，取消“精修”复选框前面的“√”。

（24）选择“Z 分层切削”选项，钩选“深度分层切削”复选框，最大粗切步进量为 0.5mm，取消已钩选的“不提刀”复选框。

（25）选择“共同参数”选项，“安全高度”为 35.0mm。选择“◉绝对坐标”，“参考高度”为 35.0mm。选择“◉绝对坐标”，“下刀位置”为 1.0mm，选择“◉增量坐标”（选择“◉增量坐标”可以减少螺旋进刀的圈数），“工件表面”为 15.0mm，选“◉绝对坐标”，“深度”为 11.0mm，选择“◉绝对坐标”。

（26）单击“确定”按钮✔，生成挖槽粗加工刀路，如图 10-47 所示。

（27）在主菜单中选择“刀路 | 外形”命令，在【串连选项】对话框中选择“实体”按钮和“局部串连”按钮。在零件图上选取凸起的边线（起点），再选择“选择参考面”对话框的“确定”按钮✔。最好选取凸起的边线（终点），箭头方向为顺时针方向，如图 10-48 所示，单击“确定”按钮✔。

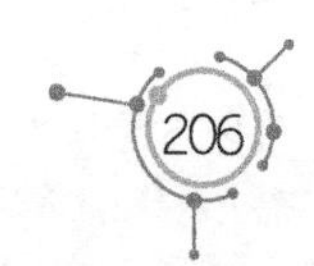

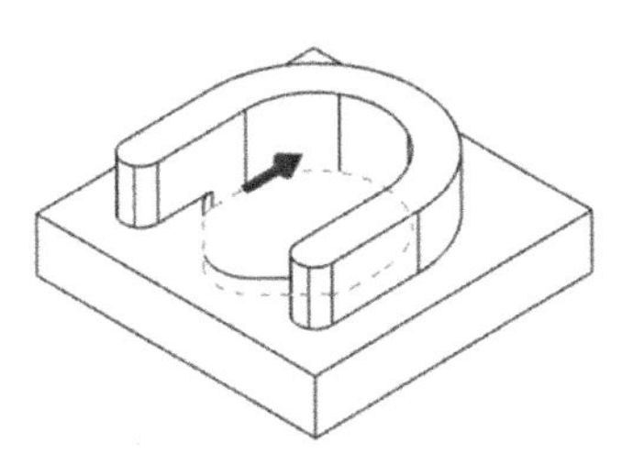

图 10-46　选取凹坑的边线

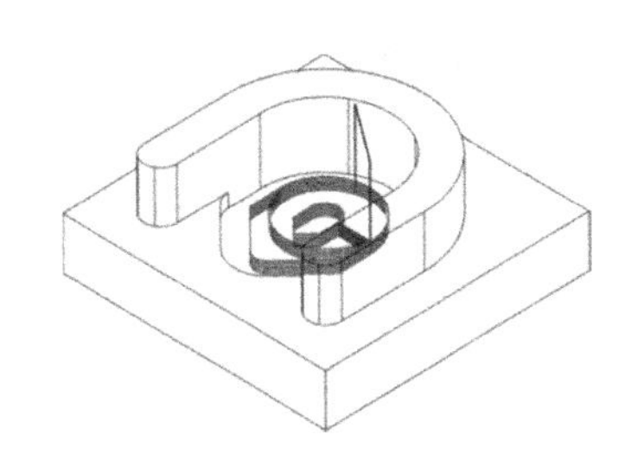

图 10-47　挖槽粗加工刀路

（28）在【2D 刀路-外形铣削】对话框中选择“刀具”选项，选择ϕ12mm 平底刀，进给速率为 500mm/min。

（29）选择“切削参数”选项，对“补正方式”选择“电脑”，对“补正方向”选择“左”，“壁边预留量”为-1.0mm，对“外形铣削方式”选择“2D”。

（30）选择“Z 分层切削”选项，取消“深度分层切削”复选框前面的“ √”。

（31）选择“进/退刀设置”选项，取消“在封闭轮廓中点位置执行进/退刀”、“进刀”、“退刀”复选框前面的“ √”，钩选“调整轮廓起始（终止）位置”复选框，长度为 15mm，选择“◉延伸”。

（32）选择“共同参数”选项，“安全高度”为 35.0mm。选择“◉绝对坐标”，“参考高度”为 35.0mm。选择“◉绝对坐标”，“下刀位置”为 35.0mm。选择“◉绝对坐标”，“工件表面”为 35mm。选择“◉绝对坐标”，“深度”为 30mm。选择“◉绝对坐标”。

（33）单击“确定”按钮，生成外形铣精加工刀路，如图 10-49 所示。

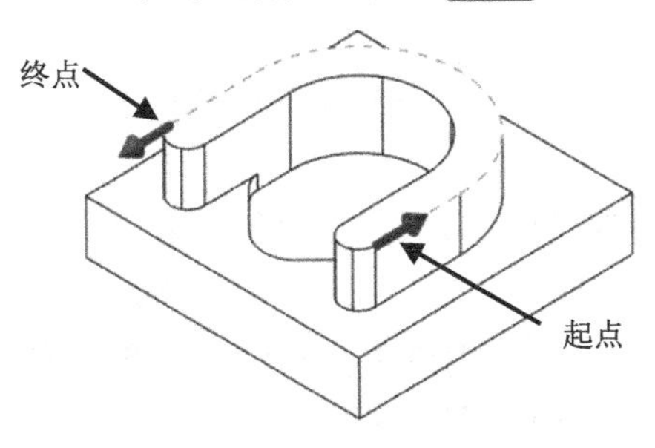

图 10-48　选外形边线

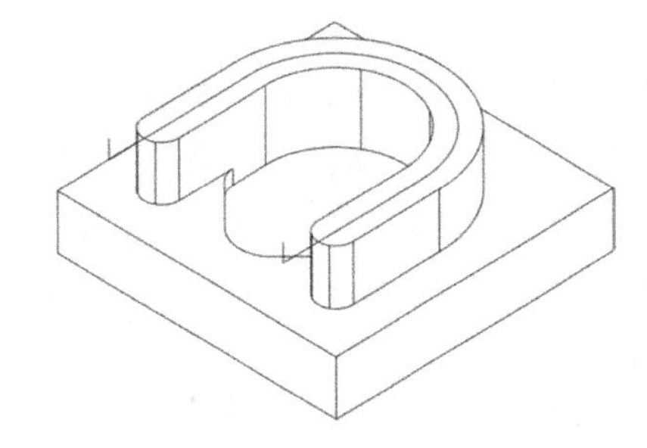

图 10-49　外形铣精加工刀路

（34）在“刀路”管理器中复制“5-2D 挖槽”，并粘贴到“刀路”管理器的最后。

（35）单击“8-2D 挖槽”刀路的参数，选中“刀具”参数，“进给速率”改为 500mm/min。选“切削参数”选项，“底面预留量”改为 0。选“精修”选项，取消“精修”复选框前面的“ √”。选择“Z 分层切削”选项，取消“深度分层切削”复选框前面的“ √”。

（36）单击“重建刀路”按钮，精加工台阶平面刀路如图 10-50 所示。

（37）在“刀路”管理器中复制“6-2D 挖槽”，并粘贴到“刀路”管理器最后。

（38）单击“9-2D 挖槽”刀路的参数，选中“刀具”参数，将“进给速率”改为 500mm/min。选择“切削参数”选项，“底面预留量”改为 0。选“精修”选项，取消“精修”复选框前面的“ √”。选择“Z 分层切削”选项，取消“深度分层切削”复选框前面的“ √”。

（39）单击“重建刀路”按钮，精加工坑底面刀路如图 10-51 所示。

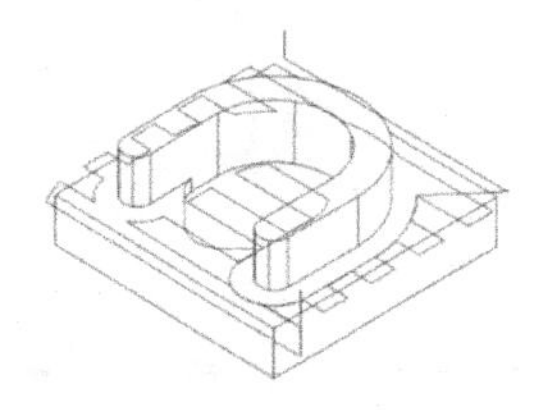

图 10-50　精加工台阶平面工刀路

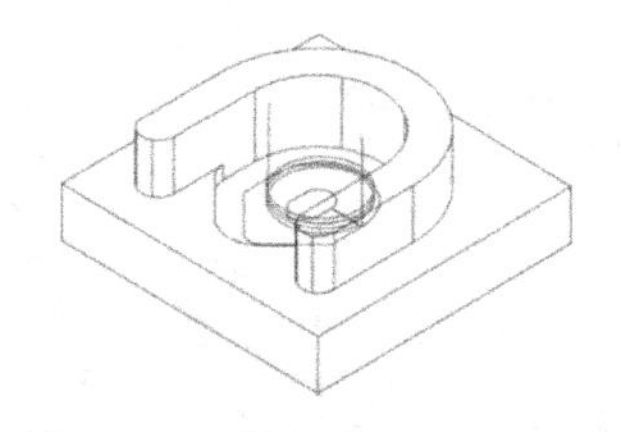

图 10-51　精加工坑底面刀路

（40）在主菜单中选择“刀路 | 外形”命令，在【串连选项】对话框中选“实体”按钮和“局部串连”按钮，在零件图上选取凸起的边线（起点），再选“选择参考面”对话框的“确定”按钮，最后选取凸起的边线（终点），箭头方向为顺时针方向，如图 10-52 虚线所示，单击“确定”按钮。

（41）在【2D 刀路-外形铣削】对话框中选择“刀具”选项，选择ϕ12mm 平底刀，进给速率为 500mm/min。

（42）选择“切削参数”选项，“补正方式”选“电脑”，对“补正方向”选择“左”，“壁边预留量”、“底面预留量”为 0，对“外形铣削方式”选择“2D”。

（43）选择“Z 分层切削”选项，取消“深度分层切削”复选框前面的“√”。

（44）选择“进/退刀设置”选项，取消“在封闭轮廓中点位置执行进/退刀”复选框前面的“√”，钩选“进刀”、“退刀”复选框，选择“◉相切”，“长度”设为 5mm，“半径”为 1mm，“扫描角度”为 90°。钩选“调整轮廓起始（终止）位置”复选框，长度为 2mm。

（45）选择“XY 分层切削”选项，钩选“XY 分层切削”复选框，“粗切”次数为 3，间距为 0.1mm，钩选“不提刀”复选框。

（46）选择“共同参数”选项，“安全高度”为 35.0mm。选择“◉绝对坐标”，“参考高度”为 35.0mm。选择“◉绝对坐标”，“下刀位置”为 35.0mm。选择“◉绝对坐标”，“工件表面”为 35.0mm，选“◉绝对坐标”，“深度”为 30.0mm。选择“◉绝对坐标”。

（47）单击“确定”按钮，生成外形铣精加工刀路，如图 10-53 所示。

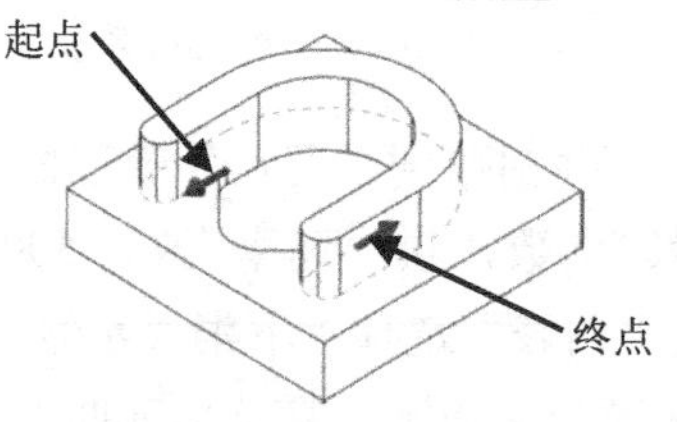

图 10-52　选外形边线

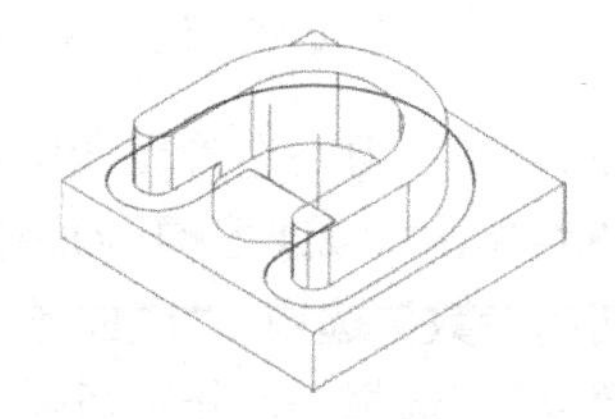

图 10-53　外形铣精加工刀路

（48）在主菜单中选取“刀路 | 外形”命令，在【串连选项】对话框中选“实体”按钮和“串连”按钮，在零件图上选取凹坑的边线（起点），再选“选择参考面”对话框的“确定”按钮，箭头方向为逆时针方向，如图 10-54 虚线所示，单击“确定”按钮。

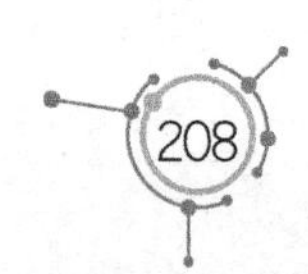

（49）在【2D 刀路-外形铣削】对话框中选择“刀具”选项，选择ϕ12mm 平底刀，进给速率为 500mm/min。

（50）选择“切削参数”选项，对“补正方式”选择“电脑”，对“补正方向”选择“左”，“壁边预留量”、“底面预留量”为 0，对“外形铣削方式”选择“2D”。

（51）选择“Z 分层切削”选项，取消“深度分层切削”复选框前面的“ √ ”。

（52）选择“进/退刀设置”选项，钩选“进刀”、“退刀”复选框，选择“◉相切”，将“长度”为 5mm，“半径”设为 1mm，“扫描”角度为 90°，取消“调整轮廓起始（终止）位置”复选框前面的“ √ ”。

（53）选择“XY 分层切削”选项，钩选“XY 分层切削”复选框，“粗切”次数为 3，间距为 0.1mm，钩选“不提刀”复选框。

（54）选择“共同参数”选项，“安全高度”设为 35.0mm。选择“◉绝对坐标”，“参考高度”为 35.0mm。选择“◉绝对坐标”，“下刀位置”为 35.0mm。选择“◉绝对坐标”，“工件表面”为 35.0mm。选择“◉绝对坐标”，“深度”为 11.0mm。选择“◉绝对坐标”。

（55）单击“确定”按钮 ✔，生成外形铣精加工刀路，如图 10-55 所示。

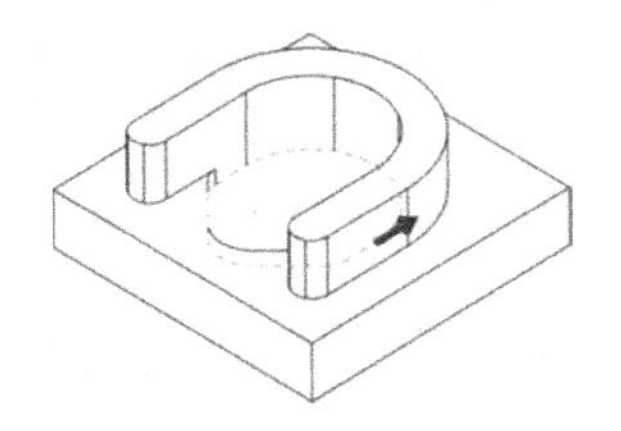
图 10-54　选凹坑的边线

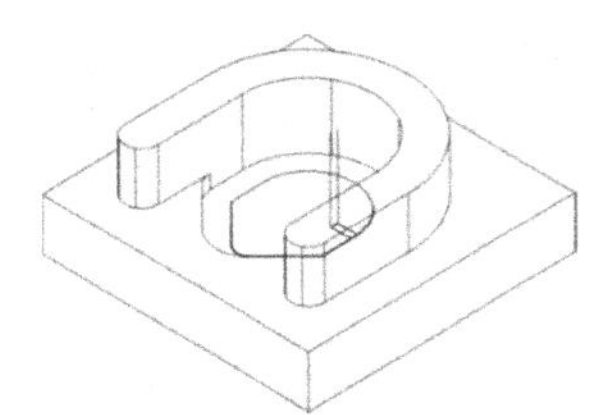
图 10-55　凹坑外形铣精加工刀路

9. G321-1 零件的第一次装夹

（1）零件的实体厚度是 15mm，而毛坯材料的厚度是 20mm，毛坯材料厚度比工件高 5mm。根据零件的加工要求，第一次装夹时，加工表面 1mm，第二次装夹时，加工零件表面 4mm。

（2）第一次用虎钳装夹时，工件上表面要超出虎钳至少 12mm。也就是说，工件装夹的厚度不得超过 8mm。

（3）工件对刀时，采用四边分中的方法来确定工件坐标系，即工件上表面的中心为工件坐标系的原点（0，0），参考实例 1 中的图 1-66。

（4）Z 方向对刀时，可以用手工方式将工件上表面铣低 1mm 后，再将该表面设为 Z0。或者先把刀尖刚好接触工件的上表面，再稍微提升刀具，把刀具移至空挡处，然后降低 1mm，设为 Z0，在数控编程时已经编好加工表面的程序，直接开启程序，即可用编制好的数控程序将工件表面铣削加工 1mm。

（5）工件第一次装夹的加工程序单见表 10-1。

表 10-1　G321-1 零件第一次装夹加工程序单

序号	程序名	刀具	加工深度
1	G321-1-1	ϕ12mm 平底刀	12mm

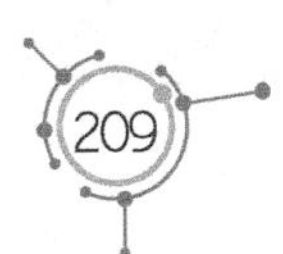

10. G321-1 零件的第二次装夹

（1）第二次用虎钳装夹时，工件上表面超出虎钳至少 9mm，即工件装夹厚度不得超过 10mm。

（2）工件下表面的中心为坐标系原点（0，0，0）。

（3）工件第二次装夹的加工程序单见表 10-2。

表 10-2　G321-1 零件第二次装夹加工程序单

序号	程序名	刀具	加工深度
1	G321-1-2	ϕ12mm 平底刀	4mm
2	G321-1-3	ϕ8mm 平底刀	16mm

11. G321-2 零件的第一次装夹

（1）零件的实体厚度是 30mm，而毛坯材料的厚度是 35mm，毛坯材料厚度比工件高 5mm。根据零件的加工要求，第一次装夹时，铣削加工毛坯表面的厚度 1mm，第二次装夹时，铣削加工零件表面的厚度 4mm。

（2）第一次用虎钳装夹时，工件毛坯上表面要超出虎钳至少 16mm。也就是说，工件装夹的厚度不得超过 19mm。

（3）工件对刀时，采用四边分中的方法来确定工件坐标系，即工件上表面的中心为工件坐标系的原点（0，0），参考实例 1 中的图 1-66。

（4）Z 方向对刀时，可以用手工方式将工件上表面铣低 1mm 后，再将该表面设为 Z0。或者先把刀尖刚好接触工件的上表面，再稍微提升刀具，把刀具移至空挡处，然后降低 1mm，设为 Z0，在数控编程时已经编好加工表面的程序，直接开启程序，即可用编制好的数控程序将工件表面铣削加工 1mm。

（5）工件第一次装夹的加工程序单见表 10-3。

表 10-3　G321-2 零件第一次装夹加工程序单

序号	程序名	刀具	加工深度
1	G321-2-1	ϕ12mm 平底刀	16mm

12. G321-2 零件的第二次装夹

（1）第二次用虎钳装夹时，工件毛坯上表面超出虎钳至少 19mm，工件装夹厚度不得超过 15mm。

（2）工件下表面的中心为坐标系原点（0，0，0）。

（3）工件第二次装夹的加工程序单见表 10-4。

表 10-4　G321-2 零件第二次装夹加工程序单

序号	程序名	刀具	加工深度
1	G321-2-2	ϕ12mm 平底刀	19mm

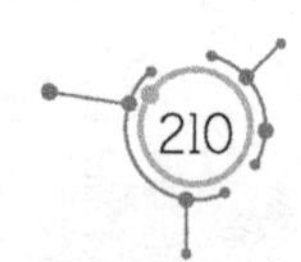

第3单元　曲面加工实例

实例11　水晶眼——重点讲述旋转曲面

本节以一个简单的实例，详细介绍Mastercam 曲面建模的基本步骤，以及刀路编程的基本过程，水晶眼的尺寸如图11-1所示。

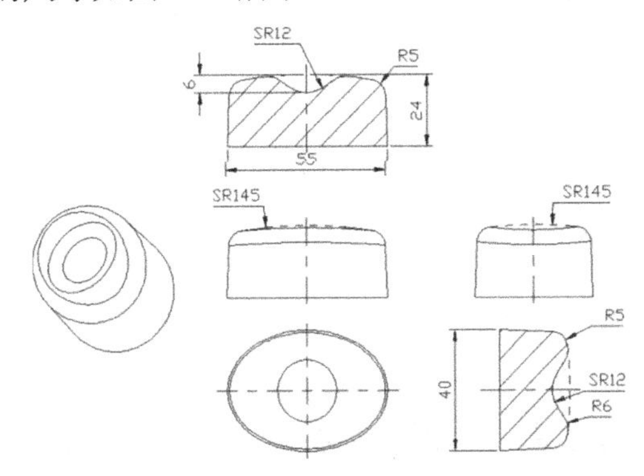

图11-1　水晶眼尺寸

1. 建模过程

（1）在工作区下方的工具条中对“绘图模式”选择“3D”。

（2）在主菜单中选取“绘图｜椭圆”命令，在坐标输入框中输入椭圆中心点的坐标（0，0，0），按Enter键，在【椭圆】对话框中输入椭圆的长半轴27.5mm、短半轴20mm，如图11-2所示。

（3）按Enter键，创建一个椭圆，如图11-3所示。

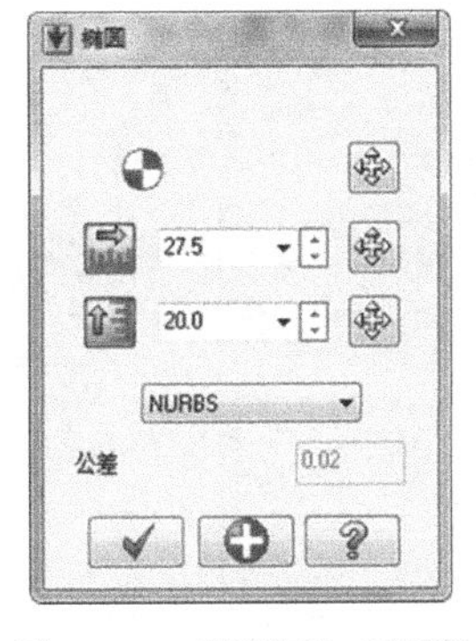

图11-2　【椭圆】对话框

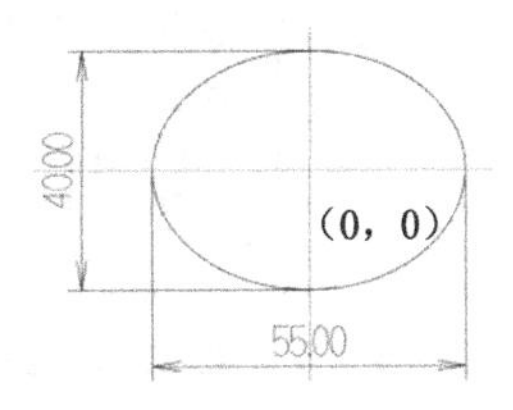

图11-3　创建椭圆

（4）在主菜单中选择“绘图｜曲面｜牵引曲面”命令，在绘图区中选取椭圆，单击【串连选项】对话框中的“确定”按钮✔。

（5）在【牵引曲面】对话框中选择“◉长度”，距离为25mm，角度为2°，如图11-4所示。

（6）单击“确定”按钮✔，创建牵引曲面，如图11-5所示。

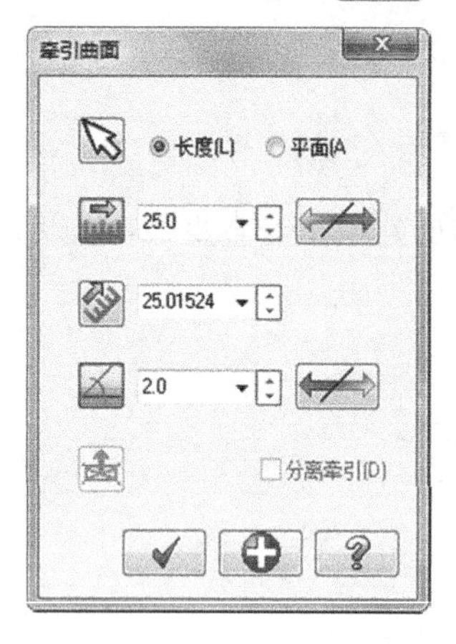

图11-4 【牵引曲面】对话框

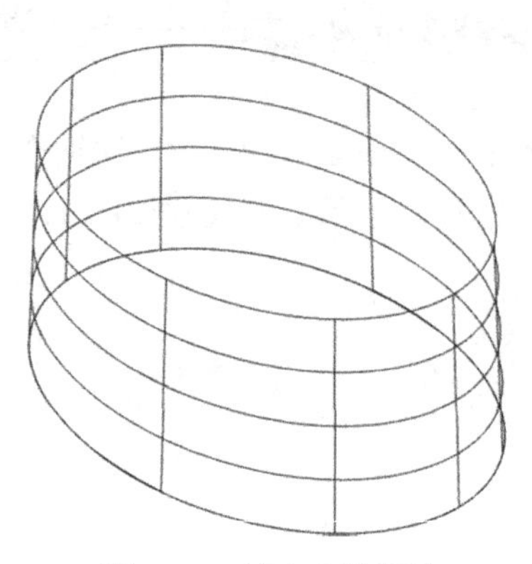

图11-5 创建牵引曲面

（7）单击“前视图”按钮，将视图切换成前视图。

（8）在工作区下方的工具条中单击“层别”二字，在【层别管理】对话框中设定第2层为工作图层，并取消第1层的“×”，如图11-6所示（这样做的目的是保持桌面整洁）。

（9）在主菜单中选取“绘图｜绘线｜任意线”命令，输入直线起点坐标（0，24，0），按Enter键，输入直线终点坐标（0，0，0），绘制一条直线，如图11-7所示。

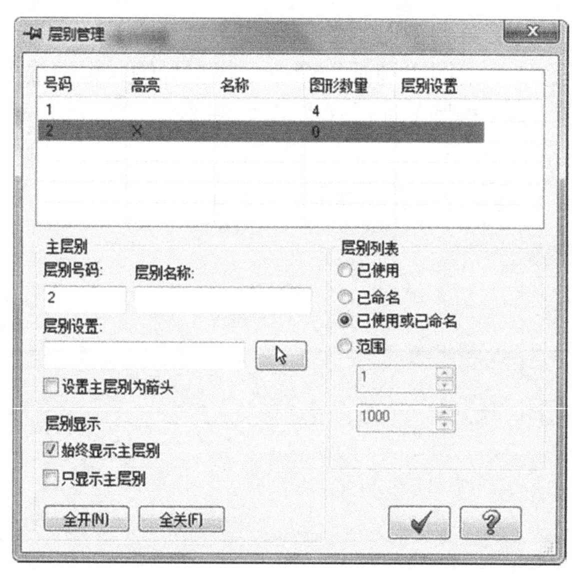

图11-6 【层别管理】对话框

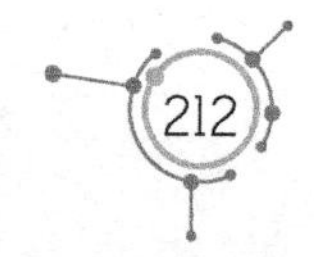

（10）在主菜单中选取“绘图｜绘弧｜极坐标绘弧”命令，在坐标输入框中输入圆心点的坐标（0，-121，0），按 Enter 键。

（11）在工具条中输入直径ϕ290mm，起始角度为 90°，终止角度为 70°，如图 11-8 所示。

图 11-7　绘制一条直线　　　　图 11-8　工具条

（12）单击“确定”按钮，绘制一条圆弧，如图 11-9 所示。

（13）在主菜单中选取“绘图｜曲面｜旋转曲面”命令，在【串连选项】对话框中选“单体”按钮，在工作区中选取图 11-9 所创建的圆弧，按 Enter 键，选图 11-7 所创建的直线为旋转轴，在工具条中输入旋转角度 360°。

（14）按 Enter 键，创建一个旋转曲面，如图 11-10 所示。

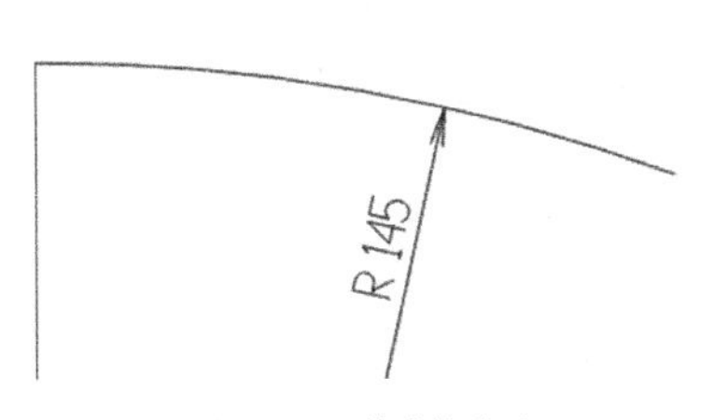

图 11-9　绘制圆弧

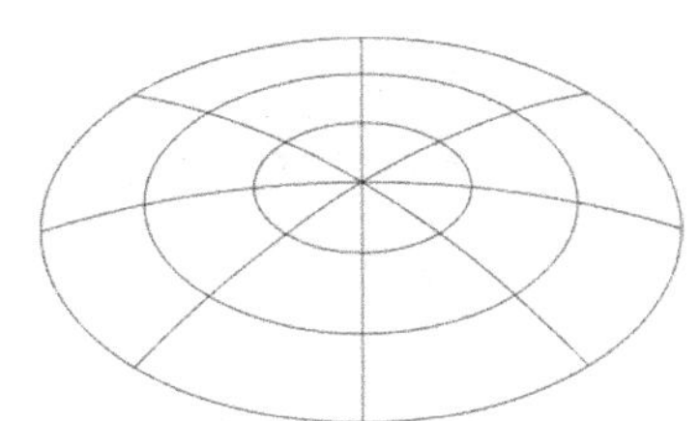

图 11-10　创建旋转曲面

（15）在工作区下方的工具条中单击“层别”二字，在【层别管理】对话框中显示第 1 层的“×”，工作区中显示第 1 层的图素。

（16）在主菜单中选取“分析｜动态分析”命令，选中旋转曲面，显示曲面法向的箭头，在【动态分析】对话框中单击“相反向量”按钮，使箭头方向朝下，如图 11-11 所示。

（17）选中牵引曲面，显示曲面法向的箭头，在【动态分析】对话框中单击“相反向量”按钮，使箭头方向朝内，如图 11-12 所示。

注意：两曲面倒角圆时所创建的圆角曲面在两曲面法向箭头的交点象限。

（18）在主菜单中选取“绘图｜曲面｜曲面倒圆角｜曲面与曲面”命令，选取旋转曲面，按 Enter 键，再选取牵引曲面，按 Enter 键。

（19）在【曲面与曲面倒圆角】对话框中输入 5.0（mm），钩选“修剪”复选框，如图 11-13 所示。

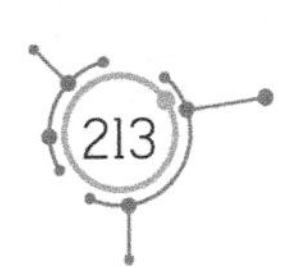

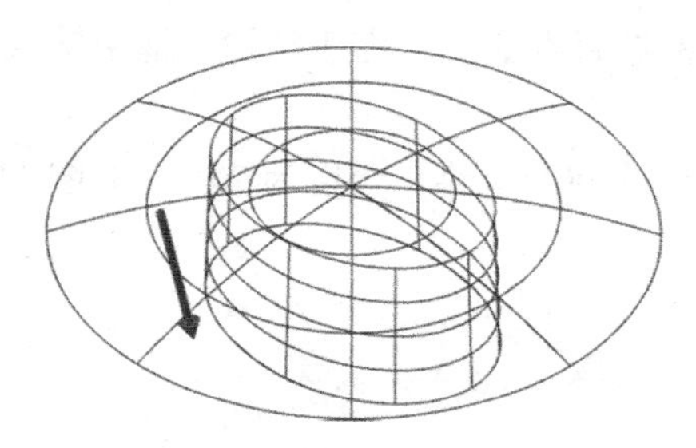

图 11-11　旋转曲面法向箭头朝下

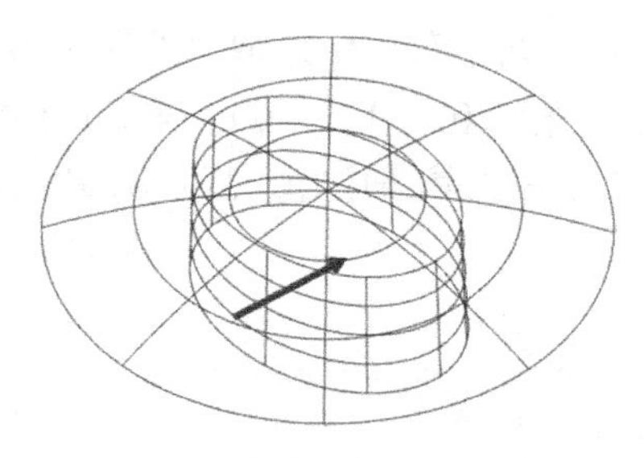

图 11-12　牵引曲面法向箭头朝内

（20）单击“确定”按钮，创建倒圆角曲面，两个曲面同时也被修剪，如图 11-14 所示。

图 11-13　【曲面与曲面倒圆角】对话框

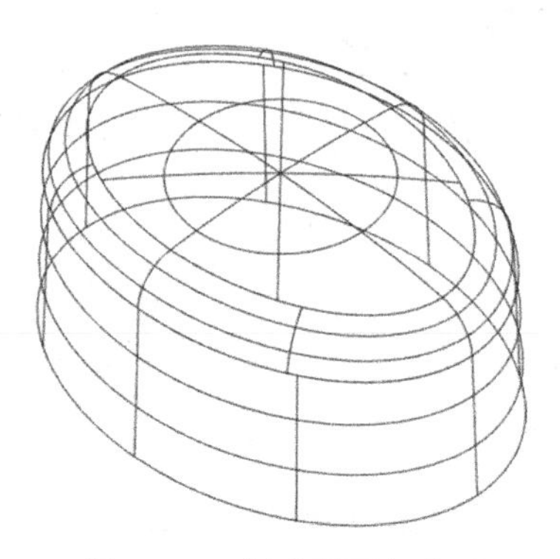

图 11-14　创建倒圆角曲面

（21）在工作区下方的工具条中单击“层别”二字，在【层别管理】对话框中设定第 3 层为工作图层，并取消第 1 层、第 2 层的“×”，这样做的目的是保持桌面整洁。

（22）单击“前视图”按钮，将视图切换成前视图。

（23）在主菜单中选取“绘图 | 绘线 | 任意线”命令，输入直线起点坐标（0，30，0），按 Enter 键，输入终点坐标（0，18，0），绘制一条直线，如图 11-15 直线所示。

（24）在主菜单中选取“绘图 | 绘弧 | 两点画弧”命令，输入圆弧起点坐标（0，18，0），单击 Enter 键，输入终点坐标（12，30，0），输入圆弧半径 R12，按 Enter 键，绘制一段圆弧，如图 11-15 圆弧所示。

（25）在主菜单中选取“绘图 | 曲面 | 旋转曲面”命令，在【串连选项】对话框中选“单体”按钮，在工作区中选取图 11-15 所创建的圆弧，按 Enter 键，选择图 11-15 所创建的直线为旋转轴，在工具条中输入旋转角度 360°。

（26）按 Enter 键，创建一个旋转曲面，如图 11-16 所示。

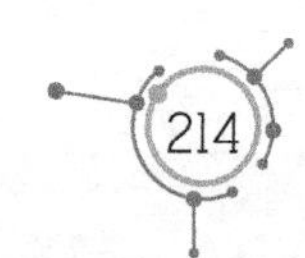

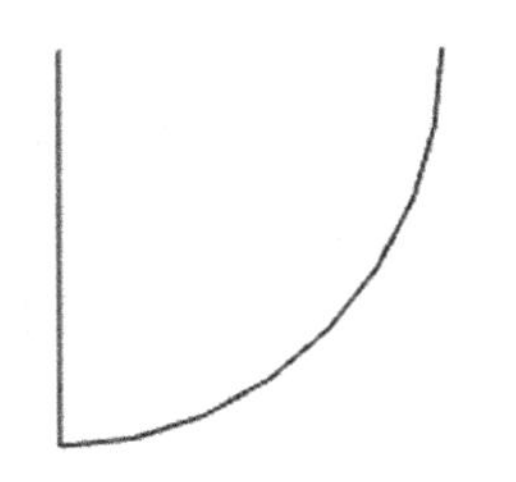

图 11-15　绘制直线与圆弧

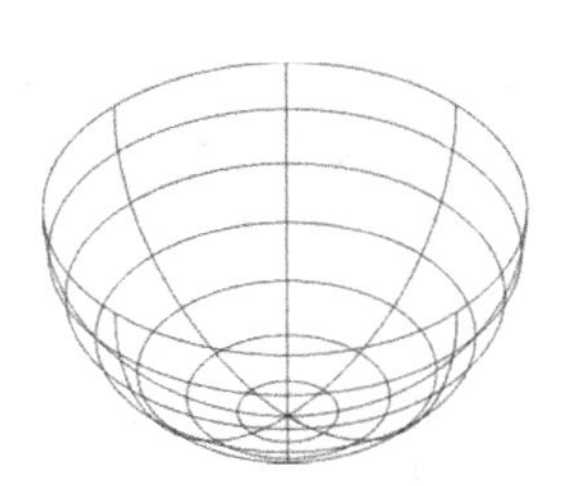

图 11-16　创建旋转曲面

（27）在工作区下方工具条中“层别”文本框中输入“1”，设定第 1 层为工作图层。

（28）在工作区下方的工具条中单击“层别”二字，在【层别管理】对话框中显示第 2 层的“×”，工作区中显示第 1 层、第 2 层、第 3 层的图素。

（29）把鼠标放在工作区下方工具条中的“层别”二字上，单击鼠标右键，在工作区上方的工具条中选取“全部”按钮，在【选择所有-单一选择】对话框中选中“曲面”，如图 11-17 所示。

（30）按 Enter 键，在【更改图层】对话框中选择“◉移动”，钩选“使用主层别”复选框，如图 11-18 所示。

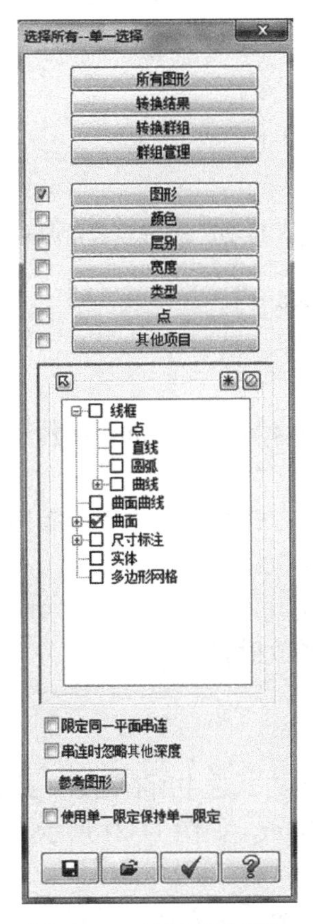

图 11-17　选择“曲面”

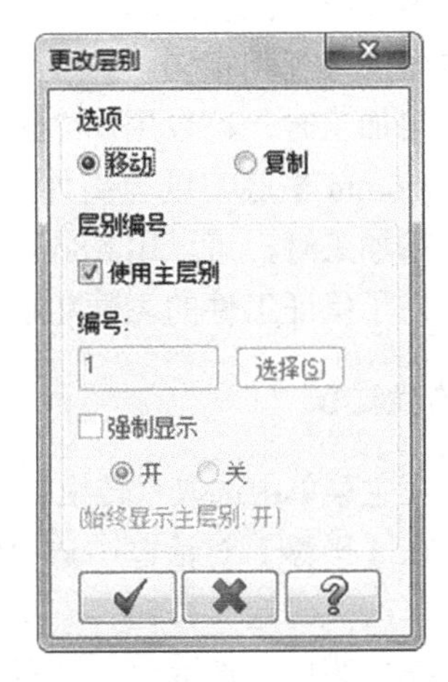

图 11-18　【更改图层】对话框

（31）单击“确定”按钮，所有的曲面移到第 1 层。

（32）在工作区下方的工具条中单击“层别”二字，在【层别管理】对话框中隐藏第 2 层、第 3 层的“×”，在工作区中只显示第 1 层的图素，隐藏第 2 层、第 3 层的图素。

（33）在主菜单中选取“分析 | 动态分析”命令，选中图 11-16 创建的旋转曲面，显示曲面法向的箭头。在【动态分析】对话框中单击“相反向量”按钮，使法向箭头方向朝外，如图 11-19 所示。

（34）在主菜单中选取“绘图 | 曲面 | 曲面倒圆角 | 曲面与曲面”命令，选取图 11-16 创建的旋转曲面，按 Enter 键。再选取如图 11-10 所创建的旋转曲面，按 Enter 键。

（35）在【曲面与曲面倒圆角】对话框中输入 R6mm，钩选“修剪”复选框。

（36）单击“确定”按钮，创建倒圆角曲面，两个旋转曲面同时也被修剪，如图 11-20 所示。

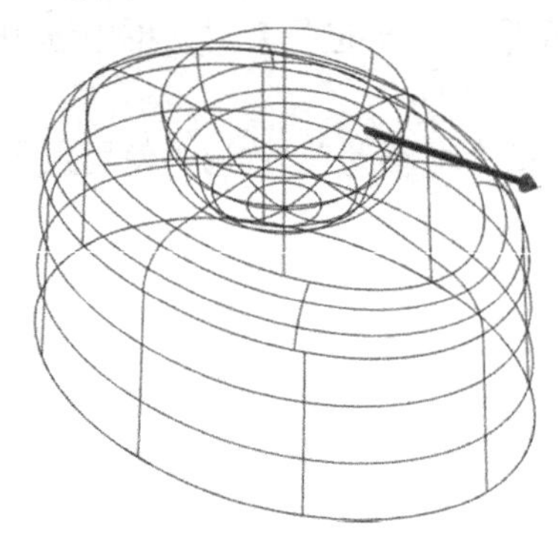

图 11-19　法向箭头方向朝外

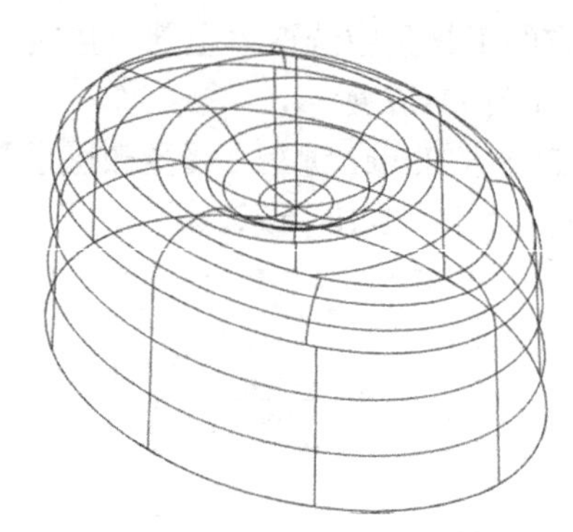

图 11-20　创建倒圆角曲面

（37）单击“保存”按钮，文件名为“水晶眼.mcx-9”。

2. 加工工艺分析

（1）零件结构比较简单，零件的最大尺寸是 55mm×40mm×24mm，零件较小，零件表面的曲面都是互相相切。

（2）粗加工时，可以用ϕ12mm 平底刀以等高外形方式进行粗加工，零件中间的凹坑可以用ϕ6mm 平底刀以等高外形方式进行粗加工。

（3）精加工时，可以用ϕ8mm 或ϕ6mm 的球刀加工。

（4）为了保证工件的表面粗糙度，精加工刀路选择放射状加工。

3. 编程过程

（1）在主菜单中选取“转换 | 平移”命令，用框选的方式选中所有图素，按 Enter 键。

（2）在【平移】对话框中选“◉移动”，ΔZ 为−24mm，如图 11-21 所示。

（3）单击“确定”按钮，所选中的图素往-Z 方向移动 24mm。

（4）在主菜单中选取“机床类型 | 铣床 | 默认”命令，进入加工模式。

（5）在“刀路”管理器中展开“+属性”，再单击“毛坯设置”命令。

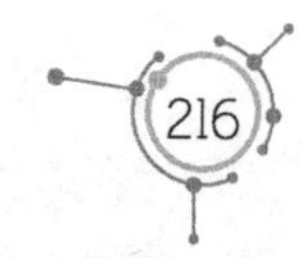

（6）在【机床群组属性】对话框“毛坯设置”选项卡中，对“毛坯平面”选择“俯视图”，对“形状”选择“◉立方体”，钩选“显示”、“适度化”复选框，选择“◉线框”，“毛坯原点”为（0，0，0），毛坯的长、宽、高分别为 60mm、45mm、25mm。

（1）在主菜单中选取“刀路 | 平面铣”命令，输入 NC 名称为 A1。

（2）单击“确定”按钮✓，再单击“确定”按钮✓，在【2D 刀路-平面铣削】对话框中选择“刀具”选项，在右边的空白处单击鼠标右键，在下拉菜单中选“创建新刀具”命令。

（3）刀具类型选择“平底刀”，刀齿直径为ϕ12mm，刀号为 1，刀长补正为 1，半径补正为 1，进给速率为 1000mm/min，下刀速率为 600 mm/min，提刀速率为 1500 mm/min，主轴转速为 1500r/min，其他参数选择系统默认值。

（4）在【2D 刀路-平面铣削】对话框中选择“切削参数”选项，对“类型”选择“双向”，对“截断方向超出量”选择 50%，对“引导方向超出量”选择 50%，“进刀引线长度”设为 100%，“退刀引线长度”为 0，“最大步进量”为 80%，底面预留量为 0。

（5）选择“Z 分层切削”选项，取消“深度分层切削”复选框前面的“ √ ”。

（6）选择“共同参数”选项，“安全高度”为 5.0mm。选择“◉绝对坐标”，“参考高度”为 5.0mm。选择“◉绝对坐标”，“下刀位置”为 5.0mm。选择“◉绝对坐标”，“工件表面”为 0.5mm。选择“◉绝对坐标”，“深度”为 0。选择“◉绝对坐标”。

（7）单击“确定”按钮✓，生成平面铣加工刀路，如图 11-22 所示。

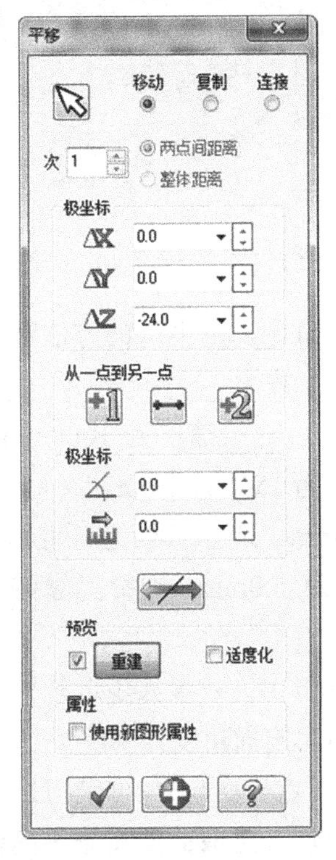

图 11-21　【平移】对话框

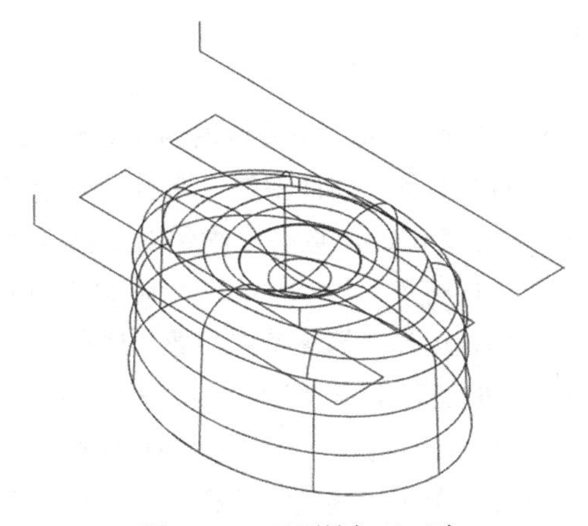

图 11-22　平面铣加工刀路

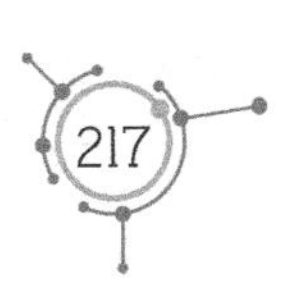

（8）在【刀路】管理器中单击“切换”按钮≋，隐藏平面铣刀路。

（9）在主菜单中选取“刀路｜外形”命令，选取椭圆的边线，方向为顺时针方向，如图 11-23 虚线所示。

（10）单击“确定”按钮✔，选择“切削参数”选项，对“补正方式”选择“电脑”，对“补正方向”选择“左”，“壁边预留量”为 0.3mm，“外形铣削方式”选“2D”。

（11）选择“Z 分层切削”选项，钩选“深度分层切削”复选框，“最大粗切步进量”选 1.0mm，钩选“不提刀”复选框。

（12）选择“进/退刀设置”选项，在“进刀”区域中选“◉相切”，进刀长度为 10mm，圆弧半径为 1mm，单击⏩按钮，使退刀参数与进刀参数相同。

（13）选择“共同参数”选项，“安全高度”为 5.0mm。选择“◉绝对坐标”，“参考高度”为 5.0mm。选择“◉绝对坐标”，“下刀位置”为 5.0mm。选择“◉绝对坐标”，“工件表面”为 0。选择“◉绝对坐标”，“深度”为-30mm。选择“◉绝对坐标”。

（14）单击“确定”按钮✔，生成外形铣粗加工刀路，如图 11-24 所示。

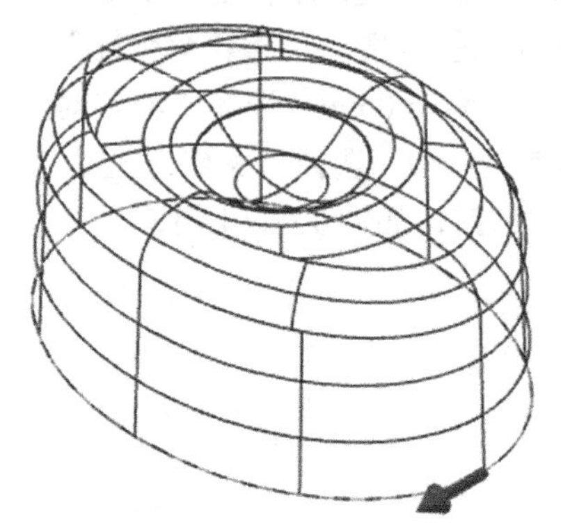

图 11-23　选外形刀路的边线

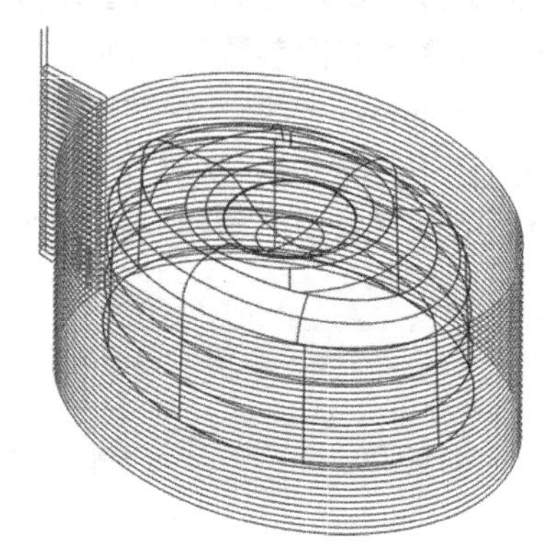

图 11-24　外形粗加工刀路

（15）在主菜单中选取“刀路｜曲面精修｜等高”命令，用框选的方法选取所有曲面，按 Enter 键，所选中的曲面呈淡黄色，单击“确定”按钮✔。

（16）选择“刀具参数”选项，选择ϕ12mm 平底刀，进给速度为 1000mm/min，转速为 1000mm/min，下刀速度为 500mm/min，提刀速度为 1500mm/min。

（17）选择“曲面参数”选项，“安全高度”为 5.0mm。选择“◉绝对坐标”，“参考高度”为 5.0mm，选择“◉绝对坐标”，“下刀位置”为 5.0mm。选择“◉绝对坐标”，“加工面预留量”为 0.3mm，如图 11-25 所示。

（18）选择“等高精修参数”选项，“整体公差”为 0.01，Z 最大步进量为 0.5mm，钩选“进/退刀/切弧/切线”复选框，圆弧半径为 1.0mm，扫描角度为 90°，直线长度为 10.0mm。封闭轮廓方向选择“◉顺铣”，钩选“定义下刀点”复选框，如图 11-26 所示。

（19）单击“确定”按钮✔，在工件上选取下刀点，生成曲面精修等高铣加工刀路，如图 11-27 所示。

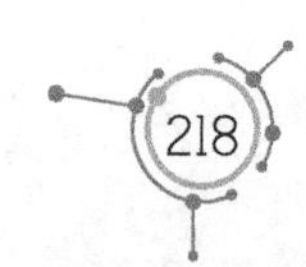

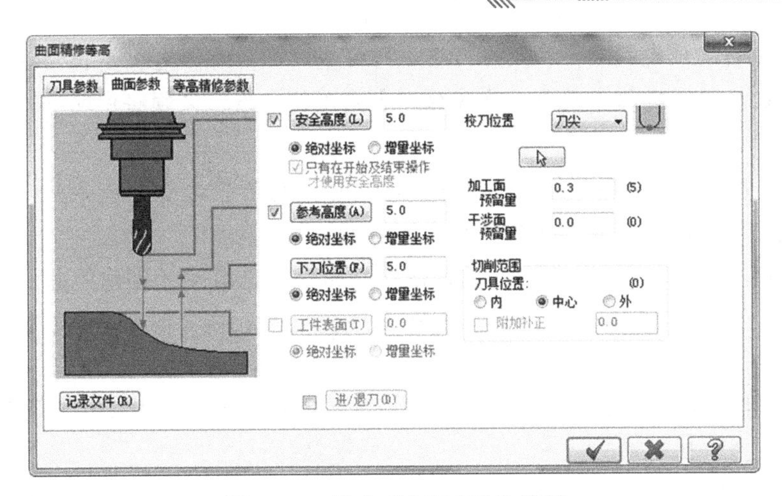

图 11-25　设定“曲面参数”选项

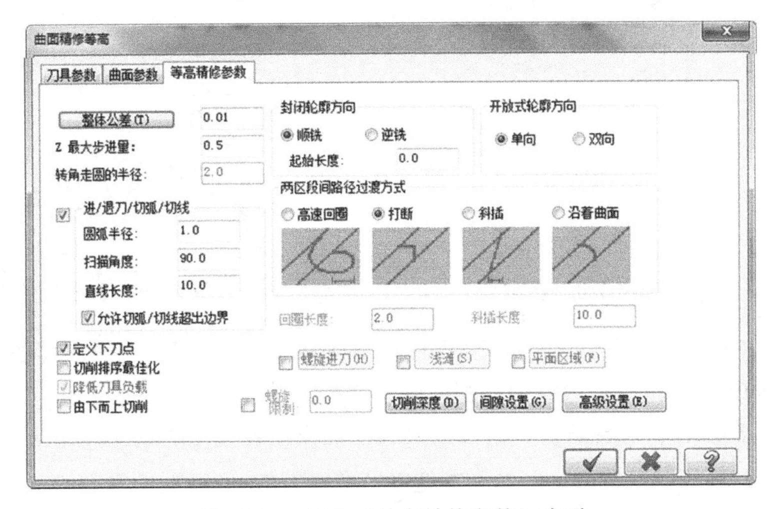

图 11-26　定义“等高精修参数”选项

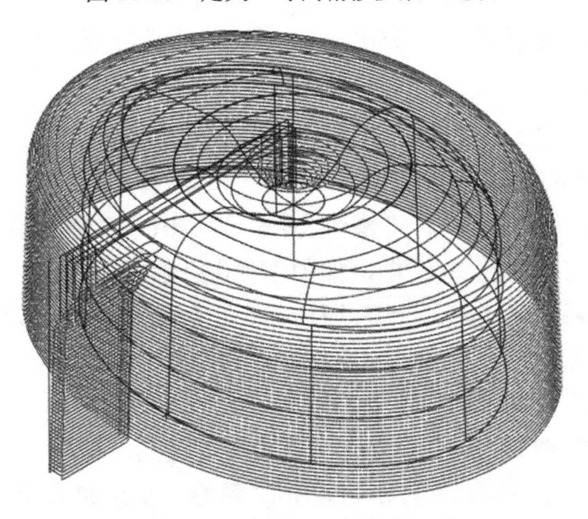

图 11-27　曲面精修等高铣刀路

注意：刀路设计完成后，必须对刀路进行检查，从刀路上可以看出，该刀路在加工零件中间的凹坑时，有踩刀现象。这种踩刀方式比较危险，必须将中间踩刀部分的刀路修剪，避免踩刀。

（20）在主菜单中选择“绘图 | 曲面曲线 | 单一边界”命令，选中曲面后，将箭头移至曲面的边界，绘制曲面的边界曲线，如图 11-28 所示。

（21）在主菜单中选取“刀路 | 刀路修剪”命令，选取刚才创建的曲面边界曲线，按 Enter 键，选取刀路要保留的一边（曲面外的任意点），在【修剪刀路】对话框中选取“3-曲面精修等高”。

（22）单击“确定”按钮 ✔，踩刀部分的刀路被修剪，如图 11-29 所示。

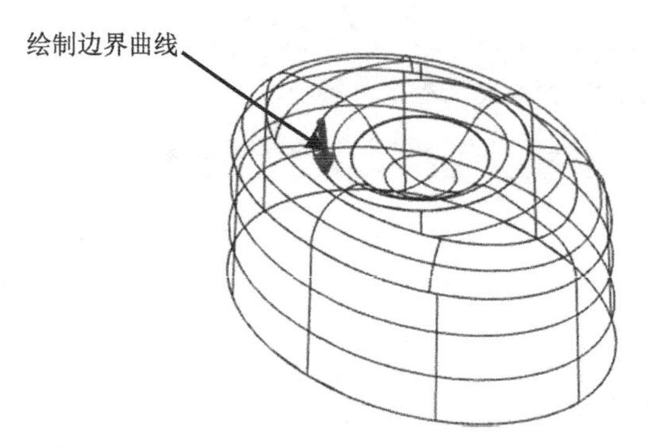

图 11-28　创建曲面边界曲线

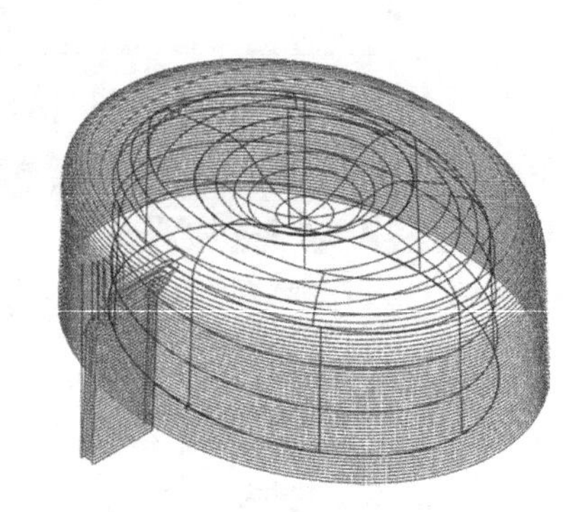

图 11-29　修剪后的刀路

（23）在主菜单中选取“刀路 | 曲面粗切 | 挖槽”命令，选取所有曲面，按 Enter 键，选取图 11-28 所创建的曲面边线为切削范围，单击“确定”按钮 ✔。

（24）在【曲面粗切挖槽】对话框中选择“刀具参数”选项，在空白处单击鼠标右键，选择“创建新刀具”选项，刀具类型选择“平底刀”，刀齿直径为ϕ6mm，刀号为 2，刀长补正为 2，半径补正为 2，进给速率为 600mm/min，下刀速率为 400mm/min，提刀速率为 1500 mm/min，主轴转速为 1500r/min，其他参数选择系统默认值。

（25）选择“曲面参数”选项，“安全高度”为 5.0mm。选择“◉绝对坐标”，“参考高度”为 5.0mm，选“◉绝对坐标”，“下刀位置”为 5.0mm。选择“◉绝对坐标”，“加工面预留量”为 0.3mm，如图 11-25 所示。

（26）选择“粗切参数”选项，“整体公差”为 0.01，Z 最大步进量为 0.2mm。选择“◉顺铣”，钩选“螺旋进刀”复选框，如图 11-30 所示。

（27）单击“螺旋进刀”按钮 螺旋进刀 ，在【螺旋/斜插下刀设置】对话框中选择“螺旋进刀”选项，最小半径为 50%，最大半径为 100%，Z 间距为 0.5mm，XY 预留间隙为 1mm，角度为 1°，如图 11-31 所示。

（28）选择“挖槽参数”选项，钩选“粗切”复选框，切削方式选“平行环切”，切削间距为 75%，钩选“由内而外环切”，取消“精修”复选框前面的“√”，如图 11-32 所示。

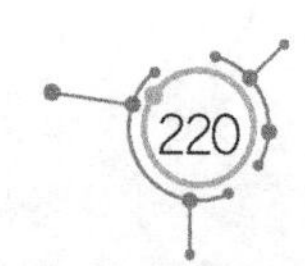

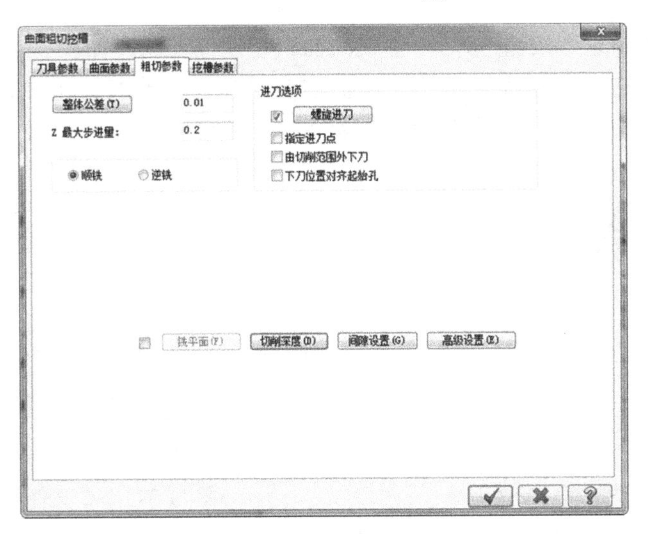

图 11-30　粗切参数

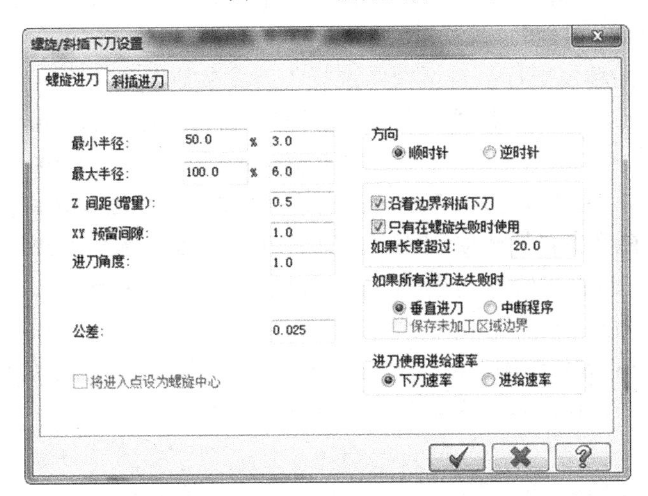

图 11-31　螺旋进刀

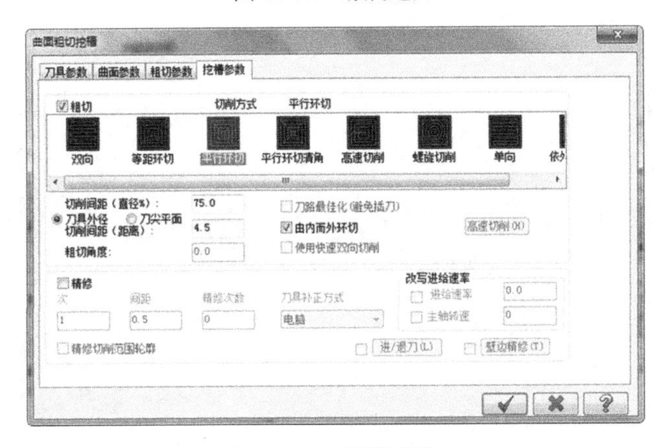

图 11-32　挖槽参数

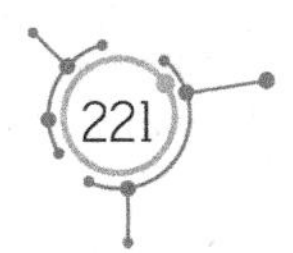

（29）单击“确定”按钮![check]，生成曲面粗切挖槽刀路，如图 11-33 所示。

（30）在“刀路”管理器中选中“5-曲面粗切挖槽”，单击鼠标右键，选择“编辑已经选择的操作 | 更改 NC 文件名”命令，将 NC 文件名更改为 A2，如图 11-34 所示。

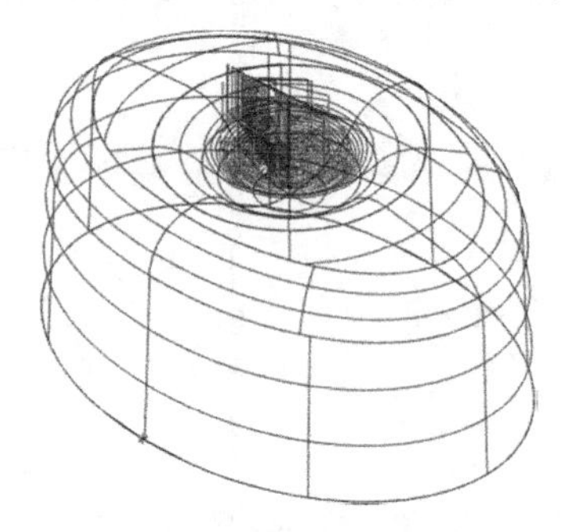

图 11-33　曲面粗切挖槽刀路

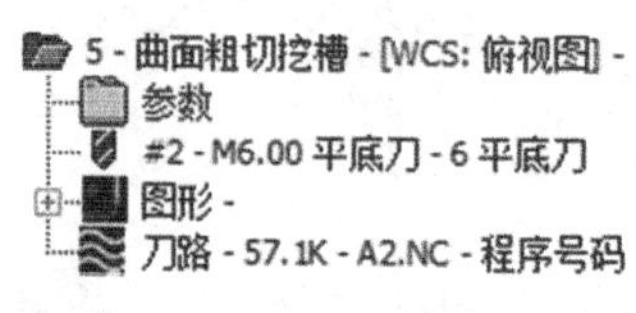

图 11-34　NC 文件名更改为 A2

（31）在主菜单中选取“刀路 | 曲面精修 | 平行”命令，选取所有曲面，按 Enter 键，单击“确定”按钮![check]。

（32）在【曲面精修平行】对话框中选择“刀具参数”选项，在空白处单击鼠标右键。选择“创建新刀具”，刀具类型选择“球刀”，刀齿直径为ϕ8mm，刀号为 3，刀长补正为 3，半径补正为 3，进给速率为 1000mm/min，下刀速率为 500 mm/min，提刀速率为 1500 mm/min，主轴转速为 1500r/min，其他参数选择系统默认值。

（33）选择“曲面参数”选项，“安全高度”为 5.0mm。选择“◉绝对坐标”，“参考高度”为 5.0mm。选择“◉绝对坐标”，“下刀位置”为 5.0mm。选择“◉绝对坐标”，“加工面预留量”为 0.15mm。

（34）选择“平行精修铣削参数”选项，“整体公差”为 0.01，最大切削间距为 0.5mm，切削方向选“双向”，切削角度为 45°，如图 11-35 所示。

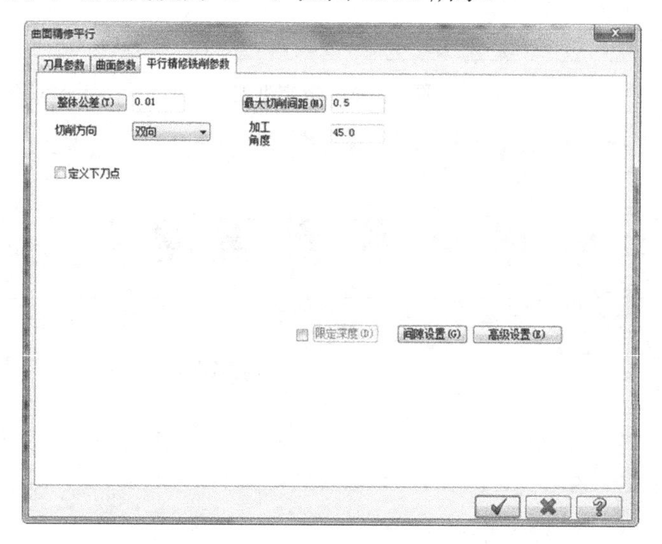

图 11-35　平行精修铣削参数

（35）单击“确定”按钮![✔]，生成曲面精修平行刀路，如图 11-36 所示。

（36）在“刀路”管理器中选中“6-曲面精修平行”，单击鼠标右键，选择“编辑已经选择的操作 | 更改 NC 文件名”命令，将 NC 文件名更改为 A3，如图 11-37 所示。

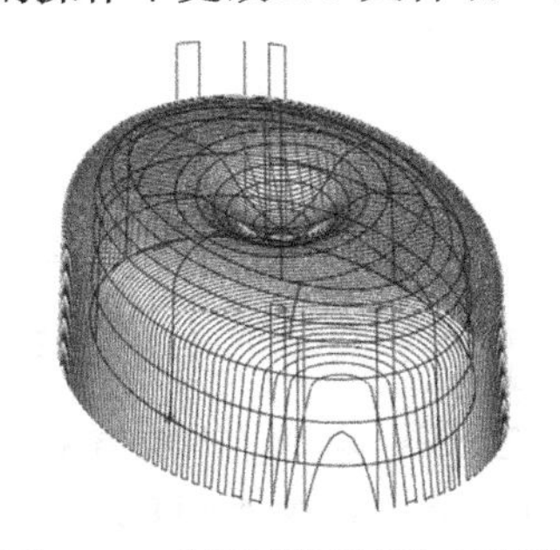

图 1-36　曲面精修平行加工刀路

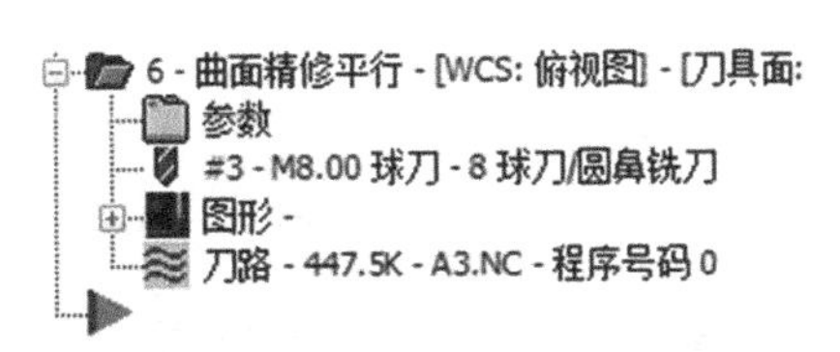

图 11-37　NC 文件名更改为 A3

（37）在主菜单中选择“刀路 | 曲面精修 | 放射”命令，选取所有曲面，按 Enter 键，单击“确定”按钮![✔]。

（38）在【曲面精修放射】对话框中选择“刀具参数”选项，选直径为ϕ8mm 球刀，进给速率为 500mm/min，下刀速率为 500 mm/min，提刀速率为 1500 mm/min，主轴转速为 1500r/min，其他参数选择系统默认值。

（39）选择“曲面参数”选项，“安全高度”为 5.0mm。选择“◉绝对坐标”，“参考高度”为 5.0mm，选“◉绝对坐标”，“下刀位置”为 5.0mm。选择“◉绝对坐标”，“加工面预留量”为 0。

（40）选择“平放射精修参数”选项，“整体公差”为 0.01，切削方向选“双向”，最大角度增量为 0.5°，起始补正距离为 0.1mm，起始角度为 0，扫描角度为 45°，起始点选择“◉由内而外”，如图 11-38 所示。

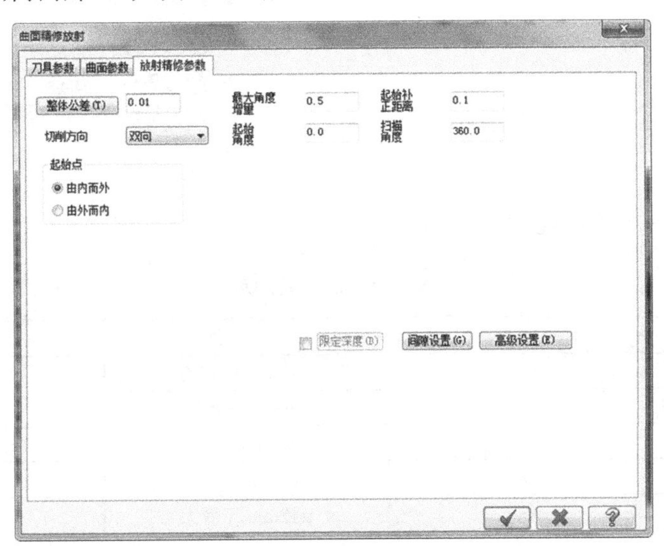

图 11-38　放射精修参数

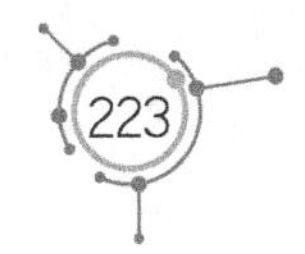

（41）单击“确定”按钮，生成曲面精修放射刀路，如图 11-39 所示。

（42）在“刀路”管理器中选中“7-曲面精修放射”，单击鼠标右键，选择“编辑已经选择的操作 | 更改 NC 文件名”命令，将 NC 文件名更改为 A4，如图 11-40 所示。

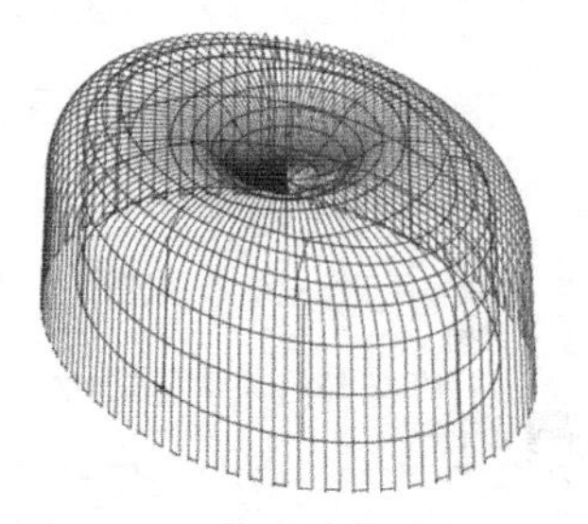

图 11-39　曲面精修放射刀路

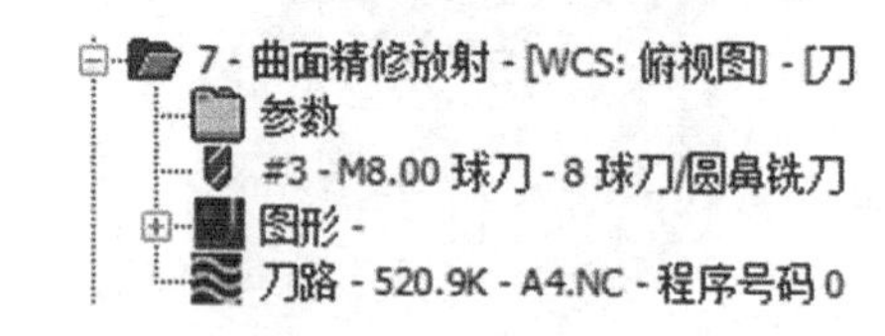

图 11-40　NC 文件名更改为 A4

（43）在“刀路”管理器中复制“2-外形铣削”刀路，并粘贴到刀路管理器的最后面。

（44）单击“8-外形铣削”刀路的参数，在【2D 刀路-外形铣削】对话框中选中“刀具”选项，将“进给率”改为 500mm/min。选中“切削参数”选项，将“壁边预留量”改为 0。选中“Z 分层切削”选项，取消已钩选的“深度分层切削”复选框。选中“XY 分层切削”选项，钩选“XY 分层切削”复选框，粗切次数为 3，间距为 0.1mm，精修次数为 1，间距为 0.02mm，钩选“不提刀”复选框。

（45）单击“重建刀路”按钮，外形精加工刀路如图 11-41 所示。

（46）在“刀路”管理器中选中“8-外形铣削”，单击鼠标右键，选择“编辑已经选择的操作 | 更改 NC 文件名”命令，将 NC 文件名更改为 A5，如图 11-42 所示。

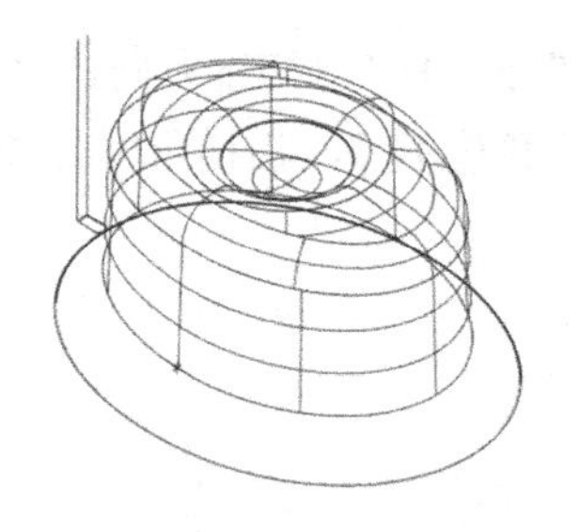

图 11-41　外形精加工刀路

8 - 外形铣削 (2D) - [WCS: 俯视图] - [刀
参数
#1 - M12.00 平底刀 - 12 平底刀
图形 - (1) 串连
刀路 - 29.1K - A5.NC - 程序号码 0

图 11-42　NC 文件名更改为 A5

（47）加工程序单见表 11-1。

表 11-1　加工程序单

序　　号	程　序　名	刀　　具	加工深度
1	A1	ϕ12mm 平底刀	30mm
2	A2	ϕ6mm 平底刀	6mm
3	A3	ϕ8mm 球刀	28mm
4	A4	ϕ8mm 球刀	28mm
5	A5	ϕ12mm 平底刀	30mm

（48）单击“保存”按钮，保存文档。

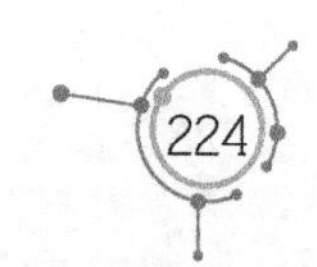

实例 12　烟灰缸——重点讲述阵列

本节以烟灰缸的造型为例，详细介绍 Mastercam 实体建模的基本步骤，并介绍了由实体创建曲面的方法。同时也介绍了曲面挖槽、等高、平行、流线、环绕等刀路编程的基本过程，尺寸如图 12-1 所示。

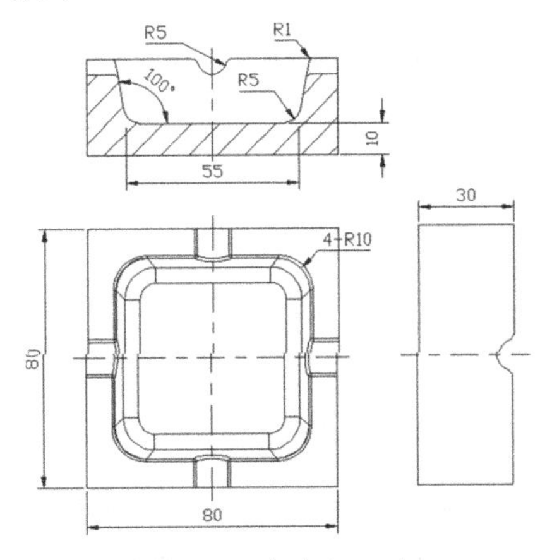

图 12-1　烟灰缸尺寸

1. 建模过程

（1）在工作区下方的工具条中对“绘图模式”选择“3D”。

（2）在主菜单中选取“绘图 | 矩形”命令，在坐标输入框中输入矩形中心点的坐标（0，0，0），在辅助工具条中输入矩形长 80mm、宽 80mm，单击“设置基准点为中心”按钮，单击“确定”按钮，创建一个矩形，如图 12-2 所示。

（3）在主菜单中选取“实体 | 拉伸”命令，在绘图区中选取矩形，单击【串连选项】对话框中的“确定”按钮。

（4）在【实体拉伸】对话框中选中“◉创建主体”，距离为 30mm，拉伸箭头方向朝上。

（5）单击“确定”按钮，创建方体，如图 12-3 所示。

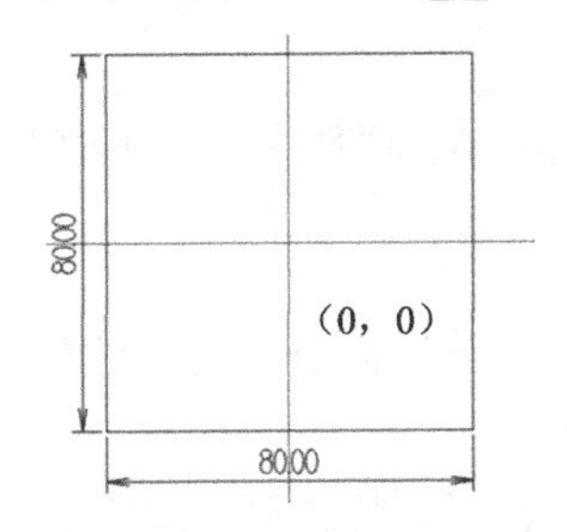

图 12-2　绘制 80mm×80mm 矩形

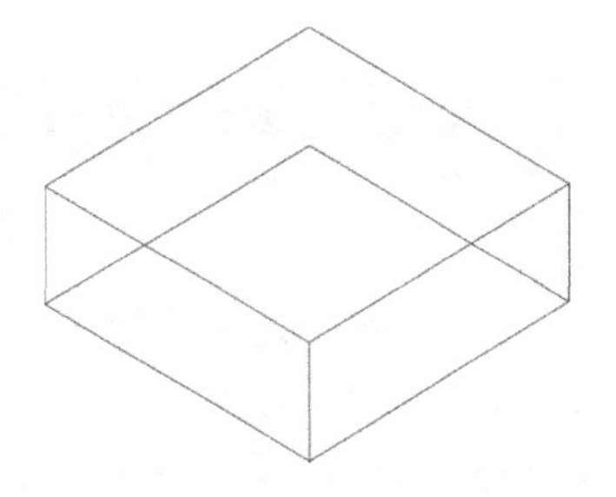

图 12-3　创建方体

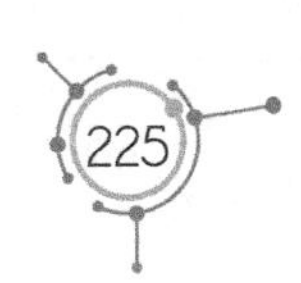

（6）在主菜单中选取“绘图 | 矩形”命令，在坐标输入框中输入矩形中心点的坐标（0，0，10），在辅助工具条中输入矩形的长 55mm、宽 55mm，单击“设置基准点为中心”按钮，单击“确定”按钮，创建一个矩形，如图 12-4 所示。

（7）在主菜单中选取“实体 | 拉伸”命令，在绘图区中选取 55mm×55mm 矩形，单击【串连选项】对话框中的“确定”按钮。

（8）在【实体拉伸】对话框中选择“◉切割主体”，对距离选择“◉全部贯通”，拉伸箭头方向朝上。

（9）单击“确定”按钮，在实体中间创建方坑，如图 12-5 所示。

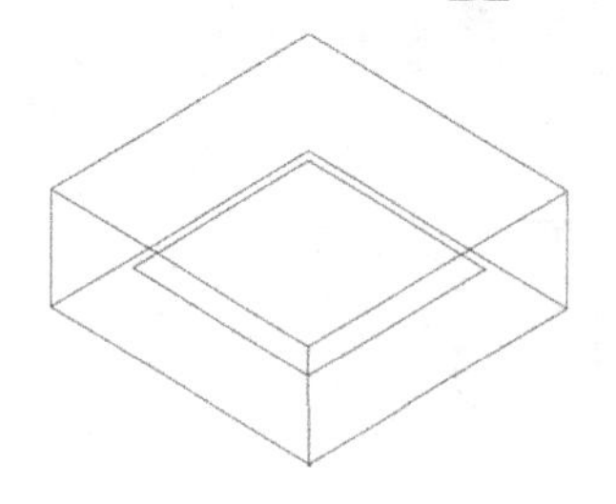

图 12-4　绘制 55mm×55mm 矩形

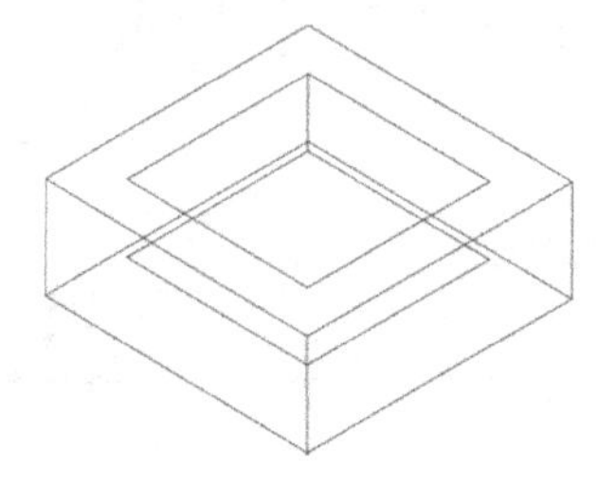

图 12-5　创建方坑

（10）在主菜单中选取“实体 | 拔模 | 依照实体面拔模”命令，选取方坑的 4 个侧面为要拔模的面，按 Enter 键，再选取方坑的底面为拔模参考面。

（11）在【依照实体面拔模】对话框中输入拔模角度 10°。

（12）单击“确定”按钮，创建方坑 4 个侧面的拔模角度。切换成前视图后，即可看出拔模斜度，如图 12-6 所示。

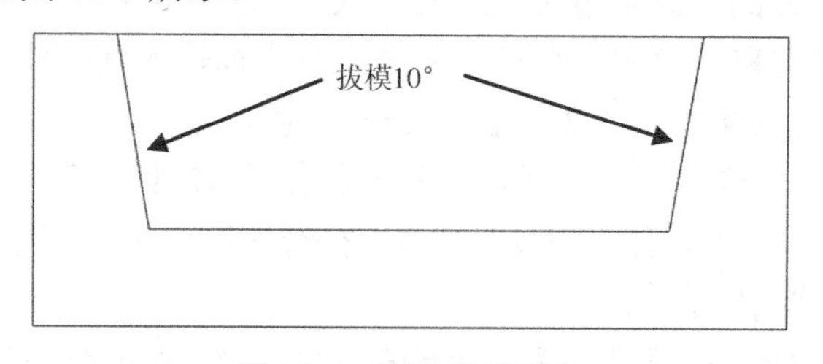

图 12-6　创建拔模斜度

（13）单击“右视图”按钮，在工作区下方的工具条中选“2D”，Z 为 0，如图 12-7 所示。

图 12-7　选“2D”

（14）在主菜单中选取“绘图 | 绘弧 | 已知圆心点画圆”命令，以边线的中心为圆心，绘制直径为ϕ10mm 的圆，如图 12-8 所示。

（15）单击“等角视图”按钮，所绘制圆弧的圆心在坐标原点处，如图 12-9 所示。

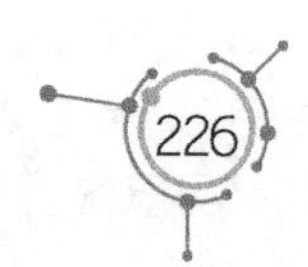

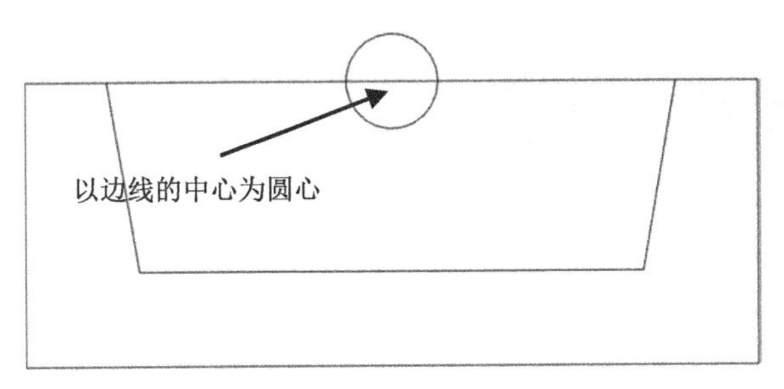

图 12-8　绘制直径为ϕ10mm 的圆

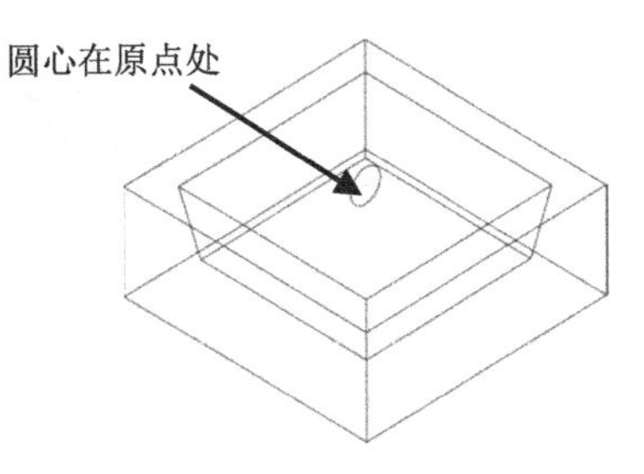

图 12-9　圆弧在坐标原点处

注意：如果在图 12-7 中选的是“3D”，如图 12-10 所示。则按图 12-8 所绘制的圆切换成等角视图后，圆弧的圆心不在坐标原点处，而在边线的中点处，如图 12-11 所示。

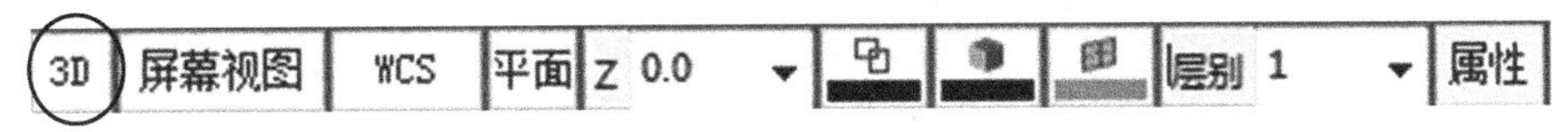

图 12-10　选“3D”

（16）在主菜单中选取“实体 | 拉伸”命令，选取刚才创建的圆弧，按 Enter 键，在【实体拉伸】对话框中选“◉切割主体”，“距离”选“全部贯通”，如图 12-12 所示。

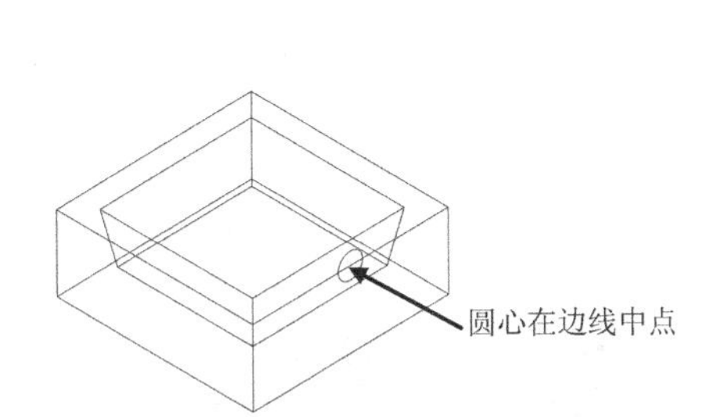

图 12-11　圆弧不在坐标原点处

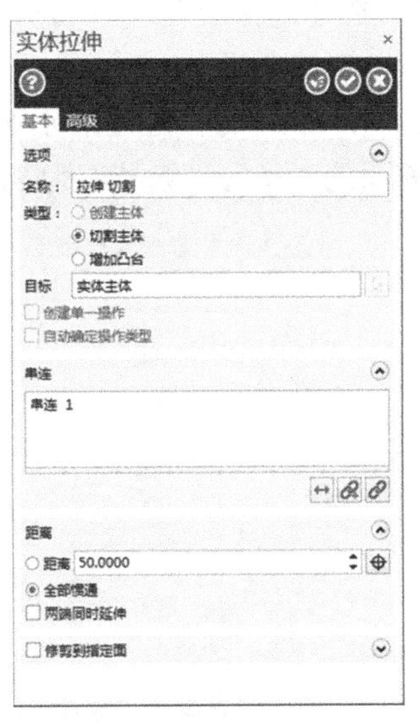

图 12-12　【实体拉伸】对话框

（17）单击“确定”按钮，在实体上表面创建圆槽，如图 12-13 所示。

（18）在主菜单中选取“实体 | 实体特征阵列 | 旋转阵列”命令，选取刚才创建的圆槽，按 Enter 键，在【旋转阵列】对话框中“阵列”数为 3，中心点选（0，0），角度为 90°，如图 12-14 所示。

（19）单击“确定”按钮，创建圆形阵列（共 4 个圆槽），如图 12-15 所示。

（20）把鼠标放在工作区下方工具条的“层别”二字上，单击鼠标右键，再在工作区上方的工具条中选中“全部”按钮。

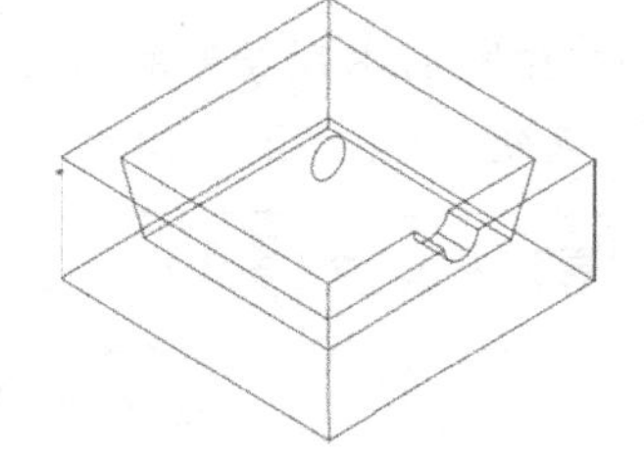

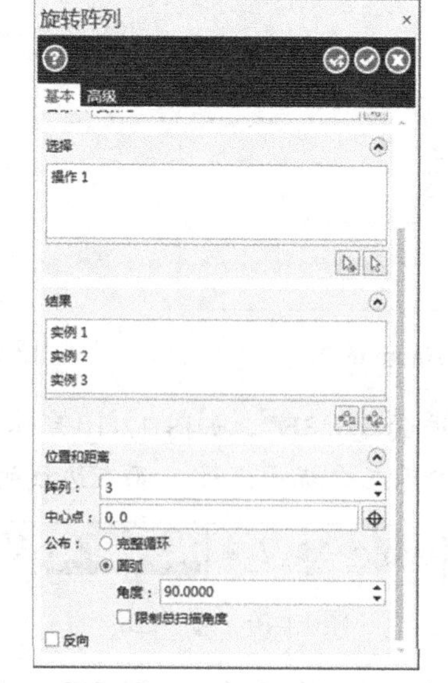

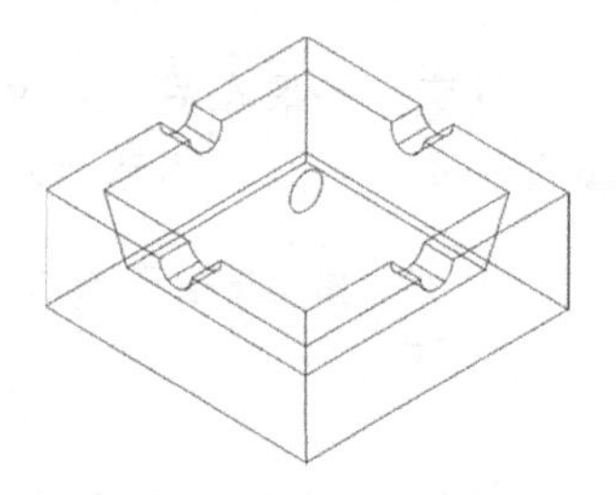

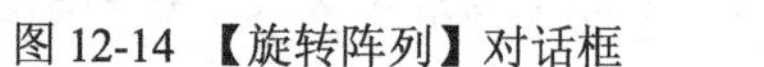

图 12-13　实体上表面创建圆槽　　图 12-14 【旋转阵列】对话框　　图 12-15　创建圆形阵列

（21）在【选择所有-单一选择】对话框中钩选“线框”，系统自动钩选“点”、“直线”、“圆弧”、“曲线”选项，如图 12-16 所示。

（22）按 Enter 键，在【层别更改】对话框中选择“◉移动”，取消“使用主层别”复选框前面的“√”，“编号”为 2，如图 12-17 所示。

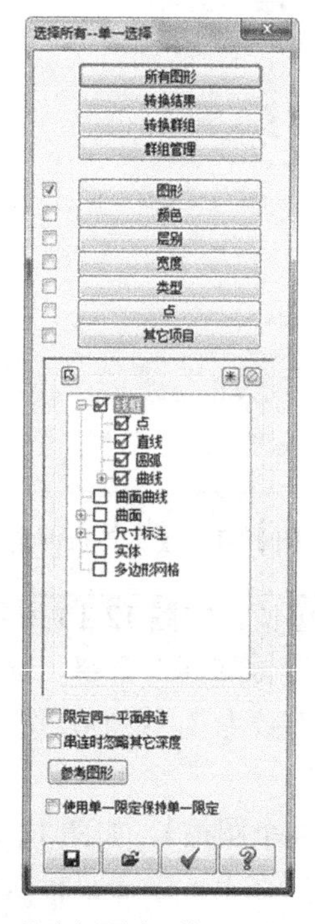

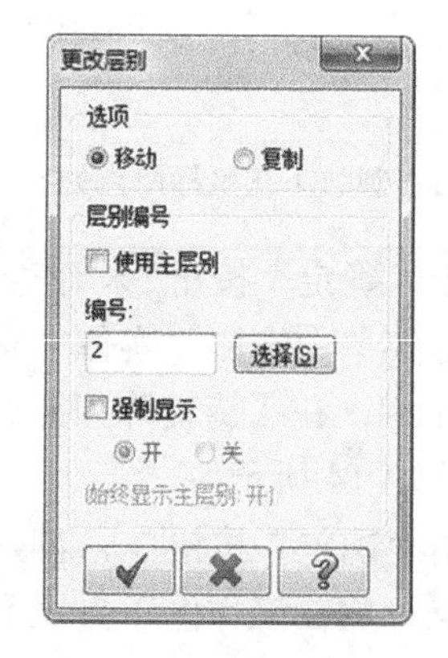

图 12-16　【选择所有-单一选择】对话框　　图 12-17　【层别更改】对话框

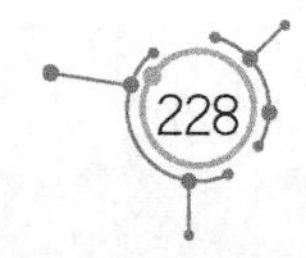

（23）单击工作区下方工具条的“层别”两字，在“层别管理”对话框中取消“2”所对应的“×”，隐藏直线、圆弧，显示实体。

（24）在主菜单中选取“实体｜倒圆角｜固定半径倒圆角”命令，在“实体选择”对话框中选“边界”按钮，选取实体凹坑4个角的边线，在【固定圆角半径】对话框中输入圆角半径10。

（25）单击“确定”按钮，创建凹坑的4个圆角，如图12-18所示。

（26）采用相同的方法，创建凹坑底面的圆角（R5mm）、口部的圆角（R1），如图12-19所示。

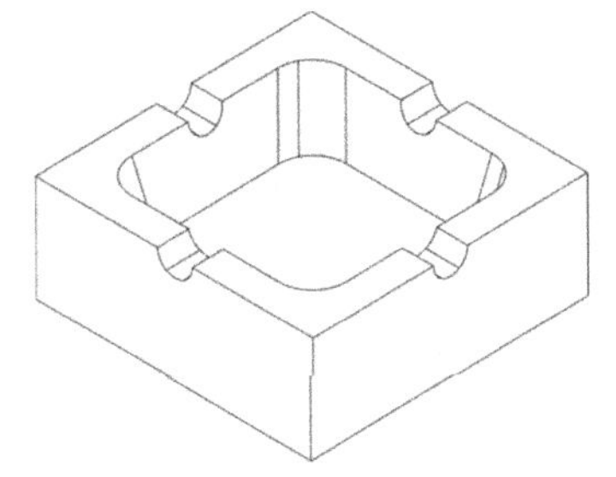

图12-18　创建凹坑4个圆角（R10）

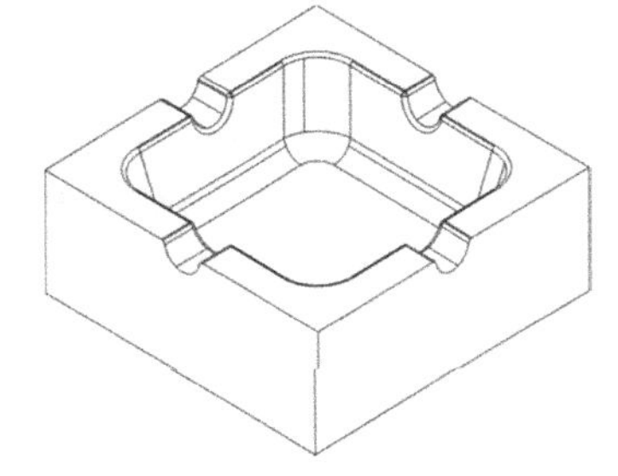

图12-19　创建圆角

（27）单击“保存”按钮，保存文档，文件名为“烟灰缸.mcx-9”。

2. 加工工艺分析

（1）零件结构比较简单，零件的最大尺寸是80mm×80mm×30mm，毛坯材料是85mm×85mm×35mm，有足够的装夹位，工件正、反两面都可以加工。

（2）第一次装夹时，工件的装夹厚度最多4mm，工件高出虎钳至少31mm，用ϕ12mm平底刀加工工件的表面及80mm×80mm的外形。

（3）第二次装夹时，工件高出虎钳至少10mm。

（4）腔型开粗时，中间的凹坑用ϕ12mm平底刀开粗，4个半圆槽用ϕ6mm平底刀用等高外形方式进行粗加粗。

（5）型腔精加工时，斜面部分用等高铣，使用刀具为ϕ12平底刀，圆角部分用流线加工，使用刀具为ϕ8球刀，半圆槽部分用平行加工，使用刀具为ϕ6球刀。

3. 第一次装夹的编程过程

（1）在主菜单中选取“机床类型｜铣床｜默认”命令，进入加工模式。

（2）在“刀路”管理器中展开“+属性”，再单击“毛坯设置”命令。

（3）在【机床群组属性】对话框“毛坯设置”选项卡中，对“毛坯平面”选择“俯视图”，对“形状”选择“◉立方体”，钩选“显示”、“适度化”复选框，选择“◉线框”，“毛坯原点”为（0，0，0.5），毛坯的长、宽、高分别为85mm、85mm、34.5mm。

（4）在工作区下方的工具条中单击“WCS”选项，在弹出的菜单条中选择“底视图（WCS（B））”命令，如图12-20所示。

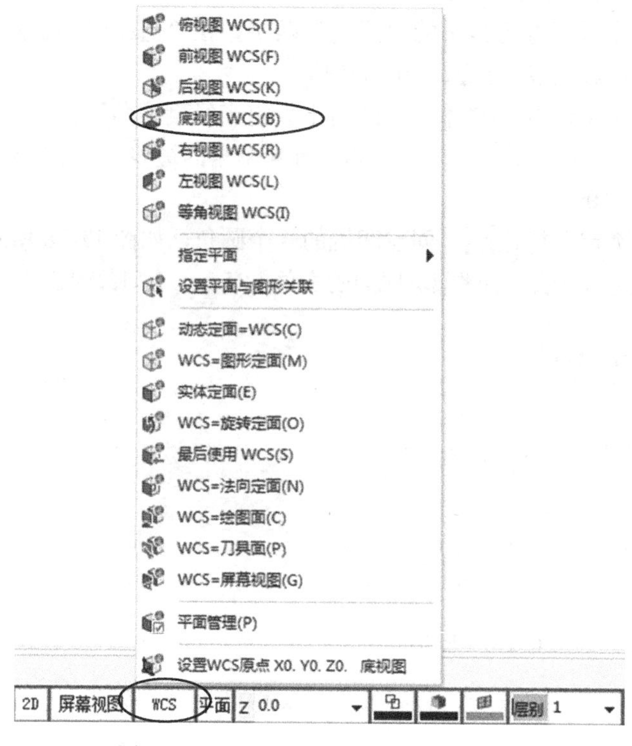

图 12-20　选“底视图（WCS（B））”

（5）再在工作区上方的工具条中选“俯视图”按钮，将工件设为以底视图为刀路平面，如图 12-21 所示。

（6）在主菜单中选取“刀路 | 平面铣”命令，输入 NC 名称为 yan1。

（7）单击“确定”按钮，再单击“确定”按钮，在【2D 刀路-平面铣削】对话框中选“刀具”选项，在右边的空白处单击鼠标右键，在下拉菜单中选择“创建新刀具”命令。

（8）刀具类型选择“平底刀”，刀齿直径为ϕ12mm，刀号为 1，刀长补正为 1，半径补正为 1，进给速率为 500mm/min，下刀速率为 600 mm/min，提刀速率为 1500 mm/min，主轴转速为 1500r/min，其他参数选择系统默认值。

（9）在【2D 刀路-平面铣削】对话框中选择“切削参数”选项，对“类型”选择“双向”，对“截断方向超出量”选择 50%，“引导方向超出量”选择 50%，“进刀引线长度”为 100%，“退刀引线长度”为 0，“最大步进量”为 80%，底面预留量为 0。

（10）选择“Z 分层切削”选项，取消“深度分层切削”复选框前面的“ √ ”。

（11）选择“共同参数”选项，“安全高度”为 5.0mm。选择“◉绝对坐标”，“参考高度”为 5.0mm。选择“◉绝对坐标”，“下刀位置”为 5.0mm。选择“◉绝对坐标”，“工件表面”为 0.5mm。选择“◉绝对坐标”，“深度”为 0。选择“◉绝对坐标”。

（12）单击“确定”按钮，生成平面铣精加工刀路，如图 12-22 所示。

（13）在【刀路】管理器中单击“切换”按钮，隐藏平面铣刀路。

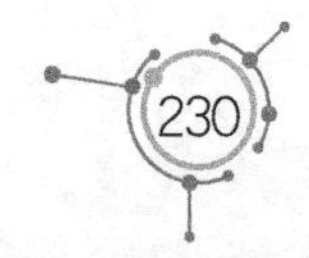

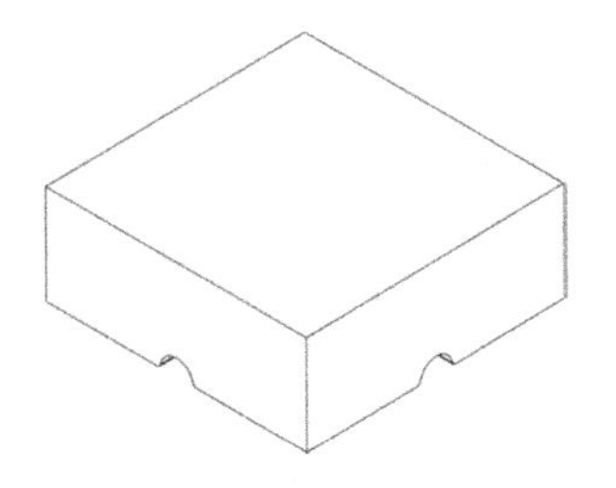

图 12-21　以底视图为刀路平面

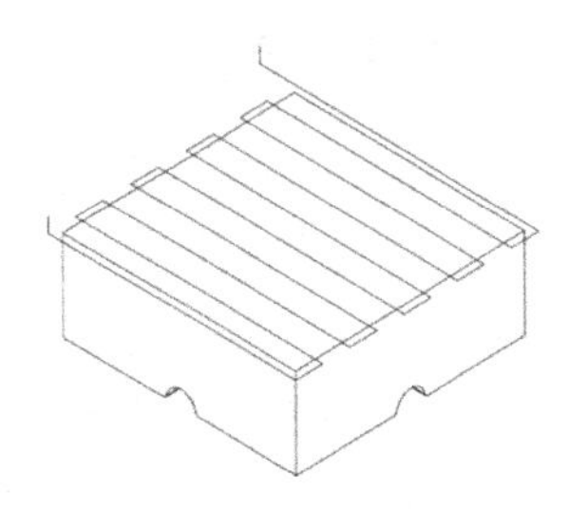

图 12-22　平面铣精加工刀路

（14）在主菜单中选取“刀路 | 外形”命令，在【串连选项】对话框中选“实体”按钮，选取实体上 80mm×80mm 的边线，箭头方向为顺时针，如图 12-23 虚线所示。

（15）单击“确定”按钮，选择“刀具”选项，将“进给率”改为 1000mm/min。

（16）选择“切削参数”选项，“补正方式”选择“电脑”，“补正方向”选择“左”，“壁边预留量”为 0.3mm，“外形铣削方式”选择“2D”。

（17）选择“Z 分层切削”选项，钩选“深度分层切削”复选框，“最大粗切步进量”选择 1.0mm，钩选“不提刀”复选框。

（18）选择“进/退刀设置”选项，在“进刀”区域中选“◉相切”，进刀长度为 5mm，圆弧半径为 1mm，单击按钮，使退刀参数与进刀参数相同。

（19）选择“共同参数”选项，“安全高度”为 5.0mm。选择“◉绝对坐标”，“参考高度”为 5.0mm。选择“◉绝对坐标”，“下刀位置”为 5.0mm。选择“◉绝对坐标”，“工件表面”为 0mm。选择“◉绝对坐标”，“深度”为-30.5mm。选择“◉绝对坐标”。

（20）单击“确定”按钮，生成外形铣粗加工刀路，如图 12-24 所示。

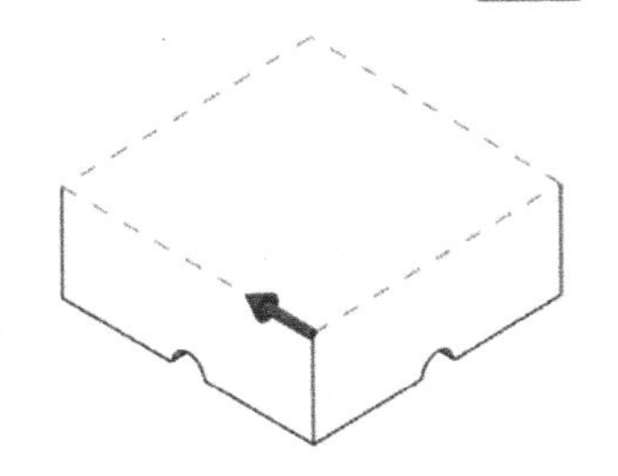

图 12-23　选取 80mm×80mm 的边线

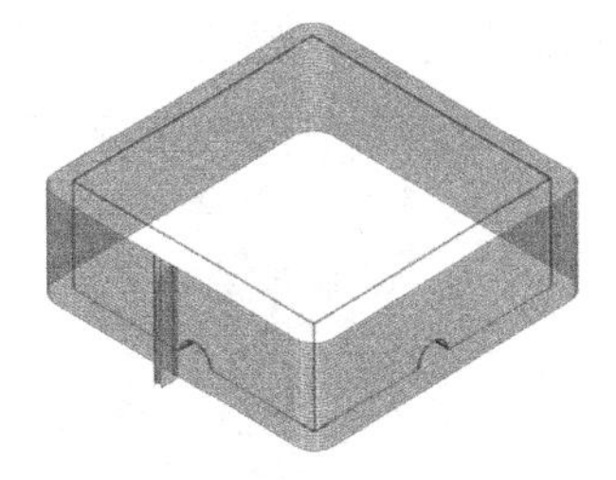

图 12-24　外形铣粗加工刀路

（21）在“刀路”管理器中复制“2-外形铣削”刀路，并粘贴到“刀路”管理器的最后。

（22）双击“3-外形铣削”刀路的“参数”，在【2D 刀路-外形铣削】对话框中选中“刀具”选项，将“进给率”改为 500mm/min，选中“切削参数”选项，将“壁边预留量”改为 0。选中“Z 分层切削”选项，取消已钩选的“深度分层切削”复选框。选择“进/退刀设置”选项，取消已钩选的“在封闭轮廓中点位置执行进/退刀”、“过切检查”、“进刀”、“退刀”复选框，钩选“调整轮廓起始（结束）位置”复选框，“长度”为 80%。选中“XY 分层切削”选项，钩选“XY 分层切削”复选框，粗切次数为 3，间距为 0.1mm，精修次数为 1，间距为 0.02mm，钩选“不提刀”复选框。

（23）单击“重建刀路”按钮，外形精加工刀路如图 12-25 所示。

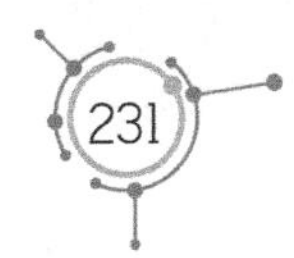

4. 第二次装夹的编程过程

（1）在工作区下方的工具条中单击“WCS”，在弹出的菜单条中选“俯视图（WCS（T））”命令，再在工作区上方的工具条中单击“俯视图”按钮，以俯视图为刀路平面，再按“等角视图”按钮，工件如图 12-26 所示。

（2）在主菜单中选择“刀路 | 曲面粗切 | 挖槽”命令，选取整个实体，单击 Enter 键。

（3）在【刀路曲面选择】对话框中单击“切削范围”中的“选择”按钮，在【串连选项】对话框中选择“实体”按钮，选取实体上 80mm×80mm 的边线，如图 12-27 虚线所示。

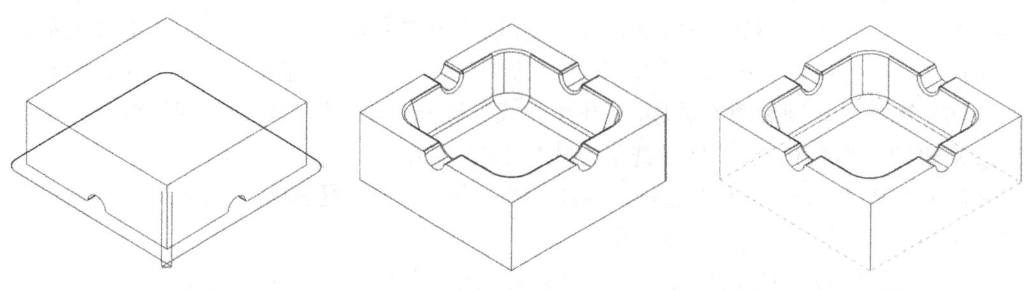

图 12-25　外形精加工刀路　　图 12-26　以俯视图为刀路平面　　图 12-27　选 80mm×80mm 的边线

（4）单击“确定”按钮，在【曲面粗切挖槽】对话框中选择“刀具”选项，选择ϕ12mm 平底刀，进给速度为 1000mm/min。

（5）在【曲面粗切挖槽】对话框中选择“曲面参数”选项，“安全高度”为 40.0mm。选择“◉绝对坐标”，“参考高度”为 40.0mm。选择“◉绝对坐标”，“下刀位置”为 0.5mm。选择“◉增量坐标”，“加工面预留量”为 0.3mm，如图 21-28 所示。

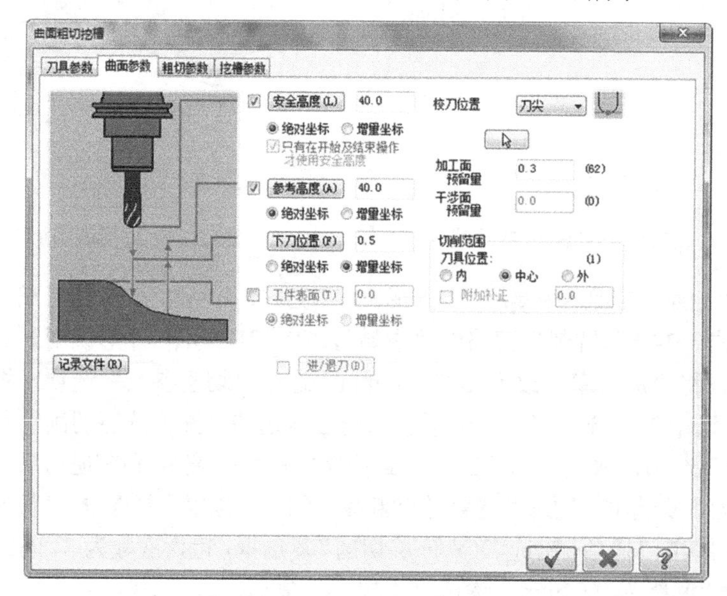

图 12-28　设定“曲面参数”

（6）选择“粗切参数”选项，“整体公差”0.01，“Z 最大步进量”为 0.5mm，钩选“螺旋进刀”、“由切削范围外下刀”复选框，如图 12-29 所示。

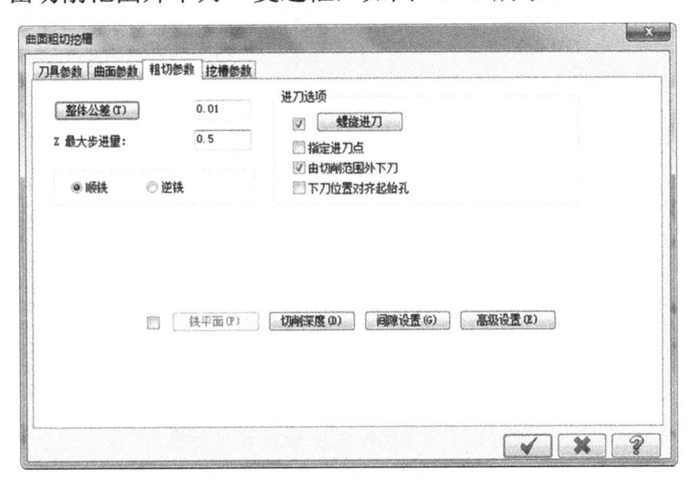

图 12-29　设定“粗切参数”选项

（7）单击“螺旋进刀”按钮 螺旋进刀 ，在【螺旋/斜插下刀设置】对话框中选“螺旋进刀”，最小半径为 10mm，最大半径为 20mm，Z 间距增量为 1mm，“进刀角度”为 1°，如图 12-30 所示。

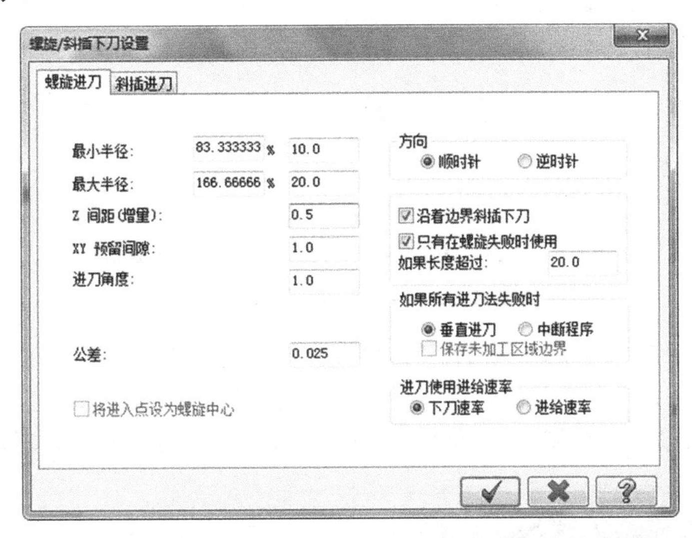

图 12-30 【螺旋/斜插下刀设置】对话框

（8）单击“切削深度”按钮 切削深度(D) ，在【切削深度设置】对话框中选择“◉绝对坐标”，“最高位置”为 34mm，“最低位置”为 10mm，如图 12-31 所示。

（9）选择“挖槽参数”选项，钩选“粗切”复选框，对“切削方式”选择“平行环切”，切削间距为 80%。钩选“由内而外环切”复选框，取消“精修”前面的“√”，如图 12-32 所示。

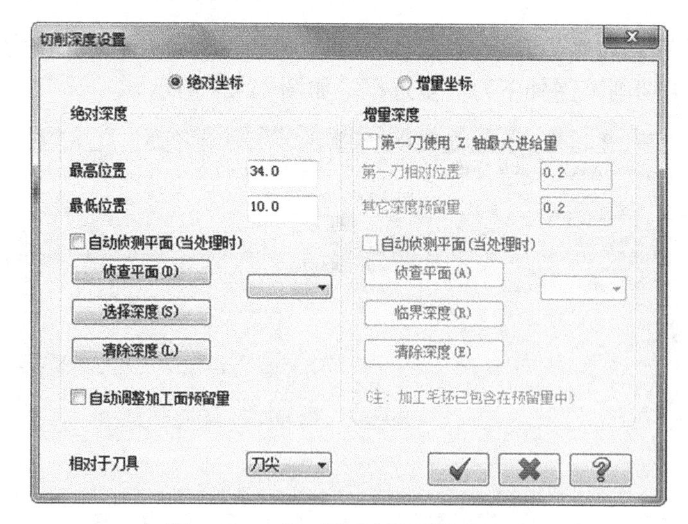

图 12-31 【切削深度设置】对话框

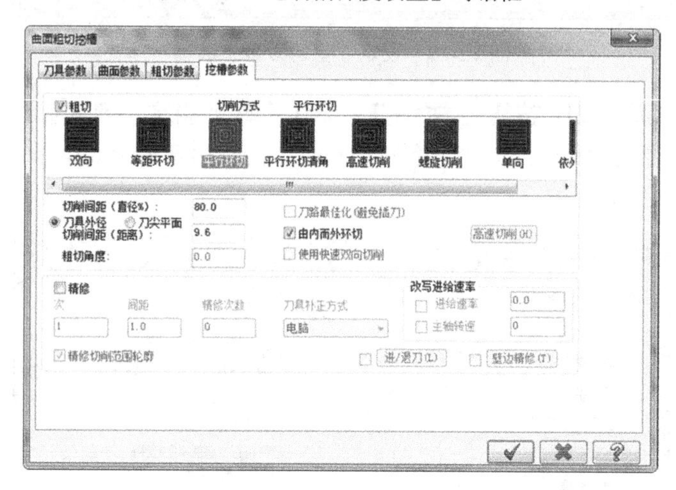

图 12-32 设定“挖槽参数”选项

（10）单击“确定”按钮[✔]，生成的曲面粗切挖槽刀路如图 12-33 所示。

（11）在“刀路”管理器中选中“4-曲面粗切挖槽”，单击鼠标右键，选择“编辑已经选择的操作 | 更改 NC 文件名”命令，将 NC 文件名更改为 yan2.nc，如图 12-34 所示。

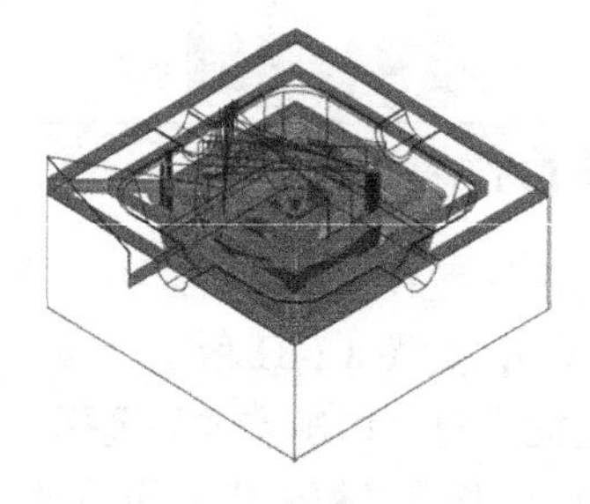

图 12-33 曲面粗切挖槽刀路

4 - 曲面粗切挖槽 - [WCS: 俯视图] - [刀具面:
参数
#1 - M12.00 平底刀 - 12 平底刀
图形 -
刀路 - 194.2K - yan2.NC - 程序号码 0

图 12-34 NC 文件名更改为 yan2.nc

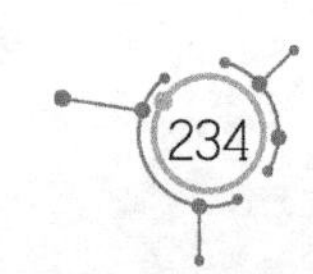

（12）在主菜单中选取“绘图｜矩形”命令，在工件表面的小凹槽处绘制一个矩形（该矩形用于设计加工工件表面缺口刀路的辅助线），如图 12-35 所示。

（13）在主菜单中选取“刀路｜曲面精修｜等高”命令，选取整个实体，按 Enter 键。

（14）在【刀路曲面选择】对话框中单击“切削范围”中的“选择”按钮，选择刚才创建的矩形。

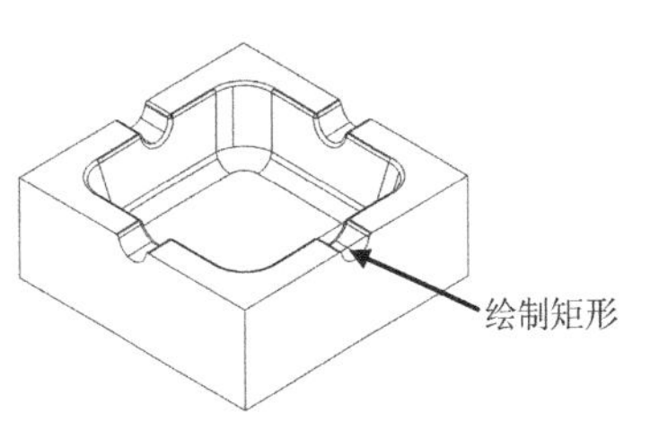

图 12-35　绘制矩形

（15）单击“确定”按钮，在【曲面精修等高】对话框中空白处单击鼠标中键，选择“创建新刀具”命令，对刀具类型选择“平底刀”，直径为ϕ6mm，刀号为 2，刀长补正为 2，半径补正为 2，进给速率为 1000mm/min，下刀速率为 500 mm/min，提刀速率为 1500 mm/min，主轴转速为 1500r/min，其他参数选择系统默认值。

（16）在【曲面精修等高】对话框中选择“曲面参数”选项，“安全高度”为 35.0mm。选择“◉绝对坐标”，“参考高度”为 1.0mm。选择“◉增量坐标”，“下刀位置”为 0.5mm，选择“◉增量坐标”，“加工面预留量”为 0.2mm，如图 12-36 所示。

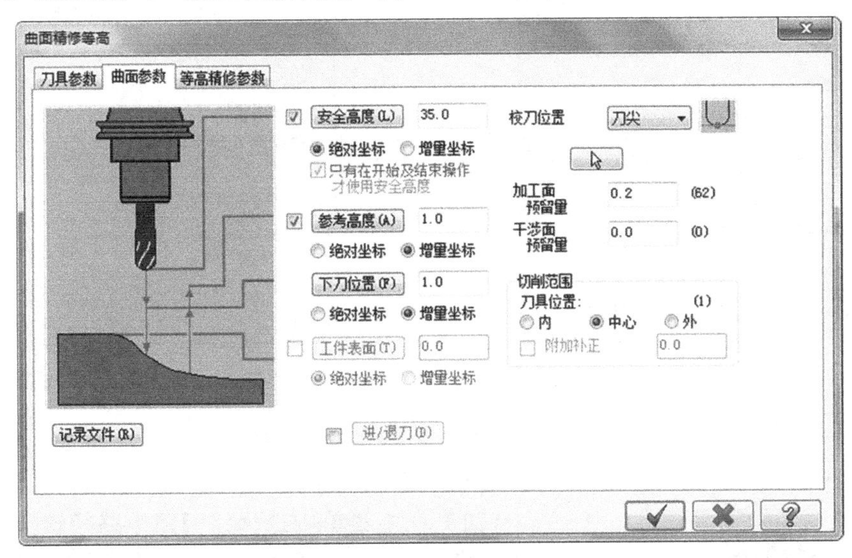

图 12-36　设定“曲面参数”选项

（17）选择“等高精修参数”选项，“整体公差”选 0.01，“Z 最大步进量”为 0.2mm，“圆弧半径”为 0，“直线长度”为 4.0mm，钩选“切削排序最佳化”、“降低刀具负载”复选框，“开放式轮廓方向”选择“◉双向”，如图 12-37 所示。

（18）单击“间隙设置”按钮 间隙设置(G)，在【刀路间隙设置】对话框中“最大切深百分比”为 100，如图 12-38 所示。

（19）单击“高级设置”按钮 高级设置(E)，在【高级设置】对话框中选“◉在所有边缘”，如图 12-39 所示。

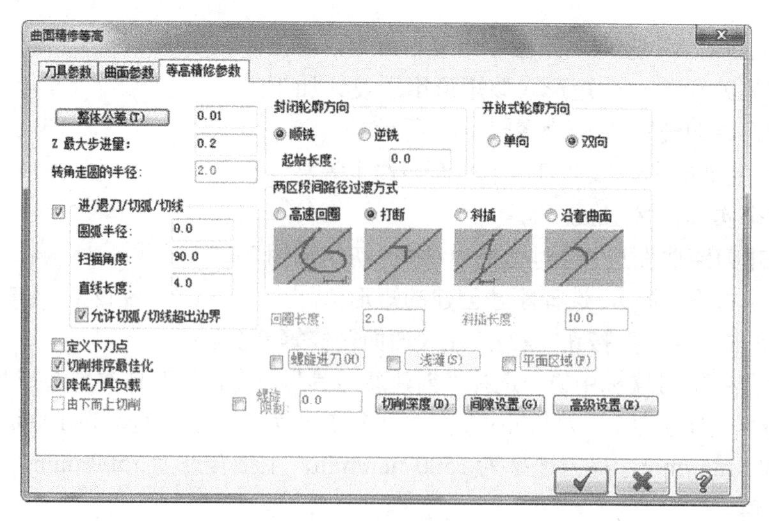

图 12-37　设定“等高精修参数”选项

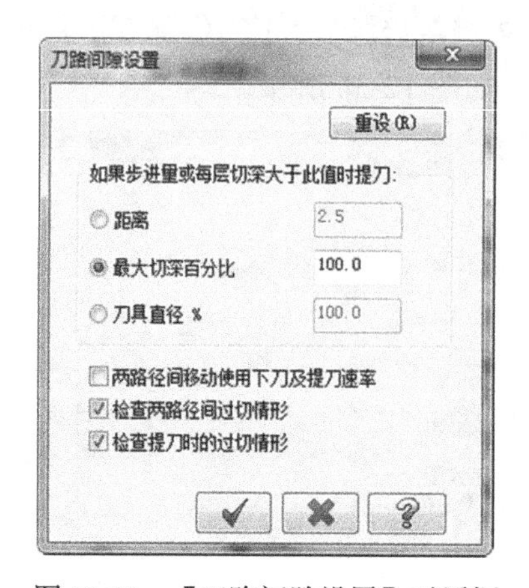

图 12-38　【刀路间隙设置】对话框

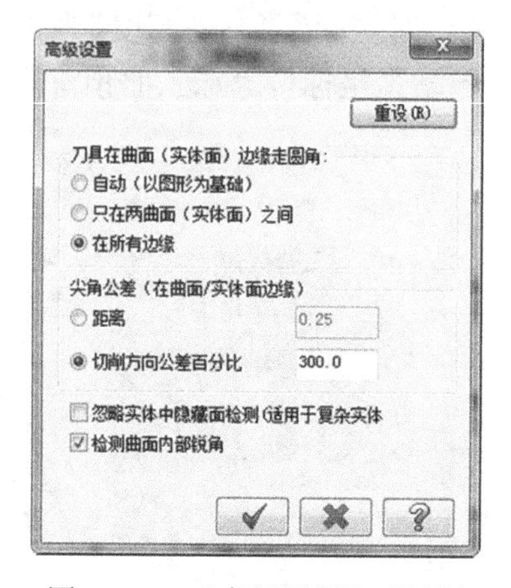

图 12-39　【高级设置】对话框

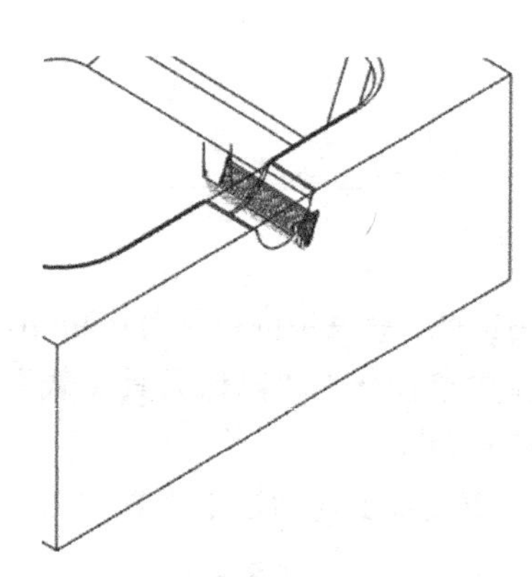

图 12-40　曲面精修等高刀路

（20）单击“确定”按钮，生成曲面精修等高刀路，如图 12-40 所示。

（21）在主菜单中选择“刀路 | 路径转换”命令，在【转换操作参数设置】对话框中对“类型”选择“◉旋转”，“方式”选择“◉坐标”，“来源”选择“◉图形”，选中“5-曲面精修等高”，如图 12-41 所示。

（22）单击“旋转”选项，“次”为 3，旋转中心坐标为（0，0，0），第一个旋转刀路的角度为 90°，阵列刀路之间的角度为 90°，如图 12-42 所示。

（23）单击“确定”按钮，生成旋转刀路，如图 12-43 所示。

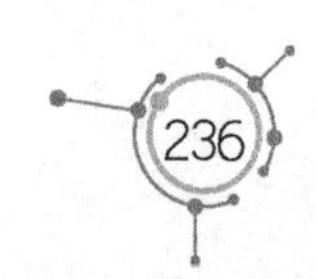

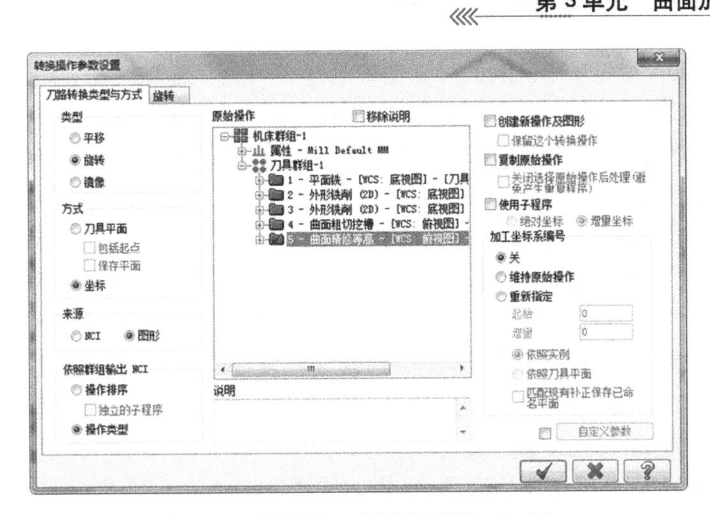

图 12-41　设置“刀路转换类型与方式”

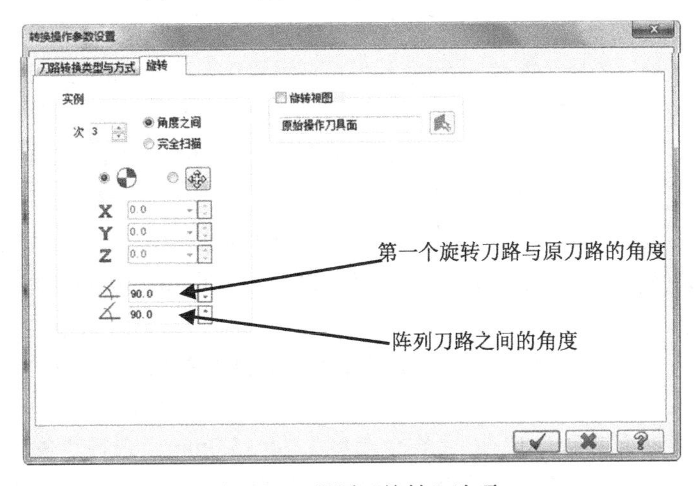

图 12-42　设置“旋转”选项

（24）在“刀路”管理器中选中“5-曲面精修等高”、“6-转换/旋转”刀路，单击鼠标右键，选择“编辑已经选择的操作 | 更改 NC 文件名”命令，将 NC 文件名更改为 yan3.nc，如图 12-44 所示。

（25）在主菜单中选取“刀路 | 外形”命令，在【串连选项】对话框中选择“实体”按钮 ，选取实体上 80mm×80mm 的边线，箭头方向为顺时针，如图 12-27 虚线所示。

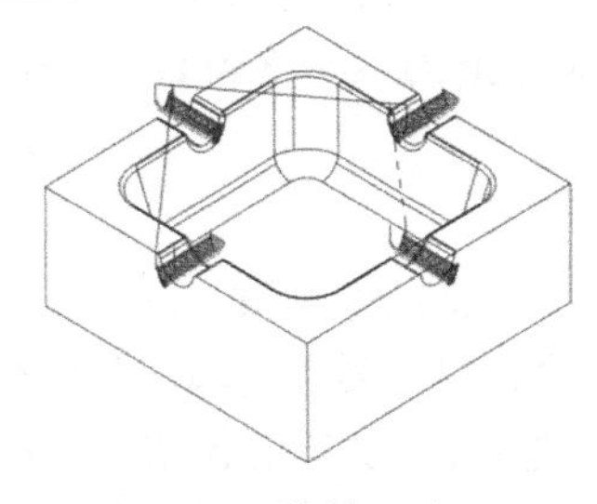

图 12-43　旋转刀路

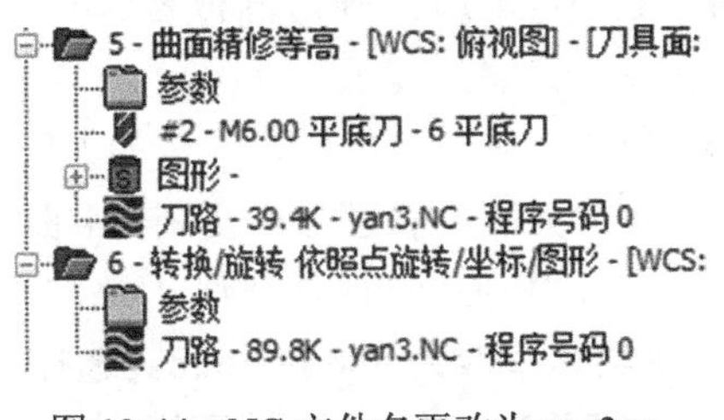

图 12-44　NC 文件名更改为 yan3.nc

（26）在【2D 刀路-外形铣削】对话框中选择“刀具”选项，在右边的空白处单击鼠标右键，在下拉菜单中选“创建新刀具”命令。

（27）刀具类型选择“平底刀”，刀齿直径为ϕ10mm，刀号为 3，刀长补正为 3，半径补正为 3，进给速率为 500mm/min，下刀速率为 600 mm/min，提刀速率为 1500 mm/min，主轴转速为 1500r/min，其他参数选择系统默认值。

（28）选择“切削参数”选项，“壁边预留量”为-13.0mm，“底面预留量”为 0。

（29）选择“Z 分层切削”选项，取消“深度分层切削”复选框前面的“√”。

（30）选择“前/退刀设置”选项，钩选“在封闭轮廓中点位置执行进/退刀”、“进刀”、“退刀”复选框，选“◉相切”，进刀长度为 5mm，圆弧半径为 1mm，退刀与进刀相同。取消“调整轮廓起始/终止位置”复选框前面的“√”。

（31）选择“XY 分层切削”选项，“粗切次数”为 2，“间距”为 6mm，钩选“不提刀”复选框。

（24）选择“共同参数”选项，“安全高度”为 35.0mm。选择“◉绝对坐标”，“参考高度”为 35.0mm。选择“◉绝对坐标”，“下刀位置”为 35.0mm。选择“◉绝对坐标”，“工件表面”为 35.0mm。选择“◉绝对坐标”，“深度”为 30.0mm。选择“◉绝对坐标”。

（32）单击“确定”按钮，生成外形铣精加工刀路，如图 12-45 所示。

（33）在主菜单中选取“刀路丨曲面精修丨等高”命令，选取整个实体，按 Enter 键。

（34）在【刀路曲面选择】对话框中单击“切削范围”中的“选择”按钮，在【串连选项】对话框中选“实体”按钮，选取实体上 80mm×80mm 的边线，如图 12-27 虚线所示。

（35）单击“确定”按钮，在【曲面精修等高】对话框中选择“刀具参数”，选择ϕ10mm 平底刀。

（36）选择“曲面参数”选项，“安全高度”为 35.0mm。选择“◉绝对坐标”，“参考高度”为 1.0mm。选择“◉增量坐标”，“下刀位置”为 0.5mm。选择“◉增量坐标”，“加工面预留量”为 0。

（37）选择“等高精修参数”选项，“整体公差”选择 0.01，“Z 最大步进量”为 0.2mm，“圆弧半径”为 1mm，扫描角度为 90°，“直线长度”为 0，钩选“切削排序最佳化”、“降低刀具负载”复选框，“开放式轮廓方向”选“◉单向”。

（38）单击“切削深度”按钮 切削深度(D)，在【切削深度设置】对话框中单击“选择深度”按钮 选择深度(S)，在零件图上选取侧面的最高位与最低位，如图 12-46 所示。

（39）系统自动检测到最高位置为 29.17mm，最低位置为 14.13mm，如图 12-47 所示。

（40）单击“确定”按钮，生成的刀路如图 12-48 所示。

（41）在“刀路”管理器中复制“4-曲面粗切挖槽”，并粘贴到最后。

（42）单击“9-曲面粗切挖槽”刀路的“参数”，选择“刀具参数”选项，选择ϕ10mm 平底刀，进给速率改为 500mm/min。选择“曲面参数”选项，“加工面预留量”改为 0。选“粗切参数”选项，单击“切削深度”按钮，“最高位置”为 10mm，“最低位置”为 10mm。

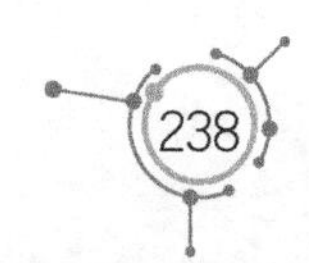

（43）单击“重建刀路”按钮，曲面粗切挖槽精加工腔型底面刀路如图 12-49 所示。

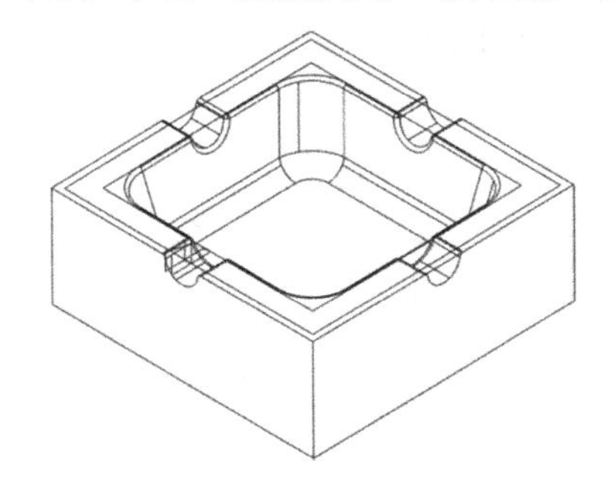

图 12-45　外形铣精加工刀路

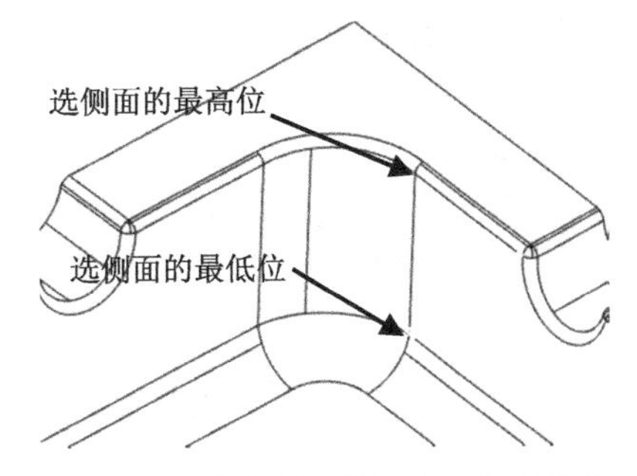

图 12-46　选取侧面的最高位与最低位

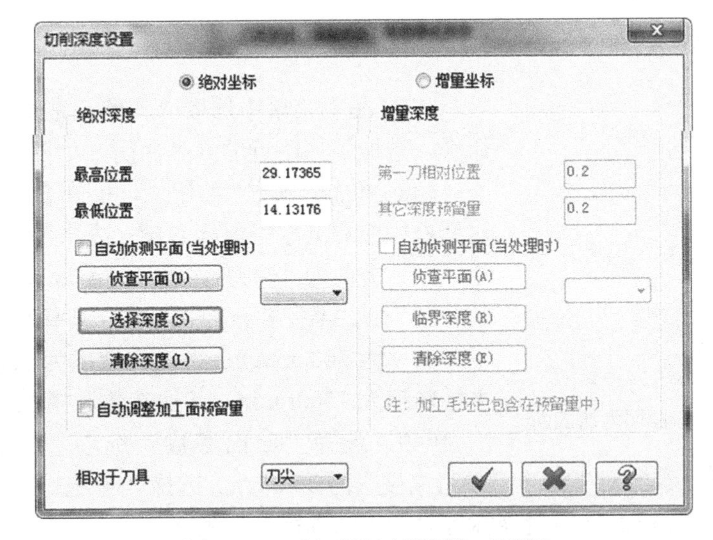

图 12-47　【切削深度设置】对话框

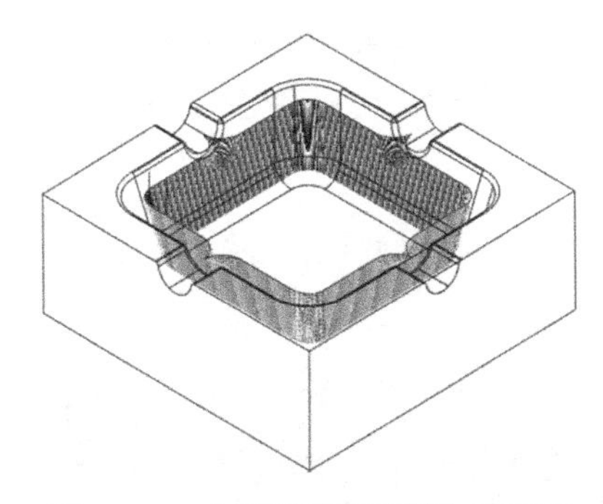

图 12-48　曲面精修等高精加工刀路

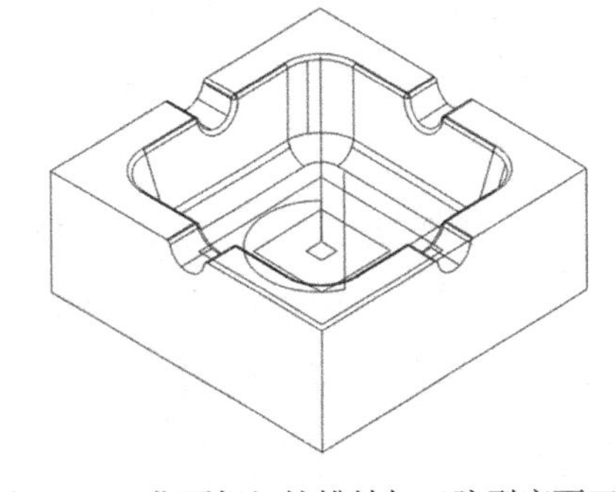

图 12-49　曲面粗切挖槽精加工腔型底面刀路

（44）在“刀路”管理器中选中第 7～9 个刀路，单击鼠标右键，选择“编辑已经选择的操作｜更改 NC 文件名”命令，将 NC 文件名更改为 yan4.nc，如图 12-50 所示。

（45）在工作区下方工具条中“层别”的文本框中输入 3，设定图层 3 为主图层。

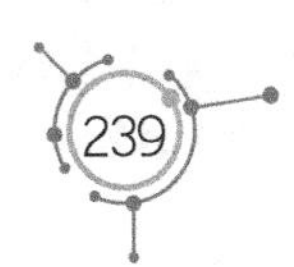

（46）在主菜单中选取“绘图｜曲面｜由实体生成曲面”命令，选取实体后按 Enter 键，再单击“确定”按钮，即可由实体生成曲面，如图 12-51 所示。

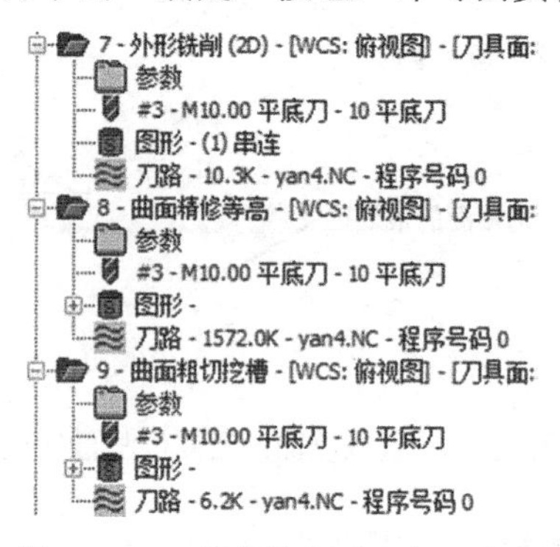

图 12-50　NC 文件名更改为 yan4.nc

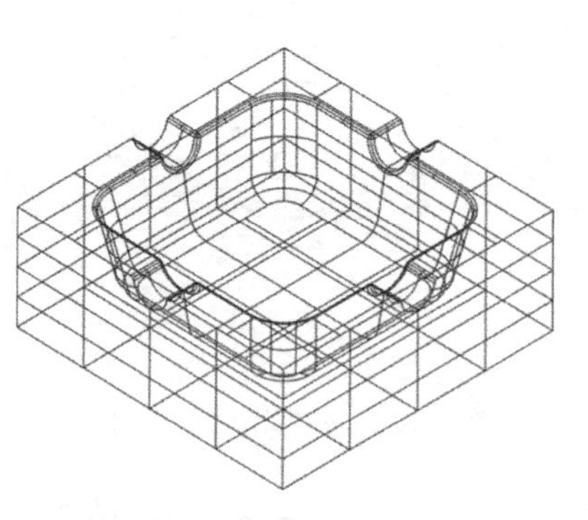

图 12-51　由实体生成曲面

（47）在主菜单中选取“刀路｜曲面精修｜平行”命令，选取缺口附近的 6 个曲面，如图 12-52 所示。

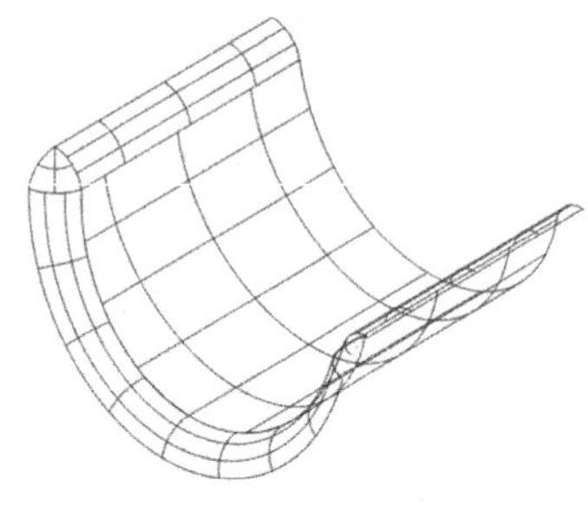

图 12-52　选取缺口曲面为加工面

（48）单击“确定”按钮✓，在【曲面精修平行】对话框中空白处单击鼠标右键，选择“创建新刀具”命令，刀具类型为“球刀”，直径为ϕ6mm，刀号为 4，刀长补正为 4，半径补正为 4，进给速率为 1000mm/min，下刀速率为 500 mm/min，提刀速率为 1500 mm/min，主轴转速为 1500r/min，其他参数选择系统默认值。

（49）选择“曲面参数”选项，“安全高度”为 35.0mm。选择“◉绝对坐标”，“参考高度”为 35.0mm。选择“◉绝对坐标”，“下刀位置”为 0.5mm。选择“◉增量坐标”，“加工面预留量”为 0。

（50）选择“平行精修铣削参数”选项，“整体公差”为 0.01，“最大切削间距”为 0.2mm，“切削方向”选择“双向”，“加工角度”为 45°，如图 12-53 所示。

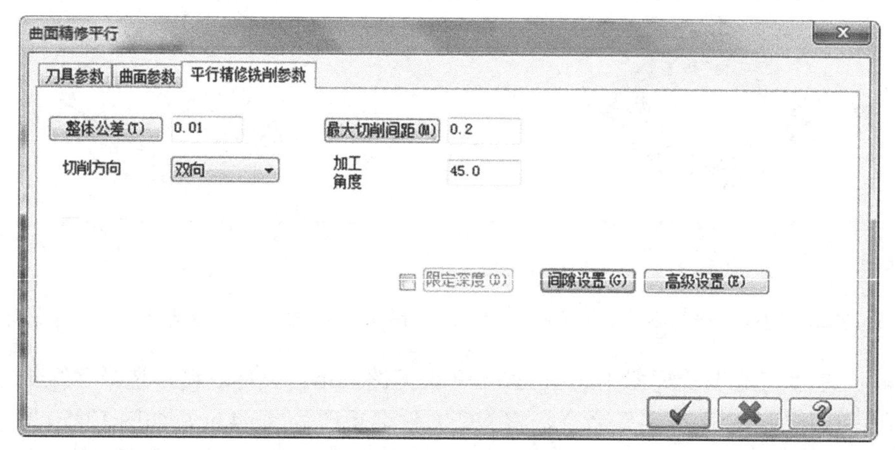

图 12-53　设定“平行精修铣削参数”选项

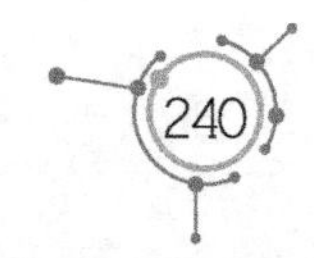

（51）单击“确定”按钮，生成曲面精修平行刀路，如图 12-54 所示。

（52）在主菜单中选取“刀路 | 曲面精修 | 流线”命令，选取零件口部的圆角曲面，如图 12-55 所示。

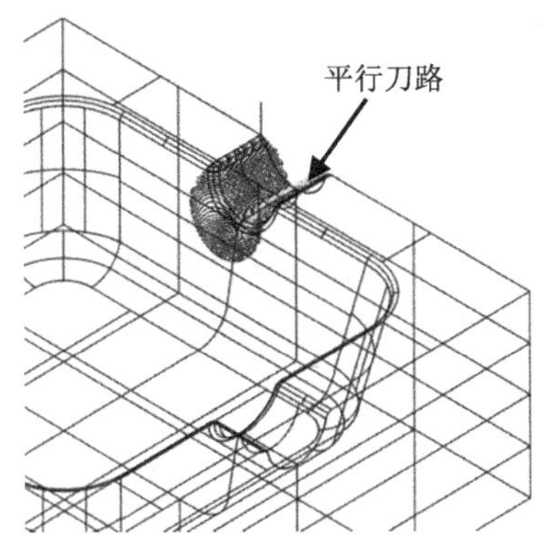

图 12-54　曲面精修平行刀路

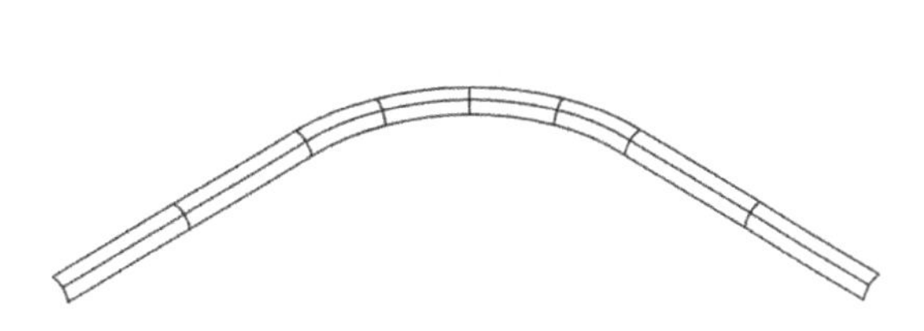

图 12-55　选取零件口部的圆角曲面为加工面

（53）在【曲面精修流线】对话框中选择“刀具参数”选项，选择ϕ6mm 球刀，进给速率为 1000mm/min。

（54）选择【曲面参数】选项，“安全高度”设为 35.0mm。选择“◉绝对坐标”，“参考高度”为 35.0mm。选择“◉绝对坐标”，“下刀位置”为 0.5mm。选择“◉增量坐标”，“加工面预留量”为 0。

（55）选择【曲面流线精修参数】选项，“切削控制距离”为 0.2mm，“截断方向控制距离”为 0.1mm，“切削方向”为“双向”，“整体公差”为 0.01，如图 12-56 所示。

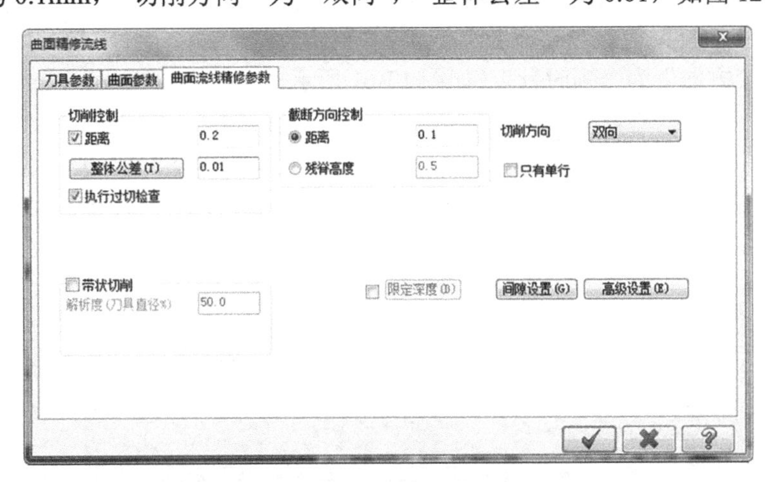

图 12-56　设置“曲面流线精修参数”

（56）单击“确定”按钮，生成曲面精修流线刀路，如图 12-57 所示。

（57）在主菜单中选取“刀路 | 路径转换”命令，按照步骤（21）～（23），对上述两个刀路进行旋转，如图 12-58 所示。

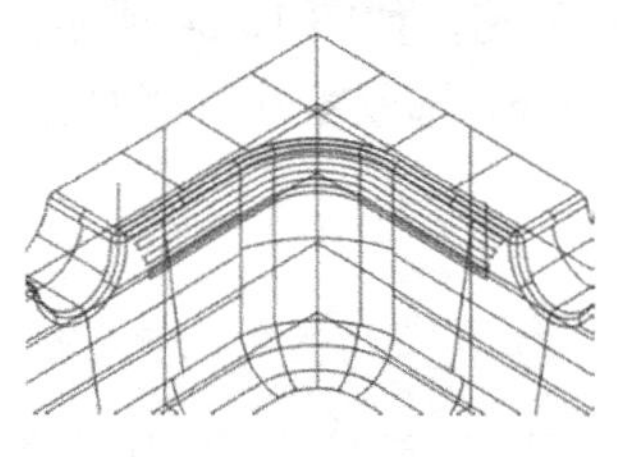

图 12-57　曲面精修流线刀路

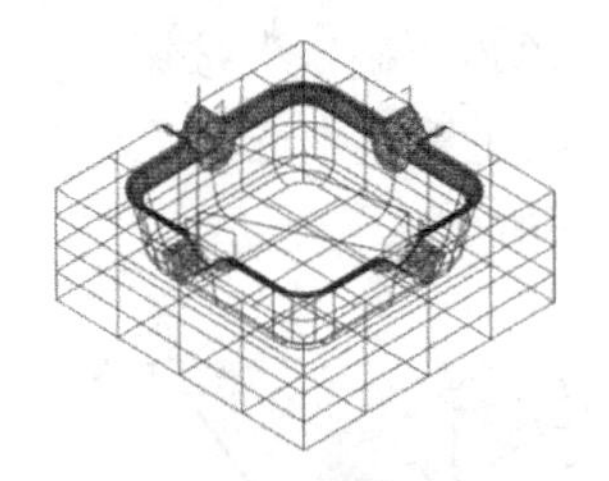

图 12-58　旋转刀路

（58）在主菜单中选取“刀路｜曲面精修｜环绕”命令，选取零件底部的圆角曲面为加工面，如图 12-59 所示。选取底面所在平面为干涉面，如图 12-60 所示。

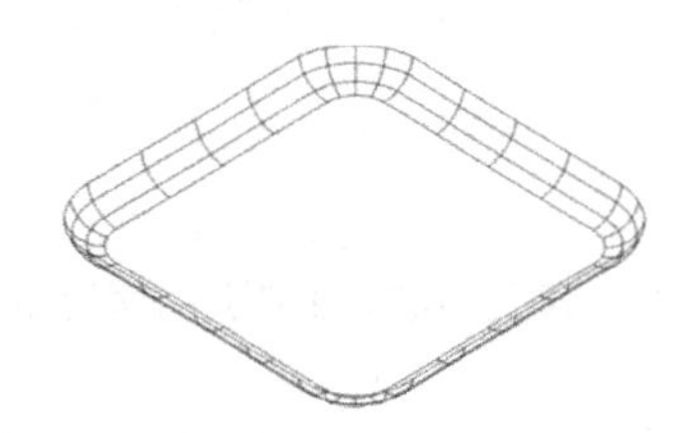

图 12-59　选择圆角曲面为加工面

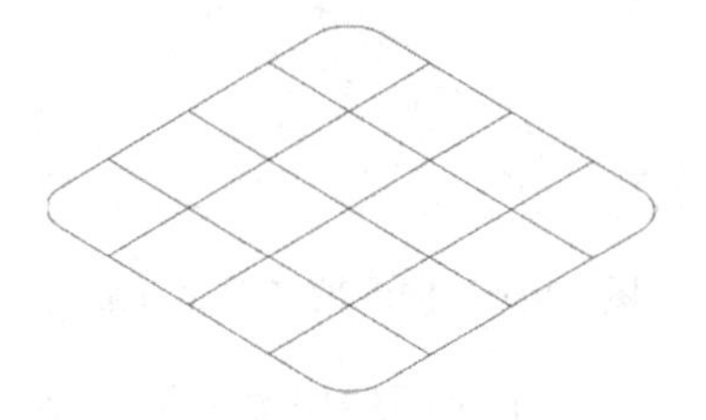

图 12-60　选择底面的平面为干涉面

（59）在【曲面精修流线】对话框中选择“刀具参数”选项，选择ϕ6 球刀，进给速率为 1000mm/min。

（60）选择【曲面参数】选项，“安全高度”为 35.0mm。选择“◉绝对坐标”，“参考高度”为 1.0mm。选择“◉增量坐标”，“下刀位置”为 1.0mm。选择“◉增量坐标”，“加工面预留量”为 0，“干涉面预留量”为 0。

（61）选择“环绕等距精修参数”选项，“整体公差”为 0.01，“最大切削间距”为 0.1mm，“加工方向”为“顺时针”，如图 12-61 所示。

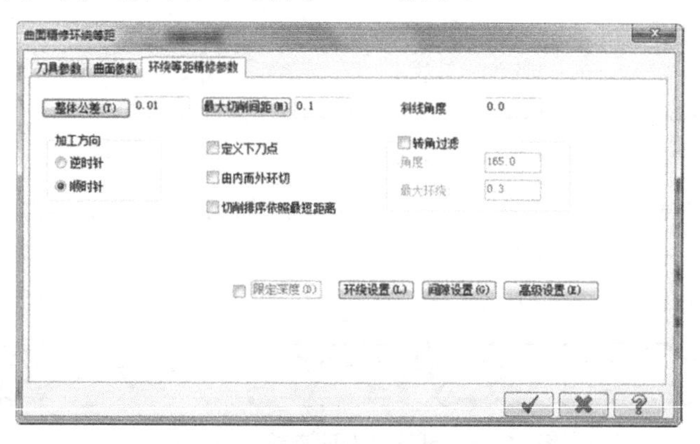

图 12-61　设置“环绕等距精修参数”

（62）单击“高级设置”按钮［高级设置(E)］，在【高级设置】对话框中选择“◉只在两曲面（实体）之间”，如图 12-62 所示。

（63）单击“确定”按钮［✔］，生成曲面精修环绕等距刀路，如图 12-63 所示。

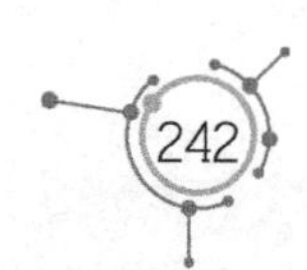

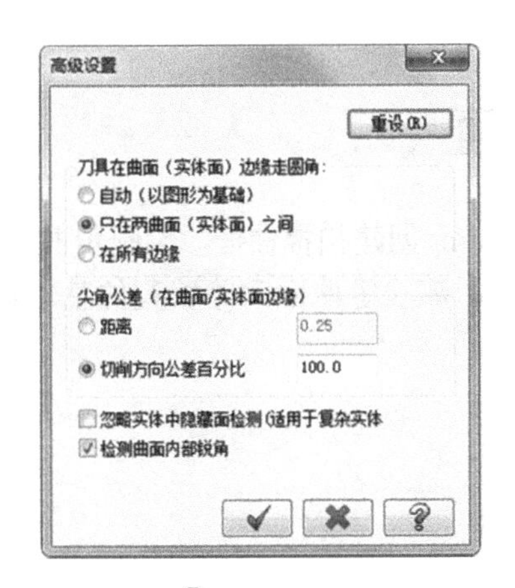

图 12-62　选择“◉只在两曲面（实体）之间”

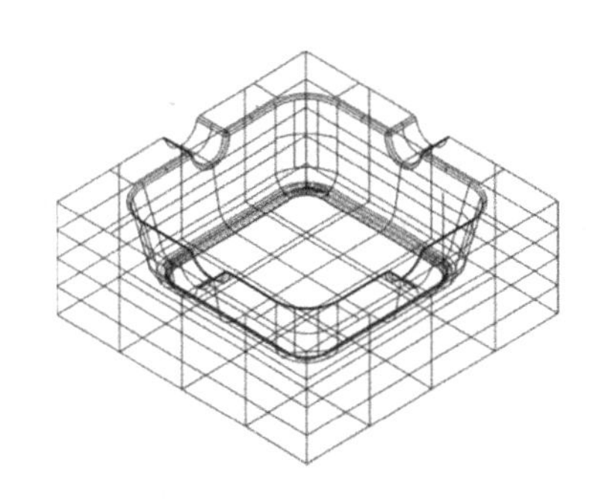

图 12-63　曲面精修环绕等距刀路

（64）在“刀路”管理器中选中第 10～14 刀路，单击鼠标右键，选“编辑已经选择的操作丨更改 NC 文件名”命令，将 NC 文件名更改为 yan5.nc，如图 12-64 所示。

（65）单击“保存”按钮，保存文档，文件名为“烟灰缸.mcx-9”。

5. 工件的第一次装夹

（1）用厚度为 35mm 的铝材毛坯加工，第一次装夹时，毛坯工件的上表面要超出虎钳至少 31mm，加工毛坯表面为 1mm，第二次装夹时，加工毛坯表面为 4mm。

（2）工件上表面的中心为坐标系原点（0，0，0.5）。

（3）工件第一次装夹的加工程序单见表 12-1。

表 12-1　第一次装夹加工程序单

序　　号	程　序　名	刀　　具	加工深度
1	Yan1	ϕ12mm 平底刀	31mm

6. 工件的第二次装夹

（1）第二次用虎钳装夹时，工件毛坯表面要超出虎钳至少 10mm，工件装夹厚度不得超过 25mm。

（2）工件下表面的中心为坐标系原点（0，0，0）。

（3）工件第二次装夹的加工程序单见表 12-2 所示。

表 12-2　第二次装夹加工程序单

序　　号	程　序　名	刀　　具	加工深度
1	Yan2	ϕ12mm 平底刀	20mm
2	Yan3	ϕ6mm 平底刀	5mm
3	Yan4	ϕ10mm 平底刀	20mm
4	Yan5	ϕ6mm 球刀	20mm

实例 13 塑料外壳——重点讲述扫描曲面

本节以塑料外壳的造型为例，详细介绍 Mastercam 创建扫描曲面、倒圆角曲面，牵引曲面、修剪曲面的方法，同时也介绍了曲面挖槽、流线等曲面刀路编程的基本过程，尺寸如图 13-1 所示。

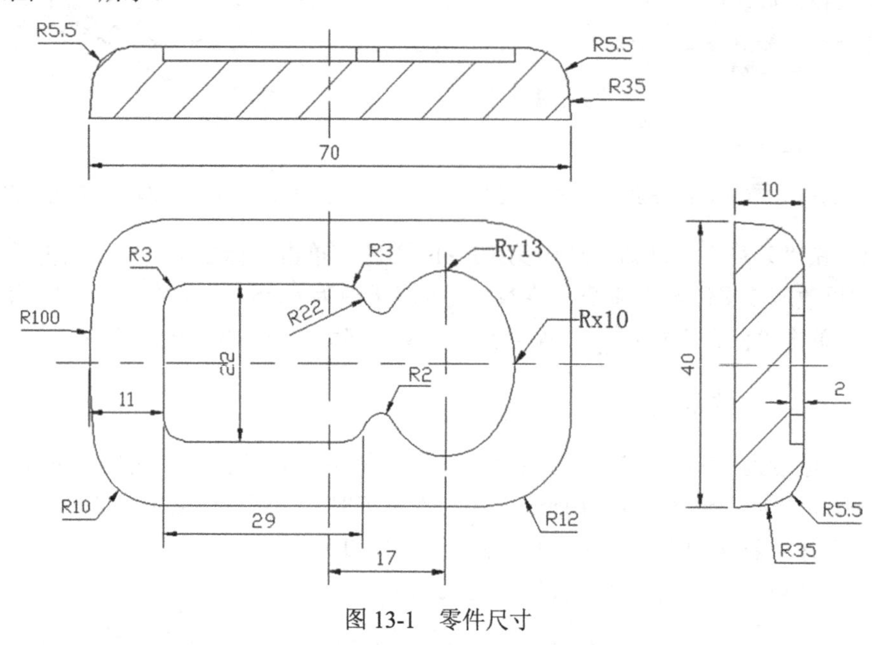

图 13-1 零件尺寸

1. 零件的建模过程

（1）在工作区下方的工具条中对“绘图模式”选择“3D”。

（2）在主菜单中选取“绘图｜矩形”命令，在坐标输入框中输入矩形中心点的坐标（0，0，0），在辅助工具条中输入矩形的长 70mm、宽 40mm，单击“设置基准点为中心”按钮，单击“确定”按钮，创建一个矩形，如图 13-2 所示。

（3）以矩形左边竖直线的中心为圆心，绘制一个直径为ϕ200mm 的圆，如图 13-3 所示。

（4）在主菜单中选取“转换｜平移”命令，在【平移】对话框中选择“◉移动”，ΔX为 100mm，将直径为ϕ200mm 的圆周向右移 100mm，如图 13-4 所示。

（5）在主菜单中选取“绘图｜倒圆角｜倒圆角”命令，在工具条中输入半径为 10mm，选中“修剪”按钮，在圆周与两条水平线之间创建圆角（R10），如图 13-5 左边圆角所示。

（6）用同样的方法，在矩形右边的竖直线与两条水平线之间创建圆角（R12），如图 13-5 右边的圆角所示（矩形左边的竖直线可直接删除）。

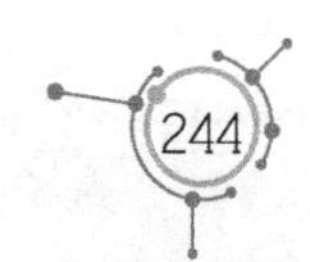

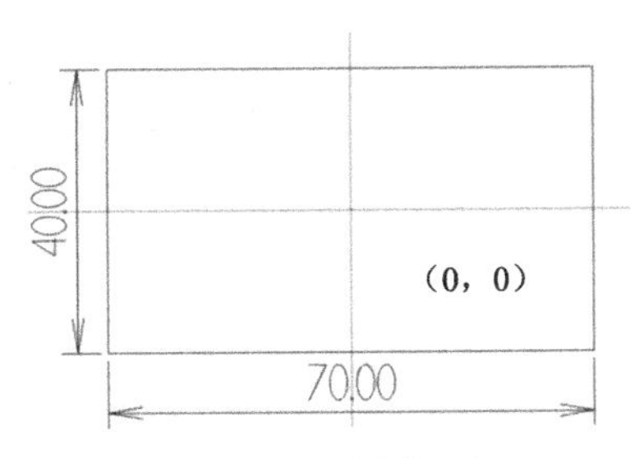

图 13-2 绘制矩形

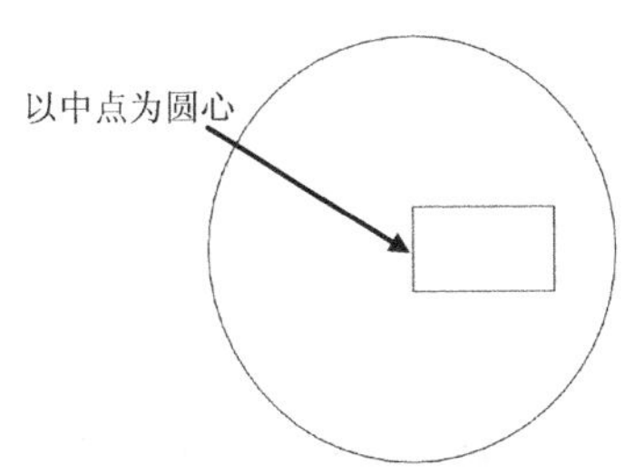

图 13-3 绘制直径为ϕ200mm 的圆

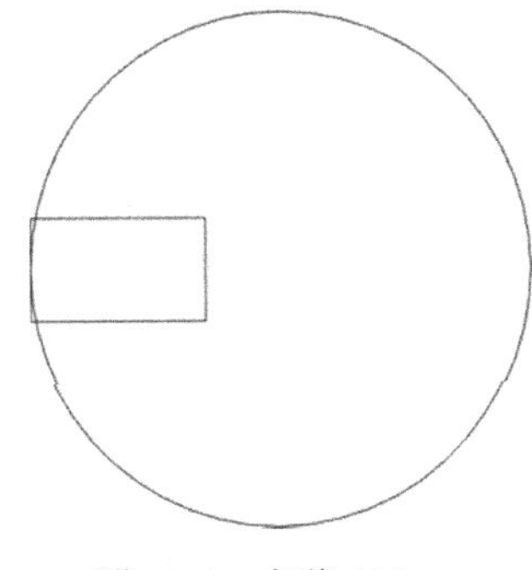

图 13-4 右移 100mm

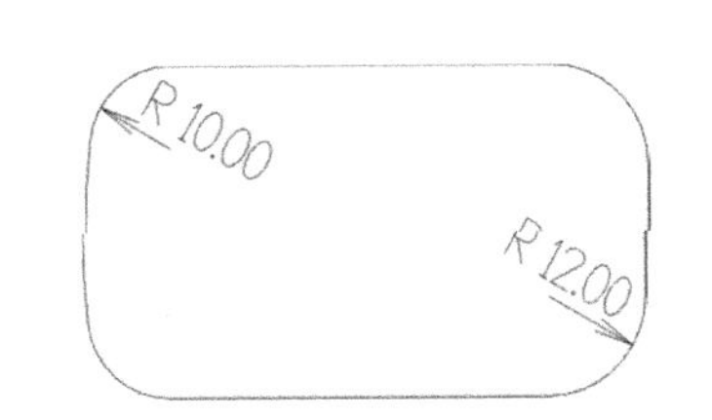

图 13-5 创建圆角

（7）单击“前视图”按钮，将视图切换成前视图。

（8）在工作区下方的工具条中选择“2D”，将“Z”设为 0，如图 13-6 所示。

图 13-6 选择“2D”，“Z”设为 0

（9）以端点为圆心，绘制一个直径为ϕ75mm 的圆和一条水平线，如图 13-7 所示。

（10）在主菜单中选取“转换｜平移”命令，在【平移】对话框中选“◉移动”，ΔX为-35mm，将直径为ϕ75mm 的圆周向左移 35mm，如图 13-8 所示。

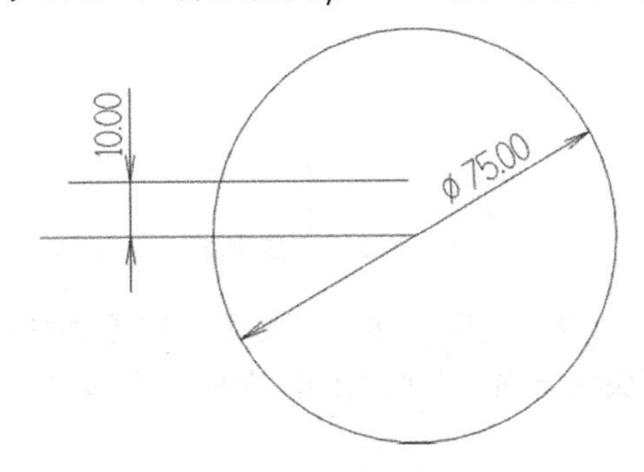

图 13-7 绘制直线与圆弧

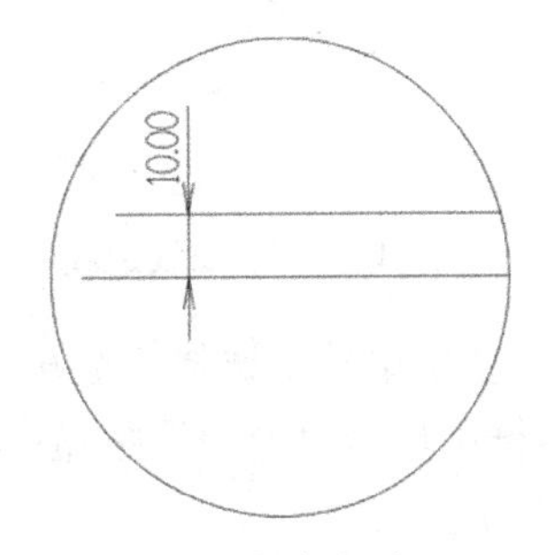

图 13-8 圆周向左移 35mm

（11）在主菜单中选取“编辑｜修剪/打断｜修剪/打断/延伸”命令，在工具条中选择“分割物体”按钮，修剪多余的图素，结果如图 13-9 所示。

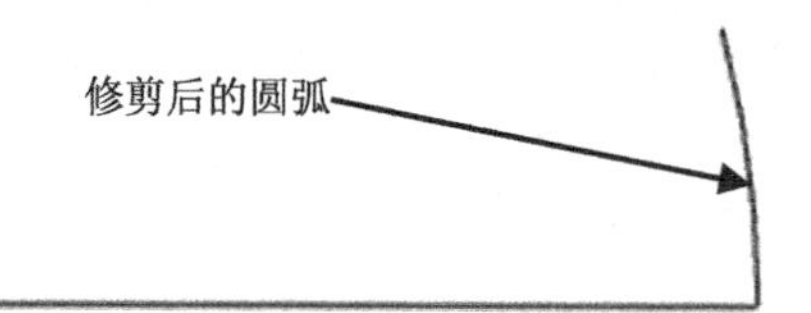

图 13-9　修剪后的圆弧

（12）在主菜单中选取“绘图｜曲面｜扫描曲面”命令，选取图 13-9 修剪后的圆弧为截断曲线，封闭的曲线为引导曲线，如图 13-10 所示。

（13）单击“确定”按钮，创建扫描曲面，如图 13-11 所示。

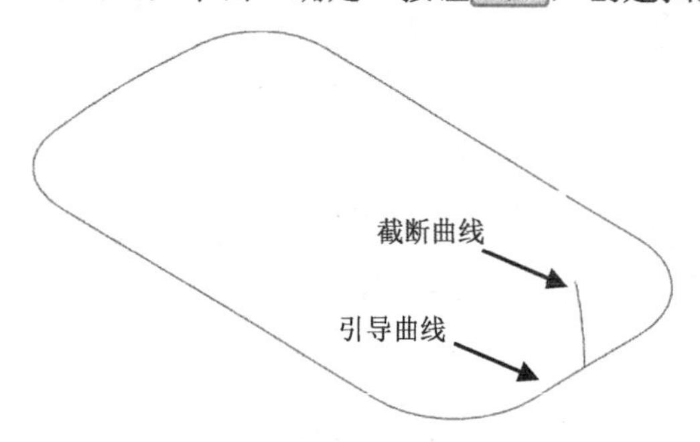

图 13-10　选取截断曲线与引导曲面

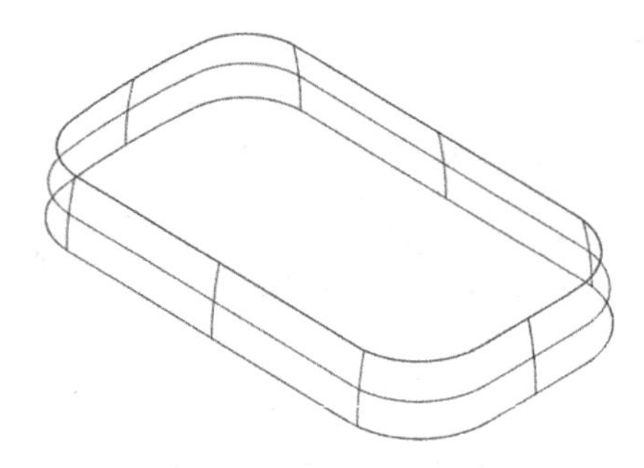

图 13-11　创建扫描曲面

（14）在主菜单中选取“绘图｜曲面曲线｜单一边界”命令，选中曲面，把箭头拖至曲面的边线处，即可创建曲面边线，如图 13-12 所示。

（15）在主菜单中选择“绘图｜曲面｜平面修剪”命令，选取刚才创建的曲线。

（16）单击“确定”按钮，在零件表面创建平面修剪曲面，如图 13-13 所示。

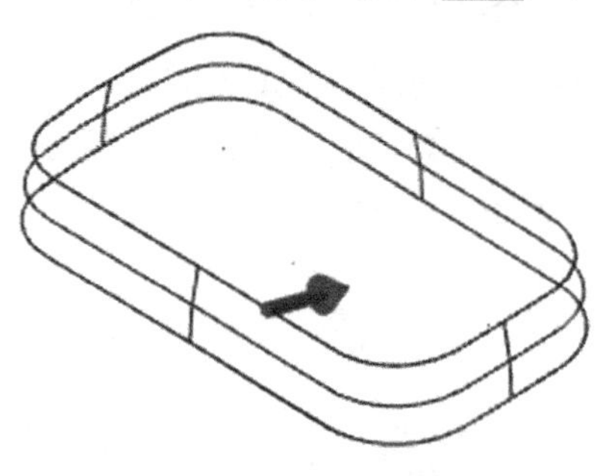

图 13-12　创建曲线边线

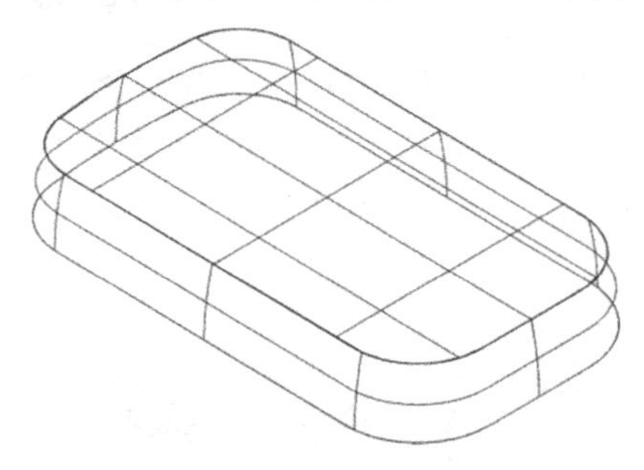

图 13-13　创建平面

（17）在主菜单中选择“分析｜动态分析”命令，选取平面修剪曲面。在【动态分析】对话框中单击“反向”按钮，改变箭头的方向，使曲面的法向箭头朝向内部，如图 13-14 所示。

（18）采用相同的方法，使扫描曲面的法向箭头也朝向里面。

（19）在主菜单中选取“绘图｜曲面｜曲面倒圆角｜曲面与曲面”命令，先选第一个曲面，按 Enter 键，再选第二个曲面，再次按 Enter 键。

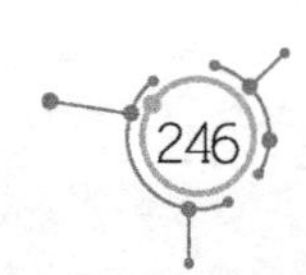

（20）在【曲面与曲面倒圆角】对话框中输入圆角半径5，钩选“修剪”复选框。

（21）单击“确定”按钮，创建倒圆角曲面，如图13-15所示。

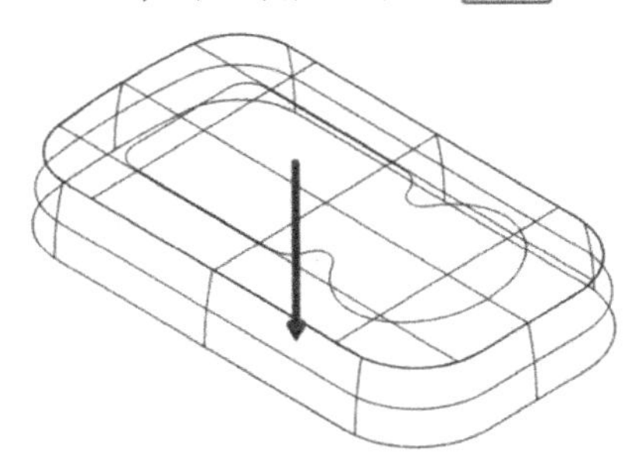

图13-14　曲面法向箭头朝内部

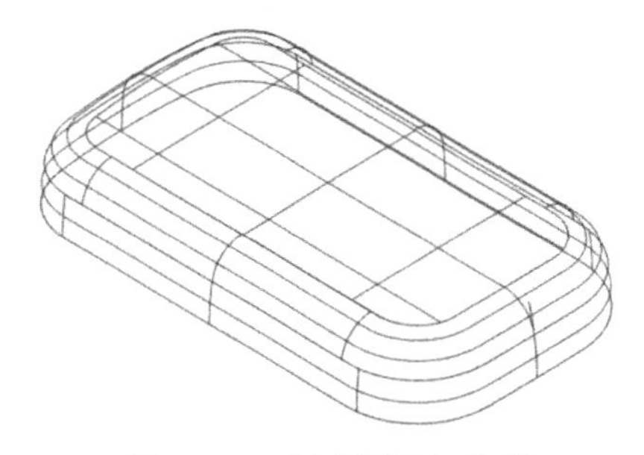

图13-15　创建倒圆角曲面

（22）在工作区下方的工具条中单击“层别”二字，在【层别管理】对话框中设定第2层为主图层，并关闭第1层的“×”，这样做的目的是保持桌面整洁。

（23）在工作区上方的工具条中单击“俯视图”按钮，在工作区下方的工具条中选择“3D”。

（24）以坐标点（0，0，10）为圆心绘制一个ϕ44mm的圆，并以（-24，-11，10）、（-24，11，10）、（15，11，10）、（15，-11，10）4个顶点绘制三条直线，如图13-16所示。

（25）在主菜单中选取“绘图｜倒圆角｜倒圆角”命令，在工具条中输入半径为3mm，选中“修剪”按钮，创建圆角（R3mm），如图13-17圆角所示。

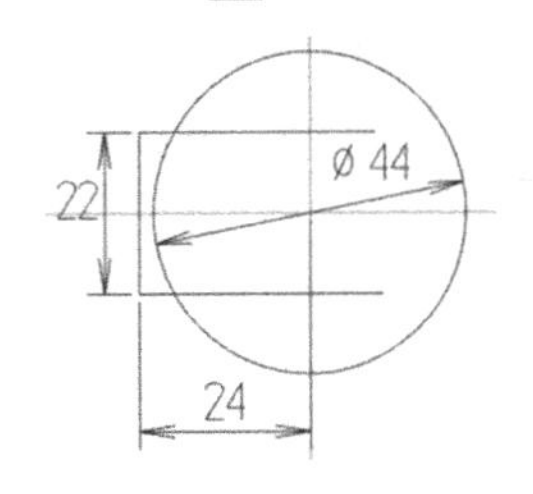

图13-16　绘制一个圆及三条直线

图13-17　创建R3的圆角

（26）在主菜单中选择“转换｜单体补正”命令，在【补正】对话框中选择“◉复制”，距离为29mm，如图13-18所示。

（27）选取左边的直线，再单击所选直线右边的任意点，创建补正曲线，如图13-19所示。

（28）以圆弧的端点，绘制一条水平线，如图13-20所示。

（29）在主菜单中选择“转换｜平移”命令，选取右边的三段圆弧（一段是R22，另两段是R3），按Enter键，在【平移】对话框中选择“◉移动”，单击“起始点”按钮，再选取圆弧的端点为起点。

（30）在工具条中选择“交点”按钮，如图13-21所示，选取水平线和竖直线。

（31）单击“确定”按钮，将右边的三段圆弧移至水平线与竖直线的交点处，如图13-22所示。

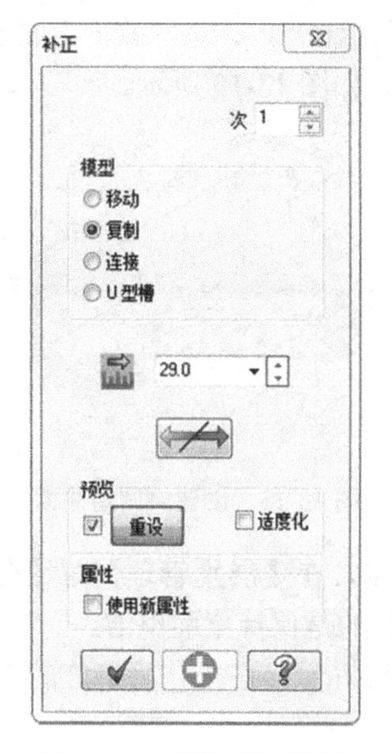

图 13-18 【补正】对话框

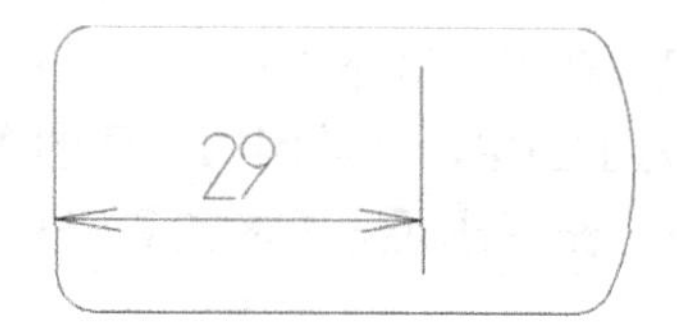

图 13-19 补正直线

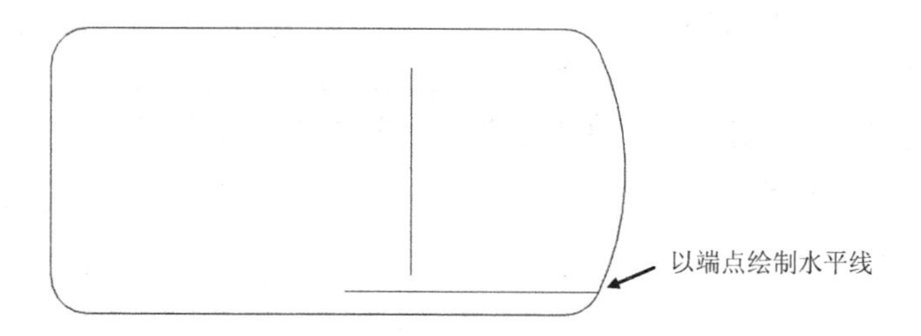

图 13-20 绘制水平线

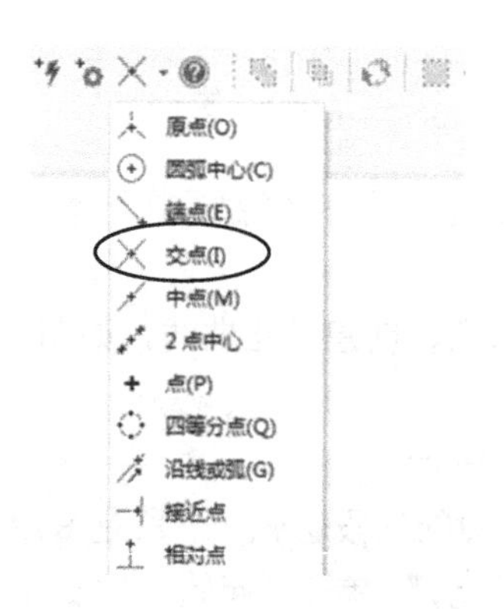

图 13-21 选“交点”按钮

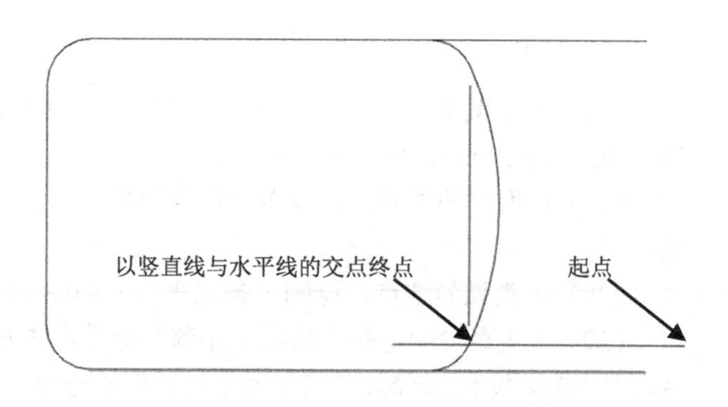

图 13-22 右边的三段圆弧移至水平线与竖直线的交点处

（32）在主菜单中选择“编辑｜修剪/打断｜修剪/打断/延伸”命令，在工具条中选择“分割物体”按钮，修剪多余的曲线，结果如图 13-23 所示。

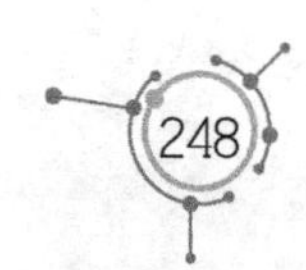

（33）在主菜单中选择“绘图 | 椭圆”命令，输入椭圆中心点坐标（17，0，10），在【椭圆】对话框中，输入 X 半轴值 10mm，输入 Y 半轴值 13mm，如图 13-24 所示。

图 13-23　修剪曲线

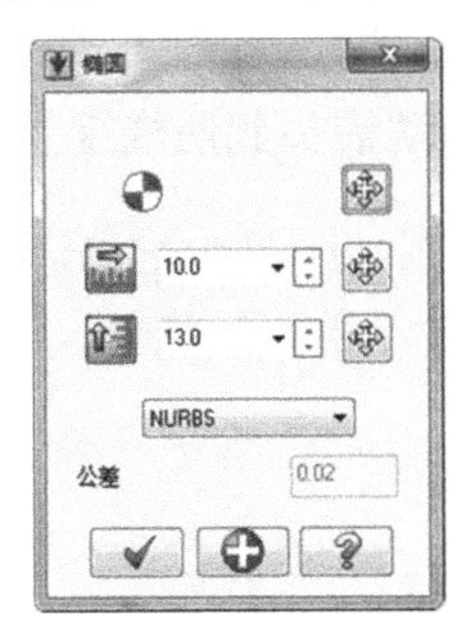

图 13-24　【椭圆】对话框

（34）单击“确定”按钮，绘制一个椭圆，如图 13-25 所示。

（35）在主菜单中选择“绘图 | 倒圆角 | 倒圆角”命令，在工具条中输入的半径为 2mm，选中“修剪”按钮，在椭圆与 R22 的圆弧间创建圆角，如图 13-24 所示圆角。

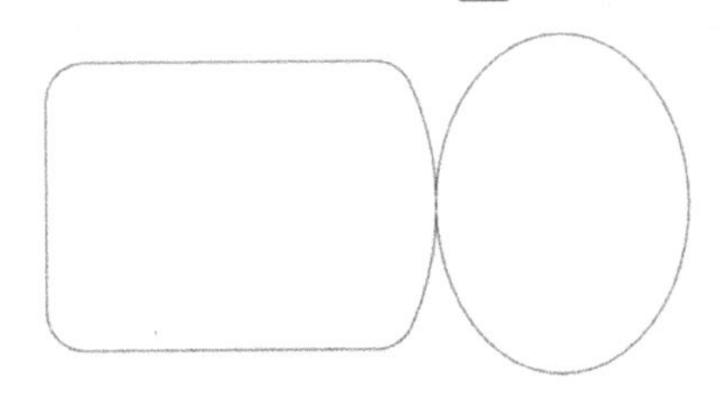

图 13-25　绘制椭圆

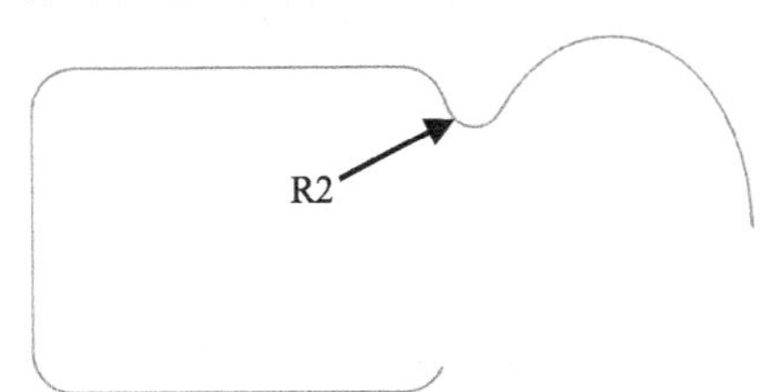

图 13-24　创建圆角

（36）在主菜单中选择“转换 | 镜像”命令，选取椭圆、R2、R22 的圆弧，按 Enter 键，在【镜像】对话框中选择“◉复制”，选择“◉Y0.0”，如图 13-27 所示。

（37）单击“确定”按钮，镜像所选的曲线如图 13-28 所示。

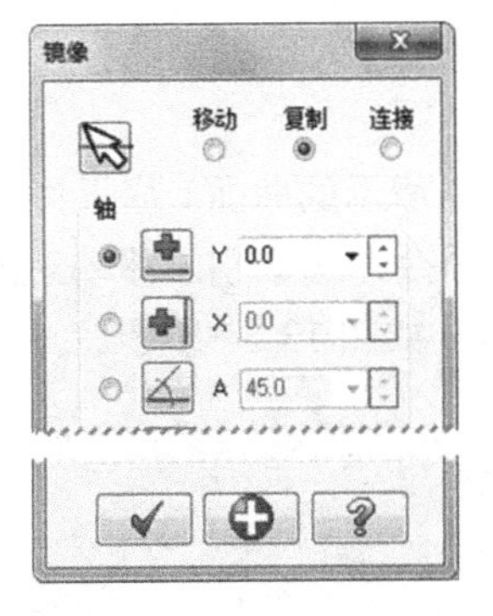

图 13-27　【镜像】对话框

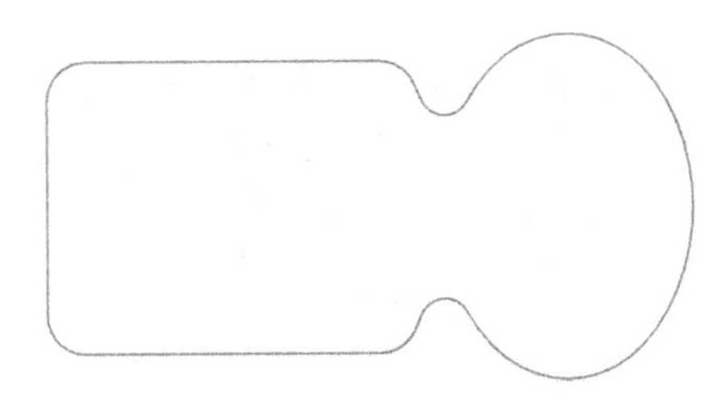

图 13-28　镜像曲线

（38）单击“确定”按钮，所选的曲线与原来的曲线连在一起，如图 13-29 所示。

注意：如果所绘制的曲线没连在一起，请用“转换 | 平移”命令，将曲线连在一起。

（39）在工作区下方的工具条中单击“层别”二字，在【层别管理】对话框中设定

第 1 层为主图层，显示第 1 层的曲面。

（40）在主菜单中选取“绘图丨曲面丨曲面修剪丨修剪至曲线”命令，选取零件上表面的平面，按 Enter 键，选取图 13-29 所示的曲线，单击“确定”按钮。

（41）拖动箭头到所要保留的位置，如图 13-30 所示。

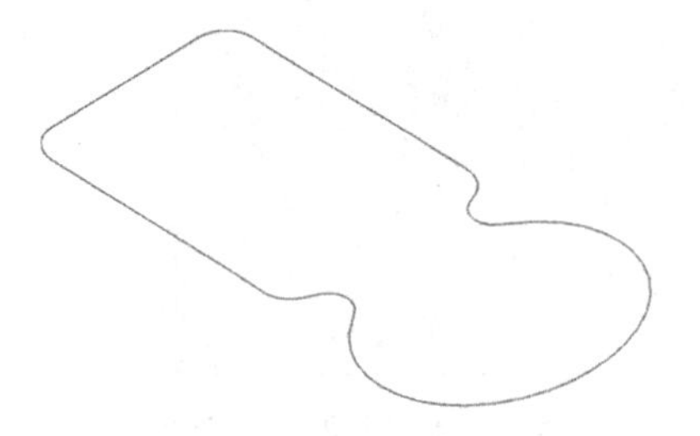

图 13-29　所选的曲线与原来的曲线连在一起

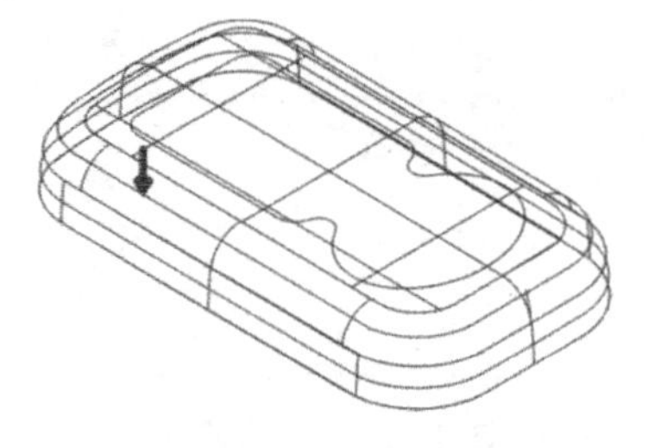

图 13-30　将箭头拖动到要保留的位置

（42）曲面中间的部分被修剪，如图 13-31 所示。

（43）在主菜单中选取“绘图丨曲面丨牵引曲面”命令，选取图 13-29 所示的曲线。

（44）在【牵引曲面】对话框中输入牵引距离 2，创建牵引曲面，如图 13-32 所示。

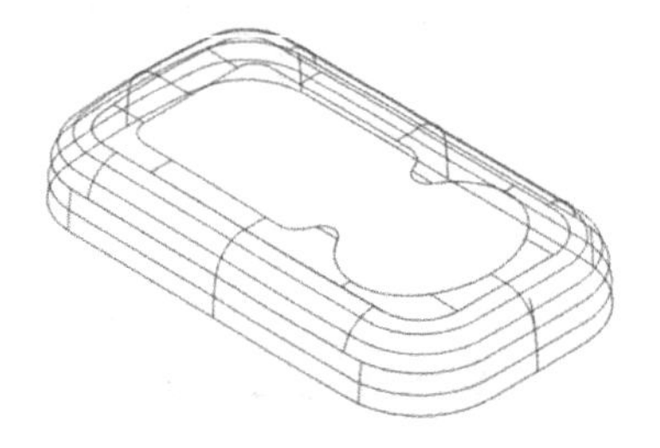

图 13-31　曲面中间的部分被修剪

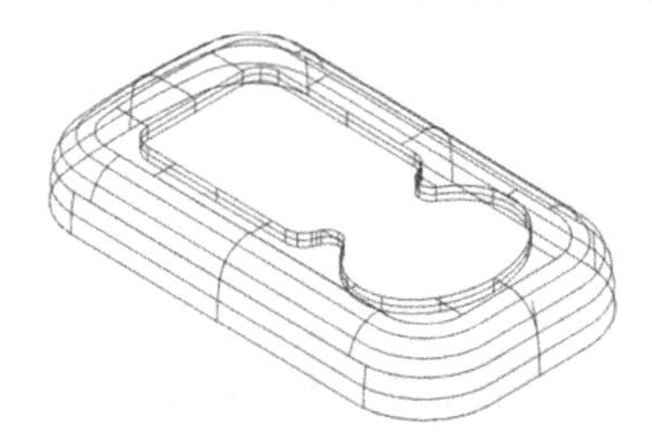

图 13-32　创建牵引曲面

（45）在主菜单中选择“转换丨平移”命令，在工作区上方的工具条中单击，在下拉菜单中选择“选择串联”选项，如图 13-33 所示。

（46）选取图 13-29 所示的曲线，按 Enter 键，在【平移】对话框中选择“◉移动”，ΔZ 为-2mm。

（47）单击“确定”按钮，所选的曲线（图 13-29 所示的曲面）往下移动-2mm。

（48）在主菜单中选择“绘图丨曲面丨平面修剪”命令，选取刚才移动后的曲线。

（49）单击“确定”按钮，创建平面修剪曲面，如图 13-34 所示。

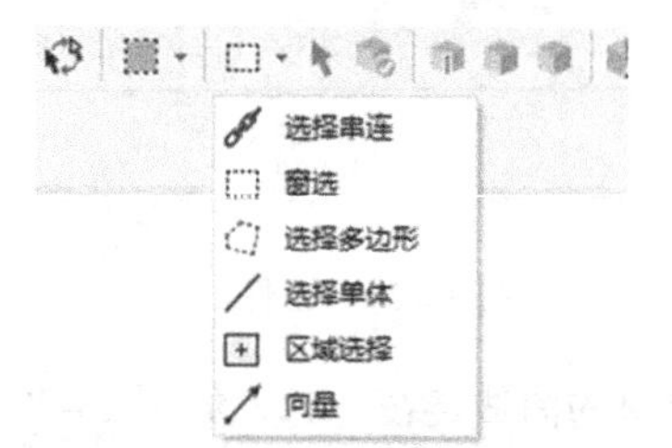

图 13-33　选择“选择串联”选项

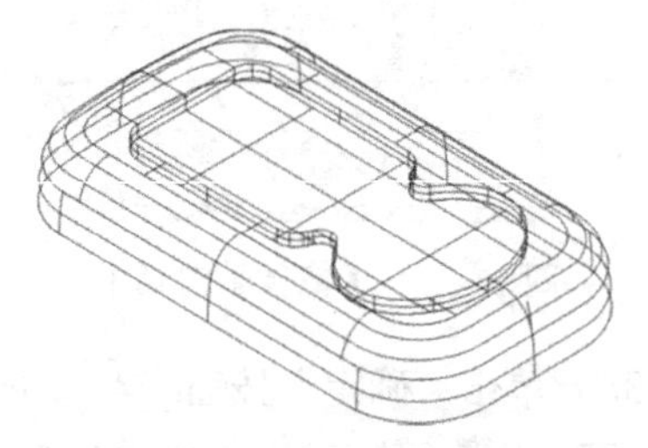

图 13-34　创建平面修剪曲面

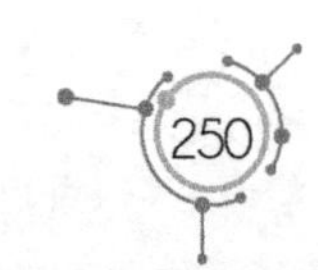

2. 加工工艺分析

（1）零件结构比较简单，零件的最大尺寸是 70mm×40mm×10mm，毛坯材料是 85mm×85mm×35mm，加工曲面时有足够的装夹位。

（2）因毛坯材料远远大于工件，故在精加工前需要开粗。

（3）腔型开粗时，用ϕ12mm 平底刀粗加工。精加工时，曲面部分用ϕ8mm 球刀加工，工件中间的凹坑用ϕ6mm 平底刀加工，台阶部分用ϕ10 平底刀加工。

（4）零件的四周是ϕ35mm 的圆弧，用ϕ8mm 球刀精加工。为了避免球刀刀尖碰到台阶面，台阶的加工高度应比外形线高度至少低 5mm。

3. 数控编程过程

（1）在主菜单中选择“转换｜平移”命令，选中所有的图素，按 Enter 键。在【平移】对话框中选“◉移动”，ΔZ 为-10mm。

（2）单击“确定”按钮，零件图整体下移 10mm。

注意：这样做的目的是设定工件表面所对应的 Z 值为 0，便于工件坐标系与编程的坐标系统一。

（3）在工作区下方的工具条中选择“2D”，Z 值为-15，如图 13-35 所示。

图 13-35　选择“2D”，Z 值为-15

（4）在主菜单中选取“绘图｜矩形”命令，在坐标输入框中输入矩形中心点的坐标（0，0，-15），创建两个矩形，一个是 80mm×80mm，用于加工台阶，一个是 85mm×85mm，用于设计刀路的辅助线，如图 13-36 所示。

（5）在主菜单中选择“机床类型｜铣床｜默认”命令，进入加工模式。

（6）在“刀路”管理器中展开“+属性”，再单击“毛坯设置”命令。

（7）在【机床群组属性】对话框“毛坯设置”选项卡中，对“毛坯平面”选择“俯视图”，对“形状”选择“◉立方体”，钩选“显示”、“适度化”复选框，选“◉线框”，“毛坯原点”为（0，0，0.5），毛坯的长、宽、高分别为 85mm、85mm、34.5mm。

（8）在主菜单中选取“刀路｜曲面粗切｜挖槽”命令，输入 NC 名称为 W1。

（9）单击“确定”按钮，选取所有的曲面，按 Enter 键，在【刀路曲面选择】对话框中单击“切削范围”按钮，选取 85mm×85mm 的矩形边线。

（10）在【曲面粗切挖槽】对话框中选择“刀具”选项，在右边的空白处单

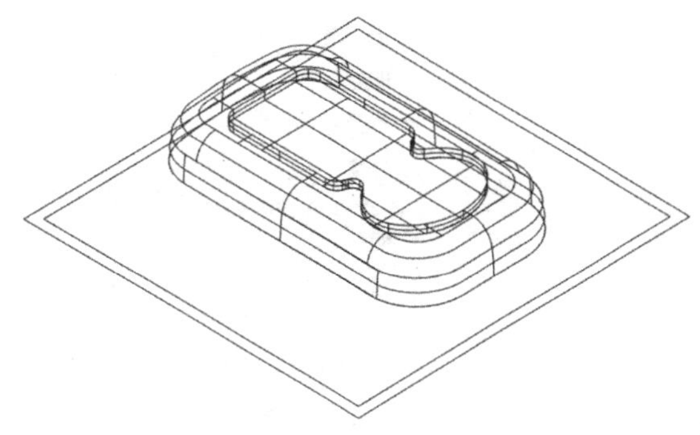

图 13-36　绘制两个矩形

击鼠标右键，在下拉菜单中选择“创建新刀具”命令。

（11）刀具类型选“平底刀”，刀齿直径为ϕ12mm，刀号为1，刀长补正为1，半径补正为1，进给速率为1000mm/min，下刀速率为600 mm/min，提刀速率为1500 mm/min，主轴转速为1500r/min，其他参数选系统默认值。

（12）在【曲面粗切挖槽】对话框中选择“曲面参数”选项，“安全高度”为5.0mm。选择“◉绝对坐标”，“参考高度”为5.0mm。选择“◉绝对坐标”，“下刀位置”为1.0mm。选择“◉增量坐标”，“加工面预留量”为0.3mm。

（13）选择“粗切参数”选项，“整体公差”为0.01，“Z最大步进量”为1mm，钩选“螺旋进刀”、“由切削范围外下刀”复选框，如图13-37所示。

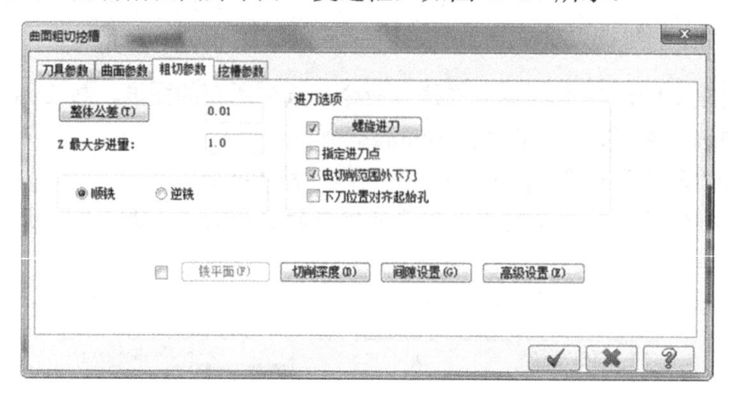

图13-37　钩选“螺旋进刀”、“由切削范围外下刀”复选框

（14）单击“螺旋进刀”按钮 螺旋进刀 ，在【螺旋/斜插下刀设置】对话框中选择“斜插进刀”选项，“最小长度”为15mm，“最大长度”为30mm，“Z间距”为1mm，“进刀角度”为1°，“退刀角度”为1°，如图13-38所示。

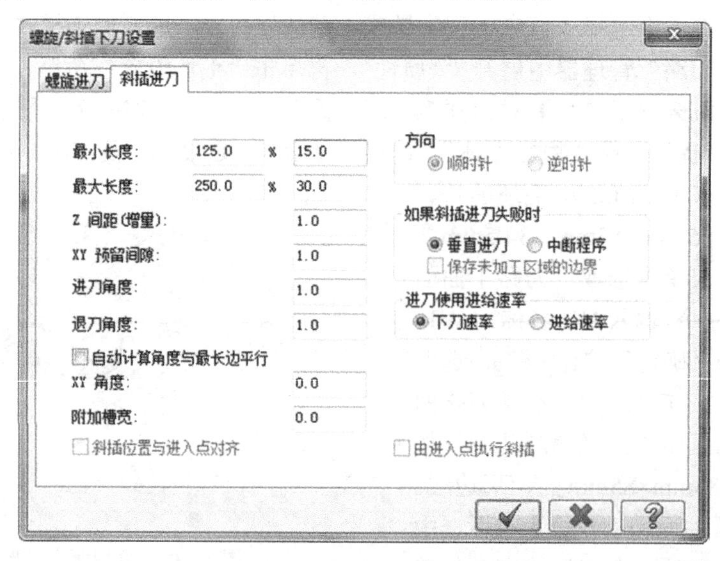

图13-38　“斜插进刀”选项

（15）单击“切削深度”按钮 切削深度(D) ，设定“最高位”为-1.0mm，“最低位”为-14.9mm。

（16）选择“挖槽参数”选项，钩选“粗切”复选框，“切削方式”选择“双向”，“切削间距”为 80%，钩选“精修”复选框，“次”为 1，“间距”为 1.0mm，如图 13-39 所示。

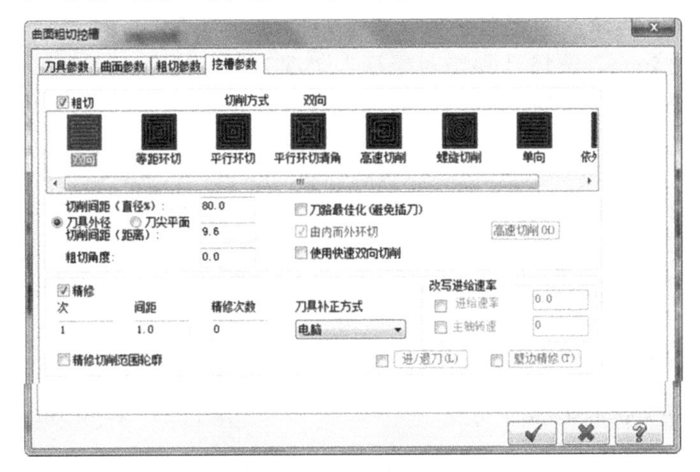

图 13-39 设定“挖槽参数”

（17）单击“确定”按钮 ✔ ，生成曲面粗切挖槽刀路，如图 13-40 所示。

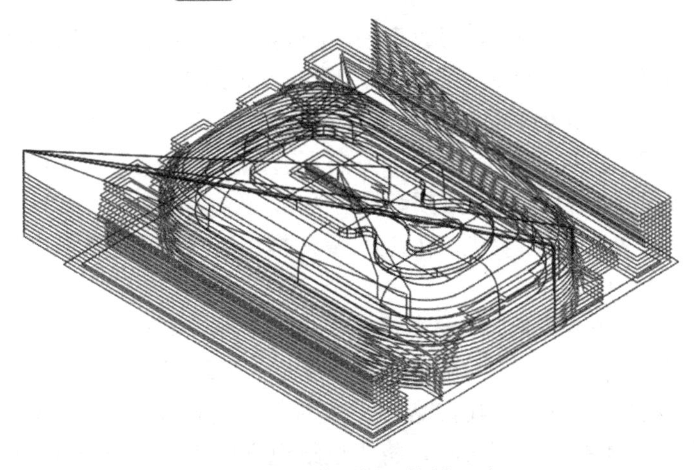

图 13-40 曲面粗切挖槽刀路

（18）在【刀路】管理器中单击“切换”按钮≋，隐藏平面铣刀路。

（19）在主菜单中选取“刀路 | 外形”命令，选取实体上 80mm×80mm 的边线，箭头方向为顺时针，如图 13-41 虚线所示。

（20）单击“确定”按钮 ✔ ，选择“刀具”选项，选择ϕ12mm 平底刀。

（21）选择“切削参数”选项，“补正方式”选择“电脑”，“补正方向”选择“左”，“壁边预留量”为 0.3mm，“外形铣削方式”选择“2D”。

（22）选择“Z 分层切削”选项，钩选“深度分层切削”复选框，“最大粗切步进量”

选择 1.0mm，钩选“不提刀”复选框。

（23）选择“进/退刀设置”选项，在“进刀”区域中选择“◉相切”，进刀长度为 5mm，圆弧半径为 1mm，单击⏩按钮，使退刀参数与进刀参数相同。

（24）选择“共同参数”选项，“安全高度”为 5.0mm。选择“◉绝对坐标”，“参考高度”为 5.0mm。选择“◉绝对坐标”，“下刀位置”为 5.0mm。选择“◉绝对坐标”，“工件表面”为-15mm。选择“◉绝对坐标”，“深度”为-25mm。选择“◉绝对坐标”。

（25）单击“确定”按钮✔，生成外形铣粗加工刀路，如图 13-42 所示。

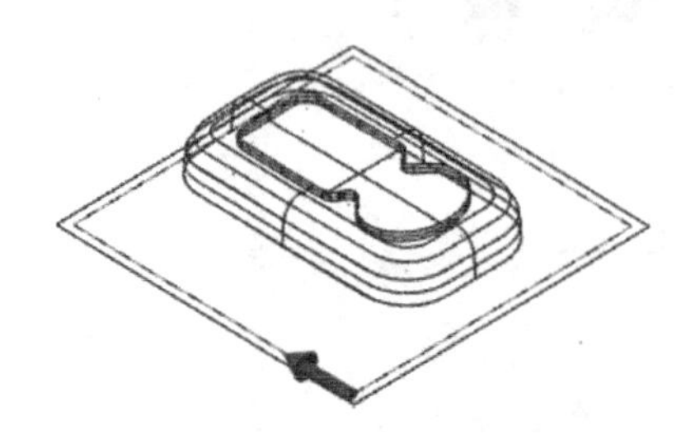

图 13-41　选 80mm×80mm 的边线

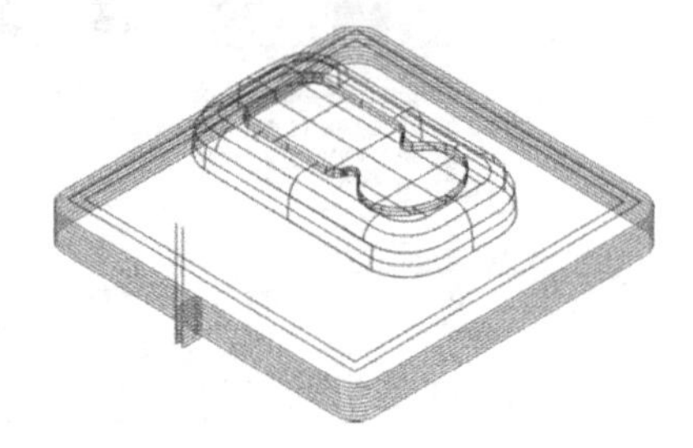

图 13-42　外形铣粗加工刀路

（26）在主菜单中选取“刀路｜2D 挖槽”，选取图 13-43 所示的曲线。

（27）单击“确定”按钮✔，在【2D 刀路-2D 挖槽】对话框中选中“刀具”选项，在右边的空白处单击鼠标右键，在下拉菜单中选择“创建新刀具”命令。

（28）刀具类型选“平底刀”，刀齿直径为ϕ6mm，刀号为 2，刀长补正为 2，半径补正为 2，进给速率为 600mm/min，下刀速率为 600 mm/min，提刀速率为 1500 mm/min，主轴转速为 1500r/min，其他参数选择系统默认值。

（29）选择“切削参数”选项，“加工方向”选择“◉顺铣”，“挖槽加工方式”选择“标准”，“壁边预留量”为 0，“底面预留量”为 0。

（30）选择“粗切”选项，钩选“粗切”复选框，切削方式选“双向”，“切削间距”为 80%，粗切角度为 0°。

（31）选择“进刀方式”选项，选择“◉斜插”，“最小长度”为 5mm，“最大长度”为 10mm，“Z 间距”为 0.5mm，“进刀角度”为 1°，“退刀角度”为 1°。

（32）选择“精修”选项，钩选“精修”复选框，精修次数为 4，间距为 0.1mm，钩选“精修外边界”、“不提刀”复选框，将“进给速率”改为 400mm/min，“主轴转速”为 1200r/min。

（33）选择“进/退刀设置”选项，在“进刀”区域中选择“◉相切”，进刀长度为 3mm，圆弧半径为 1mm，单击⏩按钮，使退刀参数与进刀参数相同。

（34）选择“Z 分层切削”选项，取消“深度分层切削”复选框前面的“√”。

（35）选择“共同参数”选项，“安全高度”为 5.0mm。选择“◉绝对坐标”，“参考高度”为 5.0mm。选择“◉绝对坐标”，“下刀位置”为 5.0mm。选择“◉绝对坐标”，“工件表面”为 0。选择“◉绝对坐标”，“深度”为-2.0mm。选择“◉绝对坐标”。

（36）单击“确定”按钮✔，生成挖槽精加工刀路，如图 13-43 所示。

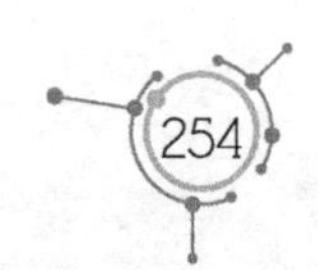

（37）在“刀路”管理器中选中“3-2D 挖槽”，单击鼠标右键，选择“编辑已经选择的操作｜更改 NC 文件名”命令，将 NC 文件名更改为 W2，如图 13-44 所示。

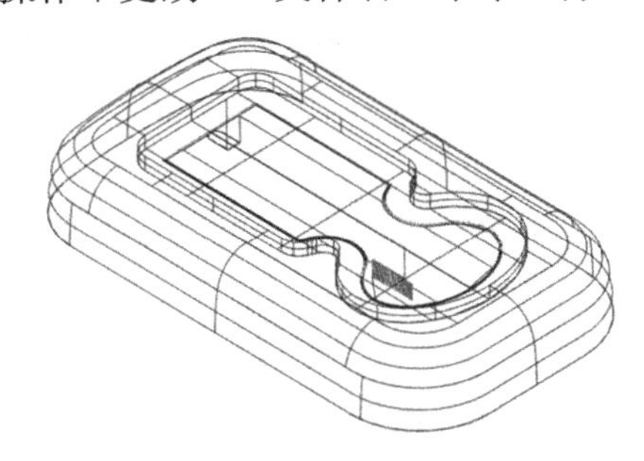

图 13-43　挖槽精加工刀路

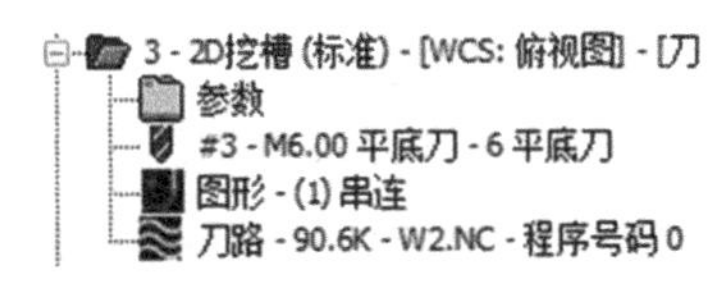

图 13-44　NC 文件名更改为 W2

（38）在主菜单中选取“刀路｜外形”命令，选取图 13-29 所创建的曲线，箭头方向为顺时针，如图 13-45 虚线所示。

（39）单击“确定”按钮，选择“刀具”选项，在右边的空白处单击鼠标右键，在下拉菜单中选择“创建新刀具”命令。

（40）刀具类型选择“平底刀”，刀齿直径为ϕ10mm，刀号为 3，刀长补正为 3，半径补正为 3，进给速率为 500mm/min，下刀速率为 600 mm/min，提刀速率为 1500 mm/min，主轴转速为 1500r/min，其他参数选择系统默认值。

（41）选择“切削参数”选项，“补正方式”选择“电脑”，“补正方向”选择“左”，“壁边预留量”为-2.0mm，“底面预留量”为 0，“外形铣削方式”选择“2D”。

（42）选择“Z 分层切削”选项，取消“深度分层切削”复选框前面的“√”。

（43）选择“进/退刀设置”选项，在“进刀”区域中选“◉相切”，进刀长度为 5mm，圆弧半径为 1mm，单击按钮，使退刀参数与进刀参数相同。

（44）选择“共同参数”选项，“安全高度”为 5.0mm。选择“◉绝对坐标”，“参考高度”为 5.0mm。选择“◉绝对坐标”，“下刀位置”为 5.0mm。选择“◉绝对坐标”，“工件表面”为 0。选择“◉绝对坐标”，“深度”为 0。选择“◉绝对坐标”。

（45）单击“确定”按钮，生成外形铣精加工刀路（加工工件表面），如图 13-46 所示。

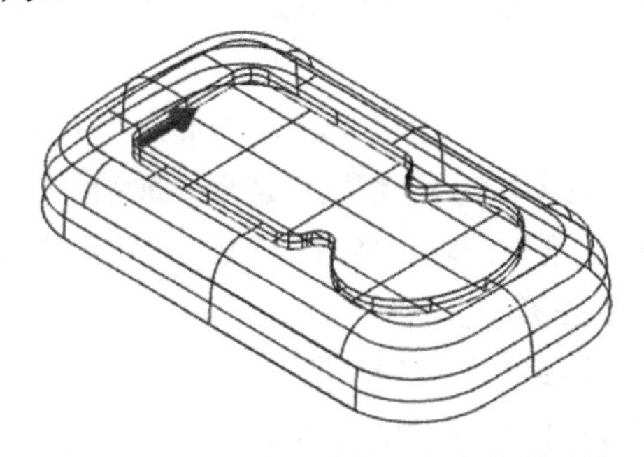

图 13-45　选取外形边线，方向为顺时针

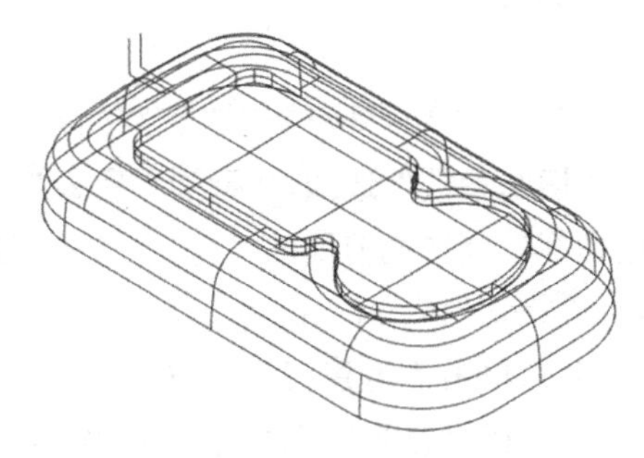

图 13-46　外形刀路

（46）在主菜单中选取“刀路 | 2D 挖槽”，选取图 13-5 所示的曲线和 85mm×85mm 的矩形，如图 13-47 所示，单击“确定”按钮✔。

（47）在【2D 刀路-2D 挖槽】对话框中选中“刀具”选项，选择ϕ10mm 平底刀。

（48）选择“切削参数”选项，“加工方向”选择“◉顺铣”，“挖槽加工方式”选“平面铣”，“壁边预留量”为 0，“底面预留量”为 0。

（49）选择“粗切”选项，钩选“粗切”复选框，切削方式选“双向”，“切削间距”为 80%，粗切角度为 0°。

（50）选择“进刀方式”选项，选择“◉关”。

（51）选择“精修”选项，钩选“精修”复选框，精修次数为 4，间距为 0.1mm，取消“精修外边界”复选框前面的“√”，钩选“不提刀”复选框，将“进给速率”改为 400mm/min，“主轴转速”为 1200r/min。

（52）选择“进/退刀设置”选项，在“进刀”区域中选择“◉相切”，进刀长度为 3mm，圆弧半径为 1mm，单击 > 按钮，使退刀参数与进刀参数相同。

（53）选择“Z 分层切削”选项，取消“深度分层切削”复选框前面的“√”。

（54）选择“共同参数”选项，“安全高度”为 5.0mm。选择“◉绝对坐标”，“参考高度”为 5.0mm。选择“◉绝对坐标”，“下刀位置”为 5.0mm。选择“◉绝对坐标”，“工件表面”为 0。选择“◉绝对坐标”，“深度”为-15.0mm。选择“◉绝对坐标”。

（55）单击“确定”按钮✔，生成加工台阶的挖槽精加工刀路，如图 13-48 所示。

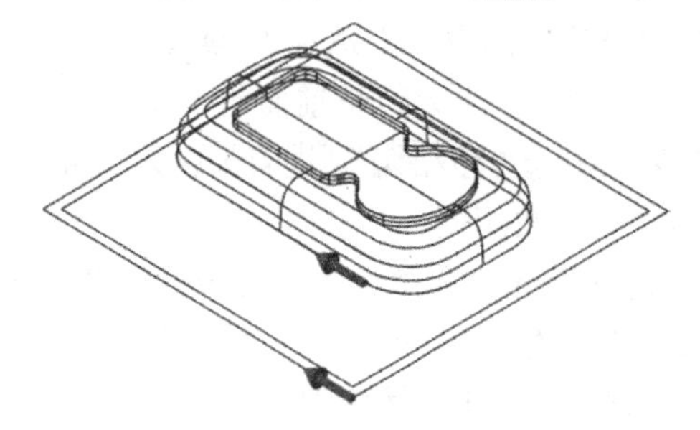

图 13-47　选箭头所示的外形边线

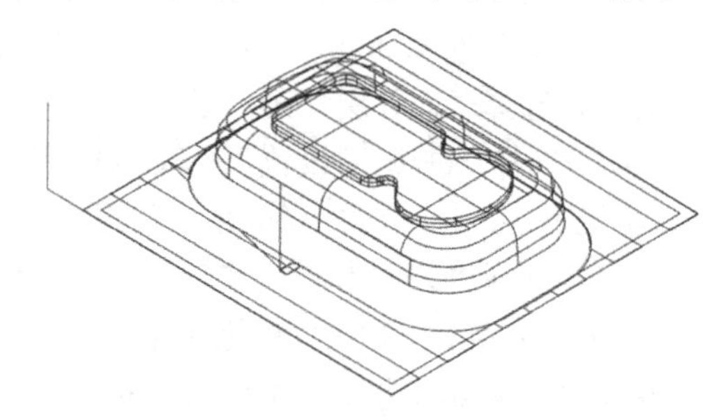

图 13-48　加工台阶的挖槽精加工刀路

（56）在“刀路”管理器中复制“2-外形铣削”刀路，并粘贴到“刀路”管理器的最后。

（57）单击“6-外形铣削”刀路的“参数”，选中“刀具”选项，选择ϕ10mm 平底刀。选择“切削参数”选项，“壁边预留量”改为 0。选择“Z 分层切削”选项，取消“深度分层切削”复选框前面的“√”。选择“XY 分层切削”选项，钩选“XY 分层切削”复选框，“粗切”为 3，“间距”为 0.1mm，钩选“不提刀”复选框。

（58）单击“重建刀路”按钮，外形精加工刀路如图 13-49 所示。

（59）在“刀路”管理器中选中第 4～第 6 个刀路，单击鼠标右键，选择“编辑已经选择的操作 | 更改 NC 文件名”命令，将 NC 文件名更改为 W3，如图 13-50 所示。

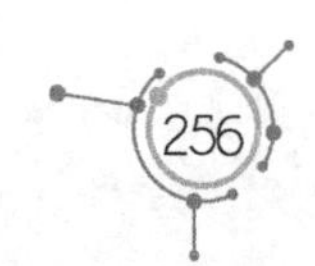

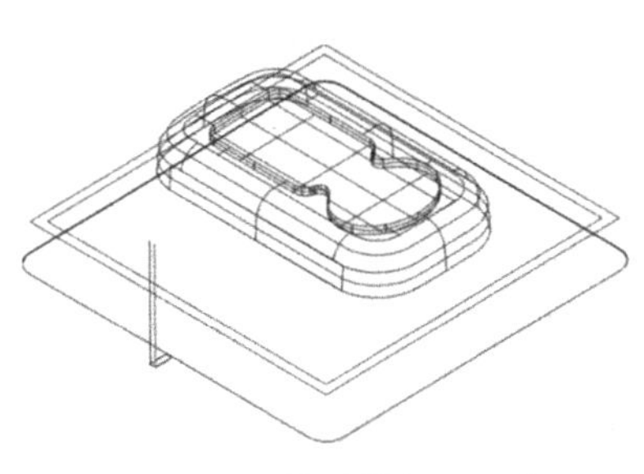

图 13-49　外形精加工刀路

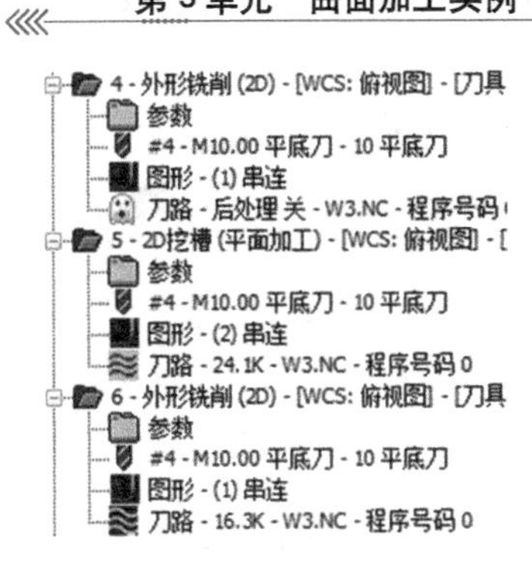

图 13-50　NC 文件名更改为 W3

（60）在主菜单中选取“刀路｜曲面精修｜流线”命令，在零件图上选取扫描曲面和倒圆角曲面，按 Enter 键，再单击“确定”按钮。

（61）在【曲面精修流线】对话框中的空白处单击鼠标右键，在下拉菜单中选择“创建新刀具”命令。

（62）刀具类型选择“球刀”，刀齿直径为ϕ8mm，刀号为 4，刀长补正为 4，半径补正为 4，进给速率为 1000mm/min，下刀速率为 600 mm/min，提刀速率为 1500 mm/min，主轴转速为 1500r/min，其他参数选择系统默认值。

（63）选择“曲面参数”选项，“安全高度”为 5.0mm。选择“◉绝对坐标”，“参考高度”为 5.0mm。选择“◉绝对坐标”，“下刀位置”为 1.0mm。选择“◉增量坐标”，“加工面预留量”为 0。

（64）选择“曲面流线精修参数”选项，“整体公差”为 0.01，“残脊高度”为 0.01mm，“切削方向”选择“单向”，如图 13-51 所示。

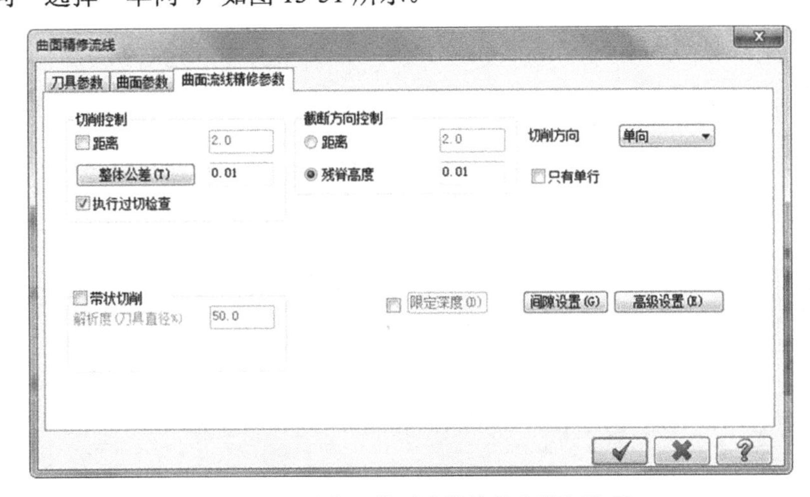

图 13-51　设定“曲面流线精修参数”选项

（65）单击“确定”按钮，生成流线刀路，如图 13-52 所示。

（66）在“刀路”管理器中选中第 7 个刀路，单击鼠标右键，选“编辑已经选择的操作｜更改 NC 文件名”命令，将 NC 文件名更改为 W4，如图 13-53 所示。

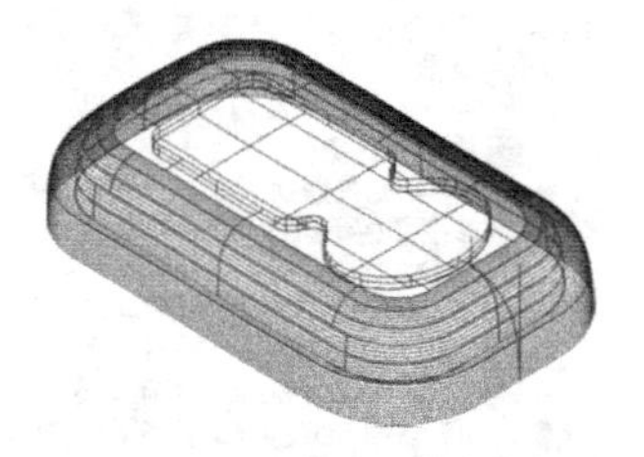

图 13-52　曲面精修流线刀路

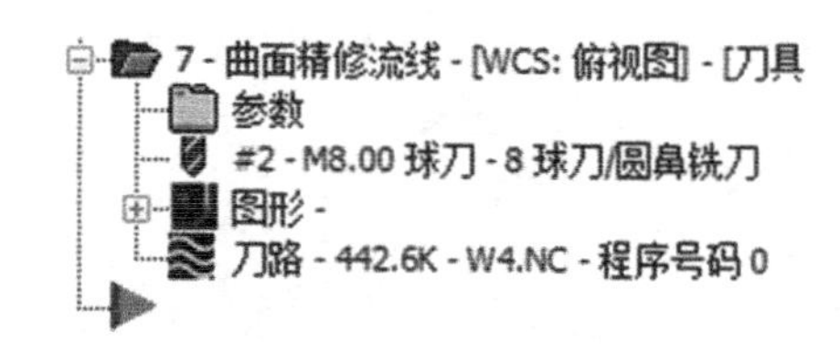

图 13-53　NC 文件名更改为 W4

（67）单击“保存”按钮，保存文档，文件名为“塑料外壳.mcx-9”。

4. 装夹过程

（1）用厚度为 35mm 的毛坯铝材加工该工件时，毛坯工件的上表面要超出虎钳至少 26mm。也就是说，工件装夹的厚度不得超过 9mm。

（2）工件上表面的中心为坐标系原点 (0，0，0.5)。

（3）加工程序单见表 13-1。

表 13-1　加工程序单

序号	程序名	刀具	加工深度
1	W1	ϕ12mm 平底刀	25mm
2	W2	ϕ6mm 平底刀	2mm
3	W3	ϕ10mm 平底刀	25mm
4	W4	ϕ8R4mm 球刀	15mm

实例 14　肥皂盒盖——重点讲述昆氏曲面

本节以肥皂盒盖外壳的造型为例，详细介绍 Mastercam 创建网状曲面（以前的版本称为昆氏曲面）的方法。同时也介绍了曲面挖槽、平行等曲面刀路编程的基本过程，尺寸如图 14-1 所示。

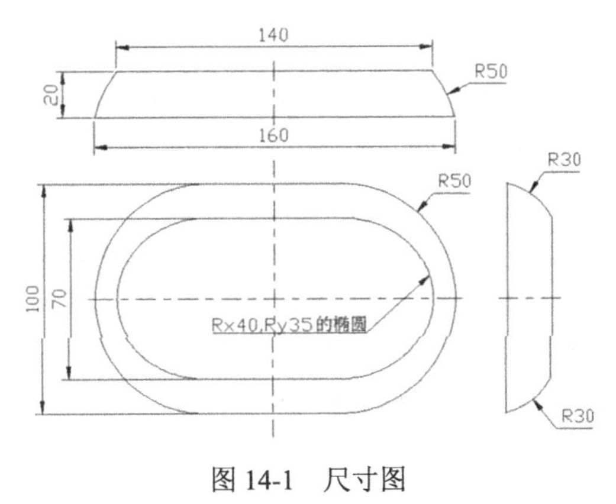

图 14-1　尺寸图

1. 建模过程

（1）在工作区下方的工具条中对“绘图模式”选择 3D。

（2）在主菜单中选取“绘图｜矩形”命令，在坐标输入框中输入矩形中心点的坐标（0，0，0），在辅助工具条中输入矩形的长 160mm、宽 100mm，单击“设置基准点为中心”按钮，单击“确定”按钮，创建一个矩形，如图 14-2 所示。

（3）在主菜单中选择“绘图｜绘弧｜切弧”命令，在工具条中选择“三物体切弧”按钮，依次选取 AB、BC、CD 三条直线，创建一条圆弧，如图 14-3 右边的圆弧所示。

（4）采用相同的方法，绘制图 14-3 左边的圆弧。

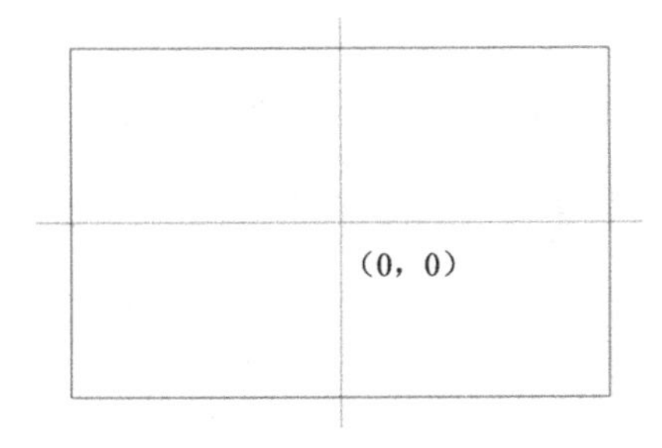

图 14-2　绘制矩形（160mm×100mm）

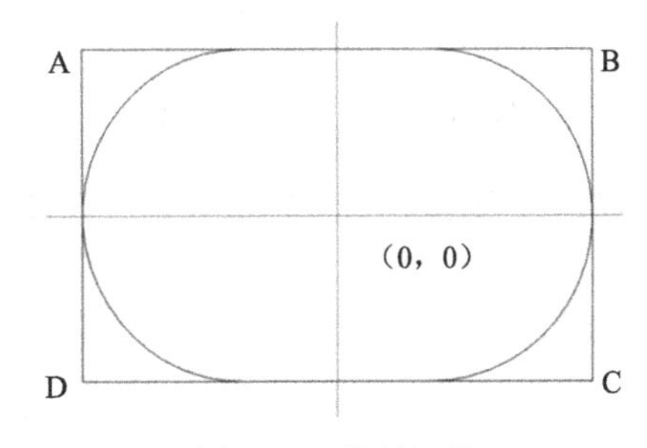

图 14-3　绘制切弧

（5）在主菜单中选取“编辑｜修剪/打断｜修剪/打断/延伸”命令，在工具条中选“分割物体”按钮，修剪多余的图素，结果如图 14-4 所示。

（6）在工作区下方的工具条中选“2D”，Z 值为 20，如图 14-5 所示。

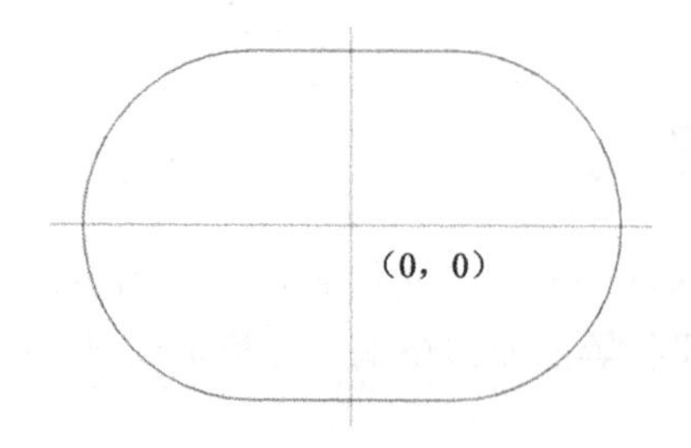

图 14-4　修剪后的图形

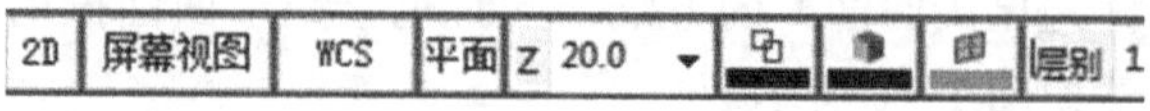

图 14-5　选“2D”，Z 值为 20

（7）在主菜单中选取“绘图｜椭圆”命令，在坐标输入框中输入矩形中心点的坐标（30，0，20），在【椭圆】对话框中输入 X 半轴值 40mm，输入 Y 半轴值 35mm，如图 14-6 所示。

（8）单击“确定”按钮，创建一个椭圆，如图 14-7 右边的椭圆所示。

（9）采用相同的方法，以（-30，0，20）为中心，创建图 14-7 左边的椭圆。

（10）在主菜单中选取“绘图｜绘线｜任意线”命令，以（-30，20，20），（30，20，20）为端点绘制一条直线，以（-30，-20，20），（30，-20，20）为端点，绘制另一条直线，如图 14-7 所示。

（11）在主菜单中选择“编辑｜修剪/打断｜修剪/打断/延伸”命令，在工具条中选择“分割物体”按钮，修剪多余的图素，结果如图 14-8 所示。

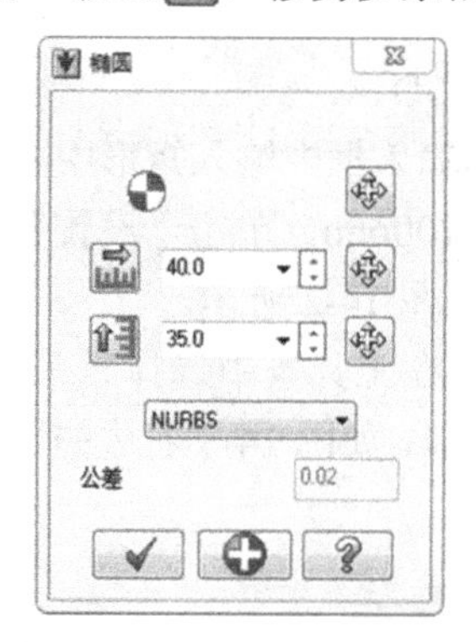

图 14-6　【椭圆】对话框

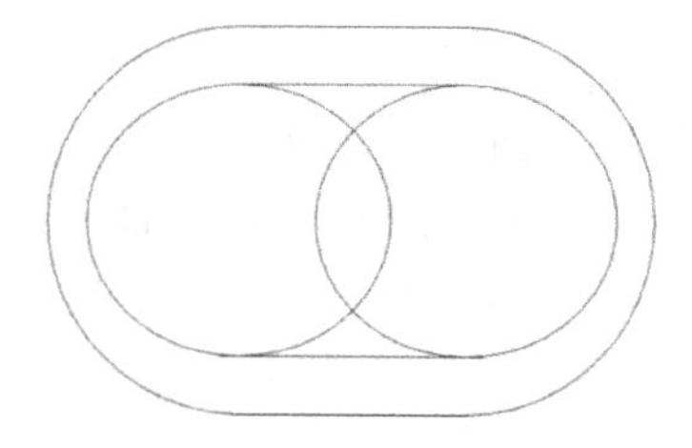

图 14-7　创建两个椭圆与两条直线

（12）在工作区上方的工具条中选前视图，将视角切换成前视图，如图 14-9 所示。

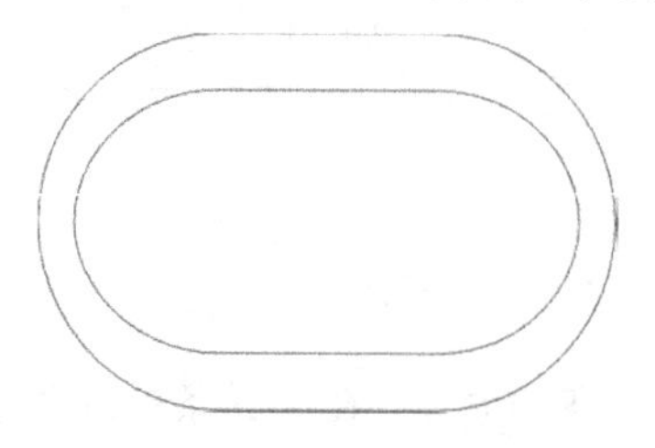

图 14-8　修剪曲线

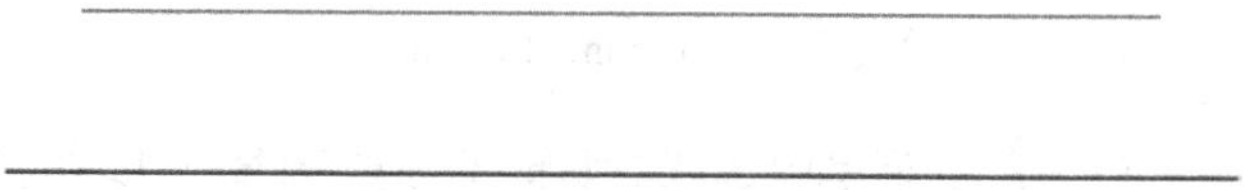

图 14-9　切换成前视图

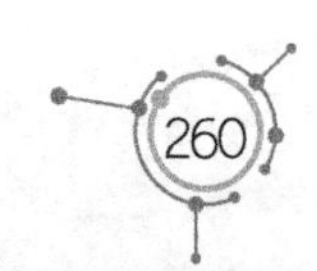

（13）在工作区下方的工具条中选“2D”，Z 值为 0，如图 14-10 所示。

图 14-10　选“2D”，Z 值为 0

（14）在主菜单中选取“绘图丨绘弧丨两点画弧”命令，在曲线上选取图 14-9 所示曲示的端点，在数据输入框中输入 R50mm，选取所需的圆弧，如图 14-11 所示。

（15）采用相同的方法，创建另一条圆弧，如图 14-12 所示。

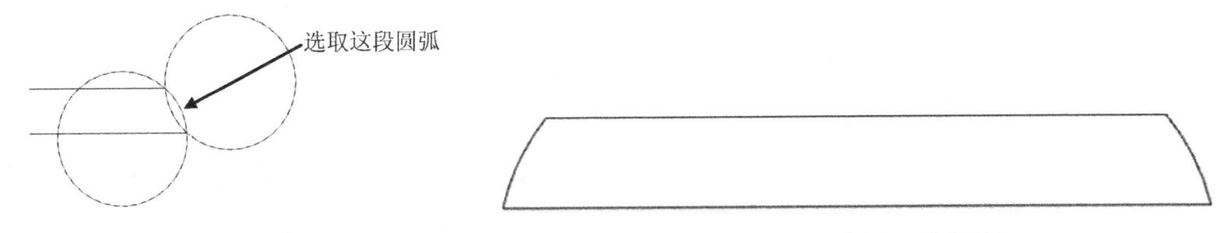

图 14-11　选取所需的圆弧　　　图 14-12　创建两条圆弧

（16）单击“等角视图”按钮，将图形切换成等角视图。

（17）在工作区下方的工具条中单击“平面”二字，在菜单条中选择“右视图（WCS）（R）”选项，如图 14-14 所示。

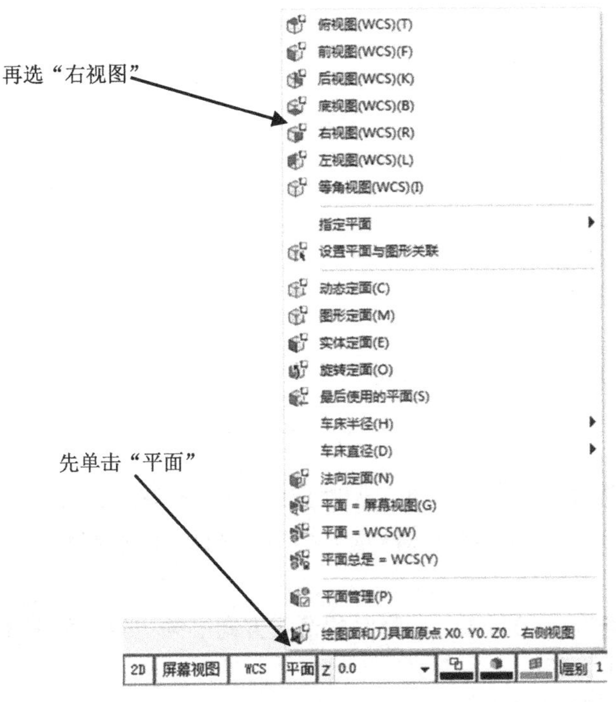

图 14-13　选“右视图（WCS）（R）”选项

（18）在工作区下方的工具条中先单击“Z”，再选取圆弧端点 A，如图 14-14 所示。

（19）工具条中的“Z”值自动变为 30，如图 14-15 所示。

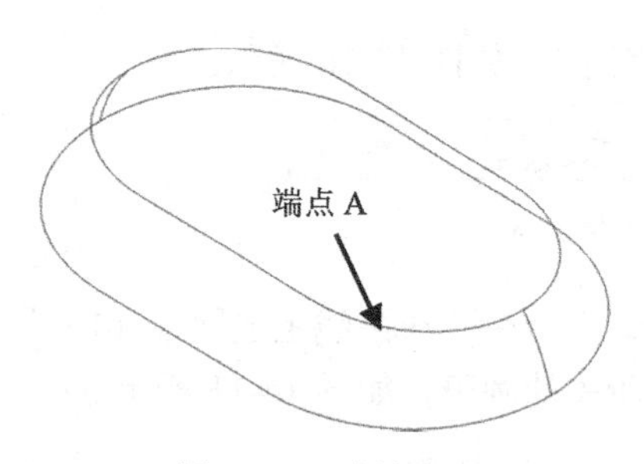

图 14-14　选端点 A

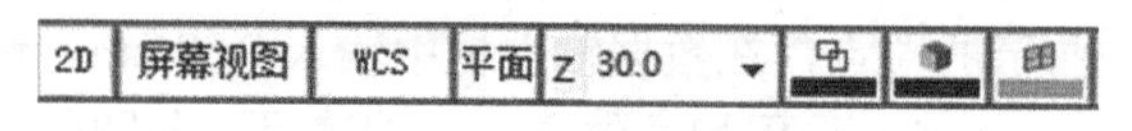

图 14-15　“Z”值自动变为 30

（20）在主菜单中选取“绘图｜绘弧｜两点画弧”命令，在曲线上选取端点 A、B，在数据输入框中输入 R30mm，创建一条圆弧，如图 14-16 所示。

（21）采用相同的方法，通过端点 C、D，创建另一条圆弧，如图 14-16 所示。

（22）在工作区下方的工具条中先单击“Z”，再选取圆弧端点 E，如图 14-17 所示。

（23）工具条中的“Z”值自动变为-30，如图 14-18 所示。

（24）在主菜单中选择“绘图｜绘弧｜两点画弧”命令，通过端点 E、F 和 G、H，在数创建两条圆弧（R30mm），如图 14-19 所示。

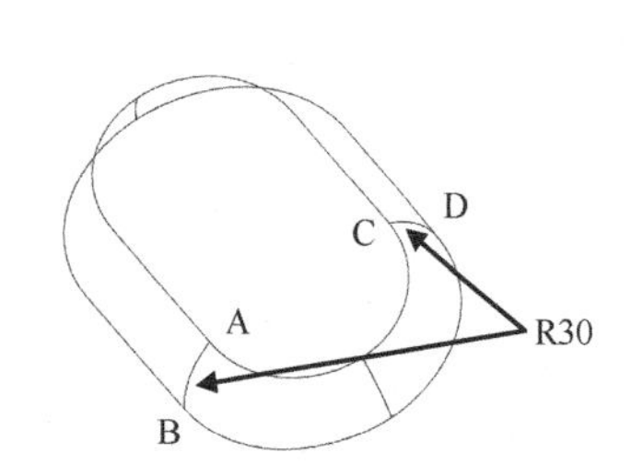

图 14-16　绘制两条 R30 的圆弧

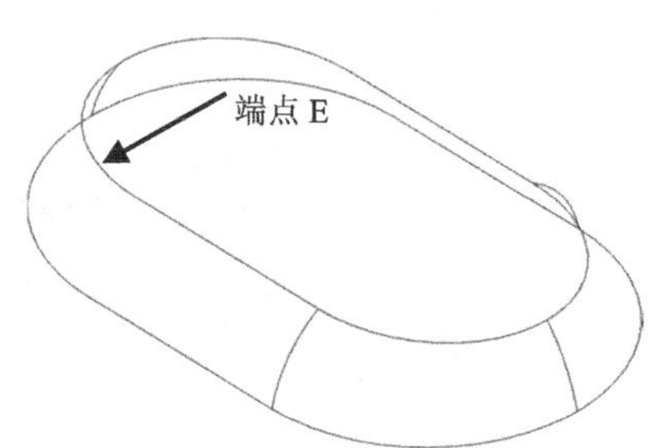

图 14-17　选端点 E

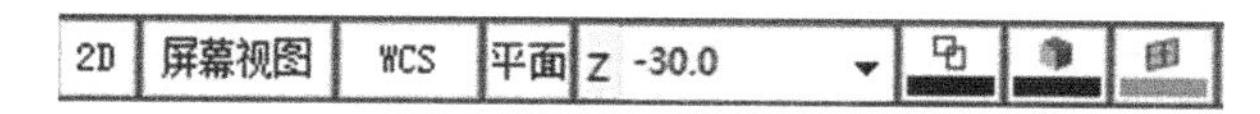

图 14-18　“Z”值自动变为-30

（25）在主菜单中选择“绘图｜曲面｜网状曲面”命令，在工作区上方的工具条中选择“引导方向”按钮引导方向，依次选取第①条圆弧，注意箭头方向，如图 14-20 所示。

（26）再依次选取第②～⑥圆弧，选择时的箭头方向必须一致，如图 14-20 所示。

（27）再在工作区上方的工具条中选择“截断方向”按钮截断方向，在【串连选项】对话框中选择“串联”按钮，选取上、下两条封闭的曲线，如图 14-21 所示。

（28）单击“确定”按钮，创建一个网状曲面（昆氏曲面），如图 14-22 所示。

（29）在主菜单中选择“绘图｜曲面｜平面修剪”命令，选取最上方封闭的曲线。

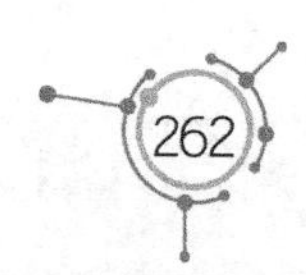

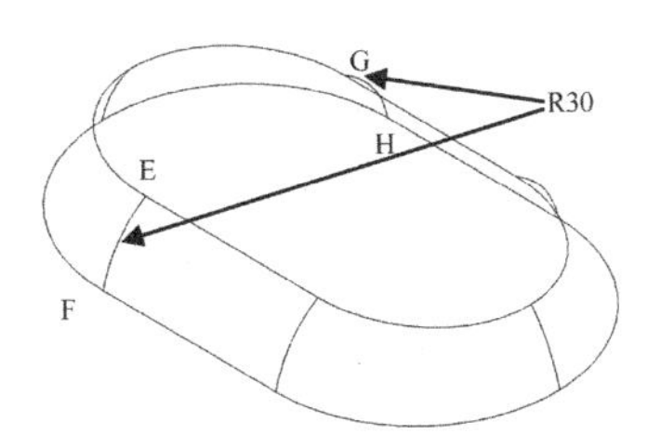

图 14-19　绘制两条 R30 的圆弧

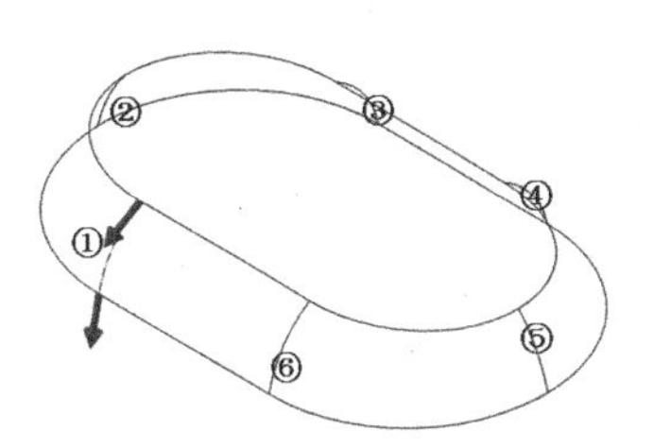

图 14-20　选取第①～⑥圆弧

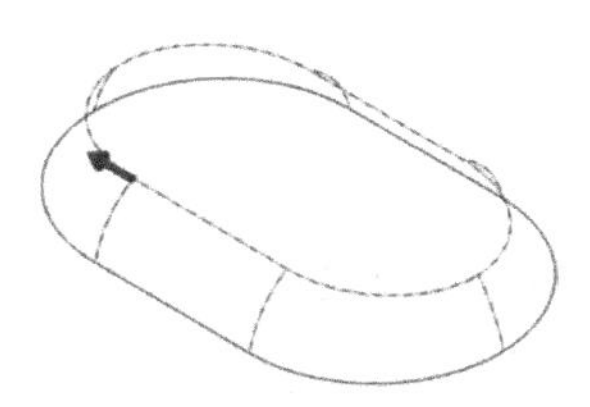

图 14-21　选取上、下两条封闭曲线

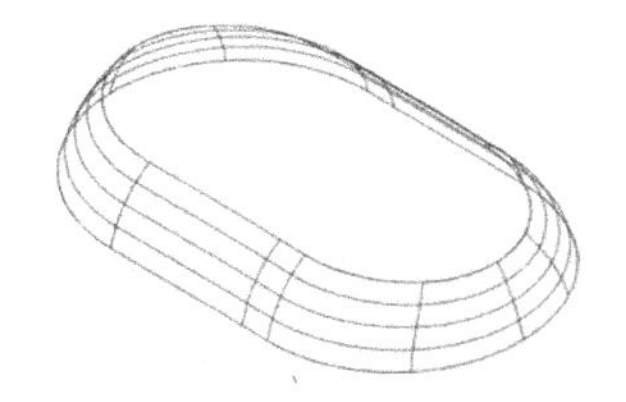

图 14-22　创建网状曲面

（30）单击“确定”按钮，在图形的最上方创建平面修剪曲面，如图 14-23 所示。

（31）在主菜单中选取“分析丨动态分析”命令，选取刚才创建的平面修剪曲面，在【动态分析】对话框中单击“反向”按钮，改变箭头的方向，使曲面的法向箭头朝向内部，如图 14-24 所示。

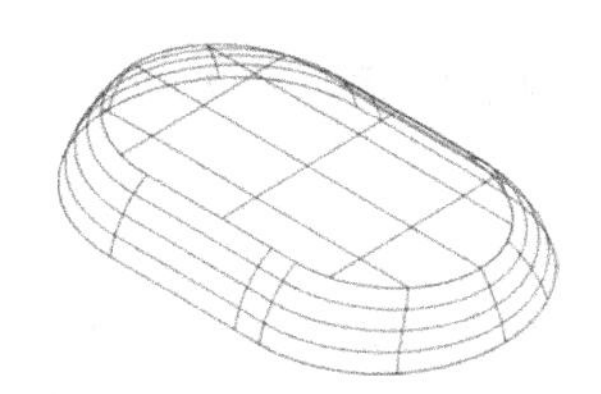

图 14-23　创建平面修剪面

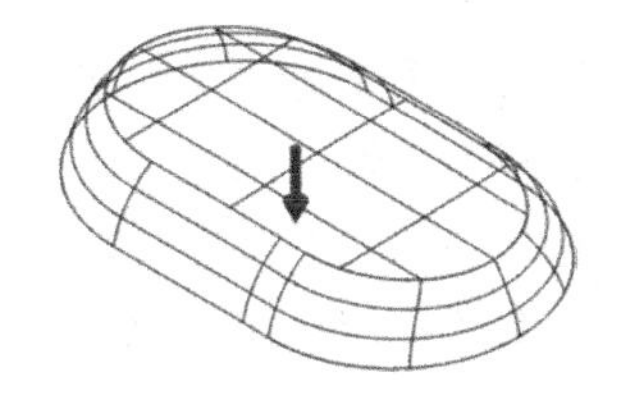

图 14-24　曲面法向箭头朝内部

（32）采用相同的方法，使网状曲面的法向箭头也朝向里面。

（33）在主菜单中选择“绘图丨曲面丨曲面倒圆角丨曲面与曲面”命令，先选第一个曲面，按 Enter 键。再选第二个曲面，再次按 Enter 键。

（34）在【曲面与曲面倒圆角】对话框中输入圆角半径 10，钩选“修剪”复选框。

（35）单击“确定”按钮，创建倒圆角曲面，如图 14-25 所示。

（36）在主菜单中选择“转换丨比例缩放”命令，选取所有的图素，按 Enter 键。

（37）在【比例】对话框中选择“◉移动”，“比例因子”为 0.5，如图 14-26 所示。

（38）在【比例】对话框中单击定义中心点按钮，在数据框中输入（0，0，0）。

（39）单击“确定”按钮，将所有图素缩小 0.5 倍。

2. 加工工艺分析

（1）零件结构比较简单，按比例缩小后的零件最大尺寸是 80mm×50mm×10mm，毛坯材料是 85mm×85mm×35mm，加工曲面时有足够的装夹位。

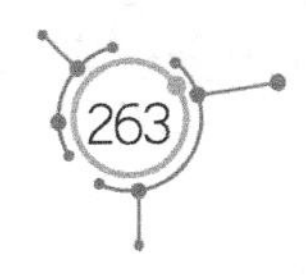

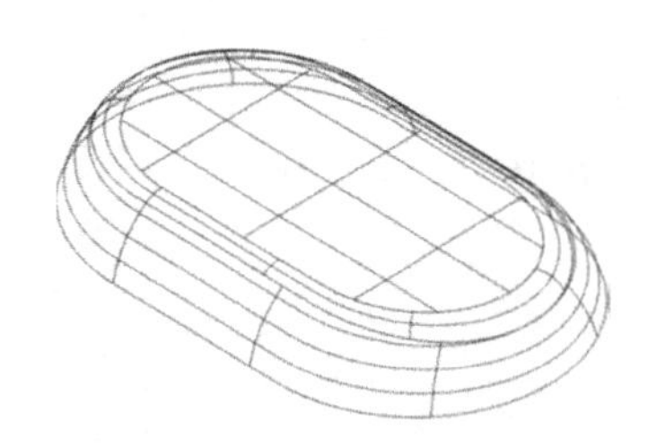

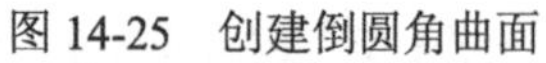

图 14-25　创建倒圆角曲面

图 14-26　【比例】对话框

（2）因毛坯材料远远大于工件，因此在精加工前需要开粗。

（3）腔型开粗时，用ϕ12mm 平底刀开粗。精加工时，曲面部分用ϕ8mm 球刀加工，台阶部分用ϕ10 平底刀加工。

（4）零件的四周是一个圆弧型的曲面，使用ϕ8mm 球刀精加工。为了避免球刀刀尖碰到台阶面，台阶的加工高度应比外形线高度至少低 5mm。

3. 数控编程过程

（1）在主菜单中选择“转换 | 平移”命令，选中所有的图素，按 Enter 键，在【平移】对话框中选“◉移动”，ΔZ 为-10mm。

（2）单击“确定”按钮，零件图整体下移 10mm。

注意：这样做的目的是设定工件表面所对应的 Z 值为 0，便于工件坐标系与编程的坐标系统一。

（3）在工作区下方的工具条中选“2D”，Z 值为-15，如图 14-27 所示。

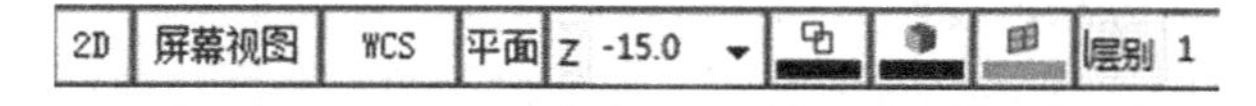

图 14-27　选“2D”，Z 值为-15

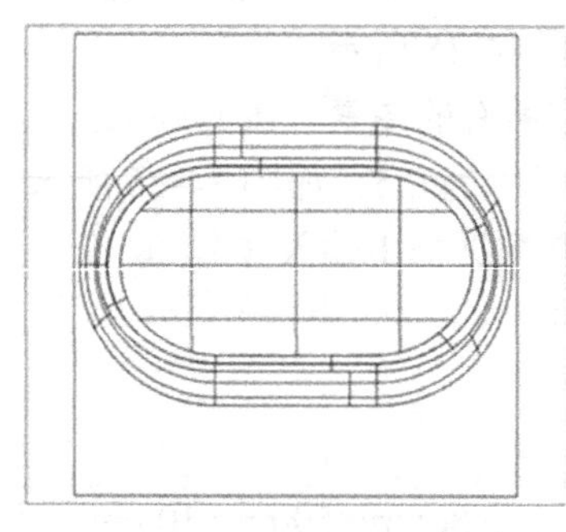

图 14-28　绘制两个矩形

（4）在主菜单中选择“绘图 | 矩形”命令，在坐标输入框中输入矩形中心点的坐标（0，0，-15），创建两个矩形：一个是 82mm×82mm，用于加工台阶；另一个是 100mm×85mm，用于设计刀路的辅助线，如图 14-28 所示。

（5）在主菜单中选择“机床类型 | 铣床 | 默认”命令，进入加工模式。

（6）在“刀路”管理器中展开“+属性”，再单击“毛坯设置”命令。

（7）在【机床群组属性】对话框“毛坯设置”选项

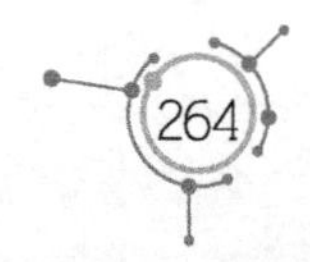

卡中，对“毛坯平面”选择“俯视图”，“形状”选择“◉立方体”，钩选“显示”、“适度化”复选框，选择“◉线框”，“毛坯原点”为（0，0，0.5），毛坯的长、宽、高分别为 85mm、85mm、34.5mm。

（8）在主菜单中选择“刀路｜曲面粗切｜挖槽”命令，输入 NC 名称为 F1。

（9）单击“确定”按钮，选取所有的曲面，按 Enter 键，在【刀路曲面选择】对话框中单击“切削范围”按钮，选取 100mm×85mm 的矩形边线。

（10）在【曲面粗切挖槽】对话框中选“刀具”选项，在右边的空白处单击鼠标右键，在下拉菜单中选“创建新刀具”命令。

（11）刀具类型选“平底刀”，刀齿直径为ϕ12mm，刀号为 1，刀长补正为 1，半径补正为 1，进给速率为 1000mm/min，下刀速率为 600 mm/min，提刀速率为 1500 mm/min，主轴转速为 1500r/min，其他参数选择系统默认值。

（12）在【曲面粗切挖槽】对话框中选择“曲面参数”选项，“安全高度”为 5.0mm。选择“◉绝对坐标”，“参考高度”为 5.0mm。选择“◉绝对坐标”，“下刀位置”为 1.0mm，选择“◉增量坐标”，“加工面预留量”为 0.3mm。

（13）选择“粗切参数”选项，“整体公差”为 0.01，“Z 最大步进量”为 1.0mm，钩选“由切削范围外下刀”复选框，如图 14-29 所示。

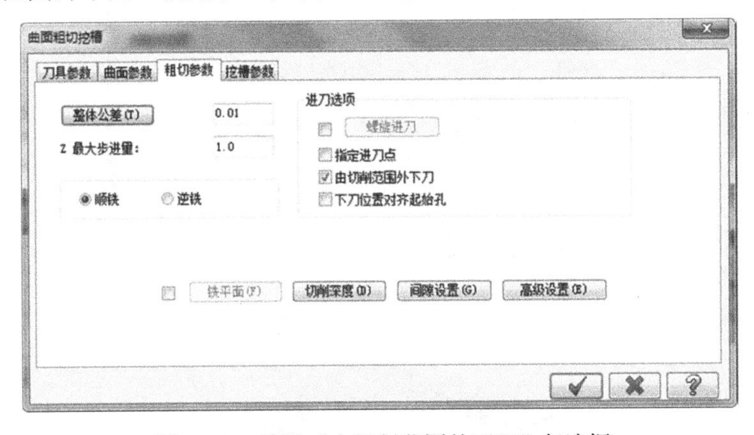

图 14-29　钩选“由切削范围外下刀”复选框

（14）单击“切削深度”按钮，在【切削深度设置】对话框中选“◉绝对坐标”，设定“最高位”为-1.0mm，“最低位”为-14.9mm。

（15）选择“挖槽参数”选项，钩选“粗切”复选框，“切削方式”选择“双向”，“切削间距”为 80%，钩选“精修”复选框，“次”为 1，“间距”为 1.0mm，取消“精修切削范围轮廓”复选框前面的“√”，钩选“进/退刀”复选框，如图 14-30 所示。

（16）单击“进/退刀”按钮，在【进/退刀设置】对话框中设定“重叠量”为 0，“进刀长度”为 3mm，“半径”为 1mm，“扫描”角度为 90°，单击，使退刀与进刀方式相同，如图 14-31 所示。

（17）单击“确定”按钮，生成曲面粗切挖槽刀路，如图 14-32 所示。

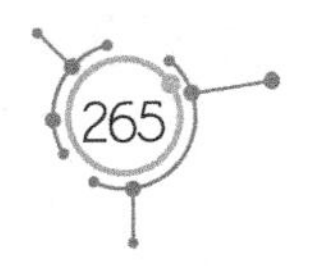

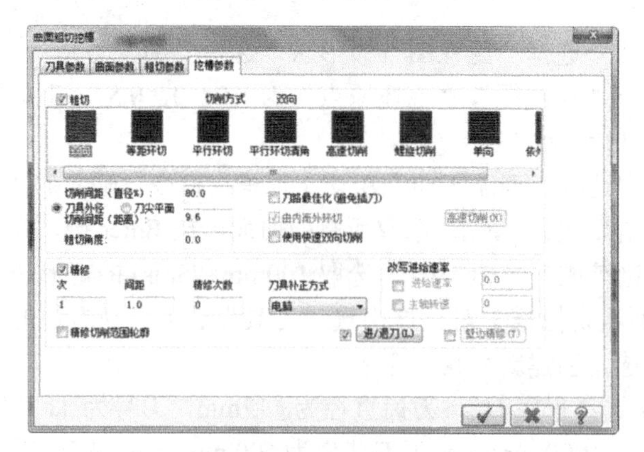

图 14-30　设定“挖槽参数”

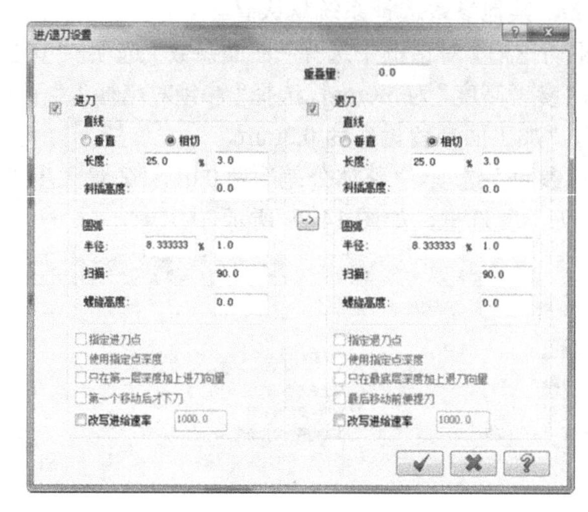

图 14-31　“进/退刀”设置

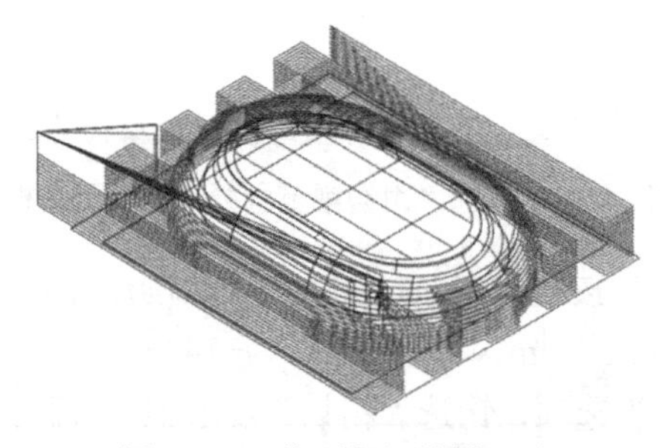

图 14-32　曲面粗切挖槽刀路

（18）在【刀路】管理器中单击“切换”按钮≋，隐藏平面铣刀路。

（19）在主菜单中选取“刀路｜外形”命令，选取实体上 82mm×82mm 的边线，箭头方向为顺时针，如图 14-33 虚线所示。

（20）单击“确定”按钮 ✔，选择“刀具”选项，选择ϕ12mm 平底刀。

（21）选择“切削参数”选项，“补正方式”选择“电脑”，“补正方向”选择“左”，

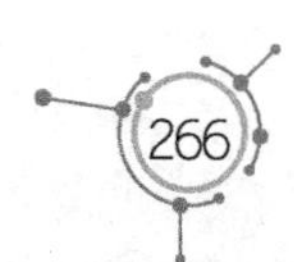

“壁边预留量”为0.3mm，“外形铣削方式”选择“2D”。

（22）选择“Z分层切削”选项，钩选“深度分层切削”复选框，“最大粗切步进量”选择1.0mm，钩选“不提刀”复选框。

（23）选择“进/退刀设置”选项，在“进刀”区域中选择“◉相切”，进刀长度为5mm，圆弧半径为1mm，单击⏩按钮，使退刀参数与进刀参数相同。

（24）选择“共同参数”选项，“安全高度”为5.0mm。选择“◉绝对坐标”，“参考高度”为5.0mm。选择“◉绝对坐标”，“下刀位置”为5.0mm。选择“◉绝对坐标”，“工件表面”为-15mm。选择“◉绝对坐标”，“深度”为-25mm。选择“◉绝对坐标”。

（25）单击“确定”按钮✔，生成外形铣粗加工刀路，如图14-34所示。

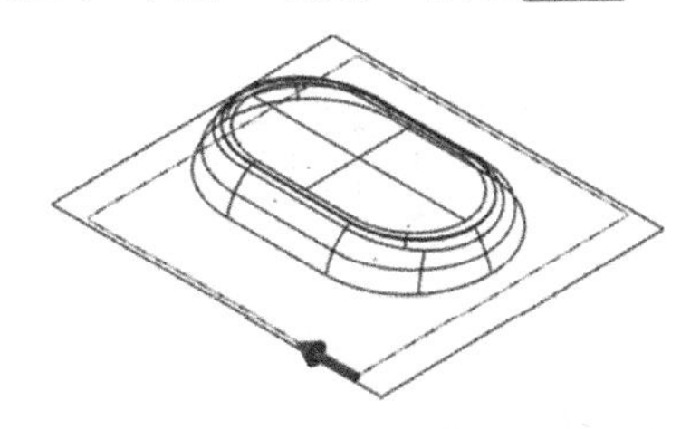

图14-33　选82mm×82mm的边线

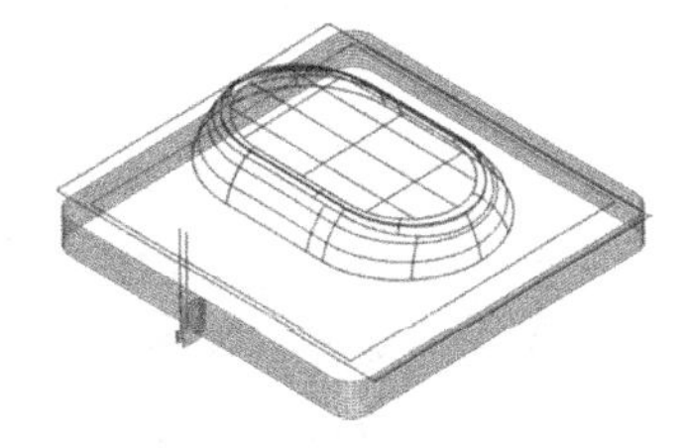

图14-34　外形铣粗加工刀路

（26）在主菜单中选取“刀路｜2D挖槽”，选取图14-8所创建的曲线，如图14-35所示。

（27）单击“确定”按钮✔，在【2D刀路-2D挖槽】对话框中选中“刀具”选项，在右边的空白处单击鼠标右键，在下拉菜单中选择“创建新刀具”命令。

（28）刀具类型选择“平底刀”，刀齿直径为ϕ10mm，刀号为2，刀长补正为2，半径补正为2，进给速率为600mm/min，下刀速率为600 mm/min，提刀速率为1500 mm/min，主轴转速为1500r/min，其他参数选择系统默认值。

（29）选择“切削参数”选项，“加工方向”选择“◉顺铣”，“挖槽加工方式”选择“平面铣”，“底面预留量”为0，“重叠量”为50%，“进刀引线长度”为10mm，“退刀引线长度”为0。

（30）选择“粗切”选项，钩选“粗切”复选框，切削方式选“双向”，“切削间距”为80%，粗切角度为0°。

（31）选择“进刀方式”选项，选择“◉关”。

（32）选择“精修”选项，取消“精修”复选框前面的“√”。

（33）选择“Z分层切削”选项，取消“深度分层切削”复选框前面的“√”。

（34）选择“共同参数”选项，“安全高度”为5.0mm。选择“◉绝对坐标”，“参考高度”为5.0mm。选择“◉绝对坐标”，“下刀位置”为5.0mm。选择“◉绝对坐标”，“工件表面”为0。选择“◉绝对坐标”，“深度”为0，选择“◉绝对坐标”。

（35）单击“确定”按钮✔，生成平面挖槽精加工刀路，如图14-36所示。

（36）在“刀路”管理器中选中“3-2D挖槽”，单击鼠标右键，选择“编辑已经选择的操作｜更改NC文件名”命令，将NC文件名更改为F2，如图14-37所示。

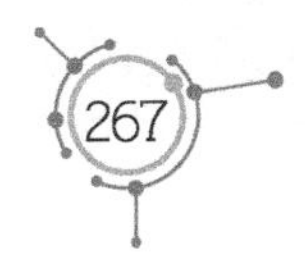

（37）在主菜单中选择“刀路 | 2D 挖槽”，选取图 14-4 所创建的曲线和 100mm×85mm 的矩形，如图 14-38 所示，单击“确定”按钮。

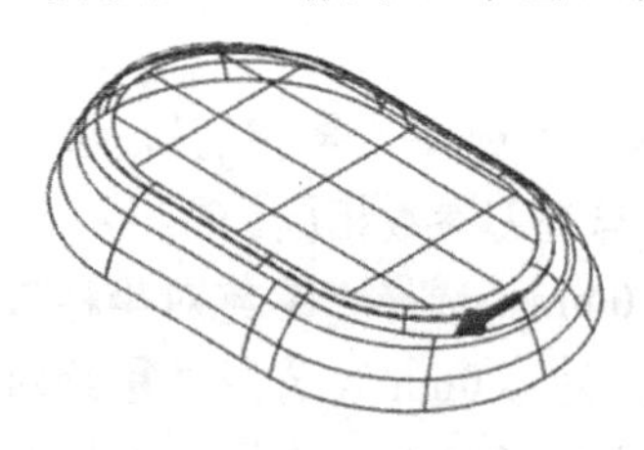

图 14-35　选取曲线

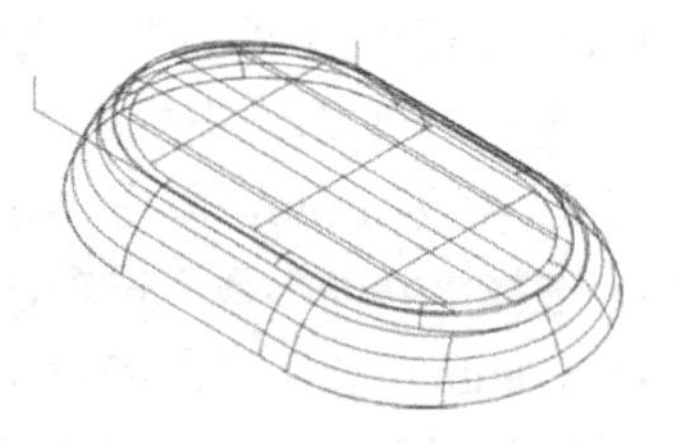

图 14-36　平面挖槽精加工刀路

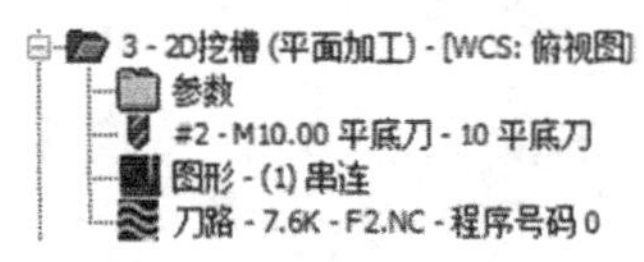

图 14-37　NC 文件名更改为 F2

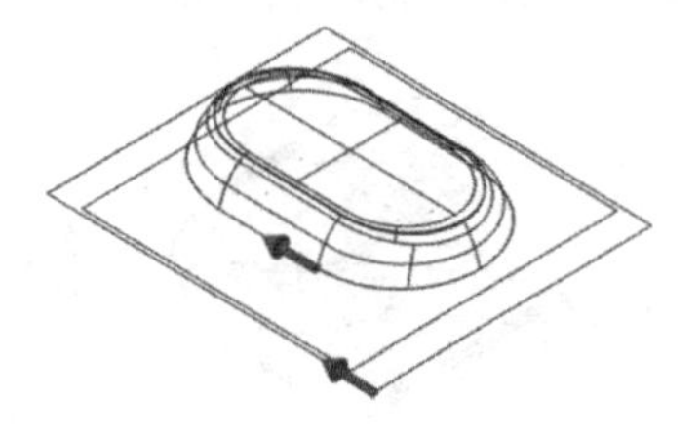

图 14-38　选取箭头所示的外形边线

（38）在【2D 刀路-2D 挖槽】对话框中选中“刀具”选项，选择ϕ10mm 平底刀。

（39）选择“切削参数”选项，“加工方向”选择“◉顺铣”，“挖槽加工方式”选择“平面铣”，“壁边预留量”为 0，“底面预留量”为 0。

（40）选择“粗切”选项，钩选“粗切”复选框，切削方式选择“双向”，“切削间距”为 80%，粗切角度为 0°。

（41）选择“进刀方式”选项，选择“◉关”。

（42）选择“精修”选项，钩选“精修”复选框，精修次数为 4，间距为 0.1mm，取消“精修外边界”复选框前面的“√”，钩选“不提刀”复选框，将“进给速率”改为 400mm/min，“主轴转速”为 1200r/min。

（43）选择“进/退刀设置”选项，在“进刀”区域中选“◉相切”，进刀长度为 3mm，圆弧半径为 1mm，单击按钮，使退刀参数与进刀参数相同。

（44）选择“Z 分层切削”选项，取消“深度分层切削”复选框前面的“√”。

（45）选择“共同参数”选项，“安全高度”为 5.0mm。选择“◉绝对坐标”，“参考高度”为 5.0mm。选择“◉绝对坐标”，“下刀位置”为 5.0mm。选择“◉绝对坐标”，“工件表面”为 0。选择“◉绝对坐标”，“深度”为-15.0mm。选择“◉绝对坐标”。

（46）单击“确定”按钮，生成加工台阶的挖槽精加工刀路，如图 14-39 所示。

（47）在“刀路”管理器中复制“2-外形铣削”刀路，并粘贴到“刀路”管理器的最后。

（48）单击“6-外形铣削”刀路的“参数”，选中“刀具”选项，选择ϕ10mm 平底刀。选“切削参数”选项，“壁边预留量”改为 0。选择“Z 分层切削”选项，取消“深度分层切削”复选框前面的“√”。选择“XY 分层切削”选项，钩选“XY 分层切削”复选

框，“粗切”为 3，“间距”为 0.1mm，钩选“不提刀”复选框。

（49）单击“重建刀路”按钮，外形精加工刀路如图 14-40 所示。

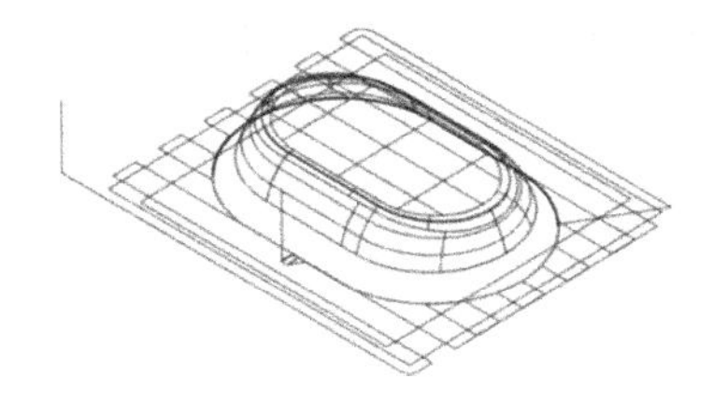

图 14-39　加工台阶的挖槽精加工刀路

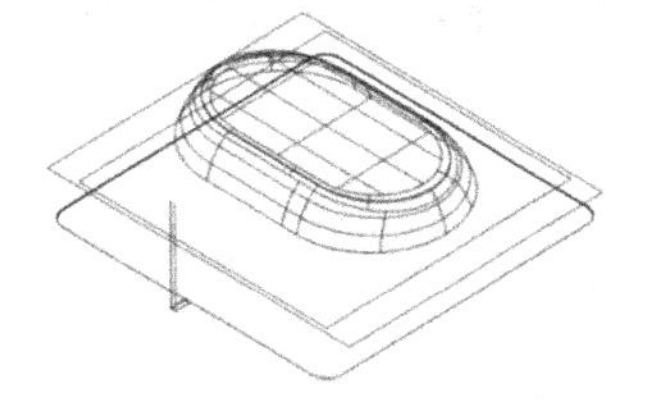

图 14-40　台阶外形精加工刀路

（50）在主菜单中选取“刀路｜曲面精修｜平行”命令，在零件图上选取网状曲面和倒圆角曲面为加工面，选最上方的平面修剪曲面为干涉面，按 Enter 键，再单击“确定”按钮。

（51）在【曲面精修平行】对话框中的空白处单击鼠标右键，在下拉菜单中选择“创建新刀具”命令。

（52）刀具类型选择“球刀”，刀齿直径为ϕ8mm，刀号为 4，刀长补正为 4，半径补正为 4，进给速率为 1000mm/min，下刀速率为 600 mm/min，提刀速率为 1500 mm/min，主轴转速为 1500r/min，其他参数选择系统默认值。

（53）选择“曲面参数”选项，“安全高度”为 5.0mm。选择“◉绝对坐标”，“参考高度”为 5.0mm。选择“◉绝对坐标”，“下刀位置”为 1.0mm。选择“◉增量坐标”，“加工面预留量”为 0，“干涉面预留量”为 0。

（54）选择“平行精修铣削参数”选项，“整体公差”为 0.01，“最大切削间距”为 0.5mm，“切削方向”选“双向”，“加工角度”为 45°，如图 14-41 所示。

（55）单击“间隙设置”按钮间隙设置(G)，在【刀路间隙设置】对话框中钩选“切削排序最佳化”复选框，如图 14-42 所示。

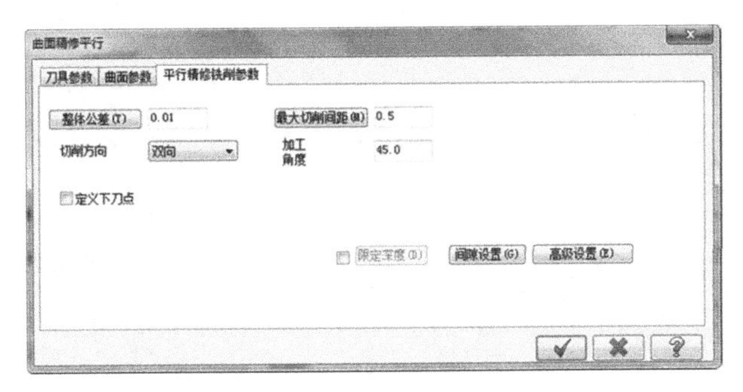

图 14-41　设定“平行精修铣削参数”

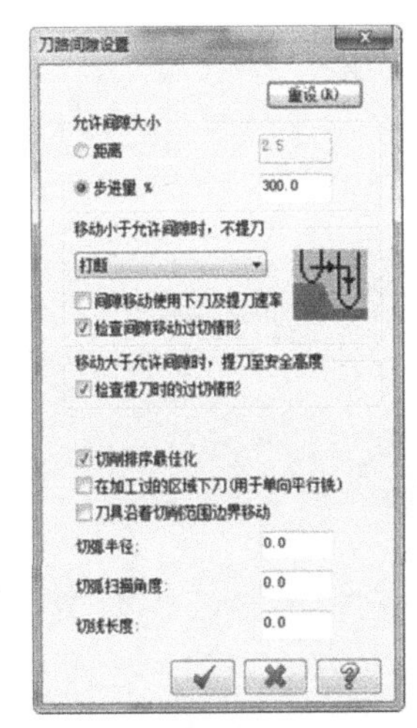

图 14-42　钩选“切削排序最佳化”复选框

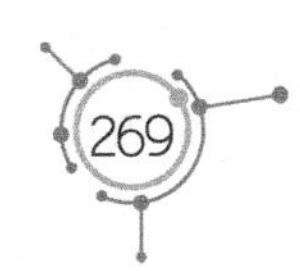

（56）单击“确定”按钮，生成曲面精修平行精加工刀路，如图 14-43 所示。

（57）在“刀路”管理器中选中第 6 个刀路，单击鼠标右键，选择“编辑已经选择的操作丨更改 NC 文件名”命令，将 NC 文件名更改为 F3，如图 14-44 所示。

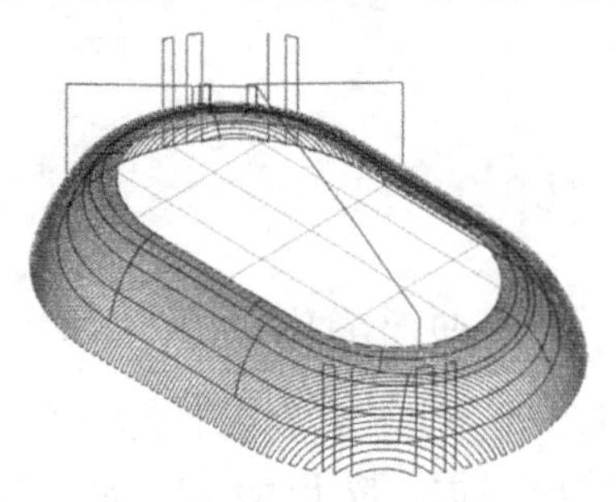

图 14-43　曲面精修平行刀路

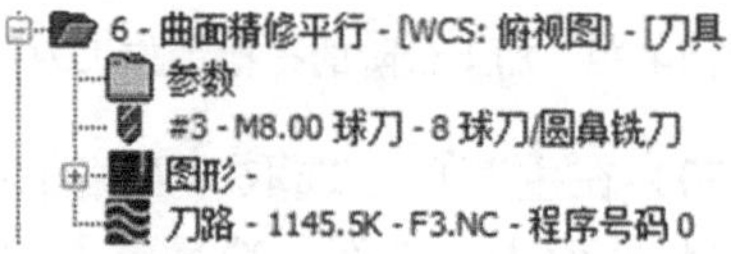

6 - 曲面精修平行 - [WCS: 俯视图] - [刀具
参数
#3 - M8.00 球刀 - 8 球刀/圆鼻铣刀
图形 -
刀路 - 1145.5K - F3.NC - 程序号码 0

图 14-44　NC 文件名更改为 F3

（58）单击“保存”按钮，保存文档，文件名为“肥皂盒盖.mcx-9”。

4. 工件的装夹

（1）用厚度为 35mm 的毛坯铝材加工该零件时，毛坯工件的上表面要超出虎钳至少 26mm。也就是说，工件装夹的厚度不得超过 9mm。

（2）工件上表面的中心为坐标系原点（0，0，0.5）。

（3）加工程序单见表 14-1。

表 14-1　加工程序单

序号	程序名	刀具	加工深度
1	F1	ϕ12mm 平底刀	25mm
2	F2	ϕ10mm 平底刀	25mm
3	F3	ϕ8R4mm 球刀	15mm

实例 15　旋钮——综合讲述各种刀路

本节以旋钮的造型为例，详细介绍 Mastercam 创建旋转曲面、拉伸曲面、实体修剪的方法。同时也介绍了曲面挖槽、放射、清角等曲面刀路编程的基本过程，尺寸如图 15-1 所示。

1. 零件的建模过程

（1）单击“前视图”按钮，将图形切换成前视图，并在工作区下方的工具条中将绘图模具切换成“2D”。

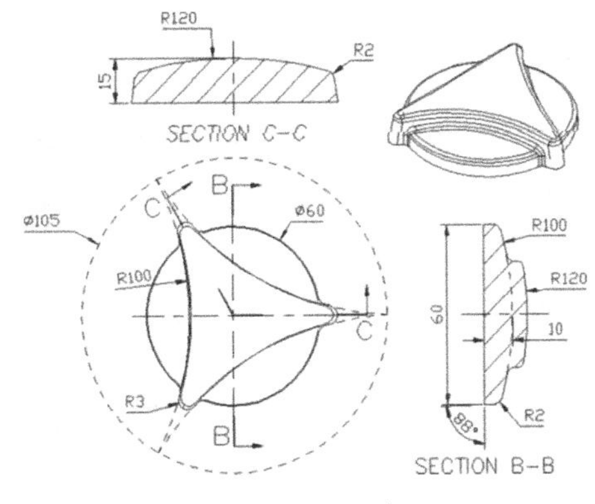

图 15-1　尺寸

（2）在主菜单中选择“绘图｜直线”命令，以（0，10，0）、（0，0，0）、（30，0，0）、（30，10，0）为端点，绘制一条水平线和两条竖直线，如图 15-2 所示。

（3）在主菜单中选择“转换｜旋转”命令，选取右边的竖直线，按 Enter 键，在【旋转】对话框中选“◉移动”，角度为 2°。

（4）单击“定义中心点”按钮，选取右边的竖直线与水平线的交点为旋转中心点。

（5）单击“确认”按钮，右边的竖直线旋转 2°，如图 15-3 所示。

（6）在主菜单中选取“绘图｜绘弧｜已知圆心点画圆”命令，以（0，−90，0）为圆心，以ϕ200mm 为直径，绘制一个圆，如图 15-4 所示。

图 15-2　绘制一条水平线和竖直线

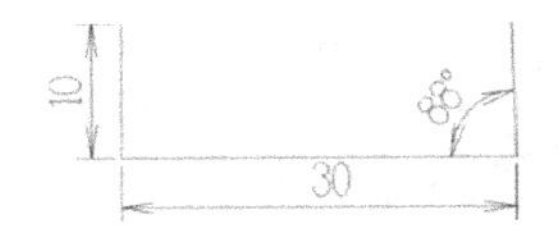

图 15-3　右边的竖直线旋转 2°

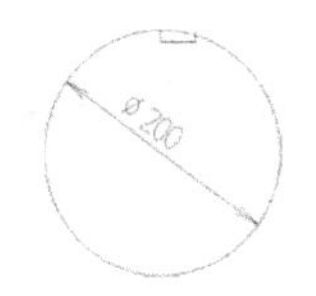

图 15-4　绘制ϕ200mm 的圆弧

（7）在主菜单中选择“编辑｜修剪/打断｜修剪/打断/延伸”命令，在工具条中选择“分割物体”按钮，修剪多余的图素，结果如图 15-5 所示。

（8）在主菜单中选择“实体｜旋转”命令，选取刚才创建的图形，按 Enter 键，选竖直线为旋转轴。

（9）在【旋转】对话框中“类型”选择“◉创建主体”，“起始角度”为 0，“结束角度”为 360°。

（10）单击“确定”按钮，创建一个旋转实体，如图 15-6 所示。

（11）在主菜单中选择“绘图｜绘点｜绘点”命令，在数据输入栏中输入点的坐标（52.5，0，0）。

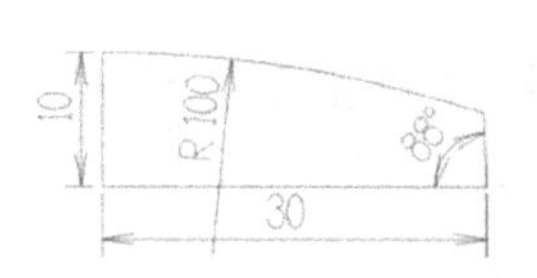

图 15-5　修剪后的图形

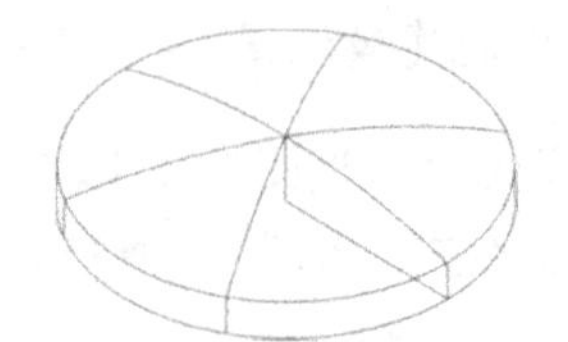
图 15-6　旋转实体

（12）单击“确定”按钮，绘制一个点，如图 15-7 所示。

（13）在主菜单中选取“转换｜旋转”命令，选取刚才创建的点，按 Enter 键。

（14）在【旋转】对话框中选“◉复制”，“次”为 2，角度为 120°。

（15）单击“确定”按钮，旋转刚才选取的点，如图 15-8 所示。

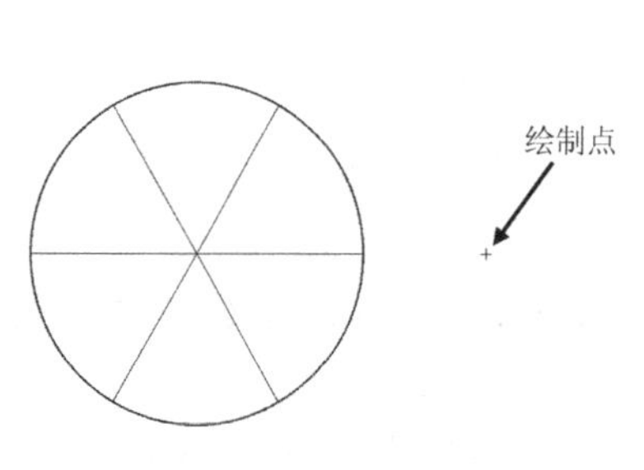

图 15-7　绘制点

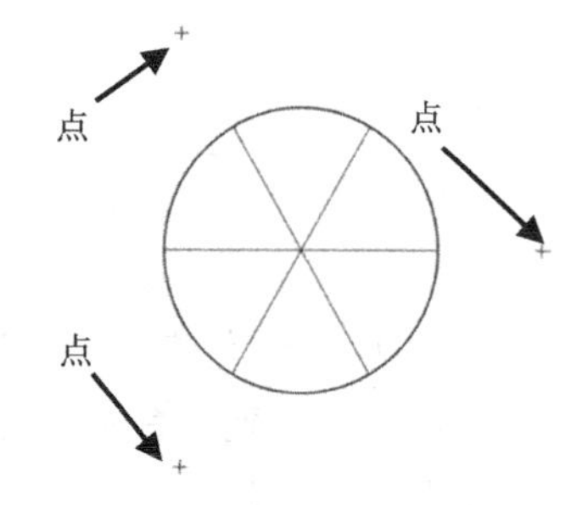

图 15-8　旋转点

（16）在主菜单中选取“绘图｜绘弧｜两点画弧”命令，选取 A 点和 B 点，再在数据框中输入直径ϕ200mm，系统弹出 4 段圆弧，选取所需的圆弧，如图 15-9 所示。

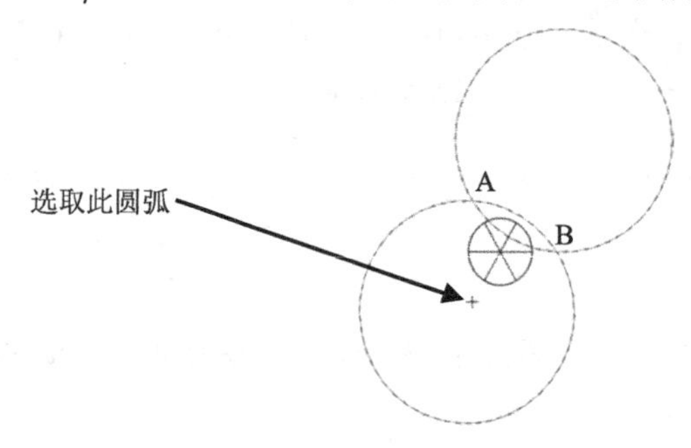

图 15-9　选取所需的圆弧

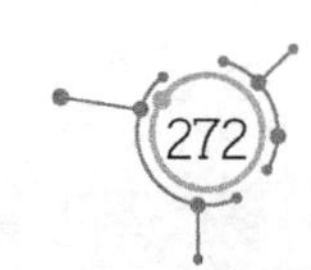

（17）所绘制的圆弧如图 15-10 所示。

（18）采用相同的方法，创建另外两条圆弧，如图 15-11 所示。

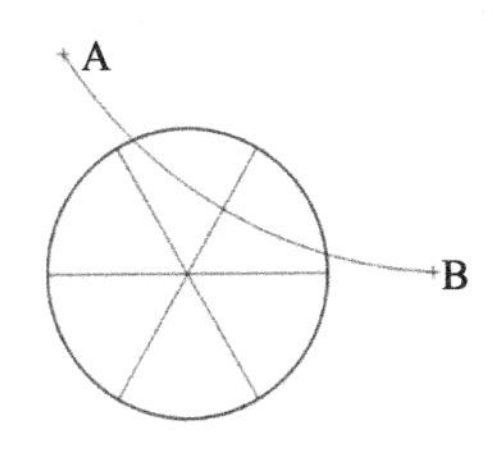

图 15-10　绘制 AB 弧

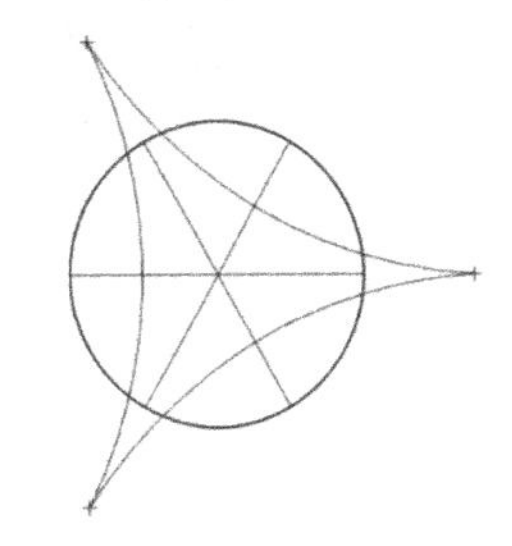

图 15-11　绘制另外两条弧

（19）在主菜单中选择“实体｜拉伸”命令，选取刚才创建的三段圆弧。

（20）在【实体拉伸】对话框中选择“◉增加凸台”，“距离”为 18mm。

（21）单击“确定”按钮，创建拉伸特征，如图 15-12 所示。

（22）在主菜单中选择“实体｜拔模｜依照拉伸边拔模”命令，选取图 15-12 所创建拉伸体的三个侧面，在【依照拉伸拔模】对话框中输入角度为 2°。

（23）单击“确定”按钮，创建拔模特征，如图 15-13 所示。

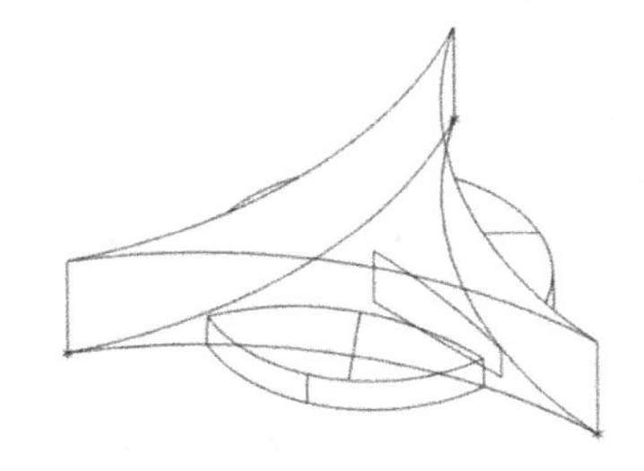

图 15-12　创建拉伸特征

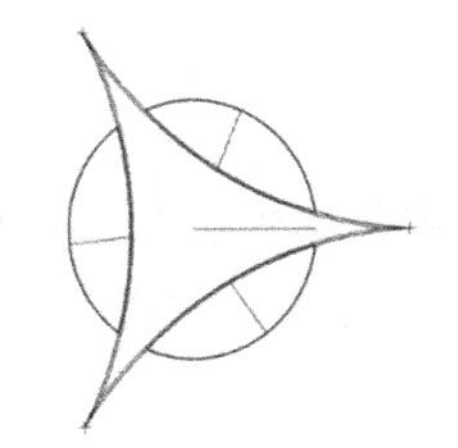

图 15-13　创建拔模特征

（24）在主菜单中选以“实体｜倒圆角｜固定半径倒圆角”命令，选取实体的三条边，如图 15-14 所示。

（25）在【固定圆角半径】对话框中输入半径 3，单击“确定”按钮，创建圆角，如图 15-15 所示。

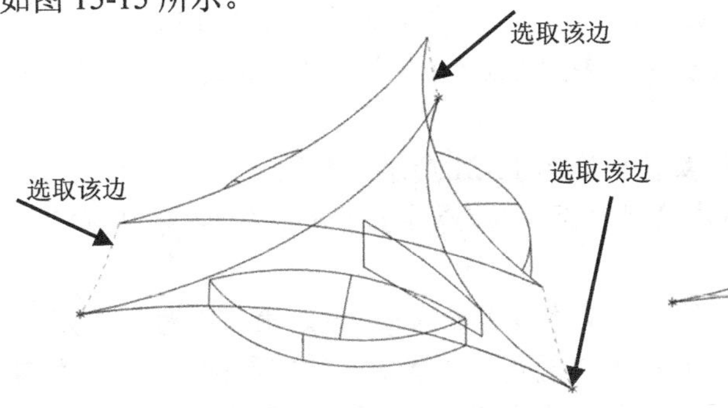

图 15-14　选取三个边

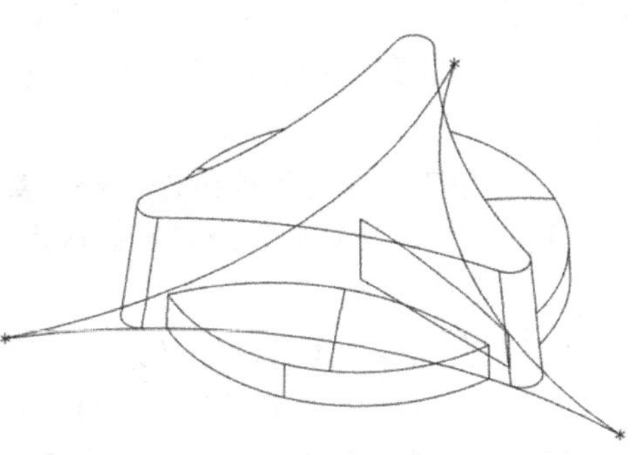

图 15-15　创建实体边倒圆角

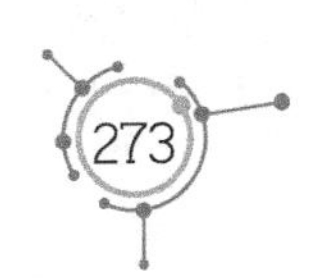

（26）在主菜单中选取“绘图｜绘弧｜已知圆心点画圆”命令，以坐标点（0，-105，0）为圆心，以ϕ240mm 为直径，绘制一个圆，如图 15-16 所示。

（27）在主菜单中选择“绘图｜绘线｜任意线”命令，以（0，0，0）为端点，绘制一条竖直线，如图 15-17 所示。

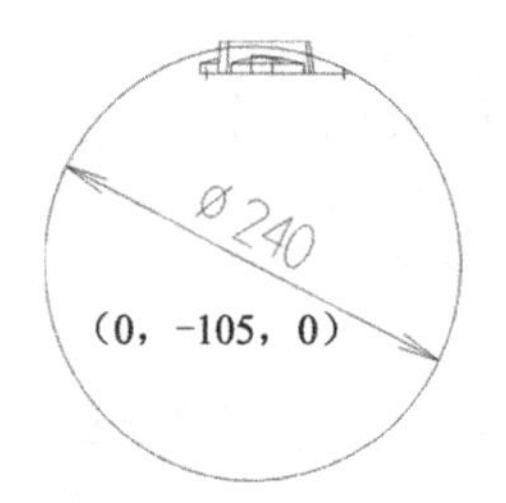

图 15-16 绘制ϕ240mm 的圆

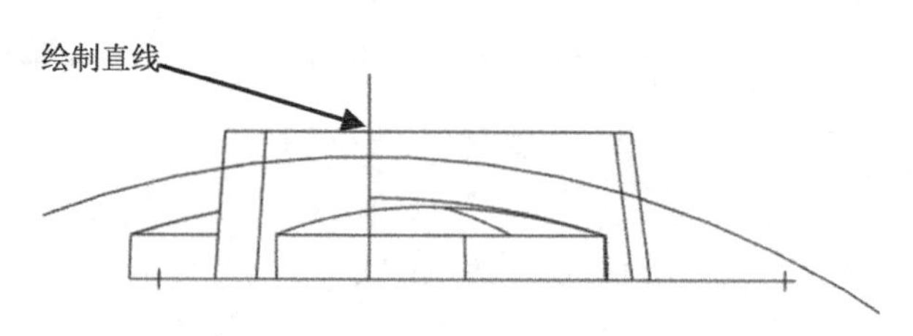

图 15-17 以（0，0，0）为端点，绘制一条竖直线

（28）在主菜单中选择“编辑｜修剪/打断｜修剪/打断/延伸”命令，在工具条中选择“分割物体”按钮，修剪多余的图素，修剪后的圆弧如图 15-18 所示。

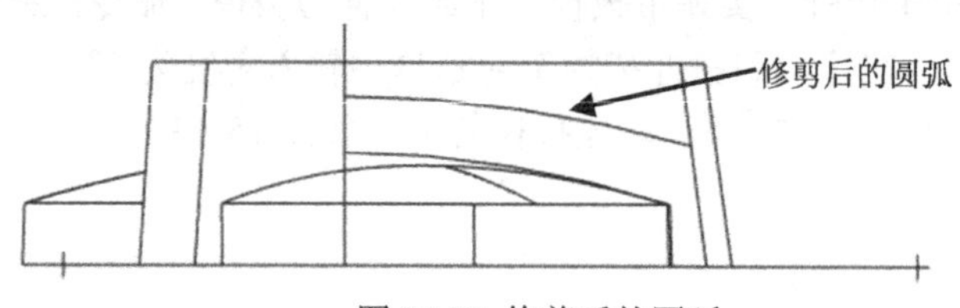

图 15-18 修剪后的圆弧

（29）在主菜单中选择“编辑｜修剪/打断｜修剪/打断/延伸”命令，在工具条中选择“修剪至点”按钮，将圆弧修剪至实体外，修剪后的圆弧如图 15-19 所示。

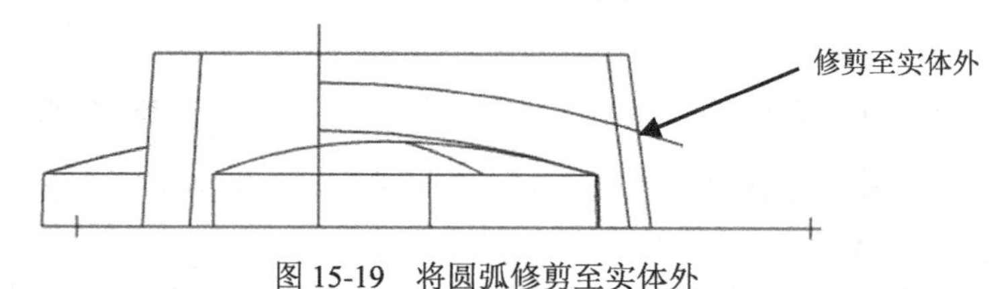

图 15-19 将圆弧修剪至实体外

（30）在主菜单中选择“绘图｜曲面｜旋转曲面”命令，选取刚才创建的圆弧，单击“确定”按钮。选取竖直线为旋转轴，创建一个旋转曲面，如图 15-20 所示。

（31）在主菜单中选择“实体｜修剪｜修剪至曲面/薄片”命令，先选实体，再选取旋转曲面。

（32）单击“确定”按钮，修剪实体，如图 15-21 所示。

注意：如果修剪的方向不对，请在【修剪至曲面/薄片】对话框中单击“反向”按钮，切换修剪方向。

（33）在工作区下方的工具条中“层别”文本框中输入 2，设定第二层为主图层。

（34）把鼠标放在工作区下方的工具条中“层别”二字上，单击鼠标右键，选取实体，按 Enter 键，在【更改层别】对框中选择“◉移动”，钩选“使用主层别”复选框。

（35）单击“确定”按钮，实体移到第二层。

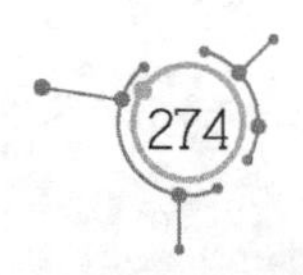

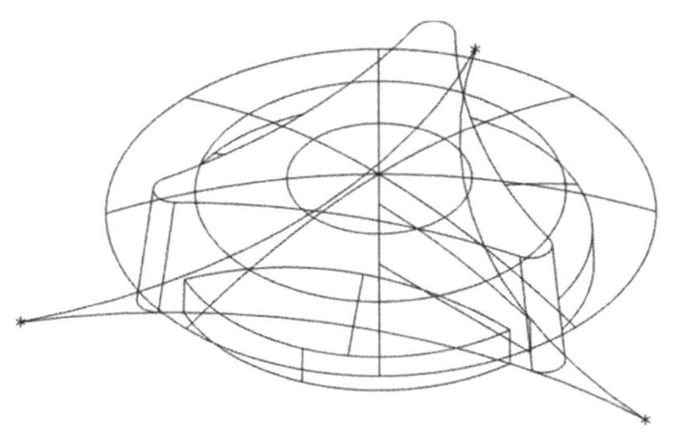

图 15-20　创建旋转曲面

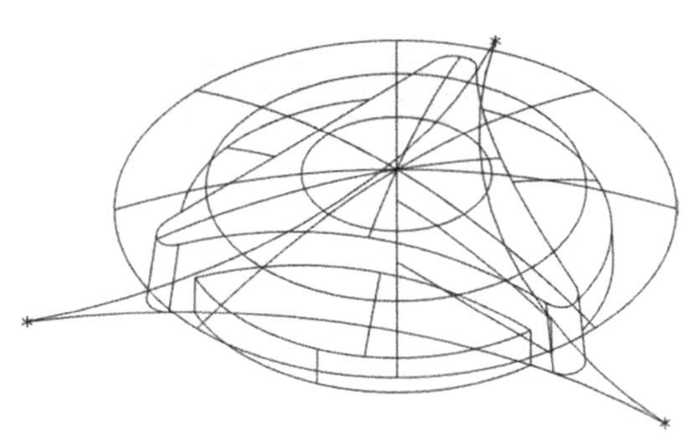

图 15-21　修剪实体

（36）在工作区下方的工具条中单击“层别”二字，在“层别管理”对话框中取消第 1 层的“×”，隐藏第 1 层的图素，工作区中只显示实体，如图 15-22 所示。这样做的目的是为了保持桌面整洁。

（37）在主菜单中选以“实体｜倒圆角｜固定半径倒圆角”命令，选取实体的边。

（38）在【固定圆角半径】对话框中输入半径 2，单击“确定”按钮，创建圆角，如图 15-23 所示。

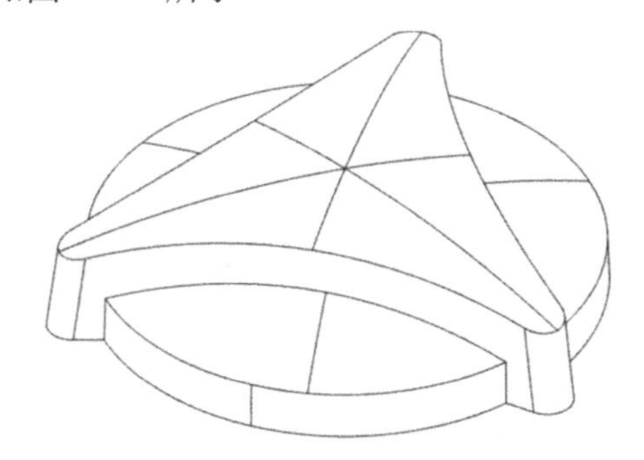

图 15-22　工作区中只显示实体

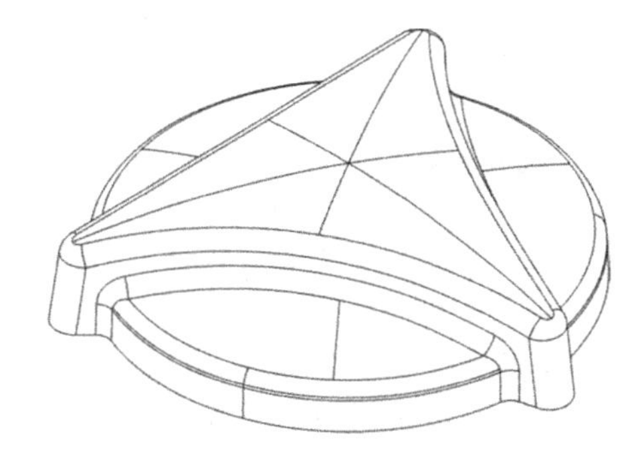

图 15-23　创建实体倒圆角

（39）单击“保存”按钮，保存文档，文件名为“旋钮.mcx-9”。

2. 加工工艺分析

（1）在主菜单中选取“绘图｜边界盒”命令，选择实体，按 Enter 键。

（2）在【边界盒】对话框中“形状”选“◉立方体”，系统显示边界盒的尺寸大小（65.5mm×62.3mm），如图 15-24 所示。

（3）单击“确定”按钮，创建边界盒，如图 15-25 所示。

（4）零件最大尺寸是 65.5mm×62.3mm×15mm，毛坯材料是 85mm×85mm×35mm，加工曲面时有足够的装夹位。

（5）因毛坯材料远远大于工件，故在精加工前需要开粗。

（6）腔型开粗时，用ϕ12mm 平底刀开粗。精加工时，曲面部分用ϕ6mm 球刀加工，台阶部分用ϕ10 平底刀加工。

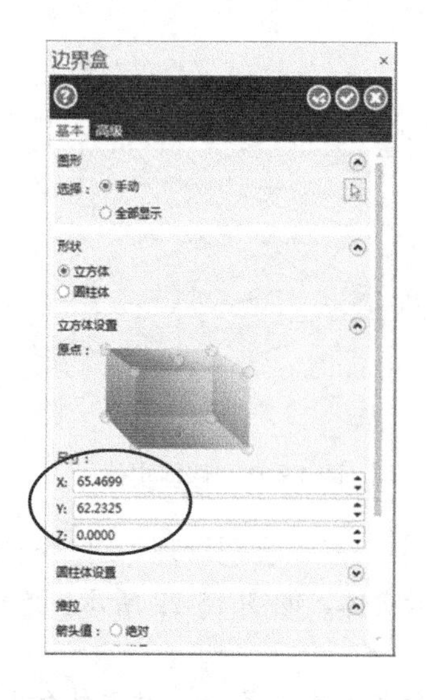

图 15-24 【边界盒】对话框

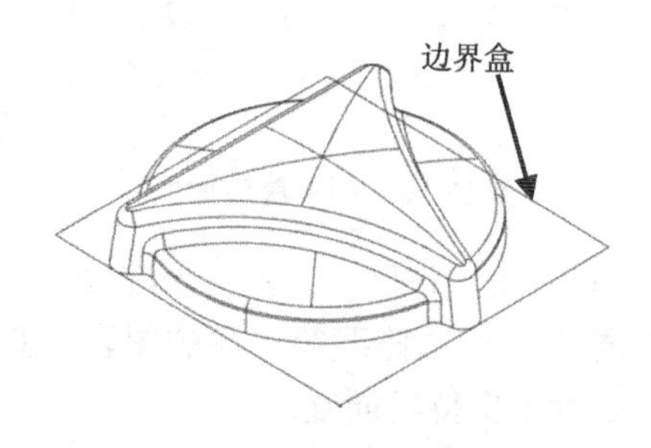

图 15-25 创建边界盒

（7）工件最小的 R 角为 2mm，需要用的清角刀路。

（8）零件的四周是一个带有斜度，需用ϕ6mm 球刀精加工，为了避免球刀刀尖碰到台阶面，因此台阶的加工高度应比外形线高度至少低 4mm。

3. 编程过程

（1）在主菜单中选取“转换 | 平移”命令，选中所有的图素，按 Enter 键，在【平移】对话框中选“◉移动”，ΔZ 为-15mm。

（2）单击“确定”按钮，零件图整体下移 15mm。

注意：这样做的目的是设定工件表面所对应的 Z 值为 0，便于工件坐标系与编程的坐标系统一。

（3）在工作区下方的工具条中选择“2D”，Z 值为-20，如图 15-26 所示。

（4）在主菜单中选择“绘图 | 矩形”命令，在坐标输入框中输入矩形中心点的坐标（0，0，-20），创建两个矩形，一个是 80mm×80mm，用于加工台阶，一个是 90mm×90mm，用于设计刀路的辅助线，如图 15-27 所示。

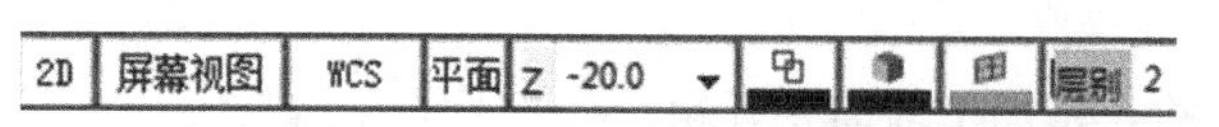

图 15-26 选“2D”，Z 值为-20

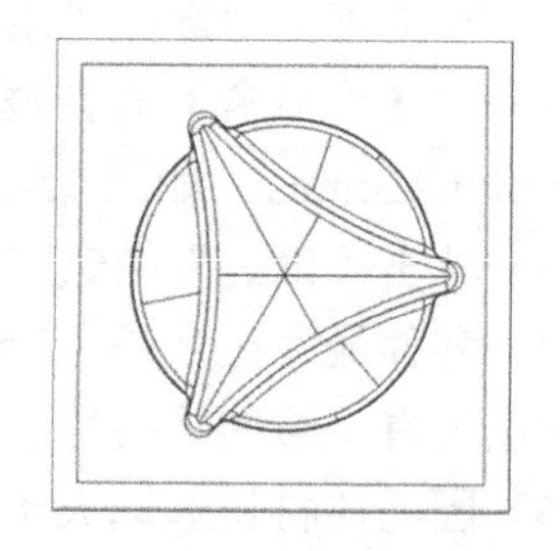

图 15-27 绘制两个矩形

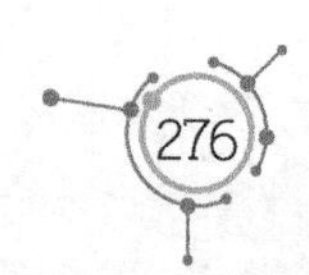

（5）在主菜单中选择“机床类型 | 铣床 | 默认”命令，进入加工模式。

（6）在“刀路”管理器中展开“+属性”，再单击“毛坯设置”命令。

（7）在【机床群组属性】对话框“毛坯设置”选项卡中“毛坯平面”选择“俯视图”，“形状”选择“◉立方体”，钩选“显示”、“适度化”复选框，选择“◉线框”，“毛坯原点”为（0，0，0.5），毛坯的长、宽、高分别为 85mm、85mm、34.5mm。

（8）在主菜单中选取“刀路 | 曲面粗切 | 挖槽”命令，输入 NC 名称为 F1。

（9）单击“确定”按钮 ✔ ，选取所有的曲面，按 Enter 键，在【刀路曲面选择】对话框中单击“切削范围”按钮 ，选取 90mm×90mm 的矩形边线。

（10）在【曲面粗切挖槽】对话框中选“刀具”选项，在右边的空白处单击鼠标右键，在下拉菜单中选“创建新刀具”命令。

（11）刀具类型选择“平底刀”，刀齿直径为 ϕ12mm，刀号为 1，刀长补正为 1，半径补正为 1，进给速率为 1000mm/min，下刀速率为 600mm/min，提刀速率为 1500mm/min，主轴转速为 1500r/min，其他参数选择系统默认值。

（12）在【曲面粗切挖槽】对话框中选择“曲面参数”选项，“安全高度”为 5.0mm，选择“◉绝对坐标”，“参考高度”为 5.0mm。选择“◉绝对坐标”，“下刀位置”为 1.0mm。选择“◉增量坐标”，“加工面预留量”为 0.2mm。

（13）选择“粗切参数”选项，“整体公差”为 0.01，“Z 最大步进量”为 1.0mm，钩选“由切削范围外下刀”复选框。

（14）单击“切削深度”按钮 切削深度(D) ，在【切削深度设置】对话框中选择“◉绝对坐标”，设定“最高位”为-1.0mm，“最低位”为-19.9mm。

（15）选择“挖槽参数”选项，钩选“粗切”复选框，“切削方式”选“双向”，“切削间距”为 80%，钩选“精修”复选框，“次”为 1，“间距”为 1.0mm，取消“精修切削范围轮廓”复选框前面的“√”，钩选“进/退刀”复选框。

（16）单击“进/退刀”按钮 进/退刀(L) ，在【进/退刀设置】对话框中设定“重叠量”为 0，“进刀长度”为 3mm，“半径”为 1mm，“扫描”角度为 90°，单击 -> ，使退刀与进刀方式相同。

（17）单击“确定”按钮 ✔ ，生成曲面粗切挖槽刀路，如图 15-28 所示。

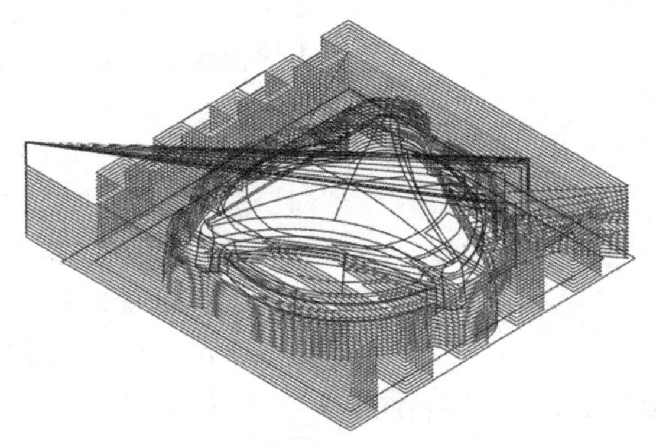

图 15-28　曲面粗切挖槽刀路

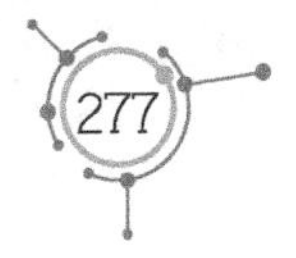

（18）在【刀路】管理器中单击“切换”按钮≋，隐藏平面铣刀路。

（19）在主菜单中选择“刀路 | 外形”命令，选取实体上 80mm×80mm 的边线，箭头方向为顺时针，如图 15-29 虚线所示。

（20）单击“确定”按钮✔，选择“刀具”选项，选择ϕ12mm 平底刀。

（21）选择“切削参数”选项，“补正方式”选择“电脑”，“补正方向”选择“左”，“壁边预留量”为 0.3mm，“外形铣削方式”选“2D”。

（22）选择“Z 分层切削”选项，钩选“深度分层切削”复选框，“最大粗切步进量”选择 1.0mm，钩选“不提刀”复选框。

（23）选择“进/退刀设置”选项，在“进刀”区域中选择“◉相切”，进刀长度为 5mm，圆弧半径为 1mm，单击▸▸按钮，使退刀参数与进刀参数相同。

（24）选择“共同参数”选项，“安全高度”为 5.0mm。选择“◉绝对坐标”，“参考高度”为 5.0mm。选择“◉绝对坐标”，“下刀位置”为 5.0mm。选择“◉绝对坐标”，“工件表面”为-20mm。选择“◉绝对坐标”，“深度”为-25mm。选择“◉绝对坐标”。

（25）单击“确定”按钮✔，生成外形铣粗加工刀路，如图 14-34 所示。

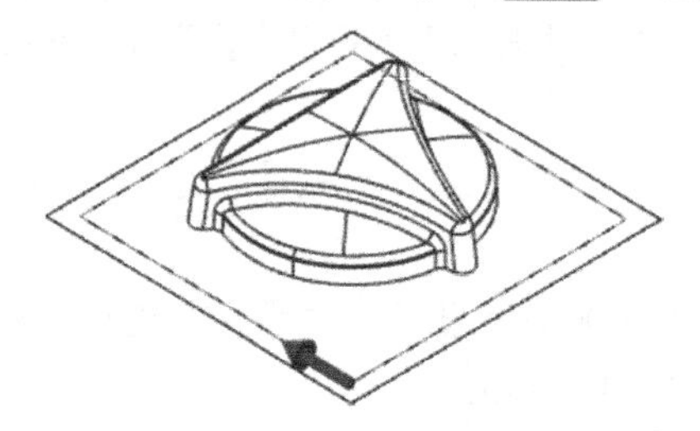

图 15-29　选 80mm×80mm 的边线

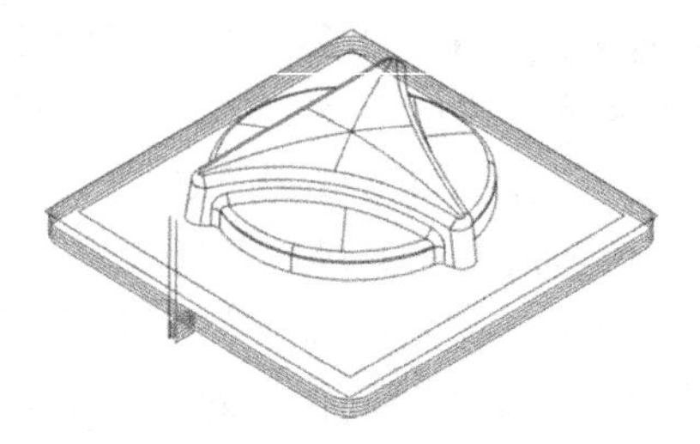

图 15-30　外形铣粗加工刀路

（26）在主菜单中选择“刀路 | 2D 挖槽”选项，选取实体的边线和 80mm×80mm 的矩形，如图 15-31 所示，单击“确定”按钮✔。

（27）单击“确定”按钮✔，在【2D 刀路-2D 挖槽】对话框中选中“刀具”选项。在右边的空白处单击鼠标右键，在下拉菜单中选择“创建新刀具”命令。

（28）刀具类型选“平底刀”，刀齿直径为ϕ10mm，刀号为 2，刀长补正为 2，半径补正为 2，进给速率为 600mm/min，下刀速率为 600 mm/min，提刀速率为 1500 mm/min，主轴转速为 1500r/min，其他参数选择系统默认值。

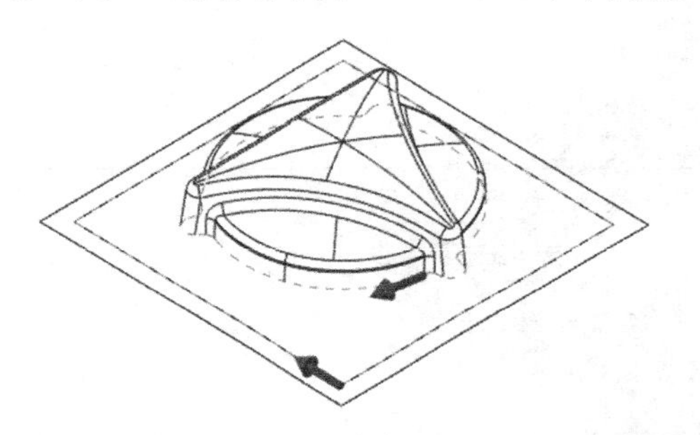

图 15-31　选取实体的边线和 80mm×80mm 的矩形

（29）选择“切削参数”选项，“加工方向”选“◉顺铣”，“挖槽加工方式”选“平面铣”，“壁边预留量”为 0，“底面预留量”为 0，“重叠量”为 50%，“进刀引线长度”为 10mm，“退刀引线长度”为 0。

（30）选择“粗切”选项，钩选“粗切”复选框，切削方式选“双向”，“切削间距”

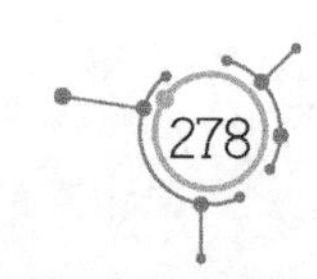

为 80%，粗切角度为 0°。

（31）选择“进刀方式”选项，再选择“◉关”。

（32）选择“精修”选项，钩选“精修”复选框，“次”为 3，“间距”为 0.1mm，取消“精修外边界”复选框前面的“√”，钩选“不提刀”复选框，将“进给速率”改为 400mm/min，“主轴转速”为 1200r/min。

（33）选择“进/退刀设置”选项，在“进刀”区域中选择“◉相切”，进刀长度为 3mm，圆弧半径为 1mm，单击按钮，使退刀参数与进刀参数相同。

（34）选择“Z 分层切削”选项，取消“深度分层切削”复选框前面的“√”。

（35）选择“共同参数”选项，“安全高度”为 5.0mm。选择“◉绝对坐标”，“参考高度”为 5.0mm。选择“◉绝对坐标”，“下刀位置”为 5.0mm。选择“◉绝对坐标”，“工件表面”为 0。选择“◉绝对坐标”，“深度”为-20mm，选择“◉绝对坐标”。

（36）单击“确定”按钮，生成加工台阶面的精加工刀路，如图 15-32 所示。

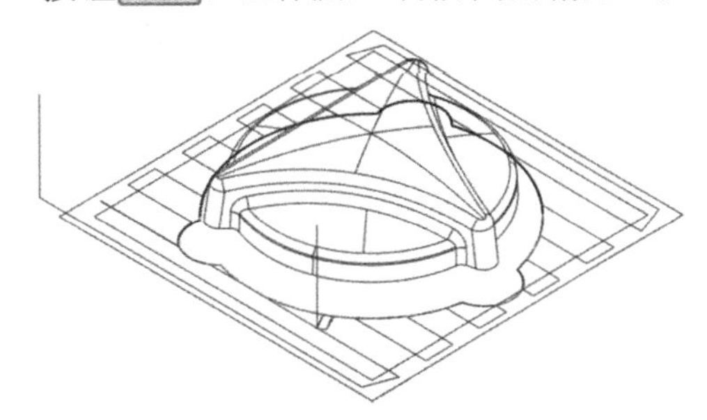

图 15-32　加工台阶面的刀路

（37）在“刀路”管理器中选中“3-2D 挖槽”，单击鼠标右键，选择“编辑已经选择的操作 | 更改 NC 文件名”命令，将 NC 文件名更改为 X2，如图 15-33 所示。

（38）在“刀路”管理器中复制“2-外形铣削”刀路，并粘贴到“刀路”管理器的最后。

（39）单击“6-外形铣削”刀路的“参数”，选中“刀具”选项，选择ϕ10mm 平底刀。选“切削参数”选项，“壁边预留量”改为 0。选择“Z 分层切削”选项，取消“深度分层切削”复选框前面的“√”。选择“XY 分层切削”选项，钩选“XY 分层切削”复选框，“粗切”为 3，“间距”为 0.1mm，钩选“不提刀”复选框。

（40）单击“重建刀路”按钮，外形精加工刀路如图 15-34 所示。

3 - 2D挖槽 (平面加工) - [WCS: 俯视图]
参数
#2 - M10.00 平底刀 - 10 平底刀
图形 - (2) 串连
刀路 - 54.3K - x2.NC - 程序号码 0

图 15-33　NC 文件名更改为 X2

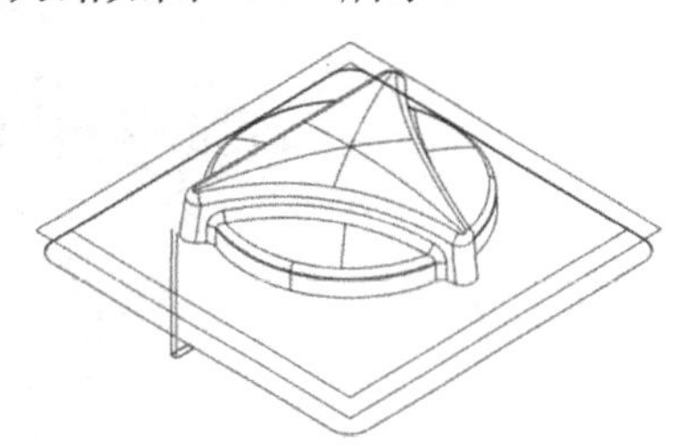

图 15-34　外形精加工刀路

（41）在主菜单中选择“刀路｜曲面精修｜放射”命令，在零件图上选取整个实体，单击 Enter 键，按“确定”按钮☑。

（42）在【曲面精修放射】对话框中的空白处单击鼠标右键，在下拉菜单中选择“创建新刀具”命令。

（43）刀具类型选择“球刀”，刀齿直径为ϕ6mm，刀号为 3，刀长补正为 3，半径补正为 3，进给速率为 1000mm/min，下刀速率为 600 mm/min，提刀速率为 1500 mm/min，主轴转速为 1500r/min，其他参数选择系统默认值。

（44）选择“曲面参数”选项，“安全高度”为 5.0mm，选择“◉绝对坐标”，“参考高度”为 5.0mm。选择“◉绝对坐标”，“下刀位置”为 1.0mm。选择“◉增量坐标”，“加工面预留量”为 0。

（45）选择“放射精修参数”选项，“整体公差”为 0.01，“最大角度增量”为 0.5°，“起始补正距离”为 0.1mm，“切削方向”选择“双向”，“起始角度”为 0，“扫描角度”为 360°，“起始点”选择“◉由内而外”，如图 15-35 所示。

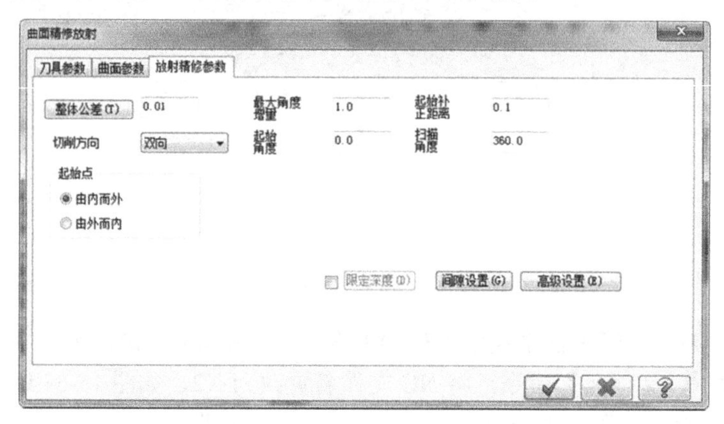

图 15-35　设置“放射精修参数”

（46）单击“确定”按钮☑，生成放射精加工刀路，如图 15-36 所示。

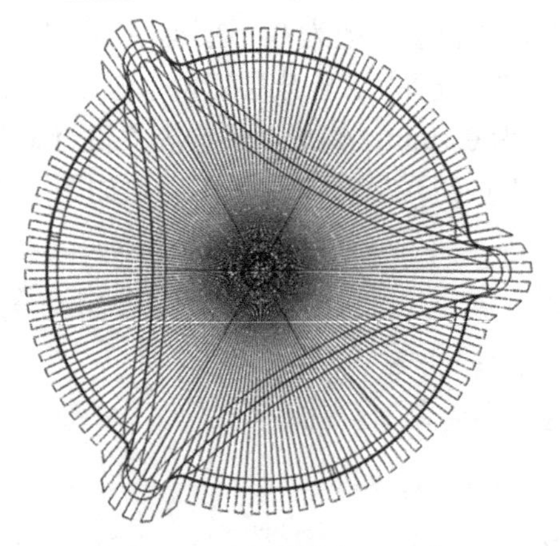

图 15-36　放射精加工刀路

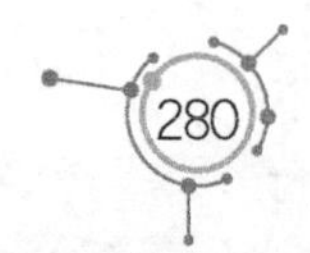

（47）在“刀路”管理器中选中“5-曲面精修放射”，单击鼠标右键，选择“编辑已经选择的操作丨更改 NC 文件名”命令，将 NC 文件名更改为 X3。

（48）在主菜单中选取“刀路丨曲面精修丨清角”命令，选取整个实体，按 Enter 键。

（49）在【曲面精修清角】对话框中的空白处单击鼠标右键，在下拉菜单中选“创建新刀具”命令。

（50）刀具类型选择“球刀”，刀齿直径为ϕ4mm，刀号为 4，刀长补正为 4，半径补正为 4，进给速率为 500mm/min，下刀速率为 600 mm/min，提刀速率为 1500 mm/min，主轴转速为 1500r/min，其他参数选择系统默认值。

（51）选择“曲面参数”选项，“安全高度”为 5.0mm。选择“◉绝对坐标”，“参考高度”为 5.0mm。选择“◉绝对坐标”，“下刀位置”为 1.0mm。选择“◉增量坐标”，“加工面预留量”为 0。

（52）选择“清角精修参数”选项，“整体公差”为 0.01，“切削方向”选择“双向”，“单侧加工次数”为 10，“步进量”为 0.1mm，钩选“允许沿面下降切削”、“允许沿面上升切削”复选框，如图 15-37 所示。

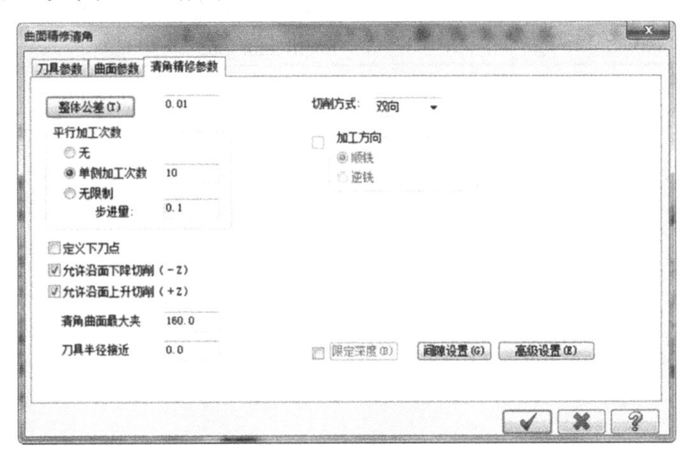

图 15-37　设置“清角精修参数”

（53）单击“确定”按钮，生成清角精加工刀路，如图 15-38 所示。

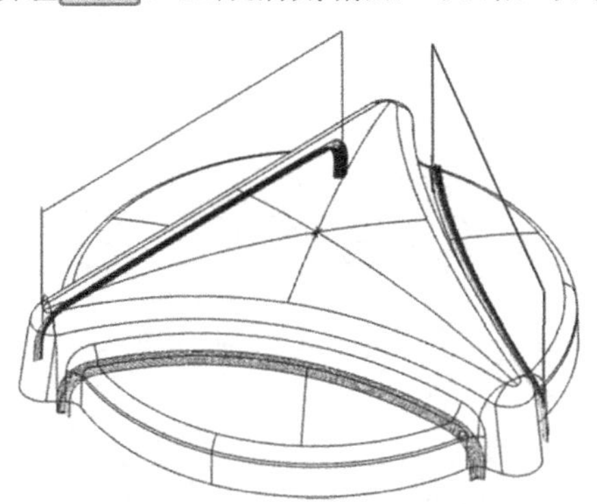

图 15-38　清角精加工刀路

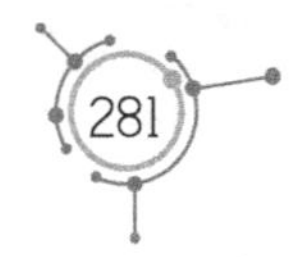

（54）在“刀路”管理器中选中“6-曲面精修清角”，单击鼠标右键，选择“编辑已经选择的操作｜更改 NC 文件名”命令，将 NC 文件名更改为 X4。

（55）单击“保存”按钮，保存文档，文件名为“旋钮.mcx-9”。

4. 装夹过程

（1）用厚度为 35mm 的毛坯铝材加工该工件时，毛坯工件的上表面超出虎钳至少 26mm。也就是说，工件装夹的厚度不得超过 9mm。

（2）工件上表面的中心为坐标系原点（0，0，0.5）。

（3）加工程序单见表 15-1。

表 15-1　加工程序单

序号	程序名	刀具	加工深度
1	X1	ϕ12mm 平底刀	25mm
2	X2	ϕ10mm 平底刀	25mm
3	X3	ϕ6R3mm 球刀	19mm
4	X4	ϕ4R2mm 球刀	16mm

第4单元　数控铣床的基本操作

国外数控铣床的操作系统有主要有日本FANUC（法兰克）数控系统与德国SIEMENS（西门子）数控系统，国内数控铣床的操作系统主要有华中数控系统和广州数控系统。各系统的操作方式略有不同，但基本原理相同。本章节以广州GSK 990MC钻铣床数控系统为基础，简单介绍数控铣床的一般操作。

1. 操作面板（控制器面板）的介绍

广州GSK 990MC钻铣床数控系统的操作面板可以分为液晶显示区、编辑键盘区和机床控制区三大部分，如图1所示。

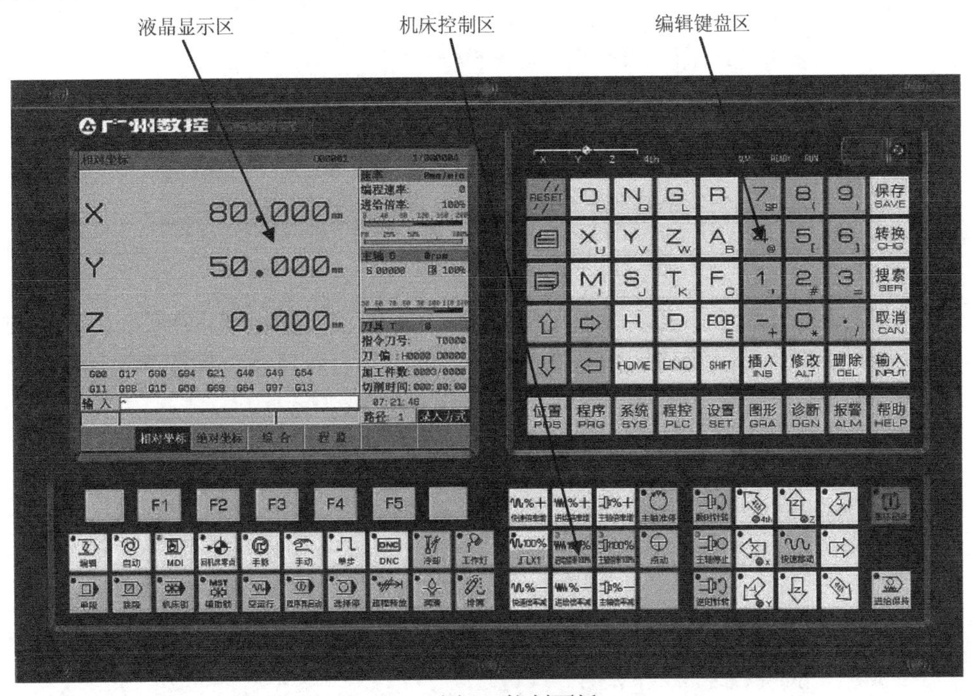

图1　控制面板

（1）液晶显示区：

在编辑键盘区中按下“位置POS”键 位置 POS，液晶显示区进入位置显示页面，可分为相对坐标、绝对坐标、综合和程监四种界面。

- 相对坐标：按【相对坐标】键，显示当前刀具在相对坐标系的位置，相对坐标可以重新设置为0，如果要将X的相对坐标设为0，可按以下步骤进行：先在编辑键盘区中按X键，再按“取消”键 取消 CAN，可将X的相对坐标设为0。采同相同的方法，可将 Y、Z 的相对坐标设为 0。

- 绝对坐标：按【绝对坐标】键，显示当前刀具在绝对坐标系的位置。绝对坐标的数值不可以随意更改，只有机床在归零状态时，绝对坐标的数值才显示 0。
- 综合：按【综合】键，可以同时显示相对坐标、绝对坐标、机床坐标、手轮中断的偏移量、速度分量和余移分量（在自动、录入及 DNC 方式下才显示），如图 2 所示。

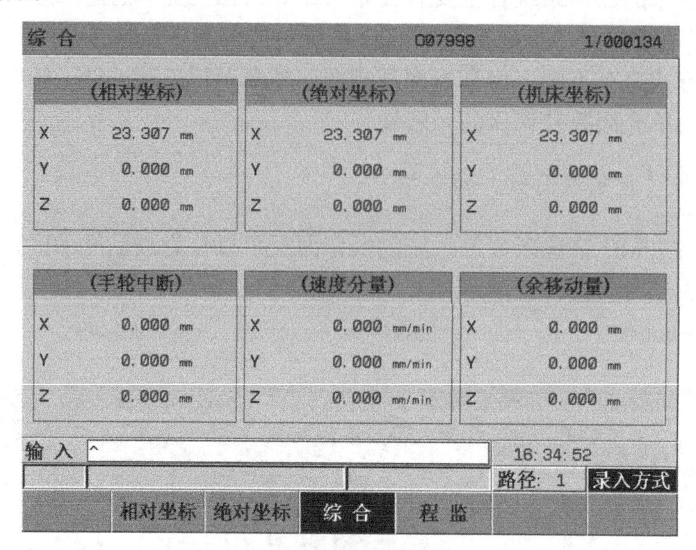

图 2 综合显示界面

- 程监：按【程监】键，进入【程监】界面，可同时显示刀具当前位置的绝对坐标、相对坐标及当前运行程序的模具信息和运行程序段，如图 3 所示。

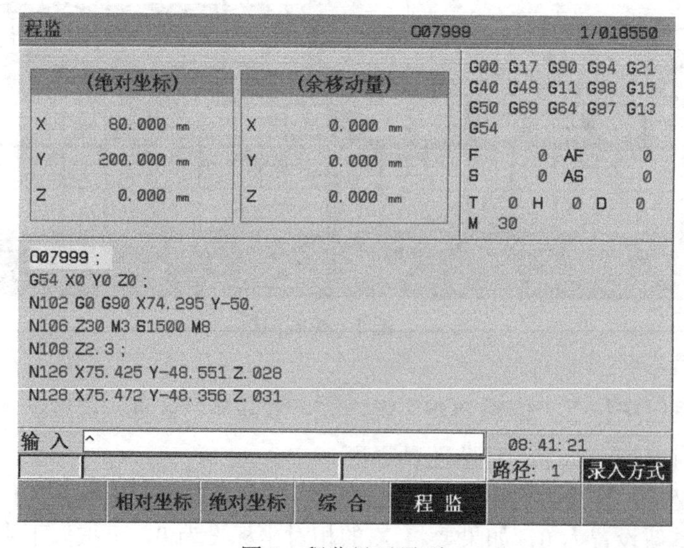

图 3 程监显示界面

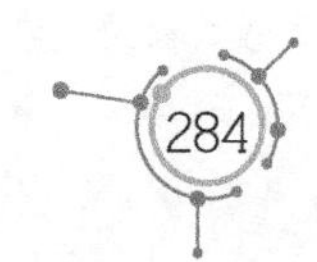

（2）编辑键盘区：

在编辑键盘区中有复位键（RESET）、地址键（26 个英文字母）、数字键（0～9）、输入键（INPUT）、翻页键、光标移动键、编辑键、屏幕操作键等，如图 4 所示。

图 4　编辑键盘区

- 复位键：按下复位键，系统复位，机床在加工时，主轴停止旋转运动，X、Y、Z 停止进给运动，在程序编辑状态下，光标返回程序开始位置。
- 地址键：包括 26 个英文字母和 EOB 键，在“录入”（MDI）模式下，可以输入英文字母和 EOB（分号）字符。
- 数字键：包括数字 0～9，在“录入”（MDI）模式下，可以输入数字 0～9。
- 输入键：将选中的数字、地址或数据输入到缓冲区，或确认操作结果。
- 翻页键：用于同一显示方式下页面的转换、程序的翻页。
- 光标移动键：用于光标上下左右移动。
- 编辑键：用于程序编辑时程序、字段等的插入、修改、删除等操作。
- 屏幕操作键：在编辑键盘区的最下方，共有 9 个键，如图 5 所示。按下其中任意键，进入相对应的界面显示。

图 5　屏幕操作键

- 位置：显示当前点相对坐标、绝对坐标、综合坐标、程监、监控显示页面。
- 程序：显示程序、MDI、现/模、现/次、目录显示页面，目录界面可通过翻页键查看多页程序名。
- 系统：显示刀具偏置、参数、宏变量、螺补显示页面。
- 程控：查看 PLC 梯图相关的版本信息和系统 I/O 口的配置情况，同时在录入方式下可对 PLC 梯图进行修改。
- 设置：共有五个界面，通过相应按键转换显示设置、工件坐标、分中对刀、数据和密码设置界面。

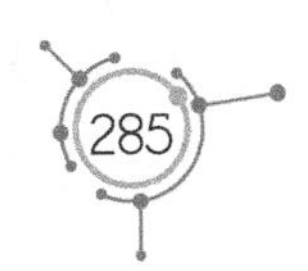

- 图形：显示图参、图形显示页面，根据图参进行显示图形中心、大小及比例设定。
- 诊断：查看系统各侧的 I/O 口信号状态、总线状态、DSP 状态及波形。
- 报警：查看各种报警信息页面及历史和操作履历。
- 帮助：查看系统相关的各项帮助信息。

（3）机床控制区：机床控制区的按键在控制器面板的下方，如图 6 所示。

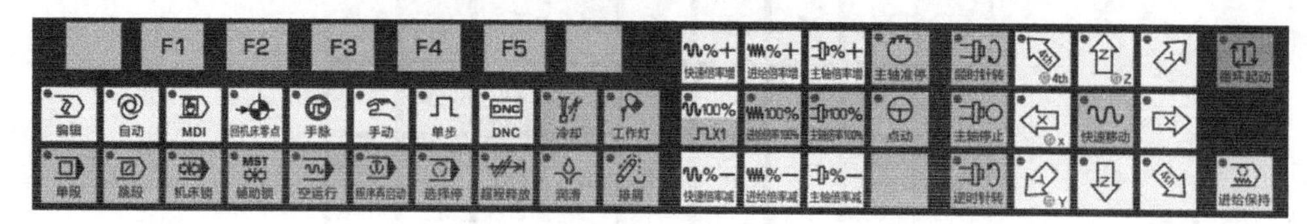

图 6　GSK990MC 机床控制键

GSK990MC 机床控制键各按键的功能见表 1。

表 1　GSK990MC 机床控制键的功能

按　键	名　称	功 能 说 明	备注及操作说明
编辑	编辑方式选择键	进入编辑操作方式	可对程序进行编辑
自动	自动方式选择键	自动执行程序方式	运行保存在存储器的程序
MDI	MDI 方式选择键	进入录入（MDI）操作方式	可输入指令，再按启动按钮可执行所输入的指令
回机床零点	机械回零方式选择键	执行机械回零操作	实现机床运动轴的归零，归零后各坐标系的绝对坐标为 0
单步	手动单步方式选择 键	执行手动单步操作	在手动方式下，切换到单步方式时，按一下“单步”按钮，机床就移动一个步长的距离
手动	手动方式选择键	进入手动操作方式	同时按住手动按钮和 *X* 轴（或 *Y* 或 *Z* 轴）按钮，可移动 *X*、*Y*、*Z* 坐标轴的位置
手脉	手轮方式选择键	进入手轮操作方式	选择坐标轴后，再旋转手轮，可移动 *X*、*Y*、*Z* 坐标轴的位置
DNC	DNC 方式选择键	进入 DNC 操作方式	切换到 DNC 方式后，可运行外部程序
跳段	程序段选跳开关	打开时，指示灯亮，程序执行跳段指令	执行自动方式、DNC 时，跳过前面有“/”的程序段，运行下一段的程序
单段	单段开关	程序单段/连续运行状态切换，指示灯亮时为单段运行	自动运行时切换到单段方式，系统运行完当前程序段后暂停
空运行	空运行开关	空运行有效时，指示灯亮	各运动轴以 G00 速度执行程序，空运行一般用于调试程序。

续表

按　　键	名　　称	功 能 说 明	备注及操作说明
MST 辅助锁	辅助功能开关	辅助功能打开时指示灯亮，M、S、T 功能输出无效	在执行自动方式、录入方式、DNC 时，按下此键，程序中的 M、S、T 功能输出无效，但程序中的其他指令照常执行。
机床锁	机床锁住开关	机床锁打开时指示灯亮，轴动作输出无效	在执行自动方式、录入方式、DNC 时，按下此键，各运动轴被锁定，停止运动，但程序中的其他指令照常执行。
工作灯	机床工作灯开关	机床工作灯开/关	在任何方式下都可以控制工作灯的开/关
润滑	润滑开关键	机床润滑开/关	在任何方式下都可以控制润滑油的开/关
冷却	冷却液开关键	冷却液开关	在任何方式下都可以控制冷却液的开/关
排屑	排屑开关键	排屑开/关	在任何方式下都可以控制排屑传动的开/关
逆时针转　主轴停止　顺时针转	主轴控制键	主轴正转、主轴停转、主轴反转	在手轮方式、单步方式、手动方式下该键有效
%－ 主轴倍率　100% 主轴倍率　%＋ 主轴倍率	主轴倍率键	主轴转速调整	在任何方式下，按“+”键，可使主轴转速提升 10%，按“-”键，可使主轴转速降低 10%，按 100%，可使主轴转速恢复调整前的转速
点动	主轴点动开关	主轴点动状态开/关	在手动方式、单步方式、手轮方式下，该键有效
主轴准停	主轴准停键	主轴准停开/关	在手动方式、单步方式、手轮方式下，该键有效
超程释放	超程解除键	*X* 轴、*Y* 轴、*Z* 轴超行程引起机床报警，按下超程解除键，其指示灯亮，反向移动机床到指示灯熄灭为止	在手动方式、手轮方式下，该键有效
程序再启动	程序再启动键	退出正在加工的程序或突然断电后恢复到断电前的加工状态	自动方式(此处移动量是从当前点到断点处的直线距离)
选择停	选择停开/关键	在加工时遇到程序中的“M01”，将会暂停	在自动方式、录入方式、DNC 下，该键有效
%＋ 进给倍率增　100% 进给倍率100%　%－ 进给倍率减	进给倍率键	可对机床坐标轴的进给速率进行调整，调整范围为（50%～150%）	在自动运行或 DNC 方式下，该键有效，按“+”键，可使进给速率提升 10%，按“-”键，可使进给速率降低 10%，按 100%，可使进给速率恢复调整前的状态

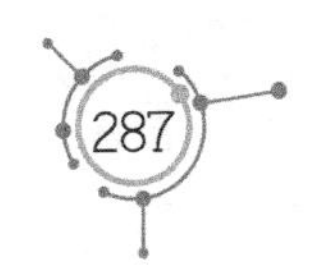

续表

按　键	名　称	功 能 说 明	备注及操作说明
快速移动	快速移动键	快速移动开/关	在手动方式下，该键有效
进给倍率增 进给倍率100% 进给倍率减	手轮倍率选择键	对机床坐标轴进给速率的倍率进行调整，倍率分别 0.001、0.01、0.1	手轮方式下有效
	手动进给键	X、Y、Z、第 4 轴移动	机械回零、单步方式、手动方式、手轮方式下该键有效
进给保持	进给保持键	在机床运行过程中，按下此键，程序暂停运行	自动方式、录入方式、DNC 方式下有效
循环起动	循环启动键	按下此键，程序自动运行	自动方式、录入方式、DNC 方式下有效

2. 开机的一般步骤

（1）打开与机床相连的外部电源、打开空压机（或与机床相连的气管）。

（2）将数控铣床背后的电源开关旋转到“ON”位置，使机床通电。

（3）按下控制器操作面板上的“打开”按钮，使数控铣床的控制器通电。

（4）在操作面板上顺时针旋转“紧急停止”按钮，使“紧急停止”按钮弹起，控制柜内的进给驱动电源接通，数控铣床的控制器进入可操作状态。

（5）用手动（或手轮）方式移动机床的 X、Y、Z 轴，检查机床是否正常。

3. 关机的一般步骤

（1）在控制器操作面板上按下“紧急停止”按钮，控制柜内的进给驱动电源被切断，伺服进给及主轴运动立即停止工作，数控铣床的控制器中出现“准备未绪”的警告字符。

（2）按下操作面板上的“关机”按钮，使数控铣床的控制器电源被切断。

（3）将数控铣床背后的电源开关旋转到“OFF”位置，使机床电源被切断。

（4）切断与机床相连的外部电源、关闭空压机（或与机床相连的气管）。

（5）打扫机床，将刀具、检测工具、码铁等放回指定位置。

（6）将加工后的工件放在指定位置。

4. 机床归零

机床坐标系是机床固有的坐标系，机床坐标系的原点称为机床零点(参考点)，是机床制造者规定的机械原点，通常安装在 X 轴、Y 轴、Z 轴、第 4 轴正方向的最大行程处。数控装置通电时并不知道机械零点，需要进行归零操作后，才能正常工作，机床归零的

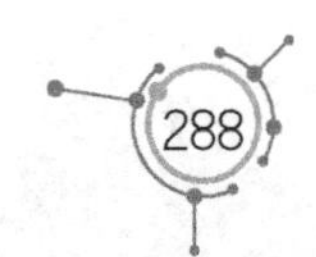

步骤如下。

（1）在控制器面板中按键进入机械回零操作方式，这时液晶屏幕右下角显示“机械回零”字样。

（2）选择欲回机械零点的 *X* 轴、*Y* 轴、*Z* 轴、第 4 轴，机床向机械零点方向移动，在减速点以前，机床以 G00 速度快速移动，碰到减速开关后，机床的移动速度逐步减小，回到机械零点（也即参考点）时，坐标轴停止移动，回零指示灯亮。

（3）回零指示灯亮后，表示 *X*、*Y*、*Z*、第 4 轴已归到机床的原点，此时液晶显示屏中绝对坐标系、相对坐标系的数值全部为 0。

注意：

（1）为防止机床回零时发生刀具碰撞工件的现象，在执行机床回零时，应先将 Z 轴归零，Z 轴提升到一定的高度，远离工件后，再将 *X* 轴、*Y* 轴、第 4 轴归零。

（2）如果开机后，各坐标轴已经处于机床的原点位置，此时应通过手动或手脉方式，将坐标轴朝机床中心方向移动，离开机床原点后再执行回零。

5. 开启主轴转动

机床在通电后，如果直接按控制器面板上的或按钮，机床的主轴是不会旋转的。这时需用在 MDI 模式下，输入顺（逆）时针转的代码指令 S××××M03（M04）后，再按“循环启动”键，主轴才会旋转，具体步骤如下。

（1）在控制器面板中按，有【程序】、【MDI】、【现/模】、【现/次】和【目录】五个分界面。

（2）按【现/模】键进入【现/模】输入界面。

（3）在键盘上依次输入程序段 S1000 M03。

（4）在控制器面板中按键确认，指令输入到界面中，此时【现/模】界面如图 7 所示。

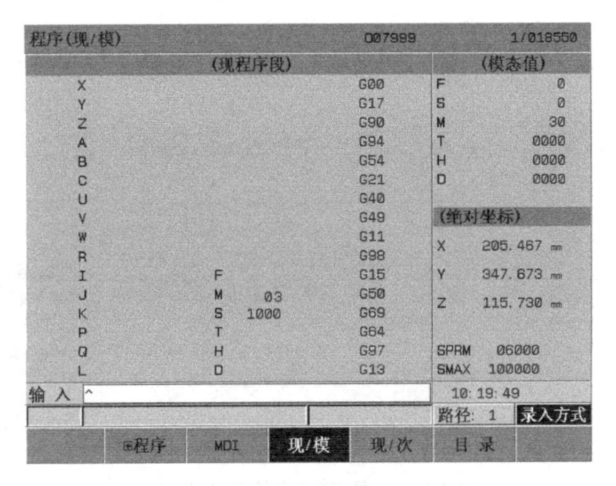

图 7 输入程序段 S1000 M03

（5）在控制器面板中按键，主轴按顺时针旋转，转速为 1000r/min。

6. 工件的分中与对刀

为了保证在加工零件时的工件坐标系与编程软件坐标系的位置相对应，必须在加工前对工件进行分中，确定工件坐标系，并把工件坐标系的数值输入到 G54～G59 中，具体步骤如下。

（1）按前面的方法，以 500r/min 的转速按顺时针方向启动主轴。

（2）把坐标的显示方式切换到相对坐标的显示界面。

（3）在控制器面板中按键，选中手轮方式移动机床的运动轴。

（4）在控制器面板中按键，手轮进给倍率选择 0.1mm。

（5）先找+*X* 方向：以手轮方式先将刀具定位到工件 *X* 正方向一侧，再下移 *Z* 轴，使刀尖位置低于工件表面，然后向工件移动，在即将接近工件时，按下，选择手轮的进给倍率为 0.01mm，以较低的速度向工件移动，直到刀具刚好切削到工件时停止移动刀具，如图 8 所示。

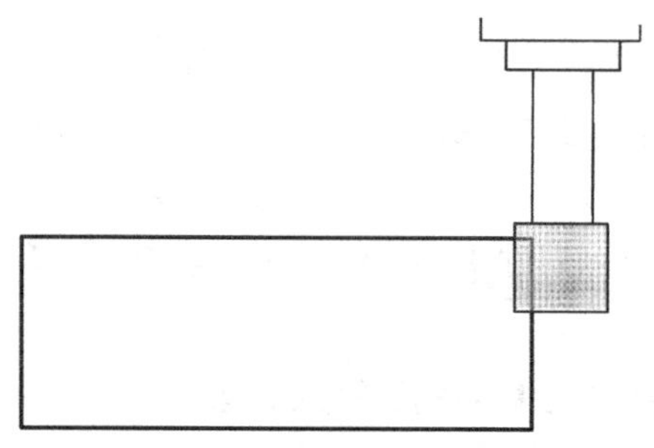

图 8　刀具刚好切削到工件侧面

（6）在控制器面板中，按下键，再按下键，*X* 的相对坐标设置为 0，如图 9 所示。

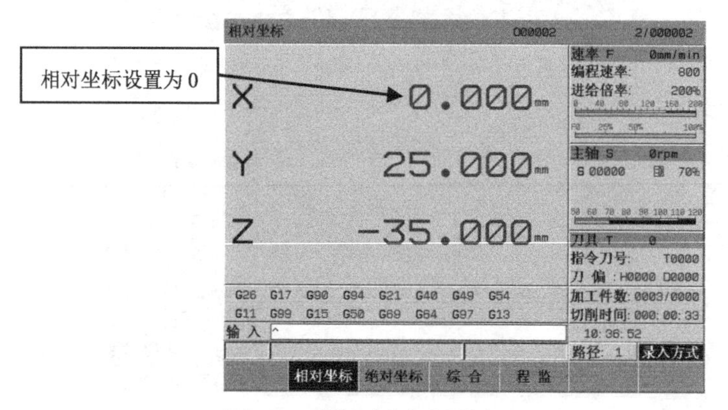

图 9　X 的相对坐标设置为 0

（7）采用相同的方法，移动刀具到工件 *X* 方向的另一侧，刚好切削到工件后，按 X_U 键，再按 输入INPUT 键，此时 *X* 的相对坐标数值被除以 2，完成分中操作（相对坐标数值的变化并没有改变绝对坐标值与机床坐标值）。

（8）将刀具提升，高出工件表面后，再将刀具移到 *X* 轴相对坐标值显示为 0 处，此时刀具移至工件 *X* 轴的中心处，如图 10 所示。

（9）按照上述方法，将刀具移至工件 *Y* 轴中心处。

（10）先选择手轮的进给倍率为 0.01，再慢慢移动 *Z* 轴，使刀尖刚好接触工件的上表面，如图 11 所示。

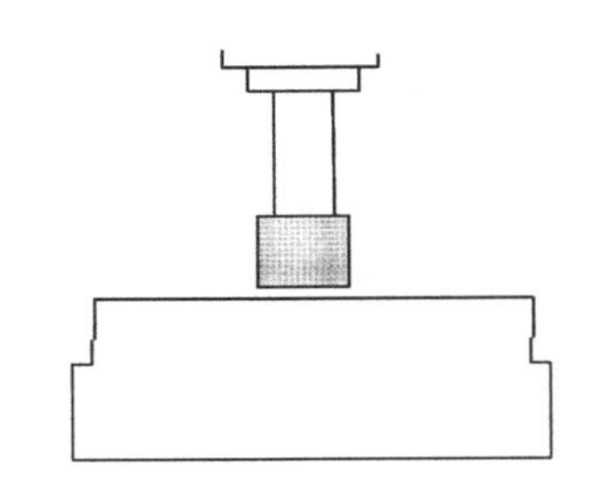

图 10　刀具移至工件 *X* 轴的中心处

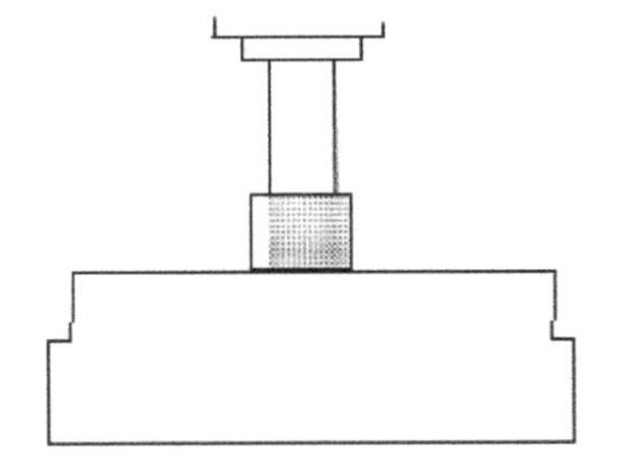

图 11　刀尖刚好接触工件上表面

（11）在控制器面板中，按下 设置SET 键进入设置信息显示界面。在此界面中有【设置】、【工件坐标】、【分中对刀】、【数据】、【密码】五个分界面，如图 12 所示。

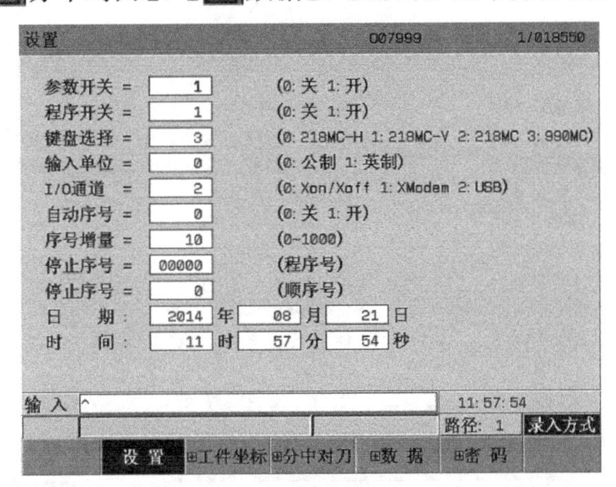

图 12　设置信息显示界面

（12）在设置信息显示界面，按下【工件坐标】键进入坐标系设置界面，如图 13 所示。

（13）把光标移到 G54 坐标系上，先按“X”，再按下 输入INPUT 键，系统会自动刀尖所在位置的 *X* 轴机床坐标系的值输入到 G54 中。采用相同的方法，把 *Y*、*Z* 轴机床坐标系的值输入到 G54 中。

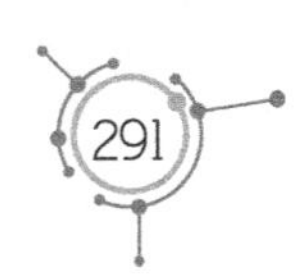

注：也可以把机床坐标系中的数值直接输入到 G54 中，例如：把光标移到 G54 坐标系上，再输入 Z-16.661，再按软件〈输入〉键确认。

设置(G54-G59)　当前工件坐标系: G54　O07999　1/018550

（机床坐标）			(G54)			(G55)		
X	0.000	mm	X	0.000	mm	X	0.000	mm
Y	0.000	mm	Y	0.000	mm	Y	0.000	mm
Z	-16.661	mm	Z	0.000	mm	Z	0.000	mm
（基偏移量）			(G56)			(G57)		
X	0.000	mm	X	0.000	mm	X	0.000	mm
Y	0.000	mm	Y	0.000	mm	Y	0.000	mm
Z	0.000	mm	Z	0.000	mm	Z	0.000	mm

输 入 ^　17:09:17

路径: 1　录入方式

+输入　输入　返回

图 13　坐标系设置界面

7. 串口 DNC 在线加工

（1）在控制器面板中按 设置 SET 键，在设置页面中将 I/O 通道设置为 0 或 1，如图 14 所示。

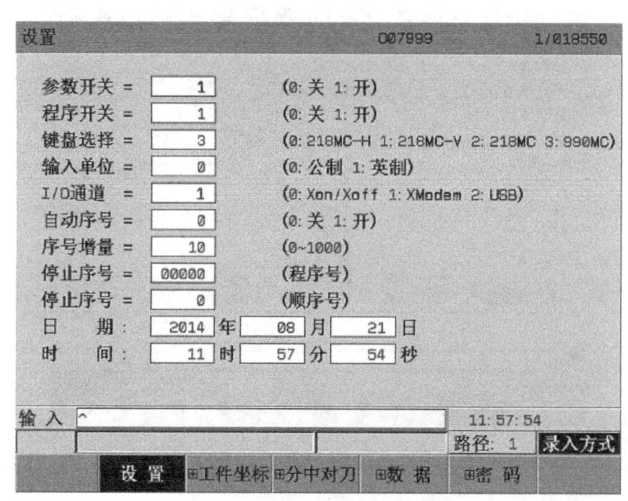

图 14　I/O 通道设置为 0 或 1

（2）在控制器面板中，按下 DNC 键。此时，系统提示“DNC 就绪，PC 发送后请按输入”。

（3）在串口通信软件中选择与机床相对应的波特率（2400、4800、9600、19200、38400）。

（4）用串口通信软件打开程序文件。

（5）单击串口通信软件上的“发送”按钮。

（6）在控制器面板中，按下，将机床的进给倍率改为 0.01。这样确保机床在开始启动时的启动速度较慢，防止发生意外。

（7）在控制器面板中，按下键，再按下键，机床开始加工。

8. 图形显示

程序编写完成之后，在开始加工前，可以通过图形模拟检查加工程序是否正确，或者一边加工，一边绘制图形，广州 GSK 990MC 钻铣床数控系统的作图步骤如下。

（8）在控制器面板中，按下键，进入图形页面。

（9）在图形页面中按【图形】键，进入绘制图形界面，如图 15 所示。

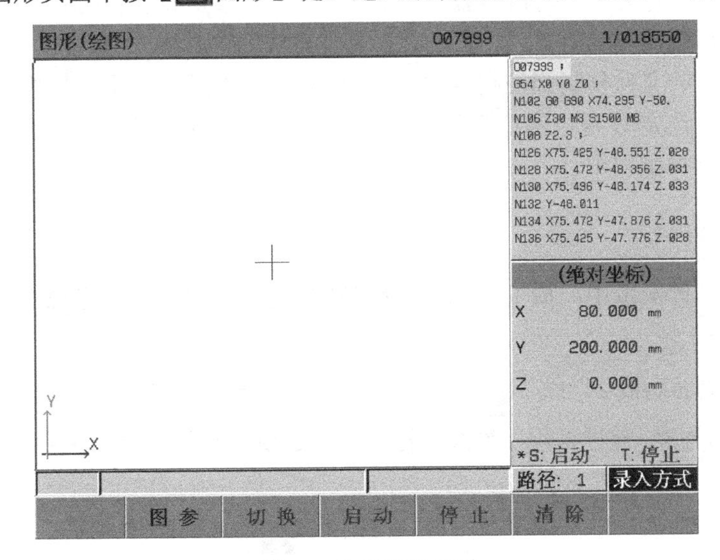

图 15　绘制图形界面

（10）绘制图形界面按【启动】键或开始作图，按【停止】键或停止作图，按下【清除】键或键，清除已绘出的图形。

9. USB 文件的复制

（1）在控制器面板中，按下键，将 I/O 通道设置为 2，如图 12 所示。

（2）在控制器面板中，按下，进入录入方式。

（3）进入设置（数据处理）界面后，在控制器的编辑键盘区中按方向键将光标移动到“◉CNC 零件程序”上，按【数据输出】或【数据输入】键，进入操作界面，如图 16 所示。

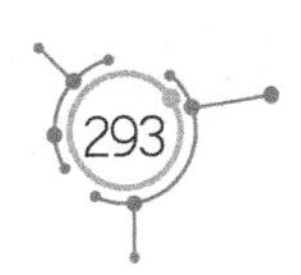

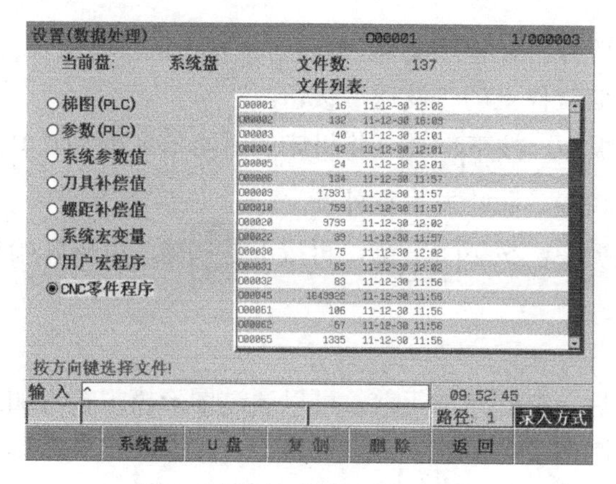

图 16　设置（数据处理）界面

（4）控制器中的文件复制到U盘中，步骤如下：先选定要复制的CNC程序文件（例如O00002），再选【复制】键，即可将控制器中的文件复制到U盘中。

（5）U盘中的文件复制到控制器中，步骤如下：先按【U盘】键切换到U盘文件目录表显示界面，选定U盘中所要复制的CNC程序文件，再按【复制】键，即可将U盘中的文件复制到控制器中。

10. USB在线加工

（1）在控制器面板中，按下 设置 SET 键，将I/O通道设置为2，如图12所示。

（2）插入U盘。

（3）在控制器面板中，按下 DNC 键。此时，系统提示“请在USB目录选择加工文件”。

（4）按下<程序>键进入程序界面，再按<目录>键，可以显示USB程序文件，移动光标选择要加工的程序文件。

（5）在控制器面板中，按下 输入 INPUT 键，再按下 循环起动 键，机床开始加工。

11. 单个程序的删除

（1）在控制器面板中，按下 程序 PRG ，再按下 编辑 ，选择“编辑”操作方式。

（2）在程序显示页面中输入O00101（此处以删除O00101程序为例）。

（3）在控制器面板中，按下 删除 DEL 键，则存储器中所对应的程序被删除。

12. 全部程序的删除

（1）在控制器面板中，按下 程序 PRG 键，再按下 编辑 键，选择“编辑”操作方式。

（2）在程序显示页面中输入O-99999。

（3）在控制器面板中，按下 删除 DEL 键，则存储器中所有的程序被删除。

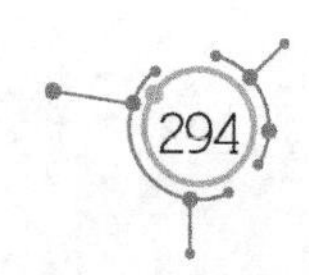